# 유형 해결의 법칙

중학 수학 **3**-1

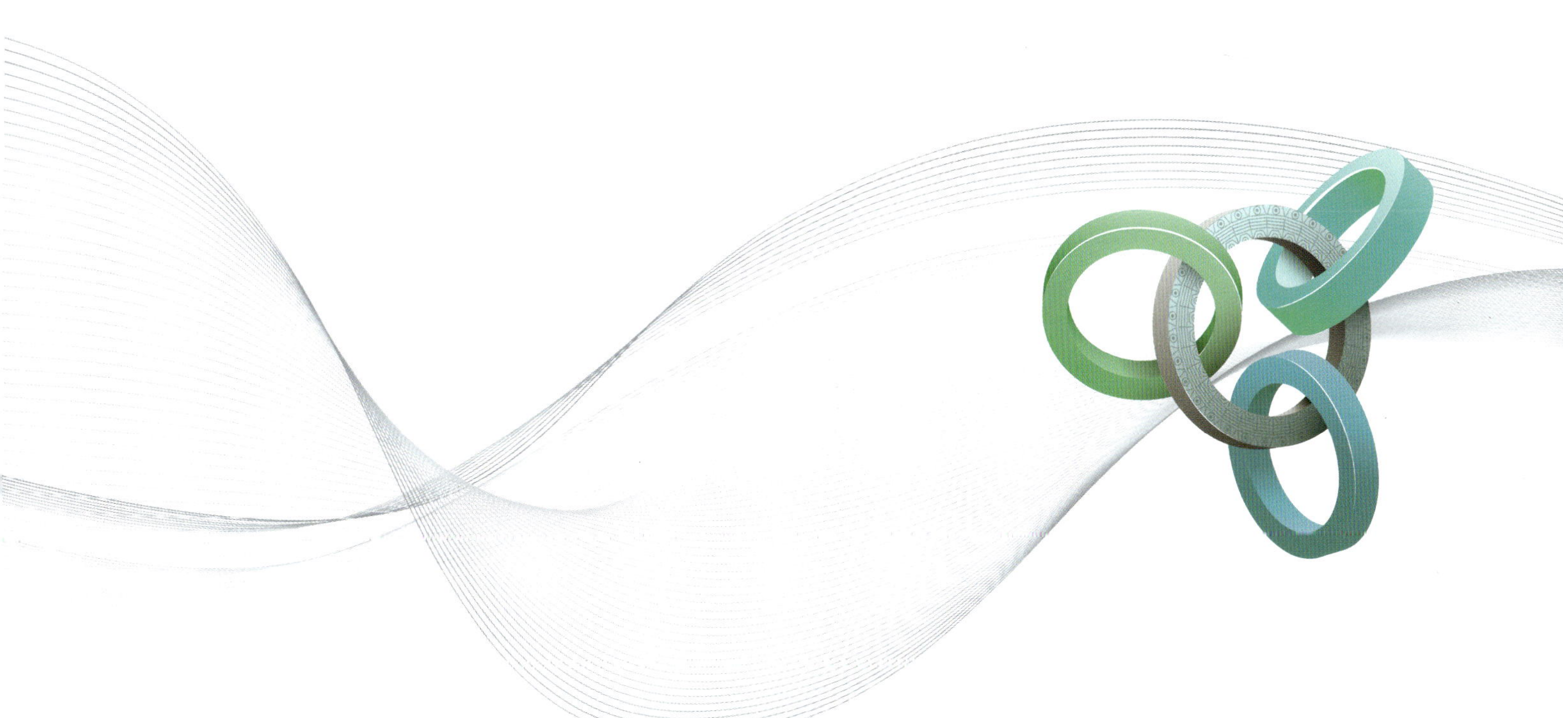

# 이 책을 기획·검토해 주신 245명의 선생님들께 감사드립니다.

| 기획에<br>참여하신 선생님 | | | | | | | | |
| --- | --- | --- | --- | --- | --- | --- | --- | --- |
| 강지훈 | 권은경 | 고수환 | 공경식 | 김정태 | 김지인 | 서정택 | 신준우 | 안우영 |
| 위성옥 | 윤인영 | 이경은 | 이동훈 | 이슬비 | 이재욱 | 전은술 | 정태식 | 황선영 |

**검토에 참여하신 선생님**

## 서울

| | | | | | | | | |
| --- | --- | --- | --- | --- | --- | --- | --- | --- |
| 강연희 | 고혜련 | 기한성 | 김길수 | 김명후 | 김미애 | 김보미 | 김슬희 | 김연수 |
| 김용진 | 김재훈 | 김정문 | 김주현 | 김진위 | 김진희 | 김현아 | 김형수 | 나종학 |
| 박명호 | 박수견 | 박용진 | 박지견 | 박진선 | 박진수 | 서동욱 | 성은수 | 손현희 |
| 안은해 | 윤석태 | 윤혜영 | 이누리 | 이명숙 | 이수아 | 이영미 | 이윤배 | 이정희 |
| 이창기 | 장기헌 | 장성민 | 조세환 | 지은희 | 채미진 | 채진영 | 최송이 | |

## 경기

| | | | | | | | | |
| --- | --- | --- | --- | --- | --- | --- | --- | --- |
| 강원우 | 곽효희 | 권수빈 | 권용운 | 기샛별 | 김경아 | 김 란 | 김세정 | 김연경 |
| 김재빈 | 김정연 | 김지송 | 김지윤 | 김태현 | 김혜림 | 김효진 | 김희정 | 맹주현 |
| 민동건 | 박민서 | 박용철 | 박재곤 | 방은선 | 배수남 | 백남흥 | 서정희 | 신수경 |
| 신지영 | 엄준호 | 오경미 | 유기정 | 유상현 | 윤금숙 | 윤혜선 | 이나경 | 이다영 |
| 이명선 | 이보미 | 이보형 | 이봉주 | 이신영 | 이은경 | 이은지 | 이재영 | 이지훈 |
| 이진경 | 이희숙 | 이희정 | 임인기 | 장도훈 | 정광현 | 정문숙 | 정필규 | 조성민 |
| 조은영 | 조진희 | 최경희 | 최다혜 | 최문정 | 최선민 | 최영미 | 홍가영 | |

## 충청

| | | | | | | | | |
| --- | --- | --- | --- | --- | --- | --- | --- | --- |
| 강태원 | 권경희 | 권기윤 | 권용운 | 김근래 | 김미정 | 김선경 | 김영철 | 김장훈 |
| 김 진 | 김현진 | 남궁찬 | 남철희 | 라정흠 | 류현숙 | 박대권 | 박영락 | 박재춘 |
| 박진영 | 박찬웅 | 방승현 | 백용현 | 변애란 | 신상미 | 신옥주 | 안용기 | 이금수 |
| 이문석 | 이태영 | 정구환 | 정선우 | 정소영 | 정지영 | 천은경 | 최도환 | 최미선 |
| 최종권 | 최진욱 | 한미숙 | 허진형 | 황용하 | 황은숙 | | | |

## 경상

| | | | | | | | | |
| --- | --- | --- | --- | --- | --- | --- | --- | --- |
| 강대희 | 구본희 | 구영모 | 권기현 | 금은희 | 김미숙 | 김보영 | 김수정 | 김현경 |
| 노정은 | 류민숙 | 문준호 | 민희영 | 박상만 | 박순정 | 박승배 | 박현숙 | 배두현 |
| 배홍재 | 심경숙 | 심영란 | 양선애 | 오창희 | 이상준 | 이언주 | 이유경 | 이현준 |
| 장수민 | 전선미 | 전진철 | 조현주 | 추명석 | 하미애 | 하희정 | 한창희 | 한혜경 |

## 전라

| | | | | | | | | |
| --- | --- | --- | --- | --- | --- | --- | --- | --- |
| 고미나 | 김경남 | 김대화 | 김돈오 | 김 련 | 김선주 | 김세현 | 김우신 | 김원미 |
| 김정희 | 김지현 | 나희정 | 류 민 | 박명숙 | 박성미 | 박성태 | 박정미 | 백성주 |
| 선재연 | 성준우 | 송정권 | 위효영 | 유현수 | 유혜정 | 이경묵 | 이상용 | 이수정 |
| 이은순 | 이재윤 | 임주미 | 장민경 | 장원익 | 전선재 | 정명숙 | 정미경 | 정연일 |
| 정은성 | 조창영 | 최상호 | 홍귀숙 | | | | | |

## 강원

| | |
| --- | --- |
| 박상윤 | 신현숙 |

## 제주

| |
| --- |
| 이승환 |

# 해결의 법칙

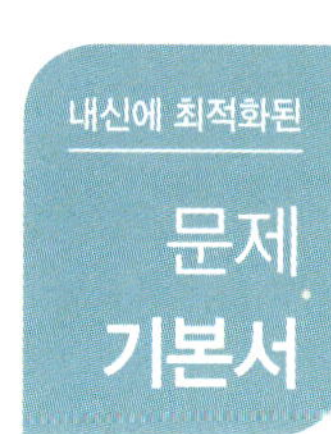



개념과 문제를 유형화하여 공부하는 것은
수학 실력 향상의 밑거름입니다.
가장 효율적으로 유형을 나누어 연습하는

## 최고의 유형 문제집!

# 구성과 특징

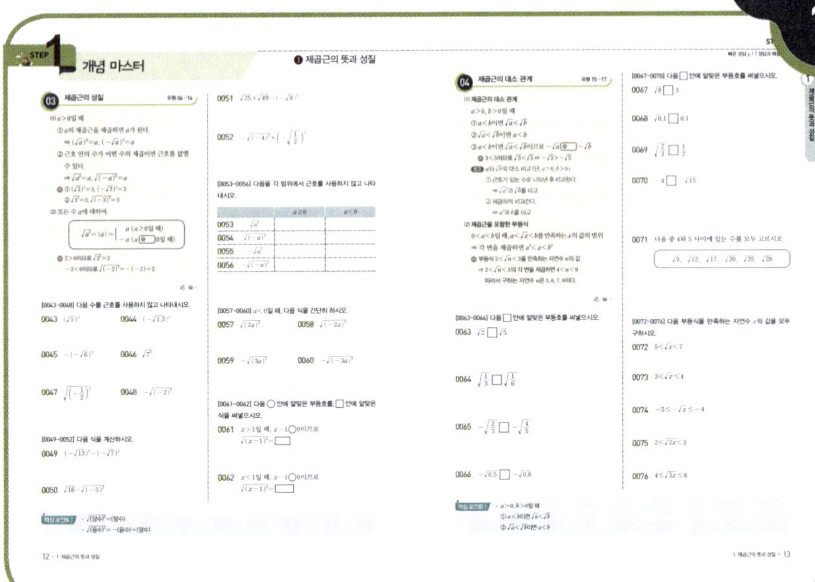



## 개념 마스터

● 개념 정리
교과서의 핵심 개념 및 기본 공식, 정의 등을 정리하고 예, 참고 등의 부가 설명을 통해 보다 쉽게 개념을 이해할 수 있도록 하였습니다.

● 기본 문제
개념과 공식을 바로 적용하여 해결할 수 있는 기본적인 문제를 다루어 개념을 확실하게 익힐 수 있도록 하였습니다.

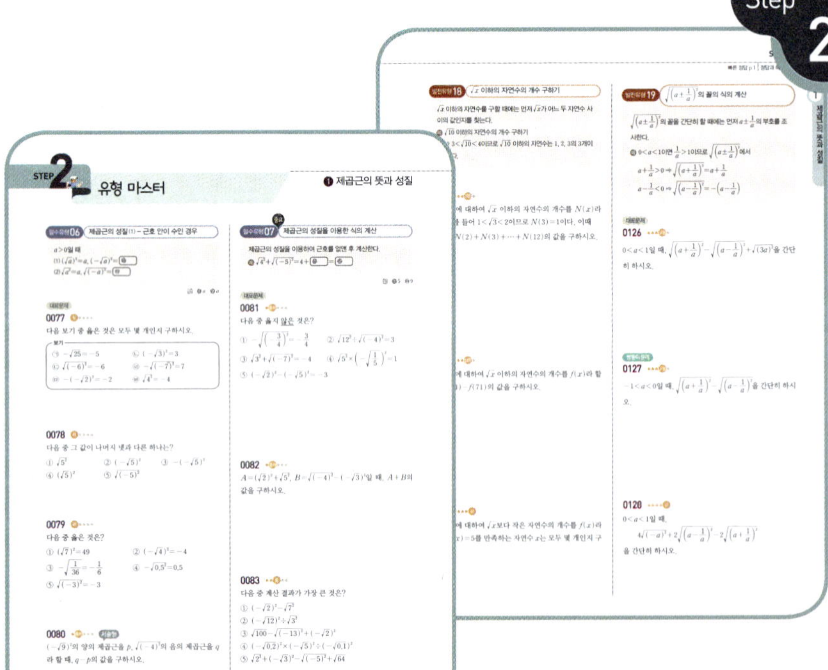



## 유형 마스터

● 필수유형 & 핵심 개념 정리
중단원의 기출 필수유형을 선정하고, 그 유형 학습에 필요한 개념 및 대표문제를 제시하였습니다.

중요
내신 출제율이 높고 꼭 알아두어야 할 유형에 중요 표시를 하였습니다.

대표문제
각 유형에서 시험에 자주 출제되는 문제를 대표문제로 정하였습니다.

발전유형
발전유형을 필수유형과 다른 색으로 표시하여 수준별 학습이 가능하도록 하였습니다.

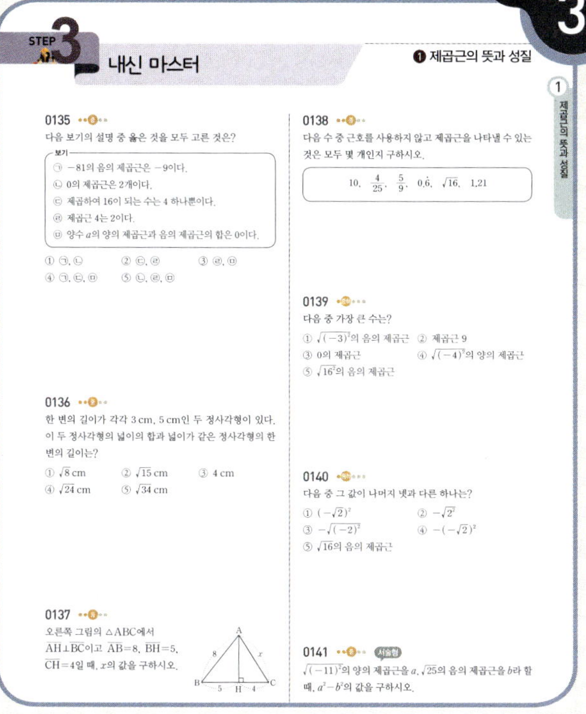

## Step 3 내신 마스터

학교 시험에서 잘 나오는 문제들로 구성하여 실력을 확인해 볼 수 있도록 하였습니다.

## 정답과 해설

자세하고 친절한 해설을 수록하였습니다.

### 전략

문제에 접근할 수 있는 실마리를 제공하였습니다.

### Lecture

풀이를 이해하는데 도움이 되는 내용, 풀이 과정에서 범할 수 있는 실수, 주의할 내용들을 짚어줍니다.

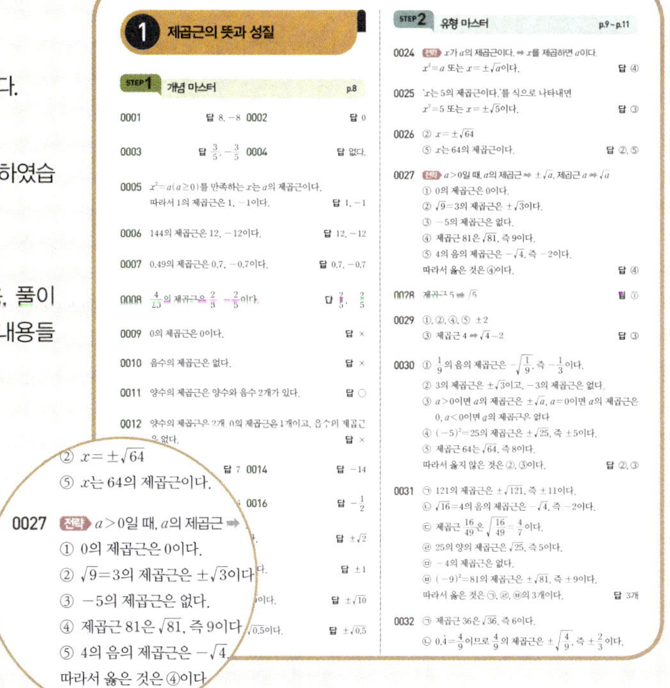

### 특장 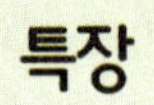

**1** 수학의 모든 유형의 문제를 한 권에 담았습니다.

전국 중학교의 내신 기출 문제를 수집, 분석하여 유형별로 수록하였습니다.

**2** 내신을 완벽하게 대비하기 위하여 유형을 세분화하였습니다.

놓치는 유형 문제가 없도록 유형을 세분화하고 필수유형부터 발전유형까지 유형 문제를 단계별로 체계적으로 학습할 수 있도록 구성하였습니다.

**3** 전략을 통한 문제 해결 방법을 제시하였습니다.

유형별 해결 전략을 제시하여 필수유형을 마스터하고 해결 능력을 스스로 향상시킬 수 있도록 하였습니다.

### ● 나만의 오답노트 활용법

**오답노트 이제 쓰지 말고 찍어 보자!**
(주)천재교육에서 출시된 교재와 연동된 오답노트입니다.
교재의 오답노트 QR을 통해서만 교재를 등록하고 사용할 수 있습니다.
해당 QR이 없는 교재는 연동되어 있지 않으니 참고하세요.

● **오답노트 App 사용법**
1. 표지에 있는 QR을 스캔하여 앱을 설치합니다.
2. 앱을 실행시킨 후 로그인하여 교재를 등록합니다. (천재교육 사이트 회원
   이 아니면 회원가입을 합니다.)
3. 등록된 교재의 오답 문항을 선택하여 등록합니다.
4. 등록된 오답노트를 언제든 열어보고 확인, 인쇄 가능합니다.

● 참고 사항 ● wifi 또는 4G, LTE의 무선 네트워크가 연결되어 있어야 실행됩니다.
안드로이드폰에서만 실행됩니다.

CONTENTS
# 차례

# 1 제곱근의 뜻과 성질

제곱근을 정의해 놓았군.
제곱근을 기호를 사용하여 나타내도록 약속하자.
제곱근
음이 아닌 수 $a$에 대하여 제곱하여 $a$가 되는 수,
즉 $x^2 = a$인 수 $x$를 $a$의 제곱근이라 한다.
제곱근의 표현
루트!
➡ 양수 $a$의 제곱근은 $\sqrt{a}$와 $-\sqrt{a}$
소크라테스
데카르트

## 개념 마스터

**❶ 제곱근의 뜻과 성질**

### 01 제곱근의 뜻　유형 01, 02

(1) **제곱근**　어떤 수 $x$를 제곱하여 음이 아닌 수 $a$가 될 때, $x$를 $a$의 제곱근이라 한다.

$$x^2 = a\ (a \geq 0) \Rightarrow x \text{는 } a \text{의 제곱근}$$

⑩ $5^2 = 25$, $(-5)^2 = 25$이므로 5와 $-5$는 25의 제곱근이다.

$$5,\ -5 \xrightarrow{\text{제곱}} 25 \quad 25 \xrightarrow{\text{제곱근}} 5,\ -5$$

(2) **제곱근의 개수**

① 양수의 제곱근은 양수와 음수 2개가 있고, 그 절댓값은 서로 같다.

② 0의 제곱근은 0 하나뿐이다.

③ 음수의 제곱근은 [ ❶ ].

답　❶ 없다

[0001~0004] 다음 수의 제곱근을 구하시오.

**0001** $64$ 　　　　**0002** $0$

**0003** $\dfrac{9}{25}$ 　　　　**0004** $-10$

[0005~0008] 다음을 만족하는 $x$의 값을 모두 구하시오.

**0005** $x^2 = 1$ 　　　　**0006** $x^2 = 144$

**0007** $x^2 = 0.49$ 　　　　**0008** $x^2 = \dfrac{4}{25}$

[0009~0012] 다음 설명 중 옳은 것에는 ○표, 옳지 않은 것에는 ×표를 하시오.

**0009** 0의 제곱근은 없다. 　　( 　 )

**0010** $-4$의 제곱근은 $-2$이다. 　　( 　 )

**0011** 양수의 제곱근은 2개이다. 　　( 　 )

**0012** 모든 유리수의 제곱근은 2개이다. 　　( 　 )

### 02 제곱근의 표현　유형 01~05

(1) **제곱근의 표현**　제곱근을 나타내기 위해 기호 $\sqrt{\ }$ (근호)를 사용하며, 이 기호를 제곱근 또는 루트(root)라고 읽는다.

(2) **양수 $a$의 제곱근**　$a > 0$일 때

① $a$의 양의 제곱근 $\Rightarrow \sqrt{a}$

② $a$의 음의 제곱근 $\Rightarrow -\sqrt{a}$

$\sqrt{a},\ -\sqrt{a}$를 한꺼번에 $\pm\sqrt{a}$로 나타낼 수 있다.

⑩ 3의 양의 제곱근 : $\sqrt{3}$, 3의 음의 제곱근 : $-\sqrt{3}$

$\Rightarrow$ 3의 제곱근 : $\pm\sqrt{3}$

(3) **$a$의 제곱근과 제곱근 $a$**　$a > 0$일 때

① $a$의 제곱근 $\Rightarrow \pm\sqrt{a}$

② 제곱근 $a \Rightarrow \sqrt{a}$ ($a$의 양의 제곱근)

⑩ 3의 제곱근 $\Rightarrow$ [ ❶ ], 제곱근 3 $\Rightarrow \sqrt{3}$

(4) 근호 안의 수가 어떤 수의 제곱이면 근호를 사용하지 않고 나타낼 수 있다.

답　❶ $\pm\sqrt{3}$

[0013~0016] 다음 수를 근호를 사용하지 않고 나타내시오.

**0013** $\sqrt{49}$ 　　　　**0014** $-\sqrt{196}$

**0015** $\sqrt{0.36}$ 　　　　**0016** $-\sqrt{\dfrac{1}{4}}$

[0017~0020] 다음 수의 제곱근을 구하시오.

**0017** $\sqrt{4}$ 　　　　**0018** $(-1)^2$

**0019** $\sqrt{100}$ 　　　　**0020** $\sqrt{0.25}$

[0021~0023] 다음 표를 완성하시오.

| | $x$ | $x$의 양의 제곱근 | $x$의 음의 제곱근 | $x$의 제곱근 | 제곱근 $x$ |
|---|---|---|---|---|---|
| **0021** | $2$ | | | | |
| **0022** | $\sqrt{36}$ | | | | |
| **0023** | $(-2)^2$ | | | | |

**핵심 포인트!**　• $a \geq 0$일 때

($a$의 제곱근) = (제곱하여 $a$가 되는 수) = ($x^2 = a$를 만족하는 $x$의 값)

### 필수유형 01 제곱근의 뜻과 표현

양수 $a$의 제곱근

➡ 제곱하여 ❶ 가 되는 수

➡ $x^2=a$를 만족하는 $x$의 값

➡ $\pm\sqrt{❷}$ 

답 ❶ $a$ ❷ $a$

**대표문제**

**0024** 하 ●●●●●

$a>0$이고 $x$가 $a$의 제곱근일 때, 다음 중 $x$와 $a$ 사이의 관계를 식으로 바르게 나타낸 것은?

① $x=\sqrt{a}$  ② $\sqrt{x}=a$  ③ $x=a^2$

④ $x^2=a$  ⑤ $x=-\sqrt{a}$

**0025** 하 ●●●●●

다음 중 '$x$는 5의 제곱근이다.'를 식으로 바르게 나타낸 것은?

① $x=-\sqrt{5}$  ② $x=\sqrt{5}$  ③ $x^2=5$

④ $5=\pm\sqrt{x}$  ⑤ $x=5^2$

**0026** 중하 ●●●

$x^2=64$일 때, 다음 중 옳지 <u>않은</u> 것을 모두 고르면?

(정답 2개)

① $x=\pm8$  ② $x=\sqrt{64}$

③ 64는 $x$의 제곱이다.  ④ 64의 제곱근은 $x$이다.

⑤ $x$의 제곱근은 64이다.

### 필수유형 02 제곱근의 이해

$a$의 제곱근과 제곱근 $a$의 비교 (단, $a>0$)

(1) $a$의 제곱근 ➡ 제곱하여 $a$가 되는 수 ➡ ❶ $\sqrt{a}$

(2) 제곱근 $a$ ➡ $a$의 제곱근 중 양의 제곱근 ➡ $\sqrt{a}$

답 ❶ $\pm$

**대표문제**

**0027** 중하 ●●●

다음 중 옳은 것은?

① 0의 제곱근은 없다.

② $\sqrt{9}$의 제곱근은 3과 $-3$이다.

③ $-5$의 제곱근은 $-\sqrt{5}$이다.

④ 제곱근 81은 9이다.

⑤ 4의 음의 제곱근은 $-4$이다.

**0028** 하 ●●●●●

다음 중 제곱근 5를 바르게 나타낸 것은?

① $\sqrt{5}$  ② $\sqrt{25}$  ③ $\pm\sqrt{5}$

④ $\pm\sqrt{25}$  ⑤ 5

**0029** 중하 ●●●

다음 중 그 값이 나머지 넷과 다른 하나는?

① $+2$

② 제곱하여 4가 되는 수

③ 제곱근 4

④ 4의 제곱근

⑤ $x^2=4$를 만족하는 $x$의 값

## 0030 ••중••

다음 중 옳지 <u>않은</u> 것을 모두 고르면? (정답 2개)

① $\dfrac{1}{9}$의 음의 제곱근은 $-\dfrac{1}{3}$이다.

② 3의 제곱근과 $-3$의 제곱근은 같다.

③ 유리수 $a$의 제곱근은 $\pm\sqrt{a}$이다.

④ $(-5)^2$의 제곱근은 $\pm5$이다.

⑤ 제곱근 64는 8이다.

## 0031 ••중••   　　　　　(잘 틀리는 문제)

다음 보기 중 옳은 것은 모두 몇 개인지 구하시오.

> **보기**
> ㉠ 121의 제곱근은 $\pm11$이다.
> ㉡ $\sqrt{16}$의 음의 제곱근은 $-4$이다.
> ㉢ 제곱근 $\dfrac{16}{49}$은 $\pm\dfrac{4}{7}$이다.
> ㉣ 5는 25의 양의 제곱근이다.
> ㉤ $-2$는 $-4$의 음의 제곱근이다.
> ㉥ $(-9)^2$의 제곱근은 $\pm9$이다.

## 0032 ••중••

다음 보기 중 옳은 것을 모두 고르시오.

> **보기**
> ㉠ 제곱근 36은 $\pm6$이다.
> ㉡ $0.\dot{4}$의 제곱근은 $\pm\dfrac{2}{3}$이다.
> ㉢ 양수의 제곱근은 2개가 있고, 그 합은 0이다.
> ㉣ $-9$의 음의 제곱근은 $-3$이다.
> ㉤ 0.16의 제곱근은 0.4와 $-0.4$이다.

---

**필수유형 03**  제곱근 구하기

(1) $a>0$일 때
　① $a$의 양의 제곱근은 $\sqrt{a}$, $a$의 음의 제곱근은 $-\sqrt{a}$
　② $a$의 제곱근은 ❶ ，제곱근 $a$는 ❷

(2) 어떤 수의 제곱으로 표현된 수 또는 근호를 포함한 수의 제곱근을 구할 때, 먼저 주어진 수를 간단히 한 후 제곱근을 구한다.

　　　　　　　　　　🔑 ❶ $\pm\sqrt{a}$　❷ $\sqrt{a}$

**대표문제**

## 0033 ••중••

$(-10)^2$의 양의 제곱근을 $a$, $\sqrt{81}$의 음의 제곱근을 $b$라 할 때, $a-b$의 값을 구하시오.

## 0034 ••중••

다음 중 옳은 것은?

① 49의 제곱근은 $\pm\sqrt{7}$이다.

② $(-8)^2$의 제곱근은 $-8$이다.

③ $\sqrt{36}$의 제곱근은 $\pm6$이다.

④ 0.09의 제곱근은 $\pm0.03$이다.

⑤ $\dfrac{16}{81}$의 제곱근은 $\pm\dfrac{4}{9}$이다.

## 0035 ••중••   서술형

$\dfrac{9}{25}$의 양의 제곱근을 $a$, $(-5)^2$의 음의 제곱근을 $b$라 할 때, $ab$의 값을 구하시오.

## 0036 ••중••

$\sqrt{\dfrac{1}{16}}$의 양의 제곱근을 $a$, $0.\dot{1}$의 음의 제곱근을 $b$라 할 때, $\dfrac{a}{b}$의 값을 구하시오.

**필수유형 04** 제곱근을 이용하여 정사각형의 한 변의 길이 구하기

넓이가 $S$인 정사각형의 한 변의 길이를 $x$라 하면
$$x^2=S \qquad \therefore x=\boxed{\textbf{❶}} \ (\because x>0)$$

답 ❶ $\sqrt{S}$

**대표문제**

### 0037 ●●중●●●

오른쪽 그림과 같이 한 변의 길이가 각각 1 cm, 2 cm인 정사각형 모양의 색종이가 서로 이웃해 있다. 한 변의 길이가 $x$ cm인 정사각형 모양의 색종이의 넓이가 이 두 색종이의 넓이의 합과 같을 때, $x$의 값을 구하시오.

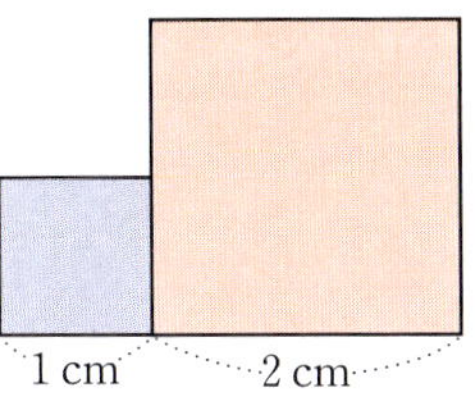


### 0038 ●●중●●●

가로의 길이가 9 m, 세로의 길이가 4 m인 직사각형 모양의 꽃밭과 넓이가 같은 정사각형 모양의 꽃밭을 만들려고 한다. 정사각형 모양의 꽃밭의 한 변의 길이를 구하시오.

### 0039 ●●●상중●

닮음비가 1 : 4인 두 정사각형의 넓이의 합이 68 cm²일 때, 큰 정사각형의 한 변의 길이를 구하시오.

---

**필수유형 05** 근호를 사용하지 않고 제곱근 나타내기

어떤 수의 제곱인 수의 제곱근은 근호를 사용하지 않고 나타낼 수 있다.

예 49는 $\boxed{\textbf{❶}}^2$이므로 49의 제곱근은 $\boxed{\textbf{❷}}$이다.

답 ❶ 7 ❷ ±7

**대표문제**

### 0040 ●●중●●●

다음 수 중 근호를 사용하지 않고 제곱근을 나타낼 수 <u>없는</u> 것을 모두 고르면? (정답 2개)

① 1000
② 0.49
③ $\sqrt{4^2}$
④ $\sqrt{\dfrac{9}{25}}$
⑤ $\dfrac{1600}{25}$

### 0041 ●하●●●●

다음 중 옳은 것은?

① $\sqrt{16}=-4$
② $\sqrt{36}=\pm 6$
③ $-\sqrt{49}=-7$
④ $-\sqrt{81}=9$
⑤ $\sqrt{100}=-10$

### 0042 ●●중●●●

다음 수 중 근호를 사용하지 않고 제곱근을 나타낼 수 있는 것은 모두 몇 개인지 구하시오.

$$15, \qquad 0.4, \qquad \frac{1}{25}, \qquad 0.\dot{1}, \qquad \frac{4}{81}$$

## 03 제곱근의 성질    유형 06~14

(1) $a>0$일 때

① $a$의 제곱근을 제곱하면 $a$가 된다.

➡ $(\sqrt{a})^2=a$, $(-\sqrt{a})^2=a$

② 근호 안의 수가 어떤 수의 제곱이면 근호를 없앨 수 있다.

➡ $\sqrt{a^2}=a$, $\sqrt{(-a)^2}=a$

예 ① $(\sqrt{3})^2=3$, $(-\sqrt{3})^2=3$

② $\sqrt{3^2}=3$, $\sqrt{(-3)^2}=3$

(2) 모든 수 $a$에 대하여

$$\sqrt{a^2}=|a|=\begin{cases} a \ (a\geq0\text{일 때}) \\ -a \ (a\,\boxed{❶}\,0\text{일 때}) \end{cases}$$

예 $2>0$이므로 $\sqrt{2^2}=2$

$-2<0$이므로 $\sqrt{(-2)^2}=-(-2)=2$

답 ❶ <

[0043~0048] 다음 수를 근호를 사용하지 않고 나타내시오.

**0043** $(\sqrt{5})^2$

**0044** $(-\sqrt{1.3})^2$

**0045** $-(-\sqrt{6})^2$

**0046** $\sqrt{7^2}$

**0047** $\sqrt{\left(-\dfrac{1}{2}\right)^2}$

**0048** $-\sqrt{(-2)^2}$

[0049~0052] 다음 식을 계산하시오.

**0049** $(-\sqrt{13})^2-(-\sqrt{7})^2$

**0050** $\sqrt{16}-\sqrt{(-5)^2}$

**0051** $\sqrt{25}+\sqrt{49}-(-\sqrt{8})^2$

**0052** $-\sqrt{(-4)^2}\times\left(-\sqrt{\dfrac{1}{2}}\right)^2$

[0053~0056] 다음을 각 범위에서 근호를 사용하지 않고 나타내시오.

| | | $a\geq0$ | $a<0$ |
|---|---|---|---|
| **0053** | $\sqrt{a^2}$ | | |
| **0054** | $\sqrt{(-a)^2}$ | | |
| **0055** | $-\sqrt{a^2}$ | | |
| **0056** | $-\sqrt{(-a)^2}$ | | |

[0057~0060] $a<0$일 때, 다음 식을 간단히 하시오.

**0057** $\sqrt{(2a)^2}$

**0058** $\sqrt{(-2a)^2}$

**0059** $-\sqrt{(3a)^2}$

**0060** $-\sqrt{(-3a)^2}$

[0061~0062] 다음 ◯ 안에 알맞은 부등호를, ☐ 안에 알맞은 식을 써넣으시오.

**0061** $x>1$일 때, $x-1\,◯\,0$이므로

$\sqrt{(x-1)^2}=\boxed{\phantom{xx}}$

**0062** $x<1$일 때, $x-1\,◯\,0$이므로

$\sqrt{(x-1)^2}=\boxed{\phantom{xx}}$

핵심 포인트! · $\sqrt{(양수)^2}=(양수)$

· $\sqrt{(음수)^2}=-(음수)=(양수)$

**04** 제곱근의 대소 관계　　　유형 15~17

**(1) 제곱근의 대소 관계**

$a>0, b>0$일 때

① $a<b$이면 $\sqrt{a}<\sqrt{b}$

② $\sqrt{a}<\sqrt{b}$이면 $a<b$

③ $a<b$이면 $\sqrt{a}<\sqrt{b}$이므로 $-\sqrt{a}$ ❶ $-\sqrt{b}$

　**예** $3<5$이므로 $\sqrt{3}<\sqrt{5}$ ➡ $-\sqrt{3}>-\sqrt{5}$

　**참고** $a$와 $\sqrt{b}$의 대소 비교 (단, $a>0, b>0$)

　　① 근호가 있는 수로 나타낸 후 비교한다.

　　　➡ $\sqrt{a^2}$과 $\sqrt{b}$를 비교

　　② 제곱하여 비교한다.

　　　➡ $a^2$과 $b$를 비교

**(2) 제곱근을 포함한 부등식**

$0<a<b$일 때, $a<\sqrt{x}<b$를 만족하는 $x$의 값의 범위

➡ 각 변을 제곱하면 $a^2<x<b^2$

**예** 부등식 $2<\sqrt{n}<3$을 만족하는 자연수 $n$의 값

➡ $2<\sqrt{n}<3$의 각 변을 제곱하면 $4<n<9$

따라서 구하는 자연수 $n$은 5, 6, 7, 8이다.

답 ❶ >

[0063~0066] 다음 ☐ 안에 알맞은 부등호를 써넣으시오.

**0063** $\sqrt{2}$ ☐ $\sqrt{5}$

**0064** $\sqrt{\dfrac{1}{3}}$ ☐ $\sqrt{\dfrac{1}{6}}$

**0065** $-\sqrt{\dfrac{2}{3}}$ ☐ $-\sqrt{\dfrac{4}{5}}$

**0066** $-\sqrt{0.5}$ ☐ $-\sqrt{0.8}$

[0067~0070] 다음 ☐ 안에 알맞은 부등호를 써넣으시오.

**0067** $\sqrt{8}$ ☐ $3$

**0068** $\sqrt{0.1}$ ☐ $0.1$

**0069** $\sqrt{\dfrac{2}{3}}$ ☐ $\dfrac{1}{2}$

**0070** $-4$ ☐ $-\sqrt{15}$

**0071** 다음 중 4와 5 사이에 있는 수를 모두 고르시오.

$$\sqrt{9}, \quad \sqrt{12}, \quad \sqrt{17}, \quad \sqrt{20}, \quad \sqrt{25}, \quad \sqrt{28}$$

[0072~0076] 다음 부등식을 만족하는 자연수 $x$의 값을 모두 구하시오.

**0072** $5<\sqrt{x}<7$

**0073** $3<\sqrt{x}\le 4$

**0074** $-5\le -\sqrt{x}\le -4$

**0075** $2<\sqrt{2x}<3$

**0076** $4\le\sqrt{3x}\le 6$

**핵심 포인트!** ・ $a>0, b>0$일 때

　　① $a<b$이면 $\sqrt{a}<\sqrt{b}$

　　② $\sqrt{a}<\sqrt{b}$이면 $a<b$

**필수유형 06** 제곱근의 성질 (1) – 근호 안이 수인 경우

$a>0$일 때
(1) $(\sqrt{a})^2=a$, $(-\sqrt{a})^2=$ ❶
(2) $\sqrt{a^2}=a$, $\sqrt{(-a)^2}=$ ❷

답 ❶ $a$ ❷ $a$

**대표문제**

**0077** 하●●●●

다음 보기 중 옳은 것은 모두 몇 개인지 구하시오.

┌ 보기 ┐
㉠ $-\sqrt{25}=-5$          ㉡ $(-\sqrt{3})^2=3$
㉢ $\sqrt{(-6)^2}=-6$       ㉣ $-\sqrt{(-7)^2}=7$
㉤ $-(-\sqrt{2})^2=-2$     ㉥ $\sqrt{4^2}=-4$

**0078** 하●●●●

다음 중 그 값이 나머지 넷과 다른 하나는?

① $\sqrt{5^2}$         ② $(-\sqrt{5})^2$         ③ $-(-\sqrt{5})^2$
④ $(\sqrt{5})^2$       ⑤ $\sqrt{(-5)^2}$

**0079** 하●●●●

다음 중 옳은 것은?

① $(\sqrt{7})^2=49$              ② $(-\sqrt{4})^2=-4$
③ $-\sqrt{\dfrac{1}{36}}=-\dfrac{1}{6}$       ④ $-\sqrt{0.5^2}=0.5$
⑤ $\sqrt{(-3)^2}=-3$

**0080** ●중하●●● 서술형

$(-\sqrt{9})^2$의 양의 제곱근을 $p$, $\sqrt{(-4)^2}$의 음의 제곱근을 $q$라 할 때, $q-p$의 값을 구하시오.

**필수유형 07** 중요 제곱근의 성질을 이용한 식의 계산

제곱근의 성질을 이용하여 근호를 없앤 후 계산한다.

예 $\sqrt{4^2}+\sqrt{(-5)^2}=4+$ ❶ $=$ ❷

답 ❶ 5 ❷ 9

**대표문제**

**0081** ●중하●●●

다음 중 옳지 <u>않은</u> 것은?

① $-\sqrt{\left(-\dfrac{3}{4}\right)^2}=-\dfrac{3}{4}$       ② $\sqrt{12^2}\div\sqrt{(-4)^2}=3$

③ $\sqrt{3^2}+\sqrt{(-7)^2}=-4$       ④ $\sqrt{5^2}\times\left(-\sqrt{\dfrac{1}{5}}\right)^2=1$

⑤ $(-\sqrt{2})^2-(-\sqrt{5})^2=-3$

**0082** ●중하●●●

$A=(\sqrt{2})^2+\sqrt{5^2}$, $B=\sqrt{(-4)^2}-(-\sqrt{3})^2$일 때, $A+B$의 값을 구하시오.

**0083** ●●중●●

다음 중 계산 결과가 가장 큰 것은?

① $(-\sqrt{2})^2-\sqrt{7^2}$

② $(-\sqrt{12})^2\div\sqrt{3^2}$

③ $\sqrt{100}-\sqrt{(-13)^2}+(-\sqrt{2})^2$

④ $(-\sqrt{0.2})^2\times(-\sqrt{5})^2\div(-\sqrt{0.1})^2$

⑤ $\sqrt{2^2}+(-\sqrt{3})^2-\sqrt{(-5)^2}+\sqrt{64}$

**0084** ••중••

다음 중 옳은 것은?

① $(-\sqrt{3})^2-\sqrt{(-2)^2}+\sqrt{9}=-2$

② $(\sqrt{4})^2-\sqrt{(-6)^2}+\sqrt{81}=19$

③ $\sqrt{(-7)^2}+\sqrt{16}-(-\sqrt{5})^2=6$

④ $(\sqrt{5})^2+(-\sqrt{14})^2+\sqrt{(-2)^2}=-7$

⑤ $-\sqrt{16}+\sqrt{9}+\sqrt{36}=13$

**0085** ••중••

$\sqrt{121}-\sqrt{(-5)^2}\div\sqrt{\dfrac{25}{16}}-(-\sqrt{3})^2$을 계산하시오.

**0086** ••중••

$\sqrt{0.04}-\sqrt{\left(-\dfrac{2}{3}\right)^2}\times\sqrt{\dfrac{9}{25}}+\sqrt{(-2)^4\times3^2}$을 계산하시오.

---

**필수유형 08** 제곱근의 성질 (2) – 근호 안이 문자인 경우

모든 수 $a$에 대하여

$$\sqrt{a^2}=|a|=\begin{cases} a & (a\geq0\text{일 때}) \\ -a & (a<0\text{일 때}) \end{cases}$$

➡ $\sqrt{(양수)^2}=(양수),\ \sqrt{(음수)^2}=\boxed{❶}\ (음수)$

답 ❶ −

대표문제

**0087** ••중하••

$a>0$일 때, 다음 중 옳은 것은?

① $\sqrt{-a^2}=a$ ② $(-\sqrt{a})^2=-a$

③ $\sqrt{(-a)^2}=-a$ ④ $\sqrt{a^2}=-a$

⑤ $-\sqrt{(-a)^2}=-a$

**0088** ••중••

$a<0$일 때, 다음 보기 중 같은 값을 갖는 것끼리 짝 지어진 것을 모두 고르면? (정답 2개)

보기

ㄱ $\sqrt{a^2}$   ㄴ $-\sqrt{(-a)^2}$   ㄷ $\sqrt{(-a)^2}$

ㄹ $(-\sqrt{-a})^2$   ㅁ $-\sqrt{a^2}$

① ㄱ, ㅁ ② ㄴ, ㅁ ③ ㄱ, ㄴ, ㄷ

④ ㄱ, ㄷ, ㄹ ⑤ ㄴ, ㄷ, ㄹ

**0089** ••중••

$a>0$일 때, 다음 중 옳지 <u>않은</u> 것은?

① $\sqrt{a^2}=a$ ② $\sqrt{4a^2}=2a$

③ $\sqrt{(-3a)^2}=3a$ ④ $-\sqrt{(2a)^2}=2a$

⑤ $-\sqrt{(-5a)^2}=-5a$

**필수유형 09**  $\sqrt{a^2}$의 꼴을 포함한 식의 계산

$\sqrt{a^2}$의 꼴을 간단히 할 때에는 먼저 $a$의 **❶** 를 조사한다.

$$\Rightarrow \begin{cases} a \geq 0\text{이면 } \sqrt{a^2}=a \\ a < 0\text{이면 } \sqrt{a^2}=\boxed{❷} \end{cases}$$

답 **❶** 부호  **❷** $-a$

**대표문제**

**0090** ●중하●●●

$a < 0$일 때, $\sqrt{a^2}+\sqrt{(-4a)^2}$을 간단히 하시오.

**0091** ●중하●●●

$a < 0,\ b > 0$일 때, $-\sqrt{b^2}-\sqrt{a^2}$을 간단히 하시오.

**0092** ●●중●●

$a+b < 0,\ ab > 0$일 때, $\sqrt{9a^2}-\sqrt{(-2b)^2}+\sqrt{4b^2}$을 간단히 하시오.

**중요**

**필수유형 10**  $\sqrt{(a\pm b)^2}$의 꼴을 포함한 식의 계산

$\sqrt{(a\pm b)^2}$의 꼴을 간단히 할 때에는 먼저 $a\pm b$의 부호를 조사한다.

$$\Rightarrow \begin{cases} a\pm b \geq 0\text{이면 } \sqrt{(a\pm b)^2}=a\pm b \\ a\pm b < 0\text{이면 } \sqrt{(a\pm b)^2}=\boxed{❶}(a\pm b) \end{cases}$$

답 **❶** $-$

**대표문제**

**0093** ●●중●●

$1 < a < 2$일 때, $\sqrt{(a-1)^2}-\sqrt{(a-2)^2}$을 간단히 하시오.

**0094** ●●중●●  서술형

$0 < a < 3$일 때, $\sqrt{(-a)^2}+\sqrt{(3-a)^2}-\sqrt{(a-3)^2}$을 간단히 하시오.

**0095** ●●중●●

$0 < a < 1$일 때, $\sqrt{(2a-5)^2}+\sqrt{(3-2a)^2}$을 간단히 하시오.

## 0096 ●●중●●

$A=\sqrt{(3-x)^2}+\sqrt{(x+3)^2}$일 때, 다음 보기 중 옳은 것을 모두 고르시오.

보기
㉠ $x>3$이면 $A=2x$
㉡ $0<x<3$이면 $A=6$
㉢ $x<-3$이면 $A=-2x$
㉣ $-3<x<0$이면 $A=-2x+6$

## 0097 ●●중●●

$0<a<b<2$일 때, $\sqrt{(a-b)^2}-\sqrt{(2-a)^2}+\sqrt{(b-2)^2}$을 간단히 하시오.

## 0098 ●●중●●  잘 틀리는 문제

$a>0$, $ab<0$일 때, $\sqrt{(-a)^2}+\sqrt{(b-3a)^2}-\sqrt{4b^2}$을 간단히 하시오.

---

**필수유형 11** 　$\sqrt{(수)\times x}$의 꼴을 자연수로 만들기 　중요

$\sqrt{Ax}$의 꼴을 자연수로 만들기 (단, $A$는 자연수)
➡ $\sqrt{Ax}$가 자연수가 되려면 $Ax$가 제곱수이어야 한다.
① $A$를 소인수분해한다.
② 소인수의 지수가 모두 **❶** 가 되도록 하는 $x$의 값을 구한다.

참고 제곱수 : 1, 4, 9, 16, …과 같이 자연수의 제곱인 수

예 $\sqrt{18x}$가 자연수가 되도록 하는 자연수 $x$의 값
➡ $18=2\times3^2$이므로 $\sqrt{2\times3^2\times x}$가 자연수가 되려면 $x=$ **❷** $\times$(자연수)$^2$의 꼴이어야 한다.
즉 $x=2\times1^2, 2\times2^2, 2\times3^2, \cdots$

답 ❶ 짝수 ❷ 2

대표문제

## 0099 ●●중●●

$\sqrt{60x}$가 자연수가 되도록 하는 자연수 $x$의 값 중 가장 작은 수를 구하시오.

## 0100 ●●중●●

$\sqrt{300x}$가 자연수가 되도록 하는 두 자리 자연수 $x$의 값 중 가장 큰 수를 구하시오.

## 0101 ●●중●●

$n$이 자연수이고 $1<n<30$일 때, $\sqrt{24n}$이 자연수가 되도록 하는 모든 자연수 $n$의 값의 합을 구하시오.

## 0102 ●●●상중●

$\sqrt{\dfrac{72}{5}x}$가 자연수가 되도록 하는 세 자리 자연수 $x$의 값은 모두 몇 개인지 구하시오.

필수유형 **12**　$\sqrt{\dfrac{(수)}{x}}$의 꼴을 자연수로 만들기

$\sqrt{\dfrac{A}{x}}$의 꼴을 자연수로 만들기 (단, $A$는 자연수)

➡ $\sqrt{\dfrac{A}{x}}$가 자연수가 되려면 $\dfrac{A}{x}$가 ❶ [　　] 이어야 한다.

① $A$를 소인수분해한다.

② 소인수의 지수가 모두 짝수가 되도록 하는 $x$의 값을 구한다.
　이때 $x$는 ❷ [　　] 의 약수이다.

예 $\sqrt{\dfrac{12}{x}}$가 자연수가 되도록 하는 자연수 $x$의 값

➡ $12 = 2^2 \times 3$이므로 $\sqrt{\dfrac{2^2 \times 3}{x}}$이 자연수가 되려면

$x$는 12의 약수이면서 $x = 3 \times (자연수)^2$의 꼴이어야 한다.

$\therefore x = 3,\ 3 \times 2^2$

답 ❶ 제곱수 ❷ $A$

대표문제

**0103** ●●중●●

$\sqrt{\dfrac{96}{x}}$이 자연수가 되도록 하는 자연수 $x$의 값 중 가장 작은 수를 구하시오.

**0104** ●●중●●

$\sqrt{\dfrac{720}{x}}$이 자연수가 되도록 하는 자연수 $x$의 개수를 구하시오.

**0105** ●●●상중●　서술형

두 수 $\sqrt{\dfrac{180}{x}},\ \sqrt{45x}$가 모두 자연수가 되도록 하는 자연수 $x$의 값 중 가장 작은 수를 구하시오.

필수유형 **13**　$\sqrt{(수)+x}$의 꼴을 자연수로 만들기

$\sqrt{A+x}$의 꼴을 자연수로 만들기 (단, $A$는 자연수)

➡ $\sqrt{A+x}$가 자연수가 되려면 $A+x$는 제곱수이어야 한다.

① $A$보다 큰 제곱수를 찾는다.

② $A+x$가 ①에서 찾은 제곱수가 되도록 하는 $x$의 값을 구한다.

예 $\sqrt{15+x}$가 자연수가 되도록 하는 자연수 $x$의 값

➡ 15보다 큰 제곱수는 $16, 25, 36, \cdots$이므로

$15 + x = 16, 25, 36, \cdots$

$\therefore x = $ ❶ [　], $10, 21, \cdots$

답 ❶ 1

대표문제

**0106** ●●중●●

$\sqrt{109+x}$가 자연수가 되도록 하는 자연수 $x$의 값 중 가장 작은 수를 구하시오.

**0107** ●●중●●

다음 중 $\sqrt{x+60}$이 자연수가 되도록 하는 자연수 $x$의 값을 모두 고르면? (정답 2개)

① 4　　　　　② 9　　　　　③ 11

④ 12　　　　⑤ 21

**0108** ●●●상중　서술형

$\sqrt{43+x} = y$에서 $y$가 자연수가 되도록 하는 자연수 $x$의 값 중 가장 작은 수를 $a$, 그때의 $y$의 값을 $b$라 할 때, $a+b$의 값을 구하시오.

**필수유형 14** $\sqrt{(수)-x}$의 꼴을 정수 또는 자연수로 만들기

(1) $\sqrt{A-x}$의 꼴을 정수로 만들기 (단, $A$는 자연수)

➡ $\sqrt{A-x}$가 정수가 되려면 $A-x$는 ⓐ 또는 $A$보다 작은 제곱수이어야 한다.

(2) $\sqrt{A-x}$의 꼴을 자연수로 만들기 (단, $A$는 자연수)

➡ $\sqrt{A-x}$가 자연수가 되려면 $A-x$는 $A$보다 작은 제곱수 이어야 한다.

**예** (1) $\sqrt{14-x}$가 정수가 되도록 하는 자연수 $x$의 값

➡ $14-x=0, 1, 4, 9$이므로 $x=$ ⓑ $, 13, 10, 5$

　　　└─► 0 또는 14보다 작은 제곱수

(2) $\sqrt{14-x}$가 자연수가 되도록 하는 자연수 $x$의 값

➡ $14-x=1, 4, 9$이므로 $x=13, 10, 5$

　　　└─► 14보다 작은 제곱수

답 ❶ 0 ❷ 14

**대표문제**

**0109** ••중•••

$\sqrt{19-a}$가 정수가 되도록 하는 모든 자연수 $a$의 값의 합을 구하시오.

**0110** ••중•••

$\sqrt{64-x}$가 자연수가 되도록 하는 자연수 $x$는 모두 몇 개인 지 구하시오.

**0111** ••중•••

$\sqrt{30-x}$가 정수가 되도록 하는 자연수 $x$의 값 중 가장 큰 수를 $M$, 가장 작은 수를 $m$이라 할 때, $M-m$의 값을 구 하시오.

**필수유형 15** 제곱근의 대소 관계 (1)

(1) $a>0$, $b>0$일 때

① $a<b$이면 $\sqrt{a}<\sqrt{b}$ ➡ $-\sqrt{a}$ ⓐ $-\sqrt{b}$

② $\sqrt{a}<\sqrt{b}$이면 $a<b$

(2) $a$와 $\sqrt{b}$의 대소 비교

➡ $\sqrt{a^2}$과 $\sqrt{b}$를 비교하거나 $a^2$과 $b$를 비교한다.

답 ❶ >

**대표문제**

**0112** •중하•••

다음 중 두 수의 대소 관계가 옳은 것을 모두 고르면?

(정답 2개)

① $-\sqrt{8}<-3$　　　② $\sqrt{3}<\sqrt{7}$

③ $\sqrt{\dfrac{1}{2}}<\sqrt{\dfrac{1}{3}}$　　　④ $\sqrt{24}>5$

⑤ $\sqrt{(-4)^2}>\sqrt{(-3)^2}$

**0113** ••중•••

다음 수 중 가장 큰 수를 $a$, 가장 작은 수를 $b$라 할 때, $a^2+b^2$의 값을 구하시오.

$$(\sqrt{3})^2, \quad \sqrt{(-5)^2}, \quad -\sqrt{3}, \quad 0, \quad -\sqrt{5}, \quad 4$$

**0114** ••중••

다음 중 두 수의 대소 관계가 옳지 <u>않은</u> 것은?

① $-\sqrt{35}>-6$　　　② $-\dfrac{1}{3}<-\sqrt{\dfrac{1}{8}}$

③ $\sqrt{0.2}>0.2$　　　④ $\sqrt{\dfrac{3}{4}}>\sqrt{\dfrac{2}{3}}$

⑤ $-\dfrac{1}{2}<-\sqrt{\dfrac{1}{5}}$

### 필수유형 **16**　제곱근의 성질과 대소 관계

중요

(1) $A>B$, 즉 $A-B>0$이면

$\sqrt{(A-B)^2}=A-B$ ← 부호 그대로

(2) $A<B$, 즉 $A-B<0$이면

$\sqrt{(A-B)^2}=\boxed{❶}(A-B)$ ← 부호 반대로

답 ❶ −

**대표문제**

### 0115 ●●중●●

$\sqrt{(2-\sqrt5)^2}-\sqrt{(\sqrt5-2)^2}$을 간단히 하면?

① $-2\sqrt5$　　　② $-4$　　　③ $0$

④ $4$　　　　　⑤ $2\sqrt5$

### 0116 ●●중●●

$\sqrt{(1-\sqrt3)^2}+\sqrt{(3-\sqrt3)^2}$을 간단히 하시오.

### 0117 ●●중●●

$\sqrt{(4-\sqrt{17})^2}+\sqrt{(5-\sqrt{17})^2}$을 간단히 하시오.

### 0118 ●●중●●　서술형

다음 식을 간단히 하시오.

$$\sqrt{(1-\sqrt5)^2}+\sqrt{(3-\sqrt5)^2}-\sqrt{(\sqrt5-4)^2}$$

### 필수유형 **17**　제곱근을 포함한 부등식

중요

제곱근을 포함한 부등식의 각 변이 모두 양수이면 각 변을 제곱해도 부등호의 방향은 바뀌지 않는다.

➡ 두 양수 $a, b$에 대하여 $a<\sqrt{x}<b$이면

$\boxed{❶}<x<\boxed{❷}$이다.

답 ❶ $a^2$　❷ $b^2$

**대표문제**

### 0119 ●●중●●

부등식 $4<\sqrt{2n}<5$를 만족하는 자연수 $n$의 개수를 구하시오.

### 0120 ●●중●●

부등식 $\sqrt3<\sqrt{5x}<\sqrt{20}$을 만족하는 모든 자연수 $x$의 값의 합을 구하시오.

### 0121 ●●중●●

부등식 $2<\sqrt{3x-1}<10$을 만족하는 자연수 $x$의 값 중 가장 큰 수를 $M$, 가장 작은 수를 $m$이라 할 때, $M+m$의 값을 구하시오.

### 0122 ●●중●●　서술형

부등식 $3<\sqrt{\dfrac{a+1}{2}}\leq4$를 만족하는 자연수 $a$의 개수를 구하시오.

**발전유형 18** $\sqrt{x}$ 이하의 자연수의 개수 구하기

$\sqrt{x}$ 이하의 자연수를 구할 때에는 먼저 $\sqrt{x}$가 어느 두 자연수 사이의 값인지를 찾는다.

예 $\sqrt{10}$ 이하의 자연수의 개수 구하기

➡ $3<\sqrt{10}<4$이므로 $\sqrt{10}$ 이하의 자연수는 1, 2, 3의 3개이다.

**대표문제**

**0123** ●●●●상중●

자연수 $x$에 대하여 $\sqrt{x}$ 이하의 자연수의 개수를 $N(x)$라 하자. 예를 들어 $1<\sqrt{3}<2$이므로 $N(3)=1$이다. 이때 $N(1)+N(2)+N(3)+\cdots+N(12)$의 값을 구하시오.

**0124** ●●●●상중●

자연수 $x$에 대하여 $\sqrt{x}$ 이하의 자연수의 개수를 $f(x)$라 할 때, $f(134)-f(71)$의 값을 구하시오.

**0125** ●●●●상

자연수 $x$에 대하여 $\sqrt{x}$보다 작은 자연수의 개수를 $f(x)$라 할 때, $f(x)=5$를 만족하는 자연수 $x$는 모두 몇 개인지 구하시오.

**발전유형 19** $\sqrt{\left(a\pm\dfrac{1}{a}\right)^2}$의 꼴의 식의 계산

$\sqrt{\left(a\pm\dfrac{1}{a}\right)^2}$의 꼴을 간단히 할 때에는 먼저 $a\pm\dfrac{1}{a}$의 부호를 조사한다.

예 $0<a<1$이면 $\dfrac{1}{a}>1$이므로 $\sqrt{\left(a\pm\dfrac{1}{a}\right)^2}$에서

$a+\dfrac{1}{a}>0 \Rightarrow \sqrt{\left(a+\dfrac{1}{a}\right)^2}=a+\dfrac{1}{a}$

$a-\dfrac{1}{a}<0 \Rightarrow \sqrt{\left(a-\dfrac{1}{a}\right)^2}=-\left(a-\dfrac{1}{a}\right)$

**대표문제**

**0126** ●●●●상중●

$0<a<1$일 때, $\sqrt{\left(a+\dfrac{1}{a}\right)^2}-\sqrt{\left(a-\dfrac{1}{a}\right)^2}+\sqrt{(3a)^2}$을 간단히 하시오.

**쌍둥이 문제**

**0127** ●●●●상중●

$-1<a<0$일 때, $\sqrt{\left(a+\dfrac{1}{a}\right)^2}-\sqrt{\left(a-\dfrac{1}{a}\right)^2}$을 간단히 하시오.

**0128** ●●●●상

$0<a<1$일 때,
$$4\sqrt{(-a)^2}+2\sqrt{\left(a-\dfrac{1}{a}\right)^2}-2\sqrt{\left(a+\dfrac{1}{a}\right)^2}$$
을 간단히 하시오.

**발전유형 20** 제곱수의 응용

$\sqrt{A}-\sqrt{B}$가 가장 큰 정수가 되려면 $A$는 가능한 한 가장 큰 제곱수, $B$는 가능한 한 가장 작은 제곱수가 되어야 한다.

**대표문제**

**0129** ••••상

$\sqrt{80-2x}-\sqrt{63+y}$가 가장 큰 정수가 되도록 하는 자연수 $x$, $y$에 대하여 $x+y$의 값을 구하시오.

**쌍둥이 문제**

**0130** ••••상

$\sqrt{100-x}-\sqrt{200y}$가 가장 큰 정수가 되도록 하는 자연수 $x$, $y$에 대하여 $x-y$의 값을 구하시오.

**0131** ••••상

서로 다른 두 개의 주사위를 던져서 나온 눈의 수를 각각 $x$, $y$라 할 때, $\sqrt{75xy}$가 자연수가 될 확률을 구하시오.

**발전유형 21** 제곱근의 대소 관계 (2)

$a$의 값의 범위가 주어질 때 $a$, $\dfrac{1}{a}$, $\sqrt{a}$, $\sqrt{\dfrac{1}{a}}$, $a^2$의 대소 비교

➡ $a$의 값의 범위에 속하는 적당한 수를 대입해 본다.

**대표문제**

**0132** •••상중•

다음 수를 작은 수부터 차례대로 나열할 때, 세 번째에 오는 수를 구하시오. (단, $0<a<1$)

$$a, \quad \frac{1}{a}, \quad \sqrt{a}, \quad \sqrt{\frac{1}{a}}, \quad a^2$$

**0133** ••중••

$a=\dfrac{1}{5}$일 때, 다음 수를 큰 수부터 차례대로 나열하여 두 번째에 오는 수를 구하시오.

$$\frac{1}{a}, \quad \sqrt{a}, \quad \left(\frac{1}{a}\right)^2, \quad \sqrt{\frac{1}{a}}, \quad (\sqrt{a})^2$$

**0134** •••상중•

$a>1$일 때, $a^2$, $\sqrt{a}$, $a$의 대소 관계로 옳은 것은?

① $a<\sqrt{a}<a^2$ 　　　　② $a<a^2<\sqrt{a}$

③ $\sqrt{a}<a<a^2$ 　　　　④ $\sqrt{a}<a^2<a$

⑤ $a^2<\sqrt{a}<a$

## 0135 ●●중●●

다음 보기의 설명 중 옳은 것을 모두 고른 것은?

> **보기**
> ㉠ $-81$의 음의 제곱근은 $-9$이다.
> ㉡ 0의 제곱근은 2개이다.
> ㉢ 제곱하여 16이 되는 수는 4 하나뿐이다.
> ㉣ 제곱근 4는 2이다.
> ㉤ 양수 $a$의 양의 제곱근과 음의 제곱근의 합은 0이다.

① ㉠, ㉡   ② ㉢, ㉣   ③ ㉣, ㉤
④ ㉠, ㉢, ㉤   ⑤ ㉡, ㉣, ㉤

## 0136 ●●중●●

한 변의 길이가 각각 3 cm, 5 cm인 두 정사각형이 있다. 이 두 정사각형의 넓이의 합과 넓이가 같은 정사각형의 한 변의 길이는?

① $\sqrt{8}$ cm   ② $\sqrt{15}$ cm   ③ 4 cm
④ $\sqrt{24}$ cm   ⑤ $\sqrt{34}$ cm

## 0137 ●●중●●

오른쪽 그림의 $\triangle \mathrm{ABC}$에서 $\overline{\mathrm{AH}} \perp \overline{\mathrm{BC}}$이고 $\overline{\mathrm{AB}}=8$, $\overline{\mathrm{BH}}=5$, $\overline{\mathrm{CH}}=4$일 때, $x$의 값을 구하시오.

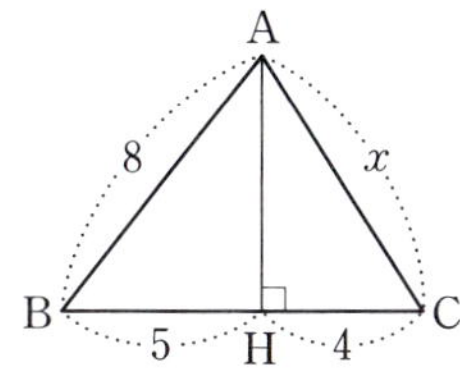

## 0138 ●●중●●

다음 수 중 근호를 사용하지 않고 제곱근을 나타낼 수 있는 것은 모두 몇 개인지 구하시오.

$$10, \quad \frac{4}{25}, \quad \frac{5}{9}, \quad 0.\dot{6}, \quad \sqrt{16}, \quad 1.21$$

## 0139 ●중하●●

다음 중 가장 큰 수는?

① $\sqrt{(-3)^2}$의 음의 제곱근   ② 제곱근 9
③ 0의 제곱근   ④ $\sqrt{(-4)^2}$의 양의 제곱근
⑤ $\sqrt{16^2}$의 음의 제곱근

## 0140 ●중하●●

다음 중 그 값이 나머지 넷과 다른 하나는?

① $(-\sqrt{2})^2$   ② $-\sqrt{2^2}$
③ $-\sqrt{(-2)^2}$   ④ $-(-\sqrt{2})^2$
⑤ $\sqrt{16}$의 음의 제곱근

## 0141 ●●중●● 서술형

$\sqrt{(-11)^2}$의 양의 제곱근을 $a$, $\sqrt{25}$의 음의 제곱근을 $b$라 할 때, $a^2-b^2$의 값을 구하시오.

**0142** ●●중●●

다음 중 옳은 것은?

① $-(\sqrt{6})^2=6$ 　　② $\sqrt{0.04}\div\sqrt{(0.1)^2}=2$

③ $\sqrt{3^2}\times\sqrt{\left(-\dfrac{5}{3}\right)^2}=15$ 　　④ $\sqrt{36}-\sqrt{(-8)^2}=2$

⑤ $\sqrt{4}+\sqrt{16}=\sqrt{20}$

**0143** ●●중●●

$\sqrt{144}+\left(-\sqrt{\dfrac{1}{3}}\right)^2\times(-\sqrt{6})^2-2\sqrt{(-7)^2}$ 을 계산하시오.

**0144** ●●중●●

$\sqrt{a^2}=-a$, $\sqrt{(-b)^2}=b$일 때, $a+\sqrt{(-a)^2}+\sqrt{9b^2}$을 간단히 하면?

① $-3b$ 　　② $3b$ 　　③ $2a-3b$

④ $2a+3b$ 　　⑤ $2a+9b$

**0145** ●●중●● 　서술형

$-2<x<1$일 때, $\sqrt{(x+2)^2}+\sqrt{(-x+1)^2}$을 간단히 하려고 한다. 다음 물음에 답하시오.

(1) 부등식의 성질을 이용하여 $x+2$, $-x+1$의 값의 범위를 각각 구하시오.

(2) $\sqrt{(x+2)^2}+\sqrt{(-x+1)^2}$을 간단히 하시오.

**0146** ●●●상중●

두 수 $a$, $b$에 대하여 $a-b>0$, $ab<0$일 때, 다음 식을 간단히 하시오.

$$\sqrt{a^2}-\sqrt{b^2}+\sqrt{(b-a)^2}-\sqrt{(-3a)^2}$$

**0147** ●●중●● 　서술형

$\sqrt{25-n}$이 자연수가 되도록 하는 자연수 $n$에 대하여 다음 물음에 답하시오.

(1) $\sqrt{25-n}$이 자연수가 되도록 하는 자연수 $n$의 개수를 구하시오.

(2) $\sqrt{25-n}$이 자연수가 되도록 하는 자연수 $n$의 값 중 가장 큰 수를 $a$, 가장 작은 수를 $b$라 할 때, $a+b$의 값을 구하시오.

**0148** ●●●상중●

$\sqrt{79-x}$와 $\sqrt{135x}$가 모두 자연수가 되도록 하는 자연수 $x$의 값을 구하시오.

## 0149 ••중•• 융합형

다음을 읽고 물음에 답하시오.

> 허리케인이란, 대서양 서부에서 발생하는 열대성 저기압을 말하며 허리케인의 중심 기압을 $p$, 바람의 평균 속력을 $v$라 하면 $v=6.3 \times \sqrt{1013-p}$ 이다.

(1) 중심 기압이 1012일 때, 허리케인의 바람의 평균 속력을 구하시오.

(2) 중심 기압이 1004일 때, 허리케인의 바람의 평균 속력을 구하시오.

(3) 중심 기압이 1004일 때 허리케인의 바람의 평균 속력은 중심 기압이 1012일 때 허리케인의 바람의 평균 속력의 몇 배인지 구하시오.

## 0150 •중하•••

다음 중 두 수의 대소 관계가 옳지 <u>않은</u> 것은?

① $6<\sqrt{38}$       ② $\dfrac{1}{4}<\sqrt{\dfrac{1}{10}}$

③ $0.5<\sqrt{0.5}$       ④ $-2<-\sqrt{3}$

⑤ $\sqrt{\dfrac{1}{3}}<\dfrac{1}{2}$

## 0151 ••중••

다음 식을 간단히 하시오.

$$\sqrt{81}+\sqrt{(2-\sqrt{6})^2}+\sqrt{(3-\sqrt{6})^2}$$

## 0152 ••중••

부등식 $1.2<\dfrac{\sqrt{x}}{10}<1.3$을 만족하는 자연수 $x$의 개수를 구하시오.

## 0153 ••••상

자연수 $x$에 대하여 $\sqrt{x}$ 이하의 자연수의 개수를 $N(x)$라 하자. 이때 $N(1)+N(2)+N(3)+\cdots+N(x)=75$가 되도록 하는 $x$의 값은?

① 22       ② 23       ③ 24

④ 25       ⑤ 26

## 0154 ••••상 창의력

다음 그림과 같은 직사각형 모양의 밭을 두 개의 정사각형 모양의 땅 A, B와 직사각형 모양의 땅 C로 나누어 A에는 고추를, B에는 상추를, C에는 토마토를 심으려고 한다. 정사각형 모양의 땅 A, B의 넓이는 각각 $20n$ m², $(109-n)$ m²이고, 변의 길이가 모두 자연수일 때, 직사각형 모양의 땅 C의 넓이를 구하시오. (단, $n$은 자연수)

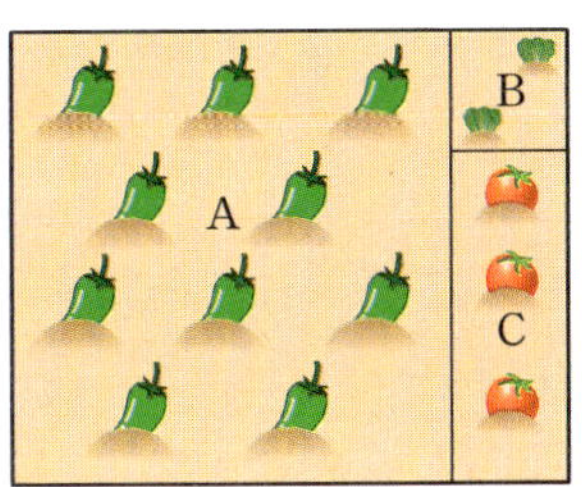

# 2 무리수와 실수

√2가 무리수라는 걸 내가 알아냈지.
유리수만으로는 설명되지 않는 수가 있어!!! 그게 바로 무리수!
유리수와 무리수를 통틀어 실수라 하고 수의 개념을 무리수까지 확장하자.
소크라테스
유클리드
데카르트
양의 정수 : 1, 2, 3, …
정수 0
음의 정수 : −1, −2, …
유리수
정수가 아닌 유리수 : 0.2, $\frac{1}{3}$, …
실수
무리수 (순환소수가 아닌 무한소수) : $\pi$, $\sqrt{3}$, $\sqrt{10}$, …

## 01 무리수와 실수      유형 01, 02

(1) **무리수**   유리수가 아닌 수, 즉 순환소수가 아닌 무한소수

(2) **실수**   유리수와 무리수를 통틀어 실수라 한다.

(3) **실수의 분류**

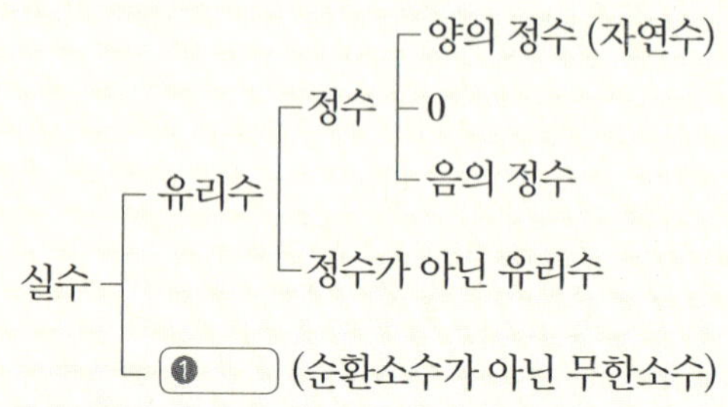


답 ❶ 무리수

[0155~0160] 다음 수가 유리수이면 '유', 무리수이면 '무'로 나타내시오.

**0155**   $\dfrac{1}{2}$      **0156**   $5.1\dot{2}$

**0157**   $\sqrt{0.1}$      **0158**   $\sqrt{0.04}$

**0159**   $\sqrt{12}$      **0160**   $2\pi$

[0161~0164] 다음 중 옳은 것에는 ○표, 옳지 않은 것에는 ×표를 하시오.

**0161**   순환소수는 모두 유리수이다.    (    )

**0162**   근호가 있는 수는 무리수이다.    (    )

**0163**   유한소수는 모두 유리수이다.    (    )

**0164**   무한소수는 모두 무리수이다.    (    )

## 02 실수와 수직선      유형 03~05

(1) 모든 실수는 각각 수직선 위의 한 점에 대응한다.

(2) 서로 다른 두 실수 사이에는 무수히 많은 실수가 있다.

(3) 수직선은 실수에 대응하는 점들로 완전히 메울 수 있다.
   → 수직선은 실수를 나타내는 직선이다.

참고   무리수 $-\sqrt{2}$, $\sqrt{2}$를 수직선 위에 나타내기

① 수직선 위에 원점을 한 꼭짓점으로 하고 직각을 낀 두 변의 길이가 모두 1인 직각삼각형 AOB를 그린다.

② 원점을 중심으로 하고 $\overline{OA}$를 반지름으로 하는 원을 그려 수직선과 만나는 두 점을 각각 P, Q라 한다.
이때 △AOB에서
$$\overline{OA}=\sqrt{1^2+1^2}=\sqrt{2}$$

③ 두 점 P, Q에 대응하는 수가 각각 $-\sqrt{2}$, $\sqrt{2}$이다.

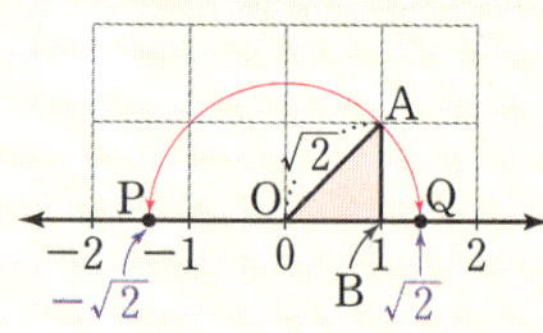

[0165~0166] 다음 그림은 한 눈금의 길이가 1인 모눈종이 위에 직각삼각형 ABC와 수직선을 그린 것이다. $\overline{AC}=\overline{AP}$가 되도록 수직선 위에 점 P를 정할 때, 점 P에 대응하는 수를 구하시오.

**0165**

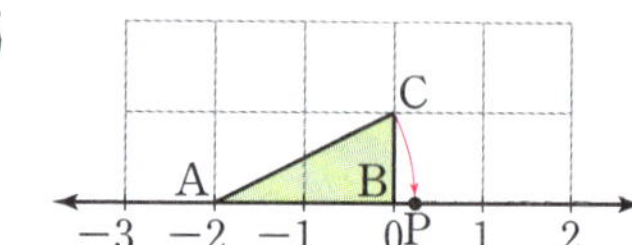

**0166**

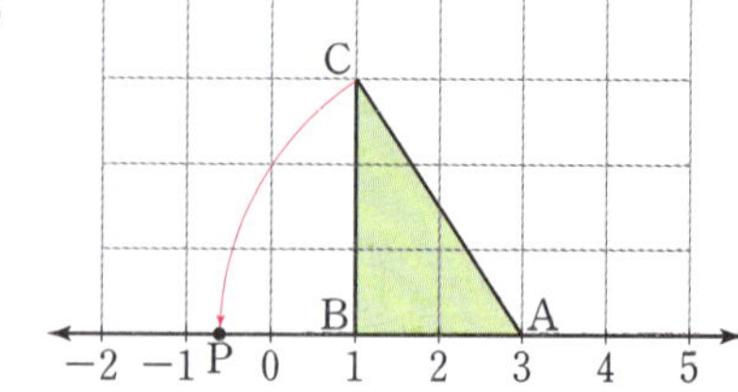

[0167~0170] 다음 중 옳은 것에는 ○표, 옳지 않은 것에는 × 표를 하시오.

**0167** 0과 1 사이에는 무수히 많은 유리수가 있다.

( )

**0168** 2와 3 사이에는 유한개의 무리수가 있다.

( )

**0169** $\sqrt{2}$와 $\sqrt{3}$ 사이에는 무수히 많은 무리수가 있다.

( )

**0170** 모든 실수는 각각 수직선 위의 한 점에 대응한다.

( )

**03** 실수의 대소 관계  유형 06~08

두 실수 $a$, $b$의 대소 관계는 $a-b$의 부호로 알 수 있다.

$a$, $b$가 실수일 때

(1) $a-b>0$이면 $a>b$

(2) $a-b=0$이면 $a=b$

(3) $a-b<0$이면 $a$❶ $b$

**예** $\sqrt{5}-1$과 1의 대소를 비교해 보면

$(\sqrt{5}-1)-1=\sqrt{5}-2=\sqrt{5}-\sqrt{4}>0 \Rightarrow \sqrt{5}-1>1$

**참고** 수의 대소 관계

(1) (음수)< 0 <(양수)

(2) 양수끼리는 절댓값이 큰 수가 크다.

(3) 음수끼리는 절댓값이 큰 수가 작다.

**답** ❶ <

[0171~0174] 다음 ☐ 안에 알맞은 부등호를 써넣으시오.

**0171** $2+\sqrt{8}$ ☐ $5$

**0172** $\sqrt{2}+3$ ☐ $\sqrt{3}+3$

**0173** $1-\sqrt{2}$ ☐ $1-\sqrt{5}$

**0174** $\sqrt{3}+\sqrt{7}$ ☐ $\sqrt{5}+\sqrt{7}$

**04** 제곱근의 값  유형 09

제곱근표를 이용하여 제곱근의 값을 구할 수 있다.

(1) **제곱근표** 1.00에서 99.9까지의 수에 대한 양의 제곱근의 값을 반올림하여 소수점 아래 셋째 자리까지 계산하여 정리해 놓은 표

(2) **제곱근표 읽기** 처음 두 자리 수의 가로줄과 끝자리 수의 세로줄이 만나는 곳에 있는 수를 읽는다.

**예**

| 수 | 0 | 1 | 2 | 3 | ⋯ |
|---|---|---|---|---|---|
| ⋮ | ⋮ | ⋮ | ⋮ | ⋮ | ⋮ |
| 5.6 | 2.366 | 2.369 | 2.371 | 2.373 | ⋯ |
| 5.7 | 2.387 | 2.390 | 2.392 | 2.394 | ⋯ |
| 5.8 | 2.408 | 2.410 | 2.412 | 2.415 | ⋯ |
| ⋮ | ⋮ | ⋮ | ⋮ | ⋮ | ⋮ |

➡ 위의 제곱근표에서

$\sqrt{5.71}=$ ❶ ☐

**답** ❶ 2.390

[0175~0179] 아래 제곱근표를 이용하여 다음 제곱근의 값을 구하시오.

| 수 | 0 | 1 | 2 | 3 | 4 | 5 |
|---|---|---|---|---|---|---|
| 28 | 5.292 | 5.301 | 5.310 | 5.320 | 5.329 | 5.339 |
| 29 | 5.385 | 5.394 | 5.404 | 5.413 | 5.422 | 5.431 |
| 30 | 5.477 | 5.486 | 5.495 | 5.505 | 5.514 | 5.523 |
| 31 | 5.568 | 5.577 | 5.586 | 5.595 | 5.604 | 5.612 |

**0175** $\sqrt{28.3}$

**0176** $\sqrt{29.5}$

**0177** $\sqrt{31}$

**0178** $\sqrt{30.2}$

**0179** $\sqrt{31.4}$

**핵심 포인트!** • 두 실수의 대소 비교

[방법 1] 두 실수의 차 이용  **예** $(\sqrt{2}+1)-(\sqrt{3}+1)=\sqrt{2}-\sqrt{3}<0$  ∴ $\sqrt{2}+1<\sqrt{3}+1$

[방법 2] 부등식의 성질 이용  **예** $\sqrt{2}<\sqrt{3}$의 양변에 1을 더하면 $\sqrt{2}+1<\sqrt{3}+1$

## 필수유형 01   유리수와 무리수

유리수와 무리수의 비교

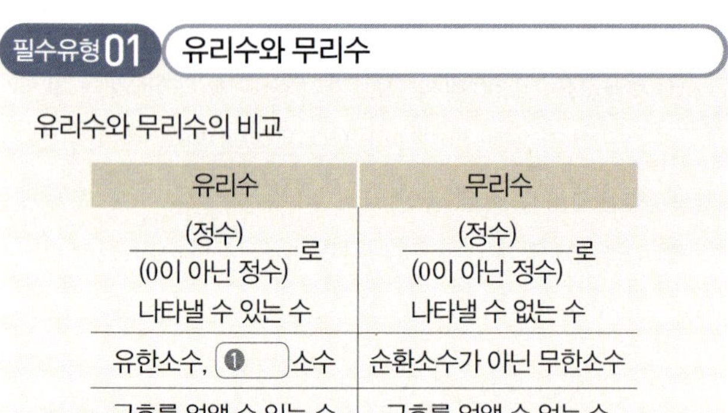

| 유리수 | 무리수 |
|---|---|
| $\dfrac{(정수)}{(0이\ 아닌\ 정수)}$ 로 나타낼 수 있는 수 | $\dfrac{(정수)}{(0이\ 아닌\ 정수)}$ 로 나타낼 수 없는 수 |
| 유한소수, ❶ 소수 | 순환소수가 아닌 무한소수 |
| 근호를 없앨 수 있는 수 | 근호를 없앨 수 없는 수 |

🔑 ❶순환

### 대표문제

**0180** ●중하●●●

다음 중 무리수는 모두 몇 개인지 구하시오.

$$\sqrt{36}, \quad \pi, \quad \sqrt{\dfrac{4}{16}}, \quad \sqrt{3}+1, \quad \sqrt{7}, \quad 3.\dot{5}, \quad \sqrt{0.01}, \quad 0$$

### 0181 ●하●●●●

다음 중 무리수인 것은?

① $-4$     ② $\sqrt{\dfrac{25}{9}}$     ③ $5.\dot{4}$

④ $\sqrt{0.09}$     ⑤ $\sqrt{\dfrac{1}{3}}$

### 0182 ●●중●●    잘 틀리는 문제

다음 중 순환소수가 아닌 무한소수만으로 짝 지어진 것은?

① $0.\dot{8}, \pi, 2\sqrt{5}$     ② $\sqrt{\dfrac{3}{5}}, \dfrac{2}{7}, \pi+1$

③ $\dfrac{\pi}{6}, \sqrt{\dfrac{7}{5}}, \sqrt{\dfrac{1}{2}}$     ④ $\sqrt{21}, \sqrt{32}, \sqrt{16}$

⑤ $-3.14, \sqrt{81}, \sqrt{9}-5$

## 필수유형 02   무리수와 실수의 이해  (중요)

(1) 소수의 분류

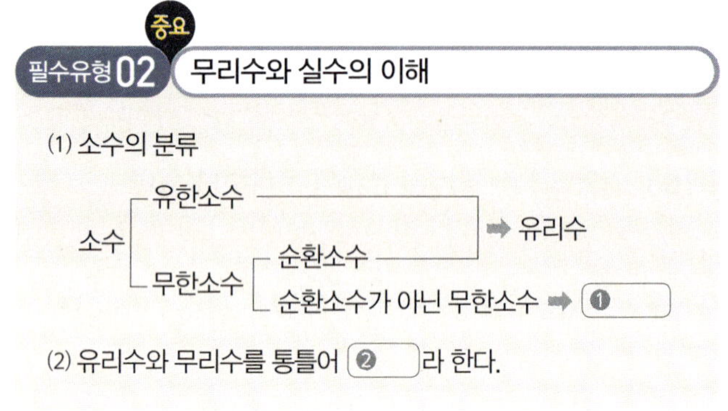

$$소수 \begin{cases} 유한소수 \\ 무한소수 \begin{cases} 순환소수 \Rightarrow 유리수 \\ 순환소수가\ 아닌\ 무한소수 \Rightarrow ❶ \end{cases} \end{cases}$$

(2) 유리수와 무리수를 통틀어 ❷ 라 한다.

🔑 ❶무리수 ❷실수

### 대표문제

**0183** ●●중●●●

다음 보기 중 옳은 것은 모두 몇 개인지 구하시오.

┌ 보기 ─────────
ㄱ. 순환소수는 유리수이다.
ㄴ. 근호를 사용하여 나타낸 수는 모두 무리수이다.
ㄷ. 순환소수가 아닌 무한소수는 무리수이다.
ㄹ. 유리수이면서 무리수인 수도 있다.
ㅁ. 순환소수는 무한소수이다.
ㅂ. 무리수는 무한소수이다.
└──────────

### 0184 ●중하●●●

다음 중 ☐ 안의 수에 해당하는 것은?

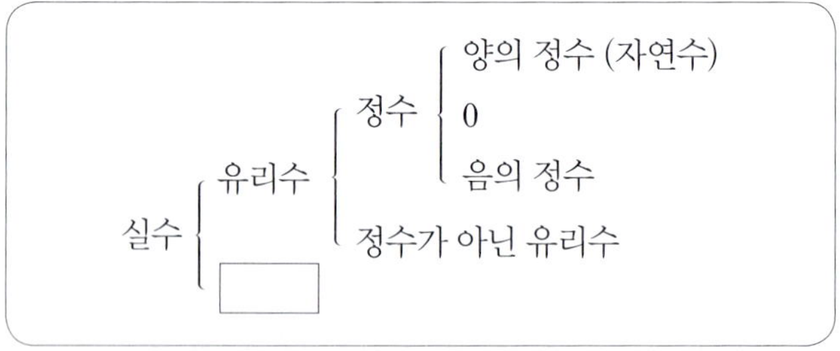

$$실수 \begin{cases} 유리수 \begin{cases} 정수 \begin{cases} 양의\ 정수\ (자연수) \\ 0 \\ 음의\ 정수 \end{cases} \\ 정수가\ 아닌\ 유리수 \end{cases} \\ \boxed{\phantom{xx}} \end{cases}$$

① $\sqrt{0.25}$     ② $\sqrt{\dfrac{16}{9}}$     ③ $-\dfrac{3}{\sqrt{4}}$

④ $\sqrt{4.9}$     ⑤ $5-\sqrt{16}$

## 0185 ··중···

다음 중 $\sqrt{5}$에 대한 설명으로 옳지 <u>않은</u> 것은?

① 순환소수가 아닌 무한소수이다.

② 무리수이다.

③ 5의 양의 제곱근이다.

④ 유한소수로 나타낼 수 없다.

⑤ $\dfrac{(정수)}{(0이 아닌 정수)}$의 꼴로 나타낼 수 있다.

## 0186 ··중···

다음 수에 대한 설명으로 옳은 것은?

$$\frac{3}{4}, \quad \sqrt{6}, \quad 5.\dot{4}, \quad 3.14, \quad \sqrt{36}, \quad \sqrt{\frac{14}{9}}$$

① 정수는 없다.

② 유리수는 $\dfrac{3}{4}$과 $5.\dot{4}$의 2개이다.

③ 순환소수가 아닌 무한소수는 $\sqrt{6}$, $\sqrt{36}$, $\sqrt{\dfrac{14}{9}}$이다.

④ $\sqrt{6}$과 3.14는 무리수이다.

⑤ 무리수는 2개이다.

## 0187 ··중···

다음 설명 중 옳지 <u>않은</u> 것을 모두 고르면? (정답 2개)

① $\sqrt{3}$은 무리수이다.

② $\pi$는 무리수이다.

③ 양수의 제곱근은 모두 무리수이다.

④ 순환소수가 아닌 무한소수 중에는 유리수도 있다.

⑤ 실수는 유리수와 무리수로 이루어져 있다.

---



필수유형 **03**　무리수를 수직선 위에 나타내기 (1)

오른쪽 그림과 같이 한 변의 길이가 1인 정사각형에서 대각선의 길이는 ❶ 이다.

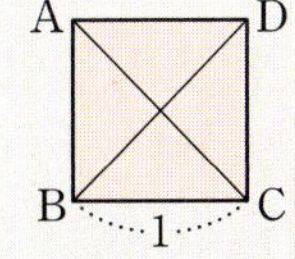

➡ △ABC에서 $\overline{AC}=\sqrt{1^2+1^2}=\sqrt{2}$

　△DBC에서 $\overline{DB}=\sqrt{1^2+1^2}=\sqrt{2}$

**예** 아래 그림과 같이 수직선 위에 한 변의 길이가 1인 정사각형이 있을 때, 두 점 P, Q에 대응하는 수를 각각 구하면

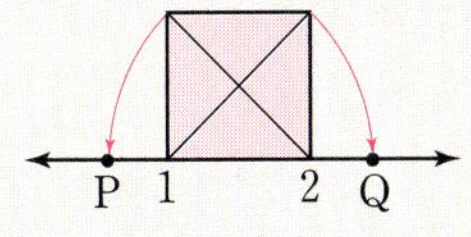

점 P에 대응하는 수 ➡ ❷ $-\sqrt{2}$

점 Q에 대응하는 수 ➡ $1+$ ❸

**답** ❶ $\sqrt{2}$　❷ 2　❸ $\sqrt{2}$

**대표문제**

## 0188 ··중···

아래 그림과 같이 수직선 위에 한 변의 길이가 1인 정사각형 ABCD가 있다. $\overline{BD}=\overline{BP}$, $\overline{AC}=\overline{AQ}$일 때, 다음 중 옳은 것은?

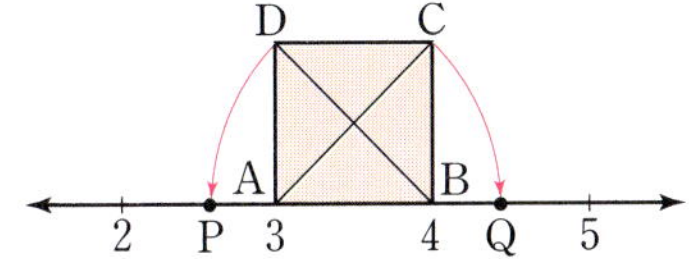

① 점 P에 대응하는 수는 $3-\sqrt{2}$이다.

② 점 Q에 대응하는 수는 $4+\sqrt{2}$이다.

③ $\overline{BQ}=\sqrt{2}$

④ $\overline{AQ}=4\sqrt{2}$

⑤ $\overline{PA}=\sqrt{2}-1$

## 0189 ··중··· 서술형

다음 그림에서 두 사각형은 모두 한 변의 길이가 1인 정사각형이다. 수직선 위의 점 A에 대응하는 수를 $a$, 점 B에 대응하는 수를 $b$라 할 때, $a$, $b$의 값을 각각 구하시오.

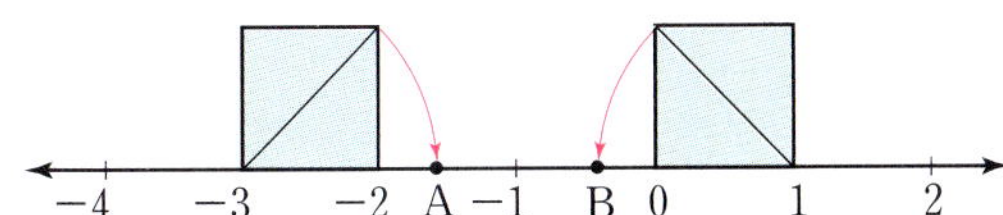

## 0190 ●●중●●

오른쪽 그림에서 □ABCD는 한 변의 길이가 1인 정사각형이다. $\overline{AC}=\overline{AQ}$, $\overline{BD}=\overline{BP}$이고 점 P에 대응하는 수가 $5-\sqrt{2}$일 때, 점 Q에 대응하는 수를 구하시오.

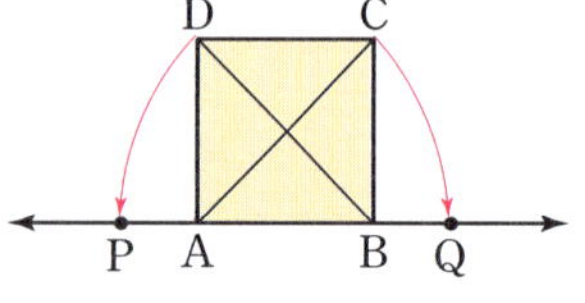

### 필수유형 04  무리수를 수직선 위에 나타내기 (2)

(1) 대응하는 점이 기준점의 왼쪽에 있으면
  ➡ (기준점의 좌표)−(빗변의 길이)
(2) 대응하는 점이 기준점의 오른쪽에 있으면
  ➡ (기준점의 좌표)+(빗변의 길이)

참고 아래 그림에서 두 점 P, Q에 대응하는 수를 각각 구하면

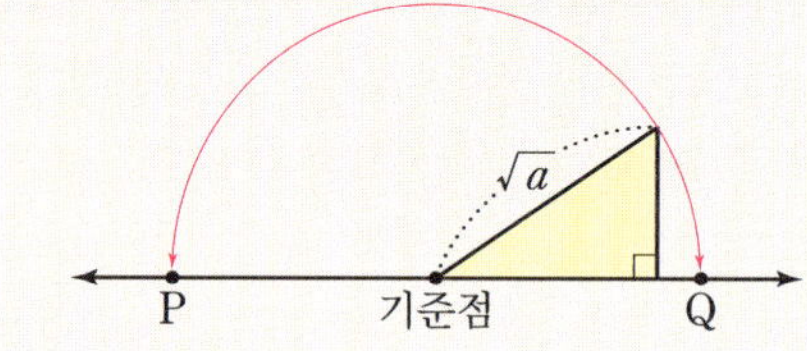

(점 P에 대응하는 수)=(기준점의 좌표)$-\sqrt{a}$
(점 Q에 대응하는 수)=(기준점의 좌표)$+\sqrt{a}$

대표문제

## 0191 ●●중●●

아래 그림은 한 눈금의 길이가 1인 모눈종이 위에 직각삼각형 ABC와 수직선을 그린 것이다. 점 A를 중심으로 하고 $\overline{AC}$를 반지름으로 하는 원을 그려 수직선과 만나는 점을 각각 P, Q라 할 때, 다음 중 옳지 <u>않은</u> 것은?

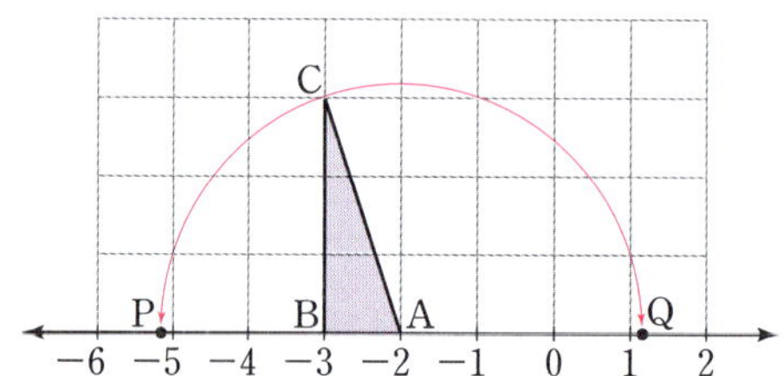

① $\overline{AP}$의 길이는 $\sqrt{10}$이다.
② $\overline{AQ}$의 길이는 $\sqrt{10}$이다.
③ $\overline{BP}$의 길이는 $\sqrt{10}-1$이다.
④ 점 P에 대응하는 수는 $-3-\sqrt{10}$이다.
⑤ 점 Q에 대응하는 수는 $-2+\sqrt{10}$이다.

## 0192 ●●중●● 서술형

다음 그림은 한 눈금의 길이가 1인 모눈종이 위에 직각삼각형 ABC와 수직선을 그린 것이다. 점 A를 중심으로 하고 $\overline{AC}$를 반지름으로 하는 원을 그려 수직선과 만나는 점을 각각 P, Q라 할 때, 점 Q에 대응하는 수는 $4+\sqrt{8}$이다. 이때 점 P에 대응하는 수를 구하시오.

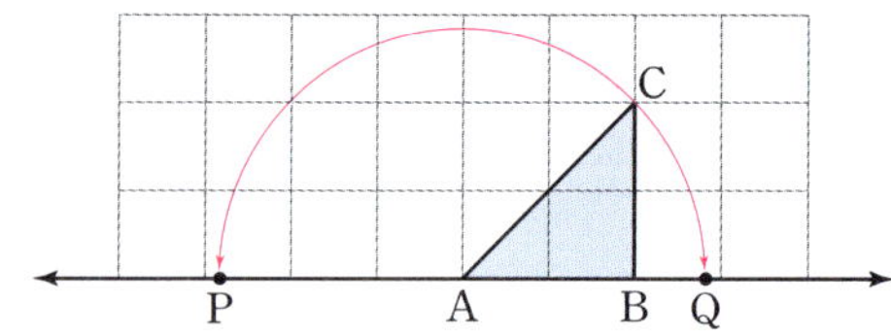

## 0193 ●●중●●

다음 그림에서 모눈 한 칸은 한 변의 길이가 1인 정사각형이다. $\overline{GF}=\overline{GA}$, $\overline{GH}=\overline{GC}$, $\overline{QP}=\overline{QB}$, $\overline{QR}=\overline{QD}$일 때, 수직선 위의 네 점 A, B, C, D의 좌표를 각각 구하시오.

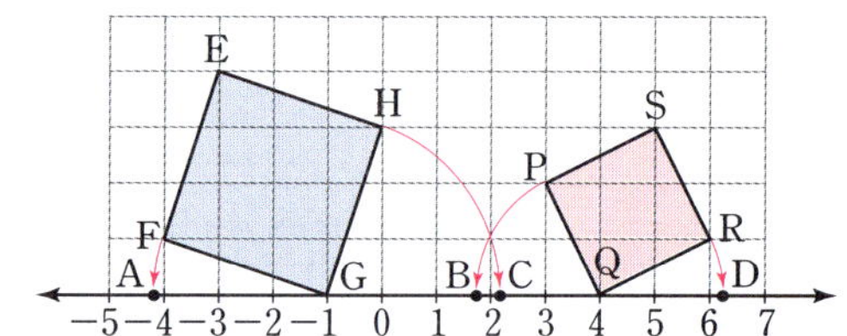

## 0194 ●●중●●

아래 그림에서 모눈 한 칸은 한 변의 길이가 1인 정사각형이고 $\overline{CB}=\overline{CP}$, $\overline{CD}=\overline{CQ}$, $\overline{GF}=\overline{GR}$, $\overline{GH}=\overline{GS}$일 때, 다음 중 옳지 <u>않은</u> 것을 모두 고르면? (정답 2개)

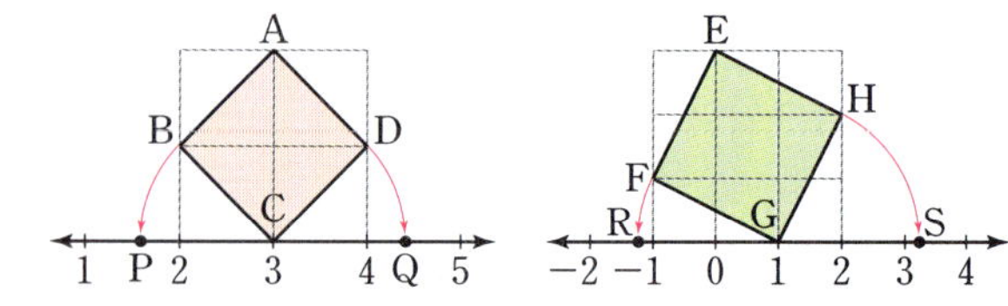

① $P(3-\sqrt{2})$  ② $Q(4+\sqrt{2})$  ③ $R(1-\sqrt{5})$
④ $S(1+\sqrt{5})$  ⑤ $\overline{CQ}=\overline{GS}$

**필수유형 05** 실수와 수직선

(1) 모든 실수는 각각 수직선 위의 한 점에 대응한다.

(2) 서로 다른 두 실수 사이에는 무수히 많은 실수가 있다.

(3) 수직선은 [❶] 에 대응하는 점들로 완전히 메울 수 있다.

➡ 유리수(또는 무리수)에 대응하는 점만으로는 수직선을 완전히 메울 수 없다.

답 ❶ 실수

**대표문제**

**0195** ●● 중 ● ●

다음 설명 중 옳은 것을 모두 고르면? (정답 2개)

① 수직선은 유리수에 대응하는 점들로 완전히 메울 수 있다.

② 무리수와 유리수에 대응하는 점만으로는 수직선을 완전히 메울 수 없다.

③ 서로 다른 두 유리수 사이에는 유리수만 있다.

④ 1과 2 사이에는 무수히 많은 실수가 있다.

⑤ 서로 다른 두 무리수 사이에는 무수히 많은 무리수가 있다.

**0196** ●● 중 ● ●

다음 설명 중 옳지 <u>않은</u> 것은?

① 3과 4 사이에는 무수히 많은 무리수가 있다.

② 모든 실수는 각각 수직선 위에 한 점에 대응한다.

③ 1에 가장 가까운 유리수를 찾을 수 있다.

④ $\sqrt{2}$와 $\sqrt{5}$ 사이에는 무수히 많은 무리수가 있다.

⑤ 유리수에 대응하는 점만으로는 수직선을 완전히 메울 수 없다.

**0197** ●● 중 ● ●

다음 설명 중 옳은 것을 모두 고르면? (정답 2개)

① 수직선은 무리수에 대응하는 점들로 완전히 메울 수 있다.

② 서로 다른 두 무리수 사이에는 무수히 많은 유리수가 있다.

③ 서로 다른 두 유리수 사이에는 유리수만 있다.

④ 실수 중에서 유리수이면서 동시에 무리수인 수는 없다.

⑤ 1과 3 사이에 있는 유리수는 2의 1개이다.

**필수유형 06** 두 실수의 대소 관계

두 실수 $a$, $b$의 대소 관계는 $a$ [❶] $b$의 부호로 판단한다.

(1) $a-b>0$이면 $a>b$

(2) $a-b=0$이면 $a=b$

(3) $a-b<0$이면 $a$ [❷] $b$

**예** $(3-\sqrt{5})-(2-\sqrt{5})=3-\sqrt{5}-2+\sqrt{5}=1>0$

∴ $3-\sqrt{5}>2-\sqrt{5}$

답 ❶ − ❷ <

**대표문제**

**0198** ●● 중 ● ●

다음 중 두 실수의 대소 관계가 옳지 <u>않은</u> 것은?

① $4>\sqrt{8}+1$

② $-3>-2-\sqrt{2}$

③ $3-\sqrt{5}>1$

④ $1-\sqrt{3}<1-\sqrt{2}$

⑤ $\sqrt{5}+\sqrt{3}<\sqrt{6}+\sqrt{5}$

**0199** ●● 중 ● ●

다음 중 두 실수의 대소 관계가 옳은 것은?

① $-3+\sqrt{5}>\sqrt{6}-3$

② $\sqrt{7}+1>3$

③ $3<\sqrt{5}-2$

④ $\sqrt{10}-\sqrt{2}>\sqrt{10}-1$

⑤ $-4-\sqrt{7}>-3-\sqrt{7}$

**0200** ●● 중 ● ●

다음 중 ◯ 안에 알맞은 부등호가 나머지 넷과 다른 하나는?

① $3 \bigcirc \sqrt{2}+2$

② $\sqrt{15}-4 \bigcirc 1$

③ $\sqrt{2}-1 \bigcirc \sqrt{3}-1$

④ $\sqrt{6}+1 \bigcirc \sqrt{2}+1$

⑤ $\sqrt{20}-\sqrt{7} \bigcirc \sqrt{20}-\sqrt{5}$

2 무리수와 실수

## 필수유형 **07**  세 실수의 대소 관계

세 실수 $a, b, c$에 대하여

$a < b$이고 $b < c$이면 $a < \boxed{❶} < c$이다.

답 ❶ $b$

**대표문제**

### 0201  ●●중●●

다음 세 수 $a, b, c$의 대소 관계를 옳게 나타낸 것은?

$$a = \sqrt{2} + \sqrt{3}, \quad b = \sqrt{2} + \sqrt{5}, \quad c = \sqrt{3} + \sqrt{5}$$

① $a < b < c$   ② $a < c < b$   ③ $b < a < c$

④ $b < c < a$   ⑤ $c < b < a$

### 0202  ●●중●●

$a = 2$, $b = \sqrt{3} - 1$, $c = 1 + \sqrt{2}$일 때, 세 수 $a, b, c$의 대소 관계로 옳은 것은?

① $a < b < c$   ② $a < c < b$   ③ $b < a < c$

④ $b < c < a$   ⑤ $c < a < b$

### 0203  ●●중●●  서술형

다음 세 수 $a, b, c$의 대소 관계를 부등호를 사용하여 나타내시오.

$$a = \sqrt{8} + 2, \quad b = \sqrt{6} + \sqrt{8}, \quad c = 4$$

## 필수유형 **08**  수직선에서 무리수에 대응하는 점 찾기

주어진 무리수에 가장 가까운 정수를 찾는다.

예 $\sqrt{16} < \sqrt{20} < \sqrt{25}$이므로

$\boxed{❶} < \sqrt{20} < \boxed{❷}$

즉 $\sqrt{20}$은 4와 5 사이의 수임을 알 수 있다.

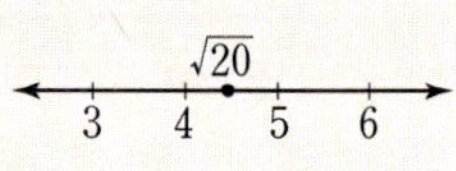

답 ❶ 4  ❷ 5

**대표문제**

### 0204  ●●중●●

다음 수들을 수직선 위에 나타내었더니 아래 그림과 같이 점 A, B, C, D, E에 대응하였을 때, 점의 좌표가 옳은 것은?

$$-\sqrt{3}, \ 1 - \sqrt{2}, \ \sqrt{7} - 2, \ -\sqrt{5}, \ 1 + \sqrt{3}$$

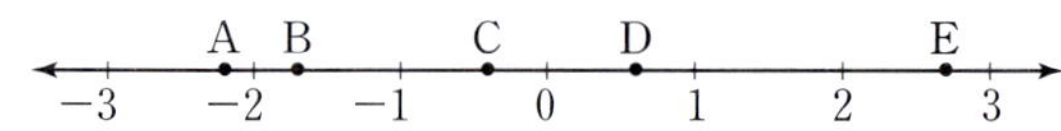

① $A(-\sqrt{3})$   ② $B(-\sqrt{5})$   ③ $C(1 - \sqrt{2})$

④ $D(1 + \sqrt{3})$   ⑤ $E(\sqrt{7} - 2)$

### 0205  ●중하●●●

다음 수직선 위의 점 중 $\sqrt{32}$에 대응하는 점은?

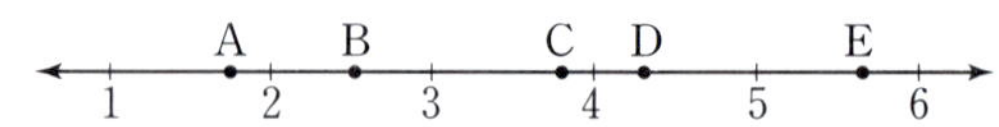

① 점 A   ② 점 B   ③ 점 C

④ 점 D   ⑤ 점 E

### 0206  ●●●상종●

다음 보기의 수를 수직선 위에 점으로 나타내었을 때, 왼쪽에서 세 번째에 있는 점에 대응하는 수를 구하시오.

┌─ 보기 ─

ㄱ $\sqrt{3} - 1$   ㄴ $3 - \sqrt{3}$   ㄷ $\sqrt{3} + 1$

ㄹ $1 - \sqrt{3}$   ㅁ $-\sqrt{3}$

필수유형 **09** (중요) 두 실수 사이의 수

두 실수 $a$, $b$ 사이에 있는 실수 구하기 (단, $a < b$)

(1) $a$와 $b$의 평균은 두 실수 사이의 수이다. ➡ $a < \dfrac{a+b}{①} < b$

(2) $a$에 $b-a$보다 작은 수를 더하거나 $b$에서 $b-a$보다 작은 수를 뺀 수는 두 실수 사이의 수이다.

**(예)** $a = \sqrt{2}$, $b = 2$일 때 (단, $\sqrt{2} = 1.414$)

  (1) $a$와 $b$의 평균 ➡ $\dfrac{\sqrt{2}+2}{2}$

  (2) $2 - \sqrt{2} > 0.5$이므로 $\sqrt{2} + 0.5$, $2 - 0.5$는 $\sqrt{2}$와 2 사이의 수이다.

**답** **①** 2

**대표문제**

**0207** ●●중●●

다음 중 두 수 $\sqrt{2}$와 $\sqrt{5}$ 사이에 있는 수가 <u>아닌</u> 것은?

(단, $\sqrt{2} = 1.414$, $\sqrt{5} = 2.236$으로 계산한다.)

① $\sqrt{2} + 0.1$     ② $\sqrt{5} - 0.1$     ③ $\sqrt{2} + 0.2$

④ $\dfrac{\sqrt{2}+\sqrt{5}}{2}$     ⑤ $\dfrac{\sqrt{5}-\sqrt{2}}{2}$

**0208** ●●중●●

다음 중 두 수 $\sqrt{3}$과 2 사이에 있는 수가 <u>아닌</u> 것은?

(단, $\sqrt{3} = 1.732$로 계산한다.)

① $\sqrt{3} - 0.01$     ② $\dfrac{\sqrt{3}+2}{2}$     ③ $2 - \dfrac{1}{100}$

④ $\sqrt{3} + 0.001$     ⑤ $\dfrac{\sqrt{3}}{2} + 1.1$

**0209** ●●중●●●     (잘 틀리는 문제)

두 수 $-\sqrt{3}$과 $\sqrt{5}$ 사이에 있는 수에 대한 다음 설명 중 옳지 <u>않은</u> 것을 모두 고르면? (정답 2개)

① $-\sqrt{3}$과 $\sqrt{5}$ 사이에 있는 자연수는 2개이다.

② $-\sqrt{3}$과 $\sqrt{5}$ 사이에 있는 정수는 3개이다.

③ $\dfrac{-\sqrt{3}+\sqrt{5}}{2}$는 $-\sqrt{3}$과 $\sqrt{5}$ 사이에 있는 무리수이다.

④ $-\sqrt{3}$과 $\sqrt{5}$ 사이에 있는 무리수는 $-\sqrt{2}$, $\sqrt{2}$, $\sqrt{3}$의 3개이다.

⑤ $-\sqrt{3}$과 $\sqrt{5}$ 사이에 있는 실수는 무수히 많다.

---

발전유형 **10** 여러 가지 심화 문제

**0210** ●●●상중●

아래 그림에서 모눈 한 칸은 한 변의 길이가 1인 정사각형이고 $\overline{AB} = \overline{AP}$이다. 점 P에 대응하는 수를 $a$라 할 때, 다음 중 $a$와 5 사이에 있는 수는?

(단, $\sqrt{10} = 3.162$로 계산한다.)

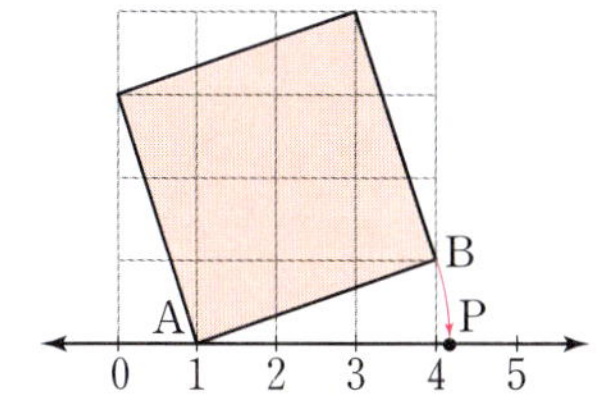


① $\dfrac{4+a}{2}$     ② $\dfrac{a}{2} + 1$     ③ $a + 1$

④ $\dfrac{a-1}{2}$     ⑤ $7 - \dfrac{a}{2}$

**0211** ●●●상중●

다음 그림과 같이 반지름의 길이가 1인 원 O가 수직선과 원점에서 접한다. 원점과 만나는 원 O 위의 점을 P라 하고 이 원을 수직선을 따라서 오른쪽으로 굴릴 때, 점 P가 처음으로 다시 수직선과 만나는 점에 대응하는 수를 구하시오.

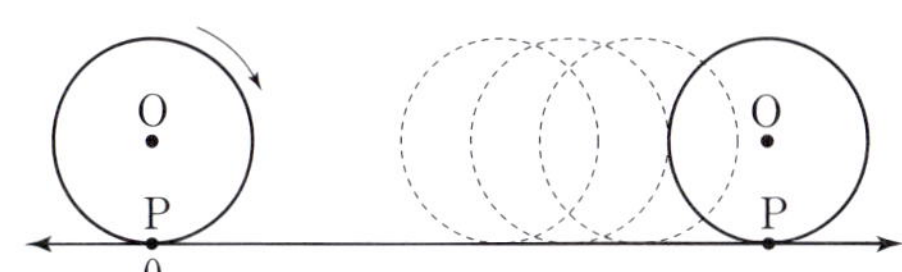


**0212** ●●●●상

100 이하의 자연수 $n$에 대하여 $\sqrt{n}$, $\sqrt{2n}$, $\sqrt{3n}$이 모두 무리수가 되는 $n$은 모두 몇 개인지 구하시오.

## 0213 ●중하●●●

다음 중 무리수는 모두 몇 개인지 구하시오.

$$\sqrt{7}, \quad -\sqrt{144}, \quad \sqrt{0.16}, \quad \pi+1$$

$$\sqrt{0.\dot{4}}, \quad \sqrt{\dfrac{25}{9}}, \quad 0.2333\cdots$$

## 0214 ●●중●●● 융합형

다음은 학생들이 생활 속에서 무리수가 사용되는 예를 조사하여 발표한 것이다. 무리수가 사용되는 예로 적절하지 않은 것을 말한 학생을 구하시오.

종현 : 빛이 들어오는 양을 반으로 줄이면 조리개의 값은 $\sqrt{2}$배로 늘어납니다.

미라 : $A_4$ 용지의 가로의 길이와 세로의 길이의 비는 $1:\sqrt{2}$입니다.

정희 : 바이올린의 몸체의 길이와 몸체 이외의 길이의 비는 $1.6180339\cdots:1$입니다.

수지 : 넓이가 $25\ \text{cm}^2$인 정사각형 모양의 색종이의 한 변의 길이는 $\sqrt{25}\ \text{cm}$입니다.

나연 : 지름의 길이가 $1\ \text{m}$인 트랙터 바퀴가 한 바퀴 굴러간 거리는 $\pi\ \text{m}$입니다.

## 0215 ●●중●●

다음 설명 중 옳지 <u>않은</u> 것을 모두 고르면? (정답 2개)

① 무한소수는 모두 무리수이다.
② 0은 유리수도 아니고 무리수도 아니다.
③ 유리수와 무리수를 통틀어 실수라 한다.
④ 유한소수는 모두 유리수이다.
⑤ 무한소수 중에는 유리수인 것도 있다.

## 0216 ●●중●●●

아래 그림에서 수직선 위의 사각형이 모두 한 변의 길이가 1인 정사각형일 때, 다음 중 점 A, B, C, D, E의 좌표로 옳은 것은?

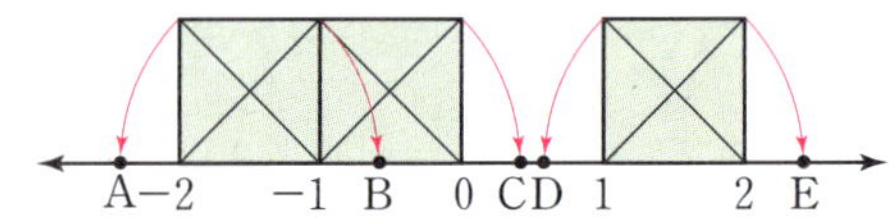

① $A(-2-\sqrt{2})$
② $B(-2+\sqrt{2})$
③ $C(1+\sqrt{2})$
④ $D(1-\sqrt{2})$
⑤ $E(2+\sqrt{2})$

## 0217 ●●중●●● 서술형

다음 그림은 한 눈금의 길이가 1인 모눈종이 위에 삼각형 ABC와 수직선을 그린 것이다. $\overline{CA}=\overline{CP}$, $\overline{CB}=\overline{CQ}$일 때, 두 점 P, Q에 대응하는 수를 각각 구하시오.

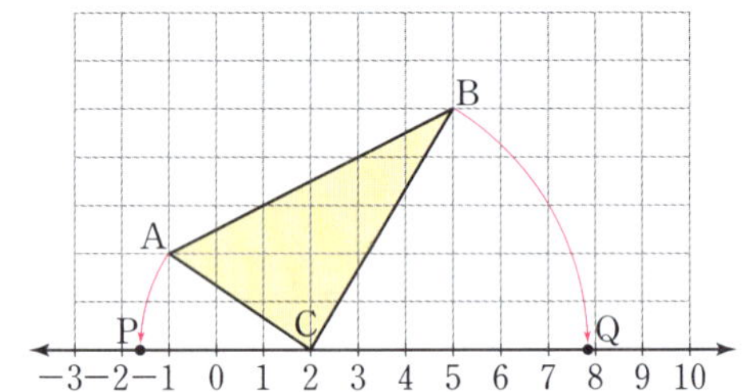

## 0218 ●●중●●

다음 중 두 수의 대소 관계가 옳은 것은?

① $6<5-\sqrt{6}$
② $3+\sqrt{3}<2+\sqrt{3}$
③ $\sqrt{2}-3<\sqrt{5}-3$
④ $3<\sqrt{5}-1$
⑤ $\sqrt{6}-\sqrt{3}<2-\sqrt{3}$

## 0219 ●●●중●●●

다음 세 수의 대소 관계를 바르게 나타낸 것은?

$$a=\sqrt{5}+1, \quad b=1+\sqrt{3}, \quad c=3$$

① $a<b<c$　　② $b<a<c$　　③ $b<c<a$
④ $c<a<b$　　⑤ $c<b<a$

## 0220 ●●●중●●● 서술형

다음 보기의 수에 대하여 물음에 답하시오.

보기
$$1+\sqrt{5}, \quad \sqrt{5}-1, \quad -\sqrt{5}, \quad 2-\sqrt{5}, \quad 1-\sqrt{5}$$

(1) 아래의 수직선 위에 각각의 수에 대응하는 점을 나타내시오.

$$-3 \quad -2 \quad -1 \quad 0 \quad 1 \quad 2 \quad 3 \quad 4$$

(2) (1)의 수직선에 나타낸 점 중 왼쪽에서 두 번째에 있는 점에 대응하는 수를 구하시오.

## 0221 ●●●중●●●

$\sqrt{6}$과 $5+\sqrt{3}$ 사이에 있는 정수의 개수를 구하시오.

## 0222 ●하●●●●

아래 제곱근표를 이용하여 구한 다음 수의 값 중 옳은 것은?

| 수 | 0 | 1 | 2 | 3 |
|---|---|---|---|---|
| 3.4 | 1.844 | 1.847 | 1.849 | 1.852 |
| 3.5 | 1.871 | 1.873 | 1.876 | 1.879 |
| 3.6 | 1.897 | 1.900 | 1.903 | 1.905 |
| 3.7 | 1.924 | 1.926 | 1.929 | 1.931 |

① $\sqrt{3.43}=1.844$　　② $\sqrt{3.5}=1.897$
③ $\sqrt{3.51}=1.876$　　④ $\sqrt{3.62}=1.903$
⑤ $\sqrt{3.73}=1.924$

## 0223 ●●●중●●

다음 중 $\sqrt{3}$과 $\sqrt{5}$ 사이에 있는 수가 <u>아닌</u> 것은?
(단, $\sqrt{3}=1.732$, $\sqrt{5}=2.236$으로 계산한다.)

① $\sqrt{5}-0.2$　　② $\sqrt{5}-0.1$　　③ $\sqrt{3}+0.1$
④ $\sqrt{3}+1$　　⑤ $\dfrac{\sqrt{3}+\sqrt{5}}{2}$

## 0224 ●●●중●●

다음 중 실수에 대한 설명으로 옳지 <u>않은</u> 것을 모두 고르면? (정답 2개)

① 2와 $\sqrt{5}$ 사이에는 유리수가 없다.
② $-\sqrt{5}$와 $\sqrt{10}$ 사이에 있는 정수는 6개이다.
③ $1+\sqrt{2}$에 대응하는 점을 수직선 위에 나타낼 수 있다.
④ 수직선은 무리수에 대응하는 점들로 완전히 메울 수 있다.
⑤ $\sqrt{5}$와 $\sqrt{7}$ 사이에는 무수히 많은 무리수가 있다.

## 0225 ●●●●상중● 창의력

다음은 1에서 100까지 자연수의 양의 제곱근이 적힌 카드를 차례대로 나열한 것이다. 이 카드 중에서 5와 8 사이에 있는 무리수가 적힌 카드의 개수를 구하시오.

# 3 근호를 포함한 식의 계산

# 개념 마스터

**❸ 근호를 포함한 식의 계산**

## 01 제곱근의 곱셈과 나눗셈  유형 01, 02

$a>0$, $b>0$이고 $m$, $n$이 유리수일 때

(1) 제곱근의 곱셈

① $\sqrt{a}\times\sqrt{b}=\sqrt{a}\sqrt{b}=\sqrt{ab}$

② $m\sqrt{a}\times n\sqrt{b}=mn\sqrt{ab}$

예 $\sqrt{2}\times\sqrt{3}=\sqrt{2\times3}=\sqrt{\boxed{❶}}$

$2\sqrt{3}\times3\sqrt{5}=(2\times3)\times\sqrt{3\times5}=6\sqrt{15}$

(2) 제곱근의 나눗셈

① $\sqrt{a}\div\sqrt{b}=\dfrac{\sqrt{a}}{\sqrt{b}}=\sqrt{\dfrac{a}{b}}$

② $m\sqrt{a}\div n\sqrt{b}=\dfrac{m\sqrt{a}}{n\sqrt{b}}=\dfrac{m}{n}\sqrt{\dfrac{a}{b}}$ (단, $n\neq0$)

예 $\sqrt{3}\div\sqrt{2}=\dfrac{\boxed{❷}}{\sqrt{2}}=\sqrt{\dfrac{3}{2}}$

$4\sqrt{3}\div2\sqrt{5}=\dfrac{4\sqrt{3}}{2\sqrt{5}}=\dfrac{4}{2}\sqrt{\dfrac{3}{5}}=2\sqrt{\dfrac{3}{5}}$

**참고** 제곱근의 나눗셈은 역수의 곱셈으로 바꾸어 계산할 수도 있다.

답 ❶ 6  ❷ $\sqrt{3}$

[0226~0229] 다음을 간단히 하시오.

**0226** $\sqrt{3}\times\sqrt{7}$

**0227** $\sqrt{\dfrac{4}{7}}\times\sqrt{\dfrac{5}{4}}$

**0228** $3\sqrt{5}\times5\sqrt{2}$

**0229** $(-7\sqrt{3})\times2\sqrt{10}$

[0230~0233] 다음을 간단히 하시오.

**0230** $\dfrac{\sqrt{30}}{\sqrt{6}}$

**0231** $\sqrt{18}\div\sqrt{3}$

**0232** $4\sqrt{15}\div2\sqrt{3}$

**0233** $3\sqrt{12}\div(-2\sqrt{6})$

## 02 근호가 있는 식의 변형  유형 03~05

$a>0$, $b>0$일 때

(1) $\sqrt{a^2b}=a\sqrt{b}$

예 $\sqrt{12}=\sqrt{2^2\times3}=2\sqrt{3}$

$3\sqrt{2}=\sqrt{3^2\times2}=\sqrt{\boxed{❶}}$

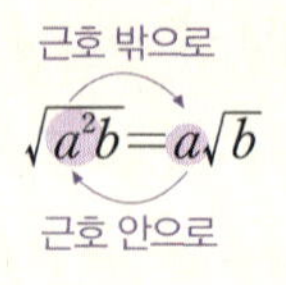


**참고** 근호 밖의 수를 근호 안으로 넣을 때, 부호는 근호 안으로 들어갈 수 없다.

예 $-2\sqrt{5}=-\sqrt{2^2\times5}=-\sqrt{20}$

(2) $\sqrt{\dfrac{a}{b^2}}=\dfrac{\sqrt{a}}{b}$

예 $\sqrt{\dfrac{2}{9}}=\sqrt{\dfrac{2}{3^2}}=\dfrac{\sqrt{2}}{\boxed{❷}}$

$\dfrac{\sqrt{3}}{2}=\sqrt{\dfrac{3}{2^2}}=\sqrt{\dfrac{3}{4}}$

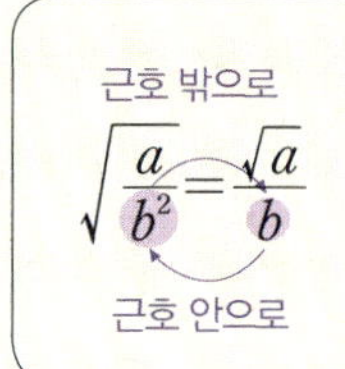


답 ❶ 18  ❷ 3

[0234~0237] 다음을 근호 안의 수가 가장 작은 자연수가 되도록 하여 $a\sqrt{b}$의 꼴로 나타내시오. (단, $a$는 유리수)

**0234** $\sqrt{18}$

**0235** $\sqrt{24}$

**0236** $2\sqrt{48}$

**0237** $-2\sqrt{63}$

[0238~0239] 다음 수를 $\sqrt{a}$ 또는 $-\sqrt{a}$의 꼴로 나타내시오.

**0238** $2\sqrt{5}$

**0239** $-3\sqrt{3}$

[0240~0243] 다음을 근호 안의 수가 가장 작은 자연수가 되도록 하여 $\dfrac{\sqrt{b}}{a}$의 꼴로 나타내시오. (단, $a$는 0이 아닌 유리수)

**0240** $\sqrt{\dfrac{5}{9}}$

**0241** $\dfrac{\sqrt{21}}{\sqrt{75}}$

**0242** $\sqrt{0.34}$

**0243** $\sqrt{0.12}$

**핵심 포인트!** · 제곱근의 곱셈 ➡ 근호 안의 수끼리 곱하고, 근호 밖의 수끼리 곱한다.

· 제곱근의 나눗셈 ➡ 근호 안의 수끼리 나누고, 근호 밖의 수끼리 나눈다.

## 03 분모의 유리화  　유형 06

(1) 분모의 유리화

분모에 근호를 포함한 무리수가 있을 때, 분모, 분자에 각각 0이 아닌 같은 수를 곱하여 분모를 유리수로 고치는 것

(2) 분모의 유리화 방법

$a > 0$일 때

① $\dfrac{b}{\sqrt{a}} = \dfrac{b \times \sqrt{a}}{\sqrt{a} \times \sqrt{a}} = \dfrac{b\sqrt{a}}{a}$

예 $\dfrac{3}{\sqrt{2}} = \dfrac{3 \times \boxed{❶}}{\sqrt{2} \times \boxed{❷}} = \dfrac{3\sqrt{2}}{2}$

② $\dfrac{\sqrt{b}}{\sqrt{a}} = \dfrac{\sqrt{b} \times \sqrt{a}}{\sqrt{a} \times \sqrt{a}} = \dfrac{\sqrt{ab}}{a}$ (단, $b > 0$)

예 $\dfrac{\sqrt{3}}{\sqrt{2}} = \dfrac{\sqrt{3} \times \sqrt{2}}{\sqrt{2} \times \sqrt{2}} = \dfrac{\sqrt{6}}{2}$

답 ❶ $\sqrt{2}$　❷ $\sqrt{2}$

[0244~0245] 다음은 분모를 유리화하는 과정이다. □ 안에 알맞은 수를 써넣으시오.

**0244** $\dfrac{\sqrt{3}}{\sqrt{5}} = \dfrac{\sqrt{3} \times \boxed{\phantom{x}}}{\sqrt{5} \times \boxed{\phantom{x}}} = \boxed{\phantom{xx}}$

**0245** $\dfrac{\sqrt{7}}{2\sqrt{2}} = \dfrac{\sqrt{7} \times \boxed{\phantom{x}}}{2\sqrt{2} \times \boxed{\phantom{x}}} = \boxed{\phantom{xx}}$

[0246~0251] 다음 수의 분모를 유리화하시오.

**0246** $\dfrac{3}{\sqrt{5}}$ 　　　**0247** $\dfrac{\sqrt{5}}{\sqrt{10}}$

**0248** $\sqrt{\dfrac{3}{7}}$ 　　　**0249** $\dfrac{\sqrt{2}}{3\sqrt{5}}$

**0250** $\dfrac{\sqrt{2}}{\sqrt{5}\sqrt{6}}$ 　　　**0251** $\dfrac{3}{\sqrt{12}}$

## 04 제곱근표에 없는 제곱근의 값  　유형 10, 11

제곱근표에 없는 수의 제곱근의 값은 $\sqrt{a^2 b} = a\sqrt{b}$, $\sqrt{\dfrac{a}{b^2}} = \dfrac{\sqrt{a}}{b}\,(a > 0,\ b > 0)$임을 이용하여 그 값을 구할 수 있다.

$x$가 제곱근표에 있는 수일 때,

(1) 근호 안의 수가 100보다 큰 수일 때

➡ $\sqrt{100x} = 10\sqrt{x}$, $\sqrt{10000x} = 100\sqrt{x}$, …를 이용

(2) 근호 안의 수가 0과 1 사이의 수일 때

➡ $\sqrt{\dfrac{x}{100}} = \dfrac{\sqrt{x}}{10}$, $\sqrt{\dfrac{x}{10000}} = \dfrac{\sqrt{x}}{100}$, …를 이용

예 $\sqrt{4.5} = 2.121$, $\sqrt{45} = 6.708$일 때

$\sqrt{450} = \sqrt{4.5 \times 100} = 10\sqrt{4.5} = 10 \times 2.121 = 21.21$

$\sqrt{4500} = \sqrt{45 \times 100} = \boxed{❶}\sqrt{45} = 10 \times 6.708 = 67.08$

$\sqrt{0.45} = \sqrt{\dfrac{45}{\boxed{❷}}} = \dfrac{\sqrt{45}}{10} = \dfrac{6.708}{10} = 0.6708$

$\sqrt{0.045} = \sqrt{\dfrac{4.5}{100}} = \dfrac{\sqrt{4.5}}{10} = \dfrac{2.121}{10} = 0.2121$

답 ❶ 10　❷ 100

[0252~0255] $\sqrt{3} = 1.732$, $\sqrt{30} = 5.477$일 때, 다음 □ 안에 알맞은 수를 써넣으시오.

**0252** $\sqrt{300} = \sqrt{3 \times \boxed{\phantom{x}}} = \boxed{\phantom{x}}\sqrt{3}$
$\phantom{\sqrt{300}} = \boxed{\phantom{x}} \times 1.732 = \boxed{\phantom{xx}}$

**0253** $\sqrt{3000} = \sqrt{30 \times \boxed{\phantom{x}}} = \boxed{\phantom{x}}\sqrt{30}$
$\phantom{\sqrt{3000}} = \boxed{\phantom{x}} \times 5.477 = \boxed{\phantom{xx}}$

**0254** $\sqrt{0.3} = \sqrt{\dfrac{30}{\boxed{\phantom{x}}}} = \dfrac{\sqrt{30}}{\boxed{\phantom{x}}} = \dfrac{5.477}{\boxed{\phantom{x}}} = \boxed{\phantom{xx}}$

**0255** $\sqrt{0.03} = \sqrt{\dfrac{3}{\boxed{\phantom{x}}}} = \dfrac{\sqrt{3}}{\boxed{\phantom{x}}} = \dfrac{1.732}{\boxed{\phantom{x}}} = \boxed{\phantom{xx}}$

핵심 포인트! ・ 분모의 근호 안에 제곱인 인수가 포함되어 있으면 $a\sqrt{b}$의 꼴로 바꾼 후 분모를 유리화한다.

예 $\dfrac{1}{\sqrt{20}} = \dfrac{1}{\sqrt{2^2 \times 5}} = \dfrac{1}{2\sqrt{5}} = \dfrac{\sqrt{5}}{2\sqrt{5} \times \sqrt{5}} = \dfrac{\sqrt{5}}{10}$

### ❸ 근호를 포함한 식의 계산

---

**필수유형 01** 제곱근의 곱셈

(1) 제곱근의 곱셈은 근호 안의 수끼리, 근호 밖의 수끼리 계산한다.

(2) $a>0, b>0, c>0$일 때
$$\sqrt{a}\sqrt{b}\sqrt{c}=\sqrt{\boxed{❶}}$$

(3) 계산 결과가 $\sqrt{(\text{자연수})^2}$의 꼴이면 근호를 없앤다.

답 **❶** $abc$

**대표문제**

**0256** 하

다음 중 옳지 <u>않은</u> 것은?

① $\sqrt{2}\sqrt{7}=\sqrt{14}$

② $-2\sqrt{5}\times\sqrt{3}=-2\sqrt{15}$

③ $\sqrt{\dfrac{5}{4}}\times\sqrt{\dfrac{8}{5}}=\sqrt{2}$

④ $\sqrt{\dfrac{3}{2}}\times\sqrt{\dfrac{8}{3}}=2$

⑤ $5\sqrt{3}\times6\sqrt{2}=30\sqrt{3}$

**0257** 중하

다음을 만족하는 유리수 $a$, $b$에 대하여 $ab$의 값을 구하시오.

$$\sqrt{\dfrac{12}{5}}\times\sqrt{\dfrac{20}{3}}=a, \qquad \sqrt{\dfrac{17}{4}}\times5\sqrt{\dfrac{16}{17}}=b$$

**0258** 중하

다음 중 옳은 것은?

① $\sqrt{5}\times\sqrt{2}=\sqrt{7}$

② $\sqrt{\dfrac{1}{8}}\times\sqrt{8}=1$

③ $\sqrt{2}\sqrt{5}\sqrt{10}=10\sqrt{10}$

④ $3\sqrt{2}\times\sqrt{12}\times\sqrt{\dfrac{5}{8}}=\sqrt{5}$

⑤ $\sqrt{\dfrac{7}{11}}\times\sqrt{\dfrac{11}{21}}=\dfrac{1}{3}$

---

**필수유형 02** 제곱근의 나눗셈

제곱근의 나눗셈은 역수의 곱셈으로 바꾸어 계산한다.

➡ $a>0, b>0, c>0, d>0$일 때
$$\dfrac{\sqrt{b}}{\sqrt{a}}\div\dfrac{\sqrt{d}}{\sqrt{c}}=\dfrac{\sqrt{b}}{\sqrt{a}}\times\dfrac{\sqrt{c}}{\boxed{❶}}=\sqrt{\dfrac{bc}{ad}}$$

답 **❶** $\sqrt{d}$

**대표문제**

**0259** 중

다음 중 계산 결과가 무리수인 것은?

① $4\sqrt{3}\div\sqrt{12}$

② $2\sqrt{15}\div\sqrt{\dfrac{5}{3}}$

③ $2\sqrt{12}\div\sqrt{3}$

④ $3\sqrt{\dfrac{2}{7}}\div\sqrt{\dfrac{3}{7}}$

⑤ $\sqrt{10}\div\sqrt{5}\div3\sqrt{2}$

**0260** 중하

$\sqrt{\dfrac{5}{2}}\div\sqrt{\dfrac{10}{3}}\div\sqrt{\dfrac{3}{14}}$  을 간단히 하면?

① $\sqrt{\dfrac{5}{2}}$

② $\sqrt{\dfrac{7}{2}}$

③ $\sqrt{\dfrac{5}{3}}$

④ $\sqrt{\dfrac{10}{3}}$

⑤ $\sqrt{\dfrac{14}{3}}$

**0261** 중

$\sqrt{10}\div\sqrt{a}=\sqrt{45}$를 만족하는 유리수 $a$의 값을 구하시오.

---

### 필수유형 03 중요 근호가 있는 식의 변형 (1)

(1) 근호 안의 제곱인 인수를 근호 밖으로 꺼낸다.

$\Rightarrow a>0,\ b>0$일 때, $\sqrt{a^2 b}=\sqrt{a^2}\times\sqrt{b}=\boxed{\text{❶}}\ \sqrt{b}$

(2) 근호 밖의 양수를 제곱하여 근호 안으로 넣는다.

$\Rightarrow a>0,\ b>0$일 때, $a\sqrt{b}=\sqrt{a^2}\times\sqrt{b}=\sqrt{\boxed{\text{❷}}}$

주의 근호 밖의 수가 음수인 경우 부호는 그대로 둔다.

예 $-2\sqrt{3}=-\sqrt{2^2\times3}=-\sqrt{12}\,(\bigcirc)$

$-2\sqrt{3}=\sqrt{(-2)^2\times3}=\sqrt{12}\,(\times)$

답 ❶ $a$  ❷ $a^2 b$

**대표문제**

**0262** ●●중●●

$4\sqrt{2}=\sqrt{a}$, $\sqrt{252}=b\sqrt{7}$일 때, $a-b$의 값을 구하시오.

(단, $a$, $b$는 유리수)

**0263** ●중하●●●

다음 중 $\square$ 안에 들어갈 수가 가장 큰 것은?

① $2\sqrt{5}=\sqrt{\square}$    ② $-\sqrt{270}=-3\sqrt{\square}$

③ $\sqrt{1250}=\square\sqrt{2}$    ④ $\sqrt{500}=\square\sqrt{5}$

⑤ $-4\sqrt{\dfrac{5}{2}}=-\sqrt{\square}$

**0264** ●●중●●

$\sqrt{2}\times\sqrt{40}\times\sqrt{15}=a\sqrt{3}$을 만족하는 자연수 $a$의 값을 구하시오.

**0265** ●●중●●

$a>0$이고 $\sqrt{2}\times\sqrt{3}\times\sqrt{a}\times\sqrt{12}\times\sqrt{2a}=24$일 때, $a$의 값을 구하시오.

### 필수유형 04 중요 근호가 있는 식의 변형 (2)

근호를 분리한 후 근호 안의 제곱인 인수를 근호 밖으로 꺼낸다.

$\Rightarrow a>0,\ b>0$일 때, $\sqrt{\dfrac{b}{a^2}}=\dfrac{\sqrt{b}}{\sqrt{a^2}}=\dfrac{\sqrt{b}}{\boxed{\text{❶}}}$

답 ❶ $a$

**대표문제**

**0266** ●●중●●

$\sqrt{0.0008}=k\sqrt{2}$일 때, 유리수 $k$의 값을 구하시오.

**0267** ●●중●●

$\sqrt{1.5}=a\sqrt{6}$일 때, 유리수 $a$의 값은?

① $\dfrac{1}{4}$    ② $\dfrac{3}{10}$    ③ $\dfrac{2}{5}$

④ $\dfrac{1}{2}$    ⑤ $\dfrac{3}{5}$

**0268** ●●중●● 서술형    잘 틀리는 문제

$\sqrt{1200}$은 $\sqrt{3}$의 $x$배이고 $\sqrt{0.005}$는 $\sqrt{2}$의 $y$배일 때, $xy$의 값을 구하시오.

## 필수유형 **05**　문자를 사용한 제곱근의 표현

① 근호 안의 수를 소인수분해한다.
② $a>0, b>0$일 때 $\sqrt{ab}=\sqrt{a}\sqrt{b}$임을 이용하여 근호를 분리한다.
③ 주어진 문자로 나타낸다.

예 $\sqrt{2}=a, \sqrt{3}=b$일 때
$$\sqrt{12}=\sqrt{2^2\times3}=\sqrt{2^2}\times\sqrt{3}=(\sqrt{2})^2\times\sqrt{3}=\boxed{❶}\,b$$

답 ❶ $a^2$

**대표문제**

### 0269 ●중●●

$\sqrt{3}=a, \sqrt{7}=b$일 때, $\sqrt{63}$을 $a, b$를 사용하여 나타내면?

① $a^2+b^2$ 　　② $\sqrt{a+b}$ 　　③ $ab^2$
④ $a^2b$ 　　⑤ $ab$

### 0270 ●●중●●

$\sqrt{2.7}=a, \sqrt{27}=b$일 때, $\sqrt{27000}-\sqrt{0.27}$을 $a, b$를 사용하여 나타내면?

① $100a-\dfrac{b}{10}$ 　② $100a-\dfrac{b}{100}$ 　③ $10a-\dfrac{b}{10}$
④ $10a-b$ 　　⑤ $\dfrac{a}{10}-\dfrac{b}{100}$

### 0271 ●●중●●

$\sqrt{2}=a, \sqrt{7}=b$일 때, $\sqrt{0.98}$을 $a, b$를 사용하여 나타내면?

① $ab^2$ 　　② $\dfrac{a^2b}{10}$ 　　③ $\dfrac{ab^2}{10}$
④ $\dfrac{ab}{100}$ 　　⑤ $\dfrac{a^2b}{100}$

## 필수유형 **06**　분모의 유리화

$a>0, b>0$일 때 $\sqrt{a^2b}=a\sqrt{b}$임을 이용하여 분모의 근호 안의 수를 가장 작은 자연수로 만든 후 분모를 유리화한다.

예 $\dfrac{6}{\sqrt{12}}=\dfrac{6}{\sqrt{2^2\times3}}=\dfrac{6}{2\sqrt{3}}=\dfrac{3}{\sqrt{3}}=\dfrac{3\times\boxed{❶}}{\sqrt{3}\times\boxed{❷}}=\sqrt{3}$

답 ❶ $\sqrt{3}$ ❷ $\sqrt{3}$

**대표문제**

### 0272 ●중하●●●

$\dfrac{6\sqrt{2}}{\sqrt{3}}=a\sqrt{6}, \dfrac{\sqrt{5}}{\sqrt{2}}=b\sqrt{10}$일 때, $a-b$의 값을 구하시오.

(단, $a, b$는 유리수)

### 0273 ●중하●●●

다음 중 분모를 유리화한 것으로 옳지 <u>않은</u> 것은?

① $\dfrac{1}{\sqrt{5}}=\dfrac{\sqrt{5}}{5}$ 　　　② $\dfrac{2}{3\sqrt{2}}=\dfrac{\sqrt{2}}{3}$
③ $\dfrac{\sqrt{5}}{5\sqrt{3}}=\dfrac{\sqrt{15}}{15}$ 　　④ $\dfrac{\sqrt{5}}{\sqrt{2}\sqrt{3}}=\dfrac{\sqrt{30}}{6}$
⑤ $\dfrac{\sqrt{12}}{\sqrt{18}}=\dfrac{\sqrt{6}}{6}$

### 0274 ●●중●●　　잘 틀리는 문제

$\dfrac{2\sqrt{2}}{\sqrt{5}}=a\sqrt{10}, \dfrac{5}{\sqrt{48}}=b\sqrt{3}$일 때, $\sqrt{ab}$의 값은?

(단, $a, b$는 유리수)

① $\dfrac{\sqrt{6}}{6}$ 　　② $\dfrac{\sqrt{6}}{3}$ 　　③ $\dfrac{\sqrt{6}}{2}$
④ $\sqrt{3}$ 　　⑤ $\sqrt{6}$

**필수유형 07** 제곱근의 곱셈과 나눗셈의 혼합 계산

제곱근의 곱셈과 나눗셈의 혼합 계산은 다음과 같은 순서로 한다.
① 근호 안을 가장 작은 자연수로 만든다.
② 나눗셈은 역수의 곱셈으로 바꾼다.
③ 근호 안의 수끼리, 근호 밖의 수끼리 계산한다.
④ 분모에 무리수가 있는 경우 분모를 유리화한다.

**대표문제**

**0275** ●중하●●●

$\dfrac{3\sqrt{3}}{\sqrt{2}} \div \dfrac{\sqrt{6}}{\sqrt{5}} \times \dfrac{8}{\sqrt{18}}$ 을 간단히 하시오.

**0276** ●●중●●

$\dfrac{4}{\sqrt{3}} \times \dfrac{1}{\sqrt{2}} \div \left(-\dfrac{1}{\sqrt{8}}\right)$ 을 간단히 하였더니 $a\sqrt{3}$이 되었다. 이때 유리수 $a$의 값을 구하시오.

**0277** ●●중●●

다음 중 옳지 <u>않은</u> 것은?

① $\sqrt{\dfrac{4}{5}} \div \sqrt{8} \times \sqrt{10} = 1$

② $\dfrac{3\sqrt{3}}{\sqrt{2}} \div \dfrac{\sqrt{15}}{\sqrt{8}} \div \dfrac{\sqrt{6}}{\sqrt{5}} = \sqrt{6}$

③ $\sqrt{\dfrac{3}{4}} \times \dfrac{\sqrt{5}}{3} \div \sqrt{\dfrac{1}{5}} = \dfrac{\sqrt{3}}{6}$

④ $\sqrt{8} \times \sqrt{28} \times \sqrt{\dfrac{3}{4}} \times 2\sqrt{\dfrac{3}{7}} = 12\sqrt{2}$

⑤ $\sqrt{2}\sqrt{4}\sqrt{8}\sqrt{16} = 32$

**필수유형 08** 제곱근의 곱셈과 나눗셈의 도형에의 활용 (1)

조건에 맞는 식을 구한 후 제곱근의 곱셈과 나눗셈을 계산한다.

(1) (삼각형의 넓이)$=\dfrac{1}{2}\times$(밑변의 길이)$\times$(높이)

(2) (직사각형의 넓이)$=$(가로의 길이)$\times$(세로의 길이)

(3) (뿔의 부피)$=$ 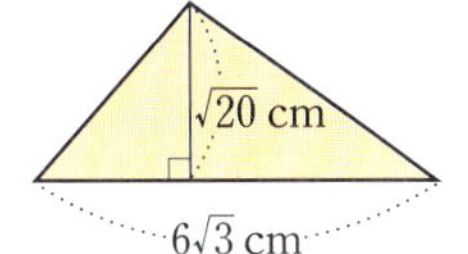 $\times$(밑넓이)$\times$(높이)

답 ❶ $\dfrac{1}{3}$

**대표문제**

**0278** ●●중●●●

다음 그림과 같은 삼각형과 직사각형의 넓이가 같을 때, 실수 $x$의 값을 구하시오.

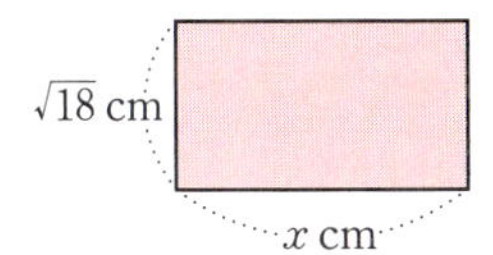


**0279** ●●중●●● 서술형

오른쪽 그림과 같이 직사각형 ABCD에서 $\overline{BC}$, $\overline{CD}$를 각각 한 변으로 하는 정사각형을 그렸더니 그 넓이가 각각 18, 12가 되었다. 이때 직사각형 ABCD의 넓이를 구하시오.

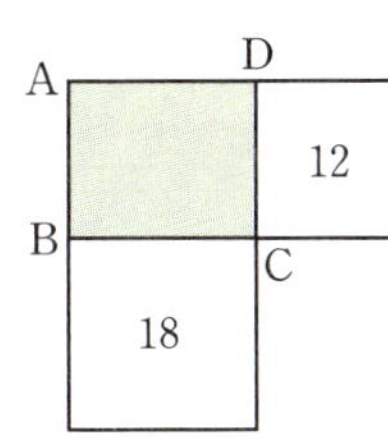


**0280** ●●중●●

오른쪽 그림과 같이 높이가 $\sqrt{6}$ cm인 사각뿔의 부피가 $3\sqrt{14}$ cm³일 때, 이 사각뿔의 밑넓이를 구하시오.

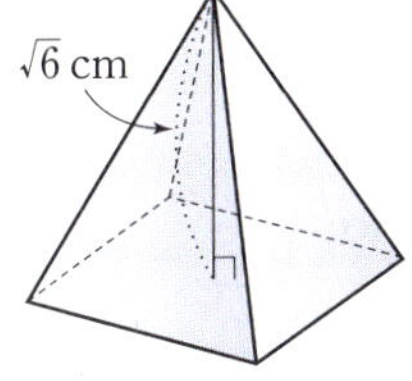

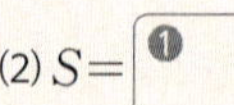 **필수유형 09** 제곱근의 곱셈과 나눗셈의 도형에의 활용 (2)
– 정삼각형의 높이와 넓이

한 변의 길이가 $a$인 정삼각형 ABC
의 높이를 $h$, 넓이를 $S$라 하면

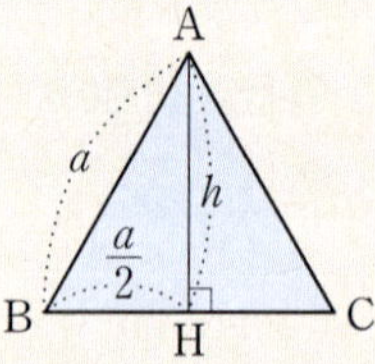

(1) $h=\dfrac{\sqrt{3}}{2}a$

(2) $S=$ ❶

**설명** (1) 직각삼각형 ABH에서 피타고라스 정리에 의해

$$h^2=a^2-\left(\frac{1}{2}a\right)^2=\frac{3}{4}a^2$$

$$\therefore h=\frac{\sqrt{3}}{2}a\ (\because h>0)$$

(2) $S=\dfrac{1}{2}\times a\times h=\dfrac{1}{2}\times a\times \dfrac{\sqrt{3}}{2}a=\dfrac{\sqrt{3}}{4}a^2$

답 ❶ $\dfrac{\sqrt{3}}{4}a^2$

**대표문제**

**0281** ●중하●●●

오른쪽 그림과 같이 높이가 6 cm인
정삼각형 ABC의 넓이를 구하시오.

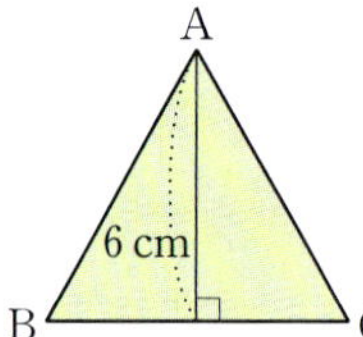

**0282** ●중하●●●

오른쪽 그림과 같이 한 변의 길이가
12 cm인 정삼각형 ABC의 한 중선
을 $\overline{AD}$, 무게중심을 G라 할 때, $\overline{GD}$
의 길이를 구하시오.

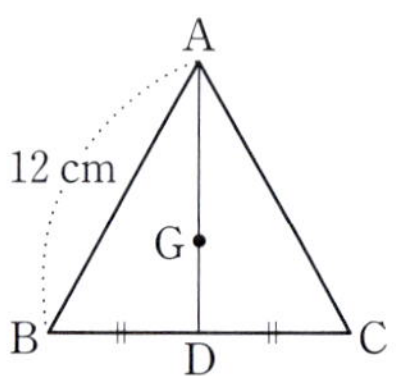

**0283** ●중하●●●

넓이가 $9\sqrt{3}$인 정삼각형의 높이를 구하시오.

**0284** ●●중●●●

오른쪽 그림과 같이 한 변의 길이가
2 cm인 정사각형 ABCD의 대각선
BD를 한 변으로 하는 정삼각형
DBE의 넓이를 구하시오.

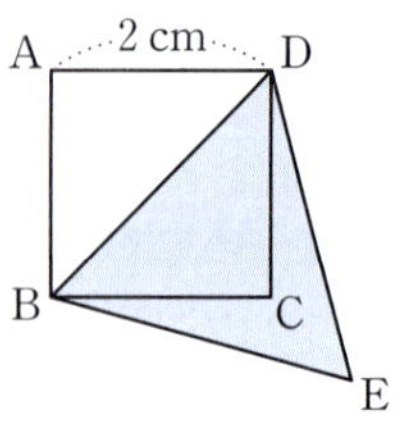

**0285** ●●중●●

오른쪽 그림과 같이 한 변의 길이
가 8 cm인 두 정삼각형 ABC,
DEF를 $\overline{BE}=\overline{EC}=\overline{CF}$가 되도
록 포개어 놓았을 때, 색칠한 부분
의 넓이를 구하시오.

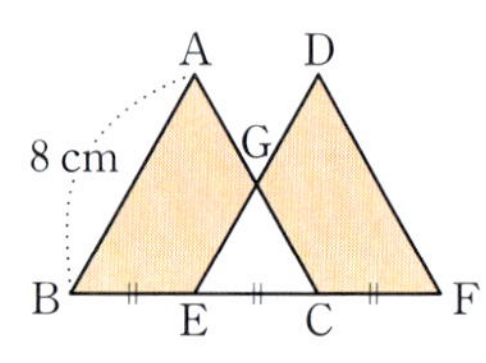

**0286** ●●중●●

오른쪽 그림과 같이 정삼각형
ABC의 높이 $\overline{AD}$를 한 변으로
하는 정삼각형 ADE를 만들었
다. $\overline{AB}=4$일 때, 정삼각형
ADE의 넓이를 구하시오.

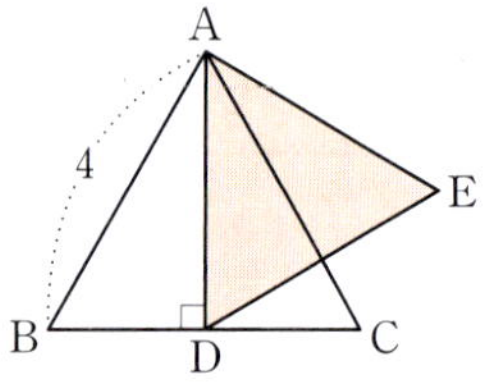

**필수유형 10** 제곱근의 값 (1)

(1) 근호 안의 수가 100보다 큰 수일 때
→ $\sqrt{100a}=10\sqrt{a}$, $\sqrt{10000a}=$ ❶ $\sqrt{a}$, … 를 이용
(2) 근호 안의 수가 0 이상 1 미만인 수일 때
→ $\sqrt{\dfrac{a}{100}}=\dfrac{\sqrt{a}}{❷}$, $\sqrt{\dfrac{a}{10000}}=\dfrac{\sqrt{a}}{100}$, … 를 이용

답 ❶ 100 ❷ 10

**대표문제**

**0287** ●●중●●

$\sqrt{3.14}=1.772$, $\sqrt{31.4}=5.604$일 때, 다음 중 옳지 <u>않은</u> 것은?

① $\sqrt{314}=17.72$  ② $\sqrt{0.314}=0.5604$

③ $\sqrt{3140}=56.04$  ④ $\sqrt{31400}=177.2$

⑤ $\sqrt{0.0314}=0.01772$

**0288** ●중하●●● 서술형

$\sqrt{1.4}=1.183$, $\sqrt{14}=3.742$일 때, 다음 값을 구하시오.

(1) $\sqrt{0.14}$

(2) $\sqrt{140}$

**0289** ●●중●●

다음 중 $\sqrt{3}=1.732$를 이용하여 그 값을 구할 수 <u>없는</u> 것은?

① $\sqrt{0.03}$  ② $\sqrt{\dfrac{3}{4}}$  ③ $\sqrt{12}$

④ $\sqrt{18}$  ⑤ $\sqrt{27}$

**0290** ●●중●●

$\sqrt{4.5}=2.121$일 때, $\sqrt{1800}$의 값을 구하시오.

**필수유형 11** 제곱근의 값 (2)

① 근호 안의 수를 소인수분해하여 제곱인 인수를 찾는다.
② $a\sqrt{b}$의 꼴로 나타낸다.
③ $b$를 10의 거듭제곱 꼴을 이용하여 제곱근표에 있는 수가 나타나도록 변형한다.

**대표문제**

**0291** ●●중●●

아래 표는 제곱근표의 일부이다. 다음 중 이 표를 이용하여 구한 값으로 옳지 <u>않은</u> 것은?

| 수 | 0 | 1 | 2 | 3 | 4 |
|---|---|---|---|---|---|
| 3.0 | 1.732 | 1.735 | 1.738 | 1.741 | 1.744 |
| 3.1 | 1.761 | 1.764 | 1.766 | 1.769 | 1.772 |
| 3.2 | 1.789 | 1.792 | 1.794 | 1.797 | 1.800 |
| 3.3 | 1.817 | 1.819 | 1.822 | 1.825 | 1.828 |
| 3.4 | 1.844 | 1.847 | 1.849 | 1.852 | 1.855 |

① $\sqrt{3.04}=1.744$  ② $\sqrt{0.31}=0.1761$

③ $\sqrt{333}=18.25$  ④ $\sqrt{3.31}=1.819$

⑤ $\sqrt{0.03}=0.1732$

**0292** ●●●상중● 잘 틀리는 문제

아래 표는 제곱근표의 일부이다. 다음 중 이 표를 이용하여 그 값을 구할 수 <u>없는</u> 것은?

| 수 | 0 | 1 | 2 | 3 | 4 |
|---|---|---|---|---|---|
| 1.0 | 1.000 | 1.005 | 1.010 | 1.015 | 1.020 |
| 2.0 | 1.414 | 1.418 | 1.421 | 1.425 | 1.428 |
| 3.0 | 1.732 | 1.735 | 1.738 | 1.741 | 1.744 |
| 4.0 | 2.000 | 2.002 | 2.005 | 2.007 | 2.010 |

① $\sqrt{1.03}$  ② $\sqrt{20.1}$  ③ $\sqrt{404}$

④ $\sqrt{0.0804}$  ⑤ $\sqrt{91800}$

**3** 근호를 포함한 식의 계산

## 05 제곱근의 덧셈과 뺄셈 · 유형 12, 13

근호 안의 수가 같은 것을 동류항으로 보고 다항식의
덧셈, 뺄셈과 같은 방법으로 계산한다.

$m$, $n$이 유리수이고 $a>0$일 때

(1) $m\sqrt{a}+n\sqrt{a}=(m+n)\sqrt{a}$

(2) $m\sqrt{a}-n\sqrt{a}=(m-n)\sqrt{a}$

예 $3\sqrt{2}+2\sqrt{2}=(3+2)\sqrt{2}=\boxed{①}\,\sqrt{2}$

$4\sqrt{3}-2\sqrt{3}=(4-2)\sqrt{3}=2\sqrt{3}$

참고 근호 안의 수가 제곱인 인수를 갖는 경우에는 소인수분
해하여 제곱인 인수를 근호 밖으로 빼낸 후 계산한다.

답 ❶ 5

**[0293~0296]** 다음 식을 간단히 하시오.

**0293** $9\sqrt{7}-2\sqrt{7}+5\sqrt{7}$

**0294** $\dfrac{\sqrt{3}}{2}+\dfrac{\sqrt{3}}{3}-\dfrac{\sqrt{3}}{6}$

**0295** $\sqrt{3}-2\sqrt{5}+3\sqrt{3}+4\sqrt{5}$

**0296** $4\sqrt{10}+3\sqrt{7}-2\sqrt{7}+\sqrt{10}$

**[0297~0299]** 다음 식을 간단히 하시오.

**0297** $3\sqrt{3}+\sqrt{27}$

**0298** $5\sqrt{2}-5\sqrt{8}$

**0299** $\sqrt{50}+3\sqrt{8}-3\sqrt{32}$

## 06 근호가 있는 식의 계산 · 유형 14~17

**(1) 괄호가 있는 경우**

분배법칙을 이용하여 괄호를 풀어 계산한다.

$a>0$, $b>0$, $c>0$일 때

① $\sqrt{a}(\sqrt{b}\pm\sqrt{c})=\sqrt{a}\sqrt{b}\pm\sqrt{a}\sqrt{c}=\sqrt{ab}\pm\sqrt{ac}$

② $(\sqrt{a}\pm\sqrt{b})\sqrt{c}=\sqrt{a}\sqrt{c}\pm\sqrt{b}\sqrt{c}=\sqrt{ac}\pm\sqrt{bc}$

예 $\sqrt{2}(\sqrt{3}+\sqrt{5})=\sqrt{2}\sqrt{3}+\sqrt{2}\sqrt{5}=\sqrt{6}+\sqrt{10}$

$(\sqrt{2}-\sqrt{3})\sqrt{5}=\sqrt{2}\sqrt{5}-\sqrt{3}\sqrt{5}=\sqrt{10}-\sqrt{15}$

**(2) 분모에 무리수가 있는 경우**

분모를 유리화한다.

$a>0$, $b>0$, $c>0$일 때

$$\dfrac{\sqrt{a}\pm\sqrt{b}}{\sqrt{c}}=\dfrac{(\sqrt{a}\pm\sqrt{b})\times\sqrt{c}}{\sqrt{c}\times\sqrt{c}}=\dfrac{\sqrt{ac}\pm\sqrt{bc}}{c}$$

예 $\dfrac{\sqrt{2}+\sqrt{5}}{\sqrt{3}}=\dfrac{(\sqrt{2}+\sqrt{5})\times\boxed{①}}{\sqrt{3}\times\boxed{②}}=\dfrac{\sqrt{6}+\sqrt{15}}{3}$

답 ❶ $\sqrt{3}$  ❷ $\sqrt{3}$

**[0300~0303]** 다음 식을 전개하시오.

**0300** $\sqrt{2}(3-2\sqrt{5})$

**0301** $(\sqrt{2}+3\sqrt{3})\sqrt{6}$

**0302** $(3\sqrt{5}-\sqrt{20})\sqrt{5}$

**0303** $-2\sqrt{5}(\sqrt{5}-2\sqrt{10})$

**[0304~0307]** 다음 수의 분모를 유리화하시오.

**0304** $\dfrac{\sqrt{2}-\sqrt{3}}{\sqrt{6}}$     **0305** $\dfrac{3+\sqrt{3}}{5\sqrt{2}}$

**0306** $\dfrac{3\sqrt{2}-\sqrt{3}}{2\sqrt{2}}$     **0307** $\dfrac{3\sqrt{5}-\sqrt{6}}{\sqrt{24}}$

핵심 포인트! · 제곱근의 덧셈과 뺄셈에서 다음과 같은 계산 실수를 하지 않도록 주의한다.

$a>0$, $b>0$, $a\neq b$일 때

① $\sqrt{a}+\sqrt{b}\neq\sqrt{a+b}$     ② $\sqrt{a}-\sqrt{b}\neq\sqrt{a-b}$

### 필수유형 12 제곱근의 덧셈과 뺄셈

(1) 근호로 표현된 수의 덧셈과 뺄셈은 근호 안의 수가 같은 것 끼리 묶어서 계산한다.

예 $3\sqrt{2}+2\sqrt{3}+2\sqrt{2}-3\sqrt{3}=(3+2)\sqrt{2}+(2-3)\sqrt{3}$
$=\boxed{①}\,\sqrt{2}-\sqrt{3}$

(2) 근호 안에 제곱인 인수가 있으면 제곱인 인수를 근호 밖으로 꺼낸 후 계산한다.

예 $3\sqrt{8}+\sqrt{32}=6\sqrt{2}+4\sqrt{2}=\boxed{②}\,\sqrt{2}$

답 ❶5 ❷10

### 필수유형 13 (중요) 분모에 근호를 포함한 제곱근의 덧셈과 뺄셈

① 분모를 유리화한다.

➡ $b>0$일 때, $\dfrac{a}{\sqrt{b}}=\dfrac{a\times\sqrt{b}}{\sqrt{b}\times\sqrt{b}}=\dfrac{a\sqrt{b}}{b}$

② 근호 안의 수가 같은 것끼리 묶어서 계산한다.

예 $\dfrac{2}{\sqrt{3}}+3\sqrt{3}-\dfrac{\sqrt{3}}{3}=\boxed{①}\,\sqrt{3}+3\sqrt{3}-\dfrac{\sqrt{3}}{3}=\boxed{②}\,\sqrt{3}$

답 ❶$\dfrac{2}{3}$ ❷$\dfrac{10}{3}$

**대표문제**

**0308** ••중••
$\sqrt{27}+4\sqrt{20}+7\sqrt{3}-9\sqrt{45}=a\sqrt{3}+b\sqrt{5}$일 때, $a+b$의 값을 구하시오. (단, $a$, $b$는 유리수)

**0309** •중하•••
$\dfrac{5\sqrt{2}}{2}-\dfrac{\sqrt{6}}{2}-\dfrac{\sqrt{2}}{6}+\dfrac{\sqrt{6}}{3}=a\sqrt{2}+b\sqrt{6}$일 때, 유리수 $a$, $b$에 대하여 $a-b$의 값을 구하시오.

**0310** •중하•••
$3\sqrt{20}-\sqrt{45}+\sqrt{180}$을 간단히 하시오.

**0311** •••상중•
$3\sqrt{18}-\sqrt{72}-\sqrt{a}=-\sqrt{2}$일 때, 양의 유리수 $a$의 값을 구하시오.

**대표문제**

**0312** ••중•••
$\sqrt{45}-\sqrt{12}-\dfrac{\sqrt{10}}{\sqrt{2}}+\dfrac{3}{\sqrt{3}}$을 간단히 하면 $a\sqrt{3}+b\sqrt{5}$일 때, $a+b$의 값을 구하시오. (단, $a$, $b$는 유리수)

**0313** •중하•••
$\sqrt{96}-\dfrac{18}{\sqrt{6}}+\sqrt{24}=k\sqrt{6}$일 때, 유리수 $k$의 값을 구하시오.

**0314** ••중•• (잘 틀리는 문제)

다음 중 계산 결과가 옳은 것은?

① $2\sqrt{3}+3\sqrt{2}=5\sqrt{5}$

② $4\sqrt{3}-2\sqrt{3}=2\sqrt{6}$

③ $\sqrt{8}+\sqrt{18}-5\sqrt{2}=\sqrt{2}$

④ $-\dfrac{6}{\sqrt{2}}+\sqrt{54}=0$

⑤ $\sqrt{18}+\sqrt{12}-\dfrac{4}{\sqrt{2}}-\sqrt{27}=\sqrt{2}-\sqrt{3}$

**0315** ••중••
$a=\sqrt{3}$일 때, $b=a-\dfrac{1}{a}$이면 $b$의 값은 $a$의 값의 몇 배인지 구하시오.

### 필수유형 **14**  분배법칙을 이용한 제곱근의 덧셈과 뺄셈

괄호가 있으면 분배법칙을 이용하여 괄호를 푼다.
$a>0, b>0, c>0$일 때,
① $\sqrt{a}(\sqrt{b}\pm\sqrt{c})=\sqrt{ab}\pm\sqrt{ac}$
② $(\sqrt{a}\pm\sqrt{b})\sqrt{c}=\sqrt{ac}\pm$ 

답 ❶ $\sqrt{bc}$

**대표문제**

**0316** ●●중●●

$\sqrt{2}(\sqrt{8}+1)-\sqrt{3}(2\sqrt{3}-\sqrt{24})=a+b\sqrt{2}$일 때, $a-b$의 값을 구하시오. (단, $a$, $b$는 유리수)

**0317** ●중하●●●  서술형

$\sqrt{32}+2\sqrt{6}-\sqrt{2}(1-2\sqrt{3})=a\sqrt{2}+b\sqrt{6}$일 때, $a+b$의 값을 구하시오. (단, $a$, $b$는 유리수)

**0318** ●●중●●

다음 두 수 $a$, $b$에 대하여 $a+b$의 값을 구하시오.

$$a=\sqrt{3}(\sqrt{6}+\sqrt{12})-\sqrt{2}(\sqrt{18}+\sqrt{2})$$
$$b=2\sqrt{8}-\sqrt{12}+\sqrt{2}(\sqrt{6}-3)$$

### 필수유형 **15**  분배법칙을 이용한 분모의 유리화

분모에 무리수가 있으면 분모를 유리화한다.
$a>0, b>0, c>0$일 때,
$$\frac{\sqrt{a}\pm\sqrt{b}}{\sqrt{c}}=\frac{(\sqrt{a}\pm\sqrt{b})\times \boxed{❶}}{\sqrt{c}\times \boxed{❷}}=\frac{\sqrt{ac}\pm\sqrt{bc}}{c}$$
이때 근호 안의 수가 제곱인 인수를 가지면 먼저 근호 밖으로 꺼낸 후 분모를 유리화한다.

답 ❶ $\sqrt{c}$  ❷ $\sqrt{c}$

**대표문제**

**0319** ●중하●●●

$\dfrac{3\sqrt{2}-2\sqrt{3}}{2\sqrt{2}}$을 간단히 하면 $a+b\sqrt{6}$일 때, $a+b$의 값을 구하시오. (단, $a$, $b$는 유리수)

**0320** ●●중●●

다음 식을 간단히 하면?

$$\frac{\sqrt{3}+\sqrt{2}}{\sqrt{6}}-\frac{3}{\sqrt{2}}$$

① $\dfrac{\sqrt{2}}{2}+\sqrt{3}$  ② $-\dfrac{\sqrt{2}}{2}+\sqrt{6}$  ③ $-\dfrac{\sqrt{2}}{2}+\sqrt{3}$

④ $-\sqrt{2}+\dfrac{\sqrt{6}}{2}$  ⑤ $-\sqrt{2}+\dfrac{\sqrt{3}}{3}$

**0321** ●●중●●  잘 틀리는 문제

다음 식을 간단히 하시오.

$$\frac{9\sqrt{2}-\sqrt{3}}{\sqrt{3}}-\frac{\sqrt{3}+\sqrt{8}}{\sqrt{2}}$$

**필수유형 16** 근호를 포함한 복잡한 식의 계산

근호를 포함한 복잡한 식의 계산은 다음과 같은 순서로 한다.
① 근호 안에 제곱인 인수가 있으면 근호 밖으로 꺼낸다.
② 괄호가 있으면 분배법칙을 이용하여 괄호를 푼다.
③ 분모에 무리수가 있으면 분모를 유리화한다.
④ 근호 안의 수가 같은 것끼리 덧셈, 뺄셈을 한다.

대표문제
**0322** ••중••

$\sqrt{3}(\sqrt{12}-3)+\dfrac{6-3\sqrt{3}}{\sqrt{3}}=a+b\sqrt{3}$일 때, $b-a$의 값을 구하시오. (단, $a$, $b$는 유리수)

**0323** ••중하••

$\dfrac{6}{\sqrt{3}}+\sqrt{3}(2-\sqrt{3})-2\sqrt{12}$를 간단히 하시오.

**0324** ••중••

$\sqrt{27}\left(\sqrt{6}-\dfrac{2}{\sqrt{3}}\right)-\dfrac{3}{\sqrt{2}}(1-\sqrt{8})$을 간단히 하시오.

**0325** ••중••

다음 식을 간단히 하시오.

$$\sqrt{24}-\sqrt{\dfrac{8}{3}}+\dfrac{\sqrt{18}-\sqrt{3}}{\sqrt{2}}-3$$

**0326** ••중••

$(\sqrt{24}-6\sqrt{2})\div\sqrt{3}-\dfrac{4}{\sqrt{2}}(\sqrt{2}-\sqrt{3})$을 간단히 하시오.

**0327** ••중•• 서술형

$(-\sqrt{5})^2-\dfrac{4\sqrt{12}-6}{\sqrt{3}}+\dfrac{\sqrt{48}}{2}=a+b\sqrt{3}$일 때, $a+b$의 값을 구하시오. (단, $a$, $b$는 유리수)

**0328** ••중••

$\sqrt{2}=a$, $\sqrt{3}=b$라 할 때, 다음 식을 $a$, $b$를 사용하여 나타내면?

$$\sqrt{2}(1+4\sqrt{6})-\dfrac{3}{\sqrt{2}}-\sqrt{3}$$

① $-\dfrac{1}{2}a+7b$   ② $-\dfrac{1}{2}a-b$   ③ $-a+7b$
④ $-a+b$   ⑤ $-2a-b$

**0329** •••상중•

$A=\sqrt{27}-\sqrt{2}$, $B=\sqrt{3}A$, $C=3\sqrt{3}-\dfrac{B}{\sqrt{3}}$일 때, $C$의 값을 구하시오.

**필수유형 17** 제곱근의 계산 결과가 유리수가 될 조건

$a$, $b$가 유리수이고 $\sqrt{m}$이 무리수일 때,
$a+b\sqrt{m}$이 유리수가 되려면 $b=$ ❶ 이어야 한다.

답 ❶ 0

**대표문제**

**0330** ●●중●●

$\sqrt{5}(2\sqrt{5}-a)-\sqrt{20}(3+\sqrt{5})$가 유리수가 되도록 하는 유리수 $a$의 값을 구하시오.

**0331** ●●중●● 서술형

$\sqrt{3}(2\sqrt{3}-6)-\dfrac{a(1-\sqrt{3})}{2\sqrt{3}}$이 유리수가 되도록 하는 유리수 $a$의 값을 구하시오.

**0332** ●●중●●

$\sqrt{5}(4-\sqrt{5})+\dfrac{a(\sqrt{5}-2)}{2\sqrt{5}}$가 유리수가 되도록 하는 유리수 $a$의 값을 구하시오.

**0333** ●●중●●

$\sqrt{3}\left(\dfrac{3}{\sqrt{2}}-\dfrac{2}{\sqrt{3}}\right)-\sqrt{2}\left(\dfrac{m}{\sqrt{3}}-\dfrac{3}{\sqrt{2}}\right)$이 유리수가 되도록 하는 유리수 $m$의 값을 구하시오.

**필수유형 18** 무리수의 정수 부분과 소수 부분 (1)

(1) (무리수)=(정수 부분)+(소수 부분)
　➡ (소수 부분)=(무리수)−(정수 부분)
(2) $a$가 음이 아닌 정수일 때, $a<\sqrt{n}<a+1$이면
　$\sqrt{n}$의 정수 부분은 $a$, $\sqrt{n}$의 소수 부분은 $\sqrt{n}-$ ❶

답 ❶ $a$

**대표문제**

**0334** ●●중●●

$3+\sqrt{2}$의 정수 부분을 $a$, 소수 부분을 $b$라 할 때, 다음 물음에 답하시오.

(1) $a$의 값을 구하시오.

(2) $b$의 값을 구하시오.

(3) $2a-b$의 값을 구하시오.

**0335** ●●중●●

$2\sqrt{3}$의 정수 부분을 $a$, 소수 부분을 $b$라 할 때, $a-b$의 값을 구하시오.

**0336** ●●중●●

$6-3\sqrt{2}$의 정수 부분을 $a$, 소수 부분을 $b$라 할 때, $\sqrt{2}a-b$의 값을 구하시오.

**0337** ●●●상중●

$\sqrt{2}$의 소수 부분을 $a$라 할 때, $\sqrt{128}$을 $a$를 사용하여 나타내면?

① $6a+1$　　② $6a+6$　　③ $8a+1$
④ $8a+8$　　⑤ $9a+1$

### 필수유형 **19**　실수의 대소 관계

두 실수 $a$, $b$의 대소 관계는 $a-b$의 부호로 판단한다.

(1) $a-b>0$이면 $a$ ❶　 $b$

(2) $a-b=0$이면 $a=b$

(3) $a-b$ ❷　 $0$이면 $a<b$

답 ❶ > ❷ <

**대표문제**

## 0338 ●●●중●●●

다음 중 두 실수의 대소 관계가 옳은 것은?

① $\sqrt{7}>2\sqrt{2}$

② $3\sqrt{2}+2>4\sqrt{2}+1$

③ $3\sqrt{3}>8-2\sqrt{3}$

④ $-3+\sqrt{5}>\sqrt{7}-3$

⑤ $\sqrt{54}<2\sqrt{6}+1$

## 0339 ●●중●●　　　잘 틀리는 문제

다음 세 수의 대소 관계를 부등호를 사용하여 나타내시오.

$$A=\sqrt{3}+\sqrt{2}, \quad B=3\sqrt{2}-\sqrt{3}, \quad C=2\sqrt{2}$$

## 0340 ●●●상중●

$\sqrt{(2\sqrt{2}-3)^2}-\sqrt{(3\sqrt{2}-4)^2}$을 간단히 하시오.

### 필수유형 **20**　제곱근의 덧셈과 뺄셈의 수직선에의 활용

오른쪽 그림과 같은 수직선 위의 두 점 P, Q에 대하여 점 P의 좌표는 $a-\sqrt{b}$, 점 Q의 좌표는 $a+\sqrt{b}$이므로

(PQ의 길이)

$=$(점 Q의 좌표)$-$(점 P의 좌표)

$=(a+\sqrt{b})-(a-\sqrt{b})=$ ❶

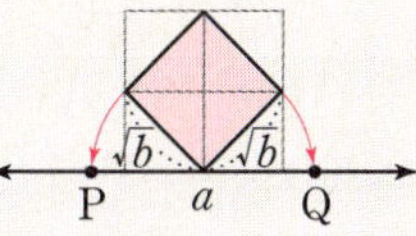


답 ❶ $2\sqrt{b}$

**대표문제**

## 0341 ●●●중●●

다음 그림에서 모눈 한 칸은 한 변의 길이가 1인 정사각형이다. $\overline{AB}=\overline{AQ}$, $\overline{AD}=\overline{AP}$일 때, $\overline{PQ}$의 길이를 구하시오.

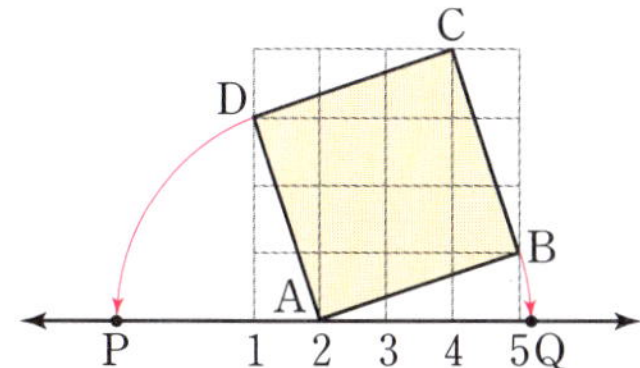


## 0342 ●●●중●

다음 그림과 같이 수직선 위에 한 변의 길이가 1인 두 정사각형이 있다. 두 점 P, Q에 대응하는 수를 각각 $a$, $b$라 할 때, $2a-\sqrt{2}b$의 값을 구하시오. (단, $\overline{AC}=\overline{AP}$, $\overline{BD}=\overline{BQ}$)

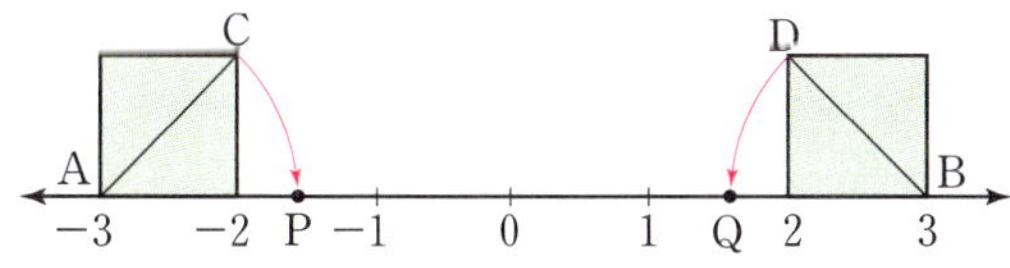

## 0343 ●●중●●

다음 그림에서 모눈 한 칸은 한 변의 길이가 1인 정사각형이다. $\overline{AD}=\overline{AP}$, $\overline{AB}=\overline{AQ}$일 때, 두 점 P, Q에 대응하는 두 수의 차를 구하시오.

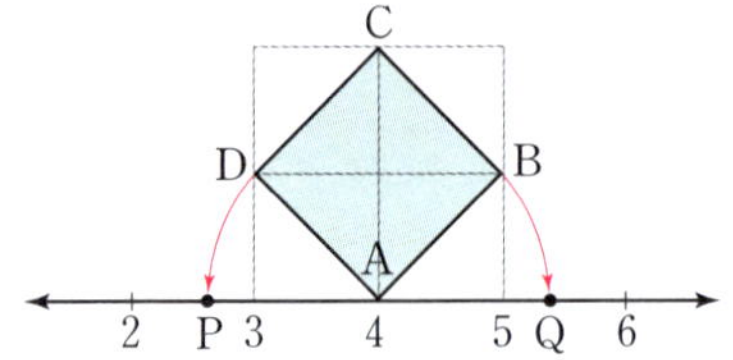



---

**필수유형 21** 　제곱근의 계산의 도형에의 활용 (1)

**대표문제**

## 0344 ●●중●●

오른쪽 그림과 같은 사다리꼴 ABCD의 넓이를 구하시오.

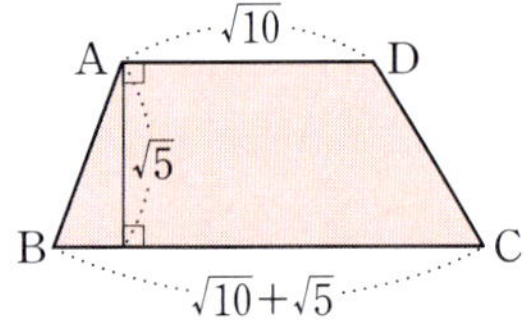



## 0345 ●●중●●

오른쪽 그림과 같은 직육면체의 부피가 $(24+18\sqrt{6})\ \text{cm}^3$일 때, $x$의 값을 구하시오.

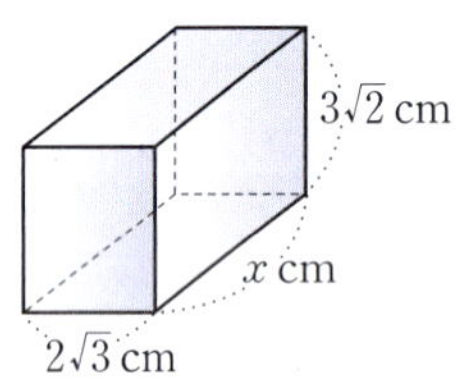



## 0346 ●●중●●

가로의 길이가 $\sqrt{75}\,\text{cm}$, 세로의 길이가 $\sqrt{108}\,\text{cm}$인 직사각형 모양의 종이가 있다. 이 종이의 네 귀퉁이에서 각각 한 변의 길이가 $\sqrt{3}\,\text{cm}$인 정사각형을 잘라 낸 후 뚜껑이 없는 직육면체 모양의 상자를 만들었을 때, 이 상자의 부피를 구하시오.

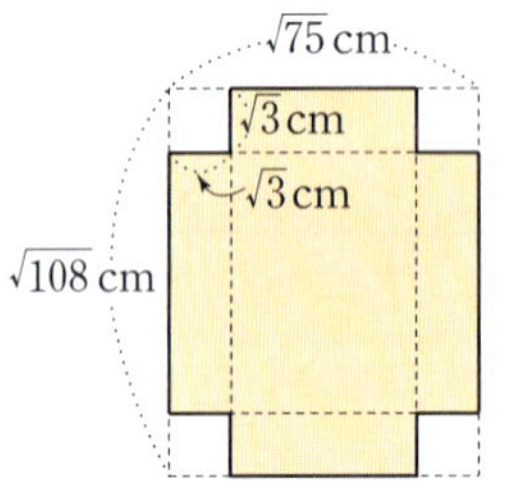



---

**발전유형 22** 　근호를 포함한 식의 값 구하기

$a>0$, $b>0$일 때
$a\sqrt{b}=\sqrt{a^2}\times\sqrt{b}=\sqrt{a^2b}$임을 이용하여 식을 변형한다.

**대표문제**

## 0347 ●●●상중●

$a>0$, $b>0$, $ab=36$일 때, $a\sqrt{\dfrac{12b}{a}}+b\sqrt{\dfrac{3a}{b}}$의 값을 구하시오.

**쌍둥이 문제**

## 0348 ●●●상중●

$a>0$, $b>0$, $ab=2$일 때, $a\sqrt{\dfrac{27b}{a}}-\dfrac{2}{b}\sqrt{\dfrac{3b}{a}}$의 값을 구하시오.

## 0349 ●●●●상

$a>0$, $b>0$이고 $a+b=20$, $ab=5$일 때, $\sqrt{\dfrac{b}{a}}+\sqrt{\dfrac{a}{b}}$의 값을 구하시오.

**발전유형 23** 무리수의 정수 부분과 소수 부분 (2)

대표문제

## 0350 ●●●상중●

다음은 $\sqrt{2x}$ 의 정수 부분이 4이기 위한 자연수 $x$의 값을 구하는 과정이다. 물음에 답하시오.

(1) $\sqrt{2x}$ 의 값의 범위를 구하시오.

(단, 부등호를 사용하여 나타내시오.)

(2) 자연수 $x$의 값을 모두 구하시오.

## 0351 ●●●상중●

자연수 $x$에 대하여 $\sqrt{x}$ 의 소수 부분을 $f(x)$라 할 때, $f(5)+f(10)+f(20)+f(40)$ 의 값을 구하시오.

## 0352 ●●●●상

실수 $x$의 정수 부분을 $f(x)$, 소수 부분을 $g(x)$라 할 때, 다음 식의 값을 구하시오.

$$g(5\sqrt{6}-3)+g(\sqrt{24})\times f(7-3\sqrt{2})$$

**발전유형 24** 제곱근의 계산의 도형에의 활용 (2)

넓이가 $a$인 정사각형의 한 변의 길이는 $\sqrt{a}$ 임을 이용한다.

대표문제

## 0353 ●●●상중●

다음 그림과 같이 넓이가 각각 $3\,\mathrm{cm}^2$, $12\,\mathrm{cm}^2$, $27\,\mathrm{cm}^2$인 정사각형 모양의 색종이를 서로 이웃하게 붙였다. 이 색종이로 이루어진 도형의 둘레의 길이를 구하시오.

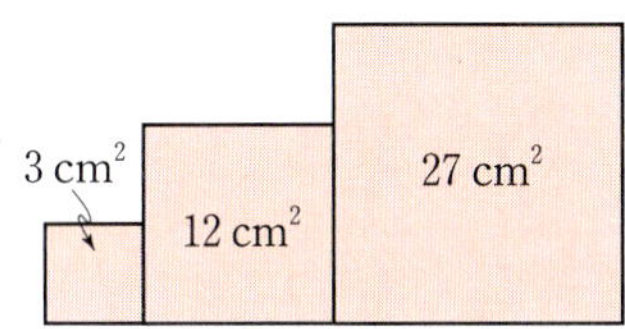


## 0354 ●●중●●

다음 그림에서 두 정사각형의 넓이가 차례대로 $18\,\mathrm{cm}^2$, $50\,\mathrm{cm}^2$일 때, $\overline{AB}$ 의 길이를 구하시오.

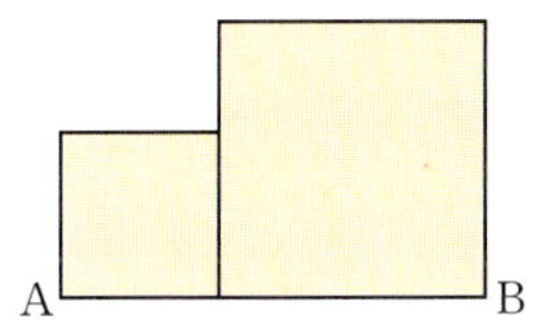


## 0355 ●●●●상

다음 그림에서 사각형 A, B, C, D는 모두 정사각형이고, C의 넓이는 D의 넓이의 2배, B의 넓이는 C의 넓이의 2배, A의 넓이는 B의 넓이의 2배이다. 정사각형 A의 넓이가 $1\,\mathrm{cm}^2$일 때, 정사각형 D의 한 변의 길이를 구하시오.

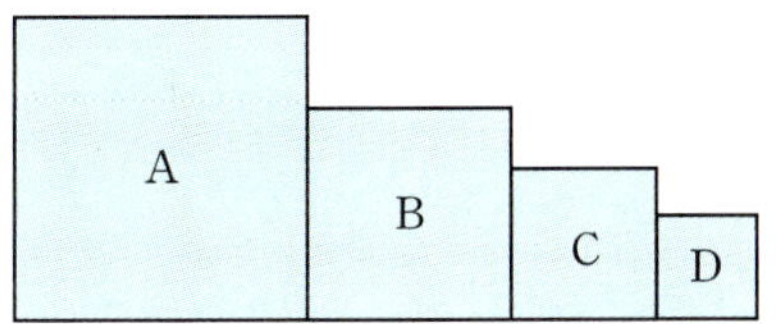

**0356** ●중하●●●

다음 중 옳지 <u>않은</u> 것은?

① $3\sqrt{5} \times 2\sqrt{2} = 6\sqrt{10}$

② $\dfrac{\sqrt{4}}{\sqrt{2}} = \sqrt{2}$

③ $\sqrt{2} \times \sqrt{3} = \sqrt{5}$

④ $6\sqrt{7} \div 2\sqrt{3} = 3\sqrt{\dfrac{7}{3}}$

⑤ $\sqrt{15} \div \sqrt{3} = \sqrt{5}$

**0357** ●중하●●●

다음 식을 만족하는 양의 유리수 $a$, $b$에 대하여 $a+b$의 값을 구하시오.

$$\sqrt{5} \times \sqrt{\dfrac{6}{11}} \times \sqrt{\dfrac{33}{9}} = \sqrt{a}, \quad \dfrac{\sqrt{12}}{\sqrt{2}} \div \dfrac{\sqrt{6}}{\sqrt{10}} = \sqrt{b}$$

**0358** ●중하●●●

다음 중 옳은 것은?

① $\sqrt{32} = 2\sqrt{2}$

② $\sqrt{63} = 2\sqrt{7}$

③ $3\sqrt{3} = \sqrt{27}$

④ $7\sqrt{2} = \sqrt{14}$

⑤ $\sqrt{300} = 3\sqrt{10}$

**0359** ●●중●●

$\sqrt{12} \times \sqrt{24} \times \sqrt{75} = a\sqrt{6}$일 때, 자연수 $a$의 값을 구하시오.

**0360** ●●중●●

$\sqrt{2} = a$, $\sqrt{3} = b$일 때, $\sqrt{150}$을 $a$, $b$를 사용하여 나타내면?

① $10a$

② $10b$

③ $a^2 b^2$

④ $5ab$

⑤ $5a^2 b$

**0361** ●●중●●

$\sqrt{2700} = a\sqrt{3}$, $\sqrt{5000} = b\sqrt{2}$일 때, $\sqrt{8ab}$의 값은?

(단, $a$, $b$는 유리수)

① $2\sqrt{30}$

② $10\sqrt{30}$

③ $20\sqrt{30}$

④ $60\sqrt{5}$

⑤ $50\sqrt{30}$

**0362** ●●중●●

$\dfrac{\sqrt{5}}{3\sqrt{2}} = a\sqrt{10}$, $\dfrac{6}{\sqrt{12}} = b\sqrt{3}$일 때, $\sqrt{ab}$의 값은?

(단, $a$, $b$는 유리수)

① $\dfrac{\sqrt{6}}{6}$

② $\dfrac{\sqrt{6}}{3}$

③ $\dfrac{\sqrt{6}}{2}$

④ $\sqrt{3}$

⑤ $\sqrt{6}$

**0363** ●중하●●● 서술형

$\sqrt{0.008} = \dfrac{\sqrt{l}}{k}$을 만족하는 가장 작은 자연수 $k$, $l$에 대하여 $k-l$의 값을 구하시오.

## 0364 ••중••

다음 중 옳은 것은?

① $\sqrt{49} \div \sqrt{7} \times (-\sqrt{28}) = -28$

② $\sqrt{3} \times \sqrt{10} \div \sqrt{5} = \sqrt{3}$

③ $7\sqrt{2} \div \sqrt{6} \times 3 = 7\sqrt{3}$

④ $-\sqrt{39} \times \sqrt{3} \div \sqrt{13} = -12$

⑤ $\dfrac{5\sqrt{3}}{3} \div \dfrac{\sqrt{15}}{7} \times \dfrac{6\sqrt{3}}{\sqrt{10}} = \sqrt{42}$

## 0365 ••중••

밑변의 길이가 $\dfrac{\sqrt{3}}{\sqrt{2}}$ cm이고 높이가 $2\sqrt{5}$ cm인 삼각형의 넓이를 구하시오.

## 0366 ••중••

오른쪽 그림과 같은 직육면체의 부피가 $72\sqrt{3}$ cm³일 때, $x$의 값은?

① $2\sqrt{2}$　　② $3$

③ $2\sqrt{3}$　　④ $3\sqrt{3}$

⑤ $6$

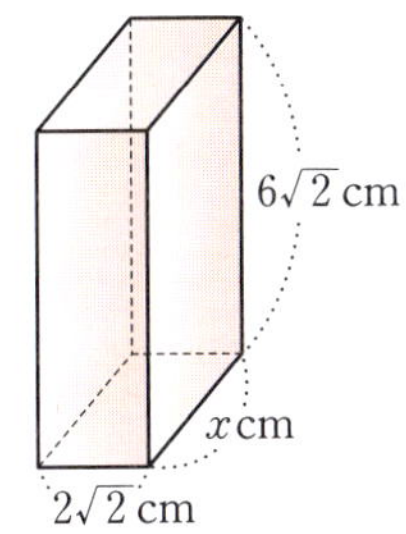


## 0367 ••중••

오른쪽 그림에서 점 G는 △ABC의 무게중심이고 △ABC와 △AGE는 정삼각형이다. $\overline{AB}=12$일 때, △AGE의 넓이를 구하시오.

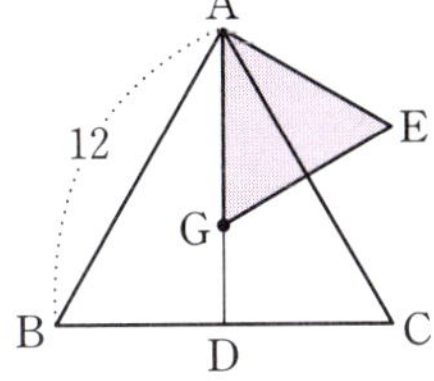


## 0368 •••상중 창의력

다음 그림과 같이 한 변의 길이가 $\sqrt{480}$ cm인 정사각형 모양의 종이를 각 변의 중점을 꼭짓점으로 하는 정사각형 모양으로 접어 나갈 때, [3단계]에서 생기는 정사각형의 한 변의 길이를 구하시오.

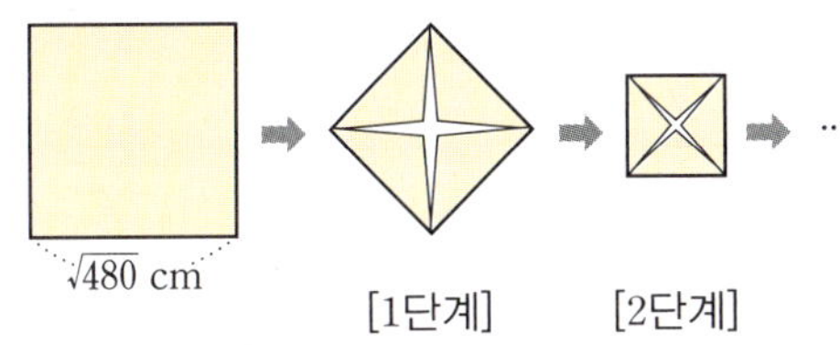


## 0369 ••중••

다음 중 $\sqrt{3}=1.732$를 이용하여 그 값을 구할 수 <u>없는</u> 것은?

① $\sqrt{12}$　　② $\sqrt{27}$　　③ $\sqrt{75}$

④ $\dfrac{\sqrt{3}}{2}$　　⑤ $\sqrt{3000}$

## 0370 ••중••

아래 표는 제곱근표의 일부이다. 다음 중 이 표를 이용하여 구한 값으로 옳은 것은?

| 수 | 0 | 1 | 2 | 3 | 4 |
|---|---|---|---|---|---|
| 4.8 | 2.191 | 2.193 | 2.195 | 2.198 | 2.200 |
| 4.9 | 2.214 | 2.216 | 2.218 | 2.220 | 2.223 |
| 5.0 | 2.236 | 2.238 | 2.241 | 2.243 | 2.245 |
| 5.1 | 2.258 | 2.261 | 2.263 | 2.265 | 2.267 |

① $\sqrt{490}=221.4$　　② $\sqrt{483}=21.98$

③ $\sqrt{0.513}=0.2265$　　④ $\sqrt{514}=226.7$

⑤ $\sqrt{0.0502}=0.02241$

## 0371 ·중하···

$\sqrt{2.3}=1.517$, $\sqrt{23}=4.796$일 때, $\sqrt{0.023}$의 값은?

① 0.01517      ② 0.04796      ③ 0.1517

④ 0.4796      ⑤ 15.17

## 0372 ··중··

$6\sqrt{2}-\sqrt{80}+\sqrt{5}+\sqrt{32}=a\sqrt{2}+b\sqrt{5}$일 때, $ab$의 값은?

(단, $a$, $b$는 유리수)

① $-30$      ② $-13$      ③ $0$

④ $12$      ⑤ $15$

## 0373 ··중··

$\sqrt{150}+\dfrac{30}{\sqrt{6}}-\sqrt{54}=a\sqrt{6}$, $\sqrt{0.6}\div\sqrt{\dfrac{12}{5}}\times\sqrt{300}=b\sqrt{3}$일 때, $a+b$의 값은? (단, $a$, $b$는 유리수)

① $10$      ② $11$      ③ $12$

④ $13$      ⑤ $14$

## 0374 ··중··

$(3-\sqrt{6})\div\sqrt{3}+\sqrt{3}(\sqrt{27}-1)$을 간단히 하면?

① $9-\sqrt{3}$      ② $9-\sqrt{2}$      ③ $9+\sqrt{2}$

④ $9+\sqrt{3}$      ⑤ $9+2\sqrt{2}$

## 0375 ··중··

$\sqrt{24}\left(\dfrac{1}{2}-\sqrt{2}\right)-\dfrac{6}{\sqrt{6}}(\sqrt{2}-3)$을 간단히 하면 $a\sqrt{3}+b\sqrt{6}$일 때, $a-b$의 값은? (단, $a$, $b$는 유리수)

① $-10$      ② $-4$      ③ $-2$

④ $6$      ⑤ $10$

## 0376 ··중··

$a\copyright b=ab-\sqrt{5}a+4$라 할 때, $(\sqrt{5}+1)\copyright\dfrac{1}{\sqrt{5}}$의 값은?

① $-\dfrac{4\sqrt{5}}{5}$      ② $\dfrac{\sqrt{5}}{5}$      ③ $\dfrac{4\sqrt{5}}{5}$

④ $1+\dfrac{\sqrt{5}}{5}$      ⑤ $1+\dfrac{4\sqrt{5}}{5}$

## 0377 ··중·· 서술형

$3(4-k\sqrt{2})+\sqrt{3}(2\sqrt{6}-k\sqrt{3})$이 유리수가 되도록 하는 유리수 $k$의 값을 구하시오.

## 0378 ··중··

$3+\sqrt{5}$의 정수 부분을 $a$, 소수 부분을 $b$라 할 때, $2a+b$의 값은?

① $3+\sqrt{5}$      ② $5+\sqrt{5}$      ③ $6+\sqrt{5}$

④ $8+\sqrt{5}$      ⑤ $12+\sqrt{5}$

## 0379 ●●●상중●

$\sqrt{6}$의 소수 부분을 $k$라 할 때, $\sqrt{54}$의 소수 부분을 $k$를 사용하여 나타내면?

① $3k-2$      ② $3k-1$      ③ $3k$

④ $3k+1$      ⑤ $3k+2$

## 0380 ●●중●●

다음 중 두 수의 대소 관계가 옳은 것을 모두 고르면?

(정답 2개)

① $3-\sqrt{2}>\sqrt{2}$       ② $2\sqrt{5}+1>3\sqrt{3}+1$

③ $3\sqrt{2}-1<2\sqrt{3}-1$       ④ $4\sqrt{2}-1>2\sqrt{2}+1$

⑤ $2\sqrt{2}+\sqrt{3}>3+\sqrt{3}$

## 0381 ●●중●●

$a=2\sqrt{5}+2$, $b=5-3\sqrt{5}$, $c=3\sqrt{3}+2$일 때, $a$, $b$, $c$의 대소 관계를 옳게 나타낸 것은?

① $a<b<c$      ② $b<a<c$      ③ $b<c<a$

④ $c<a<b$      ⑤ $c<b<a$

## 0382 ●●중●●

$\sqrt{(2\sqrt{3}-3)^2}-\sqrt{(5-3\sqrt{3})^2}$을 간단히 하시오.

## 0383 ●●중●●

오른쪽 그림과 같은 사다리꼴 ABCD의 넓이를 구하시오.

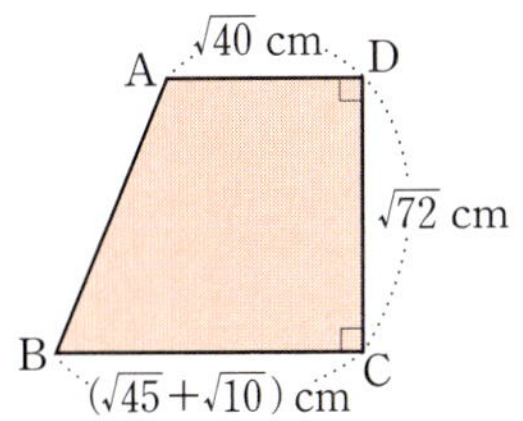


## 0384 ●●●●상중●

$a>0$, $b>0$, $ab=3$일 때, $b\sqrt{\dfrac{3a}{b}}+a\sqrt{\dfrac{27b}{a}}$의 값은?

① $\sqrt{3}$      ② $3$      ③ $6$

④ $9$      ⑤ $12$

## 0385 ●●●●상중● 융합형

다음 그림의 좌표평면에서 $\overline{OA}=\overline{OB}=3$이고 $\square OACB$, $\square AA_1C_1B_1$, $\square A_1A_2C_2B_2$는 모두 정사각형이다. 정사각형의 넓이를 차례대로 $S$, $S_1$, $S_2$라 할 때, $S_1=\dfrac{1}{3}S$, $S_2=\dfrac{1}{3}S_1$이다. 이때 점 $A_2$의 좌표를 구하시오.

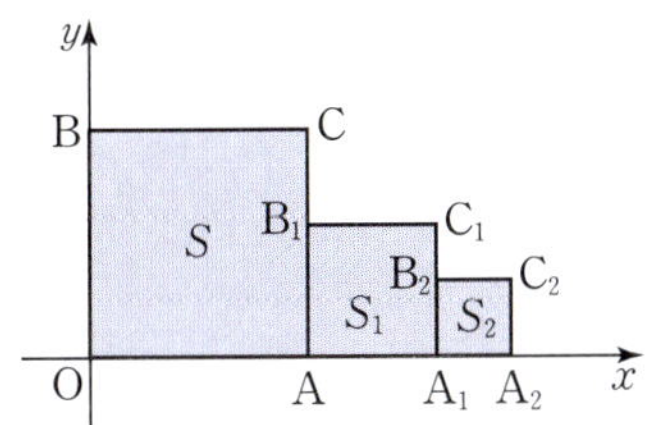

# 4 다항식의 곱셈

(단항식)×(다항식)은 분배법칙을 이용한다는 것을 알았는데 (다항식)×(다항식)은 어떻게 계산해야 하죠?
이것도 역시 분배법칙을 이용하면 된다네. 이렇게 (c+d)를 하나로 묶어서 먼저 분배해주면 된다네.
(a+b)(c+d)=a(c+d)+b(c+d)
=ac+ad+bc+bd
분배법칙만 잘 이용한다면 다항식의 곱셈 어려울 게 없지.

# 개념 마스터



## 01 다항식과 다항식의 곱셈  유형 01, 02

① 분배법칙을 이용하여 전개한다.
② 동류항이 있으면 동류항끼리 모아서 간단히 한다.

$$(a+b)(c+d)=ac+ad+bc+bd$$

예 $(x-1)(x-2)=x^2-2x-x+2=x^2-$ ❶ $x+2$

답 ❶ 3

[0386~0391] 다음 식을 전개하시오.

**0386** $(2a+b)(-3c+2d)$

**0387** $(2a+3b)(a-4b)$

**0388** $(a-b)(a+b+1)$

**0389** $(x+3)(3x+y+1)$

**0390** $(a+2b-3)(a+1)$

**0391** $(2x+3y-1)(x-y)$

## 02 곱셈 공식 (1), (2)  유형 03, 04, 06~08

(1) $(a+b)^2=a^2+2ab+b^2$
　　 $(a-b)^2=a^2-2ab+b^2$

참고 $(-a+b)^2=(a-b)^2$, $(-a-b)^2=(a+b)^2$

(2) $(a+b)(a-b)=a^2-b^2$

참고 곱셈 공식 (1), (2)와 도형의 넓이

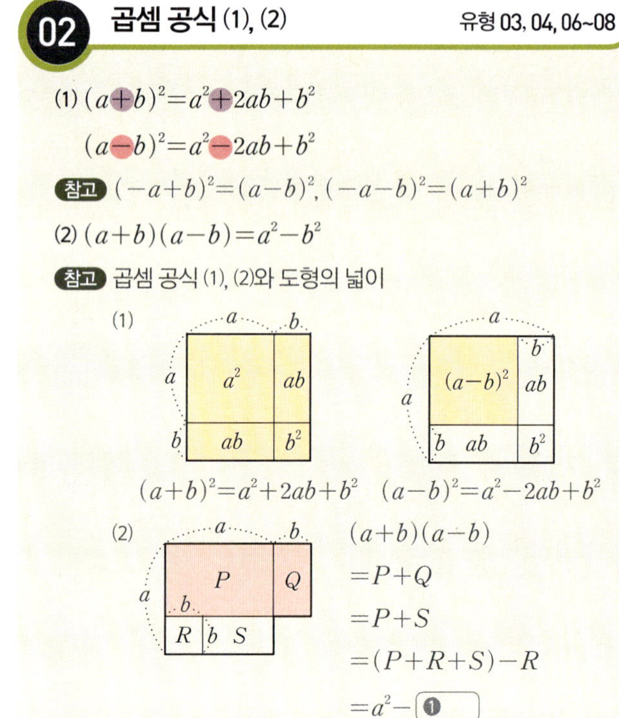

(1)
$$(a+b)^2=a^2+2ab+b^2 \quad (a-b)^2=a^2-2ab+b^2$$

(2)
$$(a+b)(a-b)$$
$$=P+Q$$
$$=P+S$$
$$=(P+R+S)-R$$
$$=a^2-$$ ❶

답 ❶ $b^2$

[0392~0397] 다음 식을 전개하시오.

**0392** $(x+3)^2$

**0393** $(x-2)^2$

**0394** $(a+2b)^2$

**0395** $(2x-1)^2$

**0396** $(-3x+2)^2$

**0397** $(-5x-2y)^2$

핵심 포인트! ・곱셈 공식 (1), (2)
　　　　 (1) $(a+b)^2=a^2+2ab+b^2$, $(a-b)^2=a^2-2ab+b^2$
　　　　 (2) $(a+b)(a-b)=a^2-b^2$

[0398~0402] 다음 식을 전개하시오.

**0398** $(a+2)(a-2)$

**0399** $(3+x)(3-x)$

**0400** $(3x-4)(3x+4)$

**0401** $(2x+y)(2x-y)$

**0402** $(-x+y)(x+y)$

## 03 곱셈 공식 (3), (4)  유형 05~08

(3) $(x+a)(x+b)=x^2+(a+b)x+ab$

(4) $(ax+b)(cx+d)=acx^2+(ad+bc)x+bd$

**참고** 곱셈 공식 (3), (4)와 도형의 넓이

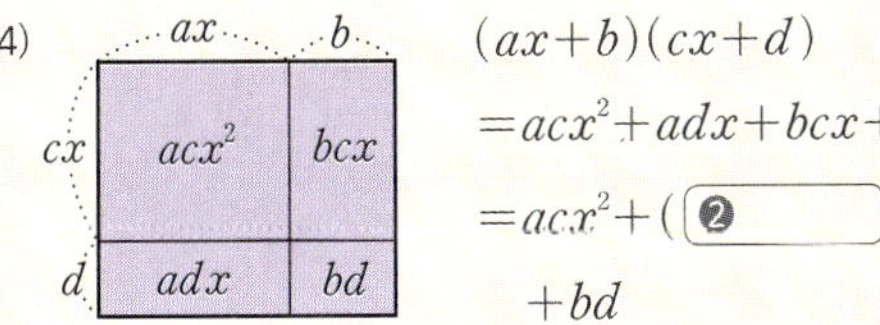


目 ① $a+b$ ② $ad+bc$

[0403~0407] 다음 식을 전개하시오.

**0403** $(x+1)(x+5)$

**0404** $(x-5)(x+2)$

**0405** $(x-2)(x-3)$

**0406** $(x-y)(x+4y)$

**0407** $(x-3y)(x-5y)$

[0408~0412] 다음 식을 전개하시오.

**0408** $(3a+4)(2a+5)$

**0409** $(5a+4)(2a-3)$

**0410** $(3x-7)(2x+5)$

**0411** $(4x-3)(2x-1)$

**0412** $(4x+3y)(5x-y)$

**핵심 포인트!** · 곱셈 공식 (3), (4)

(3) $(x+a)(x+b)=x^2+(a+b)x+ab$

(4) $(ax+b)(cx+d)=acx^2+(ad+bc)x+bd$

---

### 필수유형 01　다항식과 다항식의 곱셈

분배법칙을 이용하여 전개한 후 동류항이 있으면 ❶　　　끼리 모아서 간단히 한다.

답 ❶ 동류항

**대표문제**

**0413** 〔하〕••••

$(2x-3y)(3x+5y)=ax^2+bxy-15y^2$일 때, $a+b$의 값을 구하시오. (단, $a$, $b$는 상수)

**0414** •〔중하〕•••

$(x+y-3)(x-y)$를 전개하면?

① $x^2-y^2-3x+3y$

② $x^2-y^2+3x-3y$

③ $x^2-xy-y^2-3x+3y$

④ $x^2+xy-y^2-3x+3y$

⑤ $x^2+2xy-y^2-3x+3y-3$

**0415** •〔중하〕•••

$(2x-y-3)(-x+7y)$를 전개하시오.

---

### 필수유형 02　전개식에서 특정한 항의 계수 구하기

필요한 항이 나오는 부분만 계산한다.

예 $(ax+by)(cx+dy)$의 전개식에서 $xy$의 계수 구하기

$$(ax+by)(cx+dy) \Rightarrow xy의\ 계수는\ ad+\boxed{❶}$$

답 ❶ $bc$

**대표문제**

**0416** •〔중하〕•••

$(2x-3y)(3x+2y-5)$의 전개식에서 $x^2$의 계수를 $a$, $xy$의 계수를 $b$라 할 때, $a+b$의 값을 구하시오.

**0417** •〔중하〕•••

$(2x-3)(x^2+5x+3)$의 전개식에서 $x^2$의 계수와 $x$의 계수의 합을 구하시오.

**0418** ••〔중〕••

$(2x+y-1)(3x-2y+a)$의 전개식에서 $x$의 계수가 3일 때, 상수 $a$의 값을 구하시오.

**0419** ••〔중〕••

$(x+ay+1)(x+2y+3)$의 전개식에서 $xy$의 계수가 상수항과 같을 때, 상수 $a$의 값을 구하시오.

**필수유형03** 곱셈 공식 (1) – 합, 차의 제곱

$(a+b)^2=a^2\boxed{\text{❶}}2ab+b^2$
$(a-b)^2=a^2\boxed{\text{❷}}2ab+b^2$

**참고** $(-a-b)^2=\{-(a+b)\}^2=(a+b)^2$
　　　$(-a+b)^2=\{-(a-b)\}^2=(a-b)^2$

답 ❶ + ❷ −

**대표문제**

**0420** ●중하●●●

다음 중 옳은 것은?

① $(x-4)^2=x^2-8x-16$
② $(x+9)^2=x^2+81$
③ $(-x+1)^2=-x^2+2x+1$
④ $(5x-1)^2=25x^2-10x+1$
⑤ $\left(3x-\dfrac{2}{3}\right)^2=9x^2-2x+\dfrac{4}{9}$

**0421** ●중하●●●

$(x+2)^2$의 전개식에서 $x$의 계수를 $a$, $(3x-1)^2$의 전개식에서 $x^2$의 계수를 $b$라 할 때, $a+b$의 값을 구하시오.

**0422** ●●중●●

다음 중 $(a+b)^2$과 전개식이 같은 것을 모두 고르면?
(정답 2개)

① $(b+a)^2$　　② $(a-b)^2$　　③ $-(b-a)^2$
④ $(-a-b)^2$　　⑤ $(-a+b)^2$

**0423** ●●중●●●

한 변의 길이가 $2a+3b$, $a-5b$인 두 정사각형의 넓이를 각각 $A$, $B$라 할 때, $A+B$를 계산하시오.

**필수유형04** 곱셈 공식 (2) – 합과 차의 곱

$(a+b)(a-b)=a^2\boxed{\text{❶}}b^2$

답 ❶ −

**대표문제**

**0424** ●중하●●●

$\left(-\dfrac{1}{3}x+\dfrac{4}{5}y\right)\left(\dfrac{1}{3}x+\dfrac{4}{5}y\right)$를 전개하시오.

**0425** ●중하●●●

$(-2x+y)(-2x-y)$를 전개하시오.

**0426** ●●중●●　　잘 틀리는 문제

다음 중 $(x+y)(x-y)$와 전개식이 같은 것은?

① $(x-y)^2$　　　　　　② $(-x-y)^2$
③ $(x+y)(y-x)$　　　　④ $-(x-y)(x+y)$
⑤ $-(x+y)(-x+y)$

**0427** ●●중●●　서술형

$3(a+2)(a-2)-(a-5)(a+5)$를 계산하였을 때, $a^2$의 계수와 상수항의 합을 구하시오.



4
다항식의 곱셈

**필수유형 05**  곱셈 공식 ⑶, ⑷ – 두 일차식의 곱

$(x+a)(x+b)=x^2+(\boxed{❶ \phantom{aaaa}})x+ab$

$(ax+b)(cx+d)=acx^2+(ad+bc)x+\boxed{❷ \phantom{a}}$

(참고) $(x+a)(x+b)$는 $(ax+b)(cx+d)$에서 두 일차식의 $x$의 계수가 모두 1인 경우이다.

답  ❶ $a+b$  ❷ $bd$

**대표문제**

**0428** ●중하●●●

다음 등식이 성립할 때, $a+b-c$의 값을 구하시오.

(단, $a$, $b$, $c$는 상수)

$$(2x-7)(3x+5)=ax^2+bx+c$$

**0429** ●●중●●

$(x-1)(x+3)$의 전개식에서 상수항을 $a$,

$\left(x-\dfrac{1}{3}\right)\left(x+\dfrac{2}{5}\right)$의 전개식에서 $x$의 계수를 $b$라 할 때, $ab$의 값을 구하시오.

**0430** ●●중●●

다음 중 전개식에서 일차항의 계수가 나머지 넷과 다른 하나는?

① $(x+2)(x+5)$  ② $(x+3)(3x-2)$

③ $(x+4)(2x-1)$  ④ $(3x+2)(4x-3)$

⑤ $(9x+5)(5x-2)$

**0431** ●●중●●

$\left(\dfrac{2}{3}x+5\right)\left(3x-\dfrac{1}{4}\right)$을 전개하였더니 $ax^2+bx+c$가 되었다. 이때 $a+6b+4c$의 값을 구하시오. (단, $a$, $b$, $c$는 상수)

**필수유형 06**  (중요)  곱셈 공식 종합

⑴ $(a+b)^2=a^2+2ab+b^2$

$\quad (a-b)^2=a^2-2ab+b^2$

⑵ $(a+b)(a-b)=a^2-b^2$

⑶ $(x+a)(x+b)=x^2+(a+b)x+ab$

⑷ $(ax+b)(cx+d)=acx^2+(ad+bc)x+bd$

**대표문제**

**0432** ●●중●●

다음 중 옳은 것은?

① $(x-1)^2=x^2-2x-1$

② $(-2x+1)^2=4x^2-2x+1$

③ $(x+4)(x-4)=x^2+16$

④ $(x-3)(x-4)=x^2-7x+12$

⑤ $(5x-2)(3x+4)=15x^2-14x-8$

**0433** ●●중●●

다음 중 $\square$ 안에 들어갈 수가 나머지 넷과 다른 하나는?

① $(x+3)^2=x^2+\square\,x+9$

② $(3x-y)^2=9x^2-\square\,xy+y^2$

③ $(x+3)(x-3)=x^2-\square$

④ $(x+2)(2x+3)=2x^2+7x+\square$

⑤ $(2x+3)(3x-2)=\square\,x^2+5x-6$

## 0434 ●●중●●

다음 보기 중 옳은 것을 모두 고르시오.

보기
㉠ $(4y-3)^2=16y^2-24y+9$
㉡ $(x+3)(x-4)=x^2-x-12$
㉢ $(-2x+3y)(2x+3y)=4x^2-9y^2$
㉣ $(5x-1)(2x-3)=10x^2+17x+3$
㉤ $(x-1)(2y+5)=2xy+5x+2y-5$

## 0435 ●●중●●   잘 틀리는 문제

다음 중 옳지 <u>않은</u> 것은?

① $(-x+3y)^2=x^2-6xy+9y^2$

② $(-2x-5)^2=-4x^2+20x-25$

③ $\left(-\dfrac{2}{3}x+5\right)\left(-\dfrac{2}{3}x-5\right)=\dfrac{4}{9}x^2-25$

④ $(-x-y)(-x+5y)=x^2-4xy-5y^2$

⑤ $(-5x-3)(-2x+1)=10x^2+x-3$

---

필수유형 **07**   중요   전개식과 비교하여 계수 구하기

곱셈 공식을 이용하여 두 다항식의 곱을 전개한 후 주어진 전개식과 계수를 비교한다.

대표문제

## 0436 ●●중●●

$(5x-4)(Ax+3)=10x^2+Bx+C$일 때, $A+B+C$의 값을 구하시오. (단, $A$, $B$, $C$는 상수)

## 0437 ●●중●●

$(4x-A)^2=16x^2-Bx+9$일 때, 상수 $A$, $B$에 대하여 $A+B$의 값을 구하시오. (단, $A>0$)

## 0438 ●●중●●

$(x+a)(x-5)=x^2+bx-15$일 때, $a+b$의 값을 구하시오. (단, $a$, $b$는 상수)

## 0439 ●●중●●

$(2x-3)(ax+4)$의 전개식에서 $x^2$의 계수가 6일 때, $x$의 계수를 구하시오. (단, $a$는 상수)

## 0440 ●●●상중●   서술형

넓이가 $6x^2+ax-5$인 직사각형의 가로의 길이가 $2x+1$일 때, 상수 $a$의 값을 구하시오.

**4** 다항식의 곱셈

### 필수유형**08** 곱셈 공식의 도형에의 활용

색칠한 직사각형의 넓이 구하기
① 색칠한 직사각형의 가로, 세로의 길이를 문자를 사용하여 나타낸다.
②  을 이용하여 직사각형의 넓이를 구한다.

🗹 ❶ 곱셈 공식

**대표문제**

**0441** ●중하●●●

오른쪽 그림에서 색칠한 직사각형의 넓이는?

① $3ab+b^2$
② $9a^2-b^2$
③ $9a^2+3ab$
④ $9a^2+6ab+b^2$
⑤ $9a^2-6ab+b^2$

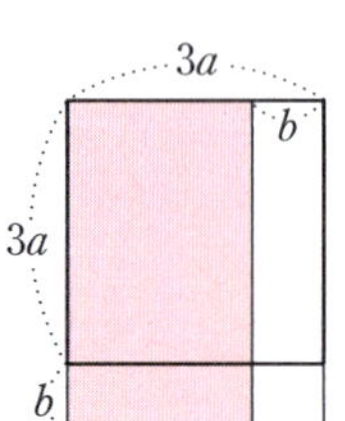

**0442** ●중하●●●

오른쪽 그림에서 색칠한 직사각형의 넓이를 구하시오.
(단, 전개식으로 답하시오.)

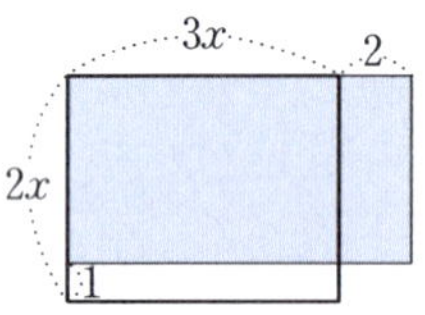

**0443** ●●중●●

한 변의 길이가 $a$인 정사각형을 [그림 1]과 같이 자른 후 [그림 2], [그림 3]과 같이 바꾸었다. 다음 중 [그림 2]와 [그림 3]의 색칠한 도형의 넓이가 같음을 나타낸 식은?

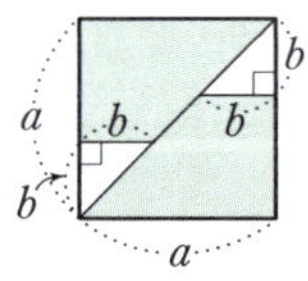

[그림 1]      [그림 2]      [그림 3]

① $(a+b)^2=a^2+2ab+b^2$
② $(a-b)^2=a^2-2ab+b^2$
③ $(a+b)(a-b)=a^2-b^2$
④ $(x+a)(x+b)=x^2+(a+b)x+ab$
⑤ $(ax+b)(cx+d)=acx^2+(ad+bc)x+bd$

**0444** ●●중●●●

오른쪽 그림은 가로, 세로의 길이가 각각 $5a$, $4a$인 직사각형 모양의 땅에 폭이 2로 일정한 십자 모양의 길을 낸 것이다. 길을 제외한 땅의 넓이를 구하시오.
(단, 전개식으로 답하시오.)

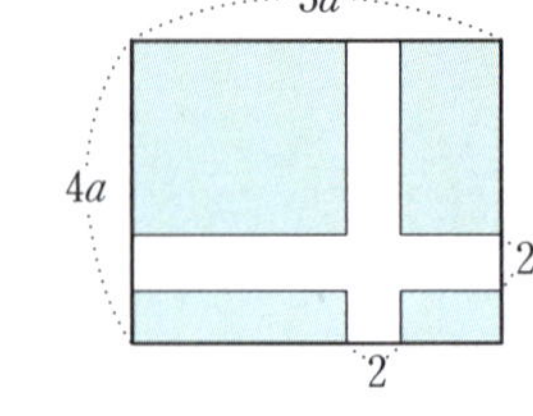

**0445** ●●●상중● 서술형

가로의 길이가 $a$, 세로의 길이가 $b$인 직사각형 모양의 종이 ABCD를 다음 그림과 같이 접었다. 이때 사각형 EBCH의 넓이를 $a$, $b$를 사용하여 나타내시오. (단, $a>b$)

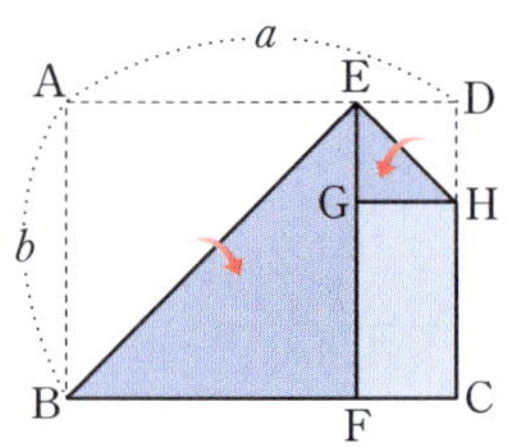

**0446** ●●●●상 잘 틀리는 문제

아래 그림과 같이 쌓여 있는 직육면체 모양의 상자 전체의 부피를 구하려고 한다. 상자들은 모두 같은 크기이고, 상자 한 개의 밑면의 가로의 길이는 $x+2y$, 세로의 길이는 $2x-y$이고 높이는 5일 때, 다음 물음에 답하시오.

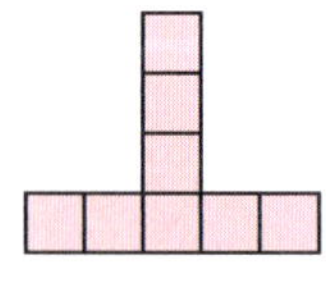 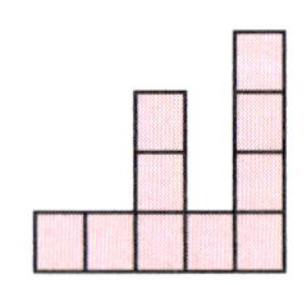 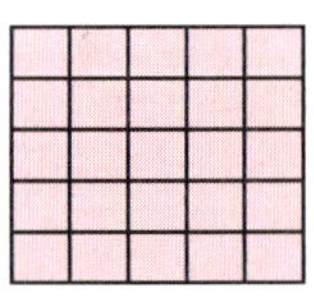

[앞에서 찍은 것]    [오른쪽 옆에서 찍은 것]    [위에서 찍은 것]

(1) 위의 그림에서 상자는 모두 몇 개인지 구하시오.

(2) 쌓여 있는 상자 전체의 부피를 구하시오.
(단, 전개식으로 답하시오.)

STEP **1** 개념 마스터

## 04 곱셈 공식을 이용한 수의 계산  유형 09

(1) 수의 제곱의 계산

$(a+b)^2=a^2+2ab+b^2$ 또는

$(a-b)^2=a^2-2ab+b^2$을 이용한다.

예 $104^2=(100+4)^2=100^2+2\times100\times\boxed{❶}+4^2$
$=10816$

$95^2=(100-5)^2=100^2-2\times100\times5+\boxed{❷}$
$=9025$

(2) 두 수의 곱의 계산

$(a+b)(a-b)=a^2-b^2$ 또는

$(x+a)(x+b)=x^2+(a+b)x+ab$를 이용한다.

예 $48\times52=(50-\boxed{❸})(50+2)=50^2-2^2=2496$

$101\times102=(100+1)(100+\boxed{❹})$
$=100^2+(1+2)\times100+1\times2=10302$

답 ❶ 4  ❷ $5^2$  ❸ 2  ❹ 2

[0447~0451] 곱셈 공식을 이용하여 다음을 계산하시오.

**0447** $99^2$

**0448** $502^2$

**0449** $101\times99$

**0450** $8.3\times7.7$

**0451** $102\times103$

## 05 곱셈 공식을 이용한 근호를 포함한 식의 계산  유형 10~11, 15

(1) 곱셈 공식을 이용한 무리수의 계산

제곱근을 문자로 생각하고 곱셈 공식을 이용하여 전개한다.

예 $(\sqrt{2}+1)(\sqrt{2}+3)=(\sqrt{2})^2+(1+3)\sqrt{2}+1\times3=5+4\sqrt{2}$

$(x+1)(x+3)=\ x^2\ +(1+\boxed{❶})x+1\times\boxed{❷}$

(2) 곱셈 공식을 이용한 분모의 유리화

분모가 두 개의 항으로 되어 있는 무리수인 수는 곱셈 공식 $(x+y)(x-y)=x^2-y^2$을 이용하여 분모를 유리화한다.

$a>0,\ b>0$일 때

$$\dfrac{c}{\sqrt{a}+\sqrt{b}}=\dfrac{c(\sqrt{a}-\sqrt{b})}{(\sqrt{a}+\sqrt{b})(\sqrt{a}-\sqrt{b})}=\dfrac{c\sqrt{a}-c\sqrt{b}}{a-b}$$
└ 부호 반대 ┘
$$(단,\ a\neq b)$$

예 $\dfrac{1}{\sqrt{3}+\sqrt{2}}=\dfrac{\boxed{❸}}{(\sqrt{3}+\sqrt{2})(\sqrt{3}-\sqrt{2})}$
$=\dfrac{\sqrt{3}-\sqrt{2}}{3-2}=\sqrt{3}-\sqrt{2}$

답 ❶ 3  ❷ 3  ❸ $\sqrt{3}-\sqrt{2}$

[0452~0454] 곱셈 공식을 이용하여 다음을 계산하시오.

**0452** $(\sqrt{3}+\sqrt{2})^2$

**0453** $(2\sqrt{2}-\sqrt{3})^2$

**0454** $(\sqrt{3}+\sqrt{5})(\sqrt{3}-\sqrt{5})$

[0455~0458] 다음 수의 분모를 유리화하시오.

**0455** $\dfrac{1}{2+\sqrt{3}}$    **0456** $\dfrac{1}{\sqrt{3}-\sqrt{2}}$

**0457** $\dfrac{\sqrt{2}+1}{\sqrt{2}-1}$    **0458** $\dfrac{2-\sqrt{3}}{2+\sqrt{3}}$

핵심 포인트! · 큰 수나 소수의 제곱은 곱셈 공식을 이용하여 계산하는 것이 더 편리하다.

· 분모가 두 개의 항으로 되어 있는 무리수인 수는 곱셈 공식 $(a+b)(a-b)=a^2-b^2$을 이용하여 분모를 유리화한다.

**06** 복잡한 식의 전개　유형 14

① 공통부분을 하나의 문자로 놓는다. ➡ 치환

② 곱셈 공식을 이용하여 전개한다.

③ 치환한 문자를 원래의 식으로 바꾼다.

④ 다시 곱셈 공식을 이용하여 전개한 후 정리한다.

**예** $(a-b+1)(a-b-1)$

$\quad = (A+1)(A-1)$　$a-b=A$로 치환

$\quad = A^2 - \boxed{❶}$　전개

$\quad = (\boxed{❷})^2 - 1$　$A=a-b$ 대입

$\quad = a^2 - 2ab + b^2 - 1$　전개

**답** ❶ 1　❷ $a-b$

[0459~0460] 다음은 치환을 이용하여 전개하는 과정이다. ☐ 안에 알맞은 식을 써넣으시오.

**0459**　$(a+b+c)^2$

$\quad = (A+c)^2$　$a+b=A$로 치환

$\quad = A^2 + \boxed{\phantom{x}}A + \boxed{\phantom{x}}$　전개

$\quad = (a+b)^2 + \boxed{\phantom{x}}(a+b) + \boxed{\phantom{x}}$　$A=a+b$ 대입

$\quad = a^2 + 2ab + b^2 + 2ac + \boxed{\phantom{x}} + c^2$　전개

$\quad = a^2 + b^2 + c^2 + 2ab + 2ac + \boxed{\phantom{x}}$

**0460**　$(a+b-2)(a+b+2)$

$\quad = (A-2)(\boxed{\phantom{x}}+2)$　$a+b=A$로 치환

$\quad = \boxed{\phantom{x}} - 4$　전개

$\quad = (a+\boxed{\phantom{x}})^2 - 4$　$A=a+b$ 대입

$\quad = a^2 + 2ab + \boxed{\phantom{x}} - 4$　전개

[0461~0462] 치환을 이용하여 다음 식을 전개하시오.

**0461**　$(x+y+3)^2$

**0462**　$(x+y+1)(x+y-1)$

**07** 곱셈 공식의 변형　유형 16~18

(1) $a^2 + b^2 = (a+b)^2 - 2ab$

(2) $a^2 + b^2 = (a-b)^2 + 2ab$

(3) $(a-b)^2 = (a+b)^2 - 4ab$

(4) $(a+b)^2 = (a-b)^2 + 4ab$

**참고** (1) $(a+b)^2 = a^2 + 2ab + b^2$

$\quad$이항 ➡ $a^2 + b^2 = (a+b)^2 \boxed{❶} 2ab$

(2) $(a-b)^2 = a^2 - 2ab + b^2$

$\quad$이항 ➡ $a^2 + b^2 = (a-b)^2 \boxed{❷} 2ab$

(3) $(a+b)^2 - 2ab = (a-b)^2 + 2ab$

$\quad$이항 ➡ $(a-b)^2 = (a+b)^2 \boxed{❸} 4ab$

(4) $(a+b)^2 - 2ab = (a-b)^2 + 2ab$

$\quad$이항 ➡ $(a+b)^2 = (a-b)^2 \boxed{❹} 4ab$

**답** ❶ −　❷ +　❸ −　❹ +

[0463~0464] $x+y=4$, $xy=-3$일 때, 다음 ☐ 안에 알맞은 것을 써넣으시오.

**0463**　$x^2 + y^2 = (x+y)^2 - \boxed{\phantom{x}}$

$\quad\quad = 4^2 - 2 \times (\boxed{\phantom{x}}) = \boxed{\phantom{x}}$

**0464**　$(x-y)^2 = (x+y)^2 - \boxed{\phantom{x}}$

$\quad\quad = 4^2 - 4 \times (\boxed{\phantom{x}}) = \boxed{\phantom{x}}$

[0465~0466] $a+b=2$, $ab=1$일 때, 다음 식의 값을 구하시오.

**0465**　$a^2 + b^2$

**0466**　$(a-b)^2$

[0467~0468] $x-y=3$, $xy=4$일 때, 다음 식의 값을 구하시오.

**0467**　$x^2 + y^2$

**0468**　$(x+y)^2$

**핵심 포인트!**　· 공통부분이 있는 식의 전개 ➡ 공통부분을 치환한 후 곱셈 공식을 이용한다.

· $a+b$와 $ab$의 값이 주어질 때 ➡ $a^2+b^2=(a+b)^2-2ab$ 또는 $(a-b)^2=(a+b)^2-4ab$를 이용

· $a-b$와 $ab$의 값이 주어질 때 ➡ $a^2+b^2=(a-b)^2+2ab$ 또는 $(a+b)^2=(a-b)^2+4ab$를 이용

---

**필수유형 09**   곱셈 공식을 이용한 수의 계산   중요

(1) 수의 제곱
 ➡ $(a+b)^2=a^2+2ab+b^2$ 또는
 $(a-b)^2=a^2-$ ❶ $+b^2$을 이용한다.

(2) 두 수의 곱
 ➡ $(a+b)(a-b)=$ ❷ 또는
 $(x+a)(x+b)=x^2+(a+b)x+ab$를 이용한다.

답 ❶ $2ab$ ❷ $a^2-b^2$

**대표문제**

**0469** ●●중●●

다음 중 주어진 수의 계산을 간편하게 하기 위해 이용하는 곱셈 공식으로 옳지 <u>않은</u> 것은?

① $1007^2 \Rightarrow (a+b)^2=a^2+2ab+b^2$

② $980^2 \Rightarrow (a-b)^2=a^2-2ab+b^2$

③ $1004 \times 994 \Rightarrow (a+b)(a-b)=a^2-b^2$

④ $52 \times 48 \Rightarrow (a+b)(a-b)=a^2-b^2$

⑤ $102 \times 105 \Rightarrow (x+a)(x+b)=x^2+(a+b)x+ab$

**0470** ●●중●●   서술형

$7.01 \times 6.99$를 곱셈 공식을 이용하여 계산하려고 할 때, 다음 물음에 답하시오.

(1) 주어진 수를 계산할 때 가장 편리한 곱셈 공식을 쓰시오.

(2) (1)의 공식을 이용하여 $7.01 \times 6.99$를 계산하시오.

**0471** ●●●상중●

곱셈 공식을 이용하여 $\dfrac{2020 \times 2022 + 1}{2021}$을 계산하시오.

---

**필수유형 10**   곱셈 공식을 이용한 무리수의 계산

제곱근을 문자처럼 생각하고 곱셈 공식을 이용하여 식을 전개한다.

예 $(2\sqrt{3}+3)(2\sqrt{3}-1)$
 $=(2\sqrt{3})^2+(3-1)2\sqrt{3}+\{3\times(-1)\}$
 $=12+4\sqrt{3}-3$
 $=$ ❶ $+4\sqrt{3}$

답 ❶ $9$

**대표문제**

**0472** ●●중●●

$(3\sqrt{2}-2)^2=a+b\sqrt{2}$일 때, 유리수 $a$, $b$에 대하여 $a+b$의 값을 구하시오.

**0473** ●중하●●●

$(5\sqrt{6}-\sqrt{2})(5\sqrt{6}+\sqrt{2})$를 계산하시오.

**0474** ●●중●●

$(a-2\sqrt{3})(3-2\sqrt{3})=15-b\sqrt{3}$일 때, $a-b$의 값을 구하시오. (단, $a$, $b$는 유리수)

**0475** ●●중●●

$(7+5\sqrt{2})^{99}(7-5\sqrt{2})^{99}$을 계산하시오.

**필수유형 11** 곱셈 공식을 이용한 분모의 유리화

분모가 2개의 항으로 되어 있는 무리수인 수는 곱셈 공식 $(x+y)(x-y)=x^2 \boxed{❶}\, y^2$을 이용하여 분모를 유리화한다.

$$\Rightarrow \frac{c}{\sqrt{a}+\sqrt{b}} = \frac{c(\sqrt{a}-\sqrt{b})}{(\sqrt{a}+\sqrt{b})(\sqrt{a}-\sqrt{b})} = \frac{c\sqrt{a}-c\sqrt{b}}{a-b}$$

부호 반대

(단, $a>0, b>0, a\neq b$)

답 ❶ −

대표문제

**0476** ●●중●●

$\dfrac{\sqrt{3}+\sqrt{5}}{\sqrt{3}-\sqrt{5}}=a+b\sqrt{15}$일 때, $ab$의 값을 구하시오.

(단, $a, b$는 유리수)

**0477** ●●중●● 서술형

$\dfrac{\sqrt{2}}{4+3\sqrt{2}} - \dfrac{\sqrt{2}}{4-3\sqrt{2}}$를 계산하시오.

**0478** ●●중●●

다음 중 분모를 유리화한 것으로 옳은 것은?

① $\dfrac{1}{2-\sqrt{3}}=2-\sqrt{3}$　② $\dfrac{\sqrt{6}-\sqrt{2}}{\sqrt{6}+\sqrt{2}}=2+\sqrt{3}$

③ $\dfrac{3}{\sqrt{5}+\sqrt{2}}=\sqrt{5}-\sqrt{2}$　④ $\dfrac{3}{2\sqrt{5}-4}=3\sqrt{5}+3$

⑤ $\dfrac{\sqrt{3}}{\sqrt{3}+\sqrt{2}}=3+\sqrt{6}$

**0479** ●●중●●

$\dfrac{2-\sqrt{3}}{2+\sqrt{3}} + \dfrac{2+\sqrt{3}}{2-\sqrt{3}}$을 계산하시오.

---

**필수유형 12** 2개 이상의 곱셈 공식을 이용한 식의 전개

곱셈 공식을 이용하여 전개한 후 $\boxed{❶}$끼리 모아서 계산한다.

답 ❶ 동류항

대표문제

**0480** ●●중●●

$(2x-3)(3x+2)-(x-2)^2$을 계산하시오.

**0481** ●●중●● 서술형

$(4x+5)(2x-3)+(x+2)(x-2)=Ax^2+Bx+C$일 때, $2A+3B+C$의 값을 구하시오. (단, $A, B, C$는 상수)

**0482** ●●중●●

$(3x-1)^2-(2x+3)(x-6)$을 계산한 식에서 $x^2$의 계수를 $a$, 상수항을 $b$라 할 때, $a+b$의 값을 구하시오.

**0483** ●●●상중●

다음 그림을 전개도로 갖는 직육면체에서 마주 보는 면에 적힌 두 일차식의 곱을 각각 $A, B, C$라 할 때, $A+B+C$를 계산하시오.

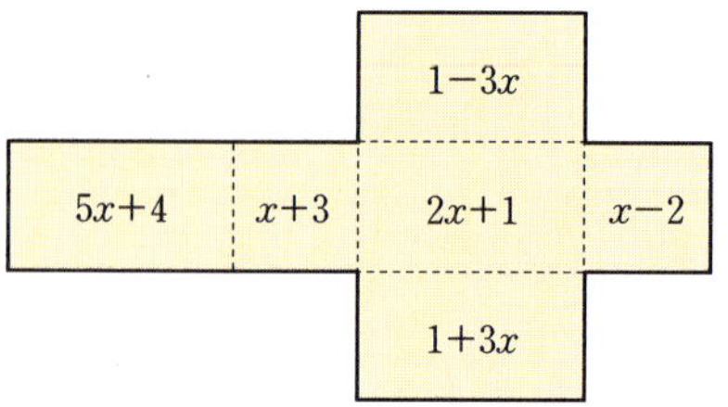

**필수유형 13** 연속한 합과 차의 곱

$$(m-n)(m+n)(m^2+n^2)(m^4+n^4)=m^8-n^8$$

$$m^2-n^2$$

❶ — ❷

$$m^8-n^8$$

답 ❶ $m^4$ ❷ $n^4$

**대표문제**

**0484** ••중••

다음 식을 전개하시오.

$$(x-1)(x+1)(x^2+1)(x^4+1)$$

**0485** ••중••

다음 식을 전개하시오.

(1) $(a-b)(a+b)(a^2+b^2)$

(2) $(x-2)(x+2)(x^2+4)$

(3) $(a-1)(a+1)(a^2+1)(a^4+1)(a^8+1)$

**0486** •••상중•

$\left(x-\dfrac{1}{2}\right)\left(x+\dfrac{1}{2}\right)\left(x^2+\dfrac{1}{4}\right)\left(x^4+\dfrac{1}{16}\right)=x^a+b$일 때, 두 상수 $a$, $b$에 대하여 $ab$의 값을 구하시오.

**필수유형 14** 공통부분이 있는 식의 전개

① 공통부분을 한 문자로 치환한다.
② 곱셈 공식을 이용하여 전개한다.
③ 치환한 문자에 원래의 식을 ❶ 한 후 간단히 한다.

답 ❶ 대입

**대표문제**

**0487** ••중••

$(3x-2y+1)^2$의 전개식에서 $x^2$의 계수를 $a$, $xy$의 계수를 $b$라 할 때, $a+b$의 값을 구하시오.

**0488** ••중••

다음 식을 치환을 이용하여 전개하시오.

(1) $(x+y-5)^2$

(2) $(x-2y+3)(x-2y+1)$

**0489** •••상중•

다음 식을 치환을 이용하여 계산하시오.

$$(x+y-z)(x+y+z)-(x+y)^2$$

**4**

다항식의 곱셈

### 필수유형 **15**  $x=a\pm\sqrt{b}$의 꼴인 경우 식의 값 구하기

$x=a+\sqrt{b}$를 $x-a=\sqrt{b}$로 변형한 후 양변을 제곱한다.

$x=a+\sqrt{b} \Rightarrow x-a=\sqrt{b} \Rightarrow (x-a)^2=(\sqrt{b})^2$

$\Rightarrow x^2-2ax+a^2=b$

**예** $x=\sqrt{2}+1$일 때 $x^2-2x+5$의 값

$\Rightarrow x-1=\sqrt{2}$의 양변을 제곱하면

$x^2-2x+1=$ **❶** , $x^2-2x=$ **❷**

$\therefore x^2-2x+5=$ **❸**

답 ❶2 ❷1 ❸6

**대표문제**

**0490** ••**중**••

$x=\sqrt{5}+1$일 때, $x^2-2x+3$의 값을 구하시오.

**0491** ••**중**•• 서술형

$x=4+\sqrt{3}$일 때, $x^2-8x+1$의 값을 구하시오.

**0492** ••**중**••

$x=\dfrac{1}{3+2\sqrt{2}}$일 때, $x^2-6x+1$의 값을 구하시오.

**0493** ••**중**••

$x=2-\sqrt{3}$일 때, $\sqrt{x^2-4x+5}$의 값을 구하시오.

### 필수유형 **16**  곱셈 공식의 변형을 이용하여 식의 값 구하기 (1)

(1) $a+b$와 $ab$의 값이 주어진 경우

$\Rightarrow a^2+b^2=(a+b)^2-2ab$ 또는

$(a-b)^2=(a+b)^2-$ **❶** 를 이용한다.

(2) $a-b$와 $ab$의 값이 주어진 경우

$\Rightarrow a^2+b^2=(a-b)^2+$ **❷** 또는

$(a+b)^2=(a-b)^2+4ab$를 이용한다.

답 ❶$4ab$ ❷$2ab$

**대표문제**

**0494** ••**중**••

$x+y=2\sqrt{2}$, $xy=2$일 때, $x^2+y^2$의 값을 구하시오.

**0495** ••**중**••

$a-b=\sqrt{5}$, $ab=1$일 때, $\dfrac{b}{a}+\dfrac{a}{b}$의 값을 구하시오.

**0496** ••**중**•• 잘 틀리는 문제

$x+y=6$, $xy=4$일 때, $x-y$의 값은?

① $0$ ② $\pm2$ ③ $\pm4$
④ $\pm2\sqrt{5}$ ⑤ $\pm2\sqrt{6}$

**0497** •••**상중**•

$a+b=3$, $ab=1$일 때, $\dfrac{\sqrt{a}+\sqrt{b}}{\sqrt{a}-\sqrt{b}}$의 값을 구하시오.

(단, $0<a<b$)

**필수유형 17** 곱셈 공식의 변형을 이용하여 식의 값 구하기 (2)

$x, y$의 값이 각각 주어진 경우 $x+y$(또는 $x-y$), $xy$의 값을 먼저 구한 후 곱셈 공식의 변형을 이용하여 식의 값을 구한다.

**대표문제**

**0498** ●●중●●

$x=2-\sqrt{3}$, $y=2+\sqrt{3}$일 때, $\dfrac{y}{x}+\dfrac{x}{y}$의 값을 구하시오.

**0499** ●●중●● 서술형

$x=\sqrt{3}+\sqrt{2}$, $y=\sqrt{3}-\sqrt{2}$일 때, 다음 물음에 답하시오.

(1) $x+y$의 값을 구하시오.

(2) $xy$의 값을 구하시오.

(3) $x^2+y^2$의 값을 구하시오.

**0500** ●●중●●

$a=\dfrac{1}{\sqrt{2}+1}$, $b=\dfrac{1}{\sqrt{2}-1}$일 때, $a^2+3ab+b^2$의 값을 구하시오.

**필수유형 18** 곱셈 공식의 변형을 이용하여 식의 값 구하기 (3)

$x+\dfrac{1}{x}$ 또는 $x-\dfrac{1}{x}$의 값이 주어질 때

① $x^2+\dfrac{1}{x^2}=\left(x+\dfrac{1}{x}\right)^2-2$

$\qquad\qquad =\left(x-\dfrac{1}{x}\right)^2+\boxed{❶}$

② $\left(x+\dfrac{1}{x}\right)^2=\left(x-\dfrac{1}{x}\right)^2+4$

$\qquad \left(x-\dfrac{1}{x}\right)^2=\left(x+\dfrac{1}{x}\right)^2-\boxed{❷}$

답 ❶ 2 ❷ 4

**대표문제**

**0501** ●●중●●

$x+\dfrac{1}{x}=2\sqrt{3}$일 때, 다음 식의 값을 구하시오.

(1) $x^2+\dfrac{1}{x^2}$

(2) $\left(x-\dfrac{1}{x}\right)^2$

**0502** ●●중●●

$x-\dfrac{1}{x}=7$일 때, 다음 식의 값을 구하시오.

(1) $x^2+\dfrac{1}{x^2}$

(2) $\left(x+\dfrac{1}{x}\right)^2$

**0503** ●●●상중●

$x-\dfrac{1}{x}=5$일 때, $x^2-3x+\dfrac{3}{x}+\dfrac{1}{x^2}$의 값을 구하시오.

**0504** ●●●●상

$x^2+3x+1=0$일 때, $x-\dfrac{1}{x}$의 값을 모두 구하시오.

4 다항식의 곱셈

---

**발전유형 19**  ( )( )( )( ) 꼴의 전개

네 개의 일차식의 곱은 다음과 같이 전개한다.
① 일차식의 상수항의 합이 같아지도록 두 개씩 짝 지어 전개한다.
② 공통부분을 치환하여 식을 전개한다.

**대표문제**

**0505** ●●●●상

$(x-1)(x-2)(x+5)(x+6)$을 전개하시오.

**쌍둥이 문제**

**0506** ●●●●상

$(x-1)(x-2)(x+2)(x+3)$을 전개하였을 때, $x^2$의 계수를 구하시오.

**0507** ●●●●상

$(x+1)(x+2)(x+4)(x+5)=ax^4+bx^3+cx^2+dx+e$
일 때, 상수 $a$, $b$, $c$, $d$, $e$의 값을 각각 구하시오.

---

**발전유형 20**  규칙성이 있는 제곱근의 계산

주어진 식의 계산 과정에서 규칙에 의해 없어지는 항들을 찾는다.

예 $f(x)=\sqrt{x+1}-\sqrt{x}$일 때
$f(1)+f(2)+f(3)$
$=(\sqrt{2}-\sqrt{1})+(\sqrt{3}-\sqrt{2})+(\sqrt{4}-\sqrt{3})$
$=-\sqrt{1}+\sqrt{4}=-1+2=1$

**대표문제**

**0508** ●●●●상

$f(x)=\sqrt{x}+\sqrt{x+1}$일 때,

$\dfrac{1}{f(4)}+\dfrac{1}{f(5)}+\dfrac{1}{f(6)}+\cdots+\dfrac{1}{f(10)}$의 값을 구하시오.

**0509** ●●●상중

$f(x)=\sqrt{x+1}-\sqrt{x}$일 때,
$f(1)+f(2)+f(3)+\cdots+f(80)$의 값을 구하시오.

**0510** ●●●●상

$f(x)=\sqrt{2x+1}+\sqrt{2x-1}$일 때,

$\dfrac{1}{f(1)}+\dfrac{1}{f(2)}+\dfrac{1}{f(3)}+\cdots+\dfrac{1}{f(60)}$의 값을 구하시오.

## STEP 3 내신 마스터

**0511** 하 ● ● ● ●

$(x+3y-2)(5x-4y)$의 전개식에서 $xy$의 계수를 구하시오.

**0512** 중하 ● ● ●

다음 중 옳지 <u>않은</u> 것은?

① $(x-2)(x+2)=x^2-4$

② $(x+2)(x-4)=x^2-2x-8$

③ $(2x+1)(x-5)=2x^2-8x-5$

④ $(2x+3)^2=4x^2+12x+9$

⑤ $(a-2b)^2=a^2-4ab+4b^2$

**0513** ● ● 중 ● ●

다음 식을 계산하면?

$$(-2a-b)(-2a+b)-2(a+3b)(a-3b)$$

① $2a^2-17b^2$      ② $2a^2+17b^2$

③ $-2a^2-17b^2$      ④ $-2a^2+17b^2$

⑤ $-17a^2+2b^2$

**0514** ● ● 중 ● ●

$(2x+a)(4x-6)=bx^2+cx-12$일 때, $a+b-c$의 값을 구하시오. (단, $a$, $b$, $c$는 상수)

**0515** ● ● 중 ● ●   창의력

오른쪽 그림과 같이 한 변의 길이가 $a$인 정사각형에서 가로의 길이는 $b$만큼 줄이고 세로의 길이는 $b$만큼 늘여 만든 직사각형의 넓이는 처음 정사각형의 넓이에서 어떻게 변하는가?

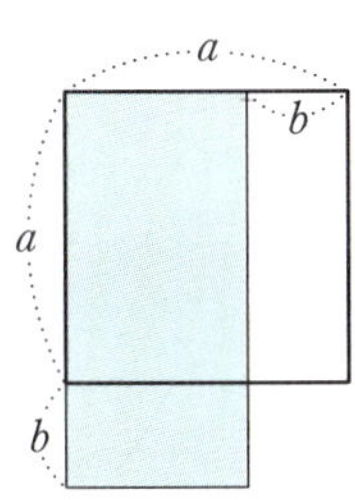


① $b$만큼 늘어난다.

② $b$만큼 줄어든다.

③ $b^2$만큼 늘어난다.

④ $b^2$만큼 줄어든다.

⑤ $2b^2$만큼 줄어든다.

**0516** ● ● 중 ● ●   서술형

곱셈 공식을 이용하여 다음을 계산하시오.

(1) $103^2$

(2) $102\times98$

## 0517 ●●중●●

다음 중 계산 결과가 옳은 것은?

① $(\sqrt{7}-2)^2=11$

② $(2\sqrt{5}-3)^2=29+6\sqrt{5}$

③ $(\sqrt{5}+\sqrt{3})(\sqrt{5}-\sqrt{3})=2$

④ $(\sqrt{3}+\sqrt{2})(\sqrt{3}-2\sqrt{2})=-1+\sqrt{6}$

⑤ $(\sqrt{2}+2\sqrt{6})(3\sqrt{2}-4\sqrt{6})=-42-4\sqrt{3}$

## 0518 ●●중●● 서술형

$(5\sqrt{3}-3)(6-a\sqrt{3})$이 유리수가 되도록 하는 유리수 $a$의 값을 구하시오.

## 0519 ●●중●●

$\sqrt{5}+2$의 소수 부분을 $a$, $6-2\sqrt{5}$의 소수 부분을 $b$라 할 때, $a^2+b^2$의 값을 구하시오.

## 0520 ●●●상중●

$(3-2\sqrt{2})^{100}(3+2\sqrt{2})^{102}=a+b\sqrt{2}$일 때, $a+b$의 값을 구하시오. (단, $a$, $b$는 유리수)

## 0521 ●●중●●

$\dfrac{2}{3+2\sqrt{2}}+\dfrac{3}{3-2\sqrt{2}}$을 간단히 하면?

① $15+2\sqrt{2}$  ② $5+3\sqrt{2}$  ③ $5-2\sqrt{2}$

④ $3-10\sqrt{2}$  ⑤ $-15+\sqrt{2}$

## 0522 ●●중하●● 서술형

$x=\dfrac{\sqrt{5}-2}{\sqrt{5}+2}$일 때, 다음 물음에 답하시오.

(1) $x$의 분모를 유리화하시오.

(2) $x-\dfrac{1}{x}$의 값을 구하시오.

## 0523 ●●중●●

$(x-3)(x+a)+(2-x)(x+2)$를 계산한 식에서 $x$의 계수와 상수항이 같을 때, 상수 $a$의 값을 구하시오.

## 0524 ●●중●●

$(x-1)(x+1)(x^2+1)(x^4+1)(x^8+1)=x^a+b$일 때, $a+b$의 값은? (단, $a$, $b$는 상수)

① 8　　　　② 9　　　　③ 15

④ 16　　　⑤ 17

## 0525 ●●중●●

$(x+3y-1)^2$의 전개식에서 상수항을 제외한 모든 항의 계수의 총합은?

① 8　　　　② 9　　　　③ 10

④ 11　　　⑤ 12

## 0526 ●●중●●

$x=\sqrt{7}+2$일 때, $x^2-4x+3$의 값은?

① 6　　　　② 7　　　　③ 8

④ 9　　　　⑤ 10

## 0527 ●●중●●

$a-b=4$, $ab=3$일 때, $a^2+b^2$의 값을 구하시오.

## 0528 ●●중●●

$x=1+\sqrt{5}$, $y=1-\sqrt{5}$일 때, $x^2-xy+y^2$의 값은?

① 10　　　② 12　　　③ 14

④ 16　　　⑤ 18

## 0529 ●●●상중●

$x-\dfrac{1}{x}=5$일 때, $x+\dfrac{1}{x}$의 값을 구하시오. (단, $x>1$)

## 0530 ●●●상중● 창의력

다음 식을 계산하면?

$$\frac{1}{\sqrt{5}+\sqrt{3}}+\frac{1}{\sqrt{7}+\sqrt{5}}+\cdots+\frac{1}{\sqrt{101}+\sqrt{99}}$$

① $\dfrac{1}{2}(\sqrt{5}-\sqrt{101})$ 　　② $\dfrac{1}{2}(\sqrt{5}-\sqrt{99})$

③ $\dfrac{1}{2}(\sqrt{99}-\sqrt{5})$ 　　④ $\dfrac{1}{2}(\sqrt{3}-\sqrt{101})$

⑤ $\dfrac{1}{2}(\sqrt{101}-\sqrt{3})$

# 5 인수분해 공식

유클리드
인수분해 공식
· $ma+mb = m(a+b)$
· $a^2+2ab+b^2 = (a+b)^2$
· $a^2-2ab+b^2 = (a-b)^2$
· $a^2-b^2 = (a+b)(a-b)$
· $x^2+(a+b)x+ab = (x+a)(x+b)$
· $acx^2+(ad+bc)x+bd = (ax+b)(cx+d)$
하나의 다항식을 두 개 이상의 인수의 곱의 꼴로 나타내는 것을 인수분해라 하지.
어떤 수를 두 약수의 곱으로 나타낼 수 있는 것처럼,

# 개념 마스터



## 01 인수와 인수분해의 뜻  유형 01

(1) **인수**  하나의 다항식을 두 개 이상의 다항식의 곱으로 나타낼 때, 곱해진 각각의 다항식
(2) **인수분해**  하나의 다항식을 두 개 이상의 인수의 곱으로 나타내는 것

**참고** ① 모든 다항식에서 1과 자기 자신은 그 다항식의 인수이다.
② 인수분해는 전개를 거꾸로 한 과정이다.

**예** $x^2+3x+2$ $\xleftrightarrow[\text{전개}]{\text{인수분해}}$ $(x+1)(x+2)$

➡ $x^2+3x+2$의 인수는
1, $x+1$, ❶ , $(x+1)(x+2)$

답 ❶ $x+2$

[0531~0535] 다음 식의 인수를 모두 구하시오.

**0531** $(a+2b)c$

**0532** $x^2y$

**0533** $ab(a-b)$

**0534** $(a+1)(a-2)$

**0535** $a(x-y)^2$

## 02 공통으로 들어 있는 인수를 이용한 인수분해  유형 02

다항식의 각 항에 공통으로 들어 있는 인수가 있을 때, 분배법칙을 이용하여 공통으로 들어 있는 인수로 묶어 인수분해한다.

$$ma+mb+mc=m(a+b+c)$$

공통으로 들어 있는 인수

**주의** 다항식을 인수분해할 때에는 공통으로 들어 있는 인수를 모두 묶어 내야 한다.

**예** $x^2y-5xy=$ ❶ $(x-5)(\bigcirc)$
$x^2y-5xy=x(xy-5y)\,(\times)$

답 ❶ $xy$

[0536~0529] 다음 식에서 공통으로 들어 있는 인수를 구하시오.

**0536** $a+ab$

**0537** $x^2y-xy^2$

**0538** $2x+6xy$

**0539** $2x^2y+4xy$

[0540~0543] 다음 식을 인수분해하시오.

**0540** $a^2b-12ab$

**0541** $ax-ay+az$

**0542** $x^2y-xy^2+xy$

**0543** $9a^2b+6ab^2-3b$

---

**핵심 포인트!** · 인수분해할 때, 공통으로 들어 있는 인수가 남지 않도록 모두 묶어 낸다.
· 문자뿐만 아니라 수인 인수도 공통으로 들어 있는 인수임에 주의한다.  **예** $3x+6y=3(x+2y)$

## 03 인수분해 공식 (1) – 완전제곱식을 이용 유형 03~06

(1) **완전제곱식** 다항식의 제곱으로 된 식 또는 이 식에 수를 곱한 식

예 $(a+b)^2$, $(x-y)^2$, $2(x+1)^2$, $-(x-1)^2$

(2) **완전제곱식을 이용한 인수분해**

$$a^2+2ab+b^2=(a+b)^2$$
$$a^2-2ab+b^2=(a-b)^2$$

예 $x^2+4x+4=x^2+2\times x\times 2+2^2=(x+2)^2$

$x^2-8x+16=x^2-2\times x\times 4+4^2$

$$=(\boxed{1})^2$$

(3) **완전제곱식이 될 조건**

① $x^2\pm ax+b$가 완전제곱식이 되기 위한 $b$의 조건

$\Rightarrow b=\left(\pm\dfrac{a}{2}\right)^2$

→ 일차항의 계수의 절반의 제곱

예 $x^2-4x+b$가 완전제곱식이 되려면

$$b=\left(\dfrac{-4}{2}\right)^2=\boxed{2}$$

② $x^2+ax+b^2$이 완전제곱식이 되기 위한 $a$의 조건

$\Rightarrow a=\pm 2b$

예 $x^2+ax+9$가 완전제곱식이 되려면

$$a=\pm 2\sqrt{9}=\pm 6$$

답 ❶ $x-4$ ❷ $4$

[0544~0547] 다음 식을 인수분해하시오.

**0544** $a^2+8a+16$　　**0545** $a^2-6a+9$

**0546** $4x^2+4x+1$　　**0547** $x^2-12xy+36y^2$

[0548~0551] 다음 식이 완전제곱식이 되도록 □ 안에 알맞은 수를 써넣으시오.

**0548** $x^2+6x+\square$　　**0549** $x^2-10x+\square$

**0550** $x^2+\square x+49$　　**0551** $x^2+\square xy+16y^2$

## 04 인수분해 공식 (2) – 합과 차의 곱을 이용 유형 07

$$a^2-b^2=\underset{\text{합}}{(a+b)}\ \underset{\text{차}}{(a-b)}$$

예 $a^2-9=a^2-3^2=(a+3)(\boxed{1})$

참고 $a^2-b^2$의 꼴을 인수분해할 때에는 $-$ 부호가 붙은 제곱인 항의 부호가 $+$, $-$로 인수분해된다.

예 $-x^2+y^2=y^2-x^2$

$$=(y+x)(y-x)$$

답 ❶ $a-3$

[0552~0559] 다음 식을 인수분해하시오.

**0552** $x^2-1$

**0553** $a^2-16$

**0554** $a^2-\dfrac{1}{9}$

**0555** $4x^2-1$

**0556** $9x^2-25y^2$

**0557** $\dfrac{1}{16}x^2-\dfrac{1}{49}y^2$

**0558** $-a^2+25b^2$

**0559** $-49a^2+4b^2$



**5** 인수분해 공식

---

**필수유형 01** 인수

인수 : 하나의 다항식을 두 개 이상의 다항식의 곱으로 나타낼 때, 곱해진 각각의 다항식

**예** $(x+1)(x-2)$의 인수
➡ $1,\ x+1,\ x-2,\ $ ❶

**참고** 1과 자기 자신도 다항식의 인수이다.

답 ❶ $(x+1)(x-2)$

**대표문제**

**0560** 하

다음 중 $x(x+2)(2x-3)$의 인수가 <u>아닌</u> 것은?

① $x$　　　　② $x+2$　　　　③ $2x-3$

④ $x^2+2x$　　⑤ $2x^2+3x$

**0561** 중하

다음 중 $a^2b(b-1)$의 인수가 <u>아닌</u> 것은?

① $a(b-1)$　　② $b^2-b$　　　③ $a^2b$

④ $a^2b^2$　　　⑤ $a^2b(b-1)$

**0562** 중하

다음 중 $a+2$를 인수로 갖지 <u>않는</u> 것은?

① $a+2$　　　② $a(a+2)$　　③ $(a+2)(a-2)$

④ $(a+2)+2$　⑤ $(a+2)^2$

---

**필수유형 02** 공통으로 들어 있는 인수를 이용한 인수분해

① 공통으로 들어 있는 인수를 찾는다.

② 분배법칙을 이용하여 공통으로 들어 있는 인수로 묶는다.

➡ $mA+mB-mC=$ ❶ $(A+B-C)$

답 ❶ $m$

**대표문제**

**0563** 중하

다음 중 $3x^2y-6xy^2$의 인수가 <u>아닌</u> 것은?

① $xy$　　　　② $3x-6y$　　　③ $xy-2y^2$

④ $3x^2y$　　　⑤ $x^2-2xy$

**0564** 중하

다음 중 바르게 인수분해한 것은?

① $x^2-x=x(x+1)$

② $xy-yz=-y(x+z)$

③ $ax^2+3ax=ax(x+3)$

④ $-3x-9xy=3(x-3xy)$

⑤ $8a^2b-4ab=4ab(2a-4)$

**0565** 중하

다음 중 두 다항식 $8x^2y-4x$와 $x^2y-4xy$에서 공통으로 들어 있는 인수는?

① $x$　　　　② $y$　　　　③ $xy$

④ $4xy$　　　⑤ $x-4$

### 필수유형 **03** 인수분해 공식 (1) $- a^2 \pm 2ab + b^2$의 꼴

완전제곱식을 이용한 인수분해 공식을 이용한다.

(1) $a^2 + 2ab + b^2 = (a+b)^2$

(2) $a^2 - 2ab + b^2 = (a\boxed{①}b)^2$

달 ❶ $-$

**대표문제**

### 0566 ●●중●●

다음 중 완전제곱식으로 인수분해되는 것을 모두 고르면?

(정답 2개)

① $x^2 - 2x - 1$　　　② $4x^2 + 16x + 16$

③ $x^2 - 12x + 144$　　④ $9x^2 + 6xy + 4y^2$

⑤ $x^2 + x + \dfrac{1}{4}$

### 0567 ●중하●●●

다음 중 인수분해한 것이 옳지 <u>않은</u> 것은?

① $2x^2 - 16x + 32 = 2(x-4)^2$

② $25x^2 + 30xy + 9y^2 = (5x+3)^2$

③ $-4x^2 + 8xy - 4y^2 = -4(x-y)^2$

④ $x^2 - \dfrac{1}{2}x + \dfrac{1}{16} = \left(x - \dfrac{1}{4}\right)^2$

⑤ $\dfrac{1}{4}a^2 + ab + b^2 = \left(\dfrac{1}{2}a + b\right)^2$

### 0568 ●●중●●

$Ax^2 + 12x + B = (2x+C)^2$일 때, $A+B-C$의 값을 구하시오. (단, $A$, $B$, $C$는 상수)

### 필수유형 **04** 완전제곱식이 되도록 하는 미지수의 값 구하기 (1)

(1) $x^2 + ax + b$가 완전제곱식이 되기 위한 $b$의 조건

　➡ $b = \left(\dfrac{a}{\boxed{①}}\right)^2$

(2) $x^2 + ax + b^2$이 완전제곱식이 되기 위한 $a$의 조건

　➡ $a = \pm 2b$

답 ❶ 2

**대표문제**

### 0569 ●●중●●

다음 두 식이 모두 완전제곱식이 될 때, $\square$ 안에 알맞은 양수를 각각 구하시오.

$$a^2 + \dfrac{1}{2}a + \square , \qquad x^2 + \square x + 16$$

### 0570 ●중하●●●

다음은 다항식을 완전제곱식으로 나타낸 것이다. $\square$ 안에 알맞은 수를 차례대로 구한 것은?

$$x^2 + 12x + \square = (x + \square)^2$$

① 12, 4　　② 16, 4　　③ 25, 5

④ 36, 6　　⑤ 64, 8

### 0571 ●●중●● 〔잘 틀리는 문제〕

$2x^2 - 6x + \square$가 완전제곱식이 될 때, $\square$ 안에 알맞은 수를 구하시오.

**0572** ●●중●●
$x^2-10x+3a+7$이 완전제곱식이 되도록 하는 상수 $a$의 값을 구하시오.

**0573** ●●중●● 서술형
$(x+3)(x-5)+k$가 완전제곱식이 되기 위한 상수 $k$의 값을 구하시오.

**0574** ●●중●●
$x^2+(n+3)x+36$이 완전제곱식이 되도록 하는 모든 상수 $n$의 값의 합을 구하시오.

---

**필수유형 05** 완전제곱식이 되도록 하는 미지수의 값 구하기 (2)

$x^2$의 계수가 1이 아닐 때 완전제곱식이 될 조건
➡ $a^2x^2+bx+c^2$이 완전제곱식이 되려면 $b=\pm 2ac$

예 $9x^2+\boxed{\phantom{a}}x+16$이 완전제곱식이 되려면
$9x^2+\boxed{\phantom{a}}x+16=(3x)^2+\boxed{\phantom{a}}x+4^2$에서
$\boxed{\phantom{a}}=\pm 2\times 3\times 4=$ ❶

답 ❶ $\pm 24$

대표문제
**0575** ●●중●●
$4x^2+(a-4)x+36$이 완전제곱식이 되도록 하는 상수 $a$의 값을 모두 구하시오.

**0576** ●●중●●
$\dfrac{1}{9}x^2+\boxed{\phantom{a}}xy+\dfrac{1}{4}y^2$이 완전제곱식이 될 때, $\boxed{\phantom{a}}$ 안에 알맞은 수를 모두 구하시오.

**0577** ●●중●●
다음 식이 모두 완전제곱식이 되도록 할 때, $\boxed{\phantom{a}}$ 안에 알맞은 양수 중 가장 큰 것은?

① $a^2+6a+\boxed{\phantom{a}}$  ② $a^2+\boxed{\phantom{a}}a+1$
③ $\boxed{\phantom{a}}x^2-16x+4$  ④ $9y^2+\boxed{\phantom{a}}y+\dfrac{1}{9}$
⑤ $4x^2+\boxed{\phantom{a}}xy+25y^2$

**0578** ●●중●●
$16x^2+(2k+4)x+9$가 완전제곱식이 되도록 하는 양수 $k$의 값을 구하시오.

**필수유형 06** 근호 안이 완전제곱식으로 인수분해되는 식

① 근호 안의 식을 완전제곱식으로 인수분해하여 $\sqrt{A^2}\pm\sqrt{B^2}$의 꼴로 만든다.
② $A$, $B$의 부호를 판단한다.
③ 제곱근의 성질을 이용하여 간단히 한다.
➡ $A\geq0$이면 $\sqrt{A^2}=A$
   $A<0$이면 $\sqrt{A^2}=$ ❶ $A$

답 ❶ −

**대표문제**

**0579** ●●중●●●
$-1<x<3$일 때, $\sqrt{x^2+2x+1}-\sqrt{x^2-6x+9}$를 간단히 하시오.

**0580** ●●중●●
$0<a<2$일 때, $\sqrt{a^2+4a+4}+\sqrt{a^2-4a+4}$를 간단히 하시오.

**0581** ●●중●●
$y<x<0$일 때, $\sqrt{x^2-2xy+y^2}+\sqrt{x^2+2xy+y^2}$을 간단히 하시오.

**0582** ●●●●상
$0<a<1$일 때, $\sqrt{\left(a+\dfrac{1}{a}\right)^2-4}+\sqrt{\left(a-\dfrac{1}{a}\right)^2+4}$를 간단히 하면?

① $-\dfrac{2}{a}$  ② $\dfrac{2}{a}$  ③ $-2a$
④ $a$  ⑤ $2a$

**필수유형 07** 인수분해 공식 (2) $-\,a^2-b^2$의 꼴

항이 2개인 다항식의 인수분해
① 항이 2개이면 제곱의 차, 즉 $a^2$ ❶ $b^2$의 꼴로 나타낼 수 있는지 확인한다.
② $a^2-b^2=(a+b)(a-b)$를 이용하여 인수분해한다.
   제곱의 차　합　차
참고 특별한 말이 없으면 인수분해는 유리수 범위에서 한다.

답 ❶ −

**대표문제**

**0583** ●중하●●●
다음 중 다항식 $x^3-x$의 인수가 <u>아닌</u> 것은?

① $x^2$  ② $x$  ③ $x+1$
④ $x-1$  ⑤ $x^2-1$

**0584** ●중하●●●
다음 중 바르게 인수분해한 것은?

① $x^2-25=(x-5)^2$
② $9x^2-16=(9x-4)(x+4)$
③ $-16a^2+25b^2=(-4a+5b)(-4a-5b)$
④ $x^2-y^2=(x+y)^2$
⑤ $4x^2-36=4(x+3)(x-3)$

**0585** ●●중●● 　잘 틀리는 문제
다음 중 $x^4-1$의 인수가 <u>아닌</u> 것은?

① $x-1$  ② $x+1$  ③ $x^2-1$
④ $x^2+1$  ⑤ $x^2+x-1$

**05** 인수분해 공식 (3) – $x^2$의 계수가 1인 이차식   유형 08

$$x^2+\underset{\text{합}}{(a+b)}x+\underset{\text{곱}}{ab}=(x+a)(x+b)$$

$$
\begin{array}{ccc}
x & \searrow\nearrow & a \Rightarrow ax\\
x & \nearrow\searrow & b \Rightarrow \underline{bx\,(+}\\
& & (a+b)x
\end{array}
$$

(예) $x^2+4x+3$을 인수분해하면

$x^2+4x+3$

$$
\begin{array}{ccc}
x & \nearrow & 1 \Rightarrow x\\
x & \searrow & 3 \Rightarrow \underline{3x\,(+}\\
& & 4x
\end{array}
$$

$\therefore\ x^2+4x+3=(\boxed{\textbf{❶}\ })(x+3)$

답 ❶ $x+1$

[0586~0587] 다음은 주어진 다항식을 인수분해하는 과정이다. □ 안에 알맞은 것을 써넣으시오.

**0586** $x^2+x-2$

$$
\begin{array}{ccc}
x & \nearrow & -1 \Rightarrow -x\\
x & \searrow & 2 \Rightarrow \underline{2x\,(+}\\
& & x
\end{array}
$$

$\therefore\ x^2+x-2=(x-\boxed{\ })(x+\boxed{\ })$

**0587** $x^2-x-12$

$$
\begin{array}{ccc}
x & \searrow & 3 \Rightarrow \boxed{\ }\\
x & \nearrow & \boxed{\ } \Rightarrow \underline{\boxed{\ }\,(+}\\
& & -x
\end{array}
$$

$\therefore\ x^2-x-12=(x+\boxed{\ })(x-\boxed{\ })$

[0588~0591] 다음 식을 인수분해하시오.

**0588** $x^2+6x+8$

**0589** $x^2-8x+7$

**0590** $x^2+xy-6y^2$

**0591** $x^2-5xy+6y^2$

**06** 인수분해 공식 (4) – $x^2$의 계수가 1이 아닌 이차식   유형 09

$$acx^2+(ad+bc)x+bd=(ax+b)(cx+d)$$

$$
\begin{array}{ccc}
ax & \searrow & b \Rightarrow bcx\\
cx & \nearrow & d \Rightarrow \underline{adx\,(+}\\
& & (ad+bc)x
\end{array}
$$

(예) $2x^2+5x+3$을 인수분해하면

$2x^2+5x+3$

$$
\begin{array}{ccc}
x & \nearrow & 1 \Rightarrow 2x\\
2x & \searrow & 3 \Rightarrow \underline{3x\,(+}\\
& & 5x
\end{array}
$$

$\therefore\ 2x^2+5x+3=(x+1)(\boxed{\textbf{❶}\ })$

답 ❶ $2x+3$

[0592~0593] 다음은 주어진 다항식을 인수분해하는 과정이다. □ 안에 알맞은 것을 써넣으시오.

**0592** $4x^2+8x+3$

$$
\begin{array}{ccc}
2x & \nearrow & 1 \Rightarrow \boxed{\ }\\
\boxed{\ } & \searrow & \boxed{\ } \Rightarrow \underline{\boxed{\ }\,(+}\\
& & 8x
\end{array}
$$

$\therefore\ 4x^2+8x+3=(2x+1)(\boxed{\ })$

**0593** $2x^2+5xy-3y^2$

$$
\begin{array}{ccc}
x & \nearrow & \boxed{\ } \Rightarrow \boxed{\ }\\
\boxed{\ } & \searrow & \boxed{\ } \Rightarrow \underline{\boxed{\ }\,(+}\\
& & 5xy
\end{array}
$$

$\therefore\ 2x^2+5xy-3y^2=(x+\boxed{\ })(\boxed{\ })$

[0594~0597] 다음 식을 인수분해하시오.

**0594** $2x^2+9x+4$

**0595** $3x^2+4x-15$

**0596** $6x^2-7x+2$

**0597** $3x^2+5xy+2y^2$

---

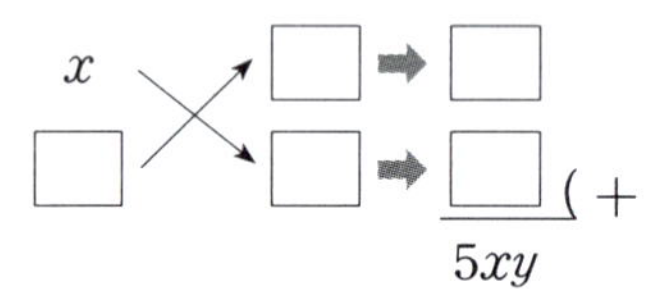 **핵심 포인트 !**
- 인수분해 공식 (3) ➡ $x^2+(a+b)x+ab=(x+a)(x+b)$
- 인수분해 공식 (4) ➡ $acx^2+(ad+bc)x+bd=(ax+b)(cx+d)$

**필수유형 08** 인수분해 공식 (3) – $x^2$의 계수가 1일 때

$x^2$의 계수가 1인 이차식의 인수분해

$x^2+(a+b)x+ab=(x+a)(x+b)$

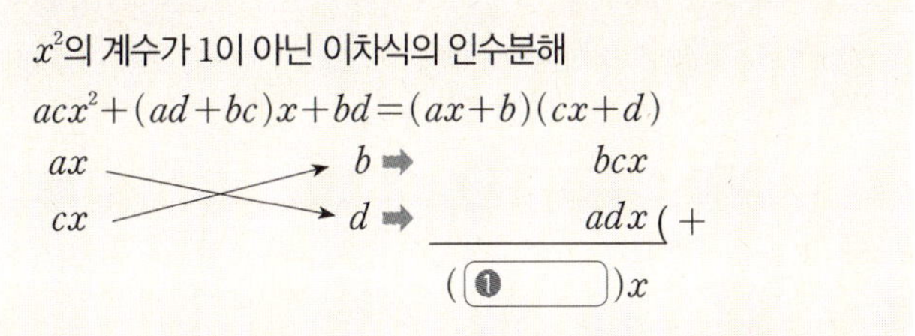

$\text{답}$ ❶ $a+b$

**대표문제**

**0598** ●중하●●●

$x^2+Ax+6=(x+B)(x+3)$일 때, $A-B$의 값을 구하시오. (단, $A$, $B$는 상수)

**0599** ●중하●●●

$(x+1)(x-5)-16$을 인수분해하시오.

**0600** ●●중●●● 서술형

$x^2-4x-12$는 $x$의 계수가 1인 두 일차식의 곱으로 인수분해된다. 이 두 일차식의 합을 구하시오.

**0601** ●●중●●● 잘 틀리는 문제

$x^2-xy-56y^2$이 $x$의 계수가 1인 두 일차식의 곱으로 인수분해될 때, 두 일차식의 합을 구하시오.

**필수유형 09** 인수분해 공식 (4) – $x^2$의 계수가 1이 아닐 때

$x^2$의 계수가 1이 아닌 이차식의 인수분해

$acx^2+(ad+bc)x+bd=(ax+b)(cx+d)$

$\text{답}$ ❶ $ad+bc$

**대표문제**

**0602** ●●중●●●

$10x^2+x-21$은 $x$의 계수가 자연수이고 상수항이 정수인 두 일차식의 곱으로 인수분해된다. 이 두 일차식의 합을 구하시오.

**0603** ●중하●●●

$6x^2+ax-20=(2x+5)(3x+b)$일 때, $a+b$의 값을 구하시오. (단, $a$, $b$는 상수)

**0604** ●●중●●

다음 중 $(2x+7)(5x-1)+16$의 인수를 모두 고르면? (정답 2개)

① $x+3$    ② $2x+3$    ③ $2x+9$

④ $5x+3$    ⑤ $10x+3$

**0605** ●●중●●●

$2x^2+(2a-1)x-15$가 $(x-b)(2x+3)$으로 인수분해될 때, $ab$의 값을 구하시오. (단, $a$, $b$는 상수)

**필수유형 10**  인수분해 공식 종합

(1) $ma+mb=m(a+b)$
(2) $a^2\pm2ab+b^2=(a\pm b)^2$
(3) $a^2-b^2=(a+b)(a-b)$
(4) $x^2+(a+b)x+ab=(x+a)(x+b)$
(5) $acx^2+(ad+bc)x+bd=(ax+b)(cx+d)$

**대표문제**

**0606** ●●중●●●

다음 중 인수분해가 바르게 된 것을 모두 고르면? (정답 2개)

① $4x^2-25y^2=(2x-5y)^2$
② $6x^2+10x-4=(3x+1)(2x-4)$
③ $3x^2-xy-10y^2=(3x+5y)(x-2y)$
④ $x^3-4x=x(x+2)(x-2)$
⑤ $2x^2-4x-30=2(x+5)(x-3)$

**0607** ●중하●●●

다음 보기 중 $x-3$을 인수로 갖는 다항식을 모두 고르시오.

보기
㉠ $ax-3a$
㉡ $9x^2-4$
㉢ $x^2+x-6$
㉣ $x^2-2x-3$

**0608** ●●중●●

다음 ☐ 안에 알맞은 수 중 가장 작은 것은?

① $x^2-8x+16=(x-\boxed{\phantom{0}})^2$
② $x^2+2x-15=(x-\boxed{\phantom{0}})(x+5)$
③ $2x^2-2y^2=\boxed{\phantom{0}}(x+y)(x-y)$
④ $3x^2-8x+5=(x-\boxed{\phantom{0}})(3x-5)$
⑤ $2x^2+xy-6y^2=(x+2y)(2x-\boxed{\phantom{0}}y)$

**필수유형 11** (중요)  두 다항식에 공통으로 들어 있는 인수 구하기

① 두 다항식을 각각 인수분해한다.
② 공통으로 들어 있는 인수를 찾는다.
예 $x^2-3x+2=(x-1)(x-2)$
  $2x^2-3x-2=(2x+1)(x-2)$
➡ 두 다항식에서 1이 아닌 공통으로 들어 있는 인수는
  ❶ ☐ 이다.

답 ❶ $x-2$

**대표문제**

**0609** ●●중●●●

다음 두 다항식에서 공통으로 들어 있는 인수는?

$$x^2-8x+12, \quad 2x^2-7x+6$$

① $x-2$　　② $x+2$　　③ $x-6$
④ $x+6$　　⑤ $2x-3$

**0610** ●●중●●●

두 다항식 $2ax-4ay$와 $x^2-4y^2$에서 1이 아닌 공통으로 들어 있는 인수를 구하시오.

**0611** ●●중●●●

두 다항식 $4x^2-9$와 $4x^2-4x-15$에서 공통으로 들어 있는 인수가 $ax+3$일 때, 상수 $a$의 값을 구하시오.

**0612** ●●중●●●

다음 식을 인수분해하였을 때, 나머지 넷과 1이 아닌 공통으로 들어 있는 인수를 갖지 <u>않는</u> 것은?

① $x^2-3x$　　　　② $x^2-5x+6$
③ $x^2-2x-3$　　　④ $x^2+3x-4$
⑤ $2x^2-5x-3$

**필수유형 12** 인수가 주어진 이차식의 계수 구하기

다항식 $ax^2+bx+c$가 일차식 $mx+n$을 인수로 가진다.
➡ $ax^2+bx+c=(mx+n)(●x+▲)$로 놓고 $●x+▲$를 구한다.

**대표문제**

**0613** ••중•••

다항식 $8x^2+ax+3$이 $2x-1$을 인수로 가질 때, 상수 $a$의 값을 구하시오.

**0614** ••중••

$x+1$이 다항식 $x^2+4x+a$의 인수일 때, 상수 $a$의 값을 구하시오.

**0615** ••중••• 서술형

두 다항식 $x^2+ax-2$와 $2x^2-7x+b$에서 공통으로 들어 있는 인수가 $x-2$일 때, $a-b$의 값을 구하시오.

(단, $a$, $b$는 상수)

**0616** •••상중•

다음 세 다항식에서 1이 아닌 공통으로 들어 있는 인수가 $x$에 대한 일차식일 때, 상수 $a$의 값을 구하시오.

$$3x^2-6x+3, \quad 2x^3y-2xy, \quad x^2+3x+a$$

**필수유형 13** 계수 또는 상수항을 잘못 보고 푼 경우

잘못 본 것을 제외한 나머지 계수는 제대로 보았음을 이용한다.
(1) 상수항을 잘못 본 경우
➡ $x^2$의 계수, $x$의 계수는 제대로 보았다.
(2) $x$의 계수를 잘못 본 경우
➡ $x^2$의 계수, ❶ [____]은 제대로 보았다.

❶ 상수항

**대표문제**

**0617** ••중•••

어떤 이차식을 재준이는 $x$의 계수를 잘못 보고 인수분해하여 $(x+8)(x-1)$이 되었고, 영환이는 상수항을 잘못 보고 인수분해하여 $(x-5)(x+3)$이 되었다. 처음 이차식을 바르게 인수분해하시오.

**0618** ••중••

어떤 이차식을 대성이는 $x$의 계수를 잘못 보고 $(x-2)(x+9)$로 인수분해하였고, 태연이는 상수항을 잘못 보고 $(x+1)(x+2)$로 인수분해하였다. 이때 처음 이차식은?

① $x^2-9x+18$   ② $x^2-6x+8$
③ $x^2+2x-3$   ④ $x^2+3x-18$
⑤ $x^2+7x+2$

**0619** ••중•••

어떤 이차식을 인수분해하는데 연서는 $x$의 계수를 잘못 보고 $(2x-1)(2x+7)$로 인수분해하였고, 준호는 상수항을 잘못 보고 $(2x-3)^2$으로 인수분해하였다. 다음 중 처음 이차식을 바르게 인수분해한 것은?

① $(2x+3)^2$   ② $(2x+1)^2$
③ $(2x+4)(2x+3)$   ④ $(2x-3)(2x-4)$
⑤ $(2x+1)(2x-7)$



**5**

인수분해 공식

### 필수유형 **14**  도형을 이용한 인수분해

① 주어진 모든 직사각형의 넓이의 합을 이차식으로 나타낸다.
② ①에서 구한 식을 인수분해한다.

**대표문제**

**0620** ●●중●●

오른쪽 그림과 같이 넓이가 $a^2$, $a$, 1인 세 종류의 도형이 9개가 있다. 이들 도형을 모두 사용하여 하나의 직사각형을 만들 때, 이 직사각형의 둘레의 길이를 구하시오.

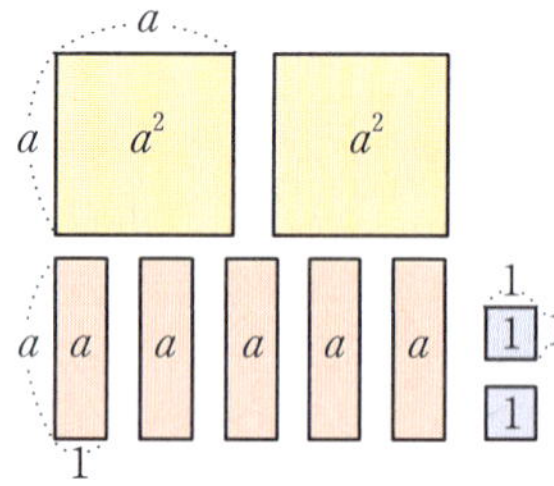

**0621** ●●중●●

다음 그림의 모든 직사각형의 넓이의 합과 넓이가 같은 정사각형의 한 변의 길이를 구하시오.

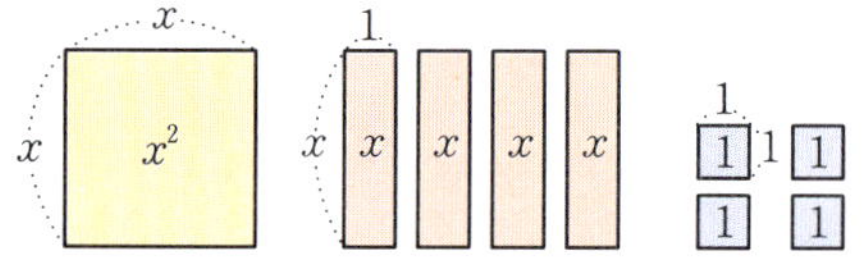

**0622** ●●중●●

[그림1]은 한 변의 길이가 $a$인 정사각형 모양의 종이에서 한 변의 길이가 $b$인 정사각형을 잘라낸 도형이다. [그림2]는 [그림1]에서 점선을 따라 자른 두 조각을 겹치지 않게 이어붙여 직사각형을 만든 것이다. 다음 중 [그림1]과 [그림2]의 두 도형의 넓이가 같음을 이용하여 설명할 수 있는 식은?

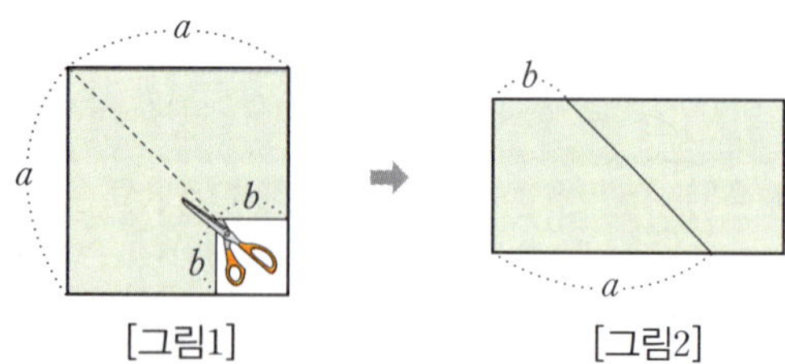

① $a^2+2ab+b^2=(a+b)^2$  ② $a^2-2ab+b^2=(a-b)^2$
③ $a^2-b^2=(a+b)(a-b)$  ④ $4a^2-b^2=(2a+b)(2a-b)$
⑤ $a^2b-ab^2=ab(a-b)$

### 필수유형 **15**  인수분해의 도형에의 활용

주어진 이차식을 인수분해한 후 다음 공식을 이용한다.
(1) (직사각형의 넓이) = (가로의 길이) × (세로의 길이)
(2) (삼각형의 넓이) = $\dfrac{1}{2}$ × (밑변의 길이) × (높이)
(3) (원의 넓이) = $\pi$ × (반지름의 길이)$^2$

**대표문제**

**0623** ●중하●●●

다음 그림과 같은 직사각형 모양의 땅이 있다. 가로의 길이가 $x+3$이고 넓이가 $2x^2+7x+3$일 때, 이 땅의 둘레의 길이를 구하시오.

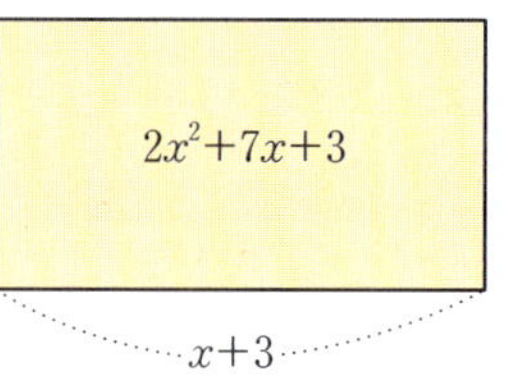

**0624** ●중하●●●

넓이가 $10x^2+17x+3$인 직사각형의 가로의 길이가 $5x+1$일 때, 이 직사각형의 세로의 길이를 구하시오.

**0625** ●●중●●   잘 틀리는 문제

넓이가 $x^2+x-6$인 삼각형의 밑변의 길이가 $x-2$일 때, 높이를 구하시오.

## 0626 ••중••

오른쪽 그림과 같은 사다리꼴의 넓이가 $2a^2+9a+4$일 때, 이 사다리꼴의 높이를 구하시오.

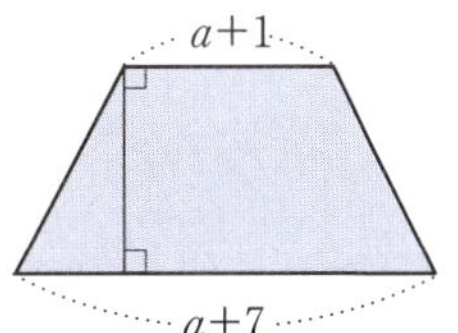


## 0627 ••중••

원 모양의 피자의 넓이가 $(4x^2+20xy+25y^2)\pi$일 때, 이 피자의 지름의 길이는? (단, $x>0$, $y>0$)

① $4x+10y$　　② $4x+5y$　　③ $2x+10y$

④ $2x+5y$　　⑤ $2x-5y$

## 0628 •••상중•

다음 그림과 같이 직사각형 A에서 가로의 길이가 1, 세로의 길이가 5인 직사각형을 오려내고 남은 도형의 넓이는 직사각형 B의 넓이의 2배가 된다고 한다. 이때 직사각형 B의 세로의 길이를 구하시오.

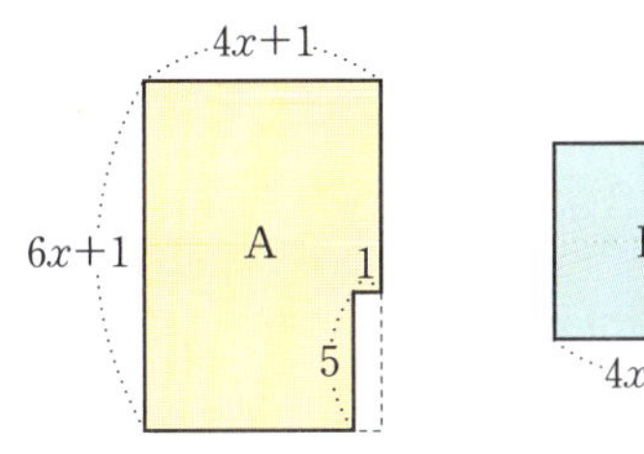


발전유형 **16**　인수분해 공식의 응용 (1)

$x^2$의 계수가 1인 이차식의 상수항을 모를 때

➡ $x^2+(a+b)x+ab=(x+a)(x+b)$이므로 합이 $a+b$인 두 정수(또는 자연수) $a$, $b$를 찾는다.

**대표문제**

## 0629 ••••상

$x$에 대한 이차식 $x^2+7x+k$가 $(x+a)(x+b)$로 인수분해될 때, 상수 $k$의 최댓값을 구하시오. (단, $a$, $b$는 자연수)

**쌍둥이 문제**

## 0630 ••••상

$x$에 대한 이차식 $x^2+11x+p$가 $(x+a)(x+b)$로 인수분해될 때, 상수 $p$의 최댓값과 최솟값의 차를 구하시오.

(단, $a$, $b$는 자연수)

## 0631 •••상중

$x$에 대한 이차식 $x^2+5x+\square$가 $x$의 계수가 1이고 상수항이 정수인 두 일차식의 곱으로 인수분해될 때, 다음 중 $\square$ 안에 들어갈 수 없는 것은?

① $10$　　　　② $6$　　　　③ $-6$

④ $-14$　　　⑤ $-300$



**5** 인수분해 공식

**발전유형 17** 인수분해 공식의 응용 (2)

$x^2$의 계수가 1인 이차식의 $x$의 계수를 모를 때
➡ $x^2+(a+b)x+ab=(x+a)(x+b)$이므로
곱이 $ab$인 두 정수 $a$, $b$를 찾는다.

대표문제

**0632** ●●●●●상

$x^2+\square x+12$가 $x$의 계수가 1이고 상수항이 정수인 두 일차식의 곱으로 인수분해될 때, $\square$ 안에 알맞은 정수는 모두 몇 개인지 구하시오.

**0633** ●●●●상

$x$에 대한 이차식 $x^2+mx-24$가 $(x+a)(x+b)$로 인수분해될 때, 다음 중 상수 $m$의 값이 될 수 <u>없는</u> 것은?

(단, $a$, $b$는 정수)

① $-23$ ② $-10$ ③ $2$
④ $5$ ⑤ $8$

**0634** ●●●●상

$x$에 대한 이차식 $2x^2+\square x-10$이 $x$의 계수가 자연수이고 상수항이 정수인 두 일차식의 곱으로 인수분해될 때, $\square$ 안에 알맞은 정수를 모두 구하시오.

**발전유형 18** 인수분해를 이용하여 소수 구하기

소수의 약수는 1과 자기 자신뿐이므로
$p$가 소수일 때, $p=ab$이면 $a=1$ 또는 $b=1$이다.

대표문제

**0635** ●●●상중●

자연수 $a$에 대하여 $2a^2-a-15$가 소수일 때, 이 소수를 구하시오.

쌍둥이 문제

**0636** ●●●상중●

자연수 $a$에 대하여 $3a^2-10a-8$이 소수일 때, 이 소수를 구하시오.

**0637** ●●중●●

$n^2-2n-35$가 소수가 되도록 하는 자연수 $n$의 값을 구하시오.

**STEP 3** 내신 마스터

## 0638 하 ••••
다음 중 $x(x-3)(x+3)$의 인수가 <u>아닌</u> 것은?

① $x-3$  ② $x+3$  ③ $x^2-9$
④ $x^2+3x$  ⑤ $x^2-3x-9$

## 0639 중하 ••••
다음 중 $xy(x+y)-xy$의 인수가 <u>아닌</u> 것은?

① $x$  ② $y$  ③ $xy$
④ $x+y$  ⑤ $x+y-1$

## 0640 중 ••••
다음 중 완전제곱식으로 인수분해되지 <u>않는</u> 것은?

① $x^2-12x+36$  ② $4x^2+4x+1$
③ $9x^2-12x+4$  ④ $\dfrac{1}{9}x^2+\dfrac{2}{3}x+1$
⑤ $x^2-4xy+y^2$

## 0641 중 •• 서술형
다항식 $(2x-1)(8x-1)+ax$가 완전제곱식이 되기 위한 상수 $a$의 값을 모두 구하시오.

## 0642 중 ••
두 다항식 $x^2+6x+a$, $9y^2-by+4$가 모두 완전제곱식이 될 때, $a+b$의 값을 구하시오. (단, $ab<0$)

## 0643 중 •• 서술형
$0<x<5$일 때, $\sqrt{x^2+8x+16}-\sqrt{x^2-10x+25}$를 간단히 하시오.

## 0644 중 ••
다음 보기 중 $2x^3-8x$의 인수는 모두 몇 개인지 구하시오.

보기
㉠ $2x$  ㉡ $x+2$  ㉢ $2(x+2)$
㉣ $2x^2$  ㉤ $x(x-2)$  ㉥ $x^2(x-2)$

**0645** 중하••••

$(x-3)(x+7)+9$를 인수분해하면?

① $(x-7)(x+3)$      ② $(x-6)(x+1)$

③ $(x-2)(x+3)$      ④ $(x-2)(x+6)$

⑤ $(x+1)(x+3)$

**0646** ••중••

$x^2+ax-30$을 인수분해하면 $(x+5)(x+b)$일 때, $a-b$의 값을 구하시오. (단, $a$, $b$는 상수)

**0647** ••중••

다음 중 $(5x-3)(3x+2)+4$의 인수를 모두 고르면?

(정답 2개)

① $3x+1$     ② $3x+2$     ③ $3x-1$

④ $5x+2$     ⑤ $5x-3$

**0648** ••중••

다음 중 인수분해가 바르게 된 것은?

① $3a^2+11a+6=3(a+1)(a+2)$

② $a^2-2ab-15b^2=(a-3b)(a+5b)$

③ $16ax^2-9ay^2=a(4x+3y)(4x-3y)$

④ $3x^2-12xy+12y^2=3(x-4y)^2$

⑤ $10a^2+3ab-4b^2=(10a-b)(a+4b)$

**0649** ••중••

다음 중 $x-2$를 인수로 갖지 <u>않는</u> 것은?

① $x^2-2x$      ② $x^2-4$

③ $x^2-4x+4$      ④ $x^2+3x-10$

⑤ $2x^2+3x-2$

**0650** •••상중• 창의력

세 장의 카드 A, B, C의 뒷면에 $ax+b$($a$는 자연수, $b$는 정수)의 꼴인 $x$에 대한 일차식이 적혀 있다. 먼저 선희와 민국이가 각각 세 장의 카드 중 두 장을 뽑아 그 뒷면에 적힌 일차식의 곱을 구하였더니 결과가 다음 표와 같았다.

| | 뽑은 카드 | 곱셈 결과 |
| --- | --- | --- |
| 선희 | A와 B | $2x^2+7x+3$ |
| 민국 | A와 C | $x^2+2x-3$ |

아름이가 B와 C 카드를 뽑았을 때, 그 뒷면에 적힌 일차식의 곱셈 결과로 알맞은 식을 구하시오.

**0651** ••중••

두 다항식 $2x^2-ax-14$와 $x^2+bx-8$에서 공통으로 들어 있는 인수가 $x+2$일 때, $a-b$의 값은? (단, $a$, $b$는 상수)

① $-5$      ② $-1$      ③ $0$

④ $1$      ⑤ $5$

## 0652 ●●중●● 서술형

민성이와 윤찬이가 어떤 이차식을 인수분해하는데, 민성이는 $x$의 계수를 잘못 보고 $(x-2)(x+8)$로 인수분해하였고, 윤찬이는 상수항을 잘못 보고 $(x-10)(x+4)$로 인수분해하였다. 처음 이차식을 바르게 인수분해하면 $(x+a)(x+b)$일 때, $a^2-b^2$의 값을 구하시오. (단, $a>b$)

## 0653 ●●중●●

다음 그림의 직사각형을 모두 사용하여 하나의 직사각형을 만들 때, 이 직사각형의 둘레의 길이를 구하시오.

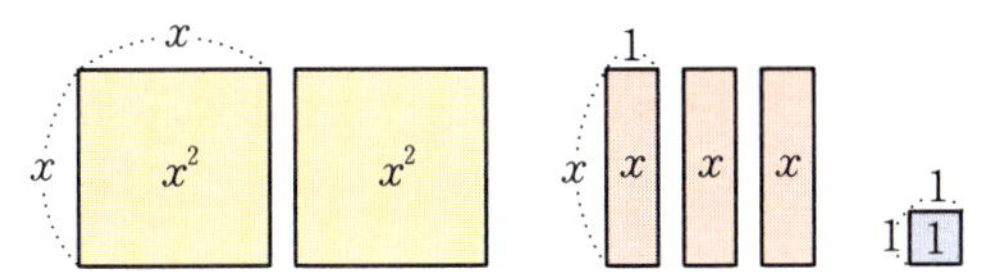

## 0654 ●중하●●●

정사각형 모양의 공원의 넓이가 $9a^2+30ab+25b^2$일 때, 이 공원의 둘레의 길이는? (단, $a>0$, $b>0$)

① $3a+5b$　　② $5a+3b$　　③ $6a+10b$
④ $9a+25b$　　⑤ $12a+20b$

## 0655 ●●중●●

다음 그림에서 두 도형 A, B의 넓이가 같을 때, 도형 B의 가로의 길이를 구하시오.

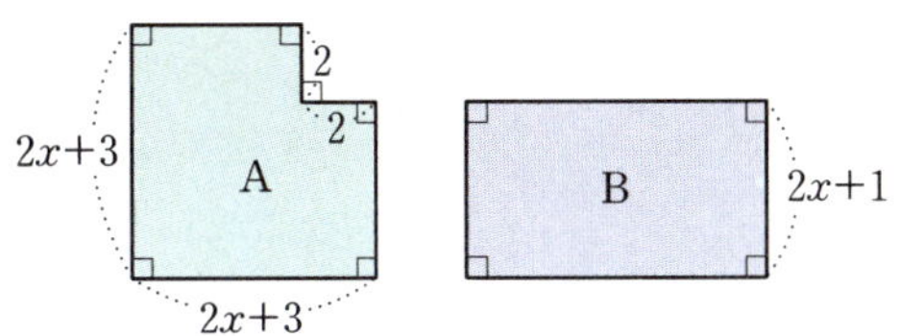

## 0656 ●●●상중●● 융합형

일차함수 $y=ax+b$의 그래프가 오른쪽 그림과 같을 때, $ax^2+7x+b$를 인수분해하면? (단, $a$, $b$는 상수)

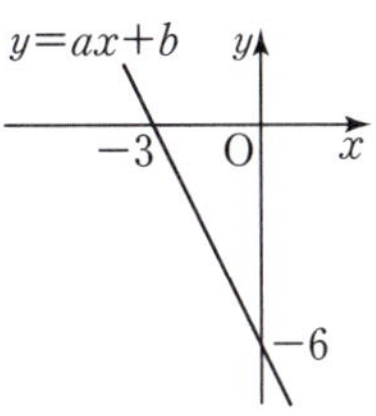

① $(x+2)(2x-1)$
② $(x-2)(2x+3)$
③ $-(x+2)(2x+3)$
④ $-(x-2)(2x-3)$
⑤ $-(x-1)(2x-6)$

## 0657 ●●●●상

$x$에 대한 이차식 $2x^2+kx+6$이 $(x+a)(2x+b)$로 인수분해될 때, 가능한 상수 $k$의 값의 개수는? (단, $a$, $b$는 정수)

① 4개　　② 5개　　③ 6개
④ 7개　　⑤ 8개

# 6 인수분해 공식의 활용

이렇게 복잡한 문제도
문자를 사용하여 나타내면
간단하게 정리할 수 있지.

$2(x+1)^2 - (x+1)(y-1) - 6(y-1)^2$
을 인수분해하시오.

$x+1=A$, $y-1=B$로 놓으면
$2(x+1)^2 - (x+1)(y-1) - 6(y-1)^2$
$= 2A^2 - AB + 6B^2$
$= (2A+3B)(A-2B)$
$= \{2(x+1)+3(y-1)\}\{(x+1)-2(y-1)\}$

비에타

## 01 복잡한 식의 인수분해 (1)   유형 02~05

**치환을 이용한 인수분해**

공통부분이 있으면 치환하여 인수분해 공식을 이용한다.

예) $(x+1)^2+2(x+1)+1$   $x+1=A$로 치환
$=A^2+2A+1$
$=(\boxed{A}+1)^2$
$=\{(\boxed{x+1})+1\}^2$   $A=x+1$을 대입
$=(\boxed{❶})^2$

답 ❶ $x+2$

**0658** 다음은 치환을 이용하여 다항식

$(x-2)^2+2(x-2)-8$을 인수분해하는 과정이다.

$\boxed{\phantom{}}$ 안에 알맞은 것을 써넣으시오.

$(x-2)^2+2(x-2)-8$   $x-2=A$로 치환
$=A^2+2A-8$
$=(A+4)(\boxed{\phantom{xxx}})$
$=\{(\boxed{\phantom{xx}})+4\}\{\boxed{\phantom{xxx}}\}$   $A=x-2$를 대입
$=\boxed{\phantom{xxxx}}$

[0659~0662] 다음 식을 인수분해하시오.

**0659**   $(x+4)^2-2(x+4)-15$

**0660**   $(x-1)^2-(x-1)-6$

**0661**   $(3x-4)^2-(x+5)^2$

**0662**   $(4x+y)^2-(x-3y)^2$

## 02 복잡한 식의 인수분해 (2)   유형 06~08

**(1) 항이 4개인 경우**

① 공통으로 들어 있는 인수가 있는 경우

➡ (둘)+(둘)로 묶는다.

예) $ax-ay+x-y=a(x-y)+(x-y)$
$=(x-y)(\boxed{❶})$

② $a^2-b^2$의 꼴로 만들 수 있는 경우

➡ (셋)+(하나)로 묶는다.

예) $x^2-y^2+6x+9=(x^2+6x+9)-y^2$
$=(x+3)^2-y^2$
$=(x+3+y)(x+3-y)$
$=(x+y+3)(x-y+3)$

**(2) 항이 5개 이상인 경우**

차수가 가장 낮은 한 문자에 대하여 내림차순으로
정리한 후 인수분해 공식을 이용한다.

예) $x^2+xy-x+y-2=y(x+1)+(x^2-x-2)$
$=y(x+1)+(x+1)(x-2)$
$=(x+1)(y+x-2)$
$=(x+1)(x+y-2)$

답 ❶ $a+1$

[0663~0664] 다음 식을 인수분해하시오.

**0663**   $xy-y+2x-2$

**0664**   $a^2+4a-ab-4b$

**0665**   다음은 다항식 $4x^2+4x+1-y^2$을 인수분해하는
과정이다. $\boxed{\phantom{}}$ 안에 알맞은 것을 써넣으시오.

$4x^2+4x+1-y^2=(\boxed{\phantom{xxx}})^2-y^2$
$=(2x+y+1)(\boxed{\phantom{xxx}})$

[0666~0667] 다음 식을 인수분해하시오.

**0666**   $x^2-2x+1-y^2$

**0667**   $a^2+4a+4-b^2$

**핵심 포인트!** · 치환을 이용하여 인수분해하는 경우, 마지막에 반드시 원래의 식을 대입해야 한다.

**필수유형 01** 공통으로 들어 있는 인수로 묶어 인수분해하기

① 공통으로 들어 있는 인수를 찾는다.
② 분배법칙을 이용하여 공통으로 들어 있는 인수로 묶은 다음, 인수분해 공식을 이용하여 인수분해한다.
⑩ $x^3-x=x(x^2-1)=x(x+1)(\boxed{①})$

답 ① $x-1$

**필수유형 02** 치환을 이용한 인수분해 (1)

주어진 식의 공통부분을 한 문자로 치환한 후 인수분해 공식을 이용한다.

| 공통부분을 $A$로 치환 | ⟹ | 인수분해 | ⟹ | $A$에 원래의 식을 대입하여 정리 |

**대표문제**

**0668** ●●중●●

다음 중 $(x-1)x^2+3(x-1)x-10(x-1)$의 인수가 아닌 것은?

① $x-1$ 　　② $x+5$
③ $(x-1)(x-2)$ 　　④ $x^2-3x+10$
⑤ $x^2+4x-5$

**0669** ●중하●●●

$(a-b)(a-c)+(b-a)(b-c)$를 인수분해하시오.

**0670** ●중하●●●

$4a^2(x-y)-b^2(x-y)$를 인수분해하면?

① $(x-y)(2a+b)^2$
② $(x-y)(4a^2-b^2)$
③ $(x-y)(2a+b)(2a-b)$
④ $(x-y)(4a+b)(4a-b)$
⑤ $(x+y)(2a+b)(2a-b)$

**대표문제**

**0671** ●●중●●

$2(x+3)^2+5(x+3)-12$를 인수분해하시오.

**0672** ●●중●●

$(x-2)^2-5(x-2)+6$이 $x$의 계수가 1인 두 일차식의 곱으로 인수분해될 때, 두 일차식의 합을 구하시오.

**0673** ●●중●●

$(x-3)^2-2(x-3)-8$을 인수분해하였더니 $(x+a)(x+b)$가 되었다. 이때 $a+b$의 값을 구하시오.
　　　　　　　　　　　　(단, $a, b$는 상수)

**0674** ●●●상중●

$(x^2-3x)^2-14(x^2-3x)+40$을 인수분해하였을 때, $x$의 계수가 1인 일차식으로 이루어진 인수들의 합을 구하시오.

### 필수유형 **03** 치환을 이용한 인수분해 (2)

$(\quad)(\quad)+k$의 꼴을 인수분해할 때에는 먼저 공통부분을 한 문자로 치환한 후 전개하고 인수분해한다.

공통부분을 $A$로 치환 ➡ 전개 ➡ 인수분해 ➡ $A$에 원래의 식을 대입하여 정리

**대표문제**

#### 0675 ••중••

다음 중 $(a-b)(a-b+1)-2$의 인수를 모두 고르면?

(정답 2개)

① $a-b+2$   ② $a-b+1$   ③ $a-b-2$
④ $a-b-1$   ⑤ $a+b-1$

#### 0676 ••중••

$(x+y)(x+y-4)+3$을 인수분해하면?

① $(x-y-3)(x+y-1)$
② $(x-y+1)(x+y-3)$
③ $(x+y-1)(x+y-3)$
④ $(x+y-1)(x+y+3)$
⑤ $(x+y+1)(x+y+3)$

#### 0677 ••중••

$(x-3y)(x-3y+7)-18$이 $x$의 계수가 1인 두 일차식의 곱으로 인수분해될 때, 두 일차식의 합을 구하시오.

### 필수유형 **04** 치환을 이용한 인수분해 (3)

$(\quad)^2-(\quad)^2$의 꼴을 인수분해할 때에는 $(\quad)$ 안의 식을 각각 서로 다른 문자로 치환하여 인수분해한다.

예 $\underbrace{(2x-1)}_{A}{}^2-\underbrace{(x+1)}_{B}{}^2$
$=A^2-B^2$
$=(A+B)(A-B)$
$=\{(2x-1)+(x+1)\}\{(2x-1)-(x+1)\}$
$=3x(\;❶\;)$

目 ❶ $x-2$

**대표문제**

#### 0678 ••중••

$(2x-1)^2-(x+2)^2=(3x+a)(x+b)$일 때, $3a+b$의 값을 구하시오. (단, $a$, $b$는 상수)

#### 0679 ••중••

$(2x+3)^2-(x-4)^2$을 인수분해하시오.

#### 0680 •••상중•

$2(x+3)^2+5(x+3)(x-2)-3(x-2)^2$을 인수분해하시오.

#### 0681 •••상중•

$2(x+1)^2-(x+1)(y-1)-6(y-1)^2$을 인수분해하면 $(ax+by-1)(x+cy+3)$이 된다. 이때 $a+b+c$의 값을 구하시오. (단, $a$, $b$, $c$는 상수)

**필수유형 05** ( )( )( )( )+$k$의 꼴의 인수분해

( )( )( )( )+$k$의 꼴을 인수분해할 때에는 먼저 공통 부분이 생기도록 괄호 안의 일차식을 두 개씩 짝을 지어 전개한다.

**참고** 공통부분이 생기려면 두 일차식의 상수항의 합이 같아야 한다.

**대표문제**

**0682** •••상중•

$x(x+1)(x+2)(x+3)+1$이 $(x^2+ax+b)^2$으로 인수분해될 때, $a+b$의 값을 구하시오. (단, $a$, $b$는 상수)

**0683** •••상중• **서술형**

$(x-5)(x-3)(x+3)(x+1)+35$를 인수분해하시오.

**0684** •••상중• **잘 틀리는 문제**

$(a+1)(a+2)(a-4)(a-5)+k$가 완전제곱식이 되도록 하는 상수 $k$의 값을 구하시오.

**필수유형 06** 항이 4개인 경우의 인수분해 ⑴ – (둘)+(둘)로 묶기

공통으로 들어 있는 인수가 생기도록 두 항씩 묶어 인수분해한다.

**예** $x^2-x-y^2+y=x^2-y^2-x+y$
$$=(x+y)(x-y)-(x-y)$$

공통으로 들어 있는 인수

$$=(x-y)(\boxed{\text{❶}})$$

**답** ❶ $x+y-1$

**대표문제**

**0685** ••중••

다음 중 $2a^3+2a^2-8a-8$의 인수가 <u>아닌</u> 것은?

① $a-2$    ② $a+1$    ③ $a+2$
④ $a^2-4$    ⑤ $a^2-2$

**0686** ••중••

다음 중 인수분해가 바르게 된 것은?

① $ax^2-a+bx^2-b=(x^2+1)(a+b)$
② $x^3+x^2-4x-4=-(x+1)(x+2)(x-2)$
③ $xy+2z-xz-2y=(x-z)(y-2)$
④ $a^2x+1-x-a^2=(x+1)(a+1)(a-1)$
⑤ $x^2+ax-bx-ab=(x+a)(x-b)$

**0687** ••중•• **서술형**

다음 식을 인수분해하시오.

$$x^2y^2-x^2-y^2+1$$

**0688** ••중••

다음 중 두 다항식 $a^2-b^2-a+b$와 $a^2-ab+a-b$에 공통으로 들어 있는 인수는?

① $a+1$    ② $a-b$    ③ $a+b$
④ $a+b-1$    ⑤ $a+b+1$

**필수유형 07** 항이 4개인 경우의 인수분해 (2) – (셋)＋(하나)로 묶기

4개의 항 중 3개의 항이 완전제곱식으로 인수분해될 때에는
(셋)＋(하나)로 묶어 인수분해한다.

예 $x^2-y^2-4y-4=x^2-(y^2+4y+4)$
$\qquad\qquad\qquad =x^2-(y+2)^2$
$\qquad\qquad\qquad =(x+y+2)(\boxed{❶\qquad})$

답 ❶ $x-y-2$

**대표문제**

**0689** ●●중●●

$x^2+9y^2-6xy-25$를 인수분해하였더니
$(x+ay+b)(x+cy+d)$가 되었다. 이때 $a+b+c+d$의
값을 구하시오. (단, $a$, $b$, $c$, $d$는 상수)

**0690** ●●중●●

$x^2-4y^2-6x+9$가 $x$의 계수가 1인 두 일차식의 곱으로 인
수분해될 때, 두 일차식의 합을 구하시오.

**0691** ●●중●●    잘 틀리는 문제

$1+2xy-x^2-y^2$을 인수분해하면?

① $(1+x-y)(1-x-y)$
② $(1+x-y)(1-x+y)$
③ $(1+x+y)(1-x-y)$
④ $(1+x+y)(1-x+y)$
⑤ $(1+x+y)^2$

**필수유형 08** 항이 5개 이상인 복잡한 식의 인수분해

문자가 여러 개이고 차수가 다른 경우
➡ 차수가 가장 낮은 문자에 대하여 내림차순으로 정리한 후 인
　수분해한다.
참고 문자의 차수가 모두 같은 경우에는 어느 한 문자에 대하
　여 내림차순으로 정리한 후 인수분해한다.

**대표문제**

**0692** ●●●상중●

$x^2-2xy+2x+2y-3$을 인수분해하면?

① $(x+1)(x+2y+3)$　　② $(x+1)(x+2y-3)$
③ $(x-1)(x+2y+3)$　　④ $(x-1)(x-2y+3)$
⑤ $(x-1)(x-2y-3)$

**0693** ●●●●상

$x^2+3x-y^2+y+2=(x+y+a)(x+by+c)$일 때,
$a+b+c$의 값을 구하시오. (단, $a$, $b$, $c$ 상수)

**0694** ●●●●상

$x^2+2y^2+3xy-y-1$을 $x$의 계수가 1인 두 일차식의 곱으
로 인수분해하시오.

# 개념 마스터

**❻ 인수분해 공식의 활용**

## 03 인수분해 공식의 활용  유형 09~12

**(1) 인수분해 공식을 이용한 수의 계산**

① $ma+mb=m(a+b)$를 이용한다.

　(예) $23\times75+23\times25=23\times(75+25)$
　　　　　　　　$=23\times100=2300$

② $a^2\pm2ab+b^2=(a\pm b)^2$을 이용한다.

　(예) $98^2+2\times98\times2+2^2=(98+2)^2=100^2=10000$
　　　$101^2-2\times101\times1+1^2=(101-1)^2$
　　　　　　　　　$=100^2=10000$

③ $a^2-b^2=(a+b)(a-b)$를 이용한다.

　(예) $97^2-9=97^2-3^2=(97+3)(97-3)$
　　　　　　$=100\times94=$ ❶

**(2) 인수분해 공식을 이용한 식의 값**

주어진 식을 인수분해한 후 문자의 값을 대입하여 식의 값을 구한다.

　(예) $x=3+\sqrt{5}$일 때, $x^2-6x+9$의 값은

　　$x^2-6x+9$
　　$=(x-3)^2$　　① 인수분해하기
　　$=\{(3+\sqrt{5})-3\}^2$　② $x=3+\sqrt{5}$ 대입하기
　　$=(\sqrt{5})^2$　　③ 식의 값 구하기
　　$=$ ❷

답 ❶ 9400 ❷ 5

[0695~0696] 다음 □ 안에 알맞은 수를 써넣으시오.

**0695**　$63^2+14\times63+7^2$
　　　$=63^2+2\times63\times\boxed{\phantom{0}}+7^2$
　　　$=(63+\boxed{\phantom{0}})^2$
　　　$=\boxed{\phantom{0}}^2$
　　　$=\boxed{\phantom{0}}$

**0696**　$102^2-98^2$
　　　$=(102+\boxed{\phantom{0}})(102-\boxed{\phantom{0}})$
　　　$=\boxed{\phantom{0}}\times\boxed{\phantom{0}}$
　　　$=\boxed{\phantom{0}}$

[0697~0701] 인수분해 공식을 이용하여 다음을 계산하시오.

**0697**　$89\times44+89\times56$

**0698**　$95^2+95\times10+5^2$

**0699**　$103^2-6\times103+9$

**0700**　$101^2-99^2$

**0701**　$\sqrt{53^2-47^2}$

[0702~0705] 인수분해 공식을 이용하여 다음을 구하시오.

**0702**　$x=104$일 때, $x^2-8x+16$의 값

**0703**　$x=\sqrt{2}-1$일 때, $x^2+2x+1$의 값

**0704**　$x=2+\sqrt{3}$, $y=2-\sqrt{3}$일 때, $x^2+2xy+y^2$의 값

**0705**　$x=\sqrt{3}+\sqrt{5}$, $y=\sqrt{3}-\sqrt{5}$일 때, $x^2-y^2$의 값

**핵심 포인트!** · 식의 값을 구할 때, 문자의 값을 직접 대입해도 답이 나오지만 계산이 복잡하므로 먼저 주어진 식을 인수분해한 후 문자의 값을 대입한다.

### 필수유형 09 (중요) 인수분해 공식을 이용한 수의 계산 (1)

수의 계산에서 주로 이용되는 인수분해 공식은 다음과 같다.

(1) $a^2 \pm 2ab + b^2 = (a \pm b)^2$

(2) $a^2 - b^2 = (a+b)(a-b)$

예 $3 \times 7^2 - 3 \times 3^2 = 3 \times (7^2 - 3^2) = 3(7+3)(7-3)$
$= 3 \times 10 \times 4 = $ ❶

답 ❶ 120

**대표문제**

**0706** ••중••

인수분해 공식을 이용하여 다음을 계산하시오.

$$\dfrac{73 \times 17 + 73 \times 13}{37^2 - 36^2}$$

**0707** •중하•••

다음 보기 중 $3.14 \times 54^2 - 3.14 \times 46^2$을 계산하는 데 이용되는 인수분해 방법을 모두 고르시오.

보기
㉠ $ma + mb = m(a+b)$
㉡ $a^2 + 2ab + b^2 = (a+b)^2$
㉢ $a^2 - b^2 = (a+b)(a-b)$
㉣ $x^2 + (a+b)x + ab = (x+a)(x+b)$

**0708** •중하•••

인수분해 공식을 이용하여 $\sqrt{101^2 - 2 \times 101 + 1}$을 계산하시오.

**0709** ••중••

인수분해 공식을 이용하여 다음을 계산하시오.

$$95 \times 95 + 205 \times 99 - 105 \times 105 - 205 \times 91$$

**0710** ••중••

인수분해 공식을 이용하여 $\dfrac{2 \times 2020^2 + 12 \times 2020 + 18}{4 \times 2023^2}$을 계산하시오.

**0711** •••상중•

$2021 \times 2025 + 4$는 어떤 자연수 $k$의 제곱일 때, $k$의 값을 구하시오.

**필수유형 10** 인수분해 공식을 이용한 수의 계산 (2)

$a^2-b^2+c^2-d^2+\cdots$ 꼴의 인수분해는 두 항씩 짝을 지어 인수
분해 공식 $a^2-b^2=(a+b)(a-b)$를 이용한다.

**예** $1^2-2^2+3^2-4^2=(1^2-2^2)+(3^2-4^2)$

$\qquad =(1+2)(1-2)+(3+4)(3-4)$

$\qquad =(\boxed{①}\,)\times(1+2+3+4)$

$\qquad =\boxed{②}$

답 **①** $-1$  **②** $-10$

**대표문제**

# 0712 ●●●상중●

인수분해 공식을 이용하여

$1^2-2^2+3^2-4^2+\cdots+19^2-20^2$을 계산하시오.

# 0713 ●●●상중●

인수분해 공식을 이용하여 다음을 계산하시오.

$$11^2-13^2+15^2-17^2+19^2-21^2+23^2-25^2$$

# 0714 ●●●●상

인수분해 공식을 이용하여

$$\frac{2^2-1}{2^2}\times\frac{3^2-1}{3^2}\times\frac{4^2-1}{4^2}\times\cdots\times\frac{10^2-1}{10^2}$$

을 계산하시오.

**필수유형 11** 인수분해 공식을 이용한 식의 값 구하기 (1)

① 주어진 식을 인수분해한다.

② ①의 결과에 문자의 값을 대입한다.

이때 문자의 값의 분모에 무리수가 있으면 분모를 유리화한
후 대입한다.

**예** $x=1+\sqrt{3}$일 때, $x^2-3x+2$의 값은

$x^2-3x+2=(x-1)(x-2)$

$\qquad =(1+\sqrt{3}-1)(1+\sqrt{3}-2)$ ⎤ $x=1+\sqrt{3}$을 대입

$\qquad =\sqrt{3}(\sqrt{3}-1)$

$\qquad =\boxed{①}$

답 **①** $3-\sqrt{3}$

**대표문제**

# 0715 ●●중●●

$x=\dfrac{1}{1+\sqrt{2}}$, $y=\dfrac{1}{1-\sqrt{2}}$일 때, $x^2-y^2$의 값을 구하시오.

# 0716 ●●중●●

$x=2+\sqrt{5}$일 때, $x^2-5x+6$의 값을 구하시오.

# 0717 ●●중●●

$x=\dfrac{1}{5-2\sqrt{6}}$일 때, $x^2-10x+25$의 값을 구하시오.

**0718** ••중••

$x=5-6\sqrt{2}$, $y=2\sqrt{2}-1$일 때, $\dfrac{x+y}{x^2+4xy+3y^2}$의 값을 구하시오.

**0719** ••중••

$x=\dfrac{2+\sqrt{3}}{2-\sqrt{3}}$, $y=\dfrac{2-\sqrt{3}}{2+\sqrt{3}}$일 때, $x^2-2xy+y^2$의 값을 구하시오.

**0720** •••상중• 　서술형

$x=\dfrac{1}{\sqrt{5}-\sqrt{3}}$, $y=\dfrac{1}{\sqrt{5}+\sqrt{3}}$일 때, 인수분해 공식을 이용하여 $\dfrac{y}{x}-\dfrac{x}{y}$의 값을 구하시오.

**0721** •••상중•　　　　　　　잘 틀리는 문제

$\sqrt{5}$의 소수 부분을 $a$라 할 때, $a^3+6a^2+8a$의 값을 구하시오.

---

필수유형 **12**　인수분해 공식을 이용한 식의 값 구하기 ⑵

① 주어진 식을 인수분해한다.
② ①의 결과에 주어진 합, 차, 곱 등 문자를 포함한 식의 값을 대입한다.

대표문제
**0722** ••중••

$x+y=3$, $x-y=5$일 때, $x^3-x^2y-xy^2+y^3$의 값을 구하시오.

**0723** ••중••

$x+5y=4$일 때, $x^2+10xy+25y^2-4$의 값을 구하시오.

**0724** ••중•• 　서술형

$a+b=2\sqrt{2}$, $a-b=\sqrt{2}-1$일 때, $a^2-b^2+2a+1$의 값을 구하시오.

**0725** •••상중•

$a+b=\sqrt{5}$, $a^2-b^2-2b-1=40$일 때, $a-b$의 값을 구하시오.

**필수유형 13** (중요) 인수분해 공식의 도형에의 활용

**대표문제**

**0726** ••(중)••

오른쪽 그림과 같이 한 변의 길이가 각각 $a$, $b$인 두 정사각형이 있다. 두 정사각형의 둘레의 길이의 합은 60이고, 색칠한 부분의 넓이가 90일 때, $a-b$의 값을 구하시오.

(단, $a>b$)

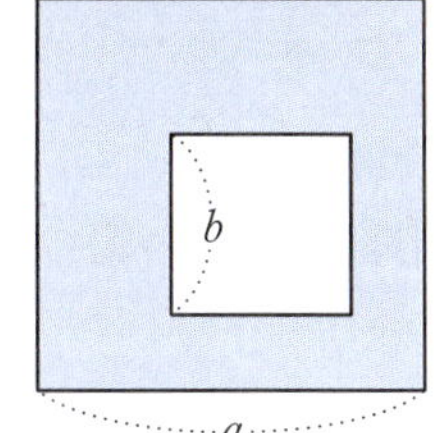

**0727** ••(중)••

오른쪽 그림에서 두 원의 중심은 $\overline{AB}$ 위에 있고 $\overline{CB}=6\,\text{cm}$이다. 색칠한 부분의 둘레의 길이가 $16\pi\,\text{cm}$일 때, 색칠한 부분의 넓이를 구하시오.

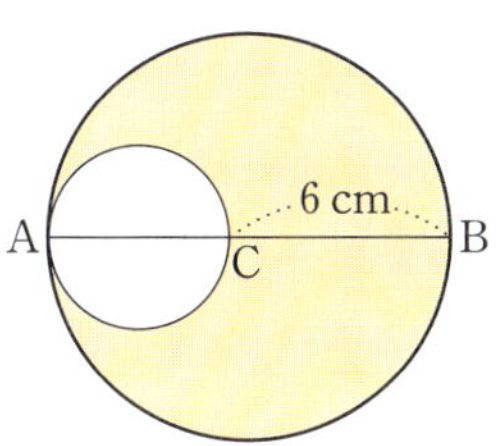

**0728** ••(중)••

오른쪽 그림과 같이 지름의 길이가 $2a+2b$인 원 O에 지름의 길이가 각각 $2a$, $2b$인 반원을 그렸을 때, 색칠한 부분의 넓이를 인수분해하여 간단히 나타내시오.

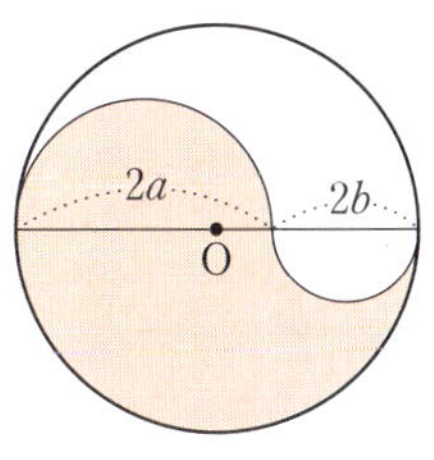

**0729** ••(중)••

다음 그림의 두루마리 화장지는 밑면인 원의 반지름의 길이가 7.5 cm, 높이가 10 cm인 원기둥 모양이고, 화장지가 감기지 않은 안쪽 원기둥의 밑면인 원의 반지름의 길이는 1.5 cm이다. 인수분해 공식을 이용하여 이 화장지의 부피를 구하시오.

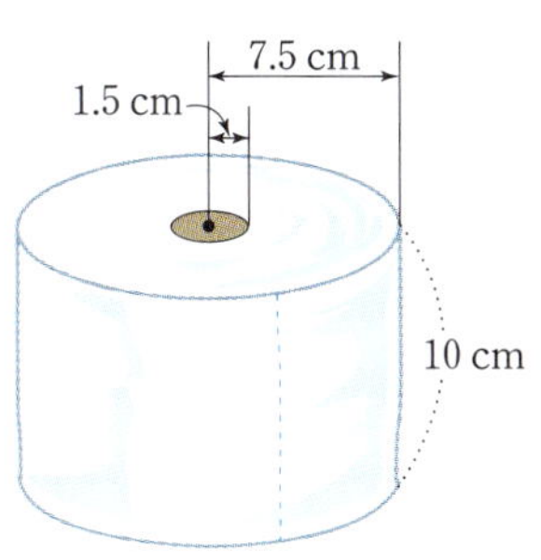

**0730** •••(상중)•

다음 그림에서 세 원의 중심은 모두 $\overline{AB}$ 위에 있고, 점 D는 $\overline{BC}$의 중점이다. $\overline{AD}$를 지름으로 하는 원의 둘레의 길이는 $14\pi\,\text{cm}$이고, 색칠한 부분의 넓이는 $56\pi\,\text{cm}^2$일 때, $\overline{CD}$의 길이를 구하시오.

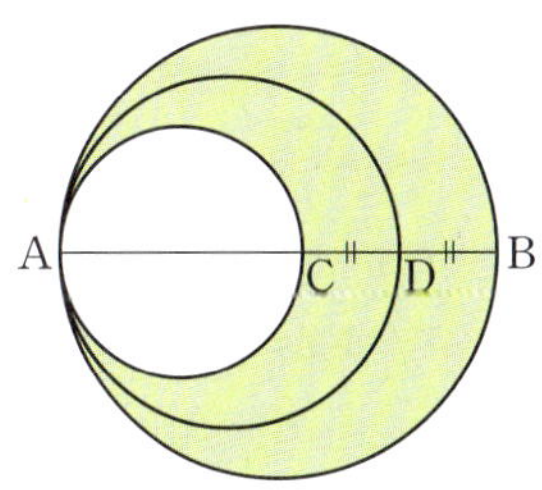



6 인수분해 공식의 활용

**발전유형 14**  인수분해 공식을 이용한 수의 계산 ⑶

$a^n-1$ 꼴의 자연수는 인수분해 공식 $a^2-b^2=(a+b)(a-b)$ 를 여러 번 이용하여 약수들의 곱으로 나타낸다.

**대표문제**

**0731** ●●●●상

자연수 $2^{40}-1$은 30과 40 사이에 있는 두 자연수에 의하여 나누어떨어진다. 이 두 자연수의 합을 구하시오.

**쌍둥이 문제**

**0732** ●●●●상

자연수 $3^{16}-1$은 1보다 크고 10 이하인 어떤 자연수로 나누어떨어진다. 어떤 자연수들의 합을 구하시오.

**0733** ●●●●상

다음 중 자연수 $5^8-1$의 약수가 <u>아닌</u> 것은?

① 8 　　② 39 　　③ 52

④ 80 　　⑤ 313

**발전유형 15**  인수분해 공식을 이용한 식의 값 구하기 ⑶

다음 곱셈 공식의 변형을 이용하여 필요한 식의 값을 구한다.
⑴ $a^2+b^2=(a+b)^2-2ab=(a-b)^2+2ab$
⑵ $(a+b)^2=(a-b)^2+4ab,\ (a-b)^2=(a+b)^2-4ab$

**대표문제**

**0734** ●●●●상

$a+b=3$, $ab=-1$일 때, $a^2(a-b)+b^2(b-a)$의 값을 구하시오.

**쌍둥이 문제**

**0735** ●●●●상

$x+y=5$, $xy=6$일 때, $x^2y-xy^2+2x-2y$의 값을 구하시오. (단, $x>y$)

**0736** ●●●●상

$x+y=5$이고 $x^2y+2x+xy^2+2y=20$일 때, $x^2+y^2$의 값을 구하시오.

**0737** ●●중●●
다음 중 $x^2(y^2-1)+2x(y^2-1)+y^2-1$의 인수가 <u>아닌</u> 것은?

① $y+1$  ② $y-1$
③ $x+2$  ④ $(y-1)(x+1)$
⑤ $(x+1)^2$

**0738** ●●중●●
다음 식을 인수분해하면?

$$4(x+y)^2+5(x+y)-9$$

① $(2x+2y-3)^2$
② $(x+y-1)(4x+4y+9)$
③ $(x+y+1)(4x+4y-9)$
④ $(x+y-9)(4x+4y+1)$
⑤ $(x+y+9)(4x+4y-1)$

**0739** ●●중●●
$(x-y-3)(x-y+2)-6$이 $x$의 계수가 1인 두 일차식의 곱으로 인수분해될 때, 두 일차식의 합은?

① $2x-y+1$  ② $2x-y+3$  ③ $2x-2y-1$
④ $2x-2y+1$  ⑤ $2x-2y+6$

**0740** ●●중●●
다음 중 $(a+b)^2-(ab+1)^2$의 인수가 <u>아닌</u> 것은?

① $a+1$  ② $a-1$  ③ $b+1$
④ $b-1$  ⑤ $a+b$

**0741** ●●●상중●
$(a+b)^2-2(a+b)(a-b)-8(a-b)^2$을 인수분해하면?

① $(3a+b)(3a+5b)$  ② $(3a-b)(3a-5b)$
③ $(3a-b)(3a+5b)$  ④ $-(3a-b)(3a+5b)$
⑤ $-(3a-b)(3a-5b)$

**0742** ●●●상중●
$a(a+2)(a+4)(a+6)-9$를 인수분해하면?

① $(a-3)^2(a^2+6a-1)$  ② $(a-3)^2(a^2+6a+1)$
③ $(a-1)^2(a^2+6a-9)$  ④ $(a+3)^2(a^2+6a-9)$
⑤ $(a+3)^2(a^2+6a-1)$

**0743** ●●중●●

다음 중 두 다항식 $a^2b-b-2+2a^2$과 $a^2-ab-2a+b+1$
에서 공통으로 들어 있는 인수는?

① $a+1$　　　② $b+1$　　　③ $b+2$

④ $a-1$　　　⑤ $a-b-1$

**0744** ●●중●●　서술형

$9x^2-4y^2-6x+1$을 인수분해하시오.

**0745** ●●●●상

다음 식을 인수분해하시오.

$$x^2+2y^2+3xy+x+3y-2$$

**0746** ●●중●●　서술형

인수분해 공식을 이용하여 $8.5^2\times1.5-1.5^2\times1.5$를 계산하
시오.

**0747** ●●중●●

인수분해 공식을 이용하여 $\dfrac{996\times994+996\times6}{998^2-2^2}$을 계산하
시오.

**0748** ●●중●●

다음 중 계산 결과가 가장 큰 것은?

① $31^2-2\times31+1$

② $67^2-33^2$

③ $39^2+2\times39+1$

④ $\sqrt{102^2-4\times102+4}$

⑤ $\sqrt{95^2-5^2}$

**0749** ●●●상중●

인수분해 공식을 이용하여 $1^2-3^2+5^2-7^2+9^2-11^2$의 값
을 구하시오.

**0750** ●●중●●　서술형

$x=3+\sqrt{2}$, $y=3-\sqrt{2}$일 때, $x^2-y^2-8x+8y$의 값을 구하
시오.

## 0751 ••중••

$x=\dfrac{1}{\sqrt{5}-2}$, $y=\dfrac{1}{\sqrt{5}+2}$ 일 때, $x^3y-xy^3$의 값은?

① $-8\sqrt{5}$      ② $-\sqrt{5}$      ③ $\sqrt{5}$

④ $4\sqrt{5}$      ⑤ $8\sqrt{5}$

## 0752 ••중•• 서술형

$a+b=4$, $ax+bx+ay+by=12$일 때, 다음 물음에 답하시오.

(1) $ax+bx+ay+by$를 인수분해하시오.

(2) $x^2+2xy+y^2$의 값을 구하시오.

## 0753 ••중••

다음 그림과 같이 한 변의 길이가 각각 $x$, $y$인 두 정사각형이 있다. 두 정사각형의 둘레의 길이의 합이 80이고 넓이의 차가 100일 때, $x-y$의 값을 구하시오. (단, $x>y$)

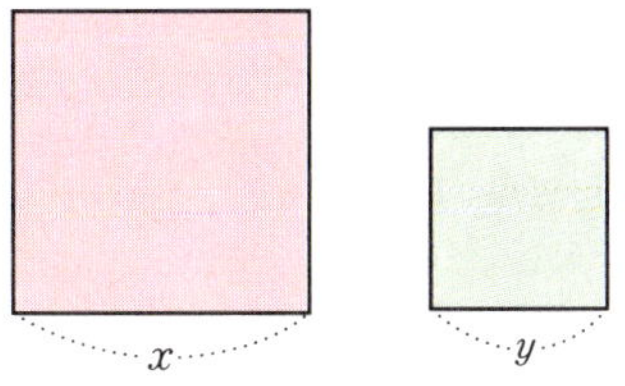


## 0754 ••중•• 융합형

다음과 같이 인수분해 공식을 이용하면 어떤 수가 소수인지 아닌지 판별할 수 있다.

$$9991=10000-9=100^2-3^2$$
$$=(100+3)(100-3)=103\times97$$
➡ 9991은 소수가 아니다.
$$529=400+120+9=20^2+2\times20\times3+3^2$$
$$=(20+3)^2=23^2$$
➡ 529는 소수가 아니다.

인수분해 공식을 이용하여 841이 소수인지 아닌지 판별하시오.

## 0755 ••••상 창의력

다음 그림은 두 개의 원 모양으로 만든 펜던트이다. 두 원의 중심은 $\overline{AB}$ 위에 있고 $\overline{AC}$와 $\overline{BD}$의 길이의 합은 1.2 cm 이다. 색칠한 부분의 둘레의 길이가 $20\pi$ cm일 때, 색칠한 부분의 넓이를 인수분해 공식을 이용하여 구하시오.

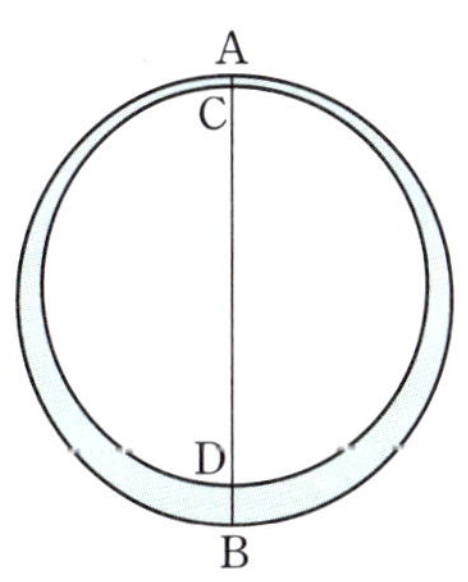

# 7 이차방정식의 풀이

일차방정식의 해를 구했던 것처럼 이차방정식의 해도 구할 수 있지.
인수분해를 이용하면 이차방정식의 해를 구할 수 있어.
이차방정식
$ax^2+bx+c=0$(단, $a$, $b$, $c$는 상수, $a \neq 0$)
이차방정식의 해(근)
이차방정식을 참이 되게 하는 $x$의 값
인수분해를 이용한 이차방정식의 풀이
인수분해한 후 $AB=0$이면 $A=0$ 또는 $B=0$임을 이용한다.
유클리드
해리엇

## 01 이차방정식의 뜻    유형 01, 02

**$x$에 대한 이차방정식**

등식에서 우변의 모든 항을 좌변으로 이항하여 정리한 식이 $(x$에 대한 이차식$)=0$의 꼴로 나타내어지는 방정식

$$ax^2+bx+c=0 \ (단, a, b, c는 상수, a\ \boxed{❶}\ 0)$$

**예** $2x^2+3x+1=0, \ -x^2+1=0, \ x^2-2x=0$

**참고** $a, b, c$는 상수이고 $a \neq 0$일 때
$ax^2+bx+c \Rightarrow$ 이차식
$ax^2+bx+c=0 \Rightarrow$ 이차방정식

**답** ❶ $\neq$

[0756~0763] 다음 중 이차방정식인 것에는 ◯표, 이차방정식이 아닌 것에는 ×표를 하시오.

**0756** $x^2-7x+1=0$      (    )

**0757** $-3x+2=0$      (    )

**0758** $2x^2+x=(2x+1)(x+1)$      (    )

**0759** $3x^2-7=0$      (    )

**0760** $-3x=-x^2$      (    )

**0761** $x^3+3x^2=x-1$      (    )

**0762** $2x^2-4x+1$      (    )

**0763** $0 \cdot x^2-5x+1=0$      (    )

## 02 이차방정식의 해    유형 03~06

(1) **이차방정식의 해(근)**   이차방정식 $ax^2+bx+c=0$이 참이 되는 $x$의 값

   **예** 이차방정식 $x^2+3x-4=0$에 $x=1$을 대입하면
     $1^2+3\times1-4=0$으로 등식이 참이 되므로
     $x=\boxed{❶}$은 이차방정식 $x^2+3x-4=0$의 해이다.

(2) **이차방정식을 푼다**   이차방정식의 해를 모두 구하는 것

**답** ❶ 1

[0764~0767] 다음 [ ] 안의 수가 주어진 이차방정식의 해이면 ◯표, 해가 아니면 ×표를 하시오.

**0764** $x(x-7)=0 \ [0]$      (    )

**0765** $x^2-4x=3 \ [1]$      (    )

**0766** $2x^2-6x-1=0 \ [2]$      (    )

**0767** $x^2+3x-4=0 \ [-4]$      (    )

[0768~0769] 다음을 구하시오.

**0768** $x$의 값이 0, 1, 2, 3일 때,
     이차방정식 $x^2-6x=0$의 해

**0769** $x$의 값이 $-1$, 0, 1일 때,
     이차방정식 $x^2+4x+3=0$의 해

---

**핵심 포인트!**   • 이차방정식이 아닌 경우
    ① $x^2+3x, \ x^2-5x+4$는 등식이 아니므로 이차방정식이 아니다.
    ② $x^2+x=x^2-1$은 우변의 모든 항을 좌변으로 이항하여 정리하면 $x+1=0$이므로 이차방정식이 아니다.

## 필수유형 01 이차방정식의 뜻

(1) $x$에 대한 이차방정식

등식에서 우변의 모든 항을 좌변으로 이항하여 정리한 식이

($x$에 대한 ❶    )$=0$의 꼴로 나타내어지는 방정식

(2) 이차방정식이 아닌 예

- $x^2-4x+7$ ➡ 등식이 아니므로 이차방정식이 아니다.
- $3x-5=0$ ➡ 이차항이 없으므로 이차방정식이 아니다.
- $\dfrac{1}{x^2}-\dfrac{1}{4}=0$ ➡ 분모에 $x^2$이 있으므로 이차방정식이 아니다.

답 ❶ 이차식

**대표문제**

### 0770 하

다음 중 $x$에 대한 이차방정식이 <u>아닌</u> 것을 모두 고르면?

(정답 2개)

① $2x^2=0$

② $(x-1)(x+2)=-2$

③ $(3x+2)(x+3)=3x^2+1$

④ $x^3+3x=x^3+3x^2-2$

⑤ $(x-3)(x+2)=x^2+x+3$

### 0771 하

다음 보기 중 $x$에 대한 이차방정식을 모두 고르시오.

보기

㉠ $x^2=0$      ㉡ $4x^2-(3-2x)^2$

㉢ $x^2-3x+1$      ㉣ $(x+1)(x-2)=0$

㉤ $2x-x^2=(1-x)^2$      ㉥ $x^2=x^2-x+7$

### 0772 중하

다음 중 $x$에 대한 이차방정식인 것은?

① $3x^2+5x$

② $2(x+2)^2=(x-2)^2+(x+1)^2$

③ $\dfrac{x^2-1}{2}=-2$

④ $(x-3)^2+2=x^2$

⑤ $\dfrac{1}{x^2}-1=0$

## 필수유형 02 이차방정식이 될 조건

등식 $ax^2+bx+c=0$이 $x$에 대한 이차방정식이 되려면

$a\neq$ ❶     이어야 한다.

답 ❶ 0

**대표문제**

### 0773 중하

$ax^2+2x+1=3x(x-1)$이 $x$에 대한 이차방정식이 되기 위한 상수 $a$의 조건은?

① $a\neq 0$      ② $a\neq -3$      ③ $a=-3$

④ $a\neq 3$      ⑤ $a=3$

### 0774 중하

$2(x-1)^2+3=ax^2-4x+5$가 $x$에 대한 이차방정식일 때, 다음 중 상수 $a$의 값이 될 수 <u>없는</u> 것은?

① $-2$      ② $-1$      ③ $1$

④ $2$      ⑤ $3$

## 필수유형 03 이차방정식의 해

$x=k$가 이차방정식 $ax^2+bx+c=0$의 해이다.

➡ $x=k$를 $ax^2+bx+c=0$에 대입하면 등식이 참이 된다.

➡ $a\boxed{❶}^2+b\boxed{❷}+c=0$

예 $x^2+2x+1=0$에서

$x=1$일 때 $1^2+2\times1+1\neq0$ ➡ $x=1$은 해가 아니다.

$x=-1$일 때 $(-1)^2+2\times(-1)+1=0$

➡ $x=-1$은 해이다.

답 ❶ $k$ ❷ $k$

**대표문제**

### 0775 ●중하●●●

다음 중 [ ] 안의 수가 주어진 이차방정식의 해인 것은?

① $x^2-2x=0$ $[-2]$ ② $2x^2+x=0$ $[-1]$

③ $x^2+x+1=0$ $[0]$ ④ $x^2-2x-3=0$ $[-1]$

⑤ $3x^2+x-1=0$ $\left[\dfrac{1}{3}\right]$

### 0776 ●중하●●●

$x$의 값이 $-1$, $0$, $1$, $2$일 때, 이차방정식 $x^2+2x-8=0$의 해는?

① $x=-1$ ② $x=0$

③ $x=2$ ④ $x=-1$ 또는 $x=1$

⑤ $x=-1$ 또는 $x=2$

### 0777 ●●중●●

다음 중 $x=3$을 해로 갖는 이차방정식은? (잘 틀리는 문제)

① $x-3=0$ ② $-x^2+3=0$

③ $3x^2-8x-3=0$ ④ $(x+1)(x+3)=0$

⑤ $(x+2)(x-3)=(x-3)(x+3)$

## 필수유형 04 한 근이 주어질 때 미지수의 값 구하기

이차방정식의 한 근이 $k$이다.

➡ 주어진 이차방정식에 $x=k$를 대입하면 등식이 참이 된다.

예 이차방정식 $x^2+4x-a=0$의 한 근이 2이다.

➡ $2^2+4\times2-a=0$ ∴ $a=\boxed{❶}$

답 ❶ 12

**대표문제**

### 0778 ●●중●●

이차방정식 $x^2+(2k-3)x+3k=0$의 한 근이 $-2$일 때, 상수 $k$의 값을 구하시오.

### 0779 ●중하●●●

이차방정식 $x^2+ax-10=0$의 한 근이 2일 때, 상수 $a$의 값을 구하시오.

### 0780 ●●중●●

이차방정식 $x^2+ax+b=0$의 두 근이 3과 $-1$일 때, $a+b$의 값을 구하시오. (단, $a$, $b$는 상수)

**필수유형 05** 한 근이 문자로 주어질 때 식의 값 구하기 (1)

이차방정식 $ax^2+bx+c=0$의 한 근이 $k$일 때,
$$ak^2+bk+c=0$$
$$\therefore ak^2+bk=-c$$

**대표문제**

**0781** ●●중●●

이차방정식 $2x^2-7x+3=0$의 한 근을 $a$, 이차방정식 $x^2-4x+2=0$의 한 근을 $b$라 할 때, $2a^2-b^2-7a+4b$의 값을 구하시오.

**0782** ●●중●●

이차방정식 $x^2+x-1=0$의 한 근을 $a$라 할 때, $\dfrac{a^2}{1-a}+\dfrac{a}{1-a^2}$의 값을 구하시오.

**0783** ●●중●● 서술형

이차방정식 $x^2-2x-5=0$의 두 근을 $a$, $b$라 할 때, $(a^2-2a+8)(b^2-2b+5)$의 값을 구하시오.

**0784** ●●●상중●

이차방정식 $x^2+3x-5=0$의 한 근을 $\alpha$, 이차방정식 $2x^2-6x-7=0$의 한 근을 $\beta$라 할 때, $2(\alpha^2+\beta^2)+6(\alpha-\beta)-2$의 값을 구하시오.

**필수유형 06** 한 근이 문자로 주어질 때 식의 값 구하기 (2)

이차방정식 $x^2+ax+1=0$의 한 근이 $k$일 때,
$$k^2+ak+1=0$$
양변을 $k\,(k\neq0)$로 나눈다.
$$k+a+\frac{1}{k}=0$$
$$\therefore k+\frac{1}{k}=\boxed{\text{❶}}$$

**참고** (1) $a^2+\dfrac{1}{a^2}=\left(a+\dfrac{1}{a}\right)^2-2$

(2) $\left(a-\dfrac{1}{a}\right)^2=\left(a+\dfrac{1}{a}\right)^2-4$

답 ❶ $-a$

**대표문제**

**0785** ●●중●●

이차방정식 $x^2-7x+1=0$의 한 근을 $a$라 할 때, $a+\dfrac{1}{a}$의 값을 구하시오.

**0786** ●●●상중●

이차방정식 $x^2-\sqrt{5}x+1=0$의 한 근을 $a$라 할 때, $a^2+\dfrac{1}{a^2}$의 값을 구하시오.

**0787** ●●●상중●

이차방정식 $x^2-8x+1=0$의 한 근을 $a$라 할 때, $\left(a-\dfrac{1}{a}\right)^2$의 값을 구하시오.

**0788** ●●●상중●

이차방정식 $x^2-4x+1=0$의 한 근을 $m$이라 할 때, $m^2+m+\dfrac{1}{m}+\dfrac{1}{m^2}$의 값을 구하시오.

## 03 인수분해를 이용한 이차방정식의 풀이　유형 07~12

(1) $AB=0$의 성질

두 수 또는 두 식 $A$, $B$에 대하여

$AB=0$이면 ➡ $A=0$ 또는 $B=0$

**예** $(x-1)(x+2)=0$이면 $x-1=0$ 또는 $x+2=0$

$\therefore x=1$ 또는 $x=$ ❶

**참고** $AB=0$이면 다음 세 가지 중 하나가 성립한다.

① $A=0$, $B=0$　② $A=0$, $B\neq0$　③ $A\neq0$, $B=0$

(2) 인수분해를 이용한 이차방정식의 풀이

$ax^2+bx+c=0\,(a\neq0)$

➡ $a(x-\alpha)(x-\beta)=0$　　좌변을 인수분해하기

➡ $x-\alpha=0$ 또는 $x-\beta=0$　　$AB=0$의 성질 이용하기

➡ $x=\alpha$ 또는 $x=\beta$　　해 구하기

**예** $x^2-4x+3=0$에서 좌변을 인수분해하면

$(x-1)(x-3)=0$이므로 $x-1=0$ 또는 $x-3=0$

$\therefore x=1$ 또는 $x=$ ❷

답 ❶ $-2$　❷ $3$

**[0789~0791]** 다음 이차방정식을 푸시오.

**0789** $2x(x-1)=0$

**0790** $(x+1)(x-4)=0$

**0791** $\dfrac{1}{3}(x+2)(4x+5)=0$

**[0792~0794]** 다음 이차방정식을 인수분해를 이용하여 푸시오.

**0792** $x^2-9=0$

**0793** $x^2+7x+10=0$

**0794** $2x^2+x-6=0$

## 04 이차방정식의 중근　유형 13, 14

(1) **이차방정식의 중근**　이차방정식의 두 근이 중복되어 서로 같을 때의 근

$(x-p)^2=0$ ➡ $x=p$

**예** $(x-1)^2=0$에서 $x=1$

$x^2-4x+4=0$에서 $(x-2)^2=0$

$\therefore x=2$

(2) **이차방정식이 중근을 가질 조건**

이차방정식이 (완전제곱식)$=0$의 꼴로 나타내어지면 중근을 가진다.

➡ 이차방정식 $x^2+ax+b=0$이 중근을 가지려면 좌변이 완전제곱식이 되어야 하므로 $b=\left(\dfrac{a}{2}\right)^2$이 어야 한다.

**예** 이차방정식 $x^2-6x+k=0$이 중근을 가지려면

$k=\left(\dfrac{-6}{2}\right)^2=$ ❶ 이어야 한다.

답 ❶ $9$

**[0795~0797]** 다음 이차방정식을 푸시오.

**0795** $(x-4)^2=0$

**0796** $3(x+1)^2=0$

**0797** $(2x-1)^2=0$

**[0798~0800]** 다음 이차방정식을 푸시오.

**0798** $x^2+4x+4=0$

**0799** $x^2-10x+25=0$

**0800** $6x^2-12x+6=0$

---

**핵심 포인트!**　• 이차방정식이 중근을 가질 조건은 $x^2$의 계수를 1로 만든 후 생각한다.

**예** 이차방정식 $2x^2+10x+c=0$ ($c$는 상수)가 중근을 가지려면 $x^2+5x+\dfrac{c}{2}=0$이므로 $\dfrac{c}{2}=\left(\dfrac{5}{2}\right)^2$이어야 한다.

$\therefore c=\dfrac{25}{2}$

## 05 제곱근을 이용한 이차방정식의 풀이    유형 15, 16

(1) **이차방정식** $x^2=q\,(q\geq0)$**의 해**

$$x=\pm\sqrt{q}$$

**예** $2x^2=6$에서 $x^2=3$    $\therefore x=\pm\sqrt{3}$

(2) **이차방정식** $(x-p)^2=q\,(q\geq0)$**의 해**

$$x=p\pm\sqrt{q}$$

**예** $(x-3)^2=10$에서 $x-3=\pm\sqrt{10}$

$\therefore x=$ ❶

**참고** 제곱근

어떤 수 $x$를 제곱하여 음이 아닌 수 $a$가 될 때, 즉 $x^2=a$를 만족하는 $x$를 $a$의 제곱근이라 한다.

답 ❶ $3\pm\sqrt{10}$

[0801~0803] 다음 이차방정식을 제곱근을 이용하여 푸시오.

**0801**   $x^2=3$

**0802**   $x^2-8=0$

**0803**   $3x^2-15=0$

[0804~0806] 다음 이차방정식을 제곱근을 이용하여 푸시오.

**0804**   $(x-3)^2=8$

**0805**   $4(x-3)^2=20$

**0806**   $2(x-2)^2-7=0$

## 06 완전제곱식을 이용한 이차방정식의 풀이    유형 17, 18

이차방정식 $ax^2+bx+c=0$에서 좌변이 인수분해되지 않으면 $(x-p)^2=q$의 꼴로 바꾸어 제곱근을 이용하여 해를 구할 수 있다.

**예** $2x^2+6x-1=0$

$x^2+3x-\dfrac{1}{2}=0$    ① $x^2$의 계수로 양변을 나눈다.

$x^2+3x=\dfrac{1}{2}$    ② 상수항을 우변으로 이항한다.

$x^2+3x+\dfrac{9}{4}=\dfrac{1}{2}+\dfrac{9}{4}$    ③ 양변에 $\left(\dfrac{3}{2}\right)^2$을 더한다.

$\left(x+\dfrac{3}{2}\right)^2=\dfrac{11}{4}$    ④ $(x-p)^2=q$의 꼴로 바꾼다.

$x+\dfrac{3}{2}=\pm\dfrac{\sqrt{11}}{2}$    ⑤ 제곱근을 이용한다.

$\therefore x=$ ❶

답 ❶ $\dfrac{-3\pm\sqrt{11}}{2}$

[0807~0808] 다음 이차방정식을 $(x-p)^2=q$의 꼴로 나타내시오.

**0807**   $x^2-4x+1=0$

**0808**   $2x^2+7x+4=0$

[0809~0812] 다음 이차방정식을 완전제곱식을 이용하여 푸시오.

**0809**   $x^2-8x+1=0$

**0810**   $x^2+5x+3=0$

**0811**   $2x^2+8x+5=0$

**0812**   $3x^2+5x-1=0$

**핵심 포인트 !**   · 이차방정식 $ax^2+bx+c=0$의 풀이

➡ $ax^2+bx+c$가 인수분해되면 인수분해를 이용하여 푼다.

➡ $ax^2+bx+c$가 인수분해되지 않으면 완전제곱식을 이용하여 푼다.

**7**

이차방정식의 풀이

**필수유형 07** $AB=0$을 이용한 이차방정식의 풀이

$AB=0$이면 $A=0$ 또는 $B=0$임을 이용하여 주어진 이차방정식의 해를 구한다.

**예** $(2x+3)(x-4)=0$이면

$2x+3=0$ 또는 $x-4=0$

∴ $x=$ ❶ 또는 $x=4$

답 ❶ $-\dfrac{3}{2}$

**대표문제**

**0813** 하••••

다음 중 해가 $x=2$ 또는 $x=-3$인 이차방정식은?

① $(x+2)(x-3)=0$

② $(x-2)(x+3)=0$

③ $(x-2)(3x-1)=0$

④ $(2x+1)(3x-1)=0$

⑤ $(2x-1)(3x+1)=0$

**0814** 하••••

이차방정식 $(x+3)(x-5)=0$의 두 근을 $\alpha$, $\beta$라 할 때, $\alpha^2+\beta^2$의 값을 구하시오.

**0815** •중하•••

다음 이차방정식 중 두 근의 합이 $-2$인 것은?

① $(x+2)(x-4)=0$

② $(x+2)(x-2)=0$

③ $x(x+2)=0$

④ $(x+1)(x-3)=0$

⑤ $(2x-1)(x+3)=0$

**필수유형 08** 인수분해를 이용한 이차방정식의 풀이

① 이차방정식의 우변의 모든 항을 좌변으로 이항하여 $ax^2+bx+c=0$의 꼴로 나타낸다.

② 좌변을 인수분해한다.

③ $AB=0$이면 $A=0$ 또는 $B=$ ❶ 임을 이용하여 해를 구한다.

답 ❶ 0

**대표문제**

**0816** •중하•••

이차방정식 $3x^2-8x+4=-1$을 $(3x+a)(x+b)=0$으로 나타낼 때, $a+b$의 값을 구하시오. (단, $a$, $b$는 정수)

**0817** •중하•••

이차방정식 $x^2+2=-2x+10$을 푸시오.

**0818** ••중••

이차방정식 $(x+6)(x-2)=4x-8$을 풀면?

① $x=-4$ 또는 $x=1$ ② $x=-1$ 또는 $x=4$

③ $x=-3$ 또는 $x=3$ ④ $x=-1$ 또는 $x=1$

⑤ $x=-2$ 또는 $x=2$

**0819** ••중••

이차방정식 $2x^2+5x-7=0$의 해가 $x=a$ 또는 $x=b$일 때, $a-4b$의 값을 구하시오. (단, $a>b$)

**필수유형 09** 한 근이 주어질 때 인수분해를 이용하여 미지수의 값 구하기

**대표문제**

**0820** ●●중●●

$x$에 대한 이차방정식 $x^2-ax-2a^2-7=0$의 한 근이 5일 때, 상수 $a$의 값을 모두 구하시오.

**0821** ●●중●●

이차방정식 $x^2-x+3k=0$의 한 근이 $k$일 때, 상수 $k$의 값을 구하시오. (단, $k\neq0$)

**0822** ●●중●●  잘 틀리는 문제

$x$에 대한 이차방정식 $(a-2)x^2-a^2x-4=0$의 한 근이 $-1$일 때, 상수 $a$의 값을 구하시오.

**0823** ●●중●●

이차방정식 $2x^2+5x-3=0$의 두 근 중 작은 근이 이차방정식 $x^2+kx-2k^2-7=0$의 한 근일 때, 모든 상수 $k$의 값의 곱을 구하시오.

**필수유형 10**  한 근이 주어질 때 다른 한 근 구하기

이차방정식의 한 근이 $a$일 때 다른 한 근 구하기
① 이차방정식에 $x=a$를 대입하여 미지수의 값을 구한다.
② 미지수의 값을 이차방정식에 대입하여 이차방정식을 푼다.

**대표문제**

**0824** ●●중●●

이차방정식 $(a+2)x^2+3x-2=0$의 한 근이 2일 때, 다른 한 근을 구하시오. (단, $a$는 상수)

**0825** ●●중●●

이차방정식 $(a-1)x^2-7x+3=0$의 한 근이 3일 때, 상수 $a$의 값과 다른 한 근을 차례대로 구하시오.

**0826** ●●중●●  서술형

이차방정식 $2x^2-3ax-2a+1=0$의 해가 $x=b$ 또는 $x=5$일 때, $ab$의 값을 구하시오. (단, $a$는 상수)

## 0827 ●●중●●

이차방정식 $x^2+ax-3=0$의 한 근이 3이고 다른 한 근이 이차방정식 $3x^2-8x+b=0$의 한 근일 때, $a+b$의 값을 구하시오. (단, $a$, $b$는 상수)

## 0828 ●●중●●

$x$에 대한 이차방정식 $4x^2-ax+a(a-6)=0$의 한 근이 $-1$일 때, 다른 한 근을 구하시오. (단, $a>1$인 상수)

## 0829 ●●●상중●    잘 틀리는 문제

$x$에 대한 이차방정식 $(a-1)x^2+(a^2+1)x-4=0$의 한 근이 2일 때, 다른 한 근을 구하시오. (단, $a$는 상수)

---

**필수유형 11** 두 이차방정식의 공통인 근 (1)

두 이차방정식의 공통인 근
➡ 두 이차방정식을 모두 참이 되게 하는 $x$의 값
➡ 각각의 이차방정식을 풀어 공통인 근을 찾는다.

예 $x^2-4=0 \Rightarrow (x+2)(x-2)=0$

$\therefore x=-2$ 또는 $x=2$

$x^2-3x+2=0 \Rightarrow (x-1)(x-2)=0$

$\therefore x=1$ 또는 $x=2$

따라서 $x^2-4=0$, $x^2-3x+2=0$의 공통인 근은 ❶        이다.

답 ❶ 2

**대표문제**

## 0830 ●●중●●

다음 두 이차방정식의 공통인 근을 구하시오.

$$x^2-3x-10=0, \quad 5x^2+7x-6=0$$

## 0831 ●●중●●

다음 두 이차방정식을 모두 만족하는 $x$의 값을 구하시오.

$$x^2+x-6=0, \quad 3x^2-4x-4=0$$

## 0832 ●●중●●

두 이차방정식 $x^2+4x-21=0$과 $5x^2-8x-21=0$을 모두 만족하는 $x$의 값이 이차방정식 $2x^2-ax+2-a=0$의 한 근일 때, 상수 $a$의 값을 구하시오.

**필수유형 12** 두 이차방정식의 공통인 근 (2)

두 이차방정식의 공통인 근이 $\alpha$이다.

➡ $x=\alpha$를 각각의 이차방정식에 대입하여 미지수의 값을 구한다.

예 두 이차방정식 $x^2-2x+a=0$과 $2x^2+bx-1=0$의 공통인 근이 1일 때, 상수 $a$, $b$의 값

➡ $1^2-2\times1+a=0$    $\therefore a=$ ❶

   $2\times1^2+b\times1-1=0$    $\therefore b=$ ❷

답 ❶ 1 ❷ −1

**대표문제**

**0833** ●●중●●

두 이차방정식 $x^2+4x+a=0$과 $x^2-2x+b=0$의 공통인 근이 2일 때, $a+b$의 값을 구하시오. (단, $a$, $b$는 상수)

**0834** ●●중●●

두 이차방정식 $x^2+ax-6=0$과 $4x^2-11x-b=0$의 공통인 근이 3일 때, $ab$의 값을 구하시오. (단, $a$, $b$는 상수)

**0835** ●●중●●

두 이차방정식 $2x^2+px-6=0$과 $x^2-4x+q=0$이 모두 $x=-3$을 해로 가질 때, 이차방정식 $x^2+px+q=0$을 푸시오. (단, $p$, $q$는 상수)

**필수유형 13** 이차방정식의 중근

(1) 이차방정식의 두 근이 서로 같을 때, 이 근을 중근이라 한다.

(2) 이차방정식이 $a\underbrace{(x-p)^2}_{\text{완전제곱식}}=0$ $(a\neq0)$의 꼴로 인수분해되면 이 이차방정식은 중근 ❶ 를 갖는다.

답 ❶ $p$

**대표문제**

**0836** ●중하●●

다음 이차방정식 중 중근을 갖지 <u>않는</u> 것은?

① $x^2-6x=0$      ② $x^2+8x=-16$

③ $x^2+x+\dfrac{1}{4}=0$      ④ $x^2-4x+4=0$

⑤ $2x^2+20x+50=0$

**0837** ●중하●●

다음 보기 중 중근을 갖는 이차방정식을 모두 고르시오.

보기
| | |
|---|---|
| ㉠ $x(x+4)=-4$ | ㉡ $x^2-25=0$ |
| ㉢ $x(x-2)+1=0$ | ㉣ $x^2-10x+25=0$ |
| ㉤ $(x-3)^2=9$ | ㉥ $x^2+7x+10=0$ |

**0838** ●●중●●

이차방정식 $x^2+ax+b=0$이 중근 3을 가질 때, $a+b$의 값을 구하시오. (단, $a$, $b$는 상수)

**7**

이차방정식의 풀이

## 필수유형 14   이차방정식이 중근을 가질 조건

이차방정식 $x^2+ax+b=0$이 중근을 가질 조건
➡ (완전제곱식)$=0$의 꼴로 인수분해된다.
➡ $b=\left(\boxed{❶}\right)^2$이어야 한다.

📋 ❶ $\dfrac{a}{2}$

**대표문제**

### 0839 ••중••

이차방정식 $x^2-6x-2k+5=0$이 중근을 가질 때, 상수 $k$의 값을 구하시오.

### 0840 ••중•• 서술형

이차방정식 $x^2-2(x-k)+9=0$이 중근을 가질 때, 상수 $k$의 값과 중근을 차례대로 구하시오.

### 0841 ••중••

이차방정식 $x^2+kx+\dfrac{4}{9}=0$이 중근을 가질 때, 상수 $k$의 값을 모두 구하시오.

### 0842 ••중•• 잘 틀리는 문제

이차방정식 $3x^2-12x-m+3=0$이 중근을 가질 때, 상수 $m$의 값을 구하시오.

## 필수유형 15   제곱근을 이용한 이차방정식의 풀이

제곱근을 이용하여 이차방정식 $a(x-p)^2=q\left(a\neq0,\ \dfrac{q}{a}\geq0\right)$의 해 구하기

➡ $(x-p)^2=\dfrac{q}{a}$

$x-p=\pm\sqrt{\dfrac{q}{a}}$

∴ $x=\boxed{❶}\pm\sqrt{\dfrac{q}{a}}$

📋 ❶ $p$

**대표문제**

### 0843 ••중••

이차방정식 $(x-3)^2-7=0$의 두 근을 $a$, $b$라 할 때, $a+b$의 값을 구하시오.

### 0844 ••중••

이차방정식 $2(2x+3)^2=16$을 풀면?

① $x=\dfrac{-3\pm\sqrt{2}}{4}$      ② $x=-\dfrac{3}{4}\pm\dfrac{\sqrt{2}}{2}$

③ $x=\dfrac{-3\pm\sqrt{2}}{2}$      ④ $x=-\dfrac{3}{2}\pm\sqrt{2}$

⑤ $x=\dfrac{3}{2}\pm\sqrt{2}$

### 0845 ••중••

이차방정식 $(x+A)^2=B$의 해가 $x=2\pm\sqrt{7}$일 때, $A+B$의 값을 구하시오. (단, $A$, $B$는 유리수)

**0846** ••중•• 서술형

이차방정식 $3(x-2)^2=a$의 해가 $x=b\pm\sqrt{2}$일 때, $a+b$의 값을 구하시오. (단, $a,\ b$는 유리수)

---

필수유형 **16** 이차방정식이 해를 가질 조건

이차방정식 $(x-p)^2=q$의 근의 개수는 $q$의 부호에 따라 결정된다.

| $q$의 부호 | 근의 개수 |
|---|---|
| $q>0$ | 서로 다른 ❶ 개의 근 |
| $q=0$ | 한 개의 근 |
| $q<0$ | 근이 ❷ . |

➡ $q\geq0$이면 근을 갖는다.

답 ❶ 2 ❷ 없다

대표문제
**0847** ••중••

다음 보기에서 이차방정식 $2(x-p)^2=q$에 대한 설명으로 옳은 것을 모두 고르시오. (단, $p,\ q$는 상수)

보기
ㄱ. $q>0$이면 부호가 다른 두 근을 갖는다.
ㄴ. $q=0$이면 중근을 갖는다.
ㄷ. $q<0$이면 근이 없다.

**0848** •••상중

이차방정식 $(x-4)^2=15k$의 해가 정수가 되도록 하는 자연수 $k$의 값 중 가장 작은 수를 구하시오.

---

필수유형 **17** $(x-p)^2=q$의 꼴로 나타내기

이차방정식 $ax^2+bx+c=0$을 $(x-p)^2=q$의 꼴로 나타내는 방법
① $x^2$의 계수를 1로 만든다.
② 상수항을 우변으로 이항한다.
③ 양변에 $\left(\dfrac{x\text{의 계수}}{2}\right)^2$을 더한다.
④ (완전제곱식)=(수)의 꼴로 나타낸다.

대표문제
**0849** ••중••

이차방정식 $3x^2+6x-10=0$을 $(x+p)^2=q$의 꼴로 나타낼 때, $p+q$의 값을 구하시오. (단, $p,\ q$는 상수)

**0850** ••중••

이차방정식 $x^2+6x-2=0$을 $(x+a)^2=b$의 꼴로 나타낼 때, $a+b$의 값을 구하시오. (단, $a,\ b$는 상수)

**0851** ••중••

이차방정식 $(x-1)(x-5)=4$를 $(x-p)^2=q$의 꼴로 나타내시오. (단, $p,\ q$는 상수)

**0852** ••중••

이차방정식 $2x^2-8x+5=0$을 $(x-p)^2=q$의 꼴로 나타낼 때, $pq$의 값을 구하시오. (단, $p,\ q$는 상수)

**필수유형 18** 완전제곱식을 이용한 이차방정식의 풀이

이차방정식 $ax^2+bx+c=0$의 좌변이 인수분해되지 않을 때에는 $(x-p)^2=q$의 꼴로 바꾸어 제곱근을 이용하여 해를 구한다.

**대표문제**

**0853** ••중••

다음은 이차방정식 $x^2-8x+9=0$을 완전제곱식을 이용하여 푸는 과정이다. 상수 $A\sim E$의 값으로 옳지 <u>않은</u> 것은?

$$x^2-8x=A$$
$$x^2-8x+B=A+B$$
$$(x+C)^2=D$$
$$\therefore x=E$$

① $A=-9$  ② $B=16$  ③ $C=4$
④ $D=7$  ⑤ $E=4\pm\sqrt{7}$

**0854** ••중••

이차방정식 $x^2-2x-a=0$을 완전제곱식을 이용하여 풀었더니 해가 $x=1\pm\sqrt{6}$이었다. 이때 유리수 $a$의 값을 구하시오.

**0855** ••중•• 서술형

이차방정식 $\dfrac{1}{2}x^2-3x-6=0$을 완전제곱식을 이용하여 풀려고 할 때, 다음 물음에 답하시오.

(1) 이차방정식 $\dfrac{1}{2}x^2-3x-6=0$을 $(x+a)^2=b$의 꼴로 나타낼 때, $a$, $b$의 값을 각각 구하시오. (단, $a$, $b$는 상수)

(2) 제곱근을 이용하여 해를 구하시오.

**발전유형 19** 여러 가지 심화 문제

**0856** ••중••

오른쪽 표에서 가로, 세로, 대각선에 있는 세 수의 합이 같을 때, 다음 중 옳은 것은?

(단, $x$는 자연수)

| $A$ | $x^2$ | $4$ |
|---|---|---|
| $B$ | $5$ | $C$ |
| $2x$ | $x-2$ | $D$ |

① $x=2$  ② $A=3$
③ $B=8$  ④ $C=3$
⑤ $D=9$

**0857** •••상중•

$≪x≫$가 양수 $x$의 양의 제곱근을 나타낸다고 할 때, $2≪x≫^2-5≪x≫+2=0$을 만족하는 $x$의 값을 모두 구하시오.

**0858** ••••상

한 개의 주사위를 두 번 던져 첫 번째 나온 눈의 수를 $a$, 두 번째 나온 눈의 수를 $b$라 할 때, 이차방정식 $x^2+ax+b=0$이 중근을 가질 확률을 구하시오.

**0859** 하••••

다음 중 이차방정식이 <u>아닌</u> 것은?

① $\dfrac{1}{5}x^2-3x=3x$  ② $x^2+1=(x-1)(x-2)$

③ $x^2=2x-2$  ④ $3x-1=(x-1)(x+1)$

⑤ $x^2-\dfrac{5}{2}x=0$

**0860** ••중••

$-3x(ax-2)=x^2+1$이 $x$에 대한 이차방정식이 되기 위한 상수 $a$의 조건을 구하시오.

**0861** ••중••

다음 중 $x=-1$을 해로 갖는 이차방정식이 <u>아닌</u> 것은?

① $x^2-x=0$  ② $x^2+2x+1=0$

③ $x^2-5x-6=0$  ④ $2x^2+x-1=0$

⑤ $\dfrac{1}{2}x^2-\dfrac{1}{2}x-1=0$

**0862** •중하••••

이차방정식 $x^2+ax-2a+1=0$의 한 근이 1일 때, 상수 $a$의 값을 구하시오.

**0863** ••중••  서술형

이차방정식 $x^2-3x+1=0$의 한 근을 $a$라 할 때, $-2a-\dfrac{2}{a}$의 값을 구하시오.

**0864** 하••••

다음 이차방정식 중 해가 $x=\dfrac{3}{2}$ 또는 $x=1$인 것은?

① $(2x-3)(x-1)=0$  ② $(2x+3)(x-1)=0$

③ $(2x+3)(x+1)=0$  ④ $(3x-2)(x-1)=0$

⑤ $(3x+2)(x+1)=0$

**0865** ••중••

이차방정식 $5x^2-7x-6=0$을 풀면?

① $x=-3$ 또는 $x=\dfrac{2}{5}$  ② $x=-2$ 또는 $x=\dfrac{2}{5}$

③ $x=2$ 또는 $x=-\dfrac{3}{5}$  ④ $x=2$ 또는 $x=\dfrac{3}{5}$

⑤ $x=3$ 또는 $x=-\dfrac{2}{5}$

## 0866 ••중••

이차방정식 $x^2+x-6=0$의 두 근을 $a$, $b$라 할 때, 이차방정식 $x^2+ax+b=0$을 풀면? (단, $a>b$)

① $x=-3$ 또는 $x=-1$  　② $x=-3$ 또는 $x=1$

③ $x=-3$ 또는 $x=2$  　④ $x=3$ 또는 $x=-1$

⑤ $x=3$ 또는 $x=2$

## 0867 ••중••

이차방정식 $x^2+ax-4=0$의 한 근이 4이고 다른 한 근이 이차방정식 $2x^2+7x+b=0$의 한 근일 때, $a$, $b$의 값을 각각 구하시오. (단, $a$, $b$는 상수)

## 0868 ••중••

이차방정식 $\dfrac{a}{2}x^2+(a-5)x-4a-5=0$의 한 근이 $-3$이고 다른 한 근이 $b$일 때, $a+2b$의 값은? (단, $a$는 상수)

① 3　　　　② 5　　　　③ 7

④ 9　　　　⑤ 11

## 0869 ••중•• 서술형

두 이차방정식 $x^2+5x-24=0$과 $5x^2-16x+3=0$의 공통인 근을 구하려고 한다. 다음 물음에 답하시오.

(1) $x^2+5x-24=0$을 푸시오.

(2) $5x^2-16x+3=0$을 푸시오.

(3) 두 이차방정식의 공통인 근을 구하시오.

## 0870 ••중••

두 이차방정식 $x^2+ax+4-a=0$과 $2x^2-3x+b=0$의 공통인 근이 2일 때, $b-a$의 값은? (단, $a$, $b$는 상수)

① $-3$　　　　② $-1$　　　　③ 0

④ 3　　　　⑤ 6

## 0871 ••중••

다음 이차방정식 중 중근을 갖는 것은?

① $x^2-4x+2=0$　　　　② $x^2-5x+\dfrac{25}{4}=0$

③ $4x^2-2x+2=0$　　　　④ $4x^2-3x+\dfrac{9}{2}=0$

⑤ $x^2-\dfrac{3}{2}x+\dfrac{3}{4}=0$

## 0872 ••중•• 서술형

이차방정식 $x^2+4x+k=0$이 중근 $m$을 가질 때, $k+m$의 값을 구하시오. (단, $k$는 상수)

## 0873 ●●중●●

이차방정식 $3(x-a)^2=b$의 해가 $x=5\pm\sqrt{2}$일 때, $a+b$의 값은? (단, $a$, $b$는 유리수)

① $-11$  ② $-7$  ③ $5$
④ $7$  ⑤ $11$

## 0874 ●●중●●

다음 보기 중 이차방정식 $(x-4)^2=a+1$에 대한 설명으로 옳은 것을 모두 고른 것은?

> **보기**
> ㉠ $a=0$이면 두 근의 곱은 $8$이다.
> ㉡ $a=-1$이면 중근 $4$를 갖는다.
> ㉢ $a=-2$이면 근이 없다.

① ㉡  ② ㉢  ③ ㉠, ㉡
④ ㉠, ㉢  ⑤ ㉡, ㉢

## 0875 ●●중●●

다음은 이차방정식 $2x^2+4x+1=0$을 완전제곱식을 이용하여 푸는 과정이다. 이때 상수 $A$, $B$, $C$, $D$의 값을 각각 구하시오.

$$2x^2+4x+1=0\text{의 양변을 2로 나누면}$$
$$x^2+2x+\frac{1}{2}=0$$
$$x^2+2x=-\frac{1}{2}$$
$$x^2+2x+A=-\frac{1}{2}+A$$
$$(x+B)^2=C$$
$$\therefore x=\frac{D\pm\sqrt{2}}{2}$$

## 0876 ●●●상중● 창의력

아라비아의 대표적인 수학자 알콰리즈미($Al-Khwarizmi$ ; ?780~?850)는 정사각형의 넓이를 이용하여 이차방정식의 해를 구하였다. 다음은 정사각형의 넓이를 이용하여 이차방정식 $x^2+10x-39=0$의 양수인 해를 구하는 과정이다.

> (1) 넓이가 $x^2$인 정사각형 1개와 넓이가 $10x$인 직사각형 1개를 붙여서 $x^2+10x$를 나타내는 도형을 그린다.
>
> 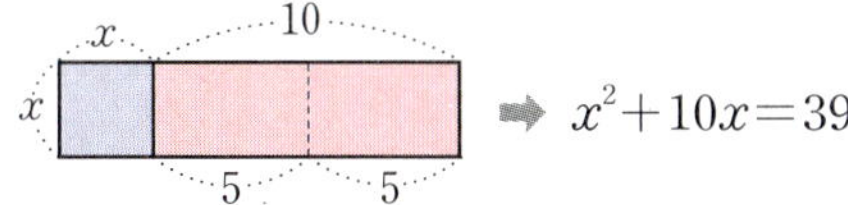
> 
>
> (2) 넓이가 $10x$인 직사각형을 넓이가 $5x$인 직사각형 두 개로 나누어 붙이고, 한 변의 길이가 $5$인 정사각형을 추가하여 붙인다.
>
> 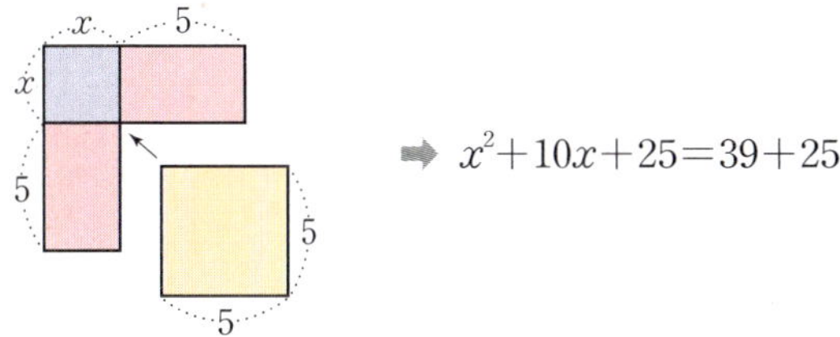
> 
>
> (3) 한 변의 길이가 $x+5$인 정사각형의 넓이가 $64$임을 이용하여 해를 구한다.
>
> 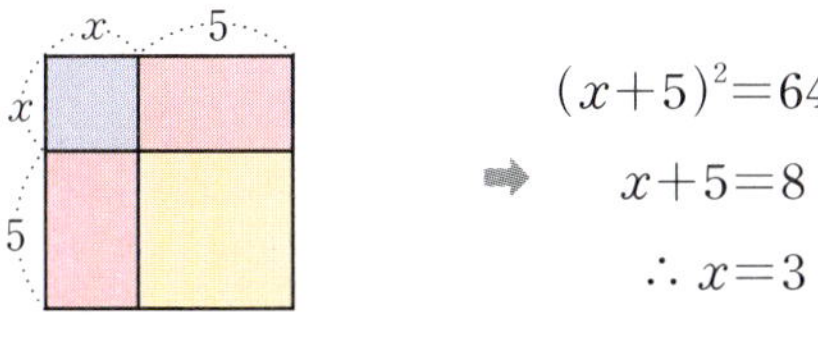
> 

위의 (1)~(3)의 순서대로 이차방정식 $x^2+6x-16=0$의 양수인 해를 구하시오.

## 0877 ●●●상중● 융합형

일차함수 $y=ax+1$의 그래프가 점 $(a-2, 2a^2-2)$를 지나고 제3사분면을 지나지 않을 때, 상수 $a$의 값을 구하시오.

# 8 근의 공식과 이차방정식의 활용

# 개념 마스터

**❽ 근의 공식과 이차방정식의 활용**

## 01 근의 공식을 이용한 이차방정식의 풀이    유형 01, 02

**(1) 이차방정식의 근의 공식**

이차방정식 $ax^2+bx+c=0$의 근은 다음과 같은 근의 공식을 이용하여 구할 수 있다.

$$x=\dfrac{-b\pm\sqrt{b^2-4ac}}{2a} \ \ (\text{단, } b^2-4ac\geq0)$$

**(예)** $2x^2+5x+1=0$에서 $a=2, b=5, c=1$이므로

$$x=\dfrac{-5\pm\sqrt{5^2-4\times2\times1}}{2\times2}=\dfrac{-5\pm\sqrt{\boxed{❶}}}{4}$$

**(참고)** ① 근호 안이 음수가 될 수 없으므로 $b^2-4ac<0$인 경우에는 이차방정식의 해가 없다.

② 이차방정식의 해를 구할 때, 인수분해가 되면 인수분해하여 해를 구하는 것이 더 편리하다.

**(2) 이차방정식의 근의 공식 (짝수 공식)**

이차방정식 $ax^2+bx+c=0$에서 $x$의 계수가 짝수, 즉 $b=2b'$일 때, 이차방정식 $ax^2+2b'x+c=0$의 해는

$$x=\dfrac{-b'\pm\sqrt{b'^2-ac}}{a} \ \ (\text{단, } b'^2-ac\geq0)$$

**(예)** $x^2-2x-2=0$에서 $a=1, b'=-1, c=-2$이므로

$$x=\dfrac{-(-1)\pm\sqrt{(-1)^2-1\times(-2)}}{1}=1\pm\sqrt{\boxed{❷}}$$

답 ❶ 17 ❷ 3

**[0878~0881]** 다음 이차방정식을 근의 공식을 이용하여 푸시오.

**0878**   $x^2+3x-5=0$

**0879**   $3x^2-5x-1=0$

**0880**   $2x^2-2x-1=0$

**0881**   $3x^2-4x-2=0$

## 02 복잡한 이차방정식의 풀이    유형 03, 04

(1) 괄호가 있으면 괄호를 풀고 $ax^2+bx+c=0$의 꼴로 정리한 후 이차방정식을 푼다.

(2) 계수에 분수가 있으면 양변에 분모의 최소공배수를 곱하고, 계수에 소수가 있으면 양변에 10의 거듭제곱을 곱하여 계수를 정수로 바꾸어 푼다.

(3) 공통부분이 있으면 $\boxed{❶}$ 하여 푼다.

답 ❶ 치환

**[0882~0889]** 다음 이차방정식을 푸시오.

**0882**   $x(x-3)=7$

**0883**   $x^2+13=3(4-x)$

**0884**   $(2x+3)(x-2)=-4$

**0885**   $(x+1)(x-2)=-4(x+1)$

**0886**   $\dfrac{1}{2}x^2-\dfrac{4}{3}x+\dfrac{5}{6}=0$

**0887**   $\dfrac{1}{3}x^2-\dfrac{1}{2}x-1=0$

**0888**   $\dfrac{3}{4}x^2=\dfrac{1}{2}x+\dfrac{5}{6}$

**0889**   $\dfrac{2}{3}x^2-\dfrac{5}{6}x-\dfrac{1}{4}=0$

**핵심 포인트!**

· 이차방정식의 풀이 → 인수분해 가능 여부 → 가능 → 인수분해 공식 이용 / 불가능 → 근의 공식 이용

[0890~0895] 다음 이차방정식을 푸시오.

**0890** $0.1x=0.3-x^2$

**0891** $0.1x^2+0.6x+0.3=0$

**0892** $0.09x^2-0.12x=0.05$

**0893** $0.3x^2+\dfrac{1}{2}x+0.1=0$

**0894** $\dfrac{1}{5}x^2-0.4x-\dfrac{1}{2}=0$

**0895** $2x^2-0.5x-\dfrac{3}{4}=0$

[0896~0898] 다음 이차방정식을 치환을 이용하여 푸시오.

**0896** $(x+3)^2-4(x+3)+4=0$

**0897** $(x-1)^2+6(x-1)-27=0$

**0898** $(x-4)^2-8(x-4)+15=0$

---

**03** 이차방정식의 근의 개수　　유형 05~07

이차방정식 $ax^2+bx+c=0$의 근의 개수는 근의 공식

$x=\dfrac{-b\pm\sqrt{b^2-4ac}}{2a}$ 에서 근호 안의 식 $b^2-4ac$(판별식)

의 부호에 따라 결정된다.

| $b^2-4ac$의 부호 | 근의 개수 |
| --- | --- |
| $b^2-4ac>0$ | 2개(서로 다른 두 근) |
| $b^2-4ac=0$ | 1개(중근) |
| $b^2-4ac<0$ | 0개(근이 없다.) |

➡ $b^2-4ac$ ❶ ▢ $0$이면 근을 갖는다.

📘 이차방정식 $x^2-2x+3=0$에서 $a=1, b=-2, c=3$이므로
$b^2-4ac=(-2)^2-4\times1\times3=-8<0$
∴ 근이 ❷ ▢ .

답 ❶ ≥ ❷ 없다

[0899~0903] 다음 이차방정식의 근의 개수를 구하시오.

**0899** $3x^2-8x+2=0$

**0900** $4x^2-4x+1=0$

**0901** $x^2+x+3=0$

**0902** $x^2-9=0$

**0903** $(x+2)^2=6$

---

**핵심 포인트 !**　· 이차방정식 $ax^2+bx+c=0$의 근의 개수
　　(1) $b^2-4ac>0$ ➡ 근이 2개　　(2) $b^2-4ac=0$ ➡ 근이 1개 (중근)　　(3) $b^2-4ac<0$ ➡ 근이 0개

**필수유형 01** 이차방정식의 근의 공식 (1)

| 이차방정식 | 근의 공식 |
|---|---|
| $ax^2+bx+c=0$ | $x=\dfrac{\boxed{①}\pm\sqrt{b^2-\boxed{②}}}{2a}$ |
| $ax^2+2b'x+c=0$ | $x=\dfrac{-b'\pm\sqrt{b'^2-ac}}{a}$ |

답 ❶ $-b$ ❷ $4ac$

**대표문제**

**0904** 중하

이차방정식 $2x^2-7x+4=0$의 근이 $x=\dfrac{A+\sqrt{B}}{4}$일 때, $A+B$의 값을 구하시오. (단, $A$, $B$는 유리수)

**0905** 중하

이차방정식 $x^2+6x+1=0$의 근이 $x=A\pm2\sqrt{B}$일 때, $\dfrac{A}{B}$의 값을 구하시오. (단, $A$, $B$는 유리수)

**0906** 중

이차방정식 $x^2-6x+2=0$의 두 근을 $a$, $b$라 할 때, $b-3<n<a-3$을 만족하는 정수 $n$의 개수를 구하시오.

(단, $a>b$)

**필수유형 02** 이차방정식의 근의 공식 (2)

근의 공식을 이용하여 해를 구한 후 주어진 해와 비교하여 미지수의 값을 구한다.

**대표문제**

**0907** 중

이차방정식 $ax^2+3x-1=0$의 근이 $x=\dfrac{-3\pm\sqrt{b}}{10}$일 때, $a+b$의 값을 구하시오. (단, $a$, $b$는 유리수)

**0908** 중

이차방정식 $x^2-3x+m=0$을 근의 공식을 이용하여 풀었더니 해가 $x=\dfrac{3\pm\sqrt{13}}{2}$이었다. 이때 유리수 $m$의 값을 구하시오.

**0909** 중   서술형

이차방정식 $3x^2-5x+a=0$의 근이 $x=\dfrac{b\pm\sqrt{37}}{6}$일 때, $b-a$의 값을 구하시오. (단, $a$, $b$는 유리수)

**필수유형 03** (중요) 복잡한 이차방정식의 풀이

(1) 괄호가 있는 경우 ➡ 전개하여 $ax^2+bx+c=0$의 꼴로 정리한다.

(2) 계수에 분수가 있는 경우 ➡ 양변에 분모의 ❶[    ]를 곱하여 계수를 정수로 바꾼다.

(3) 계수에 소수가 있는 경우 ➡ 양변에 ❷[    ]의 거듭제곱을 곱하여 계수를 정수로 바꾼다.

답 ❶ 최소공배수 ❷ 10

**대표문제**

**0910** ●●중●●

이차방정식 $0.3x^2=x-\dfrac{1}{2}$의 근이 $x=\dfrac{5\pm\sqrt{b}}{a}$일 때, $\dfrac{a}{b}$의 값을 구하시오. (단, $a$, $b$는 유리수)

**0911** ●●중●●

이차방정식 $0.1x^2-\dfrac{1}{5}x-0.8=0$의 두 근을 $a$, $b$라 할 때, 이차방정식 $x^2-ax+b=0$의 해를 구하시오. (단, $a>b$)

**0912** ●●중●● 〔잘 틀리는 문제〕

이차방정식 $0.3x^2-0.4x=0.1(1-x)$의 해를 구하시오.

**0913** ●●중●●

이차방정식 $\dfrac{x(x-1)}{4}=\dfrac{x^2-2}{3}$를 풀면?

① $x=\dfrac{-2\pm\sqrt{21}}{4}$  ② $x=\dfrac{-2\pm\sqrt{37}}{4}$

③ $x=\dfrac{-3\pm\sqrt{41}}{2}$  ④ $x=\dfrac{1\pm\sqrt{15}}{2}$

⑤ $x=-2\pm\sqrt{13}$

**0914** ●●중●● 〔서술형〕

이차방정식 $2x-\dfrac{x^2-1}{3}=0.5(x-1)$의 두 근을 $a$, $b$라 할 때, $a+2b$의 값을 구하시오. (단, $a>b$)

**0915** ●●중●●

이차방정식 $\dfrac{x^2+1}{3}+\dfrac{x-3}{2}=\dfrac{x}{6}$의 근이 $x=\dfrac{p\pm\sqrt{q}}{2}$일 때, $pq$의 값을 구하시오. (단, $p$, $q$는 유리수)

**0916** ●●●상중●

이차방정식 $(x-1)(x+4)=-3x+6$의 두 근 사이에 있는 정수의 개수를 구하시오.

---

**필수유형 04** | 치환을 이용한 이차방정식의 풀이 (1)

이차방정식에 공통부분이 있으면 한 문자로 치환해서 푼다.
① 공통부분을 $A$로 치환한 후 인수분해 또는 근의 공식을 이용하여 $A$의 값을 구한다.
② $A$에 원래의 식을 대입하여 $x$의 값을 구한다.

**대표문제**

**0917** ●●중●●

이차방정식 $(x-2)^2+2(x-2)-8=0$을 풀면?

① $x=-9$ 또는 $x=1$  ② $x=-4$ 또는 $x=2$

③ $x=-2$ 또는 $x=4$  ④ $x=-1$ 또는 $x=8$

⑤ $x=2$ 또는 $x=4$

**0918** ●●중●●

이차방정식 $2\left(x-\dfrac{1}{2}\right)^2+1=4\left(x-\dfrac{1}{2}\right)$을 푸시오.

**0919** ●●중●●

$(x+y)(x+y-1)-12=0$일 때, $x+y$의 값 중 작은 수를 구하시오.

---

**필수유형 05** | 이차방정식의 근의 개수

이차방정식 $ax^2+bx+c=0$의 근의 개수는 근의 공식 $x=\dfrac{-b\pm\sqrt{b^2-4ac}}{2a}$에서 근호 안의 식 $b^2-4ac$의 부호에 따라 결정된다.

(1) $b^2-4ac>0$ ➡ 근이 2개

(2) $b^2-4ac=0$ ➡ 근이 ❶ 개 (중근)

(3) $b^2-4ac<0$ ➡ 근이 0개

답 ❶ 1

**대표문제**

**0920** ●●중●●

다음 이차방정식 중 근이 <u>없는</u> 것은?

① $x^2+2x-2=0$  ② $4x^2-5=0$

③ $3x^2-4x-5=0$  ④ $x^2+2x+4=0$

⑤ $2x^2+3x-1=0$

**0921** ●●중●●

다음 이차방정식 중 서로 다른 두 개의 근을 갖는 것은?

① $x^2=0$  ② $x^2-4x+4=0$

③ $x^2-x+1=0$  ④ $x^2+2x+1=0$

⑤ $2x^2-x-1=0$

**0922** ●●중●●

다음 보기의 이차방정식 중 중근을 갖는 것을 모두 고르시오.

보기
ㄱ. $9x^2-6x+1=0$
ㄴ. $(x-2)^2=4$
ㄷ. $x^2-3x-4=0$
ㄹ. $(x+2)(x-2)=2x-5$

---

---

**필수유형 06** 이차방정식이 근을 갖거나 갖지 않을 조건

> (1) 이차방정식 $ax^2+bx+c=0$이
> ① 서로 다른 두 근을 가질 때 ➡ $b^2-4ac>0$
> ② 중근을 가질 때 ➡ $b^2-4ac=0$
> ③ 근을 갖지 않을 때 ➡ $b^2-4ac<0$
> (2) 이차방정식 $ax^2+bx+c=0$이 근을 가질 조건
> ➡ $b^2-4ac$ ❶ ⬜ $0$

답 ❶ ≥

**대표문제**

**0923** ••중••

이차방정식 $x^2+4x+1-m=0$이 서로 다른 두 근을 가질 때, 상수 $m$의 값의 범위는?

① $m<-5$    ② $m>-5$    ③ $m<-3$

④ $m=-3$    ⑤ $m>-3$

**0924** ••중••

이차방정식 $x^2+8x+11-m=0$의 해가 없을 때, 다음 중 상수 $m$의 값이 될 수 있는 것은?

① $2$    ② $0$    ③ $-1$

④ $-3$    ⑤ $-6$

**0925** ••중•• 서술형

이차방정식 $3x^2-18x+5-k=3$이 근을 가질 때, 상수 $k$의 값의 범위를 구하시오.

**0926** ••중••

이차방정식 $x^2-x+k-4=0$이 서로 다른 두 근을 갖도록 하는 가장 큰 정수 $k$의 값을 구하시오.

---

**필수유형 07** 이차방정식이 중근을 가질 조건

> 이차방정식 $ax^2+bx+c=0$이 중근을 가질 조건
> ➡ $b^2-4ac$ ❶ ⬜ $0$

답 ❶ =

**대표문제**

**0927** ••중••

이차방정식 $3x^2-18x+7m-8=0$이 중근 $a$를 가질 때, $m+a$의 값을 구하시오. (단, $m$은 상수)

**0928** ••중••

다음 중 이차방정식 $x^2-(k-1)x+k+2=0$이 중근을 갖도록 하는 상수 $k$의 값을 모두 고르면? (정답 2개)

① $-1$    ② $1$    ③ $3$

④ $5$    ⑤ $7$

**0929** ••중•• 잘 틀리는 문제

이차방정식 $(a+1)x^2-(a+1)x+1=0$이 중근을 갖도록 하는 상수 $a$의 값을 구하시오.

**0930** ••중••

이차방정식 $(x+4)^2=k(x+1)$이 중근을 가질 때, 이차방정식 $5x^2+(k+4)x+3=0$의 해를 구하시오.
（단, $k$는 0이 아닌 상수）

**발전유형 08** 이차방정식의 해가 유리수가 되는 조건

$a, b, c$가 유리수일 때 이차방정식 $ax^2+bx+c=0$의 해가 유리수가 되려면

$x=\dfrac{-b\pm\sqrt{b^2-4ac}}{2a}$에서 근호 안의 수 $b^2-4ac$가 0 또는 제곱수이어야 한다.

**대표문제**

**0931** ●●●상중●

이차방정식 $2x^2-3x+a-5=0$의 해가 모두 유리수가 되도록 하는 자연수 $a$의 개수를 구하시오.

**쌍둥이 문제**

**0932** ●●●상중●

이차방정식 $x^2-5x+a-2=0$의 해가 모두 유리수가 되도록 하는 자연수 $a$의 값 중 가장 큰 수를 구하시오.

**0933** ●●●상중●

이차방정식 $x^2-4x+a-1=0$의 해가 모두 유리수가 되도록 하는 모든 자연수 $a$의 값의 합을 구하시오.

**발전유형 09** 치환을 이용한 이차방정식의 풀이 (2)

**대표문제**

**0934** ●●●상중●

$(a+b)^2-5(a+b)-6=0$이고 $ab=8$일 때, $a^2+b^2$의 값을 구하시오. (단, $a>0$, $b>0$)

**0935** ●●●상중●

$2x+y=5$이고 $(x-y-3)(x-y)=4$일 때, $x+y$의 값을 구하시오. (단, $x>y$)

**0936** ●●●●상

$2(2x+y)^2-30x-15y+7=0$을 만족하는 자연수 $x$, $y$의 순서쌍 $(x, y)$를 모두 구하시오.

## 04 이차방정식 구하기     유형 10, 11

(1) 두 근이 $\alpha$, $\beta$이고 $x^2$의 계수가 $a$인 이차방정식

  ➡ $a(x-\alpha)(x-\beta)=0$

(2) 중근이 $\alpha$이고 $x^2$의 계수가 $a$인 이차방정식

  ➡ $a(x-\alpha)^2=0$

(예) (1) 두 근이 1, 2이고 $x^2$의 계수가 1인 이차방정식은

     $(x-1)(x-2)=0$, 즉 $x^2-3x+\boxed{❶}=0$

   (2) 중근이 2이고 $x^2$의 계수가 3인 이차방정식은

     $\boxed{❷}\,(x-2)^2=0$, 즉 $3x^2-12x+12=0$

답 ❶ 2 ❷ 3

[0937~0940] 다음 조건을 만족하는 $x$에 대한 이차방정식을 $ax^2+bx+c=0$의 꼴로 나타내시오.

**0937** 두 근이 3, 4이고 $x^2$의 계수가 1인 이차방정식

**0938** 두 근이 $-1$, $-\dfrac{2}{3}$이고 $x^2$의 계수가 3인 이차방정식

**0939** 중근이 4이고 $x^2$의 계수가 1인 이차방정식

**0940** 중근이 $-\dfrac{2}{3}$이고 $x^2$의 계수가 9인 이차방정식

## 05 이차방정식의 활용     유형 12~18

**이차방정식의 활용 문제 푸는 순서**

(1) **미지수 정하기** 문제의 뜻을 파악하고 구하려는 값을 미지수 $x$로 놓는다.

(2) **방정식 세우기** 문제 중에 있는 수량 사이의 관계를 찾아 이차방정식을 세운다.

(3) **방정식 풀기** 이차방정식을 풀어 해를 구한다.

(4) **답 정하기** 구한 해 중에서 문제의 뜻에 맞는 것을 답으로 택한다.

[0941~0942] 연속하는 두 자연수 $x$, $x+1$의 제곱의 합이 85일 때, 다음 물음에 답하시오.

**0941** $x$에 대한 이차방정식을 세우시오.

**0942** 두 자연수를 구하시오.

[0943~0944] 지면에서 초속 50 m로 똑바로 위로 던져 올린 물체의 $x$초 후의 높이가 $(50x-5x^2)$ m이다. 이 물체가 땅에 떨어질 때까지 걸리는 시간을 구하려고 할 때, 다음 물음에 답하시오.

**0943** 물체가 땅에 떨어질 때까지 걸리는 시간을 구하는 식을 세우시오.

**0944** 물체가 땅에 떨어질 때까지 걸리는 시간을 구하시오.

[0945~0946] 한 변의 길이가 $x$ cm인 정사각형에서 가로의 길이를 3 cm, 세로의 길이를 2 cm 늘였더니 그 넓이가 처음 정사각형의 넓이의 2배가 되었다. 다음 물음에 답하시오.

**0945** $x$에 대한 이차방정식을 세우시오.

**0946** 처음 정사각형의 한 변의 길이를 구하시오.

**핵심 포인트!** · 이차방정식의 활용 문제에서 이차방정식의 해가 모두 답이 되는 것은 아니다. 방정식의 해를 구한 후에는 그것이 문제의 뜻에 맞는지 반드시 확인해야 한다.

---

**필수유형 10** 이차방정식 구하기

주어진 조건에 따라 이차방정식을 세운다.

(1) 두 근이 $\alpha$, $\beta$이고 $x^2$의 계수가 $a$인 이차방정식

$\Rightarrow a(x-\alpha)(x-\beta)=0$

$\Rightarrow a\{x^2-(\alpha+\beta)x+\alpha\beta\}=0$

(2) 중근이 $\alpha$이고 $x^2$의 계수가 $a$인 이차방정식

$\Rightarrow a(x-\boxed{\textbf{①}})^2=0$

답 ❶ $\alpha$

**대표문제**

**0947** ●●중●●

이차방정식 $3x^2+ax+b=0$의 두 근이 $-4$, 1일 때, $a-b$의 값을 구하시오. (단, $a$, $b$는 상수)

**0948** 하●●●●

다음 중 $-1$과 2를 두 근으로 하고 $x^2$의 계수가 2인 이차방정식은?

① $2x^2-2x-4=0$
② $2x^2-x-2=0$
③ $2x^2-x+2=0$
④ $2x^2+x-2=0$
⑤ $2x^2+2x-4=0$

**0949** ●●중●●

이차방정식 $x^2+ax+b=0$이 중근 3을 가질 때, 이차방정식 $bx^2+ax-10=0$의 근을 구하시오. (단, $a$, $b$는 상수)

**필수유형 11** 잘못 보고 푼 이차방정식

이차방정식 $x^2+ax+b=0$에서

(1) 일차항의 계수를 잘못 본 경우

$\Rightarrow$ 상수항 $\boxed{\textbf{①}}$ 를 바르게 봄

(2) 상수항을 잘못 본 경우

$\Rightarrow$ 일차항의 계수 $a$를 바르게 봄

답 ❶ $b$

**대표문제**

**0950** ●●중●●

가은이와 종혁이가 이차방정식 $x^2+ax+b=0$을 푸는데 가은이는 일차항의 계수를 잘못 보고 풀어 두 근을 2, $-3$으로 구하고, 종혁이는 상수항을 잘못 보고 풀어 두 근을 1, $-8$로 구하였다. 이때 $a+b$의 값을 구하시오.

(단, $a$, $b$는 상수)

**0951** ●●중●● 〔잘 틀리는 문제〕

$x^2$의 계수가 1인 이차방정식을 푸는데, 아람이는 일차항의 계수를 잘못 보아 $x=1$ 또는 $x=-15$를 해로 얻었고, 나연이는 상수항을 잘못 보아 $x=2$ 또는 $x=-6$을 해로 얻었다. 처음 이차방정식의 해를 구하시오.

**0952** ●●중●●

이차방정식 $x^2-2kx+(k+1)=0$의 일차항의 계수와 상수항을 바꾸었더니 한 근이 $-4$이었다. 처음 이차방정식의 두 근의 차를 구하시오. (단, $k$는 상수)

---

**필수유형 12** 이차방정식의 활용 (1) – 수

(1) 두 자연수의 차가 $k$일 때
➡ 두 자연수를 $x$, $x+$ **①** 로 놓는다.

(2) $n$각형의 대각선의 개수
➡ $\dfrac{n(n-3)}{\boxed{②}}$

답 **①** $k$　**②** $2$

**대표문제**

## 0953 ●●●중●●●

차가 4인 두 자연수의 곱이 117일 때, 두 자연수를 구하시오.

## 0954 ●중하●●●

자연수 $x$를 제곱한 것은 $x$를 5배 한 것보다 24만큼 더 크다고 한다. 이때 자연수 $x$의 값을 구하시오.

## 0955 ●중하●●●

$n$각형의 대각선의 개수는 $\dfrac{n(n-3)}{2}$이다. 대각선의 개수가 27인 다각형을 구하시오.

## 0956 ●●중●●●

둥근 탁자에 사람들이 앉아 있다. 양옆에 앉은 사람을 제외한 모든 사람과 서로 한 번씩 악수를 하였더니 악수를 한 총 횟수가 54회였을 때, 탁자에 앉아 있는 사람 수를 구하시오.

---

**필수유형 13** 이차방정식의 활용 (2) – 연속하는 수

연속하는 수는 다음과 같이 한 미지수로 나타낸다.
(1) 연속하는 두 자연수 ➡ $x-1$, $x$ 또는 $x$, $x+1$
(2) 연속하는 세 자연수 ➡ $x-1$, **①** , $x+1$ 또는 $x$, $x+1$, $x+2$
(3) 연속하는 두 홀수(짝수) ➡ $x$, $x+2$

답 **①** $x$

**대표문제**

## 0957 ●●●중●●●

연속하는 세 자연수의 제곱의 합이 149일 때, 이들 세 자연수 중 가장 큰 수를 구하시오.

## 0958 ●●중●●

연속하는 두 자연수의 곱이 210일 때, 이 두 자연수의 제곱의 차를 구하시오.

## 0959 ●●중●● 서술형

연속하는 세 자연수 중에서 가장 큰 수의 제곱은 다른 두 수의 제곱의 합보다 5만큼 작다고 한다. 이들 세 자연수의 합을 구하시오.

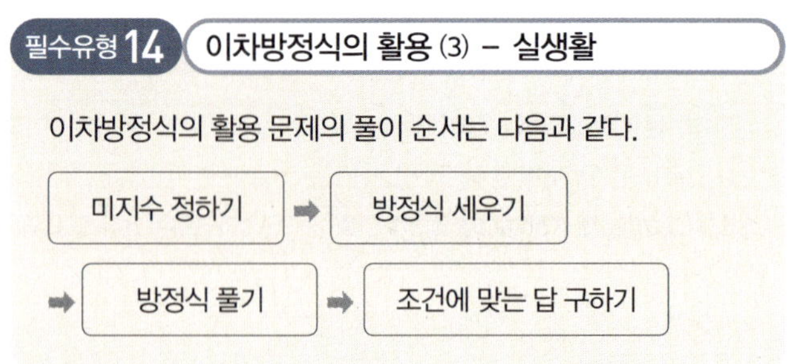

**필수유형 14** 이차방정식의 활용 (3) – 실생활

이차방정식의 활용 문제의 풀이 순서는 다음과 같다.

미지수 정하기 ➡ 방정식 세우기

➡ 방정식 풀기 ➡ 조건에 맞는 답 구하기

**대표문제**

**0960** ••중••

어느 수업 시간에 사탕 54개를 한 모둠의 학생들에게 똑같이 나누어 주려고 한다. 한 학생이 받는 사탕 수가 모둠의 학생 수보다 3만큼 작다고 할 때, 이 모둠의 학생 수를 구하시오.

**0961** ••중••

형과 동생의 나이의 합은 26살이고 형과 동생의 나이의 곱은 165이다. 이때 동생의 나이를 구하시오.

**0962** ••중••

경희와 재현이의 생일은 모두 6월이고 재현이의 생일이 경희의 생일보다 2주 늦다고 한다. 두 사람 생일의 날짜의 곱이 176일 때, 경희의 생일은 며칠인지 구하시오.

**0963** ••중••

올해 4월 한 달 동안의 날씨를 조사하였더니 비가 온 날수의 제곱은 비가 오지 않은 날수의 2배보다 3일이 더 많았다. 4월 한 달 동안 비가 온 날은 모두 며칠인지 구하시오.
(단, 4월은 30일까지 있다.)

**필수유형 15** 이차방정식의 활용 (4) – 쏘아 올린 물체

(1) 쏘아 올린 물체의 높이가 $h$ m인 경우는 올라갈 때, 내려올 때로 두 번 생긴다.
(단, 최고 높이는 한 번만 생긴다.)
(2) 물체가 지면에 떨어질 때의 높이는 ❶ ▢ m이다.

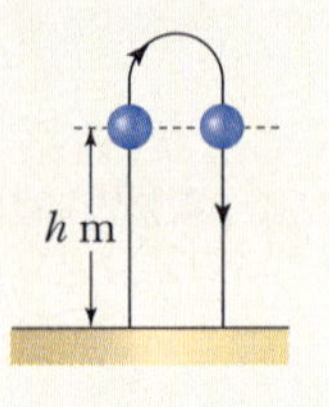

답 ❶ 0

**대표문제**

**0964** ••중••

지면에서 쏘아 올린 폭죽의 $t$초 후의 높이가 $(30t - 5t^2)$ m일 때, 이 폭죽을 높이가 45 m 되는 지점에서 터지도록 하려면 쏘아 올린 지 몇 초 후에 터트려야 하는지 구하시오.

**0965** ••중••

골프 경기에서 한 선수가 친 공의 $x$초 후의 높이가 $(40x - 5x^2)$ m일 때, 이 공이 땅에 떨어질 때까지 걸린 시간을 구하시오.

**0966** ••중•• 〔잘 틀리는 문제〕

물로켓을 지면과 수직으로 초속 20 m로 발사할 때, 발사한 지 $t$초 후의 물로켓의 높이는 $(20t - 5t^2)$ m가 된다고 한다. 이 물로켓이 15 m 이상의 높이에서 머무는 것은 몇 초 동안인지 구하시오.

**0967** ••중••

자동차가 브레이크를 밟은 지점에서부터 완전히 정지하기까지의 거리를 정지거리라 하고, 시속 $x$ km로 달리는 어떤 자동차의 정지거리는 $(0.01x^2 + 0.3x)$ m라고 한다. 이 자동차의 정지거리가 88 m였을 때, 속력은 시속 몇 km였는지 구하시오.

**필수유형 16** 이차방정식의 도형에서의 활용 (1)

(1) (직사각형의 넓이)=(가로의 길이)×(세로의 길이)

(2) (삼각형의 넓이)=$\dfrac{1}{2}$×(밑변의 길이)×(높이)

(3) (사다리꼴의 넓이)=$\dfrac{1}{2}$×{(윗변의 길이)+(아랫변의 길이)}×(높이)

(4) (원의 넓이)=$\pi$×(반지름의 길이)$^2$

**대표문제**

**0968** • • 중 • •

세로의 길이가 가로의 길이보다 5 cm 짧고, 넓이가 104 cm$^2$인 직사각형이 있다. 이 직사각형의 가로의 길이와 세로의 길이를 각각 구하시오.

**0969** • • 중 • •

밑변의 길이가 높이보다 3 cm 짧고, 넓이가 5 cm$^2$인 삼각형이 있다. 이 삼각형의 밑변의 길이를 구하시오.

**0970** • • 중 • • 서술형

어떤 사다리꼴의 아랫변의 길이는 윗변의 길이보다 5 cm 길고, 높이는 윗변의 길이보다 4 cm 짧다. 이 사다리꼴의 넓이가 75 cm$^2$일 때, 높이를 구하시오.

**0971** • • 중 • •

오른쪽 그림과 같이 길이가 10 cm인 선분 AB 위에 점 P를 잡아 $\overline{AP}$와 $\overline{BP}$를 각각 한 변으로 하는 정사각형을 만들었다. 두 정사각형의 넓이의 합이 52 cm$^2$일 때, $\overline{AP}$의 길이를 구하시오. (단, $\overline{AP}>\overline{BP}$)

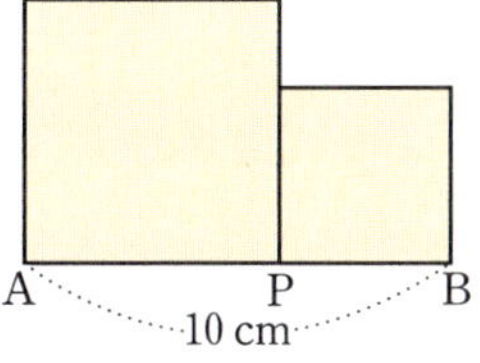


**0972** • • • 상중 •

크기가 같은 직사각형 모양의 타일 8개를 넓이가 270 cm$^2$인 직사각형에 배열하였더니 오른쪽 그림과 같이 남는 부분이 없이 꼭 맞았다. 이때 타일 한 개의 긴 변의 길이를 구하시오.

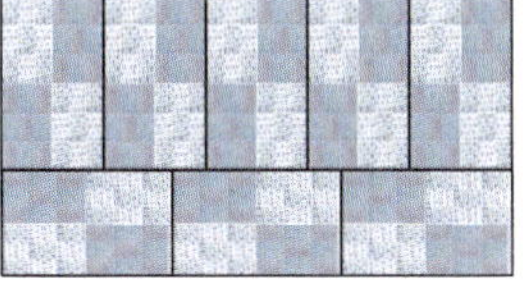

**0973** • • • 상중 •

오른쪽 그림과 같이 가장 큰 반원의 지름의 길이는 20 cm이고 이 반원 안의 두 반원의 지름의 길이의 합이 큰 반원의 지름의 길이와 같다. 색칠한 부분의 넓이가 큰 반원의 넓이의 $\dfrac{2}{5}$일 때, 가장 작은 반원의 반지름의 길이를 구하시오.

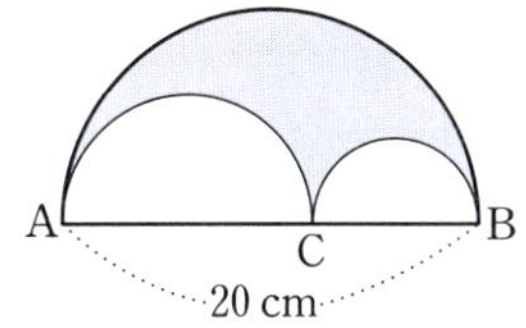


**0974** • • • • 상

오른쪽 그림과 같이 직각이등변삼각형 ABC의 세 변의 위에 각각 점 D, E, F가 있다. 직사각형 DBEF의 넓이가 24 cm$^2$일 때, $\overline{BD}-\overline{BE}$의 값을 구하시오. (단, $\overline{BD}>\overline{BE}$)

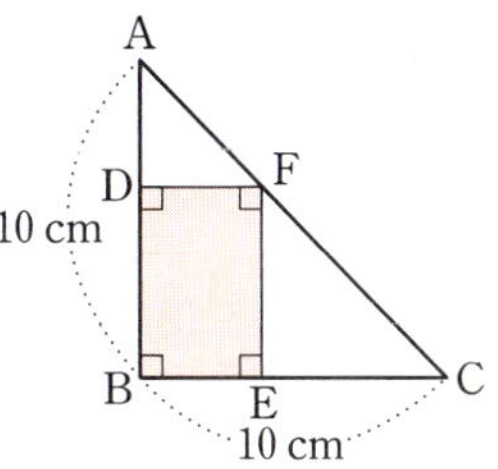


8<br>근의 공식과 이차방정식의 활용

**필수유형 17** 이차방정식의 도형에서의 활용 (2)

한 변의 길이가 $x$ cm인 정사각형에서 가로의 길이를 $a$ cm 늘이고, 세로의 길이는 $b$ cm 줄여서 만든 직사각형의 넓이

➡ $(x+a)(x-\boxed{①})$ cm²

답 ❶ $b$

**대표문제**

**0975** ●●중●●

오른쪽 그림과 같이 정사각형의 가로의 길이를 6 cm 늘이고, 세로의 길이를 3 cm 늘여서 넓이가 88 cm²인 직사각형을 만들었다. 처음 정사각형의 한 변의 길이를 구하시오.

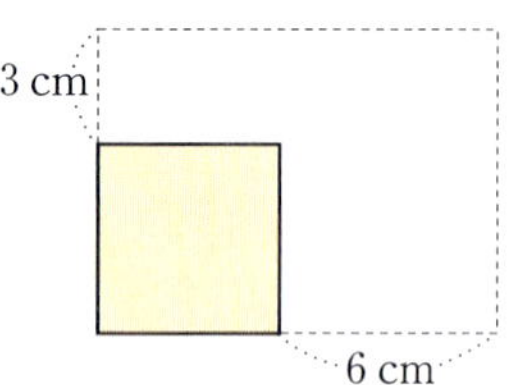


**0976** ●●중●● 서술형

가로와 세로의 길이가 각각 8 cm, 4 cm인 직사각형이 있다. 가로와 세로의 길이를 같은 길이만큼 늘였더니 직사각형의 넓이가 처음 직사각형의 넓이의 3배가 되었다. 늘인 길이를 구하시오.

**0977** ●●중●●

오른쪽 그림과 같이 반지름의 길이가 5인 원에서 반지름의 길이를 $x$만큼 늘였더니 넓이가 $39\pi$만큼 더 늘었다. 이때 $x$의 값을 구하시오.

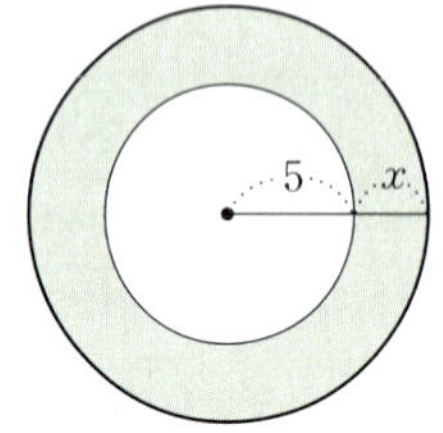


**0978** ●●●상중●

오른쪽 그림과 같은 직사각형 ABCD가 있다. 이 직사각형의 가로의 길이는 매초 2 cm씩 줄어들고, 세로의 길이는 매초 3 cm씩 늘어난다고 하자. 가로와 세로의 길이가 동시에 변하기 시작하여 $t$초가 지난 후의 직사각형의 넓이가 처음 직사각형의 넓이와 같아진다고 할 때, $t$의 값을 구하시오.

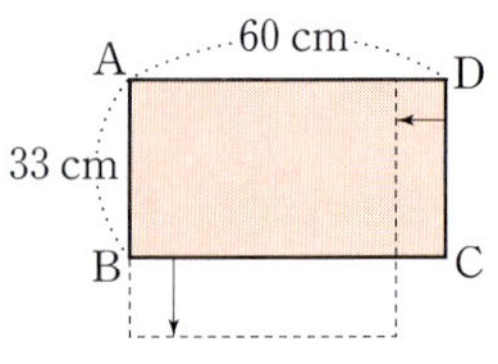


**필수유형 18** 이차방정식의 도형에서의 활용 (3)

다음 그림에서 색칠한 부분의 넓이는 모두 같다.

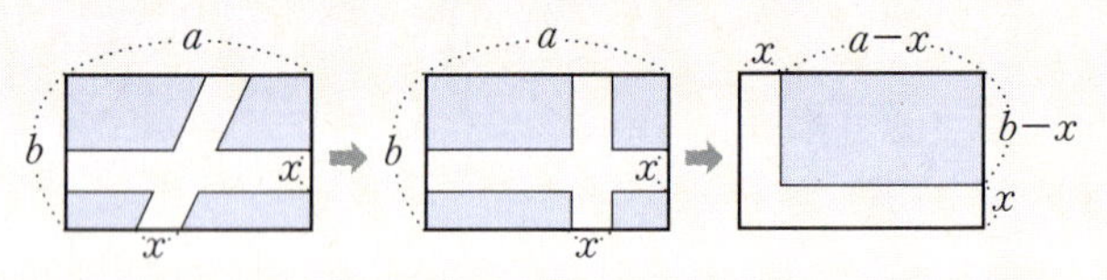


**대표문제**

**0979** ●●중●●

가로와 세로의 길이가 각각 15 m, 10 m인 직사각형 모양의 잔디밭에 오른쪽 그림과 같이 폭이 일정한 길을 만들려고 한다. 길을 제외한 잔디밭의 넓이가 126 m²가 되게 할 때, 길의 폭을 구하시오.

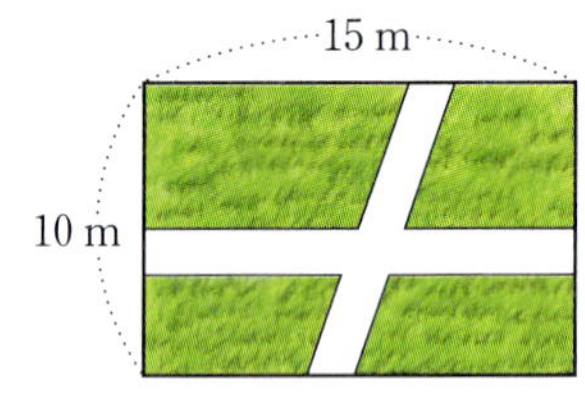


**0980** ●●중●●

가로와 세로의 길이가 각각 20 m, 15 m인 직사각형 모양의 꽃밭에 오른쪽 그림과 같이 폭이 일정한 십자 모양의 길을 만들었더니 길을 제외한 꽃밭의 넓이가 204 m²가 되었다. 이때 길의 폭을 구하시오.

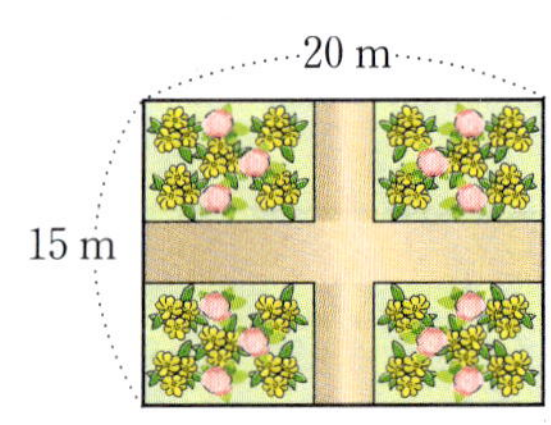

## 0981 ●●중●●

오른쪽 그림과 같이 가로, 세로의 길이가 각각 12 m, 10 m인 직사각형 모양의 땅에 폭이 일정한 길을 만들려고 한다. A의 넓이는 50 m², B의 넓이는 30 m²되게 할 때, 길의 폭을 구하시오.

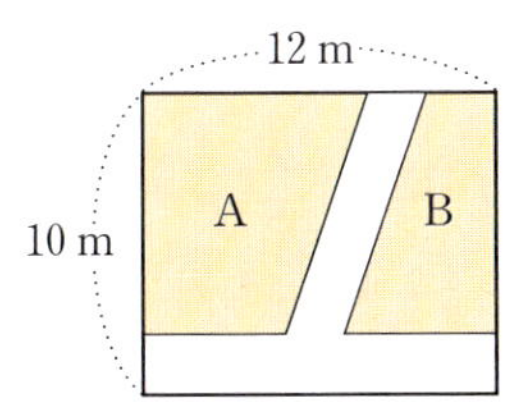


## 0982 ●●중●●

오른쪽 그림과 같은 정사각형의 네 귀퉁이에서 한 변의 길이가 2 cm인 정사각형을 잘라내어 그 나머지로 뚜껑이 없는 직육면체 모양의 상자를 만들었더니 상자의 부피가 72 cm³가 되었다. 처음 정사각형의 넓이를 구하시오.

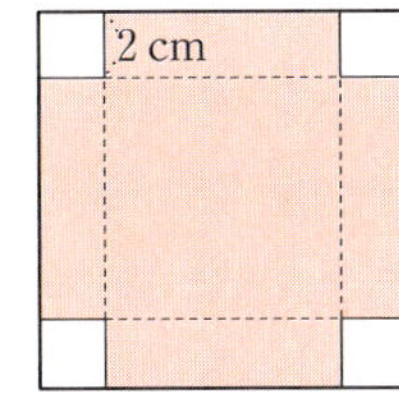


## 0983 ●●중●●

폭이 30 cm인 양철판의 양쪽을 같은 길이만큼 직각으로 접어 올려 오른쪽 그림과 같이 색칠한 부분인 단면의 넓이가 100 cm²인 물받이를 만들려고 한다. 이때 물받이의 높이를 구하시오.

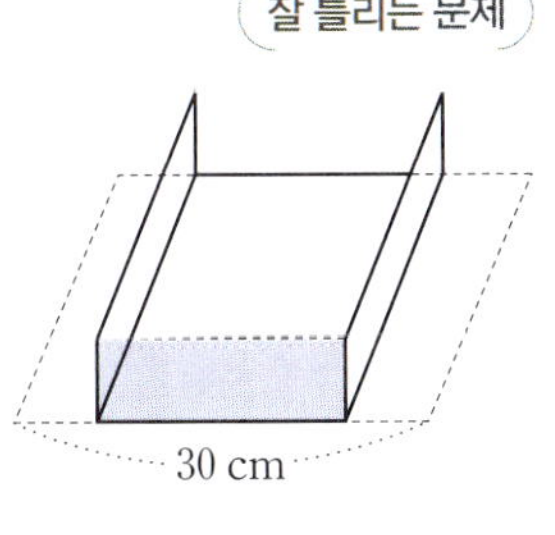


---

 **이차방정식의 도형에서의 활용 (4) – 닮음**

닮음인 두 도형을 찾아 닮음의 성질을 이용한다.

예 △ABC∽△DEF이면

$$\overline{AB} : \overline{DE} = \overline{BC} : \overline{EF} = \overline{AC} : \overline{DF}$$

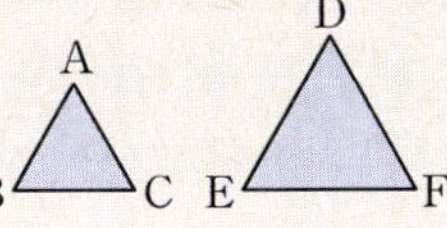


**대표문제**

## 0984 ●●●상중●

황금 직사각형이란 직사각형의 짧은 변을 한 변으로 하는 정사각형을 하나 떼어내었을 때, 나머지 직사각형이 원래의 직사각형과 닮음인 직사각형이 되는 것을 말한다. 오른쪽 그림에서 □ABCD가 황금 직사각형이고, □EFCD가 한 변의 길이가 8인 정사각형일 때, $\overline{BF}$의 길이를 구하시오.

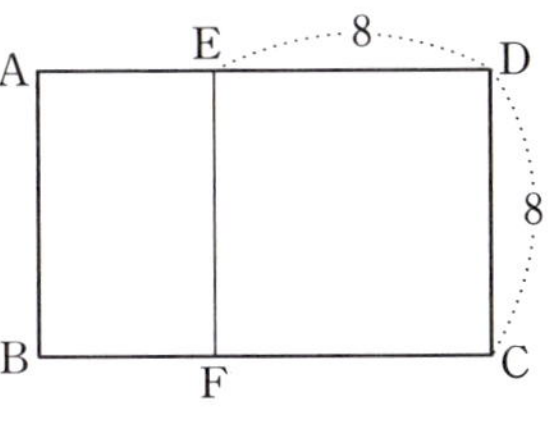


## 0985 ●●●●상

길이가 18 cm인 끈을 잘라서 크기가 다른 두 개의 정삼각형을 만들려고 한다. 두 정삼각형의 넓이의 비가 2 : 3이 되게 할 때, 작은 정삼각형의 한 변의 길이를 구하시오.

(단, 끈의 굵기는 생각하지 않는다.)

## 0986 ●●●●상

오른쪽 그림의 △ABC에서 ∠B=90°이고, $\overline{AB}=8$ cm, $\overline{BC}=10$ cm이다. $\overline{AC}$ 위의 한 점 P에서 $\overline{AB}$, $\overline{BC}$에 내린 수선의 발을 각각 Q, R라 할 때, 직각삼각형 PQR의 넓이가 10 cm²가 되도록 하는 $\overline{PQ}$의 길이를 구하시오.

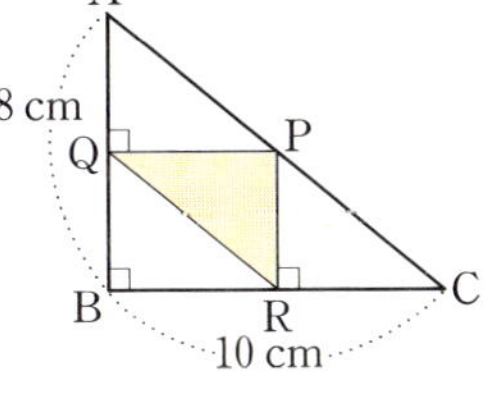

**0987** ●중하●●●

이차방정식 $3x^2+5x+1=0$의 해가 $x=\dfrac{A\pm\sqrt{B}}{6}$일 때,
$A+B$의 값을 구하시오. (단, $A$, $B$는 유리수)

**0988** ●●중●●

이차방정식 $x^2-7x+12=0$의 두 근을 $a$, $b$라 할 때, 이차
방정식 $2x^2-2ax+b=0$을 풀면? (단, $a>b$)

① $x=\dfrac{4\pm\sqrt{10}}{2}$　　② $x=\dfrac{4\pm\sqrt{7}}{3}$

③ $x=3\pm\sqrt{5}$　　④ $x=-\dfrac{4}{3}$ 또는 $x=\dfrac{4}{3}$

⑤ $x=-\dfrac{1}{3}$ 또는 $x=2$

**0989** ●●중●●

이차방정식 $x^2-2x-a=0$을 풀면 $x=1\pm\sqrt{7}$이다. 이차
방정식 $x^2-5x+k=0$의 한 근이 $a$일 때, $k$의 값은?

(단, $a$, $k$는 상수)

① $-12$　　② $-6$　　③ $0$
④ $5$　　⑤ $6$

**0990** ●●중●●

다음 보기의 이차방정식에 대한 설명 중 옳지 <u>않은</u> 것은?

보기
㉠ $x^2-49=0$　　㉡ $x^2-6x+9=0$
㉢ $x^2-8x+12=0$　　㉣ $(x+3)^2=25$
㉤ $3x^2-8x+2=0$

① 근이 1개인 것은 1개이다.
② 두 근의 합이 0인 것은 1개이다.
③ 두 근의 곱이 음수인 것은 3개이다.
④ 근이 모두 유리수가 아닌 것은 1개이다.
⑤ 근이 모두 자연수인 것은 2개이다.

**0991** ●●중●●

이차방정식 $\dfrac{1}{2}x^2-0.5x-\dfrac{1}{5}=0$을 풀면?

① $x=\dfrac{-5\pm\sqrt{35}}{5}$　　② $x=\dfrac{-5\pm\sqrt{65}}{10}$

③ $x=\dfrac{5\pm\sqrt{15}}{5}$　　④ $x=\dfrac{5\pm\sqrt{35}}{5}$

⑤ $x=\dfrac{5\pm\sqrt{65}}{10}$

**0992** ●●중

이차방정식 $\dfrac{x-1}{5}=\dfrac{(x+1)(x-3)}{3}$을 풀면?

① $x=\dfrac{-17\pm\sqrt{43}}{10}$　　② $x=\dfrac{-17\pm\sqrt{529}}{10}$

③ $x=\dfrac{-11\pm\sqrt{127}}{5}$　　④ $x=\dfrac{12\pm\sqrt{321}}{10}$

⑤ $x=\dfrac{13\pm\sqrt{409}}{10}$

**0993** ●● 중 ●●

$(x-2y+1)(x-2y+3)=-1$일 때, $2y-x$의 값은?

① $-8$  ② $-4$  ③ $-2$

④ $2$  ⑤ $4$

**0994** ●● 중 ●●

이차방정식 $x^2-x+2k=0$이 근을 갖지 않을 때, 다음 중 상수 $k$의 값이 될 수 <u>없는</u> 것은?

① $0$  ② $\dfrac{1}{2}$  ③ $1$

④ $\dfrac{4}{3}$  ⑤ $2$

**0995** ●● 중 ●●

이차방정식 $x^2-14x+2k-1=0$이 중근을 가질 때, 상수 $k$의 값은?

① $7$  ② $9$  ③ $13$

④ $25$  ⑤ $49$

**0996** ●●● 상중 ●

이차방정식 $x^2-3x+a-1=0$의 해가 모두 유리수가 되도록 하는 자연수 $a$의 값을 모두 더하면?

① $3$  ② $4$  ③ $5$

④ $6$  ⑤ $7$

**0997** ● 중하 ●●●

두 근이 $-2$, $4$이고 $x^2$의 계수가 3인 이차방정식은?

① $3x^2-8x+24=0$  ② $3x^2-6x-24=0$

③ $3x^2-6x+24=0$  ④ $3x^2+6x-24=0$

⑤ $3x^2+6x+24=0$

**0998** ●● 중 ●●

이차방정식 $x^2+ax+b=0$의 해가 $x=2$ 또는 $x=-1$일 때, 이차방정식 $x^2+bx+a=0$의 해를 구하시오.

(단, $a$, $b$는 상수)

**0999** ●● 중 ●● 서술형

이차방정식 $x^2+kx+(k+1)=0$의 일차항의 계수와 상수항을 바꾸어 풀었더니 한 근이 3이었다. 처음 이차방정식의 근이 $x=\dfrac{a\pm\sqrt{b}}{2}$일 때, $a+b$의 값을 구하시오.

(단, $k$는 상수, $a$, $b$는 유리수)

## 1000 ●●중●●

다음은 12세기 인도의 수학자 바스카라(Bhaskara, A. ; 1114 ~1185)가 쓴 책에 실린 시이다. 이 시를 읽고 물음에 답하시오.

> 숲 속에 있는 원숭이 무리가 신나게 놀고 있네.
>
> 그 무리의 $\dfrac{1}{8}$의 제곱은 숲 속을 날뛰며 돌아다닌다네.
>
> 산들바람이 불 때마다 캬…, 캬… 소리를 서로 외친다네.
> 남은 원숭이는 12마리.
> 거 참, 원숭이는 숲 속에 모두 몇 마리나 있는 것인지….

(1) 숲 속에 있는 원숭이를 모두 $x$마리라 할 때, $x^2$의 계수가 1인 이차방정식을 세우시오.

(2) 숲 속에 있는 원숭이는 모두 몇 마리인지 구하시오.

## 1001 ●●중●●

연속하는 두 홀수의 곱이 143일 때, 이 두 홀수의 합을 구하시오.

## 1002 ●●중●●

사과 120개를 어느 동아리 학생들에게 남김없이 똑같이 나누어 주려고 한다. 이때 학생 수는 한 학생이 받는 사과의 수보다 7만큼 크다고 할 때, 한 학생이 받게 되는 사과의 수는?

① 7개　　　② 8개　　　③ 10개
④ 13개　　　⑤ 15개

## 1003 ●●중●●

지면으로부터 초속 34 m로 똑바로 위로 쏘아 올린 공의 $t$초 후의 높이가 $(-5t^2+34t)$ m일 때, 다음 물음에 답하시오.

(1) 이 공의 높이가 57 m가 될 때까지 걸리는 시간을 구하시오.

(2) 공이 다시 지면에 떨어지는 것은 쏘아 올린 지 몇 초 후인지 구하시오.

## 1004 ●중하●●

직사각형 모양의 핸드볼 경기장에서 가로의 길이는 세로의 길이보다 20 m가 더 길다. 핸드볼 경기장의 넓이가 800 m²일 때, 세로의 길이를 구하시오.

## 1005 ●●●상중●

다음 그림은 길이가 5 cm인 선분 AB 위에 점 C를 잡아 $\overline{AC}$, $\overline{CB}$를 각각 한 변으로 하는 정사각형을 그린 것이다. □ACDE의 넓이가 □CBFG의 넓이의 2배일 때, $\overline{AC}$의 길이를 구하시오.

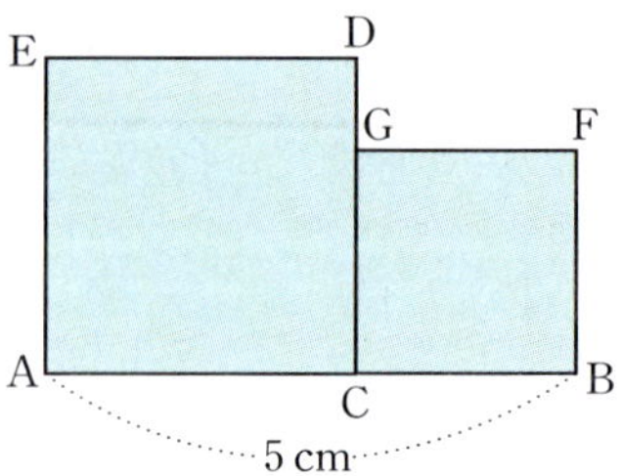

## 1006 ···중··· [서술형]

정사각형 모양의 화단을 가로의 길이는 $3$ m 줄이고 세로의 길이는 $2$ m 늘였더니 넓이가 $24$ m$^2$가 되었다. 처음 화단의 한 변의 길이를 구하시오.

## 1007 ··중··

가로의 길이와 세로의 길이가 각각 $18$ m, $24$ m인 직사각형 모양의 공원에 폭이 일정한 산책로를 만들려고 한다. 산책로를 제외한 공원의 넓이를 $352$ m$^2$가 되게 할 때, 산책로의 폭을 구하시오.

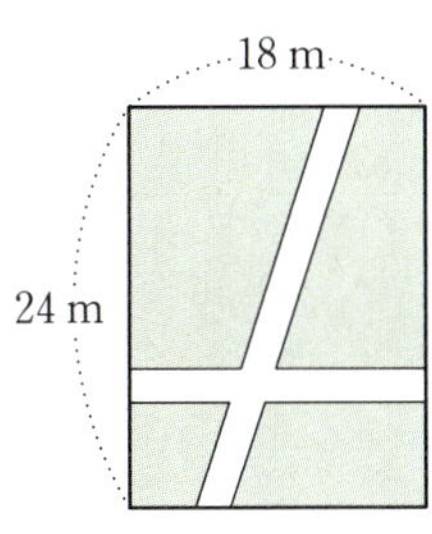


## 1008 ····상 [융합형]

오른쪽 그림에서 점 A$(a, b)$는 일차함수 $y=\dfrac{1}{2}x+2$의 그래프 위의 점이고, 점 C, D는 직선 $x=10$ 위의 점이다. 사각형 ABCD는 직사각형이고 그 넓이가 $12$일 때, $a+b$의 값을 구하시오. (단, $0<a<10$)

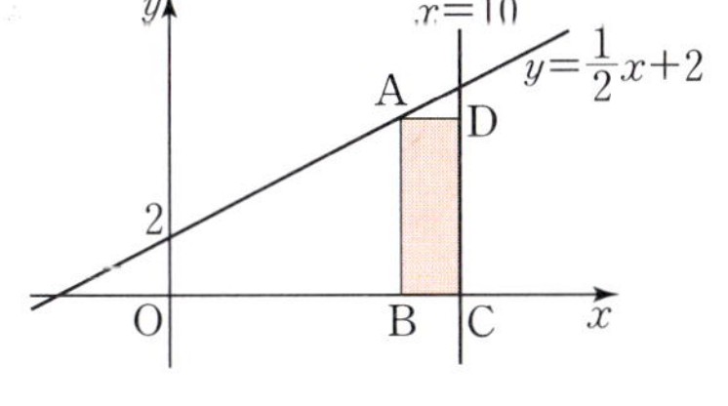


## 1009 ···상중· [창의력]

다음 그림은 각 단계마다 바둑돌의 개수를 늘려가며 직사각형 모양으로 배열한 것이다.

직사각형 모양으로 배열한 바둑돌의 개수가 $195$개인 것은 몇 단계인가?

① 12단계 　　② 13단계 　　③ 14단계
④ 15단계 　　⑤ 16단계

## 1010 ····상중· [융합형]

다음은 '밀로의 비너스'에 관한 기사 중 일부이다. 기사를 읽고 물음에 답하시오.

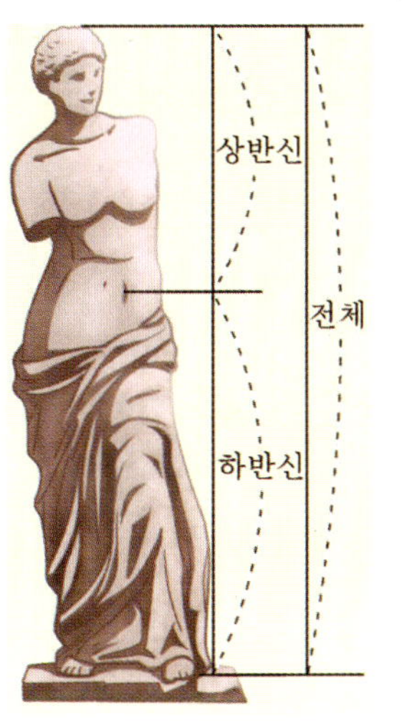


1820년 에게 해의 밀로섬에서 발견되어 프랑스의 루브르 박물관에 소장되어 있는 대리석 조각인 '밀로의 비너스(Venus of Milos)'는 고대인들이 생각했던 완벽한 인체의 균형미를 보여 준다. 밀로의 비너스에서 ㉠'배꼽을 경계로 상반신과 하반신의 길이의 비는 하반신과 전체의 길이의 비와 같다.'고 한다.

(1) 밀로의 비너스의 배꼽을 경계로 상반신의 길이를 1, 하반신의 길이를 $x$라 할 때, 위의 기사의 ㉠을 만족하는 비례식을 세우시오.

(2) $x$의 값을 구하시오.

# 9 이차함수의 그래프 (1)

데데킨트
이차함수의 그래프의 모양은 $x^2$의 계수의 부호에 의해 결정돼.
$y=ax^2$의 그래프!
우리 둘이 만나면 이차함수!
$y=ax^2+bx+c$
난 절대 0이 될 수 없어!
$a>0$
아래로 볼록
축
꼭짓점
$a<0$
축
꼭짓점
위로 볼록
이차함수 $y=ax^2$의 그래프를 평행이동한 그래프도 알아둬.
$y=ax^2$ ─ y축의 방향으로 q만큼 평행이동 → $y=ax^2+q$
$y=ax^2$ ─ x축의 방향으로 p만큼 평행이동 → $y=a(x-p)^2$
$y=ax^2$ ─ x축의 방향으로 p만큼 y축의 방향으로 q만큼 평행이동 → $y=a(x-p)^2+q$
그래프가 위아래로 움직인 만큼 더해주기!
그래프가 좌우로 움직인 만큼 $x$의 값에서 빼주기!
좌우, 위아래로 모두 움직이니까 앞의 두 가지를 동시에 적용!
라이프니츠

# 개념 마스터



## 01 이차함수의 뜻

유형 02, 03

함수 $y=f(x)$에서 $y$가 $x$에 대한 이차식

$$y=ax^2+bx+c \ (a, b, c\text{는 상수}, a\neq \boxed{\textbf{1}} \ )$$

로 나타내어질 때, 이 함수를 $x$에 대한 이차함수라 한다.

예 ・ $y=2x^2, y=-x^2+3x+5$ ➡ 이차함수
・ $y=3x-4$ ➡ 일차함수
・ $y=-\dfrac{1}{x^2}+3x+1$ ➡ 이차함수가 아니다.

답 ❶ 0

[1011~1014] 다음 중 이차함수인 것에는 ○표, 이차함수가 아 닌 것에는 ×표를 하시오.

**1011** $y=\dfrac{2}{5}x+2$ ( )

**1012** $y=-x^2+5$ ( )

**1013** $y=x(x+1)-1$ ( )

**1014** $y=-\dfrac{2}{x^2}+1$ ( )

[1015~1017] 다음에서 $y$를 $x$의 식으로 나타내고, 이차함수인 것에는 ○표, 이차함수가 아닌 것에는 ×표를 하시오.

**1015** 반지름의 길이가 $x$인 원의 넓이 $y$

**1016** 한 변의 길이가 $x$인 정사각형의 둘레의 길이 $y$

**1017** 밑변의 길이가 $x$이고 높이가 $x+1$인 삼각형의 넓이 $y$

## 02 이차함수 $y=x^2$, $y=-x^2$의 그래프

(1) $y=x^2$의 그래프의 성질

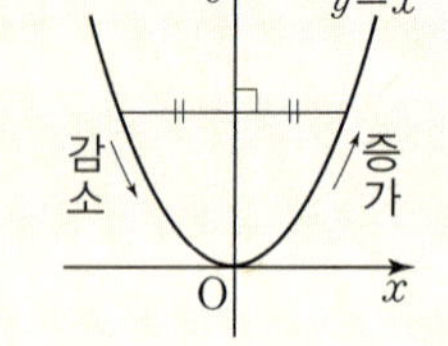

① 원점을 지나고, 아래로 볼록한 곡선이다.

② $y$축에 대칭이다.

③ $x<0$일 때 $x$의 값이 증가 하면 $y$의 값은 감소하고, $x>0$일 때 $x$의 값이 증 가하면 $y$의 값도 증가한다.

④ 원점을 제외한 부분은 모두 $x$축보다 위쪽에 있다.

(2) $y=-x^2$의 그래프의 성질

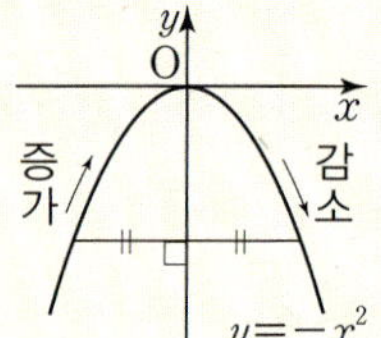

① 원점을 지나고, $\boxed{\textbf{1}}$로 볼록한 곡선이다.

② $\boxed{\textbf{2}}$축에 대칭이다.

③ $x<0$일 때 $x$의 값이 증가 하면 $y$의 값도 증가하고, $x>0$일 때 $x$의 값이 증 가하면 $y$의 값은 감소한다.

④ 원점을 제외한 부분은 모두 $x$축보다 아래쪽에 있다.

⑤ $y=x^2$의 그래프와 $x$축에 대칭이다.

답 ❶ 위 ❷ y

[1018~1022] 이차함수 $y=x^2$의 그래프에 대한 다음 설명 중 옳은 것에는 ○표, 옳지 않은 것에는 ×표를 하시오.

**1018** 원점을 지난다. ( )

**1019** $x$축에 대칭이다. ( )

**1020** 위로 볼록한 포물선이다. ( )

**1021** $x>0$일 때, $x$의 값이 증가하면 $y$의 값은 감소한 다. ( )

**1022** $y=-x^2$의 그래프와 $x$축에 대칭이다. ( )

---

핵심 포인트!

포물선 : 이차함수의 그래프와 같은 모양의 곡선

축 : 포물선의 대칭축

꼭짓점 : 포물선과 축의 교점

예 이차함수 $y=x^2, y=-x^2$의 그래프에서

꼭짓점의 좌표 : $(0, 0)$, 축의 방정식 : $x=0(y$축$)$

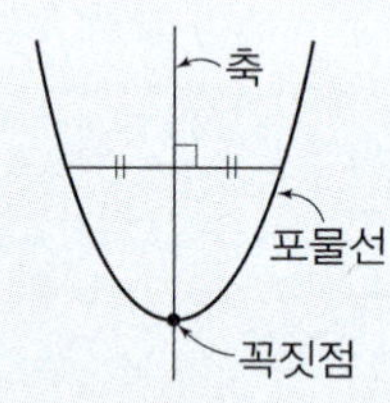

## 03 이차함수 $y=ax^2$의 그래프  유형 05~08

(1) **꼭짓점의 좌표**  $(0, 0)$

(2) **축의 방정식**  $x=0$ $(y$축$)$

(3) $a>0$이면 **①**로 볼록하고, $a<0$이면 위로 볼록하다.

(4) $a$의 절댓값이 클수록 그래프의 폭이 좁아진다.

(5) $y=-ax^2$의 그래프와 $x$축에 대칭이다.

(6) **$y=ax^2$의 그래프의 증가·감소**

① $a>0$인 경우

$x<0$일 때 $x$의 값이 증가하면 $y$의 값은 감소하고, $x>0$일 때 $x$의 값이 증가하면 $y$의 값도 **②** 한다.

② $a<0$인 경우

$x<0$일 때 $x$의 값이 증가하면 $y$의 값도 증가하고, $x>0$일 때 $x$의 값이 증가하면 $y$의 값은 **③** 한다.

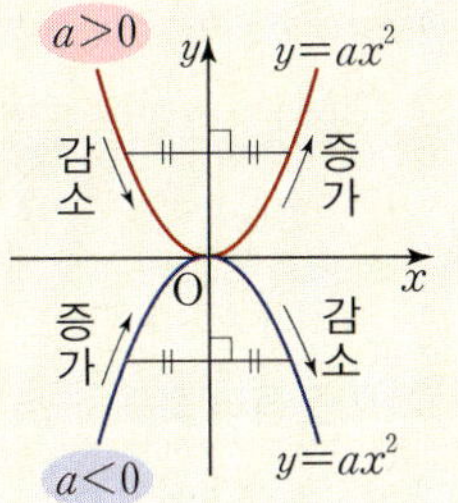


답 **①** 아래 **②** 증가 **③** 감소

[1023~1025] 다음 보기의 이차함수의 그래프에 대하여 물음에 답하시오.

> 보기
> ㉠ $y=5x^2$  ㉡ $y=3x^2$
> ㉢ $y=-3x^2$  ㉣ $y=\dfrac{1}{3}x^2$

**1023** 그래프가 아래로 볼록한 것을 모두 고르시오.

**1024** 그래프의 폭이 가장 좁은 것을 고르시오.

**1025** 그래프가 $x$축에 서로 대칭인 것을 짝 지으시오.

## 04 이차함수 $y=ax^2+q$의 그래프  유형 09

(1) $y=ax^2$의 그래프를 $y$축의 방향으로 $q$만큼 평행이동한 것이다.

(2) **꼭짓점의 좌표**  $(0, q)$

(3) **축의 방정식**  $x=0$ $(y$축$)$

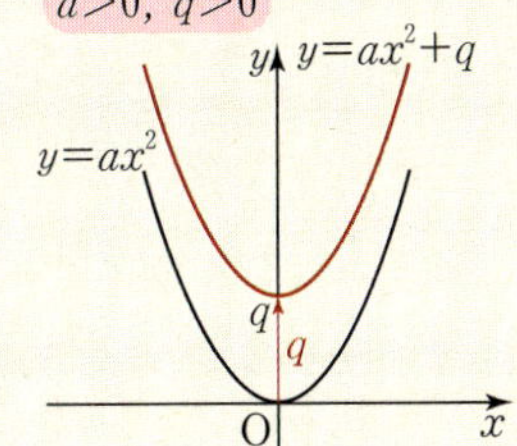


예 $y=2x^2$의 그래프를 $y$축의 방향으로 4만큼 평행이동하면

| 식의 변화 | $y=2x^2 \longrightarrow y=2x^2+$ **①** |
| --- | --- |
| 꼭짓점의 변화 | $(0, 0) \longrightarrow (0, 4)$ |
| 축의 방정식의 변화 | $x=0$ (변함이 없다.) |

답 **①** 4

[1026~1027] 다음 이차함수의 그래프를 $y$축의 방향으로 [  ] 안의 수만큼 평행이동한 그래프를 나타내는 이차함수의 식을 구하시오.

**1026**  $y=\dfrac{2}{3}x^2$  $[2]$

**1027**  $y=-2x^2$  $\left[-\dfrac{1}{3}\right]$

[1028~1029] 다음 이차함수의 그래프의 꼭짓점의 좌표와 축의 방정식을 각각 구하시오.

**1028**  $y=2x^2-1$

**1029**  $y=-\dfrac{1}{3}x^2+4$

---

**핵심 포인트!**  · 이차함수 $y=ax^2$의 그래프 그리기

① $a$의 부호를 보고 그래프의 모양을 결정한다. ➡ $a>0$이면 아래로 볼록, $a<0$이면 위로 볼록

② 꼭짓점 $(0, 0)$을 찍는다.

③ 꼭짓점과 다른 한 점을 지나는 곡선을 $y$축에 대칭이 되도록 그린다.

## 05 이차함수 $y=a(x-p)^2$의 그래프　　유형 10

(1) $y=ax^2$의 그래프를 $x$축의 방향으로 $p$만큼 평행이동한 것이다.

(2) **꼭짓점의 좌표** $(p, 0)$

(3) **축의 방정식** $x=p$

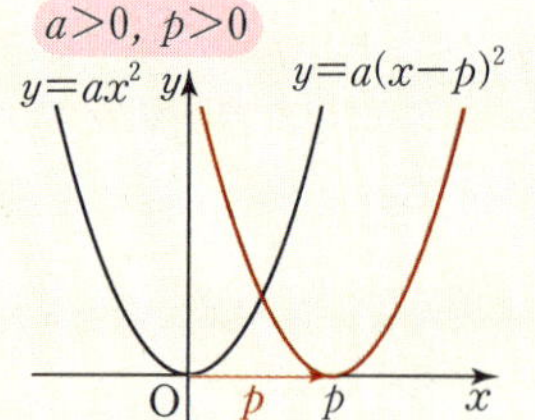


◉ $y=2x^2$의 그래프를 $x$축의 방향으로 3만큼 평행이동하면

| 식의 변화 | $y=2x^2 \longrightarrow y=2(x-3)^2$ |
| --- | --- |
| 꼭짓점의 변화 | $(0,0) \longrightarrow (\ ❶\ ,\ 0)$ |
| 축의 방정식의 변화 | $x=0 \longrightarrow x=❷$ |

답 ❶3 ❷3

## 06 이차함수 $y=a(x-p)^2+q$의 그래프　유형 11~15

(1) $y=ax^2$의 그래프를 $x$축의 방향으로 $p$만큼, $y$축의 방향으로 $q$만큼 평행이동한 것이다.

(2) **꼭짓점의 좌표** $(p, q)$

(3) **축의 방정식** $x=p$

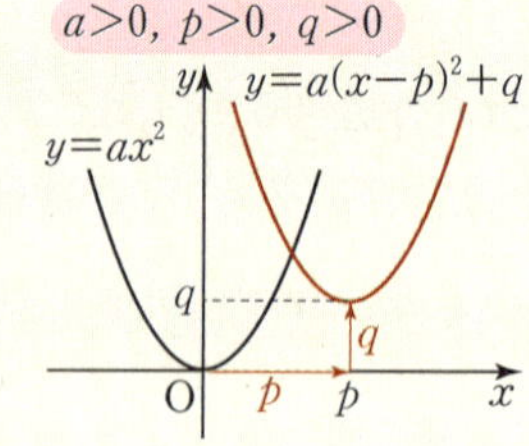


◉ $y=2x^2$의 그래프를 $x$축의 방향으로 3만큼, $y$축의 방향으로 4만큼 평행이동하면

| 식의 변화 | $y=2x^2 \longrightarrow y=2(x-3)^2+4$ |
| --- | --- |
| 꼭짓점의 변화 | $(0,0) \longrightarrow (3,\ ❶\ )$ |
| 축의 방정식의 변화 | $x=0 \longrightarrow x=❷$ |

답 ❶4 ❷3

---

[1030~1031] 다음 이차함수의 그래프를 $x$축의 방향으로 [ ] 안의 수만큼 평행이동한 그래프를 나타내는 이차함수의 식을 구하시오.

**1030** $y=x^2$ $[1]$

**1031** $y=3x^2$ $[-2]$

[1032~1033] 다음 이차함수의 그래프의 꼭짓점의 좌표와 축의 방정식을 각각 구하시오.

**1032** $y=4(x-3)^2$

**1033** $y=-\dfrac{1}{2}(x+2)^2$

[1034~1035] 다음 이차함수의 그래프를 $x$축의 방향으로 $p$만큼, $y$축의 방향으로 $q$만큼 평행이동한 그래프를 나타내는 이차함수의 식을 구하시오.

**1034** $y=3x^2$ $[p=1,\ q=-2]$

**1035** $y=\dfrac{1}{2}x^2$ $[p=-2,\ q=5]$

[1036~1038] 다음 이차함수의 그래프의 꼭짓점의 좌표와 축의 방정식을 각각 구하시오.

**1036** $y=3(x-1)^2+4$

**1037** $y=\dfrac{1}{2}(x-2)^2-1$

**1038** $y=-2(x+1)^2+4$

---

**핵심 포인트!** ・ 이차함수 $y=ax^2$의 그래프의 평행이동

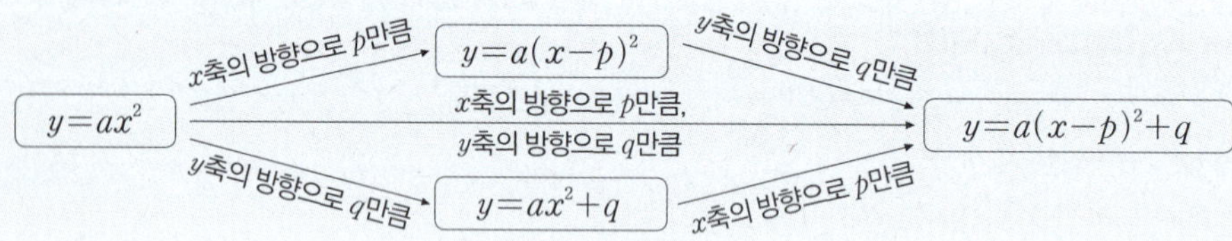

**1039** 아래 표를 완성하고, $x$의 값이 수 전체일 때 오른쪽 보기의 이차함수의 그래프를 하나의 좌표평면 위에 그리시오.

보기
$$y=x^2$$
$$y=2x^2$$
$$y=\dfrac{1}{2}x^2$$

| $x$ | $\cdots$ | $-2$ | $-1$ | $0$ | $1$ | $2$ | $\cdots$ |
|---|---|---|---|---|---|---|---|
| $y=x^2$ | $\cdots$ | | | | | | $\cdots$ |
| $y=2x^2$ | $\cdots$ | | | | | | $\cdots$ |
| $y=\dfrac{1}{2}x^2$ | $\cdots$ | | | | | | $\cdots$ |

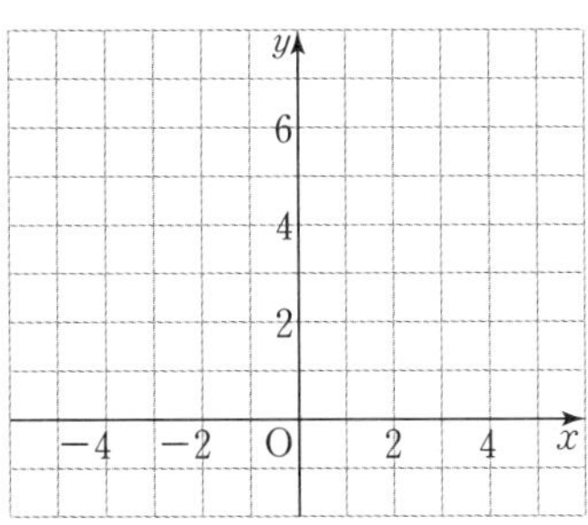

**1040** 아래 표를 완성하고, $x$의 값이 수 전체일 때 오른쪽 보기의 이차함수의 그래프를 하나의 좌표평면 위에 그리시오.

보기
$$y=-2x^2$$
$$y=-2x^2+3$$
$$y=-2x^2-1$$

| $x$ | $\cdots$ | $-2$ | $-1$ | $0$ | $1$ | $2$ | $\cdots$ |
|---|---|---|---|---|---|---|---|
| $y=-2x^2$ | $\cdots$ | | | | | | $\cdots$ |
| $y=-2x^2+3$ | $\cdots$ | | | | | | $\cdots$ |
| $y=-2x^2-1$ | $\cdots$ | | | | | | $\cdots$ |

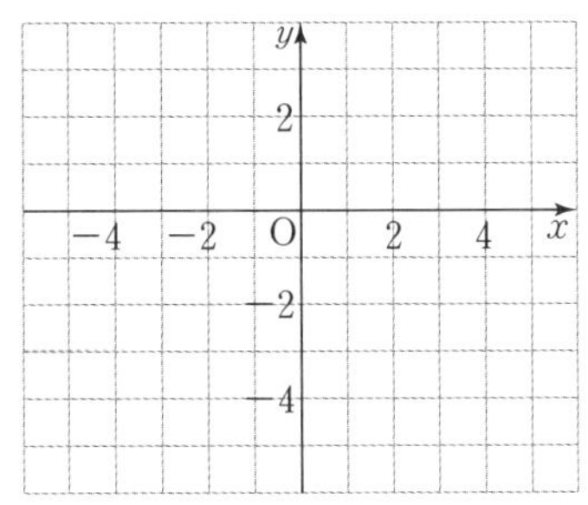

**1041** 아래 표를 완성하고, $x$의 값이 수 전체일 때 오른쪽 보기의 이차함수의 그래프를 하나의 좌표평면 위에 그리시오.

보기
$$y=x^2$$
$$y=(x-2)^2$$
$$y=(x+3)^2$$

| $x$ | $\cdots$ | $-2$ | $-1$ | $0$ | $1$ | $2$ | $\cdots$ |
|---|---|---|---|---|---|---|---|
| $y=x^2$ | $\cdots$ | | | | | | $\cdots$ |
| $y=(x-2)^2$ | $\cdots$ | | | | | | $\cdots$ |
| $y=(x+3)^2$ | $\cdots$ | | | | | | $\cdots$ |

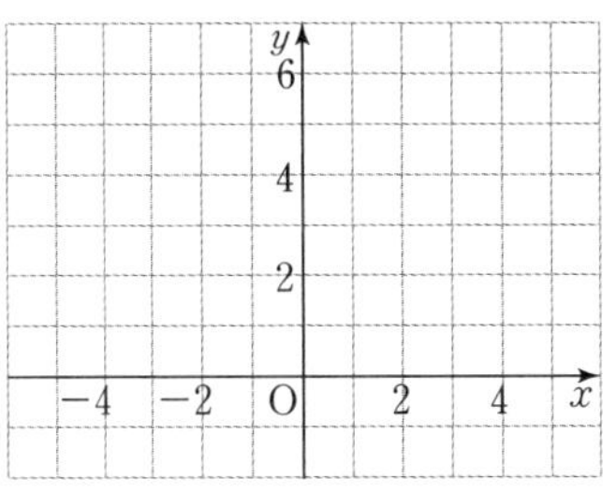

**1042** 아래 표를 완성하고, $x$의 값이 수 전체일 때 오른쪽 보기의 이차함수의 그래프를 하나의 좌표평면 위에 그리시오.

보기
$$y=-\dfrac{1}{2}x^2$$
$$y=-\dfrac{1}{2}(x+1)^2$$
$$y=-\dfrac{1}{2}(x+1)^2-2$$

| $x$ | $\cdots$ | $-2$ | $-1$ | $0$ | $1$ | $2$ | $\cdots$ |
|---|---|---|---|---|---|---|---|
| $y=-\dfrac{1}{2}x^2$ | $\cdots$ | | | | | | $\cdots$ |
| $y=-\dfrac{1}{2}(x+1)^2$ | $\cdots$ | | | | | | $\cdots$ |
| $y=-\dfrac{1}{2}(x+1)^2-2$ | $\cdots$ | | | | | | $\cdots$ |

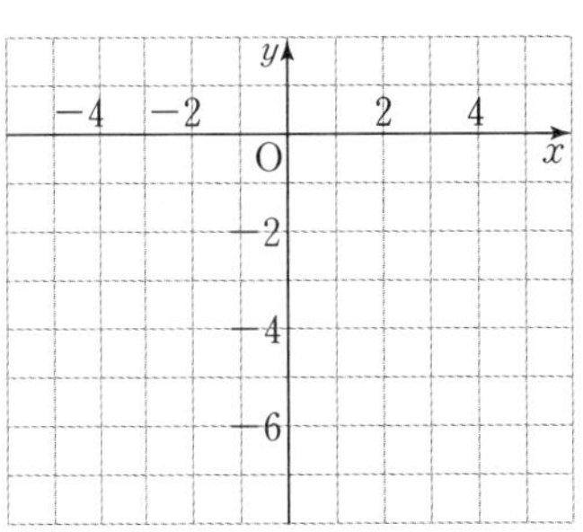

**9**

이차함수의 그래프 (1)

---

**필수유형 01**　**일차함수 $y=ax+b$의 그래프**

(1) 일차함수 $y=ax+b$의 그래프는 일차함수 $y=ax$의 그래프를 $y$축의 방향으로 ❶ 만큼 평행이동한 직선이다.

(2) $x$절편은 $-\dfrac{b}{a}$, $y$절편은 $b$이다.

(3) (기울기)$=\dfrac{(y의\ 값의\ 증가량)}{(x의\ 값의\ 증가량)}=$ ❷

(4) $a, b$의 부호에 따른 $y=ax+b$의 그래프의 모양

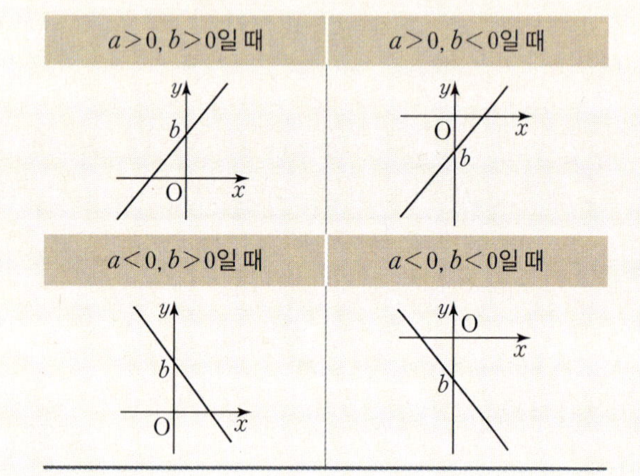

답　❶ $b$　❷ $a$

---

**대표문제**

**1043** ●중하●●●

일차함수 $y=ax-5$의 그래프가 점 $(1, -3)$을 지날 때, 다음 중 이 그래프 위에 있는 점은? (단, $a$는 상수)

① $(-3, -10)$　② $(-1, 7)$　③ $(-2, 9)$

④ $(2, -1)$　⑤ $(3, 2)$

**1044** ●중하●●●

다음 일차함수 중 그 그래프가 일차함수 $y=2x$의 그래프를 평행이동하여 포갤 수 <u>없는</u> 것은?

① $y=2x+\dfrac{1}{2}$　　　　② $y=2x+7$

③ $y=3(x+1)-x$　　④ $y=2(-2+x)$

⑤ $y=2(2-x)$

---

**1045** ●중하●●●

일차함수 $y=\dfrac{2}{3}x+4$의 그래프가 오른쪽 그림과 같을 때, 두 점 A, B의 좌표를 각각 구하시오.

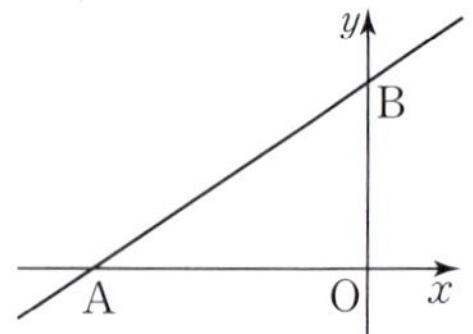

**1046** ●중하●●●

다음 일차함수 중 그 그래프가 $x$의 값이 2만큼 증가할 때, $y$의 값이 4만큼 감소하는 것은?

① $y=-2x+1$　② $y=-\dfrac{1}{2}x+4$　③ $y=\dfrac{1}{2}x-2$

④ $y=2x$　　　　⑤ $y=2x-4$

**1047** ●중하●●●

일차함수 $y=ax+b$의 그래프가 오른쪽 그림과 같을 때, $a, b$의 부호로 옳은 것은? (단, $a, b$는 상수)

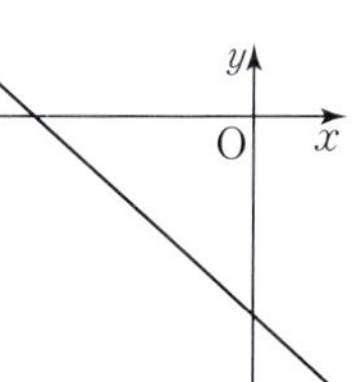

① $a>0, b>0$　　② $a>0, b<0$

③ $a<0, b>0$　　④ $a<0, b<0$

⑤ $a=0, b<0$

**1048** ●●중●●

오른쪽 그림과 같은 일차함수 $y=ax+b$의 그래프에 대한 설명으로 옳은 것은? (단, $a, b$는 상수)

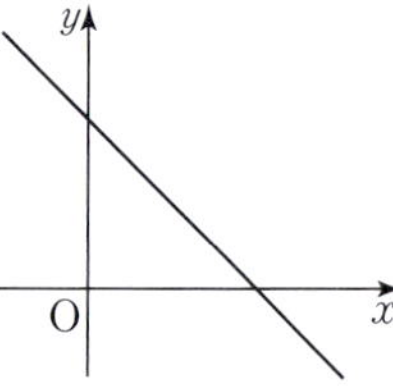

① 점 $(1, a)$를 지난다.

② $x$절편은 $-\dfrac{b}{a}$, $y$절편은 $b$이다.

③ 일차함수 $y=-ax+b$의 그래프와 평행하다.

④ $a>0, b>0$이다.

⑤ $x$의 값이 1만큼 증가할 때, $y$의 값은 $a$만큼 감소한다.

**필수유형 02** 이차함수의 뜻

$y$가 $x$에 대한 이차함수
➡ $y=($x$에 대한 이차식$)$
➡ $y=ax^2+bx+c$ (단, $a,b,c$는 상수, $a$ ❶ $0$)

답 ❶ $\neq$

**대표문제**

**1049** 하••••

다음 중 이차함수인 것을 모두 고르면? (정답 2개)

① $y=3x+4$
② $y=(1-x)(1+x)$
③ $y=x^2-(x-1)^2$
④ $y=2x^3-5$
⑤ $y=-3x^2+2x-1$

**1050** 중하•••

다음 보기 중 이차함수가 <u>아닌</u> 것은 모두 몇 개인지 구하시오.

보기
㉠ $y=2x(x-1)$
㉡ $y=\dfrac{x}{3}-4$
㉢ $y=-3x^2+7$
㉣ $y=2x^3+x^2-5$
㉤ $y=\dfrac{5}{x^4}$
㉥ $y=x^3-x(x^2+5x)$

**1051** 중하•••

다음 중 $y$가 $x$에 대한 이차함수인 것은?

① 한 변의 길이가 $2x$ cm인 정사각형의 둘레의 길이 $y$ cm
② 밑변의 길이가 $x$ cm, 높이가 $4$ cm인 삼각형의 넓이 $y$ cm$^2$
③ 밑면인 원의 반지름의 길이가 $(x+1)$ cm, 높이가 $5$ cm인 원뿔의 부피 $y$ cm$^3$
④ 가로의 길이가 $x$ cm, 세로의 길이가 $3$ cm인 직사각형의 넓이 $y$ cm$^2$
⑤ 윗변의 길이가 $(2x+1)$ cm, 아랫변의 길이가 $3x$ cm, 높이가 $4$ cm인 사다리꼴의 넓이 $y$ cm$^2$

**1052** 중하•••

다음 중 $y$가 $x$에 대한 이차함수가 <u>아닌</u> 것을 모두 고르면? (정답 2개)

① 반지름의 길이가 $x$ cm인 원의 넓이 $y$ cm$^2$
② 꼭짓점의 개수가 $x$인 다각형의 대각선의 개수 $y$
③ 시속 $60$ km로 $x$시간 달린 거리 $y$ km
④ $1000$원짜리 아이스크림 $x$개의 가격 $y$원
⑤ 한 변의 길이가 $\dfrac{1}{2}x$ cm인 정사각형의 넓이 $y$ cm$^2$

**필수유형 03** 이차함수가 되는 조건

$y=ax^2+bx+c$가 $x$에 대한 이차함수가 되려면 반드시 $a\neq0$이어야 한다.

예 $y=(a-1)x^2$이 $x$에 대한 이차함수가 되려면
$a-1\neq0$ ∴ $a\neq$ ❶

답 ❶ $1$

**대표문제**

**1053** ••중••

$y=3x^2-3-kx(1-x)$가 이차함수일 때, 다음 중 상수 $k$의 값이 될 수 <u>없는</u> 것은?

① $-4$
② $-3$
③ $0$
④ $3$
⑤ $4$

**1054** 중하•••

$y=a(x^2-1)+x-2x^2$이 이차함수가 되도록 하는 상수 $a$의 조건을 구하시오.



9
이차함수의 그래프 (1)

**필수유형 04** 이차함수의 함숫값

이차함수 $f(x)=ax^2+bx+c$에서 $x=k$일 때의 함숫값
➡ $f(x)=ax^2+bx+c$에 $x$ 대신 **①** 를 대입한다.
➡ $f(k)=ak^2+bk+c$

답 **①** $k$

**대표문제**

**1055** ●중하●●●

이차함수 $f(x)=-x^2+4x-1$에서 $f(1)+f(-1)$의 값을 구하시오.

**1056** ●중하●●●

이차함수 $f(x)=3x^2-x+a$에서 $f(1)=2$일 때, 상수 $a$의 값을 구하시오.

**1057** ●●중●●

이차함수 $f(x)=2x^2-5x+1$에서 $f(a)=4$일 때, 정수 $a$의 값을 구하시오.

**1058** ●●중●●

이차함수 $f(x)=x^2-ax+4$에서 $f(1)=2$이고 $f(-1)=b$일 때, $a+b$의 값을 구하시오. (단, $a$는 상수)

**필수유형 05** 이차함수 $y=ax^2$의 그래프의 폭

이차함수 $y=ax^2$의 그래프는 $a$의 절댓값이 클수록 그래프의 폭이 좁아진다.

**대표문제**

**1059** ●중하●●●

다음 이차함수 중 그 그래프의 폭이 가장 좁은 것은?

① $y=-2x^2$  ② $y=-\dfrac{3}{4}x^2$  ③ $y=\dfrac{1}{2}x^2$

④ $y=\dfrac{2}{3}x^2$  ⑤ $y=\dfrac{3}{2}x^2$

**1060** ●중하●●●

다음 이차함수 중 그 그래프가 아래로 볼록하고 폭이 가장 넓은 것은?

① $y=2x^2$  ② $y=-4x^2$  ③ $y=x^2$

④ $y=-\dfrac{1}{3}x^2$  ⑤ $y=\dfrac{8}{5}x^2$

**1061** ●●중●●

이차함수 $y=ax^2$의 그래프가 오른쪽 그림과 같을 때, 다음 중 상수 $a$의 값이 될 수 있는 것은?

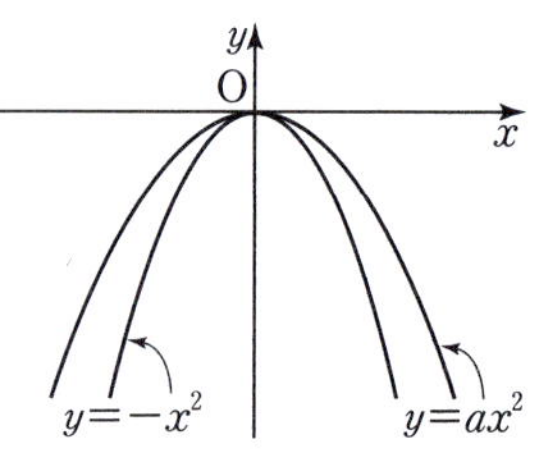


① $-3$  ② $-\dfrac{5}{3}$

③ $-\dfrac{1}{5}$  ④ $\dfrac{3}{5}$

⑤ $5$

## 1062 ●●중●●

이차함수 $y=ax^2$의 그래프가 오른쪽 그림과 같을 때, 상수 $a$의 값의 범위를 구하시오.

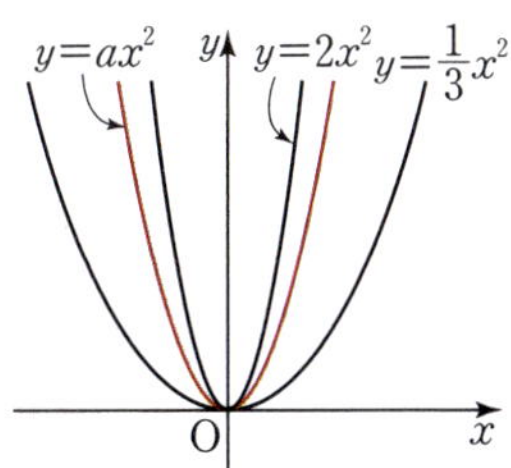



---

## 1063 ●●중●●

잘 틀리는 문제

오른쪽 그림은 두 이차함수 $y=2x^2$과 $y=-x^2$의 그래프이다. 다음 보기의 이차함수 중 그 그래프가 이 두 그래프 사이의 색칠한 부분에 있지 않은 것을 모두 고르시오.

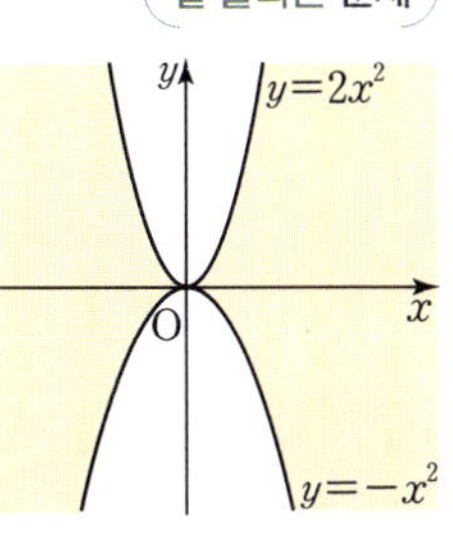



보기

㉠ $y=-\dfrac{3}{2}x^2$     ㉡ $y=-\dfrac{1}{2}x^2$

㉢ $y=x^2$     ㉣ $y=\dfrac{1}{2}x^2$

㉤ $y=\dfrac{3}{2}x^2$     ㉥ $y=3x^2$

---

## 1064 ●●중●●

오른쪽 그림은 이차함수 $y=ax^2$의 그래프이다. 상수 $a$의 값이 가장 큰 그래프와 가장 작은 그래프를 차례대로 나열하시오.

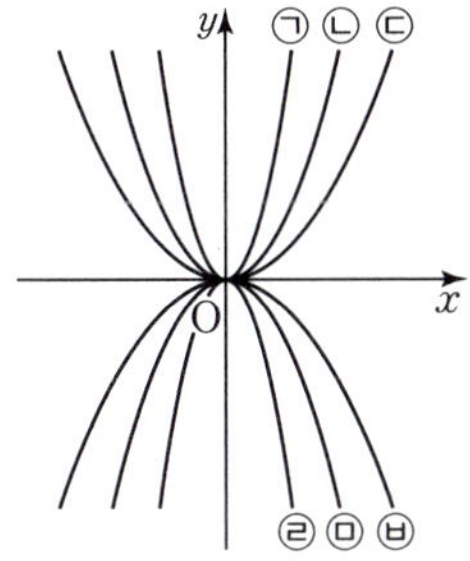



---

 **이차함수 $y=ax^2$과 $y=-ax^2$의 그래프 사이의 관계**

두 이차함수 $y=ax^2$, $y=-ax^2$의 그 래프는 $x$축에 대칭이다.

절댓값은 같고 부호가 반대

예 이차함수 $y=\dfrac{2}{5}x^2$의 그래프와 $x$축에 대칭인 그래프를 나타내는 이차함수의 식은 $y=\boxed{❶}\,x^2$이다.

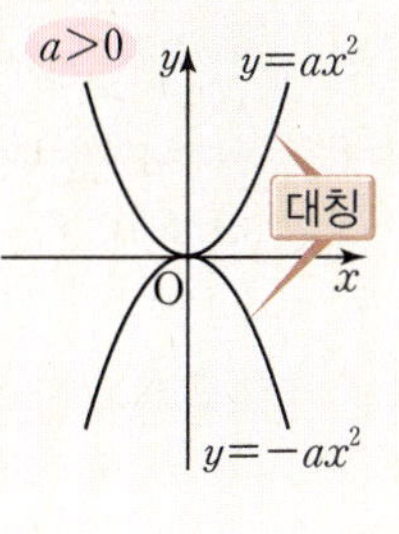



답 ❶ $-\dfrac{2}{5}$

---



## 1065 ●●중하●●

다음 보기의 이차함수 중 그 그래프가 $x$축에 대칭인 것끼리 짝 지으시오.

보기

㉠ $y=-3x^2$    ㉡ $y=-2x^2$    ㉢ $y=-\dfrac{1}{3}x^2$

㉣ $y=\dfrac{1}{4}x^2$    ㉤ $y=2x^2$    ㉥ $y=4x^2$

---

## 1066 ●하●●●●

다음 이차함수 중 그 그래프가 $y=3x^2$의 그래프와 $x$축에 대칭인 것은?

① $y=5x^2$     ② $y=x^2$     ③ $y=\dfrac{1}{3}x^2$

④ $y=-3x^2$     ⑤ $y=2x^2$

---

## 1067 ●●중●●

이차함수 $y=-\dfrac{1}{4}x^2$의 그래프와 $x$축에 대칭인 그래프가 점 $(-2,\,k)$를 지날 때, $k$의 값을 구하시오.

### 필수유형 07 · 이차함수 $y=ax^2$의 그래프의 성질

(1) 꼭짓점의 좌표 : ( ❶ , ❷ )

(2) 축의 방정식 : $x=0$ ($y$축)

(3) $a>0$ ➡ 아래로 볼록
 $a<0$ ➡ 위로 볼록

(4) $a$의 절댓값이 클수록 그래프의 폭이 좁아진다.

(5) $y=-ax^2$의 그래프와 ❸ 축에 대칭이다.

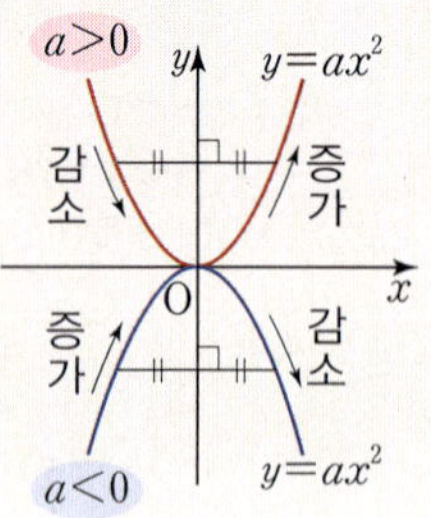


답 ❶ 0 ❷ 0 ❸ $x$

**대표문제**

### 1068 ···중···

다음 중 이차함수 $y=2x^2$의 그래프에 대한 설명으로 옳지 <u>않은</u> 것은?

① 원점을 꼭짓점으로 한다.

② $y=x^2$의 그래프보다 폭이 넓다.

③ $y$축에 대칭인 포물선이다.

④ 아래로 볼록한 곡선이다.

⑤ $x<0$일 때, $x$의 값이 증가하면 $y$의 값은 감소한다.

### 1069 ···중···

다음 중 이차함수 $y=ax^2$의 그래프에 대한 설명으로 옳지 <u>않은</u> 것은? (단, $a$는 상수)

① $y$축을 축으로 하고 원점을 꼭짓점으로 하는 포물선이다.

② $a$의 절댓값이 클수록 그래프의 폭이 좁아진다.

③ $y=-ax^2$의 그래프와 $y$축에 대칭이다.

④ $a>0$일 때, 아래로 볼록한 포물선이다.

⑤ $a<0$일 때, 위로 볼록한 포물선이다.

### 1070 ··중··

다음 중 보기의 이차함수의 그래프에 대한 설명으로 옳은 것을 모두 고르면? (정답 2개)

보기
㉠ $y=-5x^2$  ㉡ $y=-2x^2$  ㉢ $y=-\dfrac{4}{3}x^2$
㉣ $y=\dfrac{1}{3}x^2$  ㉤ $y=\dfrac{3}{4}x^2$  ㉥ $y=2x^2$

① 모두 원점을 꼭짓점으로 한다.

② 폭이 가장 좁은 그래프는 ㉣이다.

③ 모두 $x$축을 축으로 하는 포물선이다.

④ ㉡, ㉢은 아래로 볼록한 포물선이다.

⑤ ㉡, ㉥은 $x$축에 대칭이다.

### 필수유형 08 · 이차함수 $y=ax^2$의 식 구하기

① 원점을 꼭짓점으로 하는 포물선의 식을 $y=ax^2$이라 한다.

② $y=ax^2$에 포물선이 지나는 점의 좌표를 대입하여 상수 $a$의 값을 구한다.

**대표문제**

### 1071 ·중하···

오른쪽 그림과 같이 원점을 꼭짓점으로 하고 점 $(2, 8)$을 지나는 포물선을 그래프로 하는 이차함수의 식을 구하시오.

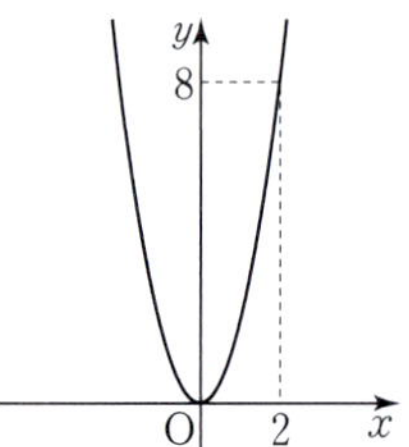

### 1072 ··중·· 서술형

이차함수의 그래프가 원점을 꼭짓점으로 하고 두 점 $(-2, -2)$, $(k, -8)$을 지난다. 이때 양수 $k$의 값을 구하시오.

## 1073 ●●중●●

다음 중 오른쪽 이차함수의 그래프에 대한 설명으로 옳지 <u>않은</u> 것은?

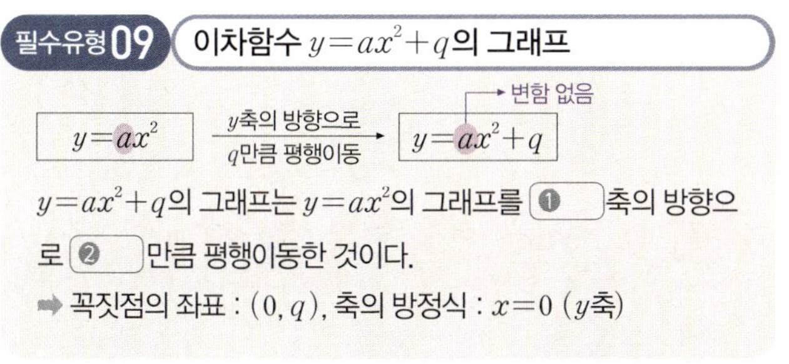

① 이차함수의 식은 $y=\dfrac{3}{2}x^2$이다.

② 점 $(-4, 12)$를 지난다.

③ 축의 방정식은 $x=0$이다.

④ $y=-\dfrac{3}{2}x^2$의 그래프와 $x$축에 대칭이다.

⑤ $y=x^2$의 그래프보다 폭이 좁다.

---

**필수유형 09** 이차함수 $y=ax^2+q$의 그래프

$y=ax^2$ $\xrightarrow[q만큼\ 평행이동]{y축의\ 방향으로}$ $y=ax^2+q$ ← 변함 없음

$y=ax^2+q$의 그래프는 $y=ax^2$의 그래프를 ❶ 축의 방향으로 ❷ 만큼 평행이동한 것이다.

➡ 꼭짓점의 좌표 : $(0, q)$, 축의 방정식 : $x=0$ ($y$축)

답 ❶ $y$ ❷ $q$

**대표문제**

## 1074 ●●중●●

다음 중 이차함수 $y=4x^2+1$의 그래프에 대한 설명으로 옳지 <u>않은</u> 것은?

① 꼭짓점의 좌표는 $(0, 1)$이다.

② 제1사분면과 제2사분면을 지난다.

③ 아래로 볼록한 포물선이다.

④ $x>0$일 때, $x$의 값이 증가하면 $y$의 값은 감소한다.

⑤ $y=4x^2$의 그래프를 $y$축의 방향으로 1만큼 평행이동한 것이다.

## 1075 ●중하●●●●

이차함수 $y=-2x^2-6$의 그래프의 꼭짓점의 좌표와 축의 방정식을 차례대로 나열하시오.

## 1076 ●●중●●

다음 중 이차함수 $y=ax^2+q$의 그래프에 대한 설명으로 옳지 <u>않은</u> 것은? (단, $a$, $q$는 상수)

① $y$축에 대칭인 포물선이다.

② 꼭짓점의 좌표는 $(0, q)$이다.

③ $y=-ax^2$의 그래프보다 폭이 좁다.

④ $a$의 절댓값이 작을수록 그래프의 폭이 넓어진다.

⑤ $y=ax^2$의 그래프를 $y$축의 방향으로 $q$만큼 평행이동한 것이다.

## 1077 ●●중●●

이차함수 $y=-x^2+q$의 그래프가 점 $(-1, 3)$을 지날 때, 그래프의 꼭짓점의 좌표를 구하시오. (단, $q$는 상수)

## 1078 ●●중●●

이차함수 $y=-\dfrac{1}{2}x^2$의 그래프를 $y$축의 방향으로 8만큼 평행이동한 그래프가 점 $(-2, a)$를 지난다고 할 때, 다음 물음에 답하시오.

(1) 평행이동한 그래프를 나타내는 이차함수의 식을 구하시오.

(2) $a$의 값을 구하시오.

## 1079 ●●중●●●

이차함수 $y=ax^2+q$의 그래프가 두 점 $(1, 2)$, $(2, -7)$을 지날 때, $a-q$의 값을 구하시오. (단, $a$, $q$는 상수)

**필수유형 10**　이차함수 $y=a(x-p)^2$의 그래프

$$y=ax^2 \xrightarrow[p\text{만큼 평행이동}]{x\text{축의 방향으로}} y=a(x-p)^2$$

→ 변함 없음

$y=a(x-p)^2$의 그래프는 $y=ax^2$의 그래프를 $x$축의 방향으로 $p$만큼 평행이동한 것이다.

➡ 꼭짓점의 좌표 : ( ❶ , 0), 축의 방정식 : $x=$ ❷

답　❶ $p$　❷ $p$

**대표문제**

### 1080 ●●중●●

다음 중 이차함수 $y=-(x+4)^2$의 그래프에 대한 설명으로 옳지 <u>않은</u> 것은?

① $y=-x^2$의 그래프를 $x$축의 방향으로 $-4$만큼 평행이동한 것이다.
② 꼭짓점의 좌표는 $(-4, 0)$이다.
③ 축의 방정식은 $x=4$이다.
④ 위로 볼록한 포물선이다.
⑤ 점 $(0, -16)$을 지난다.

### 1081 ●하●●●●

다음 중 이차함수 $y=-5x^2$의 그래프를 $x$축의 방향으로 $-1$만큼 평행이동한 그래프를 나타내는 이차함수의 식은?

① $y=-5(x-1)^2$　　② $y=-5(x+1)^2$
③ $y=5(x+1)^2$　　④ $y=5(x-1)^2$
⑤ $y=-5x^2-1$

### 1082 ●중하●●●●

다음 중 이차함수 $y=-\dfrac{1}{2}(x-3)^2$의 그래프로 알맞은 것은?

① 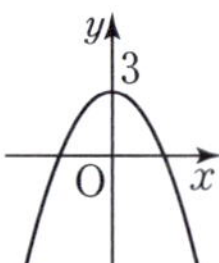　② 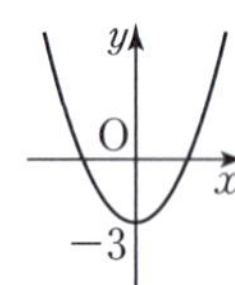　③ 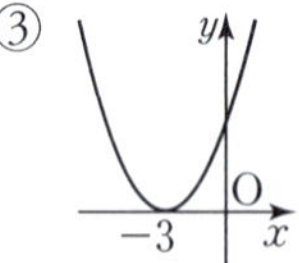

④ 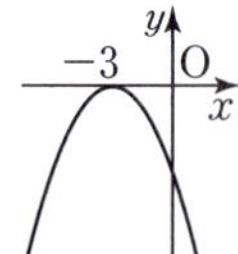　⑤ 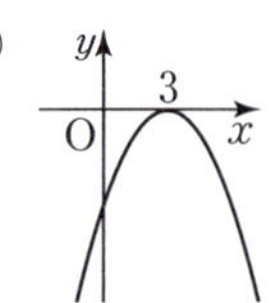

### 1083 ●●중●●

이차함수 $y=3(x-2)^2$의 그래프에서 $x$의 값이 증가할 때 $y$의 값도 증가하는 $x$의 값의 범위를 구하시오.

### 1084 ●●중●●

이차함수 $y=-x^2$의 그래프를 $x$축의 방향으로 3만큼 평행이동한 그래프가 두 점 $(1, m)$, $(-1, n)$을 지난다. 이때 $m-n$의 값을 구하시오.

### 1085 ●●중●●

이차함수 $y=a(x-p)^2$의 그래프는 꼭짓점의 좌표가 $(4, 0)$이고 점 $(2, 8)$을 지난다. 이때 $ap$의 값을 구하시오.
(단, $a$, $p$는 상수)

### 1086 ●●중●●　서술형

이차함수 $y=a(x-p)^2$의 그래프가 오른쪽 그림과 같을 때, $a+p$의 값을 구하시오.
(단, $a$, $p$는 상수)

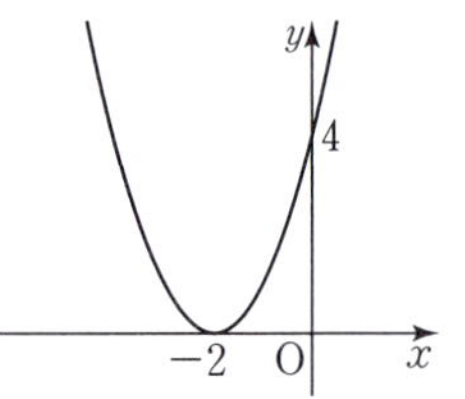

**필수유형 11** 중요   이차함수 $y=a(x-p)^2+q$의 그래프

$y=ax^2$ $\xrightarrow[\; y축의\ 방향으로\ q만큼\ 평행이동\;]{x축의\ 방향으로\ p만큼,}$ $y=a(x-p)^2+q$ ← 변함 없음

$y=a(x-p)^2+q$의 그래프는 $y=ax^2$의 그래프를 $x$축의 방향으로 **①** 만큼, $y$축의 방향으로 **②** 만큼 평행이동한 것이다.

➡ 꼭짓점의 좌표 : $(p, q)$, 축의 방정식 : $x=p$

답  **①** $p$  **②** $q$

**대표문제**

**1087**  ••중•••

다음 중 이차함수 $y=\dfrac{1}{3}(x+2)^2-1$의 그래프에 대한 설명으로 옳지 <u>않은</u> 것은?

① 꼭짓점의 좌표는 $(-2, -1)$이고, 축의 방정식은 $x=-2$이다.

② 점 $(-5, 2)$를 지난다.

③ $y=\dfrac{1}{3}x^2$의 그래프와 폭이 같다.

④ 제1, 2, 4사분면을 지난다.

⑤ $y=\dfrac{1}{3}x^2$의 그래프를 $x$축의 방향으로 $-2$만큼, $y$축의 방향으로 $-1$만큼 평행이동한 것이다.

**1088**  •중하••••

다음 이차함수 중 그 그래프가 이차함수 $y=3x^2$의 그래프를 평행이동하여 포갤 수 <u>없는</u> 것은?

① $y=3x^2+5$    ② $y=3(x-1)^2+3$

③ $y=-3(x-5)^2+1$    ④ $y=3\left(x+\dfrac{1}{2}\right)^2$

⑤ $y=3(x-2)^2-1$

**1089**  •중하•••

이차함수 $y=-2x^2$의 그래프를 $x$축의 방향으로 $a$만큼, $y$축의 방향으로 $b$만큼 평행이동하였더니 이차함수 $y=-2(x+3)^2-5$의 그래프가 되었다. 이때 $a+b$의 값을 구하시오.

**1090**  •중하•••

이차함수 $y=2(x-1)^2+3$의 그래프의 꼭짓점의 좌표와 축의 방정식을 차례대로 나열하시오.

**1091**  •중하•••

다음 중 이차함수 $y=-\dfrac{1}{8}(x+4)^2+5$의 그래프는?

① 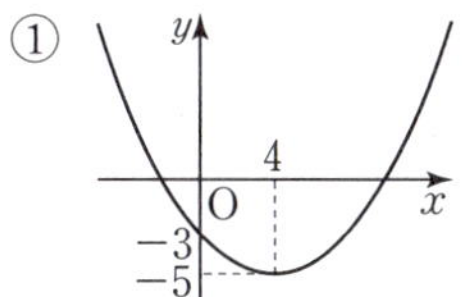    ② 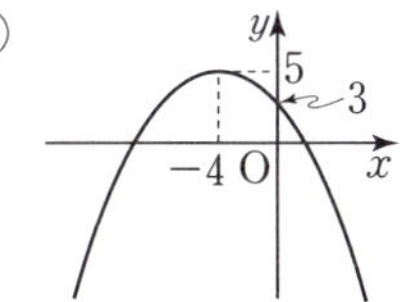

③ 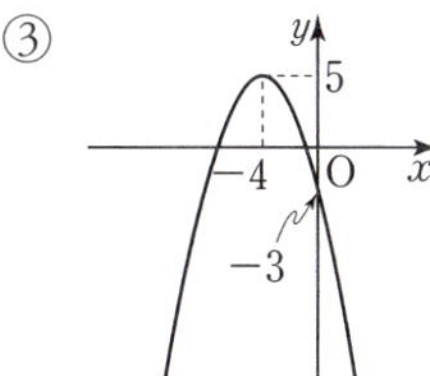    ④ 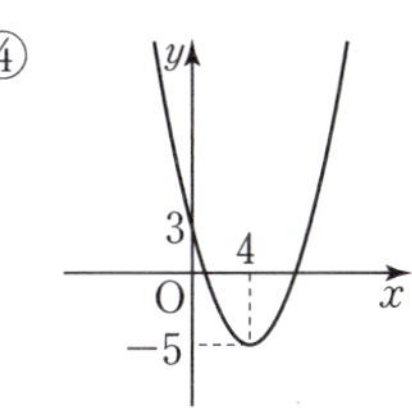

⑤ 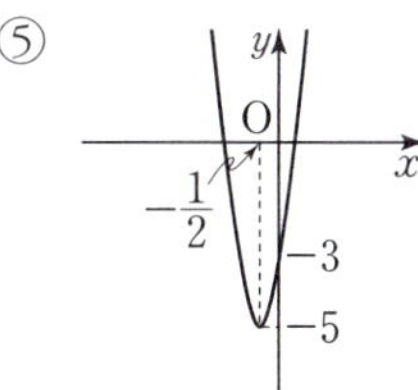

**1092**  ••중•••

이차함수 $y=-\dfrac{3}{4}(x-2)^2+1$의 그래프가 지나는 사분면을 모두 구하시오.

**9** 이차함수의 그래프 (1)

## 1093　●●중●●●　서술형

이차함수 $y=-x^2$의 그래프를 $x$축의 방향으로 $-3$만큼, $y$축의 방향으로 1만큼 평행이동하였더니 점 $(-1, a)$를 지났다. 이때 $a$의 값을 구하시오.

## 1094　●●중●●●

이차함수 $y=a(x-p)^2+q$의 그래프가 오른쪽 그림과 같을 때, $a+p+q$의 값을 구하시오.

（단, $a, p, q$는 상수）

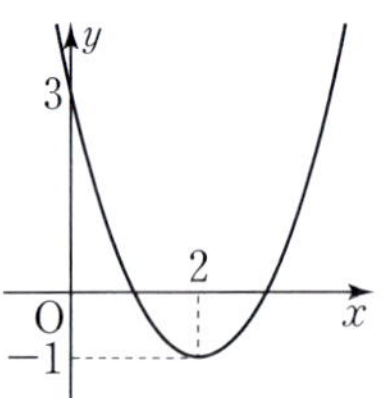

## 1095　●●중●●●

이차함수 $y=\dfrac{3}{4}(x-p)^2+3p$의 그래프의 꼭짓점이 직선 $y=-x+8$ 위에 있을 때, 상수 $p$의 값을 구하시오.

---

필수유형 **12**　이차함수 $y=a(x-p)^2+q$의 그래프에서 증가·감소하는 범위

(1) $a>0$인 경우

① $x<p$일 때, $x$의 값이 증가
　➡ $y$의 값은 감소

② $x>p$일 때, $x$의 값이 증가
　➡ $y$의 값도 ❶



(2) $a<0$인 경우

① $x<p$일 때, $x$의 값이 증가
　➡ $y$의 값도 증가

② $x>p$일 때, $x$의 값이 증가
　➡ $y$의 값은 ❷



참고　축 $x=p$를 기준으로 이차함수의 그래프의 증가·감소를 나눈다.

답 ❶ 증가　❷ 감소

### 대표문제

## 1096　●●중●●●

이차함수 $y=-\dfrac{2}{3}(x+3)^2-1$의 그래프에서 $x$의 값이 증가할 때 $y$의 값도 증가하는 $x$의 값의 범위를 구하시오.

## 1097　●●중●●●

이차함수 $y=2(x-2)^2+7$의 그래프에서 $x$의 값이 증가할 때 $y$의 값도 증가하는 $x$의 값의 범위를 구하시오.

## 1098　●●중●●●

이차함수 $y=4x^2$의 그래프를 $x$축의 방향으로 1만큼, $y$축의 방향으로 5만큼 평행이동한 그래프에서 $x$의 값이 증가할 때 $y$의 값은 감소하는 $x$의 값의 범위를 구하시오.

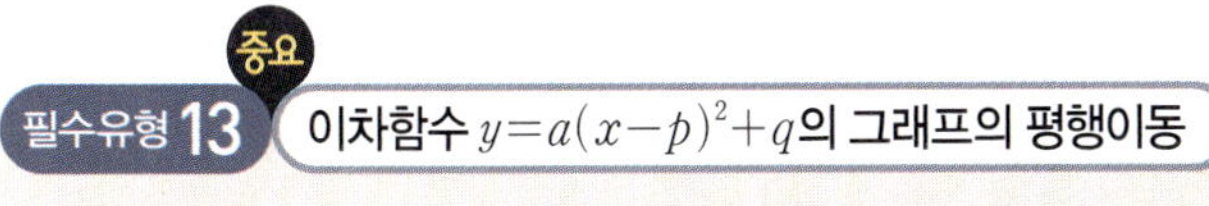

**필수유형 13** **이차함수 $y=a(x-p)^2+q$의 그래프의 평행이동**

$$y=a(x-p)^2+q \xrightarrow[\substack{x\text{축의 방향으로 } m\text{만큼,} \\ y\text{축의 방향으로} \\ n\text{만큼 평행이동}}]{} y=a(x-p-m)^2+q+n$$

$y=a(x-p-m)^2+q+n$의 그래프는 $y=a(x-p)^2+q$의 그래프를 $x$축의 방향으로 $m$만큼, $y$축의 방향으로 $n$만큼 평행이동한 것이다.

➡ 꼭짓점의 좌표 : $(p+m, q+n)$, 축의 방정식 : $x=p+m$

예 $y=2(x-3)^2+4$의 그래프를 $x$축의 방향으로 $-2$만큼, $y$축의 방향으로 1만큼 평행이동하면

| 식의 변화 | $y=2(x-3)^2+4 \rightarrow y=2(x-1)^2+5$ |
| --- | --- |
| 꼭짓점의 변화 | $(3, 4) \rightarrow ($ ❶ $,$ ❷ $)$ |
| 축의 방정식의 변화 | $x=3 \rightarrow x=$ ❸ |

답 ❶1 ❷5 ❸1

**대표문제**

**1099** ●●중●●●

이차함수 $y=-2(x-1)^2+4$의 그래프를 $x$축의 방향으로 $m$만큼, $y$축의 방향으로 $n$만큼 평행이동한 그래프를 나타내는 이차함수의 식이 $y=-2(x+3)^2+1$일 때, $m+n$의 값을 구하시오.

**1100** ●중하●●●

다음 중 $y=-(x+1)^2-2$의 그래프를 $x$축의 방향으로 $-5$만큼, $y$축의 방향으로 3만큼 평행이동한 그래프를 나타내는 이차함수의 식은?

① $y=-(x+6)^2-5$　　② $y=-(x+6)^2+1$
③ $y=-(x-4)^2-1$　　④ $y=-(x-4)^2+1$
⑤ $y=-(x-6)^2-1$

**1101** ●●중●●●

이차함수 $y=ax^2+1$의 그래프를 $y$축의 방향으로 $q$만큼 평행이동하였더니 이차함수 $y=4x^2-4$의 그래프와 일치하였다. 이때 $a+q$의 값을 구하시오. (단, $a$는 상수)

**1102** ●●중●●● 서술형

이차함수 $y=5(x-2)^2$의 그래프를 $x$축의 방향으로 $-4$만큼, $y$축의 방향으로 $-3$만큼 평행이동한 그래프의 꼭짓점의 좌표는 $(a, b)$이고 축의 방정식은 $x=c$이다. 이때 $a$, $b$, $c$의 값을 각각 구하시오. (단, $c$는 상수)

**1103** ●●중●●●

이차함수 $y=\dfrac{1}{2}(x+3)^2-2$의 그래프를 $x$축의 방향으로 $-1$만큼, $y$축의 방향으로 4만큼 평행이동한 그래프가 점 $(a, 4)$를 지날 때, 모든 $a$의 값의 합을 구하시오.

**1104** ●●중●●●

이차함수 $y=a(x-3)^2+2$의 그래프를 $x$축의 방향으로 3만큼, $y$축의 방향으로 $-5$만큼 평행이동하였더니 이차함수 $y=-(x+b)^2+c$의 그래프와 일치하였다. 이때 $a+b+c$의 값을 구하시오. (단, $a$, $b$, $c$는 상수)

**9**

이차함수의 그래프 (1)

**필수유형 14**　이차함수 $y=a(x-p)^2+q$의 그래프의 대칭이동

이차함수 $y=a(x-p)^2+q$의 그래프를
(1) $x$축에 대칭이동 ➡ $y$ 대신 $-y$ 대입
　　$-y=a(x-p)^2+q$, 즉 $y=-a(x-p)^2-q$
(2) $y$축에 대칭이동 ➡ $x$ 대신 $-x$ 대입
　　$y=a(-x-p)^2+q$, 즉 $y=a(x+p)^2+q$

**대표문제**

**1105**　●●중●●

다음 중 이차함수 $y=(x-1)^2+3$의 그래프를 $x$축에 대칭이동한 그래프를 나타내는 이차함수의 식은?

① $y=x^2-4x+7$　　　② $y=-x^2-3$

③ $y=-x^2+2x-4$　　④ $y=-x^2+2x+3$

⑤ $y=-x^2+4x-7$

**1106**　●●중●●

이차함수 $y=a(x-1)^2$의 그래프를 $y$축에 대칭이동하면 점 $(2,3)$을 지날 때, 상수 $a$의 값을 구하시오.

**1107**　●●●상중●　서술형

이차함수 $y=3(x-1)^2-4$의 그래프에 대하여 다음 물음에 답하시오.

(1) 이차함수 $y=3(x-1)^2-4$의 그래프를 $y$축에 대칭이동한 그래프를 나타내는 이차함수의 식을 구하시오.

(2) (1)에서 구한 그래프를 $x$축에 대칭이동하면 점 $(-2,k)$를 지날 때, $k$의 값을 구하시오.

**필수유형 15**　이차함수 $y=a(x-p)^2+q$의 그래프에서 $a, p, q$의 부호

(1) $a$의 부호 : 그래프의 모양으로 정한다.
　① 아래로 볼록 ➡ $a>0$
　② 위로 볼록 ➡ $a$ ❶ $0$
(2) $p, q$의 부호 : 꼭짓점 $(p,q)$의 위치로 정한다.
　① 꼭짓점이 제1 사분면 위에 위치 ➡ $p>0, q>0$
　② 꼭짓점이 제2 사분면 위에 위치 ➡ $p<0, q>0$
　③ 꼭짓점이 제3 사분면 위에 위치 ➡ $p$ ❷ $0, q<0$
　④ 꼭짓점이 제4 사분면 위에 위치 ➡ $p>0, q$ ❸ $0$

답　❶< 　❷< 　❸<

**대표문제**

**1108**　●●중●●

이차함수 $y=a(x-p)^2+q$의 그래프가 오른쪽 그림과 같을 때, $a$, $p$, $q$의 부호는?

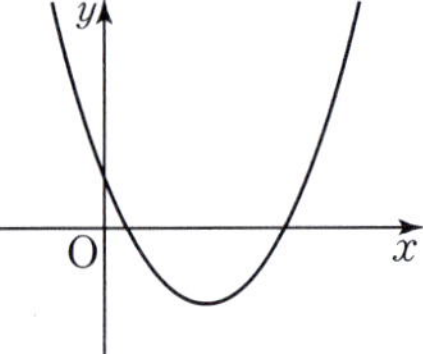

（단, $a, p, q$는 상수）

① $a<0, p>0, q>0$

② $a>0, p<0, q<0$

③ $a>0, p<0, q>0$

④ $a>0, p>0, q<0$

⑤ $a>0, p>0, q>0$

**1109**　●●중●●

이차함수 $y=ax^2+q$의 그래프가 오른쪽 그림과 같을 때, 다음 중 옳지 <u>않</u>은 것은? (단, $a, q$는 상수)

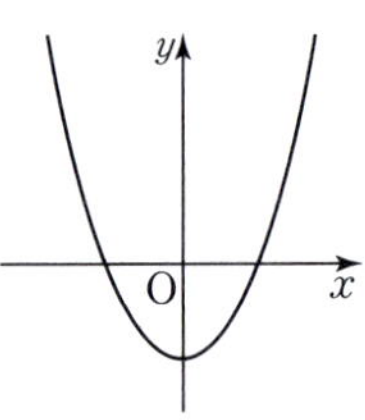

① $a>0$　　　② $q<0$

③ $a-q>0$　　④ $aq<0$

⑤ $a+q<0$

## 1110 ●●●상중●  잘 틀리는 문제

이차함수 $y=a(x-p)^2$의 그래프가 오른쪽 그림과 같을 때, 이차함수 $y=px^2+a$의 그래프가 지나는 사분면은? (단, $a$, $p$는 상수)

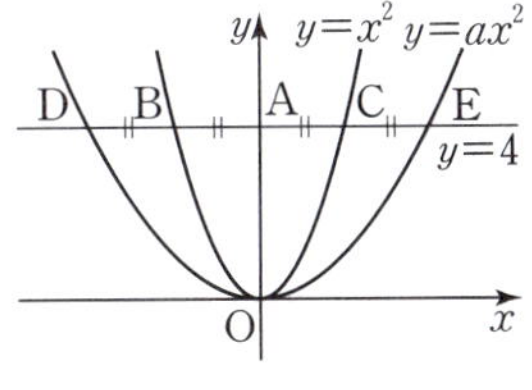

① 제1, 2사분면  ② 제1, 3사분면
③ 제2, 3사분면  ④ 제2, 4사분면
⑤ 제3, 4사분면

### 발전유형 16  이차함수 $y=ax^2$의 그래프와 직선

이차함수 $y=ax^2$의 그래프와 직선 $y=k$가 두 점에서 만난다.
➡ 교점의 $y$좌표는 $k$이다.

대표문제

## 1111 ●●●상중●

오른쪽 그림과 같이 직선 $y=4$가 $y$축과 만나는 점을 A, 이차함수 $y=x^2$, $y=ax^2$의 그래프와 만나는 점을 각각 B, C, D, E라 하자.

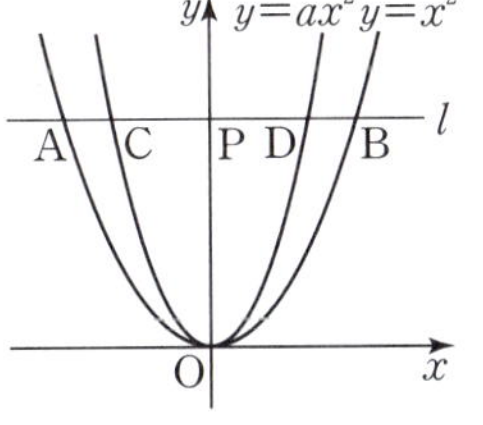

$\overline{DB}=\overline{BA}=\overline{AC}=\overline{CE}$일 때, 상수 $a$의 값을 구하시오.

## 1112 ●●●상중●

오른쪽 그림과 같이 $x$축에 평행한 직선 $l$과 이차함수 $y=x^2$의 그래프의 두 교점을 각각 A, B, 직선 $l$과 이차함수 $y=ax^2$의 그래프의 두 교점을 각각 C, D라 하자. 직선 $l$과 $y$축과의 교점을 P라 할 때, $\overline{PA}:\overline{PC}=3:2$를 만족하는 상수 $a$의 값을 구하시오.

### 발전유형 17  이차함수 $y=ax^2$의 그래프와 사각형

이차함수 $y=ax^2$의 그래프는 $y$축에 대칭이다.

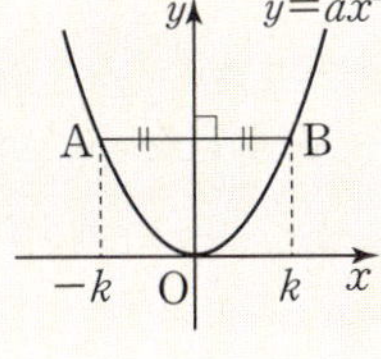

➡ 선분 AB가 $x$축에 평행할 때, 점 B의 $x$좌표를 $k$로 놓으면 점 A의 $x$좌표는 $-k$이다.

대표문제

## 1113 ●●●상중●

오른쪽 그림과 같이 $x$축과 평행한 선분 AB가 있다. 점 A의 좌표는 $(0, 10)$이고, 점 B는 이차함수 $y=\frac{1}{2}x^2$의 그래프 위에 있다.

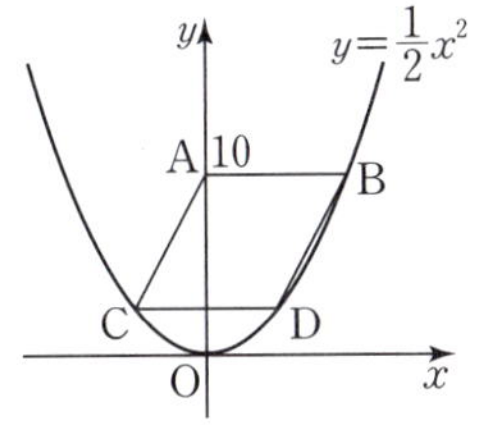

□ACDB가 평행사변형이 되도록 두 점 C, D를 $y=\frac{1}{2}x^2$의 그래프 위에 잡을 때, 점 D의 좌표를 구하시오.

## 1114 ●●●상중●

다음 그림과 같이 이차함수 $y=\frac{1}{2}x^2$의 그래프 위에 두 점 A, B가 있고, 이차함수 $y=-x^2$의 그래프 위에 두 점 C, D가 있다. □ACDB는 정사각형이고 각 변은 $x$축 또는 $y$축에 각각 평행할 때, 점 D의 $x$좌표를 구하시오

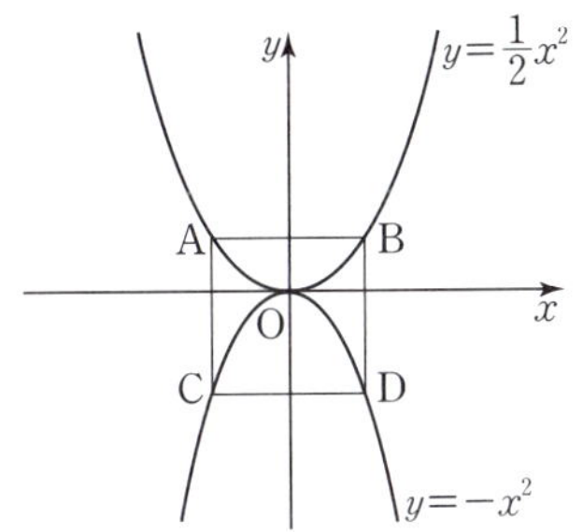

## 1115 ●●●상중●

오른쪽 그림에서 직사각형 ABCD의 넓이가 18일 때, $p^3$의 값을 구하시오. (단, $p$는 양수이고 $\overline{AD}$, $\overline{BC}$는 $x$축에 평행하다.)

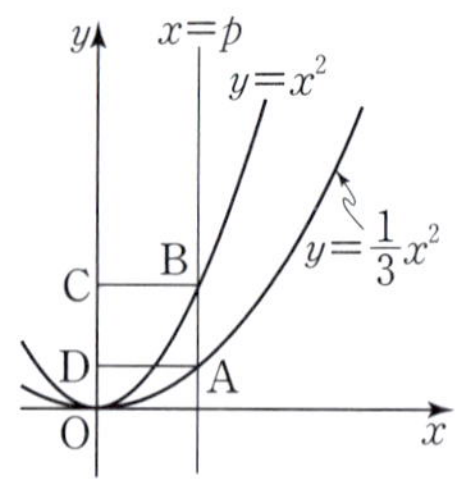


## 1116 ●●●상중●

다음 그림과 같이 이차함수 $y=ax^2$의 그래프 위에 두 점 A$(-2, 1)$, B$(2, 1)$이 있다. 이 그래프 위에 $y$좌표가 같고 두 점 사이의 거리가 8이 되도록 두 점 C, D를 잡을 때, □ABDC의 넓이를 구하시오. (단, $a$는 상수)

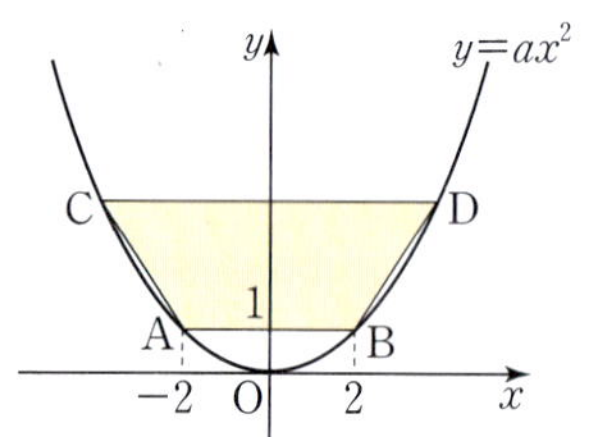


## 1117 ●●●●상

오른쪽 그림에서 □ABCD는 정사각형이고 각 변은 $x$축 또는 $y$축에 평행하다. 점 A, B의 $x$좌표가 양수일 때, 다음 물음에 답하시오.

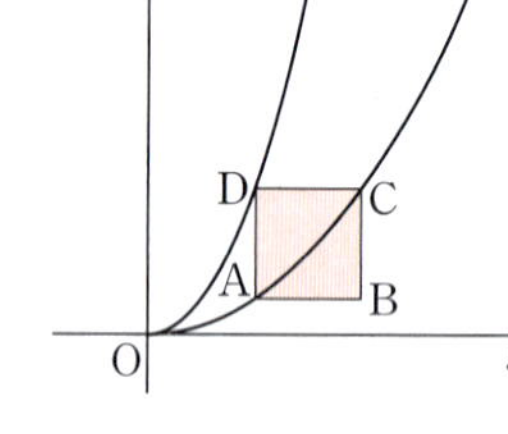


(1) 점 B의 좌표를 구하시오.

(2) □ABCD의 넓이를 구하시오.

---

 **이차함수의 그래프가 지나지 않는 사분면**

이차함수의 그래프의 꼭짓점의 좌표와 지나지 않는 사분면을 알면 그래프의 모양과 $y$절편의 부호를 정할 수 있다.

**에** $y=a(x+1)^2+1$의 그래프가 제1사분면을 지나지 않는다.

① $a>0$인 경우
항상 제1사분면을 지나므로 조건을 만족하지 않는다.

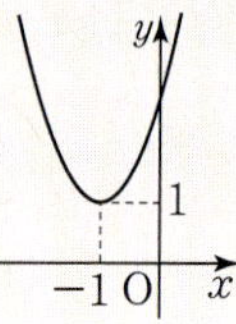


② $a<0$인 경우
제1사분면을 지나지 않으려면 ($y$절편)$\leq0$이어야 한다.

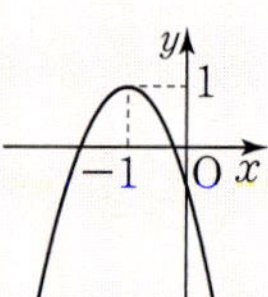


대표문제

## 1118 ●●●상중●

이차함수 $y=a(x-p)^2+q$의 그래프의 꼭짓점의 좌표가 $(2, 4)$이고 그래프가 제2사분면을 지나지 않을 때, 다음 중 $a$의 값이 될 수 <u>없는</u> 것은? (단, $a$, $p$, $q$는 상수)

① $-3$　　　② $-2$　　　③ $-\dfrac{3}{2}$

④ $-1$　　　⑤ $-\dfrac{1}{2}$

## 1119 ●●●상중●

다음 중 이차함수 $y=a(x-1)^2-3$의 그래프가 모든 사분면을 지나도록 하는 상수 $a$의 값이 될 수 있는 것을 모두 고르면? (정답 2개)

① $-\dfrac{1}{2}$　　　② $0$　　　③ $\dfrac{1}{3}$

④ $2$　　　⑤ $4$

## 1120 ●중하●●●

다음 중 $y$가 $x$에 대한 이차함수인 것을 모두 고르면?

(정답 2개)

① 반지름의 길이가 $x$ cm인 구의 부피는 $y$ cm³이다.
② 시속 110 km로 $x$시간 동안 이동한 거리는 $y$ km이다.
③ 한 봉지에 $x$원인 과자 $y$봉지를 사고 지불한 돈은 3000 원이다.
④ 한 변의 길이가 각각 $x$ cm, $(x+1)$ cm인 두 정사각형 의 넓이의 합은 $y$ cm²이다.
⑤ 한 모서리의 길이가 $x$ cm인 정육면체의 겉넓이는 $y$ cm²이다.

## 1121 ●●중●●● 서술형

이차함수 $f(x)=2x^2+ax+b$에서 $f(0)=1$, $f(-1)=6$ 일 때, $f(2)$의 값을 구하시오. (단, $a$, $b$는 상수)

## 1122 ●●중●●●

다음 중 아래 조건을 모두 만족하는 그래프를 나타내는 이 차함수의 식은?

조건
(가) 원점을 꼭짓점으로 하고 $y$축을 축으로 하는 곡선이다.
(나) 아래로 볼록하다.
(다) $y=x^2$의 그래프보다 폭이 넓다.

① $y=-2x^2$    ② $y=-\dfrac{3}{2}x^2$    ③ $y=\dfrac{2}{3}x^2$

④ $y=3x^2$    ⑤ $y=5x^2$

## 1123 ●●중●●●

이차함수 $y=2x^2$의 그래프와 $x$축에 대칭인 그래프가 점 $(a, 2a)$를 지날 때, $a$의 값은? (단, $a\neq 0$)

① $-2$    ② $-1$    ③ $1$
④ $2$    ⑤ $3$

## 1124 ●중하●●●

다음 중 보기의 이차함수의 그래프에 대한 설명으로 옳은 것은?

보기
㉠ $y=-2x^2$    ㉡ $y=6x^2$    ㉢ $y=-x^2$
㉣ $y=\dfrac{5}{2}x^2$    ㉤ $y=-\dfrac{1}{6}x^2$    ㉥ $y=\dfrac{1}{6}x^2$

① 위로 볼록한 그래프는 ㉡, ㉣, ㉥이다.
② 폭이 가장 좁은 그래프는 ㉡이다.
③ 폭이 가장 넓은 그래프는 ㉠이다.
④ ㉡과 ㉤은 $x$축에 대칭이다.
⑤ ㉢의 꼭짓점의 좌표는 $(-1, 0)$이고 대칭축은 $y$축이다.

## 1125 ●중하●●●

오른쪽 그림과 같은 포물선을 그 래프로 하는 이차함수의 식은?

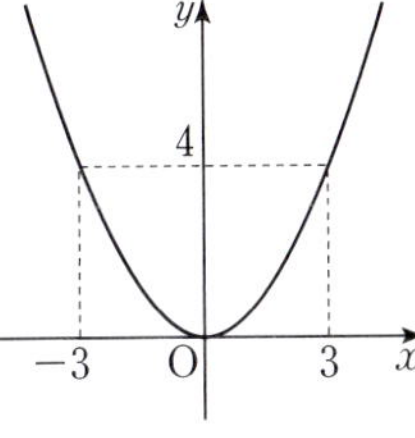

① $y=12x^2$    ② $y=\dfrac{4}{9}x^2$
③ $y=\dfrac{3}{4}x^2$    ④ $y=-\dfrac{4}{9}x^2$
⑤ $y=-\dfrac{4}{3}x^2$

## 1126 ●●●중●●● 서술형

이차함수 $y=2x^2+q$의 그래프를 $y$축의 방향으로 $-3$만큼 평행이동하면 꼭짓점의 좌표가 $(0, -5)$가 된다. 이때 상수 $q$의 값을 구하시오.

## 1127 ●●중●●

다음 중 이차함수 $y=-2(x+3)^2$의 그래프에 대한 설명으로 옳은 것을 모두 고르면? (정답 2개)

① 제3사분면을 지나지 않는다.
② 꼭짓점의 좌표는 $(-3, 0)$이다.
③ 축의 방정식은 $x=3$이다.
④ $y=-2x^2$의 그래프를 $x$축의 방향으로 3만큼 평행이동한 것이다.
⑤ 위로 볼록한 포물선이다.

## 1128 ●●중●●

이차함수 $y=a(x-p)^2+q$의 그래프가 오른쪽 그림과 같을 때, 다음 중 이 그래프에 대한 설명으로 옳지 않은 것은? (단, $a$, $p$, $q$는 상수)

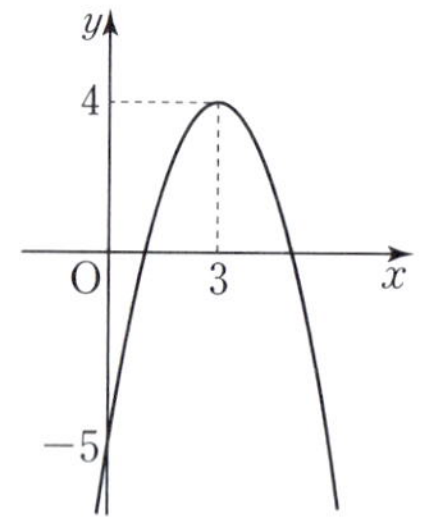

① 꼭짓점의 좌표는 $(3, 4)$이다.
② $y$절편은 $-5$이다.
③ $a=-5$, $p=3$, $q=4$이다.
④ $y=-x^2$의 그래프를 $x$축의 방향으로 3만큼, $y$축의 방향으로 4만큼 평행이동한 그래프이다.
⑤ $x>3$일 때, $x$의 값이 증가하면 $y$의 값은 감소한다.

## 1129 ●●중●●

다음 이차함수 중 그 그래프가 모든 사분면을 지나는 것은?

① $y=2(x+1)^2$    ② $y=(x+2)^2+3$
③ $y=3(x-2)^2-4$    ④ $y=-(x-1)^2+4$
⑤ $y=-2(x+3)^2+5$

## 1130 ●●중●●

다음 중 아래 조건을 모두 만족하는 그래프를 나타내는 이차함수의 식은?

조건
(가) 이차함수 $y=-2(x+1)^2+4$의 그래프와 폭이 같다.
(나) 아래로 볼록한 포물선이다.
(다) 축의 방정식은 $x=3$이다.
(라) 점 $(2, 7)$을 지난다.

① $y=-2x^2+5$
② $y=-2(x-3)^2+5$
③ $y=2(x+3)^2+5$
④ $y=2(x-3)^2-5$
⑤ $y=2(x-3)^2+5$

## 1131 ●●중●●

이차함수 $y=-2(x-1)^2+2$의 그래프에서 $x$의 값이 증가할 때 $y$의 값은 감소하는 $x$의 값의 범위를 구하시오.

## 1132 ●●중●●

다음 중 $a<0$, $q<0$일 때, 이차함수 $y=ax^2-q$의 그래프로 적당한 것은? (단, $a$, $q$는 상수)

① 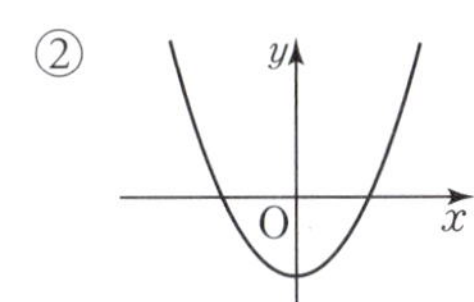  ②

③ 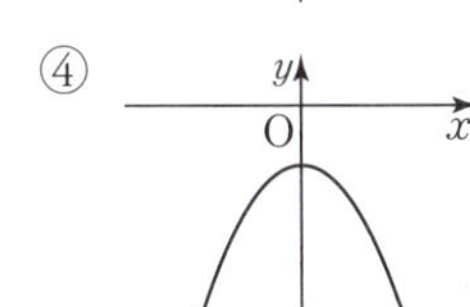  ④ 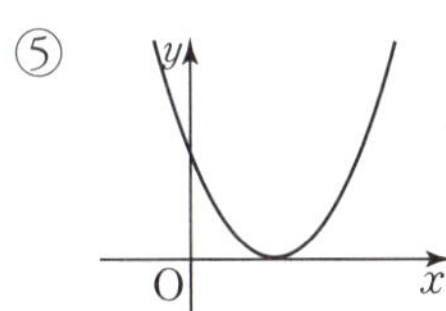

⑤

## 1133 ●●●상중● 융합형

다음 그림과 같이 정사각형 모양의 카드를 계단 모양으로 배열할 때, 물음에 답하시오.

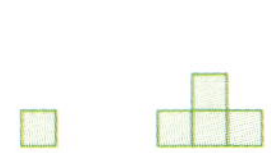 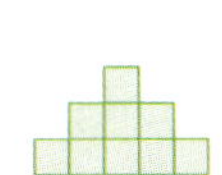 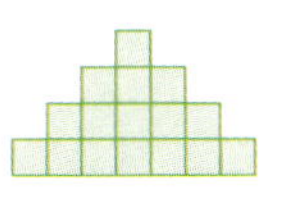

[1계단]  [2계단]  [3계단]  [4계단]  ...

(1) $x$계단을 만드는 데 배열한 카드를 $y$장이라 할 때, $y$를 $x$의 식으로 나타내고 이차함수인지 아닌지 말하시오.

(2) 400장의 카드를 모두 계단 모양으로 배열할 때, 몇 계단을 만들 수 있는지 구하시오.

(3) 카드를 배열하여 17계단을 만들려면 카드는 몇 장이 필요한지 구하시오.

## 1134 ●●중●● 창의력

데칼코마니(Decalcomanie)는 아래 그림과 같이 종이를 반으로 접으면 그림이 접은 선을 기준으로 대칭됨을 이용하는 회화 기법이다.

이차함수 $y=3x^2$의 그래프와, 데칼코마니 기법을 이용하여 아래와 같은 방법으로 만들어지는 이차함수의 그래프보다 이차함수 $y=ax^2$의 그래프가 폭이 넓다. 다음 중 상수 $a$의 값의 범위가 될 수 있는 것을 모두 고르면? (정답 2개)

> (가) 좌표평면 위에 이차함수 $y=3x^2$의 그래프를 물감으로 그린다.
>
> (나) (가)의 그래프를 $x$축을 접는 선으로 하여 접었다가 펼친다.

① $a \leq -3$   ② $-3<a<0$   ③ $a=0$
④ $0<a<3$   ⑤ $a \geq 3$

## 1135 ●●●상중●

오른쪽 그림과 같이 $x$축에 평행한 직선 $l$과 이차함수 $y=x^2$의 그래프의 두 교점을 각각 A, B, 직선 $l$과 이차함수 $y=ax^2$의 그래프의 두 교점을 각각 C, D라 하자. 직선 $l$과 $y$축과의 교점을 P라 할 때, $\overline{PA} : \overline{PD} = 4 : 3$을 만족하는 상수 $a$의 값을 구하시오.

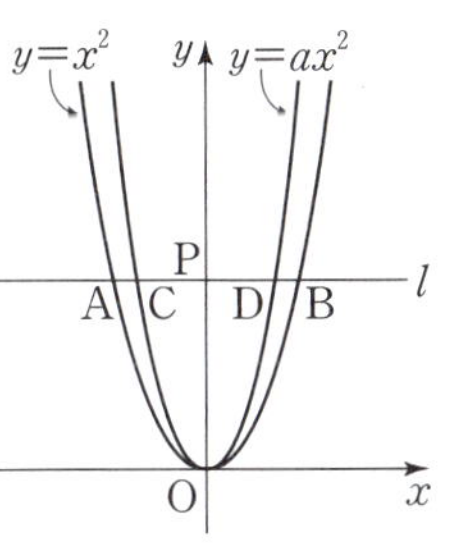

# 10 이차함수의 그래프 (2)

# 개념 마스터

**⑩ 이차함수의 그래프 (2)**

---

**01** 이차함수 $y=ax^2+bx+c$의 그래프  유형 01~09

$y=a(x-p)^2+q$의 꼴로 고쳐서 그래프를 그린다.

$$y=ax^2+bx+c \Rightarrow y=a\left(x+\frac{b}{2a}\right)^2-\frac{b^2-4ac}{4a}$$

(1) **꼭짓점의 좌표**  $\left(-\dfrac{b}{2a},\ -\dfrac{b^2-4ac}{4a}\right)$

(2) **축의 방정식**  $x=-\dfrac{b}{2a}$

> **참고**  ─ 이차함수의 일반형 : $y=ax^2+bx+c\ (a\neq 0)$
> ─ 이차함수의 표준형 : $y=a(x-p)^2+q\ (a\ \boxed{❶}\ 0)$

답 ❶ ≠

**1136** 다음은 이차함수 $y=x^2+2x-3$ 을 $y=a(x-p)^2+q$의 꼴로 고치는 과정이다. ☐ 안에 알맞은 수를 써넣고, 그래프의 꼭짓점의 좌표와 축의 방정식을 각각 구하시오.

$$y=x^2+2x-3$$
$$=(x^2+2x+1-\boxed{\phantom{0}})-3$$
$$=(x+\boxed{\phantom{0}})^2-\boxed{\phantom{0}}$$

[1137~1140] 다음 이차함수의 그래프의 꼭짓점의 좌표와 축의 방정식을 각각 구하시오.

**1137**  $y=-x^2+4x+3$

**1138**  $y=\dfrac{1}{2}x^2-3x-6$

**1139**  $y=3x^2+6x+4$

**1140**  $y=-2x^2+16x-17$

---

**02** 이차함수 $y=ax^2+bx+c$의 그래프에서 $a,b,c$의 부호  유형 10

이차함수 $y=ax^2+bx+c$의 그래프에서

(1) **$a$의 부호**  그래프의 모양에 따라 결정된다.

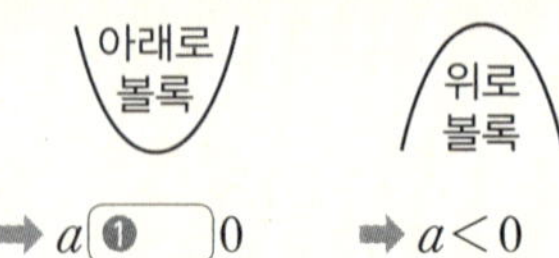


$\Rightarrow a\ \boxed{❶}\ 0$    $\Rightarrow a<0$

(2) **$b$의 부호**  축의 위치에 따라 결정된다.

① 축이 $y$축의 왼쪽
  $\Rightarrow a,b$는 같은 부호
  $\Rightarrow ab>0$

② 축이 $y$축 $\Rightarrow b=0$

③ 축이 $y$축의 오른쪽
  $\Rightarrow a,b$는 다른 부호
  $\Rightarrow ab<0$

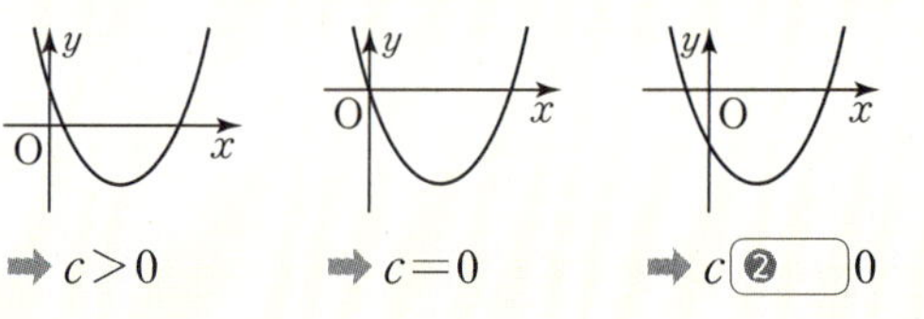


(3) **$c$의 부호**  $y$축과의 교점의 위치에 따라 결정된다.

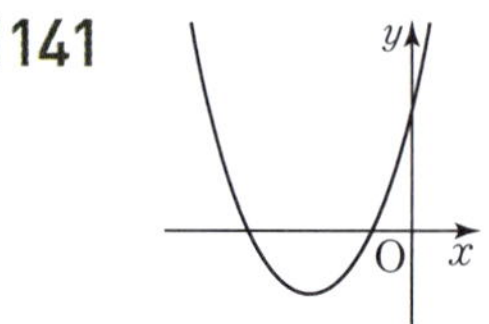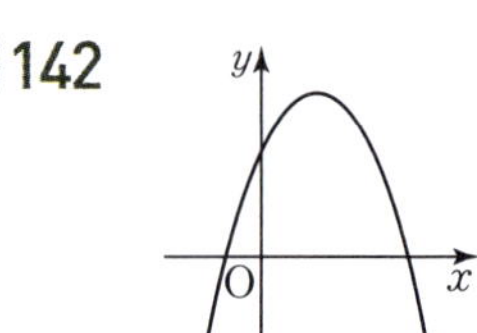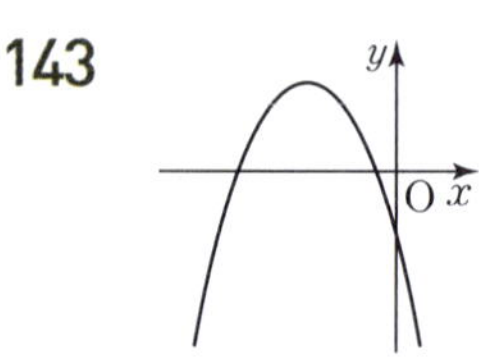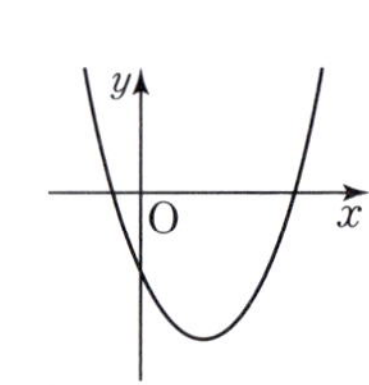

$\Rightarrow c>0$    $\Rightarrow c=0$    $\Rightarrow c\ \boxed{❷}\ 0$

답 ❶ >  ❷ <

[1141~1144] 이차함수 $y=ax^2+bx+c$의 그래프가 다음과 같을 때, $a,b,c$의 부호를 정하시오.

**1141**

**1142**

**1143**

**1144**

---

> **핵심 포인트!**  이차함수 $y=ax^2+bx+c$의 그래프의 $x$축, $y$축과의 교점
> (1) $x$축과의 교점의 $x$좌표 : $y=0$일 때의 $x$의 값 $\Rightarrow ax^2+bx+c=0$의 해
> (2) $y$축과의 교점의 $y$좌표 : $x=0$일 때의 $y$의 값 $\Rightarrow y=c$

### STEP 2 유형 마스터

**필수유형 01**  이차함수 $y=ax^2+bx+c$의 식 변형하기

$y=ax^2+bx+c$를 $y=a(x-p)^2+q$의 꼴로 변형하기

$\Rightarrow\ y=ax^2+bx+c$

$\quad =a\left(x^2+\dfrac{b}{a}x\right)+c$

$\quad =a\left(x^2+\dfrac{b}{a}x+\dfrac{b^2}{4a^2}-\boxed{❶}\right)+c$

$\quad =a\left(x+\dfrac{b}{2a}\right)^2-\dfrac{b^2-4ac}{4a}$

답  ❶ $\dfrac{b^2}{4a^2}$

**대표문제**

**1145** 중하••••

이차함수 $y=\dfrac{1}{3}x^2-2x+1$을 $y=a(x-p)^2+q$의 꼴로 나타낼 때, $apq$의 값을 구하시오. (단, $a$, $p$, $q$는 상수)

**1146** 하•••••

다음은 이차함수 $y=-x^2+6x-5$를 $y=a(x-p)^2+q$의 꼴로 고치는 과정이다. ①~⑤에 들어갈 자연수로 옳지 <u>않</u>은 것은? (단, $a$, $p$, $q$는 상수)

$y=-x^2+6x-5$
$\quad =-(x^2-\boxed{①}x)-\boxed{②}$
$\quad =-(x^2-\boxed{①}x+\boxed{③}-9)-\boxed{②}$
$\quad =-(x-\boxed{④})^2+\boxed{⑤}$

① 6     ② 5     ③ 9
④ 2     ⑤ 4

**1147** 중하•••

이차함수 $y=4x^2+16x-3$을 $y=a(x+p)^2+q$의 꼴로 나타낼 때, 상수 $a$, $p$, $q$의 값을 각각 구하시오.

**필수유형 02**  중요  이차함수 $y=ax^2+bx+c$의 그래프의 꼭짓점의 좌표와 축의 방정식

$y=ax^2+bx+c=a\left(x+\dfrac{b}{2a}\right)^2-\dfrac{b^2-4ac}{4a}$

$\Rightarrow$ 꼭짓점의 좌표 : $\left(-\dfrac{b}{2a},\ -\dfrac{b^2-4ac}{4a}\right)$

$\quad$ 축의 방정식 : $x=\boxed{❶}$

답  ❶ $-\dfrac{b}{2a}$

**대표문제**

**1148** 중••••

두 이차함수 $y=-2x^2+4x+a$, $y=x^2-2bx+1$의 그래프의 꼭짓점이 일치할 때, $a+b$의 값을 구하시오.

(단, $a$, $b$는 상수)

**1149** 중하•••

다음 이차함수 중 그 그래프의 꼭짓점이 제2사분면 위에 있는 것은?

① $y=-x^2+4x-2$     ② $y=x^2+8x+12$
③ $y=-2x^2+4x-1$     ④ $y=2x^2-16x+30$
⑤ $y=-3x^2-12x-5$

**1150** 중••••

일차함수 $y=ax+b$의 그래프가 오른쪽 그림과 같을 때, 이차함수 $y=\dfrac{1}{2}ax^2+bx-5$의 그래프의 꼭짓점의 좌표를 구하시오. (단, $a$, $b$는 상수)

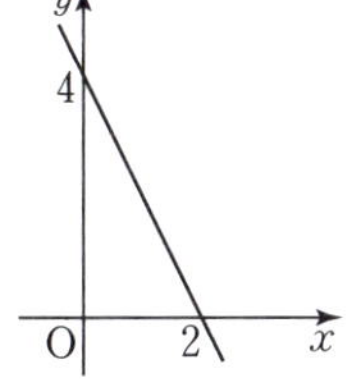

**필수유형03** 이차함수 $y=ax^2+bx+c$의 그래프

① $y=a(x-p)^2+q$의 꼴로 고쳐서 꼭짓점의 좌표를 구한다.
  $(p, \boxed{①})$
② $y$축과의 교점의 좌표를 구한다. ➡ $(0, c)$
③ 그래프의 모양을 확인한다.
  ➡ $a>0$이면 $\boxed{②}$로 볼록, $a<0$이면 위로 볼록

답 **❶** $q$ **❷** 아래

**대표문제**

## 1151 ●●중●●

다음 중 이차함수 $y=2x^2+4x-1$의 그래프는?

① 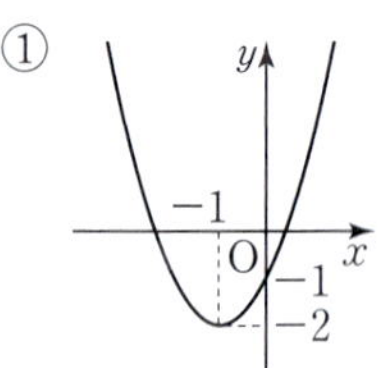  ② 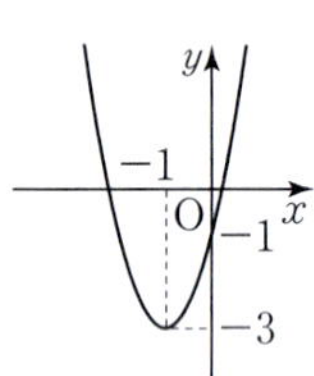  ③ 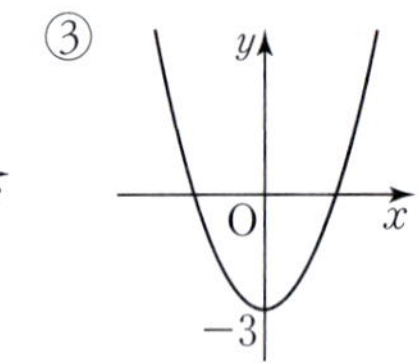

④ 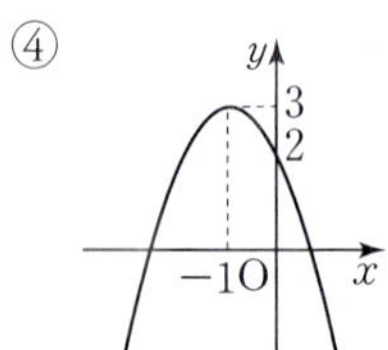  ⑤ 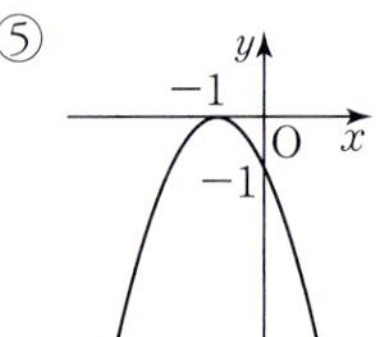

## 1152 ●●중●●

이차함수 $y=-3x^2+6x-1$의 그래프가 지나지 않는 사분면을 구하시오.

## 1153 ●●중●●   [잘 틀리는 문제]

다음 이차함수 중 그 그래프가 모든 사분면을 지나는 것은?

① $y=4x^2-4x+1$    ② $y=2x^2+3x+4$
③ $y=x^2-3x+2$    ④ $y=-2x^2+4x-3$
⑤ $y=-\dfrac{1}{2}x^2-x+1$

**필수유형04** 이차함수 $y=ax^2+bx+c$의 그래프에서 증가·감소하는 범위

이차함수 $y=ax^2+bx+c$를 $y=a(x-p)^2+q$의 꼴로 고친 후 축 $x=p$를 기준으로 그래프의 증가·감소를 확인한다.
(1) $a>0$인 경우
  ① $x<p$일 때, $x$의 값이 증가하면 $y$의 값은 $\boxed{①}$한다.
  ② $x>p$일 때, $x$의 값이 증가하면 $y$의 값도 증가한다.
(2) $a<0$인 경우
  ① $x<p$일 때, $x$의 값이 증가하면 $y$의 값도 $\boxed{②}$한다.
  ② $x>p$일 때, $x$의 값이 증가하면 $y$의 값은 감소한다.

답 **❶** 감소 **❷** 증가

**대표문제**

## 1154 ●●중●●

이차함수 $y=3x^2-12x+2$의 그래프에서 $x$의 값이 증가할 때 $y$의 값도 증가하는 $x$의 값의 범위를 구하시오.

## 1155 ●●중●●   서술형   [잘 틀리는 문제]

이차함수 $y=-2x^2+12x-11$의 그래프에서 $x$의 값이 증가할 때 $y$의 값은 감소하는 $x$의 값의 범위를 구하시오.

## 1156 ●●중●●

이차함수 $y=-x^2+2kx+k$의 그래프에서 $x<-2$이면 $x$의 값이 증가할 때 $y$의 값도 증가하고, $x>-2$이면 $x$의 값이 증가할 때 $y$의 값은 감소한다. 이때 이 이차함수의 그래프가 $y$축과 만나는 점의 좌표를 구하시오. (단, $k$는 상수)

**필수유형 05** (중요) 이차함수 $y=ax^2+bx+c$의 그래프의 성질

$y=ax^2+bx+c$를 $y=a(x-p)^2+q$의 꼴로 고친다.

(1) $a>0$ ➡ 아래로 볼록, $a<0$ ➡ 위로 볼록

(2) 꼭짓점의 좌표 : $(p, q)$, 축의 방정식 : $x=$ ❶

(3) $y$축과의 교점의 좌표 : $(0, $ ❷ $)$

📖 ❶ $p$  ❷ $c$

**대표문제**

## 1157 ••중••

다음 중 이차함수 $y=-3x^2+6x-2$의 그래프에 대한 설명으로 옳은 것은?

① 위로 볼록하고, 대칭축은 $y$축의 왼쪽에 위치한다.

② $y=-3x^2$의 그래프를 $x$축의 방향으로 $-1$만큼, $y$축의 방향으로 1만큼 평행이동한 것이다.

③ 축의 방정식은 $x=1$이다.

④ $x<1$일 때, $x$의 값이 증가하면 $y$의 값은 감소한다.

⑤ $y=3x^2+6x+2$의 그래프와 $x$축에 대칭이다.

## 1158 ••중••

다음 보기 중에서 이차함수 $y=-x^2+4x-1$의 그래프에 대한 설명으로 옳은 것을 모두 고르시오.

┌ 보기 ─────────────
㉠ 직선 $x=2$에 대칭이다.
㉡ 모든 사분면을 지난다.
㉢ $y=-x^2$의 그래프와 모양이 같다.
└─────────────────

## 1159 ••중••

다음 중 이차함수 $y=ax^2+bx+c$의 그래프에 대한 설명으로 옳지 <u>않은</u> 것은? (단, $a$, $b$, $c$는 상수)

① 그래프의 모양은 포물선이다.

② $x$절편은 $c$이다.

③ $a>0$이면 그래프는 아래로 볼록하다.

④ 축의 방정식은 $x=-\dfrac{b}{2a}$이다.

⑤ 꼭짓점의 좌표는 $\left(-\dfrac{b}{2a}, -\dfrac{b^2-4ac}{4a}\right)$이다.

**필수유형 06** 이차함수 $y=ax^2+bx+c$의 그래프의 평행이동

$y=a(x-p)^2+q$의 꼴로 고친 후 평행이동한 그래프를 나타내는 식을 구한다.

$$y=ax^2+bx+c=a(x-p)^2+q \xrightarrow[\substack{y\text{축의 방향으로} \\ n\text{만큼 평행이동}}]{\substack{x\text{축의 방향으로} \\ m\text{만큼,}}} y=a(x-p-m)^2+q+n$$

**대표문제**

## 1160 ••중••

이차함수 $y=3x^2+12x+13$의 그래프를 $x$축의 방향으로 $m$만큼, $y$축의 방향으로 $n$만큼 평행이동하였더니 $y=3x^2-18x+25$의 그래프와 일치하였다. 이때 $m+n$의 값을 구하시오.

## 1161 ••중••

이차함수 $y=-3x^2-6x+5$의 그래프를 $x$축의 방향으로 3만큼, $y$축의 방향으로 $-1$만큼 평행이동한 그래프의 축의 방정식을 구하시오.

## 1162 ••중••

이차함수 $y=x^2-6x+3$의 그래프를 $x$축의 방향으로 $-2$만큼 평행이동하면 점 $(3, k)$를 지난다. 이때 $k$의 값을 구하시오.

**필수유형 07**　이차함수 $y=ax^2+bx+c$의 그래프가 $x$축, $y$축과 만나는 점

이차함수 $y=ax^2+bx+c$의 그래프가
(1) $x$축과 만나는 점의 $x$좌표
　➡ $y=0$을 대입하여 이차방정식 $ax^2+bx+c=0$을 푼다.
(2) $y$축과 만나는 점의 $y$좌표 ➡ $x=0$을 대입한다.

대표문제
## 1163　••중••
이차함수 $y=-2x^2$의 그래프를 $x$축의 방향으로 $-1$만큼, $y$축의 방향으로 8만큼 평행이동한 그래프가 $x$축과 만나는 점의 좌표를 구하시오.

## 1164　•중하•••
이차함수 $y=3x^2-2x+1$의 그래프가 $y$축과 만나는 점의 좌표를 구하시오.

## 1165　••중••
오른쪽 그림은 이차함수 $y=x^2+5x+4$의 그래프이다. 이 그래프의 꼭짓점을 A, $x$축과 만나는 두 점을 왼쪽부터 차례대로 B, C, $y$축과 만나는 점을 D라 하고 $\overline{ED}$가 $x$축에 평행하도록 그래프 위에 점 E를 잡을 때, 다음 중 옳은 것은?

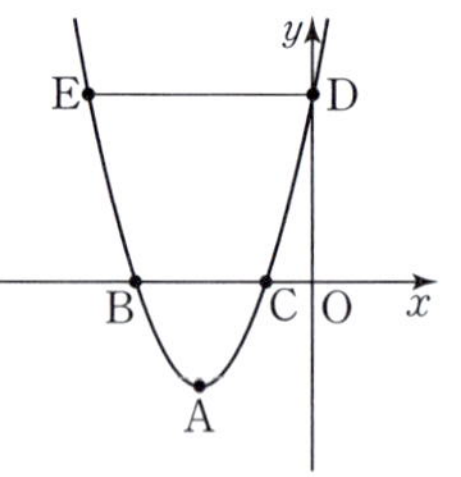

① A$(-2,\,-3)$　② B$(-3,\,0)$　③ C$(-1,\,0)$
④ D$(0,\,3)$　⑤ E$(-5,\,5)$

**필수유형 08**　이차함수 $y=ax^2+bx+c$의 그래프가 $x$축과 만나는 점의 개수

이차함수 $y=ax^2+bx+c$를 $y=a(x-p)^2+q$의 꼴로 변형하면 그래프의 꼭짓점의 좌표는 $(p,\,q)$이다.
(1) 그래프가 $x$축과 두 점에서 만난다.
　① $a>0$ ➡ $q<0$
　② $a<0$ ➡ $q$ ❶　0
(2) 그래프가 $x$축과 한 점에서 만난다.
　➡ $q=0$
(3) 그래프가 $x$축과 만나지 않는다.
　① $a>0$ ➡ $q>0$
　② $a<0$ ➡ $q$ ❷　0

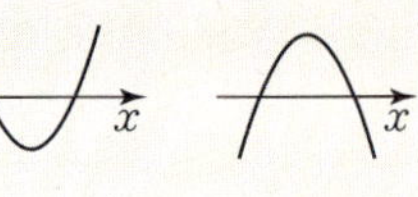
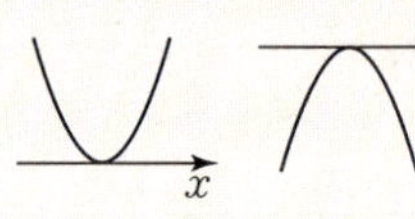
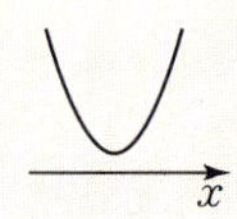
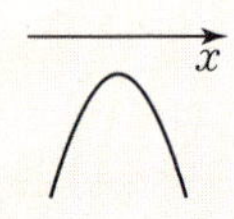

답 ❶ >　❷ <

대표문제
## 1166　••중••
이차함수 $y=-3x^2+6x-2a+5$의 그래프가 $x$축과 한 점에서 만날 때, 상수 $a$의 값을 구하시오.

## 1167　••중••
이차함수 $y=x^2+2x+k-7$의 그래프가 $x$축과 만나지 않을 때, 상수 $k$의 값의 범위를 구하시오.

## 1168　••중••　서술형
이차함수 $y=-\dfrac{1}{2}x^2-2x-3k$의 그래프가 $x$축과 서로 다른 두 점에서 만나도록 하는 상수 $k$의 값의 범위를 구하시오.

**필수유형 09** 이차함수 $y=ax^2+bx+c$의 그래프가 $x$축과 만나는 두 점 사이의 거리

(1) 이차함수 $y=a(x-p)^2+q$의 그래프의 축의 방정식이 $x=p$이고 $x$축과의 교점이 $(m, 0)$, $(n, 0)$이면
$$\frac{m+n}{2}=p$$

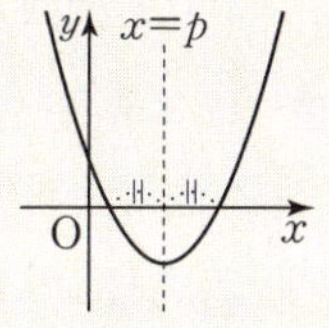

(2) 대칭축과 $x$축의 교점에서 그래프가 $x$축과 만나는 두 점까지의 거리는 같다.

대표문제

**1169** ●●중●●

이차함수 $y=x^2+ax+b$의 그래프는 축의 방정식이 $x=-1$이고, $x$축과 만나는 두 점 사이의 거리가 6이다. 이 때 $a+b$의 값을 구하시오. (단, $a$, $b$는 상수)

**1170** ●중하●●●

이차함수 $y=x^2-5x-6$의 그래프가 $x$축과 만나는 두 점을 각각 A, B라 할 때, $\overline{AB}$의 길이를 구하시오.

**1171** ●●중●●  （잘 틀리는 문제）

오른쪽 그림과 같이 이차함수 $y=\dfrac{1}{2}x^2-2x+a$의 그래프와 $x$축의 교점을 각각 A, B라 하자. $\overline{AB}=8$일 때, 상수 $a$의 값을 구하시오.

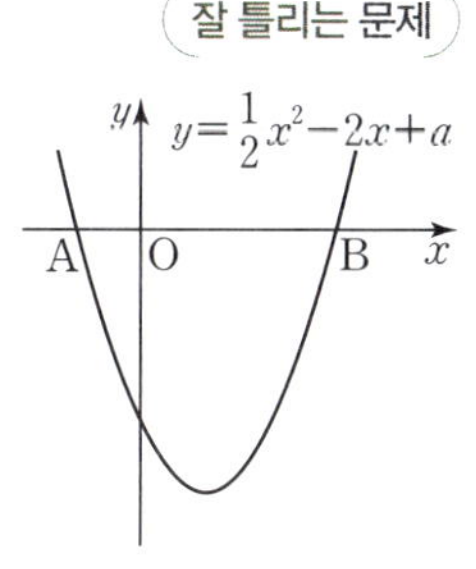


**필수유형 10** 이차함수 $y=ax^2+bx+c$의 그래프에서 $a, b, c$의 부호 (1)

(1) $a$의 부호 : 그래프의 모양으로 결정
　① 아래로 볼록 ➡ $a>0$　　② 위로 볼록 ➡ $a<0$

(2) $b$의 부호 : 축의 위치로 결정
　① 축이 $y$축의 왼쪽 ➡ $a$, $b$의 부호가 같다.
　② 축이 $y$축의 오른쪽 ➡ $a$, $b$의 부호가 **❶**  .

(3) $c$의 부호 : $y$축과의 교점의 위치로 결정
　① $x$축보다 위쪽 ➡ $c>0$
　② $x$축보다 아래쪽 ➡ $c$ **❷**  $0$

답 ❶ 다르다　❷ <

대표문제

**1172** ●●중●●

이차함수 $y=ax^2+bx+c$의 그래프가 오른쪽 그림과 같을 때, 다음 중 옳은 것은? (단, $a$, $b$, $c$는 상수)

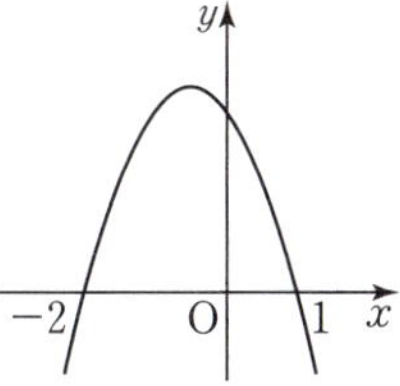


① $ab<0$　　② $ac>0$
③ $a+b+c<0$　④ $4a-2b+c=0$
⑤ $a-b+c=0$

**1173** ●●중●●  （잘 틀리는 문제）

이차함수 $y=ax^2-bx-c$의 그래프가 오른쪽 그림과 같을 때, $a$, $b$, $c$의 부호는? (단, $a$, $b$, $c$는 상수)

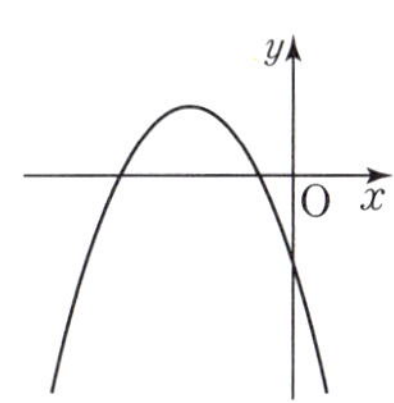


① $a<0, b>0, c>0$
② $a<0, b>0, c<0$
③ $a<0, b<0, c>0$
④ $a<0, b<0, c<0$
⑤ $a>0, b<0, c<0$

**1174** ●●중●●

$a>0$, $b<0$, $c<0$일 때, 이차함수 $y=ax^2+bx+c$의 그래프의 꼭짓점이 위치한 사분면을 구하시오.

(단, $a$, $b$, $c$는 상수)



10
이차함수의 그래프 (2)

### 필수유형 **11**　이차함수의 그래프와 삼각형의 넓이

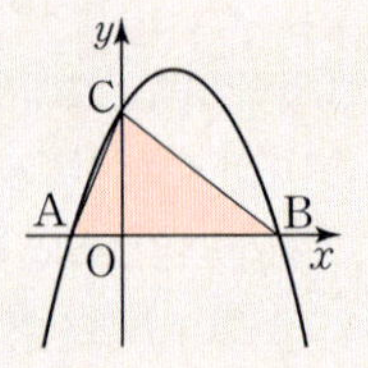

이차함수 $y=ax^2+bx+c$의 그래프 위에 세 점 A, B, C가 있을 때 $\triangle ABC$의 넓이

① 두 점 A, B는 $x$축 위의 점이다.

　➡ 이차방정식 $ax^2+bx+c=0$의 해를 구해서 두 점 A, B의 좌표를 구한다.

② 점 C는 $y$축 위의 점이다.

　➡ C$(0,$ ❶ $)$

③ $\triangle ABC = \dfrac{1}{2} \times \overline{AB} \times \overline{OC}$

답 ❶ $c$

**대표문제**

### 1175 ●●중●●

오른쪽 그림과 같이 이차함수 $y=-x^2-3x+10$의 그래프와 $x$축과의 교점을 각각 A, B, $y$축과의 교점을 C라 할 때, $\triangle ABC$의 넓이를 구하시오.

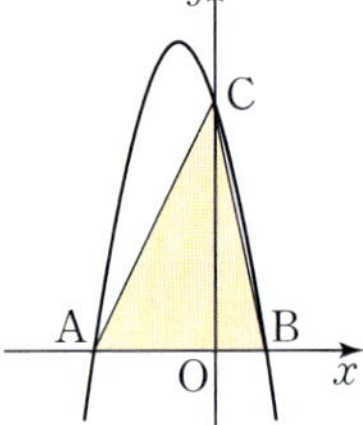

### 1176 ●●중●●　서술형

이차함수 $y=-2x^2+4x+6$의 그래프가 $x$축과 만나는 두 점을 각각 A, B, 꼭짓점을 C라 할 때, $\triangle ABC$의 넓이를 구하시오.

### 1177 ●●●상중●

오른쪽 그림과 같이 이차함수 $y=x^2+4x-5$의 그래프에서 꼭짓점을 A, $x$축의 음의 부분과 만나는 점을 B, $y$축과 만나는 점을 C라 할 때, $\triangle ABC$의 넓이를 구하시오.

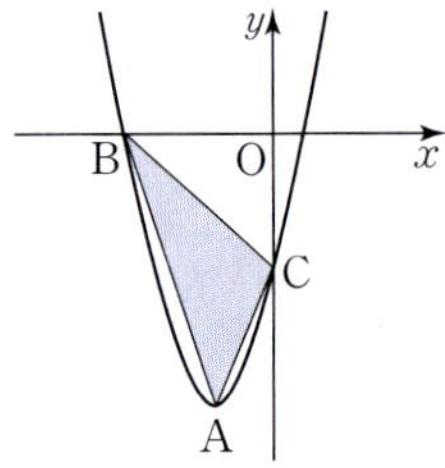

### 1178 ●●●상중●　잘 틀리는 문제

오른쪽 그림과 같이 이차함수 $y=-x^2+3x+4$의 그래프가 $x$축과 만나는 두 점을 각각 A, B라 하고 꼭짓점을 C, $y$축과 만나는 점을 D라 할 때, 사각형 ABCD의 넓이를 구하시오.

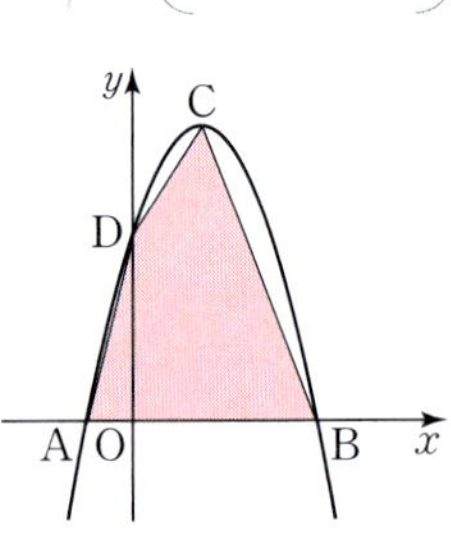

### 1179 ●●상중●

오른쪽 그림과 같이 이차함수 $y=a(x^2-2x-3)$의 그래프가 $x$축과 만나는 두 점을 각각 A, B라 하고 꼭짓점을 C라 하자. $\triangle ABC$의 넓이가 6일 때, 상수 $a$의 값을 구하시오.

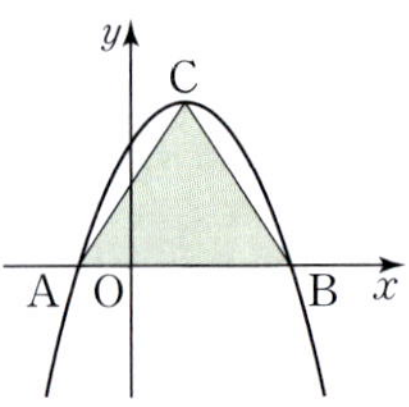

**발전유형 12** 이차함수 $y=ax^2+bx+c$의 그래프의 꼭짓점과 직선

$y=a(x-p)^2+q$의 그래프의 꼭짓점이 직선 $y=mx+n$ 위에 있다.

➡ $y=mx+n$에 $x=p$, $y=q$를 대입하면 등식이 성립한다.

**예** $y=(x-p)^2+1$의 그래프의 꼭짓점이 직선 $y=-x+2$ 위에 있을 때, 상수 $p$의 값

➡ $y=-x+2$에 $x=p$, $y=1$을 대입하면
$1=-p+2$  ∴ $p=1$

**대표문제**

**1180** ●●●상중●

이차함수 $y=x^2-2ax-b$의 그래프는 점 $(1, 4)$를 지나고 꼭짓점은 직선 $y=-2x+7$ 위에 있을 때, $a-b$의 값을 구하시오. (단, $a$, $b$는 상수)

**1181** ●●중●●

이차함수 $y=-x^2+4x+2k-3$의 그래프의 꼭짓점이 직선 $y=x+5$ 위에 있을 때, 상수 $k$의 값을 구하시오.

**1182** ●●●상중● 잘 틀리는 문제

이차함수 $y=x^2+2ax+2b$의 그래프가 점 $(-1, 5)$를 지나고 꼭짓점이 직선 $y=2x+8$ 위에 있을 때, 다음 물음에 답하시오. (단, $a$, $b$는 상수)

(1) 점 $(-1, 5)$를 지남을 이용하여 이차함수 $y=x^2+2ax+2b$의 그래프의 꼭짓점의 좌표를 $a$의 식으로 나타내시오.

(2) $ab$의 값을 구하시오.

**발전유형 13** 이차함수 $y=ax^2+bx+c$의 그래프에서 $a$, $b$, $c$의 부호 (2)

① 주어진 그래프로 $a$, $b$, $c$의 부호를 판단한다.
② $a$, $b$, $c$의 부호를 이용하여 구하려고 하는 이차함수의 그래프로 적당한 것을 찾는다.

**대표문제**

**1183** ●●●상중●

이차함수 $y=ax^2+bx+c$의 그래프가 오른쪽 그림과 같을 때, 다음 물음에 답하시오. (단, $a$, $b$, $c$는 상수)

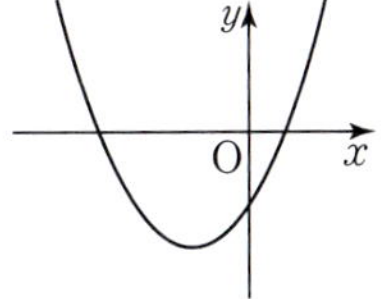

(1) $a$, $b$, $c$의 부호를 정하시오.

(2) 다음 중 이차함수 $y=cx^2+bx+a$의 그래프로 적당한 것은?

① 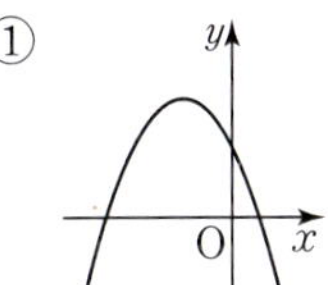  ② 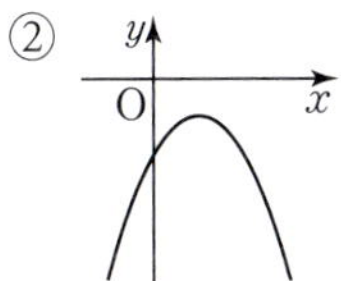  ③ 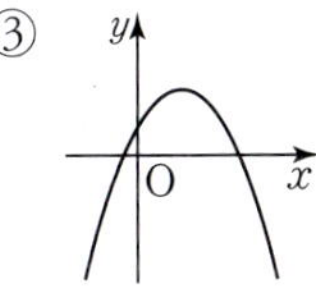

④ 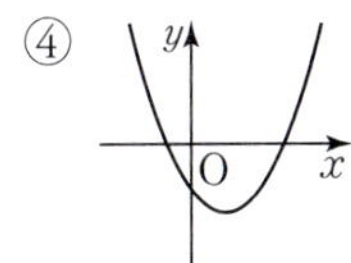  ⑤ 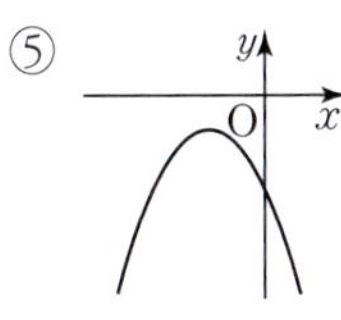

**1184** ●●●상중●

오른쪽 그림은 이차함수 $y=ax^2+bx+c$의 그래프이다. 다음 중 이차함수 $y=bx^2-ax+c$의 그래프로 적당한 것은?
(단, $a$, $b$, $c$는 상수)

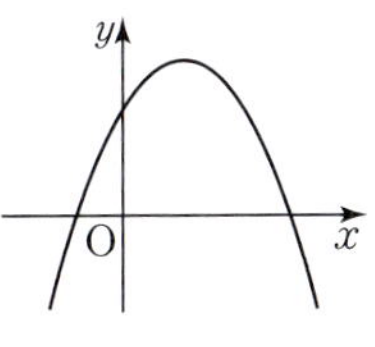

① 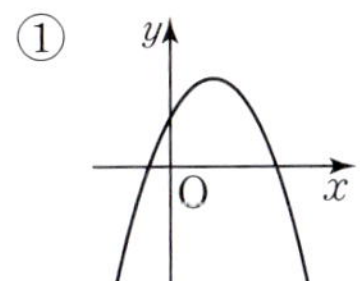  ② 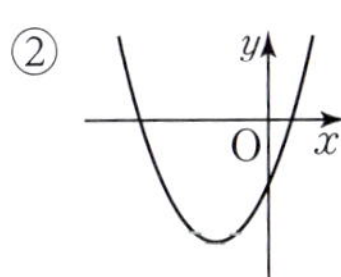  ③ 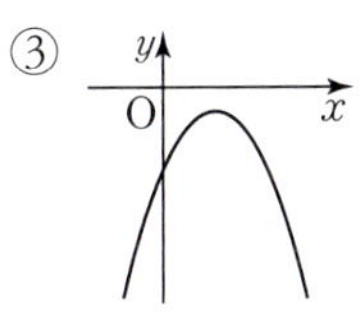

④ 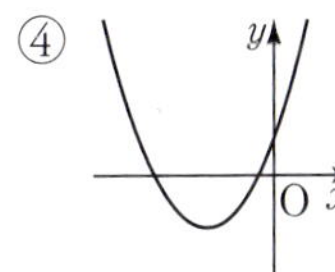  ⑤ 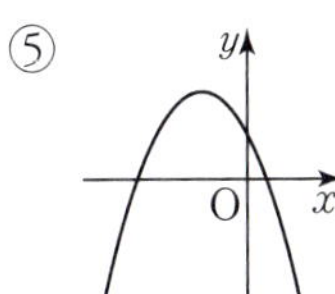

**발전유형 14**   **일차함수의 그래프와 이차함수의 그래프**

일차함수 $y=ax+b$의 부호에 따른 그래프의 모양

(1) $a>0, b>0$     (2) $a>0, b<0$

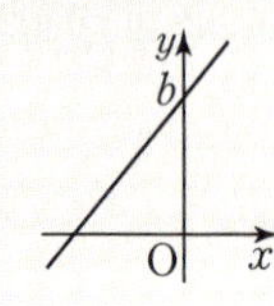

(3) $a<0, b>0$     (4) $a<0, b<0$

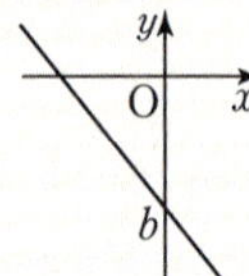

**대표문제**

## 1185 ●●●● 상중

이차함수 $y=ax^2+bx+c$의 그래프가 오른쪽 그림과 같을 때, 다음 중 일차방정식 $ax+by+c=0$의 그래프로 적당한 것은? (단, $a, b, c$는 상수)

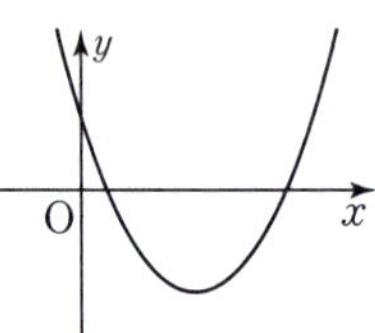

①    ②    ③

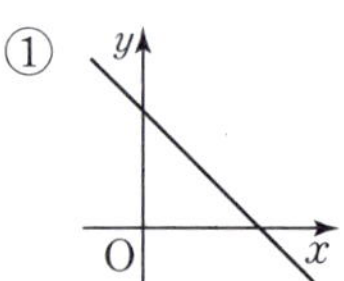 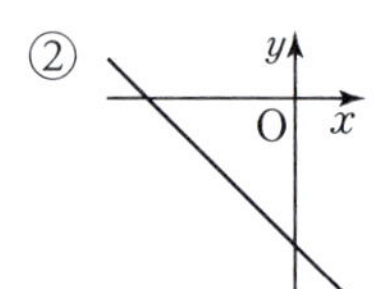 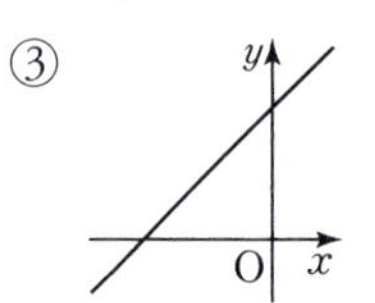

④    ⑤

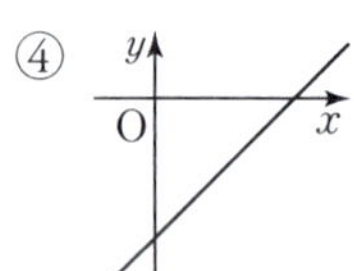 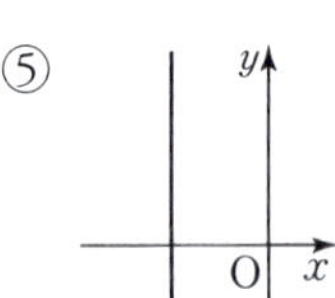

## 1186 ●●●● 상

일차함수 $y=ax+b$의 그래프가 오른쪽 그림과 같을 때, 다음 중 이차함수 $y=x^2+(a+b)x+ab$의 그래프로 적당한 것은? (단, $a, b$는 상수)

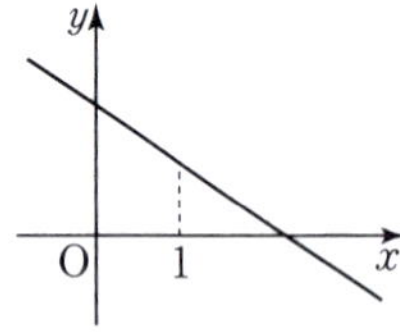

①    ②    ③

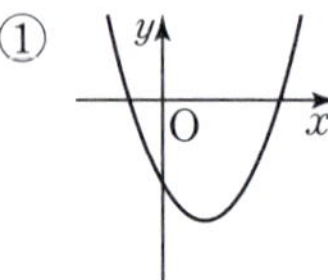 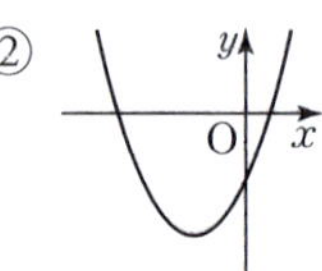 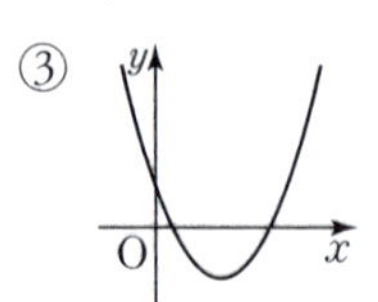

④    ⑤

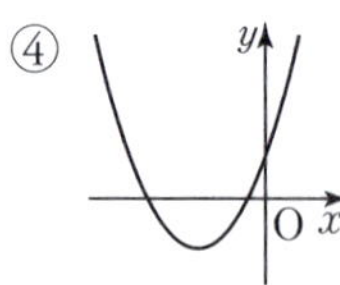 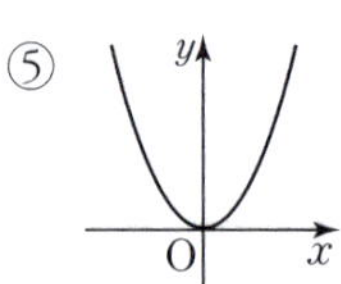

**발전유형 15**   **두 이차함수의 그래프와 색칠한 부분의 넓이**

두 이차함수에서 $x^2$의 계수가 같으면 두 이차함수의 그래프의 모양과 폭이 같다는 성질을 이용한다.

➡ 색칠한 부분의 넓이를 대칭축을 기준으로 쪼개어 넓이가 같은 부분을 찾아본다.

**대표문제**

## 1187 ●●●● 상

다음 그림에서 두 점 P, Q는 각각 두 이차함수 $y=x^2-2x-3$, $y=x^2-8x+12$의 그래프의 꼭짓점이다. 이때 색칠한 부분의 넓이를 구하시오.

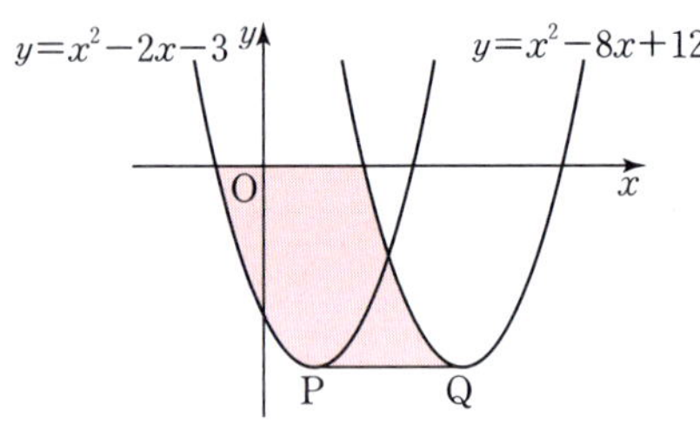

## 1188 ●●●● 상

오른쪽 그림에서 점 A는 $y=x^2-4x$의 그래프의 꼭짓점이고, 점 B는 점 A에서 $y$축에 평행하게 그은 직선이 $y=x^2$의 그래프와 만나는 점이다. 이때 색칠한 부분의 넓이를 구하시오.

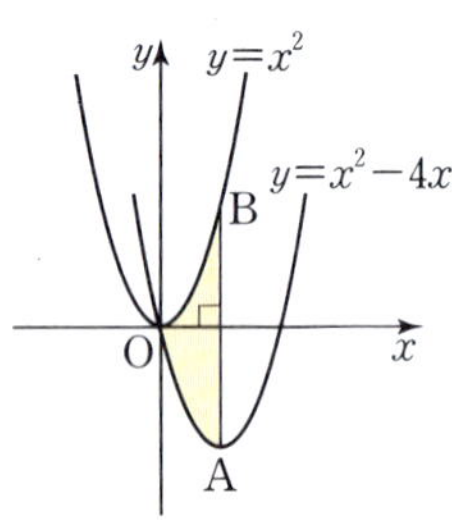

## 1189 ●●●● 상

오른쪽 그림은 두 이차함수 $y=-\dfrac{1}{3}x^2+3$, $y=-\dfrac{1}{3}x^2$의 그래프이다. 이차함수 $y=-\dfrac{1}{3}x^2+3$의 그래프가 $x$축과 두 점 A, B에서 만나고 각 점에서 $y$축에 평행하게 그은 직선이 $y=-\dfrac{1}{3}x^2$의 그래프와 만나는 점을 각각 C, D라 할 때, 색칠한 부분의 넓이를 구하시오.

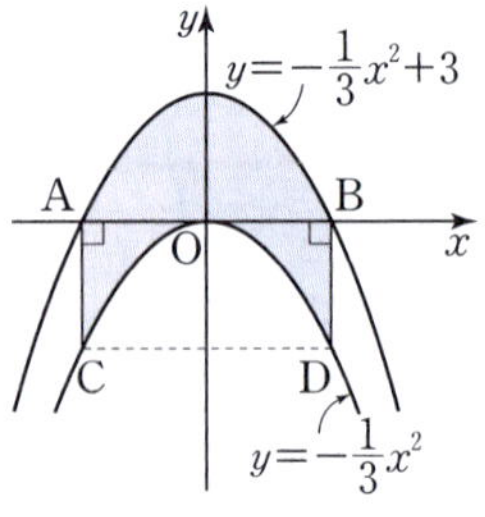

# 개념 마스터

## 03 이차함수의 식 구하기 (1)　　유형 16, 17

(1) **꼭짓점의 좌표 $(p, q)$와 다른 한 점을 알 때**

① 이차함수의 식을 $y=a(x-p)^2+q$로 놓는다.

② ①의 식에 주어진 한 점의 좌표를 대입하여 상수 $a$의 값을 구한다.

예 꼭짓점의 좌표가 $(1, 2)$이고 점 $(0, 5)$를 지나는 포물선을 나타내는 식을 $y=a(x-❶\ )^2+❷\ $로 놓고 $x=0$, $y=5$를 대입하여 $a$의 값을 구한다.

(2) **축의 방정식 $x=p$와 두 점을 알 때**

① 이차함수의 식을 $y=a(x-p)^2+q$로 놓는다.

② ①의 식에 주어진 두 점의 좌표를 각각 대입하여 상수 $a$, $q$의 값을 구한다.

예 축의 방정식이 $x=2$이고 두 점 $(1, 7)$, $(0, 4)$를 지나는 포물선을 나타내는 식을 $y=a(x-❸\ )^2+q$로 놓고 두 점의 좌표를 각각 대입하여 $a$, $q$의 값을 구한다.

답 ❶1 ❷2 ❸2

[1190~1193] 다음과 같은 포물선을 그래프로 하는 이차함수의 식을 $y=a(x-p)^2+q$의 꼴로 나타내시오.

**1190** 꼭짓점의 좌표가 $(3, -2)$이고 점 $(4, 1)$을 지나는 포물선

**1191** 꼭짓점의 좌표가 $(1, 3)$이고 $y$축과 만나는 점의 $y$좌표가 1인 포물선

**1192** 축의 방정식이 $x=-1$이고 두 점 $(1, 2)$, $(-2, 5)$를 지나는 포물선

**1193** 축의 방정식이 $x=1$이고 두 점 $(2, 3)$, $(3, 0)$을 지나는 포물선

## 04 이차함수의 식 구하기 (2)　　유형 18, 19

(1) **서로 다른 세 점을 알 때**

① 이차함수의 식을 $y=ax^2+bx+c$로 놓는다.

② ①의 식에 주어진 세 점의 좌표를 각각 대입하여 상수 $a$, $b$, $c$의 값을 구한다.

(2) **$x$축과의 교점 $(m, 0)$, $(n, 0)$과 다른 한 점을 알 때**

① 이차함수의 식을 $y=a(x-m)(x-n)$으로 놓는다.

② ①의 식에 주어진 한 점의 좌표를 대입하여 상수 $a$의 값을 구한다.

예 $x$축과의 교점의 좌표가 $(1, 0)$, $(2, 0)$이고 점 $(0, 4)$를 지나는 포물선을 나타내는 식을 $y=a(x-1)(x-2)$로 놓고 $x=❶\ $, $y=❷\ $를 대입하여 $a$의 값을 구한다.

답 ❶0 ❷4

[1194~1197] 다음과 같은 포물선을 그래프로 하는 이차함수의 식을 $y=ax^2+bx+c$의 꼴로 나타내시오.

**1194** 세 점 $(0, 1)$, $(1, 2)$, $(-1, 4)$를 지나는 포물선

**1195** 세 점 $(0, -5)$, $(2, -4)$, $(-1, -8)$을 지나는 포물선

**1196** $x$축과의 교점의 좌표가 $(-2, 0)$, $(2, 0)$이고 점 $(0, -2)$를 지나는 포물선

**1197** $x$축과 두 점 $(-1, 0)$, $(2, 0)$에서 만나고 점 $(3, 12)$를 지나는 포물선

---

**핵심 포인트!**　꼭짓점의 좌표와 이차함수의 식

① 꼭짓점의 좌표 : $(0, 0)$ ➡ $y=ax^2$　　② 꼭짓점의 좌표 : $(0, q)$ ➡ $y=ax^2+q$

③ 꼭짓점의 좌표 : $(p, 0)$ ➡ $y=a(x-p)^2$　　④ 꼭짓점의 좌표 : $(p, q)$ ➡ $y=a(x-p)^2+q$

---

**필수유형 16** (중요)
**이차함수의 식 구하기 (1)**
**– 꼭짓점과 한 점을 알 때**

꼭짓점 $(p, q)$와 그래프 위의 다른 한 점 $(x_1, y_1)$을 알 때
① 꼭짓점의 좌표가 $(p, q)$이다.
➡ 이차함수의 식을 $y = a(x-p)^2 +$ ⬚**①** 로 놓는다.
② 점 $(x_1, y_1)$을 지난다.
➡ $x =$ ⬚**②** , $y = y_1$을 대입하여 $a$의 값을 구한다.

🗝 **①** $q$ **②** $x_1$

**대표문제**

**1198** ••(중)••

이차함수 $y = ax^2 + bx + c$의 그래프가 오른쪽 그림과 같을 때, $a+b+c$의 값을 구하시오. (단, $a, b, c$는 상수)

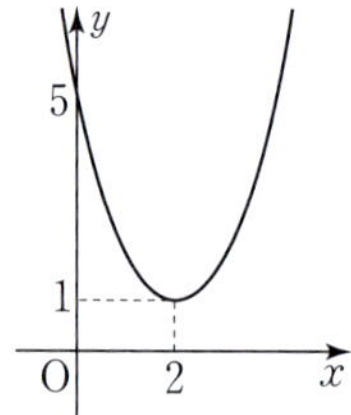

**1199** ••(중)••

이차함수 $y = ax^2 + bx + c$의 그래프가 점 $(0, -7)$을 지나고 꼭짓점의 좌표가 $(2, -3)$일 때, $abc$의 값을 구하시오.
(단, $a, b, c$는 상수)

**1200** ••(중)••

이차함수 $y = ax^2 + bx + c$의 그래프가 점 $(3, -3)$을 지나고 꼭짓점의 좌표가 $(1, -5)$일 때, 상수 $a, b, c$의 값을 각각 구하시오.

---

**1201** ••(중)•• (서술형)

오른쪽 그림과 같은 이차함수의 그래프가 점 $(1, k)$를 지날 때, $k$의 값을 구하시오.

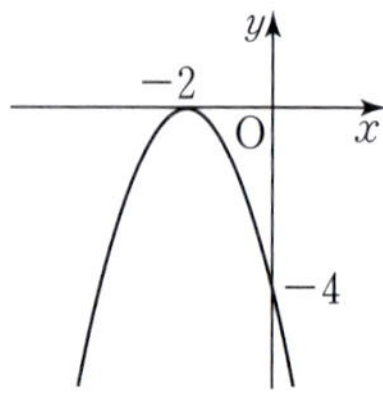

**1202** ••(중)••

다음 중 오른쪽 그림과 같은 이차함수의 그래프에 대한 설명으로 옳지 <u>않은</u> 것을 모두 고르면? (정답 2개)

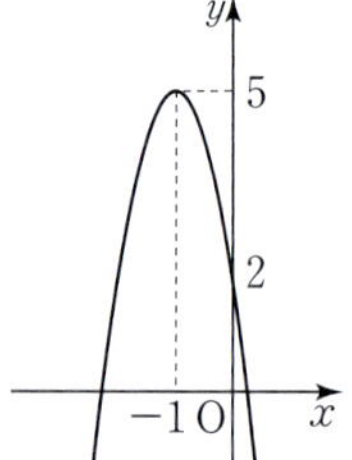

① 꼭짓점의 좌표는 $(-1, 5)$이다.
② $y$절편은 5이다.
③ 축의 방정식은 $x = -1$이다.
④ $y = 3x^2 - 6x - 2$의 그래프와 $x$축에 대칭이다.
⑤ $y = -3x^2$의 그래프를 $x$축의 방향으로 $-1$만큼, $y$축의 방향으로 5만큼 평행이동한 것이다.

**1203** ••(중)••

오른쪽 그림과 같이 꼭짓점의 좌표가 $(1, 6)$이고 점 $(0, 4)$를 지나는 포물선이 $x$축과 만나는 두 점을 A, B라 할 때, $\overline{AB}$의 길이를 구하시오.

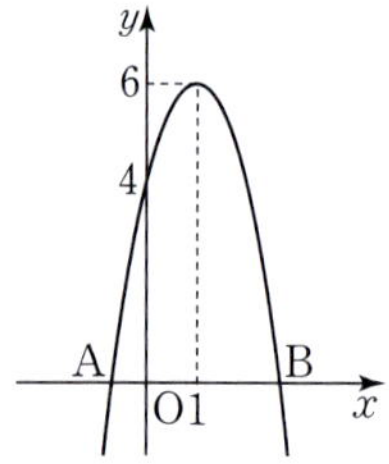

---

---

**필수유형 17**  이차함수의 식 구하기 (2)
　　　　　　　 – 축의 방정식과 두 점을 알 때

축의 방정식 $x=p$와 그래프 위의 두 점 $(x_1, y_1)$, $(x_2, y_2)$를 알
때
① 축의 방정식이 $x=p$이다.
　➡ 이차함수의 식을 $y=a(x-\boxed{①})^2+q$로 놓는다.
② 두 점 $(x_1, y_1)$, $(x_2, y_2)$를 지난다.
　➡ 두 점의 좌표를 각각 대입하여 $a, q$의 값을 구한다.

**대표문제**

### 1204 ●●중●●

축의 방정식이 $x=-4$이고 두 점 $(-1, 7)$, $(-2, 2)$를 지
나는 이차함수의 그래프의 $y$절편을 구하시오.

### 1205 ●중하●●●

이차함수 $y=-\dfrac{1}{3}x^2+ax+b$의 그래프는 축의 방정식이
$x=2$이고 점 $(5, 4)$를 지난다. 이때 상수 $a, b$에 대하여
$a+b$의 값을 구하시오.

### 1206 ●●중●●

오른쪽 그림은 직선 $x=-1$을 축으
로 하는 이차함수 $y=ax^2+bx+c$의
그래프이다. 이때 $abc$의 값을 구하시
오. (단, $a, b, c$는 상수)

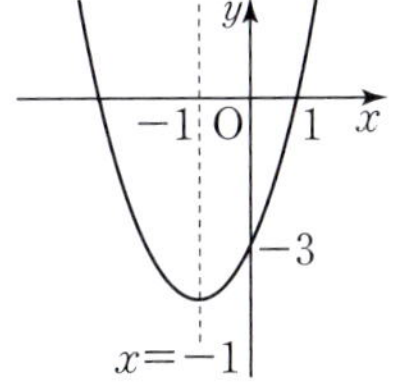

---

**필수유형 18**  이차함수의 식 구하기 (3) – 세 점을 알 때

그래프 위의 세 점 $(x_1, y_1)$, $(x_2, y_2)$, $(x_3, y_3)$을 알 때
① 이차함수의 식을 $y=ax^2+bx+c$로 놓는다.
② 세 점의 좌표를 각각 대입하여 $a, b, c$의 값을 구한다.

**대표문제**

### 1207 ●●중●●

세 점 $(-2, 5)$, $(1, -4)$, $(0, -3)$을 지나는 포물선의 꼭
짓점의 좌표를 구하시오.

### 1208 ●중하●●●

이차함수 $y=3x^2+ax+b$의 그래프가 두 점 $(-1, 5)$,
$(2, 2)$를 지날 때, $a+b$의 값을 구하시오. (단, $a, b$는 상수)

### 1209 ●●중●●

이차함수 $y=-x^2+ax+b$의 그래프가 세 점 $(-4, 0)$,
$(0, 3)$, $(2, k)$를 지날 때, $k$의 값을 구하시오.
　　　　　　　　　　　　　　　　　　　　(단, $a, b$는 상수)

## 1210 ●●중●●●

세 점 $(0, 1)$, $(1, 2)$, $(2, 7)$을 지나는 포물선을 그래프로 하는 이차함수의 식을 $y=ax^2+bx+c$의 꼴로 나타내시오.

## 1211 ●●중●● 서술형

이차함수 $y=ax^2+bx+c$의 그래프가 오른쪽 그림과 같을 때, $4a+b+c$의 값을 구하시오. (단, $a, b, c$는 상수)

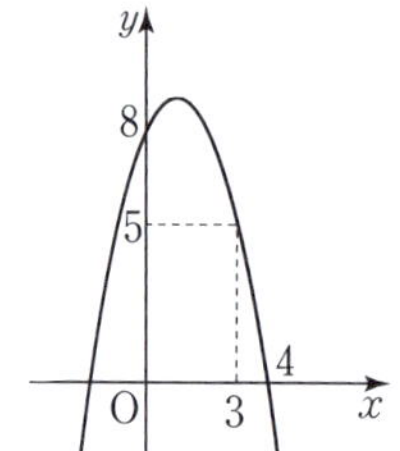

## 필수유형 **19** 이차함수의 식 구하기 (4) – $x$축과의 교점과 다른 한 점을 알 때

$x$축과 만나는 두 점 $(m, 0)$, $(n, 0)$과 다른 한 점 $(x_1, y_1)$을 알 때

① $x$축과 만나는 두 점의 좌표가 $(m, 0)$, $(n, 0)$이다.

　➡ 이차함수의 식을 $y=a(x-\boxed{❶\ })(x-n)$으로 놓는다.

② 점 $(x_1, y_1)$을 지난다.

　➡ $x=x_1$, $y=y_1$을 대입하여 $a$의 값을 구한다.

🔲 ❶ $m$

대표문제

## 1212 ●●중●●●

이차함수 $y=ax^2+bx+c$의 그래프가 $x$축과 두 점 $(-1, 0)$, $(3, 0)$에서 만나고 $y$축과 점 $(0, 3)$에서 만날 때, $3a+b+2c$의 값을 구하시오. (단, $a, b, c$는 상수)

## 1213 ●중하●●●

이차함수 $y=\dfrac{1}{2}x^2+ax+b$의 그래프가 두 점 $(-4, 0)$, $(2, 0)$을 지날 때, $a+b$의 값을 구하시오. (단, $a, b$는 상수)

## 1214 ●●중●●●

$x$축과 두 점 $(-3, 0)$, $(3, 0)$에서 만나고 한 점 $(-1, -4)$를 지나는 포물선을 그래프로 하는 이차함수의 식을 $y=ax^2+bx+c$의 꼴로 나타내시오.

## 1215 ●●중●●

이차함수 $y=ax^2+bx+c$의 그래프가 오른쪽 그림과 같을 때, $12a+6b+c$의 값을 구하시오.

(단, $a, b, c$는 상수)

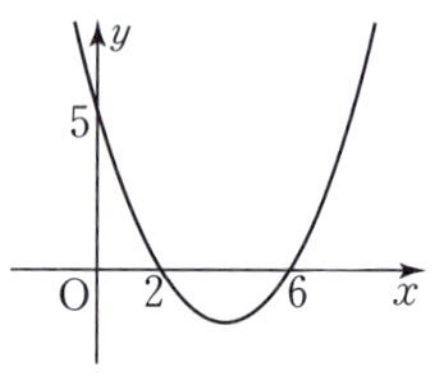

## 1216 중하

다음은 명훈이가 이차함수 $y=3x^2-12x+16$을 $y=a(x-p)^2+q$의 꼴로 고치는 과정이다. 처음으로 틀린 부분을 찾고 바르게 고치시오. (단, $a$, $p$, $q$는 상수)

$$y=3x^2-12x+16 \quad \text{㉠}$$
$$=3(x^2-12x)+16 \quad \text{㉡}$$
$$=3(x^2-12x+36-36)+16 \quad \text{㉢}$$
$$=3(x-6)^2-92$$

## 1217 중하

다음 이차함수 중 그 그래프의 축이 가장 왼쪽에 있는 것은?

① $y=x^2+3$
② $y=-(x+2)^2$
③ $y=3(x-2)^2+5$
④ $y=x^2-2x+2$
⑤ $y=\dfrac{1}{3}x^2+x+1$

## 1218 중

두 이차함수 $y=x^2-6x+14$, $y=2x^2-4x+2$의 그래프의 꼭짓점을 모두 지나는 직선의 방정식은?

① $5x-3y-5=0$
② $5x-2y-5=0$
③ $4x-2y-5=0$
④ $3x-3y-5=0$
⑤ $3x-2y-5=0$

## 1219 중 융합형

일차함수 $y=ax-b$의 그래프가 오른쪽 그림과 같을 때, 이차함수 $y=ax^2+bx-3$의 그래프의 꼭짓점은 제몇 사분면 위에 있는지 구하시오. (단, $a$, $b$는 상수)

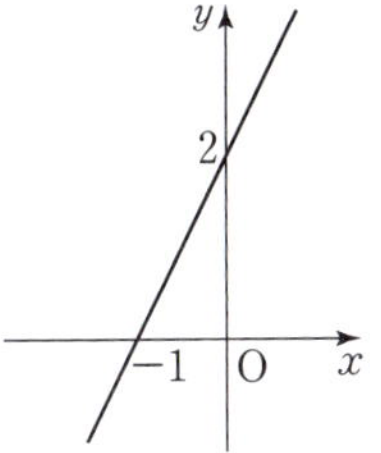

## 1220 중 서술형

이차함수 $y=-3x^2+6x-6$에 대하여 다음 물음에 답하시오.

(1) 이차함수의 식을 $y=a(x-p)^2+q$의 꼴로 나타내시오.

(2) 이차함수의 그래프의 꼭짓점, 축, $y$축과 만나는 점을 오른쪽 좌표평면 위에 표시하고 그래프를 그리시오.

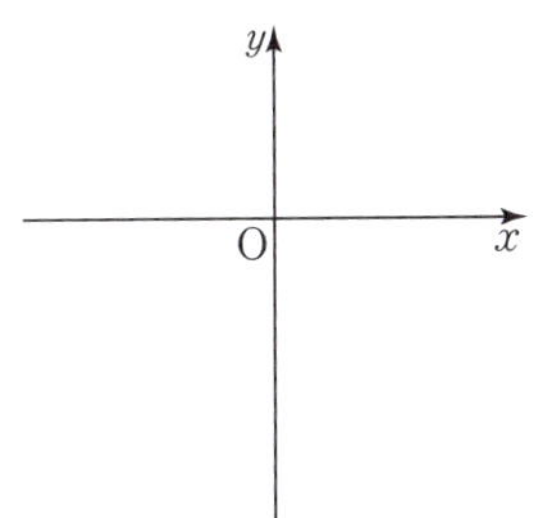

## 1221 중

다음 중 이차함수 $y=-\dfrac{3}{2}x^2-6x-2$의 그래프는?

① 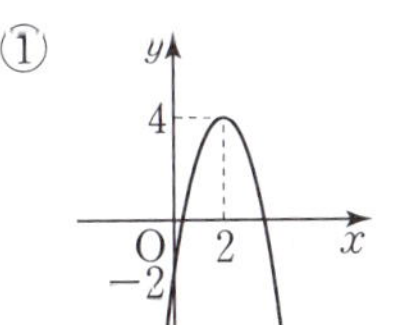
② 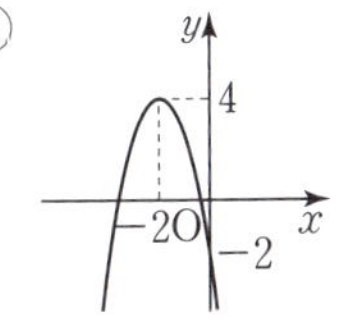
③ 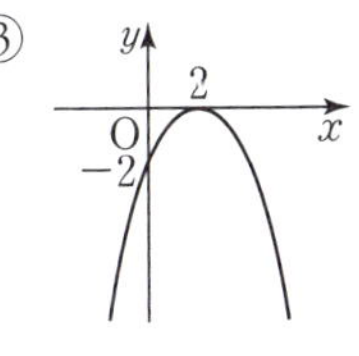
④ 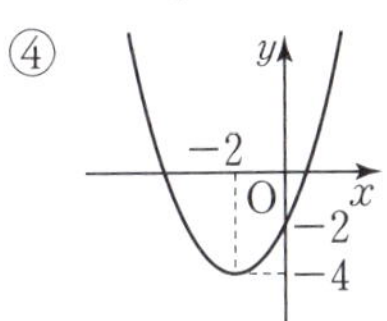
⑤ 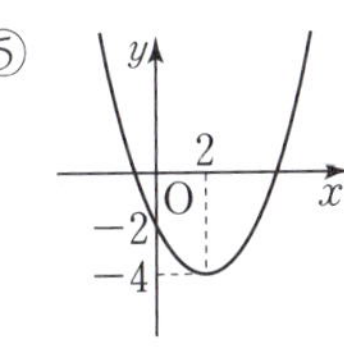

## 1222 ●●중●●

이차함수 $y=2x^2-4x-1$의 그래프가 지나지 <u>않는</u> 사분면은?

① 제1사분면    ② 제2사분면    ③ 제3사분면
④ 제4사분면    ⑤ 없다.

## 1223 ●●중●●

이차함수 $y=-\dfrac{1}{2}x^2-x+5$의 그래프에서 $x$의 값이 증가하면 $y$의 값은 감소하는 $x$의 값의 범위는?

① $x<-1$    ② $x>-1$    ③ $x<-2$
④ $x>-2$    ⑤ $x<-\dfrac{1}{2}$

## 1224 ●중하●●●

다음 중 이차함수의 그래프의 폭이 가장 좁은 것은?

① $y=-\dfrac{1}{2}x^2+3x$    ② $y=2x^2-4x-1$

③ $y=-(x-2)^2+3$    ④ $y=5x^2-6$

⑤ $y=-7x^2+10x+2$

## 1225 ●●중●●

다음 중 이차함수 $y=-x^2+6x-8$의 그래프에 대한 설명으로 옳은 것을 모두 고르면? (정답 2개)

① 직선 $x=-3$을 축으로 한다.
② 제2사분면을 지나지 않는다.
③ 꼭짓점의 좌표는 $(-3,\,1)$이다.
④ $x>3$일 때, $x$의 값이 증가하면 $y$의 값은 감소한다.
⑤ $y=-x^2$의 그래프를 $x$축의 방향으로 $-3$만큼, $y$축의 방향으로 1만큼 평행이동한 것이다.

## 1226 ●●중●● [서술형]

이차함수 $y=x^2+8x+21$의 그래프를 $x$축의 방향으로 $p$만큼, $y$축의 방향으로 $q$만큼 평행이동하면 $y=x^2-2x-2$의 그래프와 완전히 포개진다. 이때 $p+q$의 값을 구하시오.

## 1227 ●●중●●

이차함수 $y=x^2-7x+6$의 그래프가 $x$축과 만나는 두 점의 $x$좌표를 각각 $p$, $q$라 하고 $y$축과 만나는 점의 $y$좌표를 $r$라 할 때, $p+q+r$의 값은?

① $-1$    ② $0$    ③ $1$
④ $6$    ⑤ $13$

## 1228 ●●중●●

이차함수 $y=2x^2+3x+a-1$의 그래프가 $x$축에 접할 때, 상수 $a$의 값을 구하시오.

## 1229 ●●중●●

이차함수 $y=\dfrac{1}{2}x^2-4x+k$의 그래프와 $x$축과의 교점을 각각 A, B라 하자. $\overline{AB}=10$일 때, 이 이차함수의 그래프의 꼭짓점의 좌표를 구하시오. (단, $k$는 상수)

## 1230 ●●중●●

이차함수 $y=ax^2+bx+c$의 그래프가 오른쪽 그림과 같을 때, 다음 중 옳은 것은? (단, $a$, $b$, $c$는 상수)

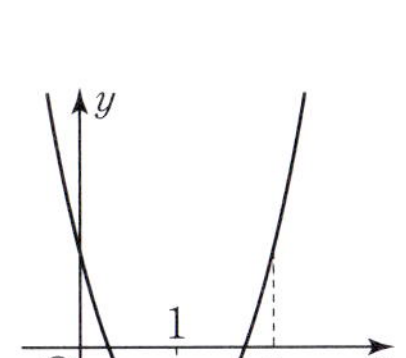

① $ab>0$  ② $bc>0$
③ $a+b+c>0$  ④ $4a+2b+c>0$
⑤ $a-b+c<0$

## 1231 ●●중●● 서술형

이차함수 $y=\dfrac{1}{2}x^2-2x-4$의 그래프에서 꼭짓점을 A, $y$축과의 교점을 B라 할 때, 다음 물음에 답하시오.

(단, 점 O는 원점이다.)

(1) 점 A의 좌표를 구하시오.

(2) 점 B의 좌표를 구하시오.

(3) △AOB의 넓이를 구하시오.

## 1232 ●●●상중● 창의력

오른쪽 그림과 같이 이차함수 $y=x^2-4x-2$의 그래프와 일차함수 $y=x-2$의 그래프가 두 점 A, B에서 만난다. 점 C는 이차함수 $y=x^2-4x-2$의 그래프의 꼭짓점일 때, △ABC의 넓이를 구하시오.

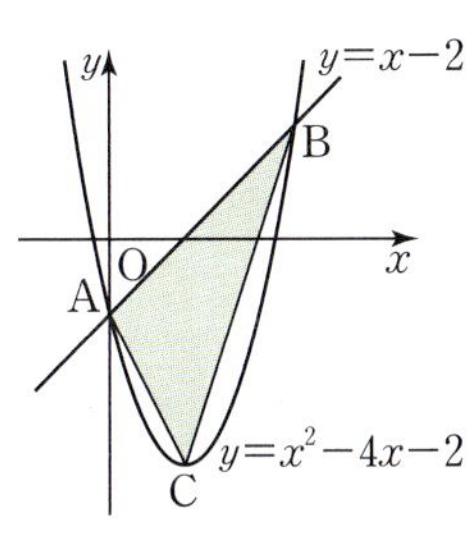


## 1233 ●●●상중● 융합형

이차함수 $y=ax^2+bx+c$의 그래프가 오른쪽 그림과 같을 때, 다음 물음에 답하시오. (단, $a$, $b$, $c$는 상수)

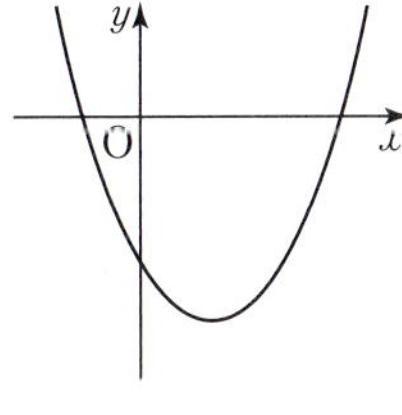


(1) $a$, $b$, $c$의 부호를 정하시오.

(2) $\sqrt{(a-b)^2}-\sqrt{(b+c)^2}$을 간단히 하시오.

## 1234 ●●●● 상  창의력

다음 그림은 두 이차함수 $y=x^2-2x-4$, $y=x^2-8x+11$ 의 그래프이다. 두 그래프의 꼭짓점을 각각 P, Q라 할 때, 색칠한 부분의 넓이를 구하시오.

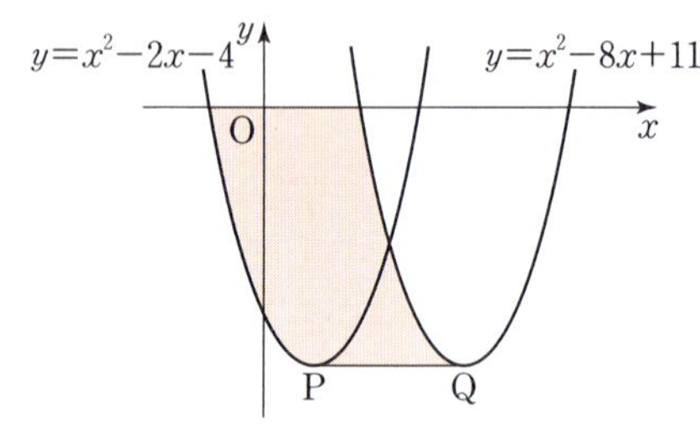


## 1235 ●●중●●

이차함수 $y=ax^2+bx+c$의 그래프가 오른쪽 그림과 같을 때, $a-b+c$의 값은?

(단, $a$, $b$, $c$는 상수)

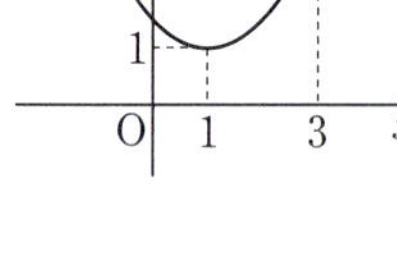


① $-3$      ② $-1$

③ $0$      ④ $1$

⑤ $3$

## 1236 ●●중●●

다음 조건을 모두 만족하는 그래프를 나타내는 이차함수의 식은?

조건
㈎ $x$축과 한 점에서 만난다.
㈏ 축의 방정식은 $x=-3$이다.
㈐ 점 $(-2, 2)$를 지난다.

① $y=(x-2)^2$      ② $y=(x-3)^2$

③ $y=(x+3)^2$      ④ $y=2(x-3)^2$

⑤ $y=2(x+3)^2$

## 1237 ●●중●● 서술형

오른쪽 그림은 직선 $x=1$을 축으로 하는 이차함수 $y=ax^2+bx+c$의 그래프이다. 이때 $abc$의 값을 구하시오. (단, $a$, $b$, $c$는 상수)

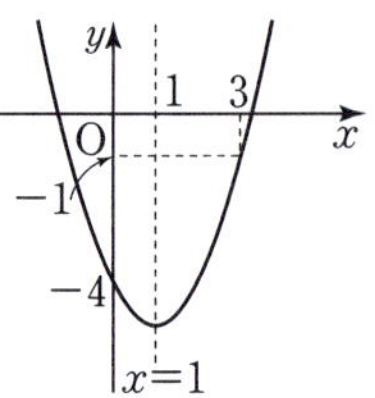


## 1238 ●●중●●

세 점 $(0, 6)$, $(-1, 0)$, $(1, 8)$을 지나는 포물선을 그래프로 하는 이차함수의 식은?

① $y=-2x^2-4x+6$

② $y=-2x^2+4x-6$

③ $y=-2x^2+4x+6$

④ $y=2x^2-4x+6$

⑤ $y=2x^2+4x+6$

## 1239 ●●중●●

$x$축과 두 점 $(-3, 0)$, $(1, 0)$에서 만나고 점 $(0, 6)$을 지나는 포물선을 그래프로 하는 이차함수의 식을 $y=ax^2+bx+c$의 꼴로 나타내시오.

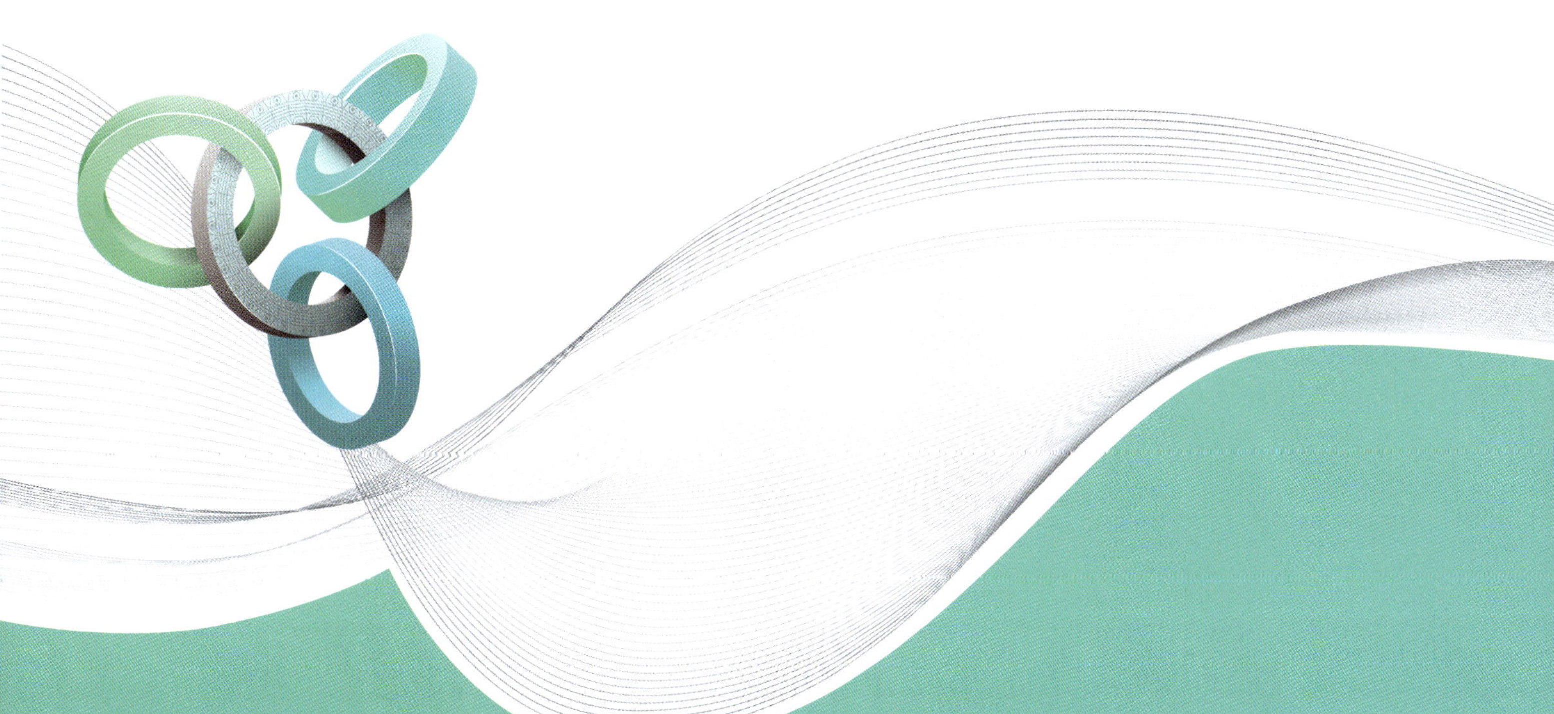

유형 해결의 법칙

중학 수학 3-1

정답과 해설

천재교육

유형
해결의
법칙

# ① 제곱근의 뜻과 성질

### STEP 1 개념 마스터
8쪽

**0001** $8, -8$  **0002** $0$  **0003** $\dfrac{3}{5}, -\dfrac{3}{5}$  **0004** 없다.

**0005** $1, -1$  **0006** $12, -12$  **0007** $0.7, -0.7$  **0008** $\dfrac{2}{5}, -\dfrac{2}{5}$

**0009** ×  **0010** ×  **0011** ○  **0012** ×

**0013** $7$  **0014** $-14$  **0015** $0.6$  **0016** $-\dfrac{1}{2}$

**0017** $\pm\sqrt{2}$  **0018** $\pm 1$  **0019** $\pm\sqrt{10}$  **0020** $\pm\sqrt{0.5}$

| | $x$ | $x$의 양의 제곱근 | $x$의 음의 제곱근 | $x$의 제곱근 | 제곱근 $x$ |
|---|---|---|---|---|---|
| **0021** | $2$ | $\sqrt{2}$ | $-\sqrt{2}$ | $\pm\sqrt{2}$ | $\sqrt{2}$ |
| **0022** | $\sqrt{36}$ | $\sqrt{6}$ | $-\sqrt{6}$ | $\pm\sqrt{6}$ | $\sqrt{6}$ |
| **0023** | $(-2)^2$ | $2$ | $-2$ | $\pm 2$ | $2$ |

### STEP 2 유형 마스터
9쪽~11쪽

**0024** ④  **0025** ③  **0026** ②, ⑤  **0027** ④
**0028** ①  **0029** ③  **0030** ②, ③  **0031** 3개
**0032** ㉡, ㉢, ㉤  **0033** 13  **0034** ⑤  **0035** $-3$
**0036** $-\dfrac{3}{2}$  **0037** $\sqrt{5}$  **0038** 6 m  **0039** 8 cm
**0040** ①, ④  **0041** ③  **0042** 3개

### STEP 1 개념 마스터
12쪽~13쪽

**0043** $5$  **0044** $1.3$  **0045** $-6$  **0046** $7$
**0047** $\dfrac{1}{2}$  **0048** $-2$  **0049** $6$  **0050** $-1$
**0051** $4$  **0052** $-2$

| | | $a \geq 0$ | $a < 0$ |
|---|---|---|---|
| **0053** | $\sqrt{a^2}$ | $a$ | $-a$ |
| **0054** | $\sqrt{(-a)^2}$ | $a$ | $-a$ |
| **0055** | $-\sqrt{a^2}$ | $-a$ | $a$ |
| **0056** | $-\sqrt{(-a)^2}$ | $-a$ | $a$ |

**0057** $-2a$  **0058** $-2a$  **0059** $3a$  **0060** $3a$
**0061** $>, x-1$  **0062** $<, -x+1$  **0063** $<$
**0064** $>$  **0065** $>$  **0066** $>$  **0067** $<$
**0068** $>$  **0069** $>$  **0070** $<$  **0071** $\sqrt{17}, \sqrt{20}$
**0072** $26, 27, 28, \cdots, 47, 48$  **0073** $10, 11, 12, 13, 14, 15, 16$
**0074** $16, 17, 18, 19, 20, 21, 22, 23, 24, 25$  **0075** $3, 4$
**0076** $6, 7, 8, 9, 10, 11, 12$

### STEP 2 유형 마스터
14쪽~22쪽

**0077** 3개  **0078** ③  **0079** ③  **0080** $-5$
**0081** ③  **0082** $8$  **0083** ④  **0084** ③
**0085** $4$  **0086** $\dfrac{59}{5}$  **0087** ⑤  **0088** ②, ④
**0089** ④  **0090** $-5a$  **0091** $a-b$  **0092** $-3a$
**0093** $2a-3$  **0094** $a$  **0095** $-4a+8$  **0096** ㉠, ㉡, ㉢
**0097** $0$  **0098** $4a+b$  **0099** $15$  **0100** $75$
**0101** $30$  **0102** 6개  **0103** $6$  **0104** 6개
**0105** $5$  **0106** $12$  **0107** ①, ⑤  **0108** $13$
**0109** $65$  **0110** 7개  **0111** $25$  **0112** ②, ⑤
**0113** $30$  **0114** ②  **0115** ③  **0116** $2$
**0117** $1$  **0118** $-2+\sqrt{5}$  **0119** 4개  **0120** $6$
**0121** $35$  **0122** 14개  **0123** $25$  **0124** $3$
**0125** 11개  **0126** $5a$  **0127** $-2a$  **0128** $0$
**0129** $9$  **0130** $17$  **0131** $\dfrac{1}{6}$  **0132** $\sqrt{a}$
**0133** $\dfrac{1}{a}$  **0134** ③

### STEP 3 내신 마스터
23쪽~25쪽

**0135** ③  **0136** ⑤  **0137** $\sqrt{55}$  **0138** 3개
**0139** ②  **0140** ①  **0141** $6$  **0142** ②
**0143** $0$  **0144** ②
**0145** (1) $0 < x+2 < 3,\ 0 < -x+1 < 3$  (2) $3$
**0146** $-a$  **0147** (1) 4개  (2) 33  **0148** $15$
**0149** (1) 6.3  (2) 18.9  (3) 3배  **0150** ⑤  **0151** $10$
**0152** 24개  **0153** ④  **0154** $176\ \text{m}^2$

## ❷ 무리수와 실수



**0155** 유    **0156** 유    **0157** 무    **0158** 유
**0159** 무    **0160** 무    **0161** ○    **0162** ×
**0163** ○    **0164** ×    **0165** $-2+\sqrt{5}$   **0166** $3-\sqrt{13}$
**0167** ○    **0168** ×    **0169** ○    **0170** ○
**0171** $<$    **0172** $<$    **0173** $>$    **0174** $<$
**0175** $5.320$   **0176** $5.431$   **0177** $5.568$   **0178** $5.495$
**0179** $5.604$



**0180** 3개    **0181** ⑤    **0182** ③    **0183** 4개
**0184** ④    **0185** ⑤    **0186** ⑤    **0187** ③, ④
**0188** ⑤    **0189** $a=-3+\sqrt{2},\ b=1-\sqrt{2}$   **0190** $4+\sqrt{2}$
**0191** ④    **0192** $4-\sqrt{8}$
**0193** $A(-1-\sqrt{10}),\ B(4-\sqrt{5}),\ C(-1+\sqrt{10}),\ D(4+\sqrt{5})$
**0194** ②, ⑤    **0195** ④, ⑤    **0196** ③    **0197** ②, ④
**0198** ③    **0199** ②    **0200** ④    **0201** ①
**0202** ③    **0203** $c<a<b$   **0204** ③    **0205** ⑤
**0206** ㉠    **0207** ⑤    **0208** ①    **0209** ②, ④
**0210** ⑤    **0211** $2\pi$    **0212** 78개



**0213** 2개    **0214** 수지    **0215** ①, ②   **0216** ②
**0217** 점 $P:2-\sqrt{13}$, 점 $Q:2+\sqrt{34}$    **0218** ③
**0219** ③
**0220** (1) 수직선    (2) $1-\sqrt{5}$
**0221** 4개    **0222** ④    **0223** ④    **0224** ①, ④
**0225** 36장

## ❸ 근호를 포함한 식의 계산



**0226** $\sqrt{21}$   **0227** $\sqrt{\dfrac{5}{7}}$   **0228** $15\sqrt{10}$   **0229** $-14\sqrt{30}$
**0230** $\sqrt{5}$   **0231** $\sqrt{6}$   **0232** $2\sqrt{5}$   **0233** $-\dfrac{3\sqrt{2}}{2}$
**0234** $3\sqrt{2}$   **0235** $2\sqrt{6}$   **0236** $8\sqrt{3}$   **0237** $-6\sqrt{7}$
**0238** $\sqrt{20}$   **0239** $-\sqrt{27}$   **0240** $\dfrac{\sqrt{5}}{3}$   **0241** $\dfrac{\sqrt{7}}{5}$
**0242** $\dfrac{\sqrt{34}}{10}$   **0243** $\dfrac{\sqrt{3}}{5}$   **0244** $\sqrt{5},\ \sqrt{5},\ \dfrac{\sqrt{15}}{5}$
**0245** $\sqrt{2},\ \sqrt{2},\ \dfrac{\sqrt{14}}{4}$    **0246** $\dfrac{3\sqrt{5}}{5}$   **0247** $\dfrac{\sqrt{2}}{2}$
**0248** $\dfrac{\sqrt{21}}{7}$   **0249** $\dfrac{\sqrt{10}}{15}$   **0250** $\dfrac{\sqrt{15}}{15}$   **0251** $\dfrac{\sqrt{3}}{2}$
**0252** $100,\ 10,\ 10,\ 17.32$    **0253** $100,\ 10,\ 10,\ 54.77$
**0254** $100,\ 10,\ 10,\ 0.5477$    **0255** $100,\ 10,\ 10,\ 0.1732$



**0256** ⑤    **0257** 40    **0258** ②    **0259** ④
**0260** ②    **0261** $\dfrac{2}{9}$    **0262** 26    **0263** ⑤
**0264** 20    **0265** 2    **0266** $\dfrac{1}{50}$    **0267** ④
**0268** 1    **0269** ④    **0270** ①    **0271** ③
**0272** $\dfrac{3}{2}$    **0273** ⑤    **0274** ①    **0275** $2\sqrt{10}$
**0276** $-\dfrac{8}{3}$    **0277** ③    **0278** $\sqrt{30}$   **0279** $6\sqrt{6}$
**0280** $3\sqrt{21}\,\text{cm}^2$   **0281** $12\sqrt{3}\,\text{cm}^2$   **0282** $2\sqrt{3}\,\text{cm}$   **0283** $3\sqrt{3}$
**0284** $2\sqrt{3}\,\text{cm}^2$   **0285** $24\sqrt{3}\,\text{cm}^2$   **0286** $3\sqrt{3}$   **0287** ⑤
**0288** (1) $0.3742$   (2) $11.83$    **0289** ④    **0290** $42.42$
**0291** ②    **0292** ②



**0293** $12\sqrt{7}$   **0294** $\dfrac{2\sqrt{3}}{3}$   **0295** $4\sqrt{3}+2\sqrt{5}$
**0296** $\sqrt{7}+5\sqrt{10}$    **0297** $6\sqrt{3}$   **0298** $-5\sqrt{2}$
**0299** $-\sqrt{2}$   **0300** $3\sqrt{2}-2\sqrt{10}$    **0301** $2\sqrt{3}+9\sqrt{2}$
**0302** 5    **0303** $-10+20\sqrt{2}$    **0304** $\dfrac{2\sqrt{3}-3\sqrt{2}}{6}$
**0305** $\dfrac{3\sqrt{2}+\sqrt{6}}{10}$    **0306** $\dfrac{6-\sqrt{6}}{4}$   **0307** $\dfrac{\sqrt{30}-2}{4}$

0308 $-9$　0309 $\dfrac{5}{2}$　0310 $9\sqrt{5}$　0311 $32$

0312 $1$　0313 $3$　0314 ⑤　0315 $\dfrac{2}{3}$배

0316 $-9$　0317 $7$　0318 $4\sqrt{2}-2$　0319 $1$

0320 ⑤　0321 $\dfrac{5\sqrt{6}}{2}-3$　0322 $-4$　0323 $-3$

0324 $\dfrac{15\sqrt{2}}{2}$　0325 $\dfrac{5\sqrt{6}}{6}$　0326 $2\sqrt{2}-4$　0327 $1$

0328 ①　0329 $\sqrt{2}$　0330 $-6$　0331 $-36$

0332 $20$　0333 $\dfrac{9}{2}$　0334 (1) $4$　(2) $\sqrt{2}-1$　(3) $9-\sqrt{2}$

0335 $6-2\sqrt{3}$　0336 $-5+4\sqrt{2}$　0337 ④

0338 ③　0339 $B<C<A$　0340 $7-5\sqrt{2}$

0341 $2\sqrt{10}$　0342 $-4-\sqrt{2}$　0343 $2\sqrt{2}$　0344 $5\sqrt{2}+\dfrac{5}{2}$

0345 $\dfrac{2\sqrt{6}}{3}+3$　0346 $36\sqrt{3}\ \mathrm{cm}^3$　0347 $18\sqrt{3}$　0348 $2\sqrt{6}$

0349 $4\sqrt{5}$　0350 (1) $4\le\sqrt{2x}<5$　(2) $8, 9, 10, 11, 12$

0351 $3\sqrt{5}+3\sqrt{10}-15$　0352 $9\sqrt{6}-20$　0353 $18\sqrt{3}\ \mathrm{cm}$

0354 $8\sqrt{2}\ \mathrm{cm}$　0355 $\dfrac{\sqrt{2}}{4}\ \mathrm{cm}$



0356 ③　0357 $20$　0358 ③　0359 $60$

0360 ④　0361 ③　0362 ①　0363 $20$

0364 ③　0365 $\dfrac{\sqrt{30}}{2}\ \mathrm{cm}^2$　0366 ④　0367 $12\sqrt{3}$

0368 $2\sqrt{15}\ \mathrm{cm}$　0369 ⑤　0370 ②　0371 ③

0372 ①　0373 ③　0374 ②　0375 ①

0376 ①　0377 $2$　0378 ④　0379 ②

0380 ①, ④　0381 ②　0382 $2-\sqrt{3}$

0383 $(18\sqrt{5}+9\sqrt{10})\ \mathrm{cm}^2$　0384 ⑤

0385 $\mathrm{A}_2(4+\sqrt{3},\ 0)$

# ❹ 다항식의 곱셈



0386 $-6ac+4ad-3bc+2bd$　0387 $2a^2-5ab-12b^2$

0388 $a^2+a-b^2-b$　0389 $3x^2+xy+10x+3y+3$

0390 $a^2+2ab-2a+2b-3$　0391 $2x^2+xy-3y^2-x+y$

0392 $x^2+6x+9$　0393 $x^2-4x+4$

0394 $a^2+4ab+4b^2$　0395 $4x^2-4x+1$

0396 $9x^2-12x+4$　0397 $25x^2+20xy+4y^2$

0398 $a^2-4$　0399 $9-x^2$　0400 $9x^2-16$　0401 $4x^2-y^2$

0402 $y^2-x^2$　0403 $x^2+6x+5$

0404 $x^2-3x-10$　0405 $x^2-5x+6$

0406 $x^2+3xy-4y^2$　0407 $x^2-8xy+15y^2$

0408 $6a^2+23a+20$　0409 $10a^2-7a-12$

0410 $6x^2+x-35$　0411 $8x^2-10x+3$

0412 $20x^2+11xy-3y^2$



0413 $7$　0414 ①

0415 $-2x^2+15xy-7y^2+3x-21y$　0416 $1$

0417 $-2$　0418 $3$　0419 $1$　0420 ④

0421 $13$　0422 ①, ④　0423 $5a^2+2ab+34b^2$

0424 $\dfrac{16}{25}y^2-\dfrac{1}{9}x^2$　0425 $4x^2-y^2$　0426 ⑤

0427 $15$　0428 $30$　0429 $-\dfrac{1}{5}$　0430 ④

0431 $86$　0432 ④　0433 ③　0434 ㉠, ㉡

0435 ②　0436 $-3$　0437 $27$　0438 $1$

0439 $-1$　0440 $-7$　0441 ②

0442 $6x^2+x-2$　0443 ③

0444 $20a^2-18a+4$　0445 $-\dfrac{1}{2}a^2+2ab-b^2$

0446 (1) $30$개　(2) $300x^2+450xy-300y^2$

**0447** 9801 **0448** 252004 **0449** 9999 **0450** 63.91
**0451** 10506 **0452** $5+2\sqrt{6}$ **0453** $11-4\sqrt{6}$ **0454** $-2$
**0455** $2-\sqrt{3}$ **0456** $\sqrt{3}+\sqrt{2}$ **0457** $3+2\sqrt{2}$ **0458** $7-4\sqrt{3}$
**0459** $2c, c^2, 2c, c^2, 2bc, 2bc$ **0460** $A, A^2, b, b^2$
**0461** $x^2+2xy+y^2+6x+6y+9$ **0462** $x^2+2xy+y^2-1$
**0463** $2xy, -3, 22$ **0464** $4xy, -3, 28$
**0465** 2 **0466** 0 **0467** 17 **0468** 25



**0469** ③ **0470** (1) $(a+b)(a-b)=a^2-b^2$ (2) 48.9999
**0471** 2021 **0472** 10 **0473** 148 **0474** $-7$
**0475** $-1$ **0476** 4 **0477** 6 **0478** ③
**0479** 14 **0480** $5x^2-x-10$ **0481** $-7$
**0482** 26 **0483** $2x^2+14x-1$ **0484** $x^8-1$
**0485** (1) $a^4-b^4$ (2) $x^4-16$ (3) $a^{16}-1$ **0486** $-\dfrac{1}{32}$
**0487** $-3$
**0488** (1) $x^2+2xy+y^2-10x-10y+25$
　　　 (2) $x^2-4xy+4y^2+4x-8y+3$
**0489** $-z^2$ **0490** 7 **0491** $-12$ **0492** 0
**0493** 2 **0494** 4 **0495** 7 **0496** ④
**0497** $-\sqrt{5}$ **0498** 14 **0499** (1) $2\sqrt{3}$ (2) 1 (3) 10
**0500** 9 **0501** (1) 10 (2) 8
**0502** (1) 51 (2) 53 **0503** 12 **0504** $\pm\sqrt{5}$
**0505** $x^4+8x^3-x^2-68x+60$ **0506** $-7$
**0507** $a=1, b=12, c=49, d=78, e=40$ **0508** $-2+\sqrt{11}$
**0509** 8 **0510** 5



**0511** 11 **0512** ③ **0513** ② **0514** 14
**0515** ④ **0516** (1) 10609 (2) 9996 **0517** ③
**0518** $-10$ **0519** $54-24\sqrt{5}$ **0520** 29 **0521** ①
**0522** (1) $9-4\sqrt{5}$ (2) $-8\sqrt{5}$ **0523** $\dfrac{7}{4}$ **0524** ③
**0525** ① **0526** ① **0527** 22 **0528** ④
**0529** $\sqrt{29}$ **0530** ⑤

# ⑤ 인수분해 공식



**0531** $1, a+2b, c, (a+2b)c$ **0532** $1, x, y, x^2, xy, x^2y$
**0533** $1, a, b, a-b, ab, a(a-b), b(a-b), ab(a-b)$
**0534** $1, a+1, a-2, (a+1)(a-2)$
**0535** $1, a, x-y, a(x-y), (x-y)^2, a(x-y)^2$
**0536** $a$ **0537** $xy$ **0538** $2x$ **0539** $2xy$
**0540** $ab(a-12)$ **0541** $a(x-y+z)$
**0542** $xy(x-y+1)$ **0543** $3b(3a^2+2ab-1)$
**0544** $(a+4)^2$ **0545** $(a-3)^2$ **0546** $(2x+1)^2$ **0547** $(x-6y)^2$
**0548** 9 **0549** 25 **0550** $\pm14$ **0551** $\pm8$
**0552** $(x+1)(x-1)$ **0553** $(a+4)(a-4)$
**0554** $\left(a+\dfrac{1}{3}\right)\left(a-\dfrac{1}{3}\right)$ **0555** $(2x+1)(2x-1)$
**0556** $(3x+5y)(3x-5y)$ **0557** $\left(\dfrac{1}{4}x+\dfrac{1}{7}y\right)\left(\dfrac{1}{4}x-\dfrac{1}{7}y\right)$
**0558** $(5b+a)(5b-a)$ **0559** $(2b+7a)(2b-7a)$



**0560** ⑤ **0561** ④ **0562** ④ **0563** ④
**0564** ③ **0565** ① **0566** ②, ⑤ **0567** ②
**0568** 10 **0569** $\dfrac{1}{16}, 8$ **0570** ④ **0571** $\dfrac{9}{2}$
**0572** 6 **0573** 16 **0574** $-6$ **0575** $28, -20$
**0576** $\pm\dfrac{1}{3}$ **0577** ⑤ **0578** 10 **0579** $2x-2$
**0580** 4 **0581** $-2y$ **0582** ② **0583** ①
**0584** ⑤ **0585** ⑤

**0586** $1, 2$     **0587** $3x, -4, -4x, 3, 4$

**0588** $(x+2)(x+4)$     **0589** $(x-1)(x-7)$

**0590** $(x+3y)(x-2y)$     **0591** $(x-2y)(x-3y)$

**0592** $2x, 2x, 3, 6x, 2x+3$

**0593** $3y, 6xy, 2x, -y, -xy, 3y, 2x-y$

**0594** $(x+4)(2x+1)$     **0595** $(x+3)(3x-5)$

**0596** $(2x-1)(3x-2)$     **0597** $(x+y)(3x+2y)$

STEP **2**  유형 마스터      89쪽~94쪽

**0598** $3$     **0599** $(x+3)(x-7)$     **0600** $2x-4$

**0601** $2x-y$     **0602** $7x-4$     **0603** $3$     **0604** ①, ⑤

**0605** $-15$     **0606** ③, ④     **0607** ㉠, ㉣     **0608** ④

**0609** ①     **0610** $x-2y$     **0611** $2$     **0612** ④

**0613** $-10$     **0614** $3$     **0615** $-7$     **0616** $-4$

**0617** $(x-4)(x+2)$     **0618** ④     **0619** ⑤

**0620** $6a+6$     **0621** $x+2$     **0622** ③     **0623** $6x+8$

**0624** $2x+3$     **0625** $2x+6$     **0626** $2a+1$     **0627** ①

**0628** $3x+2$     **0629** $12$     **0630** $20$     **0631** ①

**0632** 6개     **0633** ⑤     **0634** $-19, -8, -1, 1, 8, 19$

**0635** $13$     **0636** $17$     **0637** $8$

STEP **3**  내신 마스터      95쪽~97쪽

**0638** ⑤     **0639** ④     **0640** ⑤     **0641** $2, 18$

**0642** $-3$     **0643** $2x-1$     **0644** 4개     **0645** ④

**0646** $5$     **0647** ③, ④     **0648** ③     **0649** ⑤

**0650** $2x^2-x-1$     **0651** ⑤     **0652** $-60$

**0653** $6x+4$     **0654** ⑤     **0655** $2x+5$     **0656** ④

**0657** ③

# ❻ 인수분해 공식의 활용

STEP **1**  개념 마스터      100쪽

**0658** $A-2, x-2, (x-2)-2, (x+2)(x-4)$

**0659** $(x-1)(x+7)$     **0660** $(x-4)(x+1)$

**0661** $(4x+1)(2x-9)$     **0662** $(5x-2y)(3x+4y)$

**0663** $(x-1)(y+2)$     **0664** $(a+4)(a-b)$

**0665** $2x+1, 2x-y+1$     **0666** $(x+y-1)(x-y-1)$

**0667** $(a+b+2)(a-b+2)$

STEP **2**  유형 마스터      101쪽~104쪽

**0668** ④     **0669** $(a-b)^2$     **0670** ③

**0671** $(2x+3)(x+7)$     **0672** $2x-9$     **0673** $-8$

**0674** $4x-6$     **0675** ①, ④     **0676** ③

**0677** $2x-6y+7$     **0678** $0$

**0679** $(3x-1)(x+7)$     **0680** $(x+8)(4x-3)$

**0681** $3$     **0682** $4$

**0683** $(x-4)(x+2)(x^2-2x-10)$     **0684** $9$

**0685** ⑤     **0686** ⑤

**0687** $(x+1)(x-1)(y+1)(y-1)$     **0688** ②

**0689** $-6$     **0690** $2x-6$     **0691** ②     **0692** ④

**0693** $2$     **0694** $(x+y-1)(x+2y+1)$

STEP **1**  개념 마스터      105쪽

**0695** $7, 7, 70, 4900$     **0696** $98, 98, 200, 4, 800$

**0697** $8900$     **0698** $10000$     **0699** $10000$     **0700** $400$

**0701** $10\sqrt{6}$     **0702** $10000$     **0703** $2$     **0704** $16$

**0705** $4\sqrt{15}$

## STEP 2 유형 마스터 — 106쪽~110쪽

| | | | |
|---|---|---|---|
| **0706** $30$ | **0707** ㉠, ㉢ | **0708** $100$ | **0709** $-360$ |
| **0710** $\dfrac{1}{2}$ | **0711** $2023$ | **0712** $-210$ | **0713** $-288$ |
| **0714** $\dfrac{11}{20}$ | **0715** $-4\sqrt{2}$ | **0716** $5-\sqrt{5}$ | **0717** $24$ |
| **0718** $\dfrac{1}{2}$ | **0719** $192$ | **0720** $-2\sqrt{15}$ | **0721** $\sqrt{5}$ |
| **0722** $75$ | **0723** $12$ | **0724** $4+\sqrt{2}$ | **0725** $10\sqrt{5}-9$ |
| **0726** $6$ | **0727** $24\pi\ \mathrm{cm}^2$ | **0728** $a(a+b)\pi$ | |
| **0729** $540\pi\ \mathrm{cm}^3$ | **0730** $4\ \mathrm{cm}$ | **0731** $64$ | **0732** $29$ |
| **0733** ④ | **0734** $39$ | **0735** $8$ | **0736** $21$ |

## STEP 3 내신 마스터 — 111쪽~113쪽

| | | | |
|---|---|---|---|
| **0737** ③ | **0738** ② | **0739** ③ | **0740** ⑤ |
| **0741** ⑤ | **0742** ⑤ | **0743** ④ | |
| **0744** $(3x+2y-1)(3x-2y-1)$ | | **0745** $(x+y+2)(x+2y-1)$ | |
| **0746** $105$ | **0747** $1$ | **0748** ② | **0749** $-72$ |
| **0750** $-4\sqrt{2}$ | **0751** ⑤ | **0752** (1) $(a+b)(x+y)$ (2) $9$ | |
| **0753** $5$ | **0754** 소수가 아니다. | | **0755** $6\pi\ \mathrm{cm}^2$ |

# ❼ 이차방정식의 풀이

## STEP 1 개념 마스터 — 116쪽

| | | | |
|---|---|---|---|
| **0756** ○ | **0757** × | **0758** × | **0759** ○ |
| **0760** ○ | **0761** × | **0762** × | **0763** × |
| **0764** ○ | **0765** × | **0766** × | **0767** ○ |
| **0768** $x=0$ | **0769** $x=-1$ | | |

## STEP 2 유형 마스터 — 117쪽~119쪽

| | | | |
|---|---|---|---|
| **0770** ③, ⑤ | **0771** ㉠, ㉣, ㉤ | **0772** ③ | **0773** ④ |
| **0774** ④ | **0775** ④ | **0776** ③ | **0777** ③ |
| **0778** $10$ | **0779** $3$ | **0780** $-5$ | **0781** $-1$ |
| **0782** $2$ | **0783** $130$ | **0784** $15$ | **0785** $7$ |
| **0786** $3$ | **0787** $60$ | **0788** $18$ | |

## STEP 1 개념 마스터 — 120쪽~121쪽

| | |
|---|---|
| **0789** $x=0$ 또는 $x=1$ | **0790** $x=-1$ 또는 $x=4$ |
| **0791** $x=-2$ 또는 $x=-\dfrac{5}{4}$ | **0792** $x=-3$ 또는 $x=3$ |
| **0793** $x=-2$ 또는 $x=-5$ | **0794** $x=-2$ 또는 $x=\dfrac{3}{2}$ |
| **0795** $x=4$　**0796** $x=-1$ | **0797** $x=\dfrac{1}{2}$　**0798** $x=-2$ |
| **0799** $x=5$　**0800** $x=1$ | **0801** $x=\pm\sqrt{3}$　**0802** $x=\pm2\sqrt{2}$ |
| **0803** $x=\pm\sqrt{5}$ | **0804** $x=3\pm2\sqrt{2}$ |
| **0805** $x=3\pm\sqrt{5}$ | **0806** $x=2\pm\dfrac{\sqrt{14}}{2}$ |
| **0807** $(x-2)^2=3$ | **0808** $\left(x+\dfrac{7}{4}\right)^2=\dfrac{17}{16}$ |
| **0809** $x=4\pm\sqrt{15}$ | **0810** $x=\dfrac{-5\pm\sqrt{13}}{2}$ |
| **0811** $x=-2\pm\dfrac{\sqrt{6}}{2}$ | **0812** $x=\dfrac{-5\pm\sqrt{37}}{6}$ |

## STEP 2 유형 마스터 — 122쪽~128쪽

| | | | |
|---|---|---|---|
| **0813** ② | **0814** $34$ | **0815** ③ | **0816** $-6$ |
| **0817** $x=-4$ 또는 $x=2$ | **0818** ⑤ | **0819** $15$ | |
| **0820** $-\dfrac{9}{2}, 2$ | **0821** $-2$ | **0822** $-3$ | **0823** $-1$ |
| **0824** $1$ | **0825** $3, \dfrac{1}{2}$ | **0826** $-\dfrac{3}{2}$ | **0827** $-13$ |
| **0828** $2$ | **0829** $\dfrac{1}{2}$ | **0830** $-2$ | **0831** $2$ |
| **0832** $5$ | **0833** $-12$ | **0834** $-3$ | |
| **0835** $x=-7$ 또는 $x=3$ | **0836** ① | **0837** ㉠, ㉢, ㉣ | |
| **0838** $3$ | **0839** $-2$ | **0840** $-4, 1$ | **0841** $-\dfrac{4}{3}, \dfrac{4}{3}$ |
| **0842** $-9$ | **0843** $6$ | **0844** ④ | **0845** $5$ |
| **0846** $8$ | **0847** ㉡, ㉢ | **0848** $15$ | **0849** $\dfrac{16}{3}$ |
| **0850** $14$ | **0851** $(x-3)^2=8$ | | **0852** $3$ |
| **0853** ③ | **0854** $5$ | | |
| **0855** (1) $a=-3, b=21$ (2) $x=3\pm\sqrt{21}$ | | | **0856** ④ |
| **0857** $\dfrac{1}{4}, 4$ | **0858** $\dfrac{1}{18}$ | | |

0859 ②    0860 $a \neq -\dfrac{1}{3}$   0861 ①    0862 2

0863 $-6$    0864 ①    0865 ③    0866 ②

0867 $a=-3, b=5$      0868 ⑤

0869 (1) $x=-8$ 또는 $x=3$   (2) $x=\dfrac{1}{5}$ 또는 $x=3$   (3) 3

0870 ⑤    0871 ②    0872 2    0873 ⑤

0874 ⑤    0875 $A=1, B=1, C=\dfrac{1}{2}, D=-2$

0876 $x=2$    0877 $-3$

# ❽ 근의 공식과 이차방정식의 활용



0878 $x=\dfrac{-3\pm\sqrt{29}}{2}$     0879 $x=\dfrac{5\pm\sqrt{37}}{6}$

0880 $x=\dfrac{1\pm\sqrt{3}}{2}$     0881 $x=\dfrac{2\pm\sqrt{10}}{3}$

0882 $x=\dfrac{3\pm\sqrt{37}}{2}$     0883 $x=\dfrac{-3\pm\sqrt{5}}{2}$

0884 $x=\dfrac{1\pm\sqrt{17}}{4}$     0885 $x=-1$ 또는 $x=-2$

0886 $x=1$ 또는 $x=\dfrac{5}{3}$     0887 $x=\dfrac{3\pm\sqrt{57}}{4}$

0888 $x=\dfrac{1\pm\sqrt{11}}{3}$     0889 $x=\dfrac{3}{2}$ 또는 $x=-\dfrac{1}{4}$

0890 $x=-\dfrac{3}{5}$ 또는 $x=\dfrac{1}{2}$     0891 $x=-3\pm\sqrt{6}$

0892 $x=-\dfrac{1}{3}$ 또는 $x=\dfrac{5}{3}$     0893 $x=\dfrac{-5\pm\sqrt{13}}{6}$

0894 $x=1\pm\dfrac{\sqrt{14}}{2}$     0895 $x=-\dfrac{1}{2}$ 또는 $x=\dfrac{3}{4}$

0896 $x=-1$     0897 $x=-8$ 또는 $x=4$

0898 $x=7$ 또는 $x=9$     0899 2개    0900 1개

0901 0개    0902 2개    0903 2개



0904 24    0905 $-\dfrac{3}{2}$    0906 5개    0907 34

0908 $-1$    0909 6    0910 $\dfrac{3}{10}$    0911 $x=2\pm\sqrt{6}$

0912 $x=\dfrac{3\pm\sqrt{21}}{6}$     0913 ③    0914 4

0915 $-15$    0916 9개    0917 ③

0918 $x=\dfrac{3\pm\sqrt{2}}{2}$     0919 $-3$    0920 ④

0921 ⑤    0922 ㉠, ㉢    0923 ⑤    0924 ⑤

0925 $k \geq -25$    0926 4    0927 8    0928 ①, ⑤

0929 3    0930 $x=-3$ 또는 $x=-\dfrac{1}{5}$    0931 3개

0932 8    0933 10    0934 20    0935 2

0936 $(1, 5), (2, 3), (3, 1)$



0937 $x^2-7x+12=0$     0938 $3x^2+5x+2=0$

0939 $x^2-8x+16=0$     0940 $9x^2+12x+4=0$

0941 $x^2+(x+1)^2=85$     0942 6, 7

0943 $50x-5x^2=0$     0944 10초

0945 $(x+3)(x+2)=2x^2$     0946 6 cm



0947 21    0948 ①    0949 $x=\dfrac{1\pm\sqrt{11}}{3}$

0950 1    0951 $x=2\pm\sqrt{19}$    0952 2

0953 9, 13    0954 8    0955 구각형    0956 12명

0957 8    0958 29    0959 15    0960 9명

0961 11살    0962 8일    0963 7일    0964 3초 후

0965 8초    0966 2초    0967 시속 80 km

0968 가로의 길이 : 13 cm, 세로의 길이 : 8 cm    0969 2 cm

0970 6 cm    0971 6 cm    0972 $\dfrac{15}{2}$ cm

0973 $(5-\sqrt{5})$ cm     0974 2 cm    0975 5 cm

0976 4 cm    0977 3    0978 19    0979 1 m

0980 3 m    0981 2 m    0982 100 cm²

0983 5 cm 또는 10 cm     0984 $-4+4\sqrt{5}$

0985 $(-12+6\sqrt{6})$ cm     0986 5 cm

## STEP 3 내신 마스터
148쪽~151쪽

**0987** 8 **0988** ① **0989** ② **0990** ③
**0991** ⑤ **0992** ⑤ **0993** ④ **0994** ①
**0995** ④ **0996** ② **0997** ② **0998** $x=1\pm\sqrt{2}$
**0999** 20

**1000** (1) $x^2-64x+768=0$  (2) 16마리 또는 48마리

**1001** 24 **1002** ②

**1003** (1) 3초 또는 $\dfrac{19}{5}$초  (2) $\dfrac{34}{5}$초 후

**1004** 20 m **1005** $(10-5\sqrt{2})$ cm **1006** 6 m

**1007** 2 m **1008** 14 **1009** ②

**1010** (1) $1 : x=x : (1+x)$  (2) $\dfrac{1+\sqrt{5}}{2}$

# ❾ 이차함수의 그래프(1)

## STEP 1 개념 마스터
154쪽~157쪽

**1011** × **1012** ○ **1013** ○ **1014** ×
**1015** $y=\pi x^2,\ ○$ **1016** $y=4x,\ ×$
**1017** $y=\dfrac{1}{2}x^2+\dfrac{1}{2}x,\ ○$ **1018** ○ **1019** ×
**1020** × **1021** × **1022** ○ **1023** ㉠, ㉡, ㉣
**1024** ㉠ **1025** ㉡과 ㉢ **1026** $y=\dfrac{2}{3}x^2+2$

**1027** $y=-2x^2-\dfrac{1}{3}$

**1028** 꼭짓점의 좌표 : $(0, -1)$, 축의 방정식 : $x=0$

**1029** 꼭짓점의 좌표 : $(0, 4)$, 축의 방정식 : $x=0$

**1030** $y=(x-1)^2$ **1031** $y=3(x+2)^2$

**1032** 꼭짓점의 좌표 : $(3, 0)$, 축의 방정식 : $x=3$

**1033** 꼭짓점의 좌표 : $(-2, 0)$, 축의 방정식 : $x=-2$

**1034** $y=3(x-1)^2-2$ **1035** $y=\dfrac{1}{2}(x+2)^2+5$

**1036** 꼭짓점의 좌표 : $(1, 4)$, 축의 방정식 : $x=1$

**1037** 꼭짓점의 좌표 : $(2, -1)$, 축의 방정식 : $x=2$

**1038** 꼭짓점의 좌표 : $(-1, 4)$, 축의 방정식 : $x=-1$

**1039**

| $x$ | $\cdots$ | $-2$ | $-1$ | $0$ | $1$ | $2$ | $\cdots$ |
|---|---|---|---|---|---|---|---|
| $y=x^2$ | $\cdots$ | 4 | 1 | 0 | 1 | 4 | $\cdots$ |
| $y=2x^2$ | $\cdots$ | 8 | 2 | 0 | 2 | 8 | $\cdots$ |
| $y=\dfrac{1}{2}x^2$ | $\cdots$ | 2 | $\dfrac{1}{2}$ | 0 | $\dfrac{1}{2}$ | 2 | $\cdots$ |

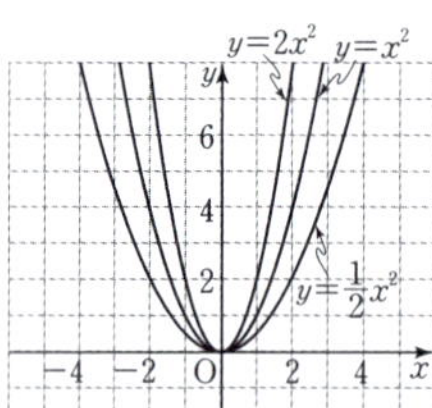

**1040**

| $x$ | $\cdots$ | $-2$ | $-1$ | $0$ | $1$ | $2$ | $\cdots$ |
|---|---|---|---|---|---|---|---|
| $y=-2x^2$ | $\cdots$ | $-8$ | $-2$ | 0 | $-2$ | $-8$ | $\cdots$ |
| $y=-2x^2+3$ | $\cdots$ | $-5$ | 1 | 3 | 1 | $-5$ | $\cdots$ |
| $y=-2x^2-1$ | $\cdots$ | $-9$ | $-3$ | $-1$ | $-3$ | $-9$ | $\cdots$ |

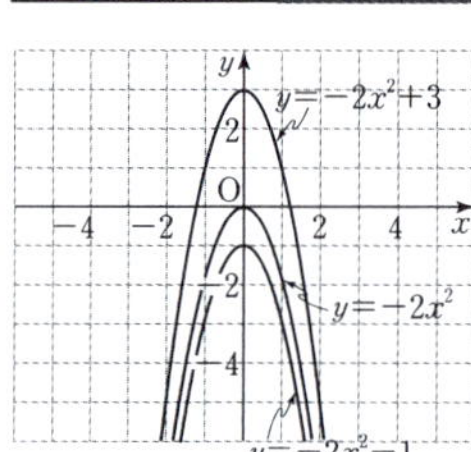

**1041**

| $x$ | $\cdots$ | $-2$ | $-1$ | $0$ | $1$ | $2$ | $\cdots$ |
|---|---|---|---|---|---|---|---|
| $y=x^2$ | $\cdots$ | 4 | 1 | 0 | 1 | 4 | $\cdots$ |
| $y=(x-2)^2$ | $\cdots$ | 16 | 9 | 4 | 1 | 0 | $\cdots$ |
| $y=(x+3)^2$ | $\cdots$ | 1 | 4 | 9 | 16 | 25 | $\cdots$ |

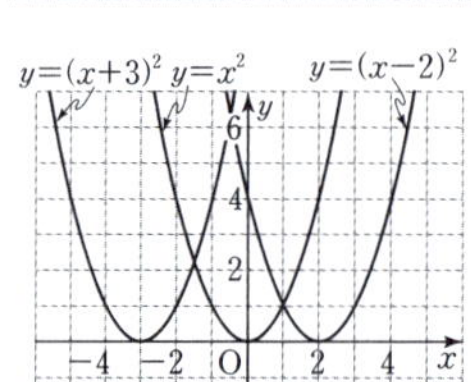

**1042**

| $x$ | $\cdots$ | $-2$ | $-1$ | $0$ | $1$ | $2$ | $\cdots$ |
|---|---|---|---|---|---|---|---|
| $y=-\dfrac{1}{2}x^2$ | $\cdots$ | $-2$ | $-\dfrac{1}{2}$ | 0 | $-\dfrac{1}{2}$ | $-2$ | $\cdots$ |
| $y=-\dfrac{1}{2}(x+1)^2$ | $\cdots$ | $-\dfrac{1}{2}$ | 0 | $-\dfrac{1}{2}$ | $-2$ | $-\dfrac{9}{2}$ | $\cdots$ |
| $y=-\dfrac{1}{2}(x+1)^2-2$ | $\cdots$ | $-\dfrac{5}{2}$ | $-2$ | $-\dfrac{5}{2}$ | $-4$ | $-\dfrac{13}{2}$ | $\cdots$ |

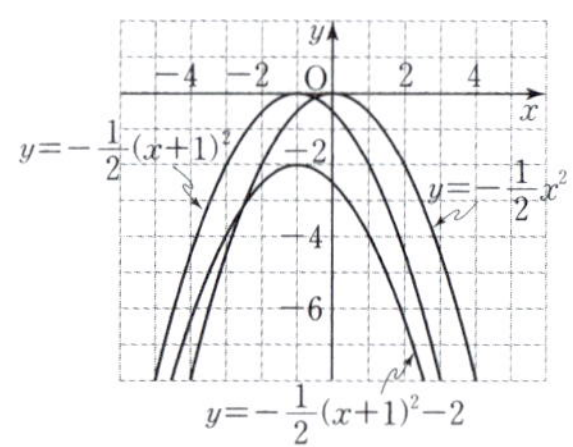

**1043** ④     **1044** ⑤     **1045** $\mathrm{A}(-6,0), \mathrm{B}(0,4)$

**1046** ①     **1047** ④     **1048** ②     **1049** ②, ⑤

**1050** 3개     **1051** ③     **1052** ③, ④     **1053** ②

**1054** $a \neq 2$     **1055** $-4$     **1056** $0$     **1057** $3$

**1058** $11$     **1059** ①     **1060** ③     **1061** ③

**1062** $\dfrac{1}{3} < a < 2$     **1063** ㉠, ㉧     **1064** ㉠, ㉣

**1065** ㉡과 ㉢     **1066** ④     **1067** $1$     **1068** ②

**1069** ③     **1070** ①, ⑤     **1071** $y=2x^2$     **1072** $4$

**1073** ②     **1074** ④

**1075** 꼭짓점의 좌표 : $(0,-6)$, 축의 방정식 : $x=0$

**1076** ③     **1077** $(0,4)$     **1078** (1) $y=-\dfrac{1}{2}x^2+8$   (2) $6$

**1079** $-8$     **1080** ③     **1081** ②     **1082** ⑤

**1083** $x>2$     **1084** $12$     **1085** $8$     **1086** $-1$

**1087** ④     **1088** ③     **1089** $-8$

**1090** 꼭짓점의 좌표 : $(1,3)$, 축의 방정식 : $x=1$     **1091** ②

**1092** 제1, 3, 4사분면     **1093** $-3$     **1094** $2$

**1095** $2$     **1096** $x<-3$     **1097** $x>2$     **1098** $x<1$

**1099** $-7$     **1100** ②     **1101** $-1$

**1102** $a=-2, b=-3, c=-2$     **1103** $-8$     **1104** $-10$

**1105** ③     **1106** $\dfrac{1}{3}$     **1107** (1) $y=3(x+1)^2-4$   (2) $1$

**1108** ④     **1109** ⑤     **1110** ⑤     **1111** $\dfrac{1}{4}$

**1112** $\dfrac{9}{4}$     **1113** $\mathrm{D}\left(\sqrt{5}, \dfrac{5}{2}\right)$     **1114** $\dfrac{4}{3}$

**1115** $27$     **1116** $18$     **1117** (1) $\mathrm{B}\left(\dfrac{2}{3}, \dfrac{1}{9}\right)$   (2) $\dfrac{1}{9}$

**1118** ⑤     **1119** ③, ④



**1120** ④, ⑤     **1121** $3$     **1122** ③     **1123** ②

**1124** ②     **1125** ②     **1126** $-2$     **1127** ②, ⑤

**1128** ③     **1129** ④     **1130** ⑤     **1131** $x>1$

**1132** ③

**1133** (1) $y=x^2$, 이차함수이다. (2) 20계단 (3) 289장

**1134** ②, ④     **1135** $\dfrac{16}{9}$

# ⑩ 이차함수의 그래프(2)



**1136** $1, 1, 4$, 꼭짓점의 좌표 : $(-1,-4)$, 축의 방정식 : $x=-1$

**1137** 꼭짓점의 좌표 : $(2,7)$, 축의 방정식 : $x=2$

**1138** 꼭짓점의 좌표 : $\left(3, -\dfrac{21}{2}\right)$, 축의 방정식 : $x=3$

**1139** 꼭짓점의 좌표 : $(-1,1)$, 축의 방정식 : $x=-1$

**1140** 꼭짓점의 좌표 : $(4,15)$, 축의 방정식 : $x=4$

**1141** $a>0, b>0, c>0$     **1142** $a<0, b>0, c>0$

**1143** $a<0, b<0, c<0$     **1144** $a>0, b<0, c<0$



**1145** $-2$     **1146** ④     **1147** $a=4,\ p=2,\ q=-19$

**1148** $-1$     **1149** ⑤     **1150** $(2,-1)$     **1151** ②

**1152** 제2사분면 **1153** ⑤     **1154** $x>2$     **1155** $x>3$

**1156** $(0,-2)$     **1157** ③     **1158** ㉠, ㉢     **1159** ②

**1160** $2$     **1161** $x=2$     **1162** $-2$

**1163** $(-3,0), (1,0)$     **1164** $(0,1)$     **1165** ③

**1166** $4$     **1167** $k>8$     **1168** $k<\dfrac{2}{3}$     **1169** $-6$

**1170** $7$     **1171** $-6$     **1172** ④     **1173** ①

**1174** 제4사분면 **1175** $35$     **1176** $16$     **1177** $15$

**1178** $\dfrac{35}{2}$     **1179** $-\dfrac{3}{4}$     **1180** $9$     **1181** $3$

**1182** (1) $(-a, -a^2+2a+4)$   (2) $8$

**1183** (1) $a>0, b>0, c<0$   (2) ③     **1184** ④

**1185** ③     **1186** ②     **1187** $12$     **1188** $8$

**1189** $18$

STEP **1** 개념 마스터 — 185쪽

**1190** $y=3(x-3)^2-2$  **1191** $y=-2(x-1)^2+3$
**1192** $y=-(x+1)^2+6$  **1193** $y=-(x-1)^2+4$
**1194** $y=2x^2-x+1$  **1195** $y=-\dfrac{5}{6}x^2+\dfrac{13}{6}x-5$
**1196** $y=\dfrac{1}{2}x^2-2$  **1197** $y=3x^2-3x-6$

STEP **2** 유형 마스터 — 186쪽~188쪽

**1198** 2  **1199** 28  **1200** $a=\dfrac{1}{2},\,b=-1,\,c=-\dfrac{9}{2}$
**1201** $-9$  **1202** ②, ④  **1203** $2\sqrt{3}$  **1204** 14
**1205** 7  **1206** $-6$  **1207** $(1,\,-4)$  **1208** $-6$
**1209** $-\dfrac{15}{2}$  **1210** $y=2x^2-x+1$  **1211** 6
**1212** 5  **1213** $-3$  **1214** $y=\dfrac{1}{2}x^2-\dfrac{9}{2}$
**1215** $-10$

STEP **3** 내신 마스터 — 189쪽~192쪽

**1216** ㉠, $y=3(x-2)^2+4$  **1217** ②  **1218** ②
**1219** 제4사분면
**1220** (1) $y=-3(x-1)^2-3$  (2) 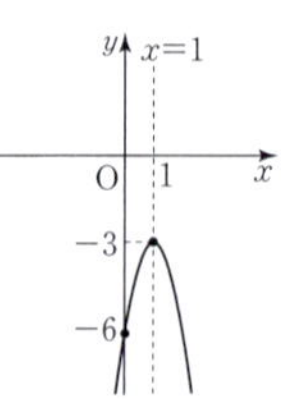

**1221** ②  **1222** ⑤  **1223** ②  **1224** ⑤
**1225** ②, ④  **1226** $-3$  **1227** ⑤  **1228** $\dfrac{17}{8}$
**1229** $\left(4,\,-\dfrac{25}{2}\right)$  **1230** ④
**1231** (1) $A(2,\,-6)$  (2) $B(0,\,-4)$  (3) 4
**1232** 15  **1233** (1) $a>0,\,b<0,\,c<0$  (2) $a+c$
**1234** 15  **1235** ⑤  **1236** ⑤  **1237** 8
**1238** ③  **1239** $y=-2x^2-4x+6$

# 정답과 해설

## 1 제곱근의 뜻과 성질



**0001**      답 $8, -8$    **0002**      답 $0$

**0003**      답 $\dfrac{3}{5}, -\dfrac{3}{5}$    **0004**      답 없다.

**0005**   $x^2=a\,(a\geq 0)$를 만족하는 $x$는 $a$의 제곱근이다.
따라서 1의 제곱근은 $1, -1$이다.      답 $1, -1$

**0006**   144의 제곱근은 $12, -12$이다.      답 $12, -12$

**0007**   0.49의 제곱근은 $0.7, -0.7$이다.      답 $0.7, -0.7$

**0008**   $\dfrac{4}{25}$의 제곱근은 $\dfrac{2}{5}, -\dfrac{2}{5}$이다.      답 $\dfrac{2}{5}, -\dfrac{2}{5}$

**0009**   0의 제곱근은 0이다.      답 $\times$

**0010**   음수의 제곱근은 없다.      답 $\times$

**0011**   양수의 제곱근은 양수와 음수 2개가 있다.      답 $\bigcirc$

**0012**   양수의 제곱근은 2개, 0의 제곱근은 1개이고, 음수의 제곱근은 없다.      답 $\times$

**0013**      답 $7$    **0014**      답 $-14$

**0015**      답 $0.6$    **0016**      답 $-\dfrac{1}{2}$

**0017**   $\sqrt{4}=2$의 제곱근은 $\pm\sqrt{2}$이다.      답 $\pm\sqrt{2}$

**0018**   $(-1)^2=1$의 제곱근은 $\pm 1$이다.      답 $\pm 1$

**0019**   $\sqrt{100}=10$의 제곱근은 $\pm\sqrt{10}$이다.      답 $\pm\sqrt{10}$

**0020**   $\sqrt{0.25}=0.5$의 제곱근은 $\pm\sqrt{0.5}$이다.      답 $\pm\sqrt{0.5}$

| | $x$ | $x$의 양의 제곱근 | $x$의 음의 제곱근 | $x$의 제곱근 | 제곱근 $x$ |
|---|---|---|---|---|---|
| **0021** | $2$ | $\sqrt{2}$ | $-\sqrt{2}$ | $\pm\sqrt{2}$ | $\sqrt{2}$ |
| **0022** | $\sqrt{36}$ | $\sqrt{6}$ | $-\sqrt{6}$ | $\pm\sqrt{6}$ | $\sqrt{6}$ |
| **0023** | $(-2)^2$ | $2$ | $-2$ | $\pm 2$ | $2$ |



**0024**   [전략] $x$가 $a$의 제곱근이다. ➡ $x$를 제곱하면 $a$이다.
$x^2=a$ 또는 $x=\pm\sqrt{a}$이다.      답 ④

**0025**   '$x$는 5의 제곱근이다.'를 식으로 나타내면
$x^2=5$ 또는 $x=\pm\sqrt{5}$이다.      답 ③

**0026**   ② $x=\pm\sqrt{64}$
⑤ $x$는 64의 제곱근이다.      답 ②, ⑤

**0027**   [전략] $a>0$일 때, $a$의 제곱근 ➡ $\pm\sqrt{a}$, 제곱근 $a$ ➡ $\sqrt{a}$
① 0의 제곱근은 0이다.
② $\sqrt{9}=3$의 제곱근은 $\pm\sqrt{3}$이다.
③ $-5$의 제곱근은 없다.
④ 제곱근 81은 $\sqrt{81}$, 즉 9이다.
⑤ 4의 음의 제곱근은 $-\sqrt{4}$, 즉 $-2$이다.
따라서 옳은 것은 ④이다.      답 ④

**0028**   제곱근 5 ➡ $\sqrt{5}$      답 ①

**0029**   ①, ②, ④, ⑤ $\pm 2$
③ 제곱근 4 ➡ $\sqrt{4}=2$      답 ③

**0030**   ① $\dfrac{1}{9}$의 음의 제곱근은 $-\sqrt{\dfrac{1}{9}}$, 즉 $-\dfrac{1}{3}$이다.
② 3의 제곱근은 $\pm\sqrt{3}$이고, $-3$의 제곱근은 없다.
③ $a>0$이면 $a$의 제곱근은 $\pm\sqrt{a}$, $a=0$이면 $a$의 제곱근은 $0$, $a<0$이면 $a$의 제곱근은 없다.
④ $(-5)^2=25$의 제곱근은 $\pm\sqrt{25}$, 즉 $\pm 5$이다.
⑤ 제곱근 64는 $\sqrt{64}$, 즉 8이다.
따라서 옳지 않은 것은 ②, ③이다.      답 ②, ③

**0031**   ㉠ 121의 제곱근은 $\pm\sqrt{121}$, 즉 $\pm 11$이다.
㉡ $\sqrt{16}=4$의 음의 제곱근은 $-\sqrt{4}$, 즉 $-2$이다.
㉢ 제곱근 $\dfrac{16}{49}$은 $\sqrt{\dfrac{16}{49}}=\dfrac{4}{7}$이다.
㉣ 25의 양의 제곱근은 $\sqrt{25}$, 즉 5이다.
㉤ $-4$의 제곱근은 없다.
㉥ $(-9)^2=81$의 제곱근은 $\pm\sqrt{81}$, 즉 $\pm 9$이다.
따라서 옳은 것은 ㉠, ㉣, ㉥의 3개이다.      답 3개

**0032**   ㉠ 제곱근 36은 $\sqrt{36}$, 즉 6이다.
㉡ $0.\dot{4}=\dfrac{4}{9}$이므로 $\dfrac{4}{9}$의 제곱근은 $\pm\sqrt{\dfrac{4}{9}}$, 즉 $\pm\dfrac{2}{3}$이다.
㉢ 양수의 두 제곱근은 절댓값이 같고 부호가 서로 다르므로 그 합은 항상 0이다.
㉣ $-9$의 제곱근은 없다.
㉤ 0.16의 제곱근은 $\pm\sqrt{0.16}$, 즉 $\pm 0.4$이다.
따라서 옳은 것은 ㉡, ㉢, ㉤이다.      답 ㉡, ㉢, ㉤

**0033**  먼저 주어진 수를 간단히 한다.

➡ $(-10)^2=100$, $\sqrt{81}=9$

$(-10)^2=100$의 양의 제곱근은 $\sqrt{100}$, 즉 $10$이므로 $a=10$

$\sqrt{81}=9$의 음의 제곱근은 $-\sqrt{9}$, 즉 $-3$이므로 $b=-3$

$\therefore a-b=10-(-3)=13$ **답** 13

**0034** ① 49의 제곱근은 $\pm\sqrt{49}$, 즉 $\pm7$이다.

② $(-8)^2=64$의 제곱근은 $\pm\sqrt{64}$, 즉 $\pm8$이다.

③ $\sqrt{36}=6$의 제곱근은 $\pm\sqrt{6}$이다.

④ 0.09의 제곱근은 $\pm\sqrt{0.09}$, 즉 $\pm0.3$이다. **답** ⑤

**0035** $\dfrac{9}{25}$의 양의 제곱근은 $\sqrt{\dfrac{9}{25}}$, 즉 $\dfrac{3}{5}$이므로 $a=\dfrac{3}{5}$ ······ (가)

$(-5)^2=25$의 음의 제곱근은 $-\sqrt{25}$, 즉 $-5$이므로

$b=-5$ ······ (나)

$\therefore ab=\dfrac{3}{5}\times(-5)=-3$ ······ (다)

**답** $-3$

| 채점 기준 | 비율 |
|---|---|
| (가) $a$의 값 구하기 | 40 % |
| (나) $b$의 값 구하기 | 40 % |
| (다) $ab$의 값 구하기 | 20 % |

**0036** $\sqrt{\dfrac{1}{16}}=\dfrac{1}{4}$의 양의 제곱근은 $\dfrac{1}{2}$이므로 $a=\dfrac{1}{2}$

$0.\dot{1}=\dfrac{1}{9}$의 음의 제곱근은 $-\dfrac{1}{3}$이므로 $b=-\dfrac{1}{3}$

$\therefore \dfrac{a}{b}=a\div b=\dfrac{1}{2}\div\left(-\dfrac{1}{3}\right)=\dfrac{1}{2}\times(-3)=-\dfrac{3}{2}$ **답** $-\dfrac{3}{2}$

**0037**  넓이가 $a$인 정사각형의 한 변의 길이는 $\sqrt{a}$이다.

$x^2=1^2+2^2$이므로 $x^2=5$

$\therefore x=\sqrt{5}\ (\because x>0)$ **답** $\sqrt{5}$

**0038** 직사각형 모양의 꽃밭의 넓이는

$9\times4=36\ (\text{m}^2)$

정사각형 모양의 꽃밭의 한 변의 길이를 $x$ m라 하면

$x^2=36$ $\therefore x=6\ (\because x>0)$

따라서 정사각형 모양의 꽃밭의 한 변의 길이는 6 m이다.

**답** 6 m

**0039** 두 정사각형의 닮음비가 $1:4$이므로 넓이의 비는 $1:16$이다.

작은 정사각형의 넓이를 $x\ \text{cm}^2$라 하면 큰 정사각형의 넓이는 $16x\ \text{cm}^2$이므로

$x+16x=68$, $17x=68$ $\therefore x=4$

따라서 큰 정사각형의 넓이는 $16x=16\times4=64\ (\text{cm}^2)$이므로 큰 정사각형의 한 변의 길이는 $\sqrt{64}$, 즉 8 cm이다.

**답** 8 cm

 닮음인 두 평면도형의 닮음비가 $m:n$이면 넓이의 비는 $m^2:n^2$이다.

**0040**  근호 안의 수가 어떤 수의 제곱이면 근호를 사용하지 않고 나타낼 수 있다.

➡ $\sqrt{2^2}=2$, $\sqrt{3^2}=3$, $\sqrt{4^2}=4$, $\cdots$

① 1000의 제곱근은 $\pm\sqrt{1000}$이다.

② 0.49의 제곱근은 $\pm\sqrt{0.49}$, 즉 $\pm0.7$이다.

③ $\sqrt{4^2}=4$의 제곱근은 $\pm\sqrt{4}$, 즉 $\pm2$이다.

④ $\sqrt{\dfrac{9}{25}}=\dfrac{3}{5}$의 제곱근은 $\pm\sqrt{\dfrac{3}{5}}$이다.

⑤ $\dfrac{1600}{25}$의 제곱근은 $\pm\sqrt{\dfrac{1600}{25}}$, 즉 $\pm\dfrac{40}{5}=\pm8$이다.

따라서 근호를 사용하지 않고 제곱근을 나타낼 수 없는 것은 ①, ④이다. **답** ①, ④

**0041** ① $\sqrt{16}=4$ ② $\sqrt{36}=6$

④ $-\sqrt{81}=-9$ ⑤ $\sqrt{100}=10$ **답** ③

**0042** 주어진 수의 제곱근을 구하면 다음과 같다.

$15 ➡ \pm\sqrt{15}$ $\quad 0.4 ➡ \pm\sqrt{0.4}$

$\dfrac{1}{25} ➡ \pm\sqrt{\dfrac{1}{25}}=\pm\dfrac{1}{5}$ $\quad 0.\dot{1}=\dfrac{1}{9} ➡ \pm\sqrt{\dfrac{1}{9}}=\pm\dfrac{1}{3}$

$\dfrac{4}{81} ➡ \pm\sqrt{\dfrac{4}{81}}=\pm\dfrac{2}{9}$

따라서 근호를 사용하지 않고 제곱근을 나타낼 수 있는 것은 $\dfrac{1}{25}$, $0.\dot{1}$, $\dfrac{4}{81}$의 3개이다. **답** 3개

 **개념 마스터** p.12 ~ p.13

**0043** **답** 5 **0044** **답** 1.3

**0045** **답** $-6$ **0046** **답** 7

**0047** **답** $\dfrac{1}{2}$ **0048** **답** $-2$

**0049** (주어진 식)$=13-7-6$ **답** 6

**0050** (주어진 식)$=4-5=-1$ **답** $-1$

**0051** (주어진 식)$=5+7-8=4$ **답** 4

**0052** (주어진 식)$=-4\times\dfrac{1}{2}=-2$ **답** $-2$

| | $a\geq0$ | $a<0$ |
|---|---|---|
| **0053** $\sqrt{a^2}$ | $a$ | $-a$ |
| **0054** $\sqrt{(-a)^2}$ | $a$ | $-a$ |
| **0055** $-\sqrt{a^2}$ | $-a$ | $a$ |
| **0056** $-\sqrt{(-a)^2}$ | $-a$ | $a$ |

**0057** $a<0$에서 $2a<0$이므로 $\sqrt{(2a)^2}=-2a$ **답** $-2a$

**0058** $a<0$에서 $-2a>0$이므로 $\sqrt{(-2a)^2}=-2a$ **답** $-2a$

**0059** $a<0$에서 $3a<0$이므로
$-\sqrt{(3a)^2}=-(-3a)=3a$ **답** $3a$

**0060** $a<0$에서 $-3a>0$이므로
$-\sqrt{(-3a)^2}=-(-3a)=3a$ **답** $3a$

**0061** **답** $>,\ x-1$

**0062** **답** $<,\ -x+1$

**0063** **답** $<$

**0064** **답** $>$

**0065** $\sqrt{\dfrac{2}{3}}<\sqrt{\dfrac{4}{5}}$이므로 $-\sqrt{\dfrac{2}{3}}>-\sqrt{\dfrac{4}{5}}$ **답** $>$

**0066** $\sqrt{0.5}<\sqrt{0.8}$이므로 $-\sqrt{0.5}>-\sqrt{0.8}$ **답** $>$

**0067** $(\sqrt{8})^2=8,\ 3^2=9$에서
$8<9$이므로 $\sqrt{8}<3$ **답** $<$

**0068** $(\sqrt{0.1})^2=0.1,\ 0.1^2=0.01$에서
$0.1>0.01$이므로 $\sqrt{0.1}>0.1$ **답** $>$

**0069** $\left(\sqrt{\dfrac{2}{3}}\right)^2=\dfrac{2}{3},\ \left(\dfrac{1}{2}\right)^2=\dfrac{1}{4}$에서
$\dfrac{2}{3}>\dfrac{1}{4}$이므로 $\sqrt{\dfrac{2}{3}}>\dfrac{1}{2}$ **답** $>$

**0070** $4^2=16,\ (\sqrt{15})^2=15$에서
$16>15$이므로 $4>\sqrt{15}$
$\therefore -4<-\sqrt{15}$ **답** $<$

**0071** $4=\sqrt{16},\ 5=\sqrt{25}$이므로 $\sqrt{16}$보다 크고 $\sqrt{25}$보다 작은 수를
찾으면 $\sqrt{17}$과 $\sqrt{20}$이다. **답** $\sqrt{17},\ \sqrt{20}$

**0072** $5<\sqrt{x}<7$의 각 변을 제곱하면
$25<x<49$
따라서 부등식을 만족하는 자연수 $x$는
$26,27,28,\cdots,47,48$
**답** $26,27,28,\cdots,47,48$

**0073** $3<\sqrt{x}\leq4$의 각 변을 제곱하면
$9<x\leq16$
따라서 부등식을 만족하는 자연수 $x$는
$10,11,12,13,14,15,16$
**답** $10,11,12,13,14,15,16$

**0074** $-5\leq-\sqrt{x}\leq-4$에서 $4\leq\sqrt{x}\leq5$
위의 부등식의 각 변을 제곱하면 $16\leq x\leq25$
따라서 부등식을 만족하는 자연수 $x$는
$16,17,18,19,20,21,22,23,24,25$
**답** $16,17,18,19,20,21,22,23,24,25$

**0075** $2<\sqrt{2x}<3$의 각 변을 제곱하면
$4<2x<9$
각 변을 2로 나누면 $2<x<\dfrac{9}{2}$
따라서 부등식을 만족하는 자연수 $x$는 $3,4$ **답** $3,4$

**0076** $4\leq\sqrt{3x}\leq6$의 각 변을 제곱하면
$16\leq3x\leq36$
각 변을 3으로 나누면 $\dfrac{16}{3}\leq x\leq12$
따라서 부등식을 만족하는 자연수 $x$는
$6,7,8,9,10,11,12$ **답** $6,7,8,9,10,11,12$

## STEP 2 유형 마스터 p.14~p.22

**0077** **전략** $a>0$일 때, $-(-\sqrt{a})^2=-a,\ -\sqrt{(-a)^2}=-a$
ⓒ $\sqrt{(-6)^2}=6$
ⓔ $\sqrt{(-7)^2}=7$이므로 $-\sqrt{(-7)^2}=-7$
ⓜ $(-\sqrt{2})^2=2$이므로 $-(-\sqrt{2})^2=-2$
ⓗ $\sqrt{4^2}=4$
따라서 옳은 것은 ㉠, ㉡, ㉢의 3개이다. **답** 3개

**0078** ① $\sqrt{5^2}=5$ ② $(-\sqrt{5})^2=5$
③ $-(-\sqrt{5})^2=-5$ ④ $(\sqrt{5})^2=5$
⑤ $\sqrt{(-5)^2}=5$
따라서 나머지 넷과 다른 하나는 ③이다. **답** ③

**0079** ① $(\sqrt{7})^2=7$
② $(-\sqrt{4})^2=4$
③ $-\sqrt{\dfrac{1}{36}}=-\dfrac{1}{6}$
④ $\sqrt{0.5^2}=0.5$이므로 $-\sqrt{0.5^2}=-0.5$
⑤ $\sqrt{(-3)^2}=3$
따라서 옳은 것은 ③이다. **답** ③

**0080** $(-\sqrt{9})^2=9$의 양의 제곱근은 3이므로
$p=3$ $\cdots\cdots$ ㈎
$\sqrt{(-4)^2}=4$의 음의 제곱근은 $-2$이므로
$q=-2$ $\cdots\cdots$ ㈏
$\therefore q-p=-2-3=-5$ $\cdots\cdots$ ㈐
**답** $-5$

| 채점 기준 | 비율 |
|---|---|
| ㈎ $p$의 값 구하기 | 40 % |
| ㈏ $q$의 값 구하기 | 40 % |
| ㈐ $q-p$의 값 구하기 | 20 % |

**0081**  제곱근의 성질을 이용하여 근호를 없앤 후 계산한다.

② $\sqrt{12^2}\div\sqrt{(-4)^2}=12\div4=3$

③ $\sqrt{3^2}+\sqrt{(-7)^2}=3+7=10$

④ $\sqrt{5^2}\times\left(-\sqrt{\dfrac{1}{5}}\right)^2=5\times\dfrac{1}{5}=1$

⑤ $(-\sqrt{2})^2-(-\sqrt{5})^2=2-5=-3$

따라서 옳지 않은 것은 ③이다. **답** ③

**0082** $A=(\sqrt{2})^2+\sqrt{5^2}=2+5=7$

$B=\sqrt{(-4)^2}-(-\sqrt{3})^2=4-3=1$

$\therefore A+B=7+1=8$ **답** 8

**0083** ① $(-\sqrt{2})^2-\sqrt{7^2}=2-7=-5$

② $(-\sqrt{12})^2\div\sqrt{3^2}=12\div3=4$

③ $\sqrt{100}-\sqrt{(-13)^2}+(-\sqrt{2})^2=10-13+2=-1$

④ $(-\sqrt{0.2})^2\times(-\sqrt{5})^2\div(-\sqrt{0.1})^2=0.2\times5\div0.1=10$

⑤ $\sqrt{2^2}+(-\sqrt{3})^2-\sqrt{(-5)^2}+\sqrt{64}=2+3-5+8=8$

따라서 계산 결과가 가장 큰 것은 ④이다. **답** ④

**0084** ① $(-\sqrt{3})^2-\sqrt{(-2)^2}+\sqrt{9}=3-2+3=4$

② $(\sqrt{4})^2-\sqrt{(-6)^2}+\sqrt{81}=4-6+9=7$

③ $\sqrt{(-7)^2}+\sqrt{16}-(-\sqrt{5})^2=7+4-5=6$

④ $(\sqrt{5})^2+(-\sqrt{14})^2+\sqrt{(-2)^2}=5+14+2=21$

⑤ $-\sqrt{16}+\sqrt{9}+\sqrt{36}=-4+3+6=5$

따라서 옳은 것은 ③이다. **답** ③

**0085** $\sqrt{121}-\sqrt{(-5)^2}\div\sqrt{\dfrac{25}{16}}-(-\sqrt{3})^2$

$=11-5\div\dfrac{5}{4}-3$

$=11-5\times\dfrac{4}{5}-3$

$=11-4-3=4$ **답** 4

**0086** $\sqrt{0.04}-\sqrt{\left(-\dfrac{2}{3}\right)^2}\times\sqrt{\dfrac{9}{25}}+\sqrt{(-2)^4\times3^2}$

$=0.2-\dfrac{2}{3}\times\dfrac{3}{5}+\sqrt{4^2\times3^2}$

$=\dfrac{1}{5}-\dfrac{2}{5}+4\times3$

$=\dfrac{59}{5}$ **답** $\dfrac{59}{5}$

**0087**  $\sqrt{(양수)^2}=(양수)$, $\sqrt{(음수)^2}=-(음수)$임을 이용한다.

① $-a^2$은 음수이므로 $\sqrt{-a^2}$의 값은 없다.

② $(-\sqrt{a})^2=a$

③ $-a<0$이므로 $\sqrt{(-a)^2}=-(-a)=a$

④ $\sqrt{a^2}=a$

⑤ $-a<0$이므로 $-\sqrt{(-a)^2}=-\{-(-a)\}=-a$

따라서 옳은 것은 ⑤이다. **답** ⑤

**0088** $a<0$일 때, $-a>0$이므로

㉠ $\sqrt{a^2}=-a$

㉡ $-\sqrt{(-a)^2}=-(-a)=a$

㉢ $\sqrt{(-a)^2}=-a$

㉣ $(-\sqrt{-a})^2=-a$

㉤ $-\sqrt{a^2}=-(-a)=a$

따라서 같은 값을 갖는 것끼리 짝 지으면

㉠, ㉢, ㉣과 ㉡, ㉤이다. **답** ②, ④

**0089** $a>0$일 때, $2a>0$, $-3a<0$, $-5a<0$이므로

① $\sqrt{a^2}=a$

② $\sqrt{4a^2}=\sqrt{(2a)^2}=2a$

③ $\sqrt{(-3a)^2}=-(-3a)=3a$

④ $-\sqrt{(2a)^2}=-2a$

⑤ $-\sqrt{(-5a)^2}=-\{-(-5a)\}=-5a$

따라서 옳지 않은 것은 ④이다. **답** ④

**0090**  $a>0$이면 $\sqrt{a^2}=a$, $a<0$이면 $\sqrt{a^2}=-a$임을 이용한다.

$a<0$이므로 $-4a>0$

$\therefore$ (주어진 식)$=-a+(-4a)=-5a$ **답** $-5a$

**0091** $a<0$, $b>0$이므로

(주어진 식)$=-b-(-a)=a-b$ **답** $a-b$

**0092** $a+b<0$, $ab>0$에서 $a<0$, $b<0$이므로

$3a<0$, $-2b>0$, $2b<0$

$\therefore$ (주어진 식)$=\sqrt{(3a)^2}-\sqrt{(-2b)^2}+\sqrt{(2b)^2}$

$=-3a-(-2b)+(-2b)$

$=-3a+2b-2b$

$=-3a$ **답** $-3a$

**0093**  $1<a<2$임을 이용하여 먼저 $a-1$과 $a-2$의 부호를 조사한다.

$1<a<2$일 때, $a-1>0$, $a-2<0$이므로

(주어진 식)$=(a-1)-\{-(a-2)\}$

$=a-1+a-2$

$=2a-3$ **답** $2a-3$

**0094** $0<a<3$일 때,

$-a<0$, $3-a>0$, $a-3<0$이므로 ⋯⋯ ㈎

(주어진 식)$=-(-a)+(3-a)-\{-(a-3)\}$ ⋯⋯ ㈏

$=a+3-a+a-3$

$=a$ ⋯⋯ ㈐

**답** $a$

| 채점 기준 | 비율 |
| --- | --- |
| ㈎ $-a$, $3-a$, $a-3$의 부호 조사하기 | 40 % |
| ㈏ 주어진 식을 근호를 사용하지 않고 나타내기 | 40 % |
| ㈐ 식을 간단히 하기 | 20 % |

**0095** 전략 부등식의 성질을 이용하여 괄호 안의 식의 부호를 알아본다.

$0 < a < 1$일 때, $0 < 2a < 2$이므로

$2a-5 < 0$, $3-2a > 0$이므로

$\therefore$ (주어진 식)$=-(2a-5)+(3-2a)$

$\qquad\qquad = -2a+5+3-2a$

$\qquad\qquad = -4a+8$ 　　　　　답 $-4a+8$

**0096** ㉠ $x > 3$이면 $3-x < 0$, $x+3 > 0$이므로

$\qquad A = -(3-x)+(x+3) = -3+x+x+3 = 2x$

㉡ $0 < x < 3$이면 $3-x > 0$, $x+3 > 0$이므로

$\qquad A = (3-x)+(x+3) = 6$

㉢ $x < -3$이면 $3-x > 0$, $x+3 < 0$이므로

$\qquad A = (3-x)+\{-(x+3)\} = 3-x-x-3 = -2x$

㉣ $-3 < x < 0$이면 $3-x > 0$, $x+3 > 0$이므로

$\qquad A = (3-x)+(x+3) = 6$

따라서 옳은 것은 ㉠, ㉡, ㉢이다. 　답 ㉠, ㉡, ㉢

**0097** $0 < a < b < 2$일 때, $a-b < 0$, $2-a > 0$, $b-2 < 0$이므로

(주어진 식)$=-(a-b)-(2-a)+\{-(b-2)\}$

$\qquad\qquad = -a+b-2+a-b+2 = 0$ 　　답 $0$

**0098** $a > 0$, $ab < 0$일 때, $a > 0$, $b < 0$이므로

$-a < 0$, $b-3a < 0$, $2b < 0$

$\therefore$ (주어진 식)$=\sqrt{(-a)^2}+\sqrt{(b-3a)^2}-\sqrt{(2b)^2}$

$\qquad\qquad = -(-a)+\{-(b-3a)\}-(-2b)$

$\qquad\qquad = a-b+3a+2b$

$\qquad\qquad = 4a+b$ 　　　　　답 $4a+b$

**0099** 전략 60을 소인수분해하여 지수가 홀수인 소인수를 찾는다.

$\sqrt{60x}=\sqrt{2^2 \times 3 \times 5 \times x}$가 자연수가 되려면

$x=3 \times 5 \times (\text{자연수})^2$의 꼴이어야 한다.

따라서 자연수 $x$의 값 중 가장 작은 수는

$3 \times 5 = 15$ 　　　　　답 $15$

**0100** $\sqrt{300x}=\sqrt{2^2 \times 3 \times 5^2 \times x}$가 자연수가 되려면

$x=3 \times (\text{자연수})^2$의 꼴이어야 하므로 가능한 자연수 $x$의 값은

$3 \times 1^2$, $3 \times 2^2$, $3 \times 3^2$, $3 \times 4^2$, $3 \times 5^2$, $3 \times 6^2$, $\cdots$

즉 3, 12, 27, 48, 75, 108, $\cdots$

따라서 두 자리 자연수 $x$의 값 중 가장 큰 수는 75이다.

답 $75$

**0101** $\sqrt{24n}=\sqrt{2^3 \times 3 \times n}$이 자연수가 되려면

$n=2 \times 3 \times (\text{자연수})^2$의 꼴이어야 한다.

따라서 $1 < n < 30$인 자연수 $n$의 값은

$2 \times 3 \times 1^2 = 6$, $2 \times 3 \times 2^2 = 24$

이므로 그 합은 $6+24 = 30$ 　　　　답 $30$

**0102** $\sqrt{\dfrac{72}{5}x}=\sqrt{\dfrac{2^3 \times 3^2 \times x}{5}}$가 자연수가 되려면

$x=2 \times 5 \times (\text{자연수})^2$의 꼴이어야 한다.

따라서 세 자리 자연수 $x$의 값은

$2 \times 5 \times 4^2 = 160$, $2 \times 5 \times 5^2 = 250$, $2 \times 5 \times 6^2 = 360$,

$2 \times 5 \times 7^2 = 490$, $2 \times 5 \times 8^2 = 640$, $2 \times 5 \times 9^2 = 810$

의 6개이다. 　　　　　답 6개

**0103** 전략 96을 소인수분해하여 지수가 홀수인 소인수를 찾는다.

$\sqrt{\dfrac{96}{x}}=\sqrt{\dfrac{2^5 \times 3}{x}}$이 자연수가 되려면

$x$는 96의 약수이면서 $x=2 \times 3 \times (\text{자연수})^2$의 꼴이어야 한다.

$\therefore x=2 \times 3$, $2^3 \times 3$, $2^5 \times 3$

따라서 자연수 $x$의 값 중 가장 작은 수는 $2 \times 3 = 6$ 　답 6

**0104** $\sqrt{\dfrac{720}{x}}=\sqrt{\dfrac{2^4 \times 3^2 \times 5}{x}}$가 자연수가 되려면

$x$는 720의 약수이면서 $x=5 \times (\text{자연수})^2$의 꼴이어야 한다.

$\therefore x=5$, $2^2 \times 5$, $3^2 \times 5$, $2^4 \times 5$, $2^2 \times 3^2 \times 5$, $2^4 \times 3^2 \times 5$

따라서 구하는 자연수 $x$의 개수는 6개이다. 　　답 6개

**0105** $\sqrt{\dfrac{180}{x}}=\sqrt{\dfrac{2^2 \times 3^2 \times 5}{x}}$가 자연수가 되려면

$x$는 180의 약수이면서 $x=5 \times (\text{자연수})^2$의 꼴이어야 하므로 가능한 자연수 $x$의 값은

$5$, $2^2 \times 5$, $3^2 \times 5$, $2^2 \times 3^2 \times 5$ 　　　$\cdots\cdots$ ㉠ 　　$\cdots\cdots$ ㈎

$\sqrt{45x}=\sqrt{3^2 \times 5 \times x}$가 자연수가 되려면

$x=5 \times (\text{자연수})^2$의 꼴이어야 하므로 가능한 자연수 $x$의 값은

$5$, $5 \times 2^2$, $5 \times 3^2$, $\cdots$ 　　　$\cdots\cdots$ ㉡ 　　$\cdots\cdots$ ㈏

따라서 ㉠, ㉡을 모두 만족하는 자연수 $x$의 값 중 가장 작은 수는 5이다.

$\cdots\cdots$ ㈐

답 $5$

| 채점 기준 | 비율 |
| --- | --- |
| ㈎ $\sqrt{\dfrac{180}{x}}$이 자연수가 되도록 하는 $x$의 값 구하기 | 40 % |
| ㈏ $\sqrt{45x}$가 자연수가 되도록 하는 $x$의 값 구하기 | 40 % |
| ㈐ ㈎, ㈏를 모두 만족하는 자연수 $x$의 값 중 가장 작은 수 구하기 | 20 % |

**0106** 전략 109보다 큰 제곱수를 찾는다.

$\sqrt{109+x}$가 자연수가 되려면 $109+x$가 제곱수이어야 한다.

이때 109보다 큰 제곱수는 121, 144, 169, $\cdots$이므로

$109+x = 121$, 144, 169, $\cdots$

$\therefore x=12$, 35, 60, $\cdots$

따라서 자연수 $x$의 값 중 가장 작은 수는 12이다. 　답 12

**0107** $\sqrt{x+60}$이 자연수가 되려면 $x+60$이 제곱수이어야 한다.

이때 60보다 큰 제곱수는 64, 81, 100, $\cdots$이므로

$x+60=64, 81, 100, \cdots$

$\therefore x=4, 21, 40, \cdots$

따라서 보기 중 가능한 $x$의 값은 ①, ⑤이다.　　　**답** ①, ⑤

**0108** $\sqrt{43+x}=y$에서 $y$가 자연수가 되려면 $43+x$는 제곱수이어야 한다.

이때 43보다 큰 제곱수는 49, 64, 81, $\cdots$이므로

$43+x=49, 64, 81, \cdots$

$\therefore x=6, 21, 38, \cdots$

따라서 $x$의 값 중 가장 작은 수는 6이므로

$a=6$　　　　　　　　　　　　　　　　$\cdots\cdots$ (가)

그때의 $y$의 값은 $\sqrt{49}=7$이므로 $b=7$　$\cdots\cdots$ (나)

$\therefore a+b=6+7=13$　　　　　　　　$\cdots\cdots$ (다)

**답** 13

| 채점 기준 | 비율 |
| --- | --- |
| (가) $a$의 값 구하기 | 60 % |
| (나) $b$의 값 구하기 | 30 % |
| (다) $a+b$의 값 구하기 | 10 % |

**0109** **전략** $\sqrt{19-a}=0$, 즉 $19-a=0$인 경우를 빠뜨리지 않도록 주의한다.

$\sqrt{19-a}$가 정수가 되려면 $19-a$는 0 또는 제곱수이어야 한다.

이때 19보다 작은 제곱수는 1, 4, 9, 16이므로

$19-a=0, 1, 4, 9, 16$

$\therefore a=3, 10, 15, 18, 19$

따라서 구하는 자연수 $a$의 값의 합은

$3+10+15+18+19=65$　　　　　　　　**답** 65

**0110** $\sqrt{64-x}$가 자연수가 되려면 $64-x$가 제곱수이어야 한다.

이때 64보다 작은 제곱수는 1, 4, 9, 16, 25, 36, 49이므로

$64-x=1, 4, 9, 16, 25, 36, 49$

$\therefore x=15, 28, 39, 48, 55, 60, 63$

따라서 구하는 자연수 $x$의 개수는 7개이다.　**답** 7개

**0111** $\sqrt{30-x}$가 정수가 되려면 $30-x$가 0 또는 제곱수이어야 한다.

이때 30보다 작은 제곱수는 1, 4, 9, 16, 25이므로

$30-x=0, 1, 4, 9, 16, 25$

$\therefore x=5, 14, 21, 26, 29, 30$

따라서 $M=30$, $m=5$이므로

$M-m=30-5=25$　　　　　　　　　　**답** 25

**0112** **전략** 근호가 없는 수는 근호를 사용한 수로 바꾸어 대소를 비교한다.

① $3=\sqrt{9}$이므로 $\sqrt{8}<3$　　$\therefore -\sqrt{8}>-3$

② $3<7$이므로 $\sqrt{3}<\sqrt{7}$

③ $\dfrac{1}{2}>\dfrac{1}{3}$이므로 $\sqrt{\dfrac{1}{2}}>\sqrt{\dfrac{1}{3}}$

④ $5=\sqrt{25}$이므로 $\sqrt{24}<5$

⑤ $\sqrt{(-4)^2}=4$, $\sqrt{(-3)^2}=3$이므로 $\sqrt{(-4)^2}>\sqrt{(-3)^2}$

따라서 옳은 것은 ②, ⑤이다.　　　　　**답** ②, ⑤

**0113** $(\sqrt{3})^2=3$, $\sqrt{(-5)^2}=5$이므로

$-\sqrt{5}<-\sqrt{3}<0<(\sqrt{3})^2<4<\sqrt{(-5)^2}$

따라서 $a=\sqrt{(-5)^2}=5$, $b=-\sqrt{5}$이므로

$a^2+b^2=5^2+(-\sqrt{5})^2=25+5=30$　**답** 30

**0114** ① $6=\sqrt{36}$이므로 $\sqrt{35}<6$　　$\therefore -\sqrt{35}>-6$

② $\dfrac{1}{3}=\sqrt{\dfrac{1}{9}}$이므로 $\dfrac{1}{3}<\sqrt{\dfrac{1}{8}}$　$\therefore -\dfrac{1}{3}>-\sqrt{\dfrac{1}{8}}$

③ $0.2=\sqrt{0.04}$이므로 $\sqrt{0.2}>0.2$

④ $\dfrac{3}{4}>\dfrac{2}{3}$이므로 $\sqrt{\dfrac{3}{4}}>\sqrt{\dfrac{2}{3}}$

⑤ $\dfrac{1}{2}=\sqrt{\dfrac{1}{4}}$이므로 $\dfrac{1}{2}>\sqrt{\dfrac{1}{5}}$　$\therefore -\dfrac{1}{2}<-\sqrt{\dfrac{1}{5}}$

따라서 옳지 않은 것은 ②이다.　　　　　**답** ②

**0115** **전략** 2와 $\sqrt{5}$의 대소를 비교하여 $2-\sqrt{5}$와 $\sqrt{5}-2$의 부호를 조사한다.

$2=\sqrt{4}$에서 $2<\sqrt{5}$이므로 $2-\sqrt{5}<0$, $\sqrt{5}-2>0$

$\therefore$ (주어진 식)$=-(2-\sqrt{5})-(\sqrt{5}-2)$

$\qquad\qquad\quad=-2+\sqrt{5}-\sqrt{5}+2=0$　　**답** ③

**0116** $1<\sqrt{3}<2$이므로 $1-\sqrt{3}<0$, $3-\sqrt{3}>0$

$\therefore$ (주어진 식)$=-(1-\sqrt{3})+(3-\sqrt{3})$

$\qquad\qquad\quad=-1+\sqrt{3}+3-\sqrt{3}=2$　　**답** 2

**0117** $4=\sqrt{16}$, $5=\sqrt{25}$에서 $4<\sqrt{17}<5$이므로

$4-\sqrt{17}<0$, $5-\sqrt{17}>0$

$\therefore$ (주어진 식)$=-(4-\sqrt{17})+(5-\sqrt{17})$

$\qquad\qquad\quad=-4+\sqrt{17}+5-\sqrt{17}=1$　　**답** 1

**0118** $1=\sqrt{1}$, $3=\sqrt{9}$, $4=\sqrt{16}$에서 $1<\sqrt{5}<3$이므로

$1-\sqrt{5}<0$, $3-\sqrt{5}>0$, $\sqrt{5}-4<0$　$\cdots\cdots$ (가)

$\therefore$ (주어진 식)$=-(1-\sqrt{5})+(3-\sqrt{5})-\{-(\sqrt{5}-4)\}$

$\qquad\qquad\qquad\qquad\qquad\qquad\qquad\cdots\cdots$ (나)

$\qquad\qquad\quad=-1+\sqrt{5}+3-\sqrt{5}+\sqrt{5}-4$

$\qquad\qquad\quad=-2+\sqrt{5}$　　　　　　　$\cdots\cdots$ (다)

**답** $-2+\sqrt{5}$

| 채점 기준 | 비율 |
| --- | --- |
| (개) $1-\sqrt{5}$, $3-\sqrt{5}$, $\sqrt{5}-4$의 부호 조사하기 | 40 % |
| (내) 제곱근의 성질을 이용하여 주어진 식을 근호를 사용하지 않고 나타내기 | 30 % |
| (대) 주어진 식을 간단히 하기 | 30 % |

**0119**  $4<\sqrt{2n}<5$의 각 변을 제곱한 후 각 변을 2로 나눈다.

$4<\sqrt{2n}<5$의 각 변을 제곱하면

$16<2n<25 \qquad \therefore 8<n<\dfrac{25}{2}$

따라서 부등식을 만족하는 자연수 $n$은

9, 10, 11, 12의 4개이다. **답** 4개

**0120** $\sqrt{3}<\sqrt{5x}<\sqrt{20}$의 각 변을 제곱하면

$3<5x<20 \qquad \therefore \dfrac{3}{5}<x<4$

따라서 부등식을 만족하는 자연수 $x$는 1, 2, 3이고 그 합은

$1+2+3=6$ **답** 6

**0121** $2<\sqrt{3x-1}<10$의 각 변을 제곱하면

$4<3x-1<100, 5<3x<101$

$\therefore \dfrac{5}{3}<x<\dfrac{101}{3}$

따라서 부등식을 만족하는 자연수 $x$는 2, 3, 4, $\cdots$, 33이므로

$M=33, m=2$

$\therefore M+m=35$ **답** 35

**0122** $3<\sqrt{\dfrac{a+1}{2}}\leq 4$의 각 변을 제곱하면

$9<\dfrac{a+1}{2}\leq 16$ $\cdots\cdots$ (개)

$18<a+1\leq 32 \qquad \therefore 17<a\leq 31$ $\cdots\cdots$ (내)

따라서 부등식을 만족하는 자연수 $a$의 개수는

$31-17=14$(개) $\cdots\cdots$ (대)

**답** 14개

| 채점 기준 | 비율 |
| --- | --- |
| (개) 부등식의 각 변을 제곱하기 | 30 % |
| (내) $a$의 값의 범위 구하기 | 40 % |
| (대) 자연수 $a$의 개수 구하기 | 30 % |

**0123**  $\sqrt{9}=3$, $\sqrt{16}=4$이므로 $3<\sqrt{12}<4$임을 이용한다.

$\sqrt{1}=1, \sqrt{4}=2, \sqrt{9}=3, \sqrt{16}=4$이므로

$N(1)=N(2)=N(3)=1$

$N(4)=N(5)=N(6)=N(7)=N(8)=2$

$N(9)=N(10)=N(11)=N(12)=3$

$\therefore N(1)+N(2)+N(3)+\cdots+N(12)$

$\quad =1\times 3+2\times 5+3\times 4=25$ **답** 25

**0124**  $\sqrt{134}$와 $\sqrt{71}$이 어느 두 자연수 사이의 값인지 찾는다.

$\sqrt{121}=11, \sqrt{144}=12$이므로 $11<\sqrt{134}<12$

$\therefore f(134)=11$

$\sqrt{64}=8, \sqrt{81}=9$이므로 $8<\sqrt{71}<9$

$\therefore f(71)=8$

$\therefore f(134)-f(71)=11-8=3$ **답** 3

**0125** $\sqrt{1}=1, \sqrt{4}=2, \sqrt{9}=3, \sqrt{16}=4, \sqrt{25}=5, \sqrt{36}=6$이므로

$f(1)=0$

$f(2)=f(3)=f(4)=1$

$f(5)=f(6)=f(7)=f(8)=f(9)=2$

$f(10)=f(11)=f(12)=f(13)=f(14)=f(15)=f(16)=3$

$f(17)=f(18)=f(19)=\cdots=f(25)=4$

$f(26)=f(27)=f(28)=\cdots=f(36)=5$

따라서 $f(x)=5$를 만족하는 자연수 $x$는 26, 27, 28, $\cdots$, 36의 11개이다. **답** 11개

**0126**  $0<a<1$일 때, $\dfrac{1}{a}>1$임을 이용하여 $a+\dfrac{1}{a}$, $a-\dfrac{1}{a}$, $3a$의 부호를 조사한다.

$0<a<1$일 때, $\dfrac{1}{a}>1$이므로

$a+\dfrac{1}{a}>0, a-\dfrac{1}{a}<0, 3a>0$

$\therefore$ (주어진 식)$=\left(a+\dfrac{1}{a}\right)-\left\{-\left(a-\dfrac{1}{a}\right)\right\}+3a$

$\qquad =a+\dfrac{1}{a}+a-\dfrac{1}{a}+3a$

$\qquad =5a$ **답** $5a$

**0127** $-1<a<0$일 때, $\dfrac{1}{a}<-1$이므로

$a+\dfrac{1}{a}<0, a-\dfrac{1}{a}>0$

$\therefore$ (주어진 식)$=-\left(a+\dfrac{1}{a}\right)-\left(a-\dfrac{1}{a}\right)$

$\qquad =-a-\dfrac{1}{a}-a+\dfrac{1}{a}$

$\qquad =-2a$ **답** $-2a$

**0128** $0<a<1$일 때, $\dfrac{1}{a}>1$이므로

$-a<0, a-\dfrac{1}{a}<0, a+\dfrac{1}{a}>0$

$\therefore$ (주어진 식)$=4\{-(-a)\}+2\left\{-\left(a-\dfrac{1}{a}\right)\right\}-2\left(a+\dfrac{1}{a}\right)$

$\qquad =4a-2a+\dfrac{2}{a}-2a-\dfrac{2}{a}$

$\qquad =0$ **답** 0

**0129** 전략 $\sqrt{80-2x}-\sqrt{63+y}$가 가장 큰 정수가 되려면 $\sqrt{80-2x}$는 가장 큰 정수, $\sqrt{63+y}$는 가장 작은 정수가 되어야 한다.

$\sqrt{80-2x}$는 가장 큰 정수가 되어야 하므로 $80-2x$가 $80$보다 작은 제곱수 중 가장 큰 수이어야 한다. 즉

$80-2x=64$  ∴ $x=8$

$\sqrt{63+y}$는 가장 작은 정수가 되어야 하므로 $63+y$가 $63$보다 큰 제곱수 중 가장 작은 수이어야 한다. 즉

$63+y=64$  ∴ $y=1$

∴ $x+y=8+1=9$

답 $9$

**0130** $\sqrt{100-x}$는 가장 큰 정수가 되어야 하므로 $100-x$가 $100$보다 작은 제곱수 중 가장 큰 수이어야 한다. 즉

$100-x=81$  ∴ $x=19$

$\sqrt{200y}=\sqrt{2^3\times5^2\times y}$는 가장 작은 정수가 되어야 하므로 $y=2\times$(자연수)$^2$의 꼴이어야 하고, 이중 가장 작은 자연수이어야 한다.

∴ $y=2$

∴ $x-y=19-2=17$

답 $17$

**0131** $\sqrt{75xy}=\sqrt{3\times5^2\times xy}$가 자연수가 되려면

$xy=3\times$(자연수)$^2$의 꼴이어야 한다.

이때 $x,y$는 $1$ 이상 $6$ 이하의 자연수이므로 $1\leq xy\leq36$

∴ $xy=3,12,27$

(i) $xy=3$을 만족하는 순서쌍 $(x,y)$는

$(1,3),(3,1)$의 $2$가지

(ii) $xy=12$를 만족하는 순서쌍 $(x,y)$는

$(2,6),(6,2),(3,4),(4,3)$의 $4$가지

(iii) $xy=27$을 만족하는 순서쌍 $(x,y)$는 없다.

(i), (ii), (iii)에 의해 $\sqrt{75xy}$가 자연수가 되는 경우의 수는

$2+4=6$(가지)

한편 서로 다른 두 개의 주사위를 던질 때 모든 경우의 수는

$6\times6=36$(가지)이므로 구하는 확률은

$\dfrac{6}{36}=\dfrac{1}{6}$

답 $\dfrac{1}{6}$

**0132** 전략 $a=\dfrac{1}{2}$을 대입하여 주어진 수의 대소를 비교한다.

$0<a<1$이므로 $a,\dfrac{1}{a},\sqrt{a},\sqrt{\dfrac{1}{a}},a^2$에 $a=\dfrac{1}{2}$을 대입하면

$a=\dfrac{1}{2},\dfrac{1}{a}=2,\sqrt{a}=\sqrt{\dfrac{1}{2}},\sqrt{\dfrac{1}{a}}=\sqrt{2},a^2=\dfrac{1}{4}$

이때 $\dfrac{1}{2}=\sqrt{\dfrac{1}{4}},2=\sqrt{4},\dfrac{1}{4}=\sqrt{\dfrac{1}{16}}$이므로

작은 수부터 차례대로 나열하면

$\dfrac{1}{4},\dfrac{1}{2},\sqrt{\dfrac{1}{2}},\sqrt{2},2$

따라서 세 번째에 오는 수는 $\sqrt{\dfrac{1}{2}}$, 즉 $\sqrt{a}$이다.

답 $\sqrt{a}$

**0133** $\dfrac{1}{a},\sqrt{a},\left(\dfrac{1}{a}\right)^2,\sqrt{\dfrac{1}{a}},(\sqrt{a})^2$에 $a=\dfrac{1}{5}$을 대입하면

$\dfrac{1}{a}=5,\sqrt{a}=\sqrt{\dfrac{1}{5}},\left(\dfrac{1}{a}\right)^2=5^2=25,\sqrt{\dfrac{1}{a}}=\sqrt{5},$

$(\sqrt{a})^2=\left(\sqrt{\dfrac{1}{5}}\right)^2=\dfrac{1}{5}$

이때 $5=\sqrt{25},25=\sqrt{625},\dfrac{1}{5}=\sqrt{\dfrac{1}{25}}$이므로

큰 수부터 차례대로 나열하면

$25,5,\sqrt{5},\sqrt{\dfrac{1}{5}},\dfrac{1}{5}$

따라서 두 번째에 오는 수는 $5$, 즉 $\dfrac{1}{a}$이다.

답 $\dfrac{1}{a}$

**0134** $a>1$이므로 $a^2,\sqrt{a},a$에 $a=2$를 대입하면

$a^2=4,\sqrt{a}=\sqrt{2},a=2$

이때 $2=\sqrt{4}$이므로 $\sqrt{2}<2<4$

∴ $\sqrt{a}<a<a^2$

답 ③



**0135** 전략 양수의 제곱근은 $2$개이고, 그 절댓값이 같다.

㉠ 음수의 제곱근은 없다.

㉡ $0$의 제곱근은 $0$의 $1$개이다.

㉢ 제곱하여 $16$이 되는 수는 $4$와 $-4$이다.

따라서 옳은 것은 ㉣, ㉤이다.

답 ③

**0136** 전략 넓이가 $S$인 정사각형의 한 변의 길이는 $\sqrt{S}$이다.

한 변의 길이가 각각 $3\,cm$, $5\,cm$인 두 정사각형의 넓이의 합은 $3^2+5^2=9+25=34\,(cm^2)$

이때 넓이가 $34\,cm^2$인 정사각형의 한 변의 길이를 $x\,cm$라 하면

$x^2=34$  ∴ $x=\sqrt{34}\,(∵x>0)$

따라서 구하는 정사각형의 한 변의 길이는 $\sqrt{34}\,cm$이다.

답 ⑤

**0137** 전략 피타고라스 정리를 이용하여 $\triangle ABH$에서 $\overline{AH}$의 길이를 구한 후 $\triangle AHC$에서 $x$의 값을 구한다.

$\triangle ABH$에서 $\overline{AH}^2=8^2-5^2=39$

∴ $\overline{AH}=\sqrt{39}\,(∵\overline{AH}>0)$

$\triangle AHC$에서 $x^2=4^2+(\sqrt{39})^2=55$

∴ $x=\sqrt{55}\,(∵x>0)$

답 $\sqrt{55}$

**0138** 전략 어떤 수의 제곱인 수의 제곱근은 근호를 사용하지 않고 나타낼 수 있다.

$10$의 제곱근은 $\pm\sqrt{10}$

$\dfrac{4}{25}$의 제곱근은 $\pm\sqrt{\dfrac{4}{25}}$, 즉 $\pm\dfrac{2}{5}$

$\dfrac{5}{9}$의 제곱근은 $\pm\sqrt{\dfrac{5}{9}}$

$0.\dot{6}=\dfrac{6}{9}=\dfrac{2}{3}$의 제곱근은 $\pm\sqrt{\dfrac{2}{3}}$

$\sqrt{16}=4$의 제곱근은 $\pm\sqrt{4}$, 즉 $\pm2$

$1.21$의 제곱근은 $\pm\sqrt{1.21}$, 즉 $\pm1.1$

따라서 근호를 사용하지 않고 제곱근을 나타낼 수 있는 것은 $\dfrac{4}{25}$, $\sqrt{16}$, $1.21$의 3개이다. **답** 3개

**0139** **전략** 음수의 제곱근은 없고, 0의 제곱근은 0 하나뿐이다.

① $\sqrt{(-3)^2}=3$의 음의 제곱근은 $-\sqrt{3}$이다.

② 제곱근 9는 $\sqrt{9}$, 즉 3이다.

③ 0의 제곱근은 0이다.

④ $\sqrt{(-4)^2}=4$의 양의 제곱근은 $\sqrt{4}$, 즉 2이다.

⑤ $\sqrt{16^2}=16$의 음의 제곱근은 $-\sqrt{16}$, 즉 $-4$이다.

따라서 가장 큰 수는 ②이다. **답** ②

**0140** **전략** $a>0$일 때, $(\sqrt{a})^2=a$, $(-\sqrt{a})^2=a$, $\sqrt{a^2}=a$, $\sqrt{(-a)^2}=a$이다.

① $(-\sqrt{2})^2=2$

② $-\sqrt{2^2}=-2$

③ $-\sqrt{(-2)^2}=-2$

④ $-(-\sqrt{2})^2=-2$

⑤ $\sqrt{16}=4$의 음의 제곱근은 $-\sqrt{4}$, 즉 $-2$

따라서 그 값이 나머지 넷과 다른 하나는 ①이다. **답** ①

**0141** **전략** 근호를 포함한 수의 제곱근을 구할 때, 먼저 주어진 수를 간단히 한 후 제곱근을 구한다.

$\sqrt{(-11)^2}=11$의 양의 제곱근은 $\sqrt{11}$이므로

$a=\sqrt{11}$ ...... (가)

$\sqrt{25}=5$의 음의 제곱근은 $-\sqrt{5}$이므로

$b=-\sqrt{5}$ ...... (나)

$\therefore a^2-b^2=(\sqrt{11})^2-(-\sqrt{5})^2$

$\qquad =11-5=6$ ...... (다)

**답** 6

| 채점 기준 | 비율 |
| --- | --- |
| (가) $a$의 값 구하기 | 40 % |
| (나) $b$의 값 구하기 | 30 % |
| (다) $a^2-b^2$의 값 구하기 | 30 % |

**0142** **전략** 제곱근의 성질을 이용하여 근호를 없앤 후 계산한다.

① $-(\sqrt{6})^2=-6$

② $\sqrt{0.04}\div\sqrt{(0.1)^2}=0.2\div0.1=2$

③ $\sqrt{3^2}\times\sqrt{\left(-\dfrac{5}{3}\right)^2}=3\times\dfrac{5}{3}=5$

④ $\sqrt{36}-\sqrt{(-8)^2}=6-8=-2$

⑤ $\sqrt{4}+\sqrt{16}=2+4=6$

따라서 옳은 것은 ②이다. **답** ②

**0143** **전략** $a>0$일 때, $(-\sqrt{a})^2=a$, $\sqrt{(-a)^2}=a$이다.

$\sqrt{144}+\left(-\sqrt{\dfrac{1}{3}}\right)^2\times(-\sqrt{6})^2-2\sqrt{(-7)^2}$

$=12+\dfrac{1}{3}\times6-2\times7$

$=12+2-14=0$ **답** 0

**0144** **전략** $\sqrt{a^2}=-a$이면 $a<0$, $\sqrt{(-b)^2}=b$이면 $-b<0$이다.

$\sqrt{a^2}=-a$이므로 $a<0$

$\sqrt{(-b)^2}=b$이므로 $-b<0$ $\therefore b>0$

$\therefore$ (주어진 식)$=a+\sqrt{(-a)^2}+\sqrt{(3b)^2}$

$\qquad =a+(-a)+3b$

$\qquad =3b$ **답** ②

**0145** **전략** 부등식의 성질을 이용하여 $x+2$, $-x+1$의 값의 범위를 구한다.

(1) $-2<x<1$의 각 변에 2를 더하면 $0<x+2<3$

$-2<x<1$에서 $-1<-x<2$이므로 각 변에 1을 더하면

$0<-x+1<3$ ...... (가)

(2) $x+2>0$, $-x+1>0$이므로

$\sqrt{(x+2)^2}+\sqrt{(-x+1)^2}=(x+2)+(-x+1)$

$\qquad\qquad =3$ ...... (나)

**답** (1) $0<x+2<3$, $0<-x+1<3$ (2) 3

| 채점 기준 | 비율 |
| --- | --- |
| (가) $x+2$, $-x+1$의 값의 범위 각각 구하기 | 40 % |
| (나) 주어진 식을 간단히 하기 | 60 % |

**0146** **전략** $a-b>0$, $ab<0$임을 이용하여 $a$, $b$의 부호를 조사한다.

$a-b>0$, $ab<0$일 때, $a>0$, $b<0$이므로

$b-a<0$, $-3a<0$

$\therefore$ (주어진 식)

$=a-(-b)-(b-a)-\{-(-3a)\}$

$=a+b-b+a-3a=-a$ **답** $-a$

**/ Lecture**

$a$, $b$, $a-b$, $ab$의 부호

| $a$ | + | + | − | − |
| --- | --- | --- | --- | --- |
| $b$ | + | − | + | − |
| $a-b$ | 알 수 없다. | + | − | 알 수 없다. |
| $ab$ | + | − | − | + |

**0147** **전략** $\sqrt{25-n}$이 자연수가 되려면 $25-n$이 제곱수이어야 한다.

(1) $\sqrt{25-n}$이 자연수가 되려면 $25-n$은 제곱수이어야 한다.

이때 25보다 작은 제곱수는 $1, 4, 9, 16$이므로

$25-n=1, 4, 9, 16$

$\therefore n=9, 16, 21, 24$

따라서 구하는 자연수 $n$의 개수는 4개이다. ...... (가)

(2) $\sqrt{25-n}$이 자연수가 되도록 하는 자연수 $n$의 값 중 가장
큰 수는 24, 가장 작은 수는 9이므로 $a=24$, $b=9$
$$\therefore a+b=24+9=33 \qquad \cdots\cdots \text{(나)}$$

**답** (1) 4개  (2) 33

| 채점 기준 | 비율 |
|---|---|
| (가) $\sqrt{25-n}$이 자연수가 되도록 하는 자연수 $n$의 개수 구하기 | 60 % |
| (나) $a$, $b$의 값을 각각 구하여 $a+b$의 값 구하기 | 40 % |

**0148** 전략 $\sqrt{79-x}$가 자연수가 되려면 $79-x$가 제곱수이어야 하고 $\sqrt{135x}$가 자연수가 되려면 $135x$가 제곱수이어야 한다.

$\sqrt{79-x}$가 자연수가 되려면 $79-x$는 79보다 작은 제곱수이어야 하므로
$$79-x=1, 4, 9, 16, 25, 36, 49, 64$$
$$\therefore x=15, 30, 43, 54, 63, 70, 75, 78 \qquad \cdots\cdots \text{㉠}$$
$\sqrt{135x}=\sqrt{3^3\times5\times x}$가 자연수가 되려면
$x=3\times5\times(\text{자연수})^2$의 꼴이어야 하므로
$$x=15, 60, 135, \cdots \qquad \cdots\cdots \text{㉡}$$
따라서 ㉠, ㉡에서 모두 자연수가 되도록 하는 자연수 $x$의 값은 15이다.

**답** 15

**0149** 전략 $p$의 값에 1012, 1004를 각각 대입하여 $v$의 값을 구한다.
(1) 중심 기압이 1012인 허리케인의 바람의 평균 속력은
$$6.3\times\sqrt{1013-1012}=6.3\times1$$
$$=6.3$$
(2) 중심 기압이 1004인 허리케인의 바람의 평균 속력은
$$6.3\times\sqrt{1013-1004}=6.3\times\sqrt{9}$$
$$=6.3\times3=18.9$$
(3) 중심 기압이 1004일 때 허리케인의 바람의 평균 속력은 18.9이고 중심 기압이 1012일 때 허리케인의 바람의 평균 속력은 6.3이므로 $\dfrac{18.9}{6.3}=3$(배)이다.

**답** (1) 6.3  (2) 18.9  (3) 3배

**0150** 전략 $a$와 $\sqrt{b}$의 대소를 비교하는 방법
[방법 1] $\sqrt{a^2}$과 $\sqrt{b}$를 비교한다.
[방법 2] $a^2$과 $b$를 비교한다.
⑤ $\dfrac{1}{2}=\sqrt{\dfrac{1}{4}}$이므로 $\sqrt{\dfrac{1}{3}}>\dfrac{1}{2}$

**답** ⑤

**0151** 전략 $2-\sqrt{6}$과 $3-\sqrt{6}$의 부호를 조사한다.
$2=\sqrt{4}$, $3=\sqrt{9}$에서 $2<\sqrt{6}<3$이므로
$$2-\sqrt{6}<0, \quad 3-\sqrt{6}>0$$
$$\therefore (\text{주어진 식})=9+\{-(2-\sqrt{6})\}+(3-\sqrt{6})$$
$$=9-2+\sqrt{6}+3-\sqrt{6}$$
$$=10$$

**답** 10

**0152** 전략 부등식의 성질을 이용하여 $x$의 값의 범위를 구한다.

$1.2<\dfrac{\sqrt{x}}{10}<1.3$의 각 변에 10을 곱하면
$$12<\sqrt{x}<13$$
부등식의 각 변을 제곱하면 $144<x<169$
따라서 부등식을 만족하는 자연수 $x$는
$145, 146, 147, \cdots, 167, 168$이므로 그 개수는
$$168-145+1=24(\text{개})$$

**답** 24개

**✍ Lecture**

$a>0, b>0, c>0$일 때
$\sqrt{a}<\sqrt{b}<\sqrt{c}$이면 $(\sqrt{a})^2<(\sqrt{b})^2<(\sqrt{c})^2$
즉 $a<b<c$이다.

**0153** 전략 $N(x)=1, 2, 3, \cdots$을 만족하는 자연수 $x$의 개수를 각각 구해 본다.

$\sqrt{1}=1, \sqrt{4}=2, \sqrt{9}=3, \sqrt{16}=4, \sqrt{25}=5, \sqrt{36}=6, \cdots$이므로
$$N(1)=N(2)=N(3)=1$$
$$N(4)=N(5)=N(6)=N(7)=N(8)=2$$
$$N(9)=N(10)=N(11)=\cdots=N(15)=3$$
$$N(16)=N(17)=N(18)=\cdots=N(24)=4$$
$$N(25)=N(26)=N(27)=\cdots=N(35)=5$$
이때 $1\times3+2\times5+3\times7+4\times9+5=75$이므로
$N(1)+N(2)+\cdots+N(x)=75$를 만족하는 $x$의 값은 25이다.

**답** ④

**0154** 전략 정사각형 모양의 땅 A, B의 한 변의 길이는 각각 $\sqrt{20n}$ m, $\sqrt{109-n}$ m이고, 모두 자연수임을 이용한다.

정사각형 모양의 땅 A, B의 한 변의 길이는 각각 $\sqrt{20n}$ m, $\sqrt{109-n}$ m이고, 모두 자연수이다.
$\sqrt{20n}=\sqrt{2^2\times5\times n}$이 자연수가 되려면 $n=5\times(\text{자연수})^2$의 꼴이어야 하므로
$$n=5, 20, 45, 80, 125, \cdots \qquad \cdots\cdots \text{㉠}$$
$\sqrt{109-n}$이 자연수가 되려면 $109-n$이 109보다 작은 제곱수이어야 하므로
$$109-n=1, 4, 9, 16, 25, 36, 49, 64, 81, 100$$
$$\therefore n=108, 105, 100, 93, 84, 73, 60, 45, 28, 9 \qquad \cdots\cdots \text{㉡}$$
따라서 ㉠, ㉡에서 자연수 $n$의 값은 45이다.
즉 정사각형 모양의 땅 A의 한 변의 길이는
$\sqrt{20\times45}=\sqrt{900}=30$ (m)이고,
정사각형 모양의 땅 B의 한 변의 길이는
$\sqrt{109-45}=\sqrt{64}=8$ (m)이므로 직사각형 모양의 땅 C의 넓이는
$$8\times(30-8)=176 \ (\text{m}^2)$$

**답** 176 m²

**0155**      답 유

**0156** 순환소수이므로 유리수이다.      답 유

**0157**      답 무

**0158** $\sqrt{0.04}=\sqrt{(0.2)^2}=0.2$ (유리수)      답 유

**0159**      답 무

**0160**      답 무

**0161**      답 ◯

**0162** 근호가 있더라도 $\sqrt{4}=2$, $\sqrt{9}=3$과 같이 근호를 없앨 수 있는 수는 유리수이다.      답 ×

**0163**      답 ◯

**0164** 무한소수 중 순환소수는 유리수이다.      답 ×

**0165** $\overline{AC}=\sqrt{2^2+1^2}=\sqrt{5}$이므로 $\overline{AP}=\overline{AC}=\sqrt{5}$
따라서 점 P에 대응하는 수는 $-2+\sqrt{5}$이다.    답 $-2+\sqrt{5}$

**0166** $\overline{AC}=\sqrt{2^2+3^2}=\sqrt{13}$이므로 $\overline{AP}=\overline{AC}=\sqrt{13}$
따라서 점 P에 대응하는 수는 $3-\sqrt{13}$이다.    답 $3-\sqrt{13}$

**0167**      답 ◯

**0168** 2와 3 사이에는 무수히 많은 무리수가 있다.      답 ×

**0169**      답 ◯

**0170**      답 ◯

**0171** $(2+\sqrt{8})-5=\sqrt{8}-3=\sqrt{8}-\sqrt{9}<0$
$\therefore 2+\sqrt{8}<5$      답 <

**0172** $(\sqrt{2}+3)-(\sqrt{3}+3)=\sqrt{2}-\sqrt{3}<0$
$\therefore \sqrt{2}+3<\sqrt{3}+3$      답 <

**0173** $(1-\sqrt{2})-(1-\sqrt{5})=\sqrt{5}-\sqrt{2}>0$
$\therefore 1-\sqrt{2}>1-\sqrt{5}$      답 >

**0174** $(\sqrt{3}+\sqrt{7})-(\sqrt{5}+\sqrt{7})=\sqrt{3}-\sqrt{5}<0$
$\therefore \sqrt{3}+\sqrt{7}<\sqrt{5}+\sqrt{7}$      답 <

**0175**      답 5.320

**0176**      답 5.431

**0177**      답 5.568

**0178**      답 5.495

**0179**      답 5.604



**0180** **전략** 근호 안의 수가 (어떤 수)$^2$의 꼴이 되어 근호를 없앨 수 있는지 확인한다.
$\sqrt{36}=\sqrt{6^2}=6$ (유리수)
$\sqrt{\dfrac{4}{16}}=\sqrt{\dfrac{1}{4}}=\sqrt{\left(\dfrac{1}{2}\right)^2}=\dfrac{1}{2}$ (유리수)
$3.\dot{5}=\dfrac{35-3}{9}=\dfrac{32}{9}$ (유리수)
$\sqrt{0.01}=\sqrt{(0.1)^2}=0.1$ (유리수)
따라서 주어진 수 중에서 무리수인 것은 $\pi$, $\sqrt{3}+1$, $\sqrt{7}$의 3개이다.      답 3개

**0181** ② $\sqrt{\dfrac{25}{9}}=\sqrt{\left(\dfrac{5}{3}\right)^2}=\dfrac{5}{3}$ (유리수)
③ $5.\dot{4}=\dfrac{54-5}{9}=\dfrac{49}{9}$ (유리수)
④ $\sqrt{0.09}=\sqrt{(0.3)^2}=0.3$ (유리수)
따라서 무리수인 것은 ⑤이다.      답 ⑤

**0182** 순환소수가 아닌 무한소수는 무리수이므로 무리수만으로 짝 지어진 것을 찾는다.
① $0.\dot{8}=\dfrac{8}{9}$ (유리수)
② $\dfrac{2}{7}$ (유리수)
④ $\sqrt{16}=\sqrt{4^2}=4$ (유리수)
⑤ $-3.14$ (유리수), $\sqrt{81}=\sqrt{9^2}=9$ (유리수),
   $\sqrt{9}=\sqrt{3^2}=3$이므로 $\sqrt{9}-5=3-5=-2$ (유리수)
따라서 무리수만으로 짝 지어진 것은 ③이다.      답 ③

**0183** **전략** 무한소수 중 순환소수는 유리수이고 순환소수가 아닌 무한소수는 무리수이다.

ⓛ 근호가 있더라도 근호를 없앨 수 있는 수는 유리수이다.
　　예 $\sqrt{4}=2$, $\sqrt{9}=3$
ⓔ 유리수이면서 무리수인 수는 없다.
따라서 옳은 것은 ㉠, ㉢, ㉤, ㉥의 4개이다.　　　답　4개

**0184**　[전략] 실수는 유리수와 무리수로 이루어져 있다.
　　□ 안의 수는 무리수이다.
① $\sqrt{0.25}=\sqrt{(0.5)^2}=0.5$ (유리수)
② $\sqrt{\dfrac{16}{9}}=\sqrt{\left(\dfrac{4}{3}\right)^2}=\dfrac{4}{3}$ (유리수)
③ $-\dfrac{3}{\sqrt{4}}=-\dfrac{3}{\sqrt{2^2}}=-\dfrac{3}{2}$ (유리수)
⑤ $5-\sqrt{16}=5-\sqrt{4^2}=5-4=1$ (유리수)
따라서 무리수인 것은 ④이다.　　　답　④

**0185**　⑤ $\sqrt{5}$는 무리수이므로 $\dfrac{(정수)}{(0이\ 아닌\ 정수)}$의 꼴로 나타낼
수 없다.　　　답　⑤

**0186**　① $\sqrt{36}=\sqrt{6^2}=6$이므로 정수이다.
② 유리수는 $\dfrac{3}{4}$, $5.\dot{4}$, $3.14$, $\sqrt{36}$의 4개이다.
④ $3.14$는 무리수가 아니다.
③, ⑤ 순환소수가 아닌 무한소수, 즉 무리수는 $\sqrt{6}$, $\sqrt{\dfrac{14}{9}}$의
2개이다.
따라서 옳은 것은 ⑤이다.　　　답　⑤

**0187**　③ 양수 9의 제곱근은 $\pm\sqrt{9}$, 즉 $\pm3$이므로 양수의 제곱근
이 모두 무리수인 것은 아니다.
④ 순환소수가 아닌 무한소수는 모두 무리수이다.
　　　　　　　　　　　　　　　　　　답　③, ④

**0188**　[전략] (점 P에 대응하는 수)=(점 B에 대응하는 수)$-\sqrt{2}$,
　　　　　(점 Q에 대응하는 수)=(점 A에 대응하는 수)$+\sqrt{2}$
① $\overline{BP}=\overline{BD}=\sqrt{1^2+1^2}=\sqrt{2}$이므로
　점 P에 대응하는 수는 $4-\sqrt{2}$이다.
②, ④ $\overline{AQ}=\overline{AC}=\sqrt{1^2+1^2}=\sqrt{2}$이므로
　점 Q에 대응하는 수는 $3+\sqrt{2}$이다.
③ $\overline{BQ}=\overline{AQ}-\overline{AB}=\sqrt{2}-1$
⑤ $\overline{PA}=\overline{BP}-\overline{AB}=\sqrt{2}-1$
따라서 옳은 것은 ⑤이다.　　　답　⑤

**0189**　한 변의 길이가 1인 정사각형의 대각선의 길이는
$\sqrt{1^2+1^2}=\sqrt{2}$　　　　　　　　　……　㈎
따라서 점 A에 대응하는 수는 $-3+\sqrt{2}$이므로
$a=-3+\sqrt{2}$　　　　　　　　　　　……　㈏
또 점 B에 대응하는 수는 $1-\sqrt{2}$이므로
$b=1-\sqrt{2}$　　　　　　　　　　　　……　㈐

답　$a=-3+\sqrt{2}$, $b=1-\sqrt{2}$

| 채점 기준 | 비율 |
| --- | --- |
| ㈎ 정사각형의 대각선의 길이 구하기 | 20 % |
| ㈏ $a$의 값 구하기 | 40 % |
| ㈐ $b$의 값 구하기 | 40 % |

**0190**　$\overline{BP}=\overline{BD}=\sqrt{1^2+1^2}=\sqrt{2}$이고 점 P에 대응하는 수가 $5-\sqrt{2}$
이므로 점 B에 대응하는 수는 5이다.
$\overline{AB}=1$이므로 점 A에 대응하는 수는 4이다.
이때 $\overline{AQ}=\overline{AC}=\sqrt{1^2+1^2}=\sqrt{2}$이므로 점 Q에 대응하는 수
는 $4+\sqrt{2}$이다.　　　　　　　　　답　$4+\sqrt{2}$

**0191**　[전략] $\triangle ABC$에서 피타고라스 정리를 이용하여 $\overline{AC}$의 길이를
구한다.
　$\triangle ABC$에서 $\overline{AC}=\sqrt{1^2+3^2}=\sqrt{10}$
③ $\overline{BP}=\overline{AP}-1=\sqrt{10}-1$
④ 점 P에 대응하는 수는 $-2-\sqrt{10}$이다.
따라서 옳지 않은 것은 ④이다.　　　답　④

**0192**　$\triangle ABC$에서 $\overline{AC}=\sqrt{2^2+2^2}=\sqrt{8}$　　……　㈎
$\overline{AQ}=\overline{AC}=\sqrt{8}$이고 점 Q에 대응하는 수가 $4+\sqrt{8}$이므로
점 A에 대응하는 수는 4이다.　　　　　……　㈏
$\overline{AP}=\overline{AC}=\sqrt{8}$이므로 점 P에 대응하는 수는
$4-\sqrt{8}$이다.　　　　　　　　　　……　㈐

답　$4-\sqrt{8}$

| 채점 기준 | 비율 |
| --- | --- |
| ㈎ $\overline{AC}$의 길이 구하기 | 30 % |
| ㈏ 점 A에 대응하는 수 구하기 | 40 % |
| ㈐ 점 P에 대응하는 수 구하기 | 30 % |

**0193**　[전략] 먼저 $\overline{GF}$, $\overline{GH}$, $\overline{QP}$, $\overline{QR}$의 길이를 구한다.
$\overline{GF}=\overline{GH}=\sqrt{1^2+3^2}=\sqrt{10}$
$\overline{GA}=\overline{GF}$이므로 $A(-1-\sqrt{10})$
$\overline{GC}=\overline{GH}$이므로 $C(-1+\sqrt{10})$
$\overline{QP}=\overline{QR}=\sqrt{2^2+1^2}=\sqrt{5}$
$\overline{QB}=\overline{QP}$이므로 $B(4-\sqrt{5})$
$\overline{QD}=\overline{QR}$이므로 $D(4+\sqrt{5})$

답　$A(-1-\sqrt{10})$, $B(4-\sqrt{5})$, $C(-1+\sqrt{10})$, $D(4+\sqrt{5})$

**0194**　$\overline{CB}=\overline{CD}=\sqrt{1^2+1^2}=\sqrt{2}$이므로
$\overline{CP}=\overline{CB}=\sqrt{2}$, $\overline{CQ}=\overline{CD}=\sqrt{2}$
$\overline{GF}=\overline{GH}=\sqrt{2^2+1^2}=\sqrt{5}$이므로
$\overline{GR}=\overline{GF}=\sqrt{5}$, $\overline{GS}=\overline{GH}=\sqrt{5}$
② $Q(3+\sqrt{2})$
⑤ $\overline{CQ}=\sqrt{2}$, $\overline{GS}=\sqrt{5}$이므로 $\overline{CQ}\neq\overline{GS}$
따라서 옳지 않은 것은 ②, ⑤이다.　　　답　②, ⑤

**0195**  수직선은 유리수 또는 무리수만으로는 완전히 메울 수 없다.

① 수직선은 실수에 대응하는 점들로 완전히 메울 수 있다.

② 실수는 유리수와 무리수로 이루어져 있으므로 무리수와 유리수에 대응하는 점들로 수직선을 완전히 메울 수 있다.

③ 서로 다른 두 유리수 사이에는 무수히 많은 유리수와 무리수가 있다. **답** ④, ⑤

**0196** ③ 서로 다른 두 유리수 사이에는 무수히 많은 유리수가 있으므로 1에 가장 가까운 유리수를 찾을 수 없다.

따라서 옳지 않은 것은 ③이다. **답** ③

**0197** ① 수직선은 무리수에 대응하는 점만으로는 완전히 메울 수 없다.

③ 서로 다른 두 유리수 사이에는 무수히 많은 유리수와 무리수가 있다.

⑤ 1과 3 사이에 있는 유리수는 무수히 많다.

따라서 옳은 것은 ②, ④이다. **답** ②, ④

**0198**  두 실수 $a$, $b$의 대소 관계는 $a-b$의 부호로 판단한다.

① $4-(\sqrt{8}+1)=3-\sqrt{8}=\sqrt{9}-\sqrt{8}>0$
　　$\therefore 4>\sqrt{8}+1$

② $-3-(-2-\sqrt{2})=-1+\sqrt{2}>0$
　　$\therefore -3>-2-\sqrt{2}$

③ $(3-\sqrt{5})-1=2-\sqrt{5}=\sqrt{4}-\sqrt{5}<0$
　　$\therefore 3-\sqrt{5}<1$

④ $(1-\sqrt{3})-(1-\sqrt{2})=\sqrt{2}-\sqrt{3}<0$
　　$\therefore 1-\sqrt{3}<1-\sqrt{2}$

⑤ $(\sqrt{5}+\sqrt{3})-(\sqrt{6}+\sqrt{5})=\sqrt{3}-\sqrt{6}<0$
　　$\therefore \sqrt{5}+\sqrt{3}<\sqrt{6}+\sqrt{5}$

따라서 대소 관계가 옳지 않은 것은 ③이다. **답** ③

**0199** ① $(-3+\sqrt{5})-(\sqrt{6}-3)=\sqrt{5}-\sqrt{6}<0$
　　$\therefore -3+\sqrt{5}<\sqrt{6}-3$

② $(\sqrt{7}+1)-3=\sqrt{7}-2=\sqrt{7}-\sqrt{4}>0$
　　$\therefore \sqrt{7}+1>3$

③ $3-(\sqrt{5}-2)=5-\sqrt{5}=\sqrt{25}-\sqrt{5}>0$
　　$\therefore 3>\sqrt{5}-2$

④ $(\sqrt{10}-\sqrt{2})-(\sqrt{10}-1)=-\sqrt{2}+1<0$
　　$\therefore \sqrt{10}-\sqrt{2}<\sqrt{10}-1$

⑤ $(-4-\sqrt{7})-(-3-\sqrt{7})=-1<0$
　　$\therefore -4-\sqrt{7}<-3-\sqrt{7}$

따라서 대소 관계가 옳은 것은 ②이다. **답** ②

**0200** ① $3-(\sqrt{2}+2)=1-\sqrt{2}<0$　　$\therefore 3<\sqrt{2}+2$

② $(\sqrt{15}-4)-1=\sqrt{15}-5=\sqrt{15}-\sqrt{25}<0$
　　$\therefore \sqrt{15}-4<1$

③ $(\sqrt{2}-1)-(\sqrt{3}-1)=\sqrt{2}-\sqrt{3}<0$
　　$\therefore \sqrt{2}-1<\sqrt{3}-1$

④ $(\sqrt{6}+1)-(\sqrt{2}+1)=\sqrt{6}-\sqrt{2}>0$

---

　　$\therefore \sqrt{6}+1>\sqrt{2}+1$

⑤ $(\sqrt{20}-\sqrt{7})-(\sqrt{20}-\sqrt{5})=-\sqrt{7}+\sqrt{5}<0$
　　$\therefore \sqrt{20}-\sqrt{7}<\sqrt{20}-\sqrt{5}$

따라서 부등호가 나머지 넷과 다른 하나는 ④이다. **답** ④

**0201**  $a$, $b$, $c$ 중 둘씩 묶어서 각각의 대소 관계를 알아본다.

$a-b=(\sqrt{2}+\sqrt{3})-(\sqrt{2}+\sqrt{5})=\sqrt{3}-\sqrt{5}<0$이므로
$a<b$

$b-c=(\sqrt{2}+\sqrt{5})-(\sqrt{3}+\sqrt{5})=\sqrt{2}-\sqrt{3}<0$이므로
$b<c$

$\therefore a<b<c$ **답** ①

**0202** $a-b=2-(\sqrt{3}-1)=3-\sqrt{3}=\sqrt{9}-\sqrt{3}>0$이므로
$a>b$

$a-c=2-(1+\sqrt{2})=1-\sqrt{2}<0$이므로
$a<c$

$\therefore b<a<c$ **답** ③

**0203** $a-b=(\sqrt{8}+2)-(\sqrt{6}+\sqrt{8})=2-\sqrt{6}=\sqrt{4}-\sqrt{6}<0$
이므로 $a<b$ 　　　　　　　$\cdots\cdots$ (가)

$a-c=(\sqrt{8}+2)-4=\sqrt{8}-2=\sqrt{8}-\sqrt{4}>0$
이므로 $a>c$ 　　　　　　　$\cdots\cdots$ (나)

$\therefore c<a<b$ 　　　　　　　$\cdots\cdots$ (다)

**답** $c<a<b$

| 채점 기준 | 비율 |
|---|---|
| (가) $a$와 $b$의 대소 관계 알아보기 | 40 % |
| (나) $a$와 $c$의 대소 관계 알아보기 | 40 % |
| (다) $a$, $b$, $c$의 대소 관계를 부등호를 사용하여 나타내기 | 20 % |

**0204**  부등식의 성질을 이용하여 주어진 무리수가 수직선에서 어느 위치에 있는지 파악한다.

$1<\sqrt{3}<2$에서 $-2<-\sqrt{3}<-1$이므로 $B(-\sqrt{3})$

$1<\sqrt{2}<2$에서 $-2<-\sqrt{2}<-1$이므로
$-1<1-\sqrt{2}<0$ 　　$\therefore C(1-\sqrt{2})$

$2<\sqrt{7}<3$에서 $0<\sqrt{7}-2<1$이므로 $D(\sqrt{7}-2)$

$2<\sqrt{5}<3$에서 $-3<-\sqrt{5}<-2$이므로 $A(-\sqrt{5})$

$1<\sqrt{3}<2$에서 $2<1+\sqrt{3}<3$이므로 $E(1+\sqrt{3})$

따라서 점의 좌표가 옳은 것은 ③이다. **답** ③

**0205** $5<\sqrt{32}<6$이므로 $\sqrt{32}$에 대응하는 점은 점 E이다. **답** ⑤

**0206** $1<\sqrt{3}<2$이므로 $0<\sqrt{3}-1<1$, $2<\sqrt{3}+1<3$
$-2<-\sqrt{3}<-1$이므로 $1<3-\sqrt{3}<2$, $-1<1-\sqrt{3}<0$

따라서 보기의 수를 수직선 위에 점으로 나타내면 다음과 같으므로 왼쪽에서 세 번째에 있는 점에 대응하는 수는 ㉠ $\sqrt{3}-1$이다.

**답** ㉠

**0207** 전략 주어진 제곱근의 값을 이용하여 각 수의 값을 구한다.

① $\sqrt{2}+0.1=1.414+0.1=1.514$

② $\sqrt{5}-0.1=2.236-0.1=2.136$

③ $\sqrt{2}+0.2=1.414+0.2=1.614$

④ $\dfrac{\sqrt{2}+\sqrt{5}}{2}$ 는 $\sqrt{2}$와 $\sqrt{5}$의 평균이므로 $\sqrt{2}<\dfrac{\sqrt{2}+\sqrt{5}}{2}<\sqrt{5}$

⑤ $\dfrac{\sqrt{5}-\sqrt{2}}{2}=\dfrac{2.236-1.414}{2}=0.411<\sqrt{2}$

따라서 $\sqrt{2}$와 $\sqrt{5}$ 사이에 있는 수가 아닌 것은 ⑤이다.  답 ⑤

**0208** ① $\sqrt{3}-0.01<\sqrt{3}$

② $\dfrac{\sqrt{3}+2}{2}$ 는 $\sqrt{3}$과 2의 평균이므로 $\sqrt{3}<\dfrac{\sqrt{3}+2}{2}<2$

③ $2-\dfrac{1}{100}=2-0.01=1.99$

④ $\sqrt{3}+0.001=1.732+0.001=1.733$

⑤ $\dfrac{\sqrt{3}}{2}+1.1=0.866+1.1=1.966$

따라서 $\sqrt{3}$과 2 사이에 있는 수가 아닌 것은 ①이다.  답 ①

**0209** ① $-\sqrt{3}$과 $\sqrt{5}$ 사이에 있는 자연수는 1, 2의 2개이다.

② $-\sqrt{3}$과 $\sqrt{5}$ 사이에 있는 정수는 $-1$, 0, 1, 2의 4개이다.

④ $-\sqrt{3}$과 $\sqrt{5}$ 사이에 있는 무리수는 무수히 많다.

따라서 옳지 않은 것은 ②, ④이다.  답 ②, ④

**0210** 전략 피타고라스 정리를 이용하여 $\overline{AB}$의 길이를 구한 후 $a$의 값을 구한다.

$\overline{AB}=\sqrt{3^2+1^2}=\sqrt{10}$이므로

$\overline{AP}=\overline{AB}=\sqrt{10}$

즉 점 P에 대응하는 수는 $1+\sqrt{10}$이므로 $a=1+\sqrt{10}$

따라서 $1+\sqrt{10}(=4.162)$과 5 사이의 수를 찾는다.

① $\dfrac{4+a}{2}=\dfrac{4+(1+\sqrt{10})}{2}=\dfrac{5+\sqrt{10}}{2}=4.081$

② $\dfrac{a}{2}+1=\dfrac{(1+\sqrt{10})+2}{2}=\dfrac{3+\sqrt{10}}{2}=3.081$

③ $a+1=(1+\sqrt{10})+1=2+\sqrt{10}=5.162$

④ $\dfrac{a-1}{2}=\dfrac{(1+\sqrt{10})-1}{2}=\dfrac{\sqrt{10}}{2}=1.581$

⑤ $7-\dfrac{a}{2}=\dfrac{14-(1+\sqrt{10})}{2}=\dfrac{13-\sqrt{10}}{2}=4.919$

따라서 $a$와 5 사이에 있는 수는 ⑤이다.  답 ⑤

**0211** 반지름의 길이가 1인 원 O를 오른쪽으로 한 바퀴 굴렸으므로 점 P가 움직인 거리는 원 O의 둘레의 길이와 같다.

따라서 원 O의 둘레의 길이는 $2\pi\times1=2\pi$이므로 점 P가 처음으로 다시 수직선과 만나는 점에 대응하는 수는

$0+2\pi=2\pi$이다.  답 $2\pi$

**0212** 자연수 $n$에 대하여

(i) $\sqrt{n}$이 유리수가 되려면 $n=(자연수)^2$의 꼴이어야 하고 $n$은 100 이하이므로

$n=1^2, 2^2, 3^2, 4^2, 5^2, 6^2, 7^2, 8^2, 9^2, 10^2$

즉 $\sqrt{n}$이 유리수가 되는 $n$의 개수는 10개이다.

(ii) $\sqrt{2n}$이 유리수가 되려면 $n=2\times(자연수)^2$의 꼴이어야 하고 $n$은 100 이하이므로

$n=2\times1^2, 2\times2^2, 2\times3^2, 2\times4^2, 2\times5^2, 2\times6^2, 2\times7^2$

즉 $\sqrt{2n}$이 유리수가 되는 $n$의 개수는 7개이다.

(iii) $\sqrt{3n}$이 유리수가 되려면 $n=3\times(자연수)^2$의 꼴이어야 하고 $n$은 100 이하이므로

$n=3\times1^2, 3\times2^2, 3\times3^2, 3\times4^2, 3\times5^2$

즉 $\sqrt{3n}$이 유리수가 되는 $n$의 개수는 5개이다.

따라서 $\sqrt{n}$, $\sqrt{2n}$, $\sqrt{3n}$이 모두 무리수가 되는 $n$의 개수는

$100-(10+7+5)=78(개)$  답 78개

Lecture

$(\sqrt{n}, \sqrt{2n}, \sqrt{3n}$이 모두 무리수가 되는 $n$의 개수$)$

$=(n$의 총 개수$)-(\sqrt{n}$이 유리수가 되는 $n$의 개수$)$

$\qquad\qquad-(\sqrt{2n}$이 유리수가 되는 $n$의 개수$)$

$\qquad\qquad-(\sqrt{3n}$이 유리수가 되는 $n$의 개수$)$

### STEP 3 내신 마스터 p.36 ~ p.37

**0213** 전략 근호가 있더라도 근호를 없앨 수 있는지 확인한다.

$\sqrt{144}=12$ (유리수), $\sqrt{0.16}=0.4$ (유리수),

$\sqrt{0.\dot{4}}=\sqrt{\dfrac{4}{9}}=\dfrac{2}{3}$ (유리수), $\sqrt{\dfrac{25}{9}}=\dfrac{5}{3}$ (유리수),

$0.2333\cdots=0.2\dot{3}$ (유리수)

따라서 무리수는 $\sqrt{7}$, $\pi+1$의 2개이다.  답 2개

**0214** 전략 $\sqrt{(자연수)^2}$의 꼴은 근호를 없앨 수 있다.

수지 : $\sqrt{25}=\sqrt{5^2}=5$이므로 유리수이다.  답 수지

**0215** 전략 소수 — 유한소수 (유리수) / 무한소수 — 순환소수(유리수) / 순환소수가 아닌 무한소수 (무리수)

① 무한소수 중 순환소수는 유리수이다.

② 0은 유리수이다.

따라서 옳지 않은 것은 ①, ②이다.  답 ①, ②

**0216** 전략 각 점의 좌표를 구할 때 기준점이 어디인지 확인한다.

한 변의 길이가 1인 정사각형의 대각선의 길이는

$\sqrt{1^2+1^2}=\sqrt{2}$이므로 각 점의 좌표를 구하면 다음과 같다.

$A(-1-\sqrt{2})$, $B(-2+\sqrt{2})$, $C(-1+\sqrt{2})$, $D(2-\sqrt{2})$,

$E(1+\sqrt{2})$

따라서 점의 좌표로 옳은 것은 ②이다.  답 ②

**0217** 전략 $\overline{CA}$, $\overline{CB}$를 각각 빗변으로 하는 직각삼각형을 그린 후, 피타고라스 정리를 이용하여 $\overline{CA}$, $\overline{CB}$의 길이를 구한다.

$\overline{CA}=\sqrt{3^2+2^2}=\sqrt{13}$이므로 $\overline{CP}=\overline{CA}=\sqrt{13}$

점 P에 대응하는 수는 $2-\sqrt{13}$이다. $\qquad\cdots\cdots$ ㈎

$\overline{CB}=\sqrt{3^2+5^2}=\sqrt{34}$이므로 $\overline{CQ}=\overline{CB}=\sqrt{34}$

점 Q에 대응하는 수는 $2+\sqrt{34}$이다. $\qquad\cdots\cdots$ ㈏

답 점 P : $2-\sqrt{13}$, 점 Q : $2+\sqrt{34}$

| 채점 기준 | 비율 |
|---|---|
| ㈎ $\overline{CP}$의 길이를 구하여 점 P에 대응하는 수 구하기 | 50 % |
| ㈏ $\overline{CQ}$의 길이를 구하여 점 Q에 대응하는 수 구하기 | 50 % |

**0218** 전략 두 수 $a$, $b$의 대소 관계는 $a-b$의 부호로 판단한다.

① $6-(5-\sqrt{6})=1+\sqrt{6}>0$ $\quad\therefore 6>5-\sqrt{6}$

② $(3+\sqrt{3})-(2+\sqrt{3})=1>0$ $\quad\therefore 3+\sqrt{3}>2+\sqrt{3}$

③ $(\sqrt{2}-3)-(\sqrt{5}-3)=\sqrt{2}-\sqrt{5}<0$
$\quad\therefore \sqrt{2}-3<\sqrt{5}-3$

④ $3-(\sqrt{5}-1)=4-\sqrt{5}=\sqrt{16}-\sqrt{5}>0$
$\quad\therefore 3>\sqrt{5}-1$

⑤ $(\sqrt{6}-\sqrt{3})-(2-\sqrt{3})=\sqrt{6}-2=\sqrt{6}-\sqrt{4}>0$
$\quad\therefore \sqrt{6}-\sqrt{3}>2-\sqrt{3}$

따라서 옳은 것은 ③이다. 답 ③

> **Lecture**
>
> 두 수의 대소 관계는 "양변에 같은 수를 더하거나 빼어도 부등호의 방향은 바뀌지 않는다."는 부등식의 성질을 이용하여 구할 수도 있다. 예를 들어 ②에서 $3>2$이고 양변에 같은 수 $\sqrt{3}$을 더하여도 부등호의 방향은 바뀌지 않으므로 $3+\sqrt{3}>2+\sqrt{3}$이다.

**0219** 전략 세 수 $A$, $B$, $C$에 대하여 $A<B$이고 $B<C$이면 $A<B<C$이다.

$b-c=(1+\sqrt{3})-3=\sqrt{3}-2=\sqrt{3}-\sqrt{4}<0$이므로
$b<c$ $\qquad\cdots\cdots$ ㉠

$c-a=3-(\sqrt{5}+1)=2-\sqrt{5}=\sqrt{4}-\sqrt{5}<0$이므로
$c<a$ $\qquad\cdots\cdots$ ㉡

㉠, ㉡에서 $b<c<a$ 답 ③

**0220** 전략 각각의 수가 어떤 두 연속하는 정수 사이에 속하는지 확인한다.

(1) $\sqrt{4}<\sqrt{5}<\sqrt{9}$에서 $2<\sqrt{5}<3$이므로
$3<1+\sqrt{5}<4$, $1<\sqrt{5}-1<2$

한편 $2<\sqrt{5}<3$에서 $-3<-\sqrt{5}<-2$이므로
$-1<2-\sqrt{5}<0$, $-2<1-\sqrt{5}<-1$ $\qquad\cdots\cdots$ ㈎

따라서 수직선 위에 각각의 수에 대응하는 점을 나타내면 다음과 같다.

$-\sqrt{5}$　$1-\sqrt{5}$　$2-\sqrt{5}$　$\sqrt{5}-1$　$1+\sqrt{5}$

－3　－2　－1　0　1　2　3　4

$\qquad\qquad\qquad\qquad\qquad\qquad\qquad\cdots$ ㈏

(2) (1)의 수직선에 나타낸 점 중 왼쪽에서 두 번째에 있는 점에 대응하는 수는 $1-\sqrt{5}$이다. $\qquad\cdots\cdots$ ㈐

답 (1) 풀이 참조 (2) $1-\sqrt{5}$

| 채점 기준 | 비율 |
|---|---|
| ㈎ 각각의 수가 어떤 두 연속하는 정수 사이에 속하는지 알아보기 | 50 % |
| ㈏ 수직선 위에 각각의 수에 대응하는 점 나타내기 | 30 % |
| ㈐ 왼쪽에서 두 번째에 있는 점에 대응하는 수 구하기 | 20 % |

**0221** 전략 $\sqrt{6}$과 $5+\sqrt{3}$을 수직선 위에 나타내어 본다.

$2<\sqrt{6}<3$이고 $1<\sqrt{3}<2$이므로 $6<5+\sqrt{3}<7$

$\sqrt{6}$과 $5+\sqrt{3}$을 수직선 위에 나타내면 다음과 같다.

$\sqrt{6}$　　　　　　$5+\sqrt{3}$

1　2　3　4　5　6　7

따라서 $\sqrt{6}$과 $5+\sqrt{3}$ 사이에 있는 정수는 3, 4, 5, 6의 4개이다. 답 4개

**0222** 전략 제곱근표는 처음 두 자리 수의 가로줄과 끝자리 수의 세로줄이 만나는 곳에 있는 수를 읽는다.

① $\sqrt{3.43}=1.852$ 　　② $\sqrt{3.5}=1.871$

③ $\sqrt{3.51}=1.873$ 　　⑤ $\sqrt{3.73}=1.931$

따라서 옳은 것은 ④이다. 답 ④

**0223** 전략 주어진 $\sqrt{3}$과 $\sqrt{5}$의 값을 이용하여 계산해 본다.

① $\sqrt{5}-0.2=2.036$ 　　② $\sqrt{5}-0.1=2.136$

③ $\sqrt{3}+0.1=1.832$ 　　④ $\sqrt{3}+1=2.732$

⑤ $\dfrac{\sqrt{3}+\sqrt{5}}{2}$는 $\sqrt{3}$과 $\sqrt{5}$의 평균이므로 $\sqrt{3}<\dfrac{\sqrt{3}+\sqrt{5}}{2}<\sqrt{5}$

따라서 $\sqrt{3}$과 $\sqrt{5}$ 사이에 있는 수가 아닌 것은 ④이다. 답 ④

**0224** 전략 두 실수 사이에는 무수히 많은 유리수와 무리수가 있다.

① 2와 $\sqrt{5}$ 사이에는 무수히 많은 유리수가 있다.

② $-\sqrt{5}$와 $\sqrt{10}$ 사이에 있는 정수는 $-2$, $-1$, 0, 1, 2, 3의 6개이다.

④ 수직선은 무리수에 대응하는 점만으로는 완전히 메울 수 없다.

따라서 옳지 않은 것은 ①, ④이다. 답 ①, ④

**0225** 전략 5와 8 사이에 있는 수가 적힌 카드에서 유리수가 적힌 카드를 제외한다.

$5=\sqrt{25}$, $8=\sqrt{64}$이므로 $\sqrt{25}$와 $\sqrt{64}$ 사이에 있는 수가 적힌 카드는 $64-25-1=38$(장)이다.

이중 유리수가 적힌 카드는 6, 7의 2장이므로 무리수가 적힌 카드는 $38-2=36$(장)이다. 답 36장

# 3 근호를 포함한 식의 계산

## STEP 1 개념 마스터  p.40 ~ p.41

**0226** $\sqrt{3}\times\sqrt{7}=\sqrt{3\times7}=\sqrt{21}$  답 $\sqrt{21}$

**0227** $\sqrt{\dfrac{4}{7}}\times\sqrt{\dfrac{5}{4}}=\sqrt{\dfrac{4}{7}\times\dfrac{5}{4}}=\sqrt{\dfrac{5}{7}}$  답 $\sqrt{\dfrac{5}{7}}$

**0228** $3\sqrt{5}\times5\sqrt{2}=(3\times5)\times\sqrt{5\times2}=15\sqrt{10}$  답 $15\sqrt{10}$

**0229** $(-7\sqrt{3})\times2\sqrt{10}=(-7\times2)\times\sqrt{3\times10}$
$=-14\sqrt{30}$  답 $-14\sqrt{30}$

**0230** $\dfrac{\sqrt{30}}{\sqrt{6}}=\sqrt{\dfrac{30}{6}}=\sqrt{5}$  답 $\sqrt{5}$

**0231** $\sqrt{18}\div\sqrt{3}=\dfrac{\sqrt{18}}{\sqrt{3}}=\sqrt{\dfrac{18}{3}}=\sqrt{6}$  답 $\sqrt{6}$

**0232** $4\sqrt{15}\div2\sqrt{3}=\dfrac{4\sqrt{15}}{2\sqrt{3}}=2\sqrt{\dfrac{15}{3}}=2\sqrt{5}$  답 $2\sqrt{5}$

**0233** $3\sqrt{12}\div(-2\sqrt{6})=\dfrac{3\sqrt{12}}{-2\sqrt{6}}=-\dfrac{3}{2}\sqrt{\dfrac{12}{6}}=-\dfrac{3\sqrt{2}}{2}$
답 $-\dfrac{3\sqrt{2}}{2}$

**0234** $\sqrt{18}=\sqrt{3^2\times2}=3\sqrt{2}$  답 $3\sqrt{2}$

**0235** $\sqrt{24}=\sqrt{2^2\times6}=2\sqrt{6}$  답 $2\sqrt{6}$

**0236** $2\sqrt{48}=2\sqrt{4^2\times3}=8\sqrt{3}$  답 $8\sqrt{3}$

**0237** $-2\sqrt{63}=-2\sqrt{3^2\times7}=-6\sqrt{7}$  답 $-6\sqrt{7}$

**0238** $2\sqrt{5}=\sqrt{2^2\times5}=\sqrt{20}$  답 $\sqrt{20}$

**0239** $-3\sqrt{3}=-\sqrt{3^2\times3}=-\sqrt{27}$  답 $-\sqrt{27}$

**0240** $\sqrt{\dfrac{5}{9}}=\sqrt{\dfrac{5}{3^2}}=\dfrac{\sqrt{5}}{3}$  답 $\dfrac{\sqrt{5}}{3}$

**0241** $\dfrac{\sqrt{21}}{\sqrt{75}}=\sqrt{\dfrac{21}{75}}=\sqrt{\dfrac{7}{25}}=\sqrt{\dfrac{7}{5^2}}=\dfrac{\sqrt{7}}{5}$  답 $\dfrac{\sqrt{7}}{5}$

**0242** $\sqrt{0.34}=\sqrt{\dfrac{34}{100}}=\sqrt{\dfrac{34}{10^2}}=\dfrac{\sqrt{34}}{10}$  답 $\dfrac{\sqrt{34}}{10}$

**0243** $\sqrt{0.12}=\sqrt{\dfrac{12}{100}}=\sqrt{\dfrac{3}{25}}=\sqrt{\dfrac{3}{5^2}}=\dfrac{\sqrt{3}}{5}$  답 $\dfrac{\sqrt{3}}{5}$

**0244**  답 $\sqrt{5},\sqrt{5},\dfrac{\sqrt{15}}{5}$

**0245**  답 $\sqrt{2},\sqrt{2},\dfrac{\sqrt{14}}{4}$

**0246** $\dfrac{3}{\sqrt{5}}=\dfrac{3\times\sqrt{5}}{\sqrt{5}\times\sqrt{5}}=\dfrac{3\sqrt{5}}{5}$  답 $\dfrac{3\sqrt{5}}{5}$

**0247** $\dfrac{\sqrt{5}}{\sqrt{10}}=\dfrac{\sqrt{5}\times\sqrt{10}}{\sqrt{10}\times\sqrt{10}}=\dfrac{5\sqrt{2}}{10}=\dfrac{\sqrt{2}}{2}$  답 $\dfrac{\sqrt{2}}{2}$

다른 풀이 제곱근의 나눗셈을 먼저 계산한 후 분모를 유리화하면 더 간단하다.
$\dfrac{\sqrt{5}}{\sqrt{10}}=\dfrac{1}{\sqrt{2}}=\dfrac{\sqrt{2}}{\sqrt{2}\times\sqrt{2}}=\dfrac{\sqrt{2}}{2}$

**0248** $\sqrt{\dfrac{3}{7}}=\dfrac{\sqrt{3}}{\sqrt{7}}=\dfrac{\sqrt{3}\times\sqrt{7}}{\sqrt{7}\times\sqrt{7}}=\dfrac{\sqrt{21}}{7}$  답 $\dfrac{\sqrt{21}}{7}$

**0249** $\dfrac{\sqrt{2}}{3\sqrt{5}}=\dfrac{\sqrt{2}\times\sqrt{5}}{3\sqrt{5}\times\sqrt{5}}=\dfrac{\sqrt{10}}{15}$  답 $\dfrac{\sqrt{10}}{15}$

**0250** $\dfrac{\sqrt{2}}{\sqrt{5}\sqrt{6}}=\dfrac{\sqrt{2}}{\sqrt{30}}=\dfrac{\sqrt{2}\times\sqrt{30}}{\sqrt{30}\times\sqrt{30}}$
$=\dfrac{2\sqrt{15}}{30}=\dfrac{\sqrt{15}}{15}$  답 $\dfrac{\sqrt{15}}{15}$

다른 풀이 $\dfrac{\sqrt{2}}{\sqrt{5}\sqrt{6}}=\dfrac{1}{\sqrt{5}\sqrt{3}}=\dfrac{1}{\sqrt{15}}=\dfrac{\sqrt{15}}{\sqrt{15}\times\sqrt{15}}=\dfrac{\sqrt{15}}{15}$

**0251** $\dfrac{3}{\sqrt{12}}=\dfrac{3}{2\sqrt{3}}=\dfrac{3\times\sqrt{3}}{2\sqrt{3}\times\sqrt{3}}=\dfrac{3\sqrt{3}}{6}=\dfrac{\sqrt{3}}{2}$  답 $\dfrac{\sqrt{3}}{2}$

**0252**  답 $100, 10, 10, 17.32$

**0253**  답 $100, 10, 10, 54.77$

**0254**  답 $100, 10, 10, 0.5477$

**0255**  답 $100, 10, 10, 0.1732$

## STEP 2 유형 마스터  p.42 ~ p.47

**0256** 전략 근호 안의 수끼리, 근호 밖의 수끼리 곱한다.
⑤ $5\sqrt{3}\times6\sqrt{2}=(5\times6)\times\sqrt{3\times2}=30\sqrt{6}$  답 ⑤

**0257** 전략 계산 결과가 $\sqrt{(자연수)^2}$의 꼴이면 근호를 없앨 수 있다.
$\sqrt{\dfrac{12}{5}}\times\sqrt{\dfrac{20}{3}}=\sqrt{\dfrac{12}{5}\times\dfrac{20}{3}}=\sqrt{16}=\sqrt{4^2}=4$
$\therefore a=4$
$\sqrt{\dfrac{17}{4}}\times5\sqrt{\dfrac{16}{17}}=5\sqrt{\dfrac{17}{4}\times\dfrac{16}{17}}=5\sqrt{4}=5\sqrt{2^2}=5\times2=10$
$\therefore b=10$
$\therefore ab=4\times10=40$  답 $40$

**0258**  ① $\sqrt{5}\times\sqrt{2}=\sqrt{5\times2}=\sqrt{10}$

② $\sqrt{\dfrac{1}{8}}\times\sqrt{8}=\sqrt{\dfrac{1}{8}\times8}=1$

③ $\sqrt{2}\sqrt{5}\sqrt{10}=\sqrt{2\times5\times10}=\sqrt{100}=\sqrt{10^2}=10$

④ $3\sqrt{2}\times\sqrt{12}\times\sqrt{\dfrac{5}{8}}=3\sqrt{2\times12\times\dfrac{5}{8}}=3\sqrt{15}$

⑤ $\sqrt{\dfrac{7}{11}}\times\sqrt{\dfrac{11}{21}}=\sqrt{\dfrac{7}{11}\times\dfrac{11}{21}}=\sqrt{\dfrac{1}{3}}$

따라서 옳은 것은 ②이다.　　　**답** ②

**0259**　전략　나눗셈은 역수의 곱셈으로 바꾼다.

이때 $\sqrt{\dfrac{b}{a}}$의 역수는 $\sqrt{\dfrac{a}{b}}$이다.

① $4\sqrt{3}\div\sqrt{12}=4\sqrt{3}\div2\sqrt{3}=4\sqrt{3}\times\dfrac{1}{2\sqrt{3}}=2$

② $2\sqrt{15}\div\sqrt{\dfrac{5}{3}}=2\sqrt{15\times\dfrac{3}{5}}=2\sqrt{9}=2\times3=6$

③ $2\sqrt{12}\div\sqrt{3}=4\sqrt{3}\times\dfrac{1}{\sqrt{3}}=4$

④ $3\sqrt{\dfrac{2}{7}}\div\sqrt{\dfrac{3}{7}}=3\sqrt{\dfrac{2}{7}\times\dfrac{7}{3}}=3\sqrt{\dfrac{2}{3}}$

⑤ $\sqrt{10}\div\sqrt{5}\div3\sqrt{2}=\sqrt{10}\times\dfrac{1}{\sqrt{5}}\times\dfrac{1}{3\sqrt{2}}=\dfrac{1}{3}$

따라서 계산 결과가 무리수인 것은 ④이다.　　　**답** ④

**0260**　$\sqrt{\dfrac{5}{2}}\div\sqrt{\dfrac{10}{3}}\div\sqrt{\dfrac{3}{14}}=\sqrt{\dfrac{5}{2}}\times\sqrt{\dfrac{3}{10}}\times\sqrt{\dfrac{14}{3}}$

$\qquad\qquad=\sqrt{\dfrac{5}{2}\times\dfrac{3}{10}\times\dfrac{14}{3}}$

$\qquad\qquad=\sqrt{\dfrac{7}{2}}$　　　**답** ②

**0261**　$\sqrt{10}\div\sqrt{a}=\sqrt{10}\times\dfrac{1}{\sqrt{a}}=\sqrt{\dfrac{10}{a}}$

즉 $\sqrt{\dfrac{10}{a}}=\sqrt{45}$이므로

$\dfrac{10}{a}=45$　　$\therefore a=\dfrac{2}{9}$　　　**답** $\dfrac{2}{9}$

**0262**　전략　$a>0,\,b>0$일 때, $\sqrt{a^2b}=\sqrt{a^2}\times\sqrt{b}=a\sqrt{b}$

$4\sqrt{2}=\sqrt{4^2\times2}=\sqrt{32}$에서 $a=32$

$\sqrt{252}=\sqrt{6^2\times7}=6\sqrt{7}$에서 $b=6$

$\therefore a-b=32-6=26$　　　**답** 26

**0263**　① $2\sqrt{5}=\sqrt{2^2\times5}=\sqrt{20}$　　$\therefore \square=20$

② $-\sqrt{270}=-\sqrt{3^2\times30}=-3\sqrt{30}$　　$\therefore \square=30$

③ $\sqrt{1250}=\sqrt{25^2\times2}=25\sqrt{2}$　　$\therefore \square=25$

④ $\sqrt{500}=\sqrt{10^2\times5}=10\sqrt{5}$　　$\therefore \square=10$

⑤ $-4\sqrt{\dfrac{5}{2}}=-\sqrt{4^2\times\dfrac{5}{2}}=-\sqrt{40}$　　$\therefore \square=40$

따라서 $\square$ 안에 들어갈 수가 가장 큰 것은 ⑤이다.　　　**답** ⑤

**0264**　$\sqrt{2}\times\sqrt{40}\times\sqrt{15}=\sqrt{2}\times2\sqrt{10}\times\sqrt{15}$

$\qquad\qquad=2\sqrt{2\times10\times15}$

$\qquad\qquad=2\sqrt{2^2\times3\times5^2}$

$\qquad\qquad=2\times2\times5\sqrt{3}$

$\qquad\qquad=20\sqrt{3}$

$\therefore a=20$　　　**답** 20

**0265**　$\sqrt{2}\times\sqrt{3}\times\sqrt{a}\times\sqrt{12}\times\sqrt{2a}$

$\qquad=\sqrt{2\times3\times a\times12\times2a}$

$\qquad=\sqrt{12^2\times a^2}$

$\qquad=12a$

즉 $12a=24$이므로 $a=2$　　　**답** 2

**0266**　전략　$\sqrt{0.000a}=\sqrt{\dfrac{a}{10000}}=\sqrt{\dfrac{a}{100^2}}=\dfrac{\sqrt{a}}{100}$

이때 $a$에 제곱인 인수가 있는지 확인한다.

$\sqrt{0.0008}=\sqrt{\dfrac{8}{10000}}=\sqrt{\dfrac{2^2\times2}{100^2}}=\dfrac{2\sqrt{2}}{100}=\dfrac{\sqrt{2}}{50}$

$\therefore k=\dfrac{1}{50}$　　　**답** $\dfrac{1}{50}$

**0267**　$\sqrt{1.5}=\sqrt{\dfrac{15}{10}}=\sqrt{\dfrac{150}{100}}=\sqrt{\dfrac{5^2\times6}{10^2}}=\dfrac{5\sqrt{6}}{10}=\dfrac{\sqrt{6}}{2}$

$\therefore a=\dfrac{1}{2}$　　　**답** ④

**0268**　$\sqrt{1200}=\sqrt{20^2\times3}=20\sqrt{3}$

$\therefore x=20$　　　$\cdots\cdots$ ㈎

$\sqrt{0.005}=\sqrt{\dfrac{50}{10000}}=\sqrt{\dfrac{5^2\times2}{100^2}}=\dfrac{5\sqrt{2}}{100}=\dfrac{\sqrt{2}}{20}$

$\therefore y=\dfrac{1}{20}$　　　$\cdots\cdots$ ㈏

$\therefore xy=20\times\dfrac{1}{20}=1$　　　$\cdots\cdots$ ㈐

| 채점 기준 | 비율 |
|---|---|
| ㈎ $x$의 값 구하기 | 40 % |
| ㈏ $y$의 값 구하기 | 40 % |
| ㈐ $xy$의 값 구하기 | 20 % |

**답** 1

**0269**　전략　먼저 63을 소인수분해한다.

$\sqrt{63}=\sqrt{3^2\times7}=\sqrt{3^2}\times\sqrt{7}=(\sqrt{3})^2\times\sqrt{7}=a^2b$

**답** ④

**0270** $\sqrt{27000}=\sqrt{2.7\times10000}=100\sqrt{2.7}=100a$

$\sqrt{0.27}=\sqrt{\dfrac{27}{100}}=\dfrac{\sqrt{27}}{10}=\dfrac{b}{10}$

$\therefore \sqrt{27000}-\sqrt{0.27}=100a-\dfrac{b}{10}$ **답** ①

**0271** $\sqrt{0.98}=\sqrt{\dfrac{98}{100}}=\dfrac{\sqrt{2\times7^2}}{10}=\dfrac{\sqrt{2}\times(\sqrt{7})^2}{10}=\dfrac{ab^2}{10}$

**답** ③

**0272** [전략] 분모에 근호를 포함한 무리수가 있으면 분모를 유리화한다.

$\dfrac{6\sqrt{2}}{\sqrt{3}}=\dfrac{6\sqrt{2}\times\sqrt{3}}{\sqrt{3}\times\sqrt{3}}=\dfrac{6\sqrt{6}}{3}=2\sqrt{6}$ $\therefore a=2$

$\dfrac{\sqrt{5}}{\sqrt{2}}=\dfrac{\sqrt{5}\times\sqrt{2}}{\sqrt{2}\times\sqrt{2}}=\dfrac{\sqrt{10}}{2}$ $\therefore b=\dfrac{1}{2}$

$\therefore a-b=2-\dfrac{1}{2}=\dfrac{3}{2}$ **답** $\dfrac{3}{2}$

**0273** ① $\dfrac{1}{\sqrt{5}}=\dfrac{\sqrt{5}}{\sqrt{5}\times\sqrt{5}}=\dfrac{\sqrt{5}}{5}$

② $\dfrac{2}{3\sqrt{2}}=\dfrac{2\times\sqrt{2}}{3\sqrt{2}\times\sqrt{2}}=\dfrac{2\sqrt{2}}{6}=\dfrac{\sqrt{2}}{3}$

③ $\dfrac{\sqrt{5}}{5\sqrt{3}}=\dfrac{\sqrt{5}\times\sqrt{3}}{5\sqrt{3}\times\sqrt{3}}=\dfrac{\sqrt{15}}{15}$

④ $\dfrac{\sqrt{5}}{\sqrt{2}\sqrt{3}}=\dfrac{\sqrt{5}}{\sqrt{6}}=\dfrac{\sqrt{5}\times\sqrt{6}}{\sqrt{6}\times\sqrt{6}}=\dfrac{\sqrt{30}}{6}$

⑤ $\dfrac{\sqrt{12}}{\sqrt{18}}=\dfrac{2\sqrt{3}}{3\sqrt{2}}=\dfrac{2\sqrt{3}\times\sqrt{2}}{3\sqrt{2}\times\sqrt{2}}=\dfrac{2\sqrt{6}}{6}=\dfrac{\sqrt{6}}{3}$

따라서 옳지 않은 것은 ⑤이다. **답** ⑤

**0274** [전략] $\sqrt{a^2b}=a\sqrt{b}$ 임을 이용하여 분모의 근호 안의 수를 가장 작은 자연수로 만든다.

$\dfrac{2\sqrt{2}}{\sqrt{5}}=\dfrac{2\sqrt{2}\times\sqrt{5}}{\sqrt{5}\times\sqrt{5}}=\dfrac{2\sqrt{10}}{5}$ 이므로 $a=\dfrac{2}{5}$

$\dfrac{5}{\sqrt{48}}=\dfrac{5}{4\sqrt{3}}=\dfrac{5\times\sqrt{3}}{4\sqrt{3}\times\sqrt{3}}=\dfrac{5\sqrt{3}}{12}$ 이므로 $b=\dfrac{5}{12}$

$\therefore \sqrt{ab}=\sqrt{\dfrac{2}{5}\times\dfrac{5}{12}}=\sqrt{\dfrac{1}{6}}=\dfrac{1}{\sqrt{6}}=\dfrac{\sqrt{6}}{6}$ **답** ①

**0275** $\dfrac{3\sqrt{3}}{\sqrt{2}}\div\dfrac{\sqrt{6}}{\sqrt{5}}\times\dfrac{8}{\sqrt{18}}=\dfrac{3\sqrt{3}}{\sqrt{2}}\times\dfrac{\sqrt{5}}{\sqrt{6}}\times\dfrac{8}{3\sqrt{2}}=\dfrac{8\sqrt{15}}{2\sqrt{6}}$

$=\dfrac{4\sqrt{5}}{\sqrt{2}}=\dfrac{4\sqrt{10}}{2}=2\sqrt{10}$ **답** $2\sqrt{10}$

**0276** $\dfrac{4}{\sqrt{3}}\times\dfrac{1}{\sqrt{2}}\div\left(-\dfrac{1}{\sqrt{8}}\right)=\dfrac{4}{\sqrt{3}}\times\dfrac{1}{\sqrt{2}}\times(-2\sqrt{2})$

$=-\dfrac{8}{\sqrt{3}}=-\dfrac{8\sqrt{3}}{3}$

$\therefore a=-\dfrac{8}{3}$ **답** $-\dfrac{8}{3}$

**0277** ① $\sqrt{\dfrac{4}{5}}\div\sqrt{8}\times\sqrt{10}=\sqrt{\dfrac{4}{5}\times\dfrac{1}{8}\times10}=1$

② $\dfrac{3\sqrt{3}}{\sqrt{2}}\div\dfrac{\sqrt{15}}{\sqrt{8}}\div\dfrac{\sqrt{6}}{\sqrt{5}}=\dfrac{3\sqrt{3}}{\sqrt{2}}\times\dfrac{2\sqrt{2}}{\sqrt{15}}\times\dfrac{\sqrt{5}}{\sqrt{6}}=\dfrac{6}{\sqrt{6}}=\sqrt{6}$

③ $\sqrt{\dfrac{3}{4}}\times\dfrac{\sqrt{5}}{3}\div\sqrt{\dfrac{1}{5}}=\dfrac{\sqrt{3}}{2}\times\dfrac{\sqrt{5}}{3}\times\sqrt{5}=\dfrac{5\sqrt{3}}{6}$

④ $\sqrt{8}\times\sqrt{28}\times\sqrt{\dfrac{3}{4}}\times2\sqrt{\dfrac{3}{7}}$

$=2\sqrt{2}\times2\sqrt{7}\times\dfrac{\sqrt{3}}{2}\times\dfrac{2\sqrt{3}}{\sqrt{7}}=12\sqrt{2}$

⑤ $\sqrt{2}\sqrt{4}\sqrt{8}\sqrt{16}=\sqrt{2}\times2\times2\sqrt{2}\times4=32$

따라서 옳지 않은 것은 ③이다. **답** ③

**0278** [전략] (삼각형의 넓이)=(사각형의 넓이)이므로 두 도형의 넓이를 먼저 구한다.

(삼각형의 넓이)$=\dfrac{1}{2}\times6\sqrt{3}\times\sqrt{20}$

$=\dfrac{1}{2}\times6\sqrt{3}\times2\sqrt{5}$

$=6\sqrt{15}\ (\mathrm{cm}^2)$

(사각형의 넓이)$=x\times\sqrt{18}=3\sqrt{2}x\ (\mathrm{cm}^2)$

이때 (삼각형의 넓이)=(사각형의 넓이)이므로

$6\sqrt{15}=3\sqrt{2}x$

$\therefore x=\dfrac{6\sqrt{15}}{3\sqrt{2}}=\dfrac{2\sqrt{15}}{\sqrt{2}}=\dfrac{2\sqrt{30}}{2}=\sqrt{30}$ **답** $\sqrt{30}$

**0279** $\overline{\mathrm{BC}}$의 길이는 $\sqrt{18}=3\sqrt{2}$ ······ (가)

$\overline{\mathrm{CD}}$의 길이는 $\sqrt{12}=2\sqrt{3}$ ······ (나)

따라서 직사각형 ABCD의 넓이는

$\overline{\mathrm{BC}}\times\overline{\mathrm{CD}}=3\sqrt{2}\times2\sqrt{3}=6\sqrt{6}$ ······ (다)

**답** $6\sqrt{6}$

| 채점 기준 | 비율 |
| --- | --- |
| (가) $\overline{\mathrm{BC}}$의 길이 구하기 | 30 % |
| (나) $\overline{\mathrm{CD}}$의 길이 구하기 | 30 % |
| (다) 직사각형 ABCD의 넓이 구하기 | 40 % |

**0280** 사각뿔의 밑넓이를 $a\ \mathrm{cm}^2$라 하면

(사각뿔의 부피)$=\dfrac{1}{3}\times$(밑넓이)$\times$(높이)이므로

$3\sqrt{14}=\dfrac{1}{3}\times a\times\sqrt{6}$

$\therefore a=3\sqrt{14}\times\dfrac{3}{\sqrt{6}}=\dfrac{9\sqrt{14}}{\sqrt{6}}=\dfrac{9\sqrt{84}}{6}=\dfrac{6\sqrt{21}}{2}=3\sqrt{21}$

따라서 사각뿔의 밑넓이는 $3\sqrt{21}\ \mathrm{cm}^2$이다. **답** $3\sqrt{21}\ \mathrm{cm}^2$

**0281** [전략] 한 변의 길이가 $a$인 정삼각형의 높이는 $\dfrac{\sqrt{3}}{2}a$임을 이용하여 $a$의 값을 구한다.

정삼각형의 한 변의 길이를 $x\ \mathrm{cm}$라 하면

$\dfrac{\sqrt{3}}{2}x=6$ $\therefore x=4\sqrt{3}$

$$\therefore \triangle ABC = \frac{1}{2} \times 4\sqrt{3} \times 6 = 12\sqrt{3} \ (\text{cm}^2) \qquad \text{답} \ \ 12\sqrt{3} \ \text{cm}^2$$

**0282** $\overline{AD} = \dfrac{\sqrt{3}}{2} \times 12 = 6\sqrt{3} \ (\text{cm})$

점 G는 △ABC의 무게중심이므로

$$\overline{GD} = \frac{1}{3}\overline{AD} = \frac{1}{3} \times 6\sqrt{3} = 2\sqrt{3} \ (\text{cm}) \qquad \text{답} \ \ 2\sqrt{3} \ \text{cm}$$

**0283** 정삼각형의 한 변의 길이를 $x$라 하면

$$\frac{\sqrt{3}}{4}x^2 = 9\sqrt{3}, \ x^2 = 36 \qquad \therefore x = 6 \ (\because x > 0)$$

따라서 구하는 정삼각형의 높이는

$$\frac{\sqrt{3}}{2} \times 6 = 3\sqrt{3} \qquad \text{답} \ \ 3\sqrt{3}$$

**0284** $\overline{BD} = \sqrt{2^2 + 2^2} = \sqrt{8} = 2\sqrt{2} \ (\text{cm})$

따라서 정삼각형 DBE의 넓이는

$$\frac{\sqrt{3}}{4} \times (2\sqrt{2})^2 = 2\sqrt{3} \ (\text{cm}^2) \qquad \text{답} \ \ 2\sqrt{3} \ \text{cm}^2$$

**0285** $\overline{BE} = \overline{EC} = \overline{CF} = \dfrac{1}{2} \times 8 = 4 \ (\text{cm})$

△GEC는 한 변의 길이가 4 cm인 정삼각형이므로

(색칠한 부분의 넓이) $= (\triangle ABC - \triangle GEC) \times 2$

$$= \left( \frac{\sqrt{3}}{4} \times 8^2 - \frac{\sqrt{3}}{4} \times 4^2 \right) \times 2$$

$$= (16\sqrt{3} - 4\sqrt{3}) \times 2$$

$$= 24\sqrt{3} \ (\text{cm}^2) \qquad \text{답} \ \ 24\sqrt{3} \ \text{cm}^2$$

**0286** **전략** 정삼각형 ADE의 한 변의 길이는 정삼각형 ABC의 높이와 같다.

정삼각형 ABC의 한 변의 길이가 4이므로

$$\overline{AD} = \frac{\sqrt{3}}{2} \times 4 = 2\sqrt{3}$$

$$\therefore \triangle ADE = \frac{\sqrt{3}}{4} \times (2\sqrt{3})^2 = 3\sqrt{3} \qquad \text{답} \ \ 3\sqrt{3}$$

**0287** ⑤ $\sqrt{0.0314} = \sqrt{\dfrac{3.14}{100}} = \dfrac{\sqrt{3.14}}{10}$

$$= \frac{1.772}{10} = 0.1772 \qquad \text{답} \ \ ⑤$$

**0288** (1) $\sqrt{0.14} = \sqrt{\dfrac{14}{100}} = \dfrac{\sqrt{14}}{10}$

$$= \frac{3.742}{10} = 0.3742 \qquad \cdots\cdots \ (가)$$

(2) $\sqrt{140} = \sqrt{1.4 \times 100} = 10\sqrt{1.4}$

$$= 10 \times 1.183 = 11.83 \qquad \cdots\cdots \ (나)$$

$$\text{답} \ \ (1) \ 0.3742 \quad (2) \ 11.83$$

| 채점 기준 | 비율 |
|---|---|
| (가) $\sqrt{0.14}$의 값 구하기 | 50 % |
| (나) $\sqrt{140}$의 값 구하기 | 50 % |

**0289** **전략** 제곱근의 성질과 분모의 유리화를 이용하여 주어진 수를 간단하게 나타낸다.

① $\sqrt{0.03} = \sqrt{\dfrac{3}{100}} = \dfrac{\sqrt{3}}{10} = \dfrac{1.732}{10} = 0.1732$

② $\sqrt{\dfrac{3}{4}} = \dfrac{\sqrt{3}}{2} = \dfrac{1.732}{2} = 0.866$

③ $\sqrt{12} = 2\sqrt{3} = 2 \times 1.732 = 3.464$

④ $\sqrt{18} = 3\sqrt{2}$

⑤ $\sqrt{27} = 3\sqrt{3} = 3 \times 1.732 = 5.196$

따라서 $\sqrt{3} = 1.732$를 이용하여 그 값을 구할 수 없는 것은 ④이다. $\qquad \text{답} \ \ ④$

**0290** **전략** 1800을 $4.5 \times (\text{어떤 수})^2$의 꼴로 나타낸다.

$\sqrt{1800} = \sqrt{4.5 \times 400} = \sqrt{4.5 \times 20^2} = 20\sqrt{4.5}$

$$= 20 \times 2.121 = 42.42 \qquad \text{답} \ \ 42.42$$

**0291** **전략** 근호 안의 수를 10의 거듭제곱 꼴을 이용하여 나타낸다.

② $\sqrt{0.31} = \sqrt{\dfrac{31}{100}} = \dfrac{\sqrt{31}}{10}$ 이므로 주어진 표를 이용하여 그 값을 구할 수 없다.

③ $\sqrt{333} = \sqrt{3.33 \times 100} = 10\sqrt{3.33}$

$$= 10 \times 1.825 = 18.25$$

⑤ $\sqrt{0.03} = \sqrt{\dfrac{3}{100}} = \dfrac{\sqrt{3}}{10} = \dfrac{1.732}{10} = 0.1732 \qquad \text{답} \ \ ②$

**0292** ① $\sqrt{1.03} = 1.015$

② $\sqrt{20.1}$의 값은 주어진 표를 이용하여 그 값을 구할 수 없다.

③ $\sqrt{404} = \sqrt{1.01 \times 400} = 20\sqrt{1.01} = 20 \times 1.005 = 20.1$

④ $\sqrt{0.0804} = \sqrt{2.01 \times \dfrac{4}{100}} = \dfrac{\sqrt{2.01}}{5} = \dfrac{1.418}{5} = 0.2836$

⑤ $\sqrt{91800} = \sqrt{1.02 \times 90000} = 300\sqrt{1.02}$

$$= 300 \times 1.010 = 303 \qquad \text{답} \ \ ②$$



**0293** (주어진 식) $= (9 - 2 + 5)\sqrt{7} = 12\sqrt{7} \qquad \text{답} \ \ 12\sqrt{7}$

**0294** (주어진 식) $= \dfrac{3\sqrt{3}}{6} + \dfrac{2\sqrt{3}}{6} - \dfrac{\sqrt{3}}{6} = \left( \dfrac{3}{6} + \dfrac{2}{6} - \dfrac{1}{6} \right)\sqrt{3}$

$$= \frac{4\sqrt{3}}{6} = \frac{2\sqrt{3}}{3} \qquad \text{답} \ \ \frac{2\sqrt{3}}{3}$$

**0295** (주어진 식)$=(1+3)\sqrt{3}+(-2+4)\sqrt{5}=4\sqrt{3}+2\sqrt{5}$

답 $4\sqrt{3}+2\sqrt{5}$

**0296** (주어진 식)$=(3-2)\sqrt{7}+(4+1)\sqrt{10}=\sqrt{7}+5\sqrt{10}$

답 $\sqrt{7}+5\sqrt{10}$

**0297** (주어진 식)$=3\sqrt{3}+3\sqrt{3}=6\sqrt{3}$　　　　답 $6\sqrt{3}$

**0298** (주어진 식)$=5\sqrt{2}-10\sqrt{2}=-5\sqrt{2}$　　　답 $-5\sqrt{2}$

**0299** (주어진 식)$=5\sqrt{2}+6\sqrt{2}-12\sqrt{2}=-\sqrt{2}$　　답 $-\sqrt{2}$

**0300**　　　　　　　　　　　　　　　답 $3\sqrt{2}-2\sqrt{10}$

**0301** (주어진 식)$=\sqrt{12}+3\sqrt{18}=2\sqrt{3}+9\sqrt{2}$　　답 $2\sqrt{3}+9\sqrt{2}$

**0302** (주어진 식)$=15-\sqrt{100}=15-10=5$　　답 $5$

**0303** (주어진 식)$=-10+4\sqrt{50}=-10+20\sqrt{2}$

답 $-10+20\sqrt{2}$

**0304** $\dfrac{\sqrt{2}-\sqrt{3}}{\sqrt{6}}=\dfrac{(\sqrt{2}-\sqrt{3})\times\sqrt{6}}{\sqrt{6}\times\sqrt{6}}$

$\qquad=\dfrac{\sqrt{12}-\sqrt{18}}{6}=\dfrac{2\sqrt{3}-3\sqrt{2}}{6}$　　답 $\dfrac{2\sqrt{3}-3\sqrt{2}}{6}$

**0305** $\dfrac{3+\sqrt{3}}{5\sqrt{2}}=\dfrac{(3+\sqrt{3})\times\sqrt{2}}{5\sqrt{2}\times\sqrt{2}}=\dfrac{3\sqrt{2}+\sqrt{6}}{10}$　　답 $\dfrac{3\sqrt{2}+\sqrt{6}}{10}$

**0306** $\dfrac{3\sqrt{2}-\sqrt{3}}{2\sqrt{2}}=\dfrac{(3\sqrt{2}-\sqrt{3})\times\sqrt{2}}{2\sqrt{2}\times\sqrt{2}}=\dfrac{6-\sqrt{6}}{4}$　　답 $\dfrac{6-\sqrt{6}}{4}$

**0307** $\dfrac{3\sqrt{5}-\sqrt{6}}{\sqrt{24}}=\dfrac{3\sqrt{5}-\sqrt{6}}{2\sqrt{6}}=\dfrac{(3\sqrt{5}-\sqrt{6})\times\sqrt{6}}{2\sqrt{6}\times\sqrt{6}}$

$\qquad=\dfrac{3\sqrt{30}-6}{12}=\dfrac{\sqrt{30}-2}{4}$　　답 $\dfrac{\sqrt{30}-2}{4}$



**0308** 전략 근호 안의 제곱인 인수는 근호 밖으로 꺼낸 후 계산한다.

(좌변)$=3\sqrt{3}+8\sqrt{5}+7\sqrt{3}-27\sqrt{5}=10\sqrt{3}-19\sqrt{5}$

따라서 $a=10,\ b=-19$이므로

$a+b=10+(-19)=-9$　　　　　답 $-9$

**0309** (좌변)$=\left(\dfrac{5}{2}-\dfrac{1}{6}\right)\sqrt{2}+\left(-\dfrac{1}{2}+\dfrac{1}{3}\right)\sqrt{6}=\dfrac{7\sqrt{2}}{3}-\dfrac{\sqrt{6}}{6}$

따라서 $a=\dfrac{7}{3},\ b=-\dfrac{1}{6}$이므로

---

$a-b=\dfrac{7}{3}-\left(-\dfrac{1}{6}\right)=\dfrac{14}{6}+\dfrac{1}{6}=\dfrac{15}{6}=\dfrac{5}{2}$　　답 $\dfrac{5}{2}$

**0310** $3\sqrt{20}-\sqrt{45}+\sqrt{180}=6\sqrt{5}-3\sqrt{5}+6\sqrt{5}$

$\qquad\qquad\qquad\qquad\quad=9\sqrt{5}$　　　　답 $9\sqrt{5}$

**0311** $3\sqrt{18}-\sqrt{72}-\sqrt{a}=-\sqrt{2}$에서

$9\sqrt{2}-6\sqrt{2}-\sqrt{a}=-\sqrt{2}$

$3\sqrt{2}-\sqrt{a}=-\sqrt{2}$이므로

$\sqrt{a}=3\sqrt{2}+\sqrt{2}=4\sqrt{2}=\sqrt{4^2\times2}=\sqrt{32}$

$\therefore a=32$　　　　　　　　답 $32$

**0312** 전략 근호 안의 제곱인 인수는 근호 밖으로 꺼낸 후 계산한다.

$\sqrt{45}-\sqrt{12}-\dfrac{\sqrt{10}}{\sqrt{2}}+\dfrac{3}{\sqrt{3}}=3\sqrt{5}-2\sqrt{3}-\sqrt{5}+\sqrt{3}$

$\qquad\qquad\qquad\qquad\qquad=-\sqrt{3}+2\sqrt{5}$

따라서 $a=-1,\ b=2$이므로

$a+b=-1+2=1$　　　　　　　답 $1$

**0313** $\sqrt{96}-\dfrac{18}{\sqrt{6}}+\sqrt{24}=4\sqrt{6}-\dfrac{18\sqrt{6}}{6}+2\sqrt{6}$

$\qquad\qquad\qquad\qquad=4\sqrt{6}-3\sqrt{6}+2\sqrt{6}$

$\qquad\qquad\qquad\qquad=3\sqrt{6}$

$\therefore k=3$　　　　　　　　答 답 $3$

**0314** 전략 근호 안의 수가 다르면 더 이상 계산할 수 없음에 주의한다.

① $2\sqrt{3}+3\sqrt{2}$는 더 이상 계산할 수 없다.

② $4\sqrt{3}-2\sqrt{3}=(4-2)\sqrt{3}=2\sqrt{3}$

③ $\sqrt{8}+\sqrt{18}-5\sqrt{2}=2\sqrt{2}+3\sqrt{2}-5\sqrt{2}$

$\qquad\qquad\qquad\qquad=(2+3-5)\sqrt{2}=0$

④ $-\dfrac{6}{\sqrt{2}}+\sqrt{54}=-3\sqrt{2}+3\sqrt{6}$

⑤ $\sqrt{18}+\sqrt{12}-\dfrac{4}{\sqrt{2}}-\sqrt{27}=3\sqrt{2}+2\sqrt{3}-2\sqrt{2}-3\sqrt{3}$

$\qquad\qquad\qquad\qquad\qquad=\sqrt{2}-\sqrt{3}$

따라서 계산 결과가 옳은 것은 ⑤이다　　　답 ⑤

**0315** $b=a-\dfrac{1}{a}=\sqrt{3}-\dfrac{1}{\sqrt{3}}=\sqrt{3}-\dfrac{\sqrt{3}}{3}=\dfrac{2\sqrt{3}}{3}=\dfrac{2}{3}a$

따라서 $b$의 값은 $a$의 값의 $\dfrac{2}{3}$배이다.　　답 $\dfrac{2}{3}$배

**0316** 전략 분배법칙을 이용하여 괄호를 푼다.

$\Rightarrow \sqrt{a}(\sqrt{b}\pm\sqrt{c})=\sqrt{ab}\pm\sqrt{ac}$

$\sqrt{2}(\sqrt{8}+1)-\sqrt{3}(2\sqrt{3}-\sqrt{24})$

$=\sqrt{2}(2\sqrt{2}+1)-\sqrt{3}(2\sqrt{3}-2\sqrt{6})$

$=4+\sqrt{2}-6+6\sqrt{2}$

$=-2+7\sqrt{2}$

따라서 $a=-2, b=7$이므로
$a-b=-2-7=-9$     답 $-9$

**0317** $\sqrt{32}+2\sqrt{6}-\sqrt{2}(1-2\sqrt{3})$
$=4\sqrt{2}+2\sqrt{6}-\sqrt{2}+2\sqrt{6}$
$=3\sqrt{2}+4\sqrt{6}$     ······ ㈎
따라서 $a=3, b=4$이므로     ······ ㈏
$a+b=3+4=7$     ······ ㈐

답 7

| 채점 기준 | 비율 |
|---|---|
| ㈎ 좌변을 간단히 하기 | 50 % |
| ㈏ $a, b$의 값 각각 구하기 | 30 % |
| ㈐ $a+b$의 값 구하기 | 20 % |

**0318** $a=\sqrt{3}(\sqrt{6}+\sqrt{12})-\sqrt{2}(\sqrt{18}+\sqrt{2})$
$=\sqrt{3}(\sqrt{6}+2\sqrt{3})-\sqrt{2}(3\sqrt{2}+\sqrt{2})$
$=3\sqrt{2}+6-\sqrt{2}\times4\sqrt{2}$
$=3\sqrt{2}+6-8$
$=3\sqrt{2}-2$
$b=2\sqrt{8}-\sqrt{12}+\sqrt{2}(\sqrt{6}-3)$
$=4\sqrt{2}-2\sqrt{3}+2\sqrt{3}-3\sqrt{2}$
$=\sqrt{2}$
$\therefore a+b=(3\sqrt{2}-2)+\sqrt{2}=4\sqrt{2}-2$     답 $4\sqrt{2}-2$

**0319** **전략** 분모에 무리수가 있으면 분모를 유리화한다.

$\dfrac{3\sqrt{2}-2\sqrt{3}}{2\sqrt{2}}=\dfrac{(3\sqrt{2}-2\sqrt{3})\times\sqrt{2}}{2\sqrt{2}\times\sqrt{2}}$
$=\dfrac{6-2\sqrt{6}}{4}=\dfrac{3}{2}-\dfrac{\sqrt{6}}{2}$

따라서 $a=\dfrac{3}{2}, b=-\dfrac{1}{2}$이므로

$a+b=\dfrac{3}{2}+\left(-\dfrac{1}{2}\right)=1$     답 1

**0320** $\dfrac{\sqrt{3}+\sqrt{2}}{\sqrt{6}}-\dfrac{3}{\sqrt{2}}=\dfrac{(\sqrt{3}+\sqrt{2})\times\sqrt{6}}{\sqrt{6}\times\sqrt{6}}-\dfrac{3\sqrt{2}}{2}$
$=\dfrac{3\sqrt{2}+2\sqrt{3}}{6}-\dfrac{9\sqrt{2}}{6}$
$=-\sqrt{2}+\dfrac{\sqrt{3}}{3}$     답 ⑤

**0321** $\dfrac{9\sqrt{2}-\sqrt{3}}{\sqrt{3}}-\dfrac{\sqrt{3}+\sqrt{8}}{\sqrt{2}}$
$=\dfrac{(9\sqrt{2}-\sqrt{3})\times\sqrt{3}}{\sqrt{3}\times\sqrt{3}}-\dfrac{(\sqrt{3}+2\sqrt{2})\times\sqrt{2}}{\sqrt{2}\times\sqrt{2}}$
$=\dfrac{9\sqrt{6}-3}{3}-\dfrac{\sqrt{6}+4}{2}$
$=3\sqrt{6}-1-\dfrac{\sqrt{6}}{2}-2$
$=\dfrac{5\sqrt{6}}{2}-3$     답 $\dfrac{5\sqrt{6}}{2}-3$

**0322** (좌변)$=6-3\sqrt{3}+\dfrac{(6-3\sqrt{3})\times\sqrt{3}}{\sqrt{3}\times\sqrt{3}}$
$=6-3\sqrt{3}+\dfrac{6\sqrt{3}-9}{3}$
$=6-3\sqrt{3}+2\sqrt{3}-3$
$=3-\sqrt{3}$
따라서 $a=3, b=-1$이므로
$b-a=-1-3=-4$     답 $-4$

**0323** (주어진 식)$=2\sqrt{3}+2\sqrt{3}-3-4\sqrt{3}=-3$     답 $-3$

**0324** $\sqrt{27}\left(\sqrt{6}-\dfrac{2}{\sqrt{3}}\right)-\dfrac{3}{\sqrt{2}}(1-\sqrt{8})$
$=3\sqrt{3}\left(\sqrt{6}-\dfrac{2\sqrt{3}}{3}\right)-\dfrac{3\sqrt{2}}{2}(1-2\sqrt{2})$
$=9\sqrt{2}-6-\dfrac{3\sqrt{2}}{2}+6$
$=\dfrac{15\sqrt{2}}{2}$     답 $\dfrac{15\sqrt{2}}{2}$

**0325** (주어진 식)$=2\sqrt{6}-\dfrac{2\sqrt{2}}{\sqrt{3}}+\dfrac{3\sqrt{2}-\sqrt{3}}{\sqrt{2}}-3$
$=2\sqrt{6}-\dfrac{2\sqrt{6}}{3}+3-\dfrac{\sqrt{6}}{2}-3$
$=\left(2-\dfrac{2}{3}-\dfrac{1}{2}\right)\sqrt{6}$
$=\left(\dfrac{12}{6}-\dfrac{4}{6}-\dfrac{3}{6}\right)\sqrt{6}=\dfrac{5\sqrt{6}}{6}$     답 $\dfrac{5\sqrt{6}}{6}$

**0326** (주어진 식)$=\dfrac{\sqrt{24}-6\sqrt{2}}{\sqrt{3}}-\dfrac{4(\sqrt{2}-\sqrt{3})}{\sqrt{2}}$
$=\dfrac{(2\sqrt{6}-6\sqrt{2})\times\sqrt{3}}{\sqrt{3}\times\sqrt{3}}-\dfrac{4(\sqrt{2}-\sqrt{3})\times\sqrt{2}}{\sqrt{2}\times\sqrt{2}}$
$=\dfrac{6\sqrt{2}-6\sqrt{6}}{3}-\dfrac{8-4\sqrt{6}}{2}$
$=2\sqrt{2}-2\sqrt{6}-4+2\sqrt{6}$
$=2\sqrt{2}-4$     답 $2\sqrt{2}-4$

**0327** (좌변)$=5-\dfrac{(8\sqrt{3}-6)\times\sqrt{3}}{\sqrt{3}\times\sqrt{3}}+\dfrac{4\sqrt{3}}{2}$
$=5-\dfrac{24-6\sqrt{3}}{3}+2\sqrt{3}$     ······ ㈎
$=5-8+2\sqrt{3}+2\sqrt{3}$
$=-3+4\sqrt{3}$     ······ ㈏
따라서 $a=-3, b=4$이므로
$a+b=-3+4=1$     ······ ㈐

답 1

| 채점 기준 | 비율 |
|---|---|
| ㈎ 좌변의 제곱근을 정리하고 분모를 유리화하기 | 40 % |
| ㈏ 좌변을 간단히 하기 | 30 % |
| ㈐ $a, b$의 값을 구한 후 $a+b$의 값 구하기 | 30 % |

**0328** $\sqrt{2}(1+4\sqrt{6})-\dfrac{3}{\sqrt{2}}-\sqrt{3}=\sqrt{2}+8\sqrt{3}-\dfrac{3\sqrt{2}}{2}-\sqrt{3}$

$$=-\dfrac{\sqrt{2}}{2}+7\sqrt{3}$$

$$=-\dfrac{1}{2}a+7b \qquad \text{답 ①}$$

**0329** $B=\sqrt{3}(\sqrt{27}-\sqrt{2})=\sqrt{3}(3\sqrt{3}-\sqrt{2})=9-\sqrt{6}$

$$\therefore C=3\sqrt{3}-\dfrac{9-\sqrt{6}}{\sqrt{3}}$$

$$=3\sqrt{3}-\dfrac{(9-\sqrt{6})\times\sqrt{3}}{\sqrt{3}\times\sqrt{3}}$$

$$=3\sqrt{3}-\dfrac{9\sqrt{3}-3\sqrt{2}}{3}$$

$$=3\sqrt{3}-3\sqrt{3}+\sqrt{2}$$

$$=\sqrt{2} \qquad \text{답 } \sqrt{2}$$

**0330** [전략] 주어진 식을 전개하여 $a+b\sqrt{m}$의 꼴로 정리한다.

(단, $a$, $b$는 유리수, $\sqrt{m}$은 무리수)

$$\sqrt{5}(2\sqrt{5}-a)-\sqrt{20}(3+\sqrt{5})$$

$$=\sqrt{5}(2\sqrt{5}-a)-2\sqrt{5}(3+\sqrt{5})$$

$$=10-a\sqrt{5}-6\sqrt{5}-10$$

$$=(-a-6)\sqrt{5}$$

이것이 유리수가 되려면 $-a-6=0$이어야 한다.

$$\therefore a=-6 \qquad \text{답 } -6$$

**0331** $\sqrt{3}(2\sqrt{3}-6)-\dfrac{a(1-\sqrt{3})}{2\sqrt{3}}$

$$=6-6\sqrt{3}-\dfrac{a\sqrt{3}-3a}{6}$$

$$=6-6\sqrt{3}-\dfrac{a\sqrt{3}}{6}+\dfrac{1}{2}a$$

$$=\left(6+\dfrac{1}{2}a\right)+\left(-6-\dfrac{a}{6}\right)\sqrt{3} \qquad \cdots\cdots \text{㈎}$$

이것이 유리수가 되려면 $-6-\dfrac{a}{6}=0$이어야 한다. $\cdots\cdots$ ㈏

$$-\dfrac{a}{6}=6 \qquad \therefore a=-36 \qquad \cdots\cdots \text{㈐}$$

$$\text{답 } -36$$

| 채점 기준 | 비율 |
|---|---|
| ㈎ 주어진 식을 $a+b\sqrt{m}$의 꼴로 정리하기 | 50 % |
| ㈏ 유리수가 되도록 하는 식 세우기 | 30 % |
| ㈐ $a$의 값 구하기 | 20 % |

**0332** $\sqrt{5}(4-\sqrt{5})+\dfrac{a(\sqrt{5}-2)}{2\sqrt{5}}=4\sqrt{5}-5+\dfrac{5a-2a\sqrt{5}}{10}$

$$=4\sqrt{5}-5+\dfrac{a}{2}-\dfrac{a\sqrt{5}}{5}$$

$$=\left(-5+\dfrac{a}{2}\right)+\left(4-\dfrac{a}{5}\right)\sqrt{5}$$

이것이 유리수가 되려면 $4-\dfrac{a}{5}=0$이어야 하므로

$$-\dfrac{a}{5}=-4 \qquad \therefore a=20 \qquad \text{답 } 20$$

**0333** $\sqrt{3}\left(\dfrac{3}{\sqrt{2}}-\dfrac{2}{\sqrt{3}}\right)-\sqrt{2}\left(\dfrac{m}{\sqrt{3}}-\dfrac{3}{\sqrt{2}}\right)$

$$=\dfrac{3\sqrt{3}}{\sqrt{2}}-2-\dfrac{m\sqrt{2}}{\sqrt{3}}+3=\dfrac{3\sqrt{6}}{2}-2-\dfrac{m\sqrt{6}}{3}+3$$

$$=1+\left(\dfrac{3}{2}-\dfrac{m}{3}\right)\sqrt{6}$$

이것이 유리수가 되려면 $\dfrac{3}{2}-\dfrac{m}{3}=0$이어야 하므로

$$-\dfrac{m}{3}=-\dfrac{3}{2} \qquad \therefore m=\dfrac{9}{2} \qquad \text{답 } \dfrac{9}{2}$$

**0334** (1) $1<\sqrt{2}<2$에서 $4<3+\sqrt{2}<5$

$$\therefore a=4$$

(2) $b=(3+\sqrt{2})-4=\sqrt{2}-1$

(3) $2a-b=2\times4-(\sqrt{2}-1)=9-\sqrt{2}$

$$\text{답 (1) } 4 \quad \text{(2) } \sqrt{2}-1 \quad \text{(3) } 9-\sqrt{2}$$

**0335** [전략] $a\sqrt{b}=\sqrt{a^2 b}$임을 이용하여 주어진 수를 변형한 후 값의 범위를 찾는다.

$2\sqrt{3}=\sqrt{12}$이므로 $3<\sqrt{12}<4$

따라서 $a=3$, $b=2\sqrt{3}-3$이므로

$$a-b=3-(2\sqrt{3}-3)=6-2\sqrt{3} \qquad \text{답 } 6-2\sqrt{3}$$

**0336** $3\sqrt{2}=\sqrt{18}$이므로 $4<\sqrt{18}<5$

$$-5<-\sqrt{18}<-4 \qquad \therefore 1<6-3\sqrt{2}<2$$

따라서 $a=1$, $b=(6-3\sqrt{2})-1=5-3\sqrt{2}$이므로

$$\sqrt{2}a-b=\sqrt{2}\times1-(5-3\sqrt{2})$$

$$=-5+4\sqrt{2} \qquad \text{답 } -5+4\sqrt{2}$$

**0337** $1<\sqrt{2}<2$이므로 $a=\sqrt{2}-1$

$$\therefore \sqrt{2}=a+1$$

$$\therefore \sqrt{128}=\sqrt{2^7}=\sqrt{2^6\times2}=8\sqrt{2}$$

$$=8(a+1)=8a+8 \qquad \text{답 ④}$$

**0338** [전략] 두 실수 $a$, $b$의 대소 관계는 $a-b$의 부호로 판단한다.

① $\sqrt{7}-2\sqrt{2}=\sqrt{7}-\sqrt{8}<0 \qquad \therefore \sqrt{7}<2\sqrt{2}$

② $(3\sqrt{2}+2)-(4\sqrt{2}+1)=3\sqrt{2}+2-4\sqrt{2}-1$

$$=1-\sqrt{2}<0$$

$$\therefore 3\sqrt{2}+2<4\sqrt{2}+1$$

③ $3\sqrt{3}-(8-2\sqrt{3})=3\sqrt{3}-8+2\sqrt{3}=5\sqrt{3}-8$

$$=\sqrt{75}-\sqrt{64}>0$$

$$\therefore 3\sqrt{3}>8-2\sqrt{3}$$

④ $(-3+\sqrt{5})-(\sqrt{7}-3)=-3+\sqrt{5}-\sqrt{7}+3$

$$=\sqrt{5}-\sqrt{7}<0$$

$$\therefore -3+\sqrt{5}<\sqrt{7}-3$$

⑤ $\sqrt{54}-(2\sqrt{6}+1)=3\sqrt{6}-2\sqrt{6}-1=\sqrt{6}-1>0$

$\quad\therefore \sqrt{54}>2\sqrt{6}+1$

따라서 대소 관계가 옳은 것은 ③이다.     **답** ③

**0339** 전략 세 수 $A$, $B$, $C$에 대하여 $A<B$이고 $B<C$이면 $A<B<C$이다.

$A-B=(\sqrt{3}+\sqrt{2})-(3\sqrt{2}-\sqrt{3})$

$\qquad =2\sqrt{3}-2\sqrt{2}=\sqrt{12}-\sqrt{8}>0$

$\therefore A>B$       …… ㉠

$B-C=(3\sqrt{2}-\sqrt{3})-2\sqrt{2}=\sqrt{2}-\sqrt{3}<0$

$\therefore B<C$       …… ㉡

$A-C=(\sqrt{3}+\sqrt{2})-2\sqrt{2}=\sqrt{3}-\sqrt{2}>0$

$\therefore A>C$       …… ㉢

따라서 ㉠, ㉡, ㉢에 의해 $B<C<A$

**답** $B<C<A$

**0340** 전략 $\sqrt{A^2}=\begin{cases}A & (A\geq 0\text{일 때})\\ -A & (A<0\text{일 때})\end{cases}$

$2\sqrt{2}-3=\sqrt{8}-\sqrt{9}<0$이므로 $2\sqrt{2}-3<0$

$3\sqrt{2}-4=\sqrt{18}-\sqrt{16}>0$이므로 $3\sqrt{2}-4>0$

$\therefore \sqrt{(2\sqrt{2}-3)^2}-\sqrt{(3\sqrt{2}-4)^2}$

$\qquad =-(2\sqrt{2}-3)-(3\sqrt{2}-4)$

$\qquad =-2\sqrt{2}+3-3\sqrt{2}+4=7-5\sqrt{2}$

**답** $7-5\sqrt{2}$

**0341** 전략 수직선 위에 두 점 $P(a)$, $Q(b)\,(a<b)$가 있을 때, $\overline{PQ}$의 길이는 $b-a$이다.

$\overline{AD}=\sqrt{1^2+3^2}=\sqrt{10}$이므로 $\overline{AP}=\overline{AD}=\sqrt{10}$

$\overline{AB}=\sqrt{3^2+1^2}=\sqrt{10}$이므로 $\overline{AQ}=\overline{AB}=\sqrt{10}$

따라서 점 P에 대응하는 수는 $2-\sqrt{10}$이고, 점 Q에 대응하는 수는 $2+\sqrt{10}$이므로

$\overline{PQ}=2+\sqrt{10}-(2-\sqrt{10})=2\sqrt{10}$

**답** $2\sqrt{10}$

**0342** 한 변의 길이가 1인 정사각형의 대각선의 길이는 $\sqrt{1^2+1^2}=\sqrt{2}$이므로

$\overline{AP}=\overline{AC}=\sqrt{2}$, $\overline{BQ}=\overline{BD}=\sqrt{2}$

이때 점 P에 대응하는 수는 $-3+\sqrt{2}$이고, 점 Q에 대응하는 수는 $3-\sqrt{2}$이다.

따라서 $a=-3+\sqrt{2}$, $b=3-\sqrt{2}$이므로

$2a-\sqrt{2}b=2(-3+\sqrt{2})-\sqrt{2}(3-\sqrt{2})$

$\qquad =-6+2\sqrt{2}-3\sqrt{2}+2$

$\qquad =-4-\sqrt{2}$

**답** $-4-\sqrt{2}$

**0343** $\overline{AD}=\sqrt{1^2+1^2}=\sqrt{2}$, $\overline{AB}=\sqrt{1^2+1^2}=\sqrt{2}$

이때 $\overline{AP}=\overline{AD}=\sqrt{2}$이므로 점 P에 대응하는 수는 $4-\sqrt{2}$이고, $\overline{AQ}=\overline{AB}=\sqrt{2}$이므로 점 Q에 대응하는 수는 $4+\sqrt{2}$이다.

따라서 두 점 P, Q에 대응하는 두 수의 차는

$4+\sqrt{2}-(4-\sqrt{2})=4+\sqrt{2}-4+\sqrt{2}=2\sqrt{2}$    **답** $2\sqrt{2}$

**0344** 전략 (사다리꼴의 넓이)

$\qquad =\dfrac{1}{2}\times\{(\text{윗변의 길이})+(\text{아랫변의 길이})\}\times(\text{높이})$

(넓이)$=\dfrac{1}{2}\times\{\sqrt{10}+(\sqrt{10}+\sqrt{5})\}\times\sqrt{5}$

$\qquad =\dfrac{\sqrt{5}}{2}\times(2\sqrt{10}+\sqrt{5})$

$\qquad =\sqrt{50}+\dfrac{5}{2}=5\sqrt{2}+\dfrac{5}{2}$    **답** $5\sqrt{2}+\dfrac{5}{2}$

**0345** $2\sqrt{3}\times x\times 3\sqrt{2}=24+18\sqrt{6}$에서 $6\sqrt{6}x=24+18\sqrt{6}$

$\therefore x=\dfrac{24+18\sqrt{6}}{6\sqrt{6}}=\dfrac{4+3\sqrt{6}}{\sqrt{6}}=\dfrac{(4+3\sqrt{6})\times\sqrt{6}}{\sqrt{6}\times\sqrt{6}}$

$\qquad =\dfrac{4\sqrt{6}+18}{6}=\dfrac{2\sqrt{6}}{3}+3$    **답** $\dfrac{2\sqrt{6}}{3}+3$

**0346** 직육면체 모양의 상자의 밑면의 가로의 길이는

$\sqrt{75}-2\sqrt{3}=5\sqrt{3}-2\sqrt{3}=3\sqrt{3}\ (\mathrm{cm})$,

세로의 길이는 $\sqrt{108}-2\sqrt{3}=6\sqrt{3}-2\sqrt{3}=4\sqrt{3}\ (\mathrm{cm})$이므로

(밑넓이)$=3\sqrt{3}\times 4\sqrt{3}=36\ (\mathrm{cm}^2)$

이때 직육면체 모양의 상자의 높이는 $\sqrt{3}\ \mathrm{cm}$이므로 부피는

(밑넓이)$\times$(높이)$=36\times\sqrt{3}=36\sqrt{3}\ (\mathrm{cm}^3)$    **답** $36\sqrt{3}\ \mathrm{cm}^3$

**0347** $a\sqrt{\dfrac{12b}{a}}+b\sqrt{\dfrac{3a}{b}}=\sqrt{a^2\times\dfrac{12b}{a}}+\sqrt{b^2\times\dfrac{3a}{b}}$

$\qquad =\sqrt{12ab}+\sqrt{3ab}$

$\qquad =\sqrt{12\times 36}+\sqrt{3\times 36}$

$\qquad =12\sqrt{3}+6\sqrt{3}=18\sqrt{3}$    **답** $18\sqrt{3}$

**0348** $a\sqrt{\dfrac{27b}{a}}-\dfrac{2}{b}\sqrt{\dfrac{3b}{a}}=\sqrt{a^2\times\dfrac{27b}{a}}-\sqrt{\left(\dfrac{2}{b}\right)^2\times\dfrac{3b}{a}}$

$\qquad =\sqrt{27ab}-\sqrt{\dfrac{12}{ab}}$

$\qquad =\sqrt{27\times 2}-\sqrt{\dfrac{12}{2}}$

$\qquad =3\sqrt{6}-\sqrt{6}=2\sqrt{6}$    **답** $2\sqrt{6}$

**0349** $\sqrt{\dfrac{b}{a}}+\sqrt{\dfrac{a}{b}}=\dfrac{\sqrt{b}}{\sqrt{a}}+\dfrac{\sqrt{a}}{\sqrt{b}}=\dfrac{a+b}{\sqrt{a}\sqrt{b}}$

$\qquad =\dfrac{a+b}{\sqrt{ab}}=\dfrac{20}{\sqrt{5}}=4\sqrt{5}$    **답** $4\sqrt{5}$

**0350** 전략 $\sqrt{a}$의 정수 부분이 $b$이다. $\Rightarrow b\leq\sqrt{a}<b+1$

(1) $\sqrt{2x}$의 정수 부분이 4이므로 $4\leq\sqrt{2x}<5$

(2) $4\leq\sqrt{2x}<5$의 각 변을 제곱하면

$\qquad 16\leq 2x<25 \qquad \therefore 8\leq x<\dfrac{25}{2}$

따라서 자연수 $x$의 값은 8, 9, 10, 11, 12이다.

$$답 \ (1)\ 4\leq\sqrt{2x}<5 \quad (2)\ 8, 9, 10, 11, 12$$

**0351** $2<\sqrt{5}<3$이므로 $f(5)=\sqrt{5}-2$

$3<\sqrt{10}<4$이므로 $f(10)=\sqrt{10}-3$

$4<\sqrt{20}<5$이므로 $f(20)=\sqrt{20}-4=2\sqrt{5}-4$

$6<\sqrt{40}<7$이므로 $f(40)=\sqrt{40}-6=2\sqrt{10}-6$

$\therefore f(5)+f(10)+f(20)+f(40)$

$\quad =(\sqrt{5}-2)+(\sqrt{10}-3)+(2\sqrt{5}-4)+(2\sqrt{10}-6)$

$\quad =3\sqrt{5}+3\sqrt{10}-15$

$$답 \ 3\sqrt{5}+3\sqrt{10}-15$$

**0352** $5\sqrt{6}=\sqrt{150}$이고 $12<\sqrt{150}<13$, 즉 $12<5\sqrt{6}<13$이므로

$9<5\sqrt{6}-3<10$

$\therefore g(5\sqrt{6}-3)=(5\sqrt{6}-3)-9=5\sqrt{6}-12$

$4<\sqrt{24}<5$이므로

$g(\sqrt{24})=\sqrt{24}-4=2\sqrt{6}-4$

$3\sqrt{2}=\sqrt{18}$이고 $4<\sqrt{18}<5$, $-5<-\sqrt{18}<-4$

즉 $-5<-3\sqrt{2}<-4$이므로

$2<7-3\sqrt{2}<3 \quad \therefore f(7-3\sqrt{2})=2$

$\therefore g(5\sqrt{6}-3)+g(\sqrt{24})\times f(7-3\sqrt{2})$

$\quad =(5\sqrt{6}-12)+(2\sqrt{6}-4)\times 2$

$\quad =5\sqrt{6}-12+4\sqrt{6}-8=9\sqrt{6}-20$

$$답 \ 9\sqrt{6}-20$$

**0353** 세 정사각형의 한 변의 길이를 각각 $a$ cm, $b$ cm, $c$ cm $(0<a<b<c)$라 하면

$a^2=3$에서 $a=\sqrt{3}$

$b^2=12$에서 $b=\sqrt{12}=2\sqrt{3}$

$c^2=27$에서 $c=\sqrt{27}=3\sqrt{3}$

따라서 구하는 도형의 둘레의 길이는

$2a+2b+4c=2\times\sqrt{3}+2\times 2\sqrt{3}+4\times 3\sqrt{3}$

$\qquad\qquad =2\sqrt{3}+4\sqrt{3}+12\sqrt{3}$

$\qquad\qquad =18\sqrt{3} \ (\text{cm})$

$$답 \ 18\sqrt{3}\ \text{cm}$$

> **Lecture**
>
> 세 정사각형을 이어붙여 만든 도형의 둘레의 길이
>
> 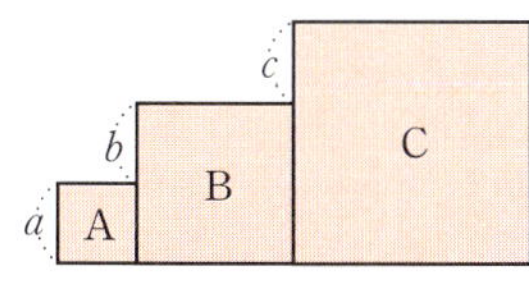
> 
>
> 위의 그림에서 $a+b+c$의 길이는 가장 큰 정사각형 C의 한 변의 길이와 같다.
>
> $\therefore$ (이어붙여 만든 도형의 둘레의 길이)
>
> $\quad =$ (정사각형 A의 한 변의 길이)$\times 2$
>
> $\qquad +$ (정사각형 B의 한 변의 길이)$\times 2$
>
> $\qquad +$ (정사각형 C의 한 변의 길이)$\times 4$

**0354** 두 정사각형의 한 변의 길이를 각각 $a$ cm, $b$ cm$(0<a<b)$라 하면

$a^2=18$에서 $a=\sqrt{18}=3\sqrt{2}$

$b^2=50$에서 $b=\sqrt{50}=5\sqrt{2}$

$\therefore \overline{AB}=a+b=3\sqrt{2}+5\sqrt{2}=8\sqrt{2}\ (\text{cm})$

$$답 \ 8\sqrt{2}\ \text{cm}$$

**0355** 정사각형 A의 넓이가 $1\ \text{cm}^2$이므로

정사각형 B의 넓이는

$\dfrac{1}{2}\times(\text{A의 넓이})=\dfrac{1}{2}\times 1=\dfrac{1}{2}\ (\text{cm}^2)$

정사각형 C의 넓이는

$\dfrac{1}{2}\times(\text{B의 넓이})=\dfrac{1}{2}\times\dfrac{1}{2}=\dfrac{1}{4}\ (\text{cm}^2)$

정사각형 D의 넓이는

$\dfrac{1}{2}\times(\text{C의 넓이})=\dfrac{1}{2}\times\dfrac{1}{4}=\dfrac{1}{8}\ (\text{cm}^2)$

이때 정사각형 D의 한 변의 길이를 $x$ cm$(x>0)$라 하면

$x^2=\dfrac{1}{8} \qquad \therefore x=\sqrt{\dfrac{1}{8}}=\dfrac{1}{2\sqrt{2}}=\dfrac{\sqrt{2}}{4}$

따라서 정사각형 D의 한 변의 길이는 $\dfrac{\sqrt{2}}{4}$ cm이다.

$$답 \ \dfrac{\sqrt{2}}{4}\ \text{cm}$$

STEP 3 내신 마스터 p.56 ~ p.59

**0356** 전략 $\cdot\ m\sqrt{a}\times n\sqrt{b}=mn\sqrt{ab}$

$\cdot\ m\sqrt{a}\div n\sqrt{b}=\dfrac{m\sqrt{a}}{n\sqrt{b}}=\dfrac{m}{n}\sqrt{\dfrac{a}{b}}$

① $3\sqrt{5}\times 2\sqrt{2}=(3\times 2)\times\sqrt{5\times 2}=6\sqrt{10}$

② $\dfrac{\sqrt{4}}{\sqrt{2}}=\sqrt{\dfrac{4}{2}}=\sqrt{2}$

③ $\sqrt{2}\times\sqrt{3}=\sqrt{2\times 3}=\sqrt{6}$

④ $6\sqrt{7}\div 2\sqrt{3}=\dfrac{6\sqrt{7}}{2\sqrt{3}}=\dfrac{6}{2}\sqrt{\dfrac{7}{3}}=3\sqrt{\dfrac{7}{3}}$

⑤ $\sqrt{15}\div\sqrt{3}=\dfrac{\sqrt{15}}{\sqrt{3}}=\sqrt{\dfrac{15}{3}}=\sqrt{5}$

따라서 옳지 않은 것은 ③이다.

$$답 \ ③$$

**0357** 전략 $\cdot\ \sqrt{a}\times\sqrt{b}\times\sqrt{c}=\sqrt{a\times b\times c}$

$\cdot$ 나눗셈은 역수의 곱셈으로 바꾸어 계산한다.

$\sqrt{5}\times\sqrt{\dfrac{6}{11}}\times\sqrt{\dfrac{33}{9}}=\sqrt{5\times\dfrac{6}{11}\times\dfrac{33}{9}}=\sqrt{10}$이므로

$a=10$

$\dfrac{\sqrt{12}}{\sqrt{2}}\div\dfrac{\sqrt{6}}{\sqrt{10}}=\sqrt{\dfrac{12}{2}\times\dfrac{10}{6}}=\sqrt{10}$이므로

$b=10$

$\therefore a+b=10+10=20$

$$답 \ 20$$

**0358** 전략 $a\sqrt{b}=\sqrt{a^2b}$, $\sqrt{a^2b}=a\sqrt{b}$임을 이용한다.

① $\sqrt{32}=\sqrt{4^2\times2}=4\sqrt{2}$    ② $\sqrt{63}=\sqrt{3^2\times7}=3\sqrt{7}$

③ $3\sqrt{3}=\sqrt{3^2\times3}=\sqrt{27}$    ④ $7\sqrt{2}=\sqrt{7^2\times2}=\sqrt{98}$

⑤ $\sqrt{300}=\sqrt{10^2\times3}=10\sqrt{3}$

따라서 옳은 것은 ③이다.      **답** ③

**0359** 전략 $\sqrt{a^2b}=a\sqrt{b}$임을 이용하여 제곱인 인수를 근호 밖으로 꺼낸다.

$$\sqrt{12}\times\sqrt{24}\times\sqrt{75}=2\sqrt{3}\times2\sqrt{6}\times5\sqrt{3}$$
$$=(2\times2\times5)\times\sqrt{3\times6\times3}$$
$$=20\times3\sqrt{6}=60\sqrt{6}$$

$\therefore a=60$      **답** 60

**0360** 전략 $\sqrt{150}$을 $\sqrt{2}$와 $\sqrt{3}$으로 나타낸다.

$\sqrt{150}=\sqrt{2\times3\times5^2}=5\sqrt{2}\sqrt{3}=5ab$    **답** ④

**0361** 전략 $\sqrt{a^2b}=a\sqrt{b}$임을 이용하여 제곱인 인수를 근호 밖으로 꺼낸다.

$\sqrt{2700}=30\sqrt{3}$, $\sqrt{5000}=50\sqrt{2}$이므로 $a=30$, $b=50$

$$\therefore \sqrt{8ab}=\sqrt{8\times30\times50}$$
$$=\sqrt{12000}$$
$$=\sqrt{20^2\times30}=20\sqrt{30}$$

     **답** ③

**0362** 전략 분모를 유리화하기 전에 근호 안의 제곱인 인수를 근호 밖으로 꺼내면 더 편리하다.

$\dfrac{\sqrt{5}}{3\sqrt{2}}=\dfrac{\sqrt{5}\times\sqrt{2}}{3\sqrt{2}\times\sqrt{2}}=\dfrac{\sqrt{10}}{6}$이므로 $a=\dfrac{1}{6}$

$\dfrac{6}{\sqrt{12}}=\dfrac{6}{2\sqrt{3}}=\dfrac{3}{\sqrt{3}}=\dfrac{3\times\sqrt{3}}{\sqrt{3}\times\sqrt{3}}=\sqrt{3}$이므로 $b=1$

$\therefore \sqrt{ab}=\sqrt{\dfrac{1}{6}\times1}=\sqrt{\dfrac{1}{6}}=\dfrac{1}{\sqrt{6}}=\dfrac{\sqrt{6}}{6}$    **답** ①

**0363** 전략 먼저 $0.008$을 기약분수로 나타낸다.

$$\sqrt{0.008}=\sqrt{\dfrac{8}{1000}}=\sqrt{\dfrac{1}{125}}$$
$$=\dfrac{1}{5\sqrt{5}}=\dfrac{\sqrt{5}}{5\sqrt{5}\times\sqrt{5}}=\dfrac{\sqrt{5}}{25}$$    …… ㈎

따라서 $k=25$, $l=5$이므로      …… ㈏

$k-l=25-5=20$      …… ㈐

     **답** 20

| 채점 기준 | 비율 |
|---|---|
| ㈎ $0.008$을 기약분수로 고친 후 $\sqrt{0.008}$의 분모를 유리화하기 | 60 % |
| ㈏ $k$, $l$의 값 구하기 | 20 % |
| ㈐ $k-l$의 값 구하기 | 20 % |

**0364** 전략 나눗셈은 역수의 곱셈으로 바꾸어 계산한다.

① $\sqrt{49}\div\sqrt{7}\times(-\sqrt{28})=7\div\sqrt{7}\times(-2\sqrt{7})$
$$=7\times\dfrac{1}{\sqrt{7}}\times(-2\sqrt{7})$$
$$=-14$$

② $\sqrt{3}\times\sqrt{10}\div\sqrt{5}=\sqrt{3}\times\sqrt{10}\times\dfrac{1}{\sqrt{5}}=\sqrt{6}$

③ $7\sqrt{2}\div\sqrt{6}\times3=7\sqrt{2}\times\dfrac{1}{\sqrt{6}}\times3=\dfrac{21}{\sqrt{3}}=7\sqrt{3}$

④ $-\sqrt{39}\times\sqrt{3}\div\sqrt{13}=-\sqrt{39}\times\sqrt{3}\times\dfrac{1}{\sqrt{13}}=-3$

⑤ $\dfrac{5\sqrt{3}}{3}\div\dfrac{\sqrt{15}}{7}\times\dfrac{6\sqrt{3}}{\sqrt{10}}=\dfrac{5\sqrt{3}}{3}\times\dfrac{7}{\sqrt{15}}\times\dfrac{6\sqrt{3}}{\sqrt{10}}$
$$=\dfrac{42}{\sqrt{6}}=7\sqrt{6}$$

따라서 옳은 것은 ③이다.      **답** ③

**0365** 전략 (삼각형의 넓이)$=\dfrac{1}{2}\times$(밑변의 길이)$\times$(높이)임을 이용한다.

(삼각형의 넓이)$=\dfrac{1}{2}\times\dfrac{\sqrt{3}}{\sqrt{2}}\times2\sqrt{5}$
$$=\dfrac{\sqrt{15}}{\sqrt{2}}$$
$$=\dfrac{\sqrt{30}}{2}\ (\text{cm}^2)$$    **답** $\dfrac{\sqrt{30}}{2}$ cm²

**0366** 전략 (직육면체의 부피)$=$(밑넓이)$\times$(높이)임을 이용한다.

(직육면체의 부피)$=2\sqrt{2}\times x\times6\sqrt{2}=24x\ (\text{cm}^3)$이므로

$24x=72\sqrt{3}$    $\therefore x=3\sqrt{3}$    **답** ④

**0367** 전략 한 변의 길이가 $a$인 정삼각형의 높이가 $\dfrac{\sqrt{3}}{2}a$임을 이용하여 $\overline{\text{AD}}$의 길이를 구한다.

정삼각형 ABC의 한 변의 길이가 12이므로

$\overline{\text{AD}}=\dfrac{\sqrt{3}}{2}\times12=6\sqrt{3}$

$\therefore \overline{\text{AG}}=\dfrac{2}{3}\overline{\text{AD}}=\dfrac{2}{3}\times6\sqrt{3}=4\sqrt{3}$

$\therefore \triangle\text{AGE}=\dfrac{\sqrt{3}}{4}\times(4\sqrt{3})^2=12\sqrt{3}$    **답** $12\sqrt{3}$

**0368** 전략 한 변의 길이가 $\sqrt{a}$인 정사각형의 넓이는 $a$이다.

한 변의 길이가 $\sqrt{480}$ cm인 정사각형의 넓이는

$(\sqrt{480})^2=480\ (\text{cm}^2)$

이때 단계를 거듭할수록 넓이는 $\dfrac{1}{2}$배씩 줄어드므로 [3단계]에서 생기는 정사각형의 넓이는 처음 정사각형의 넓이의 $\left(\dfrac{1}{2}\right)^3$배이다.

즉 $480\times\left(\dfrac{1}{2}\right)^3=480\times\dfrac{1}{8}=60\ (\text{cm}^2)$

따라서 [3단계]에서 생기는 정사각형의 한 변의 길이는

$\sqrt{60}=2\sqrt{15}\ (\text{cm})$    **답** $2\sqrt{15}$ cm

정사각형 모양의 종이접기

각 변의 중점을 꼭짓점으로 하는 정사각형 모양으로 접으면 다음과 같다.

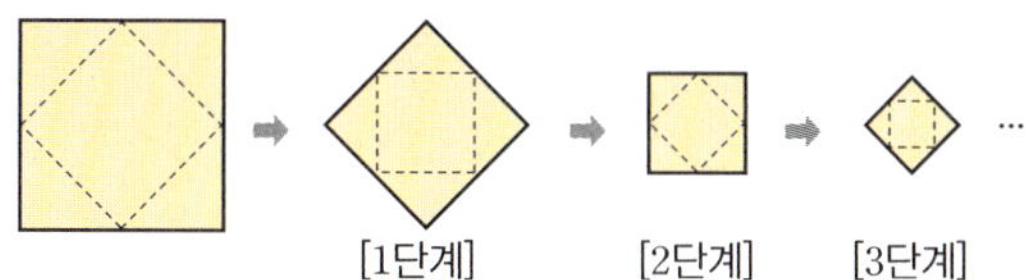


이때 처음 정사각형의 넓이를 $S$라 하면 각 단계에서 생기는 정사각형의 넓이는 다음과 같다.

[1단계] $\Rightarrow S \times \dfrac{1}{2}$

[2단계] $\Rightarrow \left(S \times \dfrac{1}{2}\right) \times \dfrac{1}{2} = S \times \left(\dfrac{1}{2}\right)^2$

[3단계] $\Rightarrow \left(S \times \dfrac{1}{2} \times \dfrac{1}{2}\right) \times \dfrac{1}{2} = S \times \left(\dfrac{1}{2}\right)^3$

$\vdots$

[$n$단계] $\Rightarrow S \times \left(\dfrac{1}{2}\right)^n$

---

**0369** 전략 제곱근의 성질을 이용하여 근호 안의 수를 간단하게 나타낸다.

① $\sqrt{12} = 2\sqrt{3} = 2 \times 1.732 = 3.464$

② $\sqrt{27} = 3\sqrt{3} = 3 \times 1.732 = 5.196$

③ $\sqrt{75} = 5\sqrt{3} = 5 \times 1.732 = 8.66$

④ $\dfrac{\sqrt{3}}{2} = \dfrac{1.732}{2} = 0.866$

⑤ $\sqrt{3000} = 10\sqrt{30}$

답 ⑤

**0370** 전략 $\sqrt{100a} = 10\sqrt{a}$, $\sqrt{\dfrac{a}{100}} = \dfrac{\sqrt{a}}{10}$임을 이용하여 근호 안의 수가 제곱근표에 있는 수가 되도록 변형한다.

① $\sqrt{490} = \sqrt{4.90 \times 100} = 10\sqrt{4.90}$
$= 10 \times 2.214 = 22.14$

② $\sqrt{483} = \sqrt{4.83 \times 100} = 10\sqrt{4.83}$
$= 10 \times 2.198 = 21.98$

③ $\sqrt{0.513} = \sqrt{\dfrac{51.3}{100}} = \dfrac{\sqrt{51.3}}{10}$이므로 주어진 표를 이용하여 그 값을 구할 수 없다.

④ $\sqrt{514} = \sqrt{5.14 \times 100} = 10\sqrt{5.14}$
$= 10 \times 2.267 = 22.67$

⑤ $\sqrt{0.0502} = \sqrt{\dfrac{5.02}{100}} = \dfrac{\sqrt{5.02}}{10}$
$= \dfrac{2.241}{10} = 0.2241$

따라서 옳은 것은 ②이다.

답 ②

**0371** 전략 $0.023 = \dfrac{2.3}{100}$으로 나타낸다.

$\sqrt{0.023} = \sqrt{\dfrac{2.3}{100}} = \dfrac{\sqrt{2.3}}{10}$

$= \dfrac{1.517}{10} = 0.1517$

답 ③

**0372** 전략 $\sqrt{a^2 b} = a\sqrt{b}$임을 이용하여 정리한 후 근호 안의 수가 같은 것끼리 덧셈 또는 뺄셈을 한다.

$6\sqrt{2} - \sqrt{80} + \sqrt{5} + \sqrt{32} = 6\sqrt{2} - 4\sqrt{5} + \sqrt{5} + 4\sqrt{2}$
$= (6+4)\sqrt{2} + (-4+1)\sqrt{5}$
$= 10\sqrt{2} - 3\sqrt{5}$

따라서 $a = 10$, $b = -3$이므로

$ab = 10 \times (-3) = -30$

답 ①

**0373** 전략 근호 안에 제곱인 인수가 있으면 근호 밖으로 꺼내고, 분모에 무리수가 있으면 분모를 유리화한다.

$\sqrt{150} + \dfrac{30}{\sqrt{6}} - \sqrt{54} = 5\sqrt{6} + 5\sqrt{6} - 3\sqrt{6} = 7\sqrt{6}$이므로 $a = 7$

$\sqrt{0.6} \div \sqrt{\dfrac{12}{5}} \times \sqrt{300} = \sqrt{\dfrac{3}{5}} \times \sqrt{\dfrac{5}{12}} \times \sqrt{300} = \sqrt{75} = 5\sqrt{3}$

이므로 $b = 5$

$\therefore a + b = 7 + 5 = 12$

답 ③

**0374** 전략 괄호가 있으면 분배법칙을 이용하여 괄호를 푼다.

(주어진 식) $= \dfrac{3 - \sqrt{6}}{\sqrt{3}} + \sqrt{3}(3\sqrt{3} - 1)$

$= \dfrac{3\sqrt{3} - 3\sqrt{2}}{3} + 9 - \sqrt{3}$

$= \sqrt{3} - \sqrt{2} + 9 - \sqrt{3}$

$= 9 - \sqrt{2}$

답 ②

**0375** 전략 괄호가 있으면 분배법칙을 이용하여 괄호를 푼다.

(주어진 식) $= 2\sqrt{6}\left(\dfrac{1}{2} - \sqrt{2}\right) - \sqrt{6}(\sqrt{2} - 3)$

$= \sqrt{6} - 4\sqrt{3} - 2\sqrt{3} + 3\sqrt{6}$

$= -6\sqrt{3} + 4\sqrt{6}$

따라서 $a = -6$, $b = 4$이므로

$a - b = -6 - 4 = -10$

답 ①

**0376** 전략 $a \odot b$의 약속에 따라 주어진 식을 계산한다.

$(\sqrt{5}+1) \odot \dfrac{1}{\sqrt{5}} = (\sqrt{5}+1) \times \dfrac{1}{\sqrt{5}} - \sqrt{5}(\sqrt{5}+1) + 4$

$= 1 + \dfrac{1}{\sqrt{5}} - 5 - \sqrt{5} + 4$

$= 1 + \dfrac{\sqrt{5}}{5} - 5 - \sqrt{5} + 4$

$= -\dfrac{4\sqrt{5}}{5}$

답 ①

**0377** 전략 유리수가 되려면 계산한 결과에서 무리수에 곱해진 유리수가 0이어야 한다.

$$3(4-k\sqrt{2})+\sqrt{3}(2\sqrt{6}-k\sqrt{3})$$
$$=12-3k\sqrt{2}+6\sqrt{2}-3k$$
$$=12-3k+(6-3k)\sqrt{2} \qquad \cdots\cdots \text{(가)}$$

이것이 유리수가 되려면 $6-3k=0$이어야 한다. $\qquad \cdots\cdots$ (나)

$$-3k=-6 \qquad \therefore k=2 \qquad \cdots\cdots \text{(다)}$$

답 2

| 채점 기준 | 비율 |
|---|---|
| (가) 주어진 식을 전개하여 간단히 정리하기 | 40 % |
| (나) 정리한 식이 유리수가 되기 위한 조건 구하기 | 30 % |
| (다) $k$의 값 구하기 | 30 % |

**0378** 전략 무리수의 소수 부분은 그 수에서 정수 부분을 뺀 것과 같다.

$2<\sqrt{5}<3$이므로 $5<3+\sqrt{5}<6$

따라서 $a=5$, $b=(3+\sqrt{5})-5=\sqrt{5}-2$이므로

$$2a+b=2\times5+(\sqrt{5}-2)$$
$$=10+\sqrt{5}-2=8+\sqrt{5} \qquad \text{답 ④}$$

**0379** 전략 $k=\sqrt{6}-(\sqrt{6}$의 정수 부분$)$임을 이용하여 $\sqrt{6}$을 $k$의 식으로 나타낸다.

$2<\sqrt{6}<3$이므로 $\sqrt{6}$의 정수 부분은 2이고 소수 부분은 $\sqrt{6}-2$이다.

따라서 $k=\sqrt{6}-2$이므로 $\sqrt{6}=k+2$

$7<\sqrt{54}<8$이므로 $\sqrt{54}$의 정수 부분은 7이고 소수 부분은 $\sqrt{54}-7$이다.

$$\therefore \sqrt{54}-7=3\sqrt{6}-7$$
$$=3(k+2)-7$$
$$=3k-1 \qquad \text{답 ②}$$

**0380** 전략 (좌변)$-$(우변)을 한 후에 부호를 조사한다.

① $3-\sqrt{2}-\sqrt{2}=3-2\sqrt{2}=\sqrt{9}-\sqrt{8}>0 \quad \therefore 3-\sqrt{2}>\sqrt{2}$

② $(2\sqrt{5}+1)-(3\sqrt{3}+1)=2\sqrt{5}-3\sqrt{3}=\sqrt{20}-\sqrt{27}<0$
$\therefore 2\sqrt{5}+1<3\sqrt{3}+1$

③ $(3\sqrt{2}-1)-(2\sqrt{3}-1)=3\sqrt{2}-2\sqrt{3}=\sqrt{18}-\sqrt{12}>0$
$\therefore 3\sqrt{2}-1>2\sqrt{3}-1$

④ $(4\sqrt{2}-1)-(2\sqrt{2}+1)=2\sqrt{2}-2=\sqrt{8}-\sqrt{4}>0$
$\therefore 4\sqrt{2}-1>2\sqrt{2}+1$

⑤ $(2\sqrt{2}+\sqrt{3})-(3+\sqrt{3})=2\sqrt{2}-3=\sqrt{8}-\sqrt{9}<0$
$\therefore 2\sqrt{2}+\sqrt{3}<3+\sqrt{3} \qquad \text{답 ①, ④}$

**0381** 전략 $a-b$, $b-c$, $a-c$의 부호를 각각 알아본다.

$$a-b=(2\sqrt{5}+2)-(5-3\sqrt{5})$$
$$=2\sqrt{5}+2-5+3\sqrt{5}=5\sqrt{5}-3$$
$$=\sqrt{125}-\sqrt{9}>0$$
$$\therefore a>b \qquad \cdots\cdots \text{㉠}$$

$$b-c=(5-3\sqrt{5})-(3\sqrt{3}+2)$$
$$=5-3\sqrt{5}-3\sqrt{3}-2=3-3\sqrt{5}-3\sqrt{3}$$
$$=\sqrt{9}-\sqrt{45}-\sqrt{27}<0$$
$$\therefore b<c \qquad \cdots\cdots \text{㉡}$$

$$a-c=(2\sqrt{5}+2)-(3\sqrt{3}+2)$$
$$=2\sqrt{5}+2-3\sqrt{3}-2=2\sqrt{5}-3\sqrt{3}$$
$$=\sqrt{20}-\sqrt{27}<0$$
$$\therefore a<c \qquad \cdots\cdots \text{㉢}$$

즉 ㉠, ㉡, ㉢에서

$$b<a<c \qquad \text{답 ②}$$

**0382** 전략 $\sqrt{A^2}=\begin{cases} A & (A\geq0\text{일 때}) \\ -A & (A<0\text{일 때}) \end{cases}$

$2\sqrt{3}-3=\sqrt{12}-\sqrt{9}>0$이고

$5-3\sqrt{3}=\sqrt{25}-\sqrt{27}<0$이므로

$$\sqrt{(2\sqrt{3}-3)^2}-\sqrt{(5-3\sqrt{3})^2}=(2\sqrt{3}-3)-\{-(5-3\sqrt{3})\}$$
$$=2\sqrt{3}-3+5-3\sqrt{3}$$
$$=2-\sqrt{3} \qquad \text{답 } 2-\sqrt{3}$$

**0383** 전략 (사다리꼴의 넓이)

$$=\frac{1}{2}\times\{(\text{윗변의 길이})+(\text{아랫변의 길이})\}\times(\text{높이})$$

(사다리꼴 ABCD의 넓이)

$$=\frac{1}{2}\times\{\sqrt{40}+(\sqrt{45}+\sqrt{10})\}\times\sqrt{72}$$
$$=\frac{1}{2}\times\{2\sqrt{10}+(3\sqrt{5}+\sqrt{10})\}\times6\sqrt{2}$$
$$=\frac{1}{2}\times(3\sqrt{5}+3\sqrt{10})\times6\sqrt{2}$$
$$=18\sqrt{5}+9\sqrt{10} \ (\text{cm}^2) \qquad \text{답 } (18\sqrt{5}+9\sqrt{10}) \ \text{cm}^2$$

**0384** 전략 $a\sqrt{b}=\sqrt{a^2b}$임을 이용한다.

$$b\sqrt{\frac{3a}{b}}+a\sqrt{\frac{27b}{a}}=\sqrt{b^2\times\frac{3a}{b}}+\sqrt{a^2\times\frac{27b}{a}}$$
$$=\sqrt{3ab}+\sqrt{27ab}$$
$$=\sqrt{3\times3}+\sqrt{27\times3}$$
$$=3+9=12 \qquad \text{답 ⑤}$$

**0385** 전략 넓이가 $a$인 정사각형의 한 변의 길이는 $\sqrt{a}$이다.

$\overline{OA}=3$이고 $\square OACB$는 정사각형이므로

$$S=3\times3=9$$

$S_1=\frac{1}{3}S$이므로 $S_1=\frac{1}{3}\times9=3$

즉 정사각형 $AA_1C_1B_1$의 넓이는 3이므로

$$\overline{AA_1}=\sqrt{3} \ (\because \overline{AA_1}>0)$$

또 $S_2=\frac{1}{3}S_1$이므로 $S_2=\frac{1}{3}\times3=1$

즉 정사각형 $A_1A_2C_2B_2$의 넓이는 1이므로

$$\overline{A_1A_2}=1 \ (\because \overline{A_1A_2}>0)$$

따라서 $\overline{OA_2}=\overline{OA}+\overline{AA_1}+\overline{A_1A_2}=3+\sqrt{3}+1=4+\sqrt{3}$이므로 점 $A_2$의 좌표는 $(4+\sqrt{3}, 0)$이다. 답 $A_2(4+\sqrt{3}, 0)$

# 4 다항식의 곱셈



**0386**     답 $-6ac+4ad-3bc+2bd$

**0387** $(2a+3b)(a-4b)=2a^2-8ab+3ab-12b^2$
$$=2a^2-5ab-12b^2$$
답 $2a^2-5ab-12b^2$

**0388** $(a-b)(a+b+1)=a^2+ab+a-ab-b^2-b$
$$=a^2+a-b^2-b$$
답 $a^2+a-b^2-b$

**0389** $(x+3)(3x+y+1)=3x^2+xy+x+9x+3y+3$
$$=3x^2+xy+10x+3y+3$$
답 $3x^2+xy+10x+3y+3$

**0390** $(a+2b-3)(a+1)=a^2+a+2ab+2b-3a-3$
$$=a^2+2ab-2a+2b-3$$
답 $a^2+2ab-2a+2b-3$

**0391** $(2x+3y-1)(x-y)=2x^2-2xy+3xy-3y^2-x+y$
$$=2x^2+xy-3y^2-x+y$$
답 $2x^2+xy-3y^2-x+y$

**0392** $(x+3)^2=x^2+2\times x\times 3+3^2$
$$=x^2+6x+9$$
답 $x^2+6x+9$

**0393** $(x-2)^2=x^2-2\times x\times 2+2^2$
$$=x^2-4x+4$$
답 $x^2-4x+4$

**0394** $(a+2b)^2=a^2+2\times a\times 2b+(2b)^2$
$$=a^2+4ab+4b^2$$
답 $a^2+4ab+4b^2$

**0395** $(2x-1)^2=(2x)^2-2\times 2x\times 1+1^2$
$$=4x^2-4x+1$$
답 $4x^2-4x+1$

**0396** $(-3x+2)^2=\{-(3x-2)\}^2$
$$=(3x-2)^2$$
$$=(3x)^2-2\times 3x\times 2+2^2$$
$$=9x^2-12x+4$$
답 $9x^2-12x+4$

**0397** $(-5x-2y)^2=\{-(5x+2y)\}^2$
$$=(5x+2y)^2$$
$$=(5x)^2+2\times 5x\times 2y+(2y)^2$$
$$=25x^2+20xy+4y^2$$
답 $25x^2+20xy+4y^2$

**0398** $(a+2)(a-2)=a^2-2^2=a^2-4$     답 $a^2-4$

**0399** $(3+x)(3-x)=3^2-x^2=9-x^2$     답 $9-x^2$

**0400** $(3x-4)(3x+4)=(3x)^2-4^2=9x^2-16$     답 $9x^2-16$

**0401** $(2x+y)(2x-y)=(2x)^2-y^2=4x^2-y^2$     답 $4x^2-y^2$

**0402** $(-x+y)(x+y)=(y-x)(y+x)$
$$=y^2-x^2$$
답 $y^2-x^2$

**0403** $(x+1)(x+5)=x^2+(1+5)x+1\times 5$
$$=x^2+6x+5$$
답 $x^2+6x+5$

**0404** $(x-5)(x+2)=x^2+(-5+2)x+(-5)\times 2$
$$=x^2-3x-10$$
답 $x^2-3x-10$

**0405** $(x-2)(x-3)=x^2+(-2-3)x+(-2)\times(-3)$
$$=x^2-5x+6$$
답 $x^2-5x+6$

**0406** $(x-y)(x+4y)=x^2+(-1+4)xy+\{(-1)\times 4\}y^2$
$$=x^2+3xy-4y^2$$
답 $x^2+3xy-4y^2$

**0407** $(x-3y)(x-5y)=x^2+(-3-5)xy+\{(-3)\times(-5)\}y^2$
$$=x^2-8xy+15y^2$$
답 $x^2-8xy+15y^2$

**0408** $(3a+4)(2a+5)$
$$=(3\times 2)a^2+(3\times 5+4\times 2)a+4\times 5$$
$$=6a^2+23a+20$$
답 $6a^2+23a+20$

**0409** $(5a+4)(2a-3)$
$$=(5\times 2)a^2+\{5\times(-3)+4\times 2\}a+4\times(-3)$$
$$=10a^2-7a-12$$
답 $10a^2-7a-12$

**0410** $(3x-7)(2x+5)$
$$=(3\times 2)x^2+\{3\times 5+(-7)\times 2\}x+(-7)\times 5$$
$$=6x^2+x-35$$
답 $6x^2+x-35$

**0411** $(4x-3)(2x-1)$
$$=(4\times 2)x^2+\{4\times(-1)+(-3)\times 2\}x+(-3)\times(-1)$$
$$=8x^2-10x+3$$
답 $8x^2-10x+3$

**0412** $(4x+3y)(5x-y)$
$$=(4\times 5)x^2+\{4\times(-1)+3\times 5\}xy+\{3\times(-1)\}y^2$$
$$=20x^2+11xy-3y^2$$
답 $20x^2+11xy-3y^2$

**0413** [전략] 분배법칙을 이용하여 전개한다.

$$(2x-3y)(3x+5y)=6x^2+10xy-9xy-15y^2$$
$$=6x^2+xy-15y^2$$

따라서 $a=6$, $b=1$이므로

$$a+b=6+1=7$$

**답** 7

**0414** $(x+y-3)(x-y)=x^2-xy+xy-y^2-3x+3y$
$$=x^2-y^2-3x+3y$$

**답** ①

**0415** $(2x-y-3)(-x+7y)$
$$=-2x^2+14xy+xy-7y^2+3x-21y$$
$$=-2x^2+15xy-7y^2+3x-21y$$

**답** $-2x^2+15xy-7y^2+3x-21y$

**0416** [전략] 필요한 항이 나오는 부분만 계산한다.

$x^2$항이 나오는 부분만 계산하면

$2x\times3x=6x^2$이므로 $a=6$

$xy$항이 나오는 부분만 계산하면

$2x\times2y+(-3y)\times3x=4xy-9xy=-5xy$이므로

$b=-5$

$$\therefore a+b=6+(-5)=1$$

**답** 1

[다른풀이] $(2x-3y)(3x+2y-5)$
$$=6x^2+4xy-10x-9xy-6y^2+15y$$
$$=6x^2-5xy-10x-6y^2+15y$$

따라서 $a=6$, $b=-5$이므로

$$a+b=6+(-5)=1$$

**0417** $x^2$항이 나오는 부분만 계산하면

$$2x\times5x+(-3)\times x^2=10x^2-3x^2=7x^2$$

$x$항이 나오는 부분만 계산하면

$$2x\times3+(-3)\times5x=6x-15x=-9x$$

따라서 $x^2$의 계수는 7, $x$의 계수는 $-9$이므로 그 합은

$$7+(-9)=-2$$

**답** $-2$

**0418** $x$항이 나오는 부분만 계산하면

$$2x\times a+(-1)\times3x=2ax-3x=(2a-3)x$$

이때 $x$의 계수가 3이므로

$$2a-3=3, \ 2a=6 \qquad \therefore a=3$$

**답** 3

**0419** $xy$항이 나오는 부분만 계산하면

$$x\times2y+ay\times x=2xy+axy=(a+2)xy$$

이때 상수항은 $1\times3=3$이므로

$$a+2=3 \qquad \therefore a=1$$

**답** 1

**0420** [전략] 곱셈 공식 $(a+b)^2=a^2+2ab+b^2$,
$(a-b)^2=a^2-2ab+b^2$을 이용한다.

① $(x-4)^2=x^2-8x+16$

② $(x+9)^2=x^2+18x+81$

③ $(-x+1)^2=\{-(x-1)\}^2=(x-1)^2=x^2-2x+1$

⑤ $\left(3x-\dfrac{2}{3}\right)^2=9x^2-4x+\dfrac{4}{9}$

**답** ④

**0421** $(x+2)^2=x^2+4x+4$이므로 $a=4$

$(3x-1)^2=9x^2-6x+1$이므로 $b=9$

$$\therefore a+b=4+9=13$$

**답** 13

**0422** $(a+b)^2=a^2+2ab+b^2$

① $(b+a)^2=(a+b)^2=a^2+2ab+b^2$

② $(a-b)^2=a^2-2ab+b^2$

③ $-(b-a)^2=-(a-b)^2=-(a^2-2ab+b^2)$
$$=-a^2+2ab-b^2$$

④ $(-a-b)^2=\{-(a+b)\}^2=(a+b)^2$
$$=a^2+2ab+b^2$$

⑤ $(-a+b)^2=\{-(a-b)\}^2=(a-b)^2$
$$=a^2-2ab+b^2$$

따라서 $(a+b)^2$과 전개식이 같은 것은 ①, ④이다.

**답** ①, ④

**0423** $A=(2a+3b)^2=4a^2+12ab+9b^2$

$B=(a-5b)^2=a^2-10ab+25b^2$

$$\therefore A+B=(4a^2+12ab+9b^2)+(a^2-10ab+25b^2)$$
$$=5a^2+2ab+34b^2$$

**답** $5a^2+2ab+34b^2$

**0424** [전략] 곱셈 공식 $(a+b)(a-b)=a^2-b^2$을 이용한다.

$$\left(-\dfrac{1}{3}x+\dfrac{4}{5}y\right)\left(\dfrac{1}{3}x+\dfrac{4}{5}y\right)=\left(\dfrac{4}{5}y-\dfrac{1}{3}x\right)\left(\dfrac{4}{5}y+\dfrac{1}{3}x\right)$$
$$=\left(\dfrac{4}{5}y\right)^2-\left(\dfrac{1}{3}x\right)^2$$
$$=\dfrac{16}{25}y^2-\dfrac{1}{9}x^2$$

**답** $\dfrac{16}{25}y^2-\dfrac{1}{9}x^2$

**0425** $(-2x+y)(-2x-y)=(-2x)^2-y^2$
$$=4x^2-y^2$$

**답** $4x^2-y^2$

[다른풀이] $(-2x+y)(-2x-y)=(2x-y)(2x+y)$
$$=(2x)^2-y^2$$
$$=4x^2-y^2$$

**0426** $(x+y)(x-y)=x^2-y^2$

① $(x-y)^2=x^2-2xy+y^2$

② $(-x-y)^2=\{-(x+y)\}^2=(x+y)^2$
$$=x^2+2xy+y^2$$

③ $(x+y)(y-x)=(y+x)(y-x)=y^2-x^2$

④ $-(x-y)(x+y)=-(x^2-y^2)=-x^2+y^2$

⑤ $-(x+y)(-x+y)=-(y+x)(y-x)$
$$=-(y^2-x^2)=x^2-y^2$$

따라서 $(x+y)(x-y)$와 전개식이 같은 것은 ⑤이다.

답 ⑤

**0427** $3(a+2)(a-2)-(a-5)(a+5)$
$$=3(a^2-4)-(a^2-25)$$
$$=3a^2-12-a^2+25$$
$$=2a^2+13 \qquad \cdots\cdots \text{(가)}$$

따라서 $a^2$의 계수는 2, 상수항은 13이므로 $\qquad \cdots\cdots$ (나)

그 합은 $2+13=15$ $\qquad \cdots\cdots$ (다)

답 15

| 채점 기준 | 비율 |
|---|---|
| (가) 주어진 식 계산하기 | 60 % |
| (나) $a^2$의 계수와 상수항 각각 구하기 | 30 % |
| (다) $a^2$의 계수와 상수항의 합 구하기 | 10 % |

**0428**  곱셈 공식 $(ax+b)(cx+d)=acx^2+(ad+bc)x+bd$
를 이용한다.

$(2x-7)(3x+5)=6x^2-11x-35$이므로
$a=6, b=-11, c=-35$
$$\therefore a+b-c=6+(-11)-(-35)=30 \qquad$$ 답 30

**0429** $(x-1)(x+3)=x^2+2x-3$이므로 $a=-3$
$\left(x-\dfrac{1}{3}\right)\left(x+\dfrac{2}{5}\right)=x^2+\left(-\dfrac{1}{3}+\dfrac{2}{5}\right)x+\left(-\dfrac{1}{3}\right)\times\dfrac{2}{5}$
$$=x^2+\dfrac{1}{15}x-\dfrac{2}{15}$$

이므로 $b=\dfrac{1}{15}$
$$\therefore ab=-3\times\dfrac{1}{15}=-\dfrac{1}{5} \qquad$$ 답 $-\dfrac{1}{5}$

**0430** ① $(x+2)(x+5)=x^2+7x+10$

② $(x+3)(3x-2)=3x^2+7x-6$

③ $(x+4)(2x-1)=2x^2+7x-4$

④ $(3x+2)(4x-3)=12x^2-x-6$

⑤ $(9x+5)(5x-2)=45x^2+7x-10$

따라서 일차항의 계수가 나머지 넷과 다른 것은 ④이다.

답 ④

**0431** $\left(\dfrac{2}{3}x+5\right)\left(3x-\dfrac{1}{4}\right)$
$$=\left(\dfrac{2}{3}\times3\right)x^2+\left\{\dfrac{2}{3}\times\left(-\dfrac{1}{4}\right)+5\times3\right\}x+5\times\left(-\dfrac{1}{4}\right)$$
$$=2x^2+\dfrac{89}{6}x-\dfrac{5}{4}$$

따라서 $a=2, b=\dfrac{89}{6}, c=-\dfrac{5}{4}$이므로
$$a+6b+4c=2+6\times\dfrac{89}{6}+4\times\left(-\dfrac{5}{4}\right)$$
$$=2+89+(-5)=86 \qquad$$ 답 86

**0432**  곱셈 공식을 이용하여 식을 전개한다.

① $(x-1)^2=x^2-2x+1$

② $(-2x+1)^2=(2x-1)^2=4x^2-4x+1$

③ $(x+4)(x-4)=x^2-16$

⑤ $(5x-2)(3x+4)=15x^2+14x-8$

답 ④

**0433** ① $(x+3)^2=x^2+6x+9$이므로 $\square=6$

② $(3x-y)^2=9x^2-6xy+y^2$이므로 $\square=6$

③ $(x+3)(x-3)=x^2-9$이므로 $\square=9$

④ $(x+2)(2x+3)=2x^2+7x+6$이므로 $\square=6$

⑤ $(2x+3)(3x-2)=6x^2+5x-6$이므로 $\square=6$

따라서 $\square$ 안의 수가 나머지 넷과 다른 것은 ③이다.

답 ③

**0434** ㉢ $(-2x+3y)(2x+3y)=(3y-2x)(3y+2x)$
$$=9y^2-4x^2$$

㉣ $(5x-1)(2x-3)=10x^2-17x+3$

㉤ $(x-1)(2y+5)=2xy+5x-2y-5$

답 ㉠, ㉡

**0435** ① $(-x+3y)^2=(x-3y)^2=x^2-6xy+9y^2$

② $(-2x-5)^2=(2x+5)^2=4x^2+20x+25$

③ $\left(-\dfrac{2}{3}x+5\right)\left(-\dfrac{2}{3}x-5\right)=\left(-\dfrac{2}{3}x\right)^2-5^2$
$$=\dfrac{4}{9}x^2-25$$

④ $(-x-y)(-x+5y)=(x+y)(x-5y)$
$$=x^2-4xy-5y^2$$

⑤ $(-5x-3)(-2x+1)=(5x+3)(2x-1)$
$$=10x^2+x-3 \qquad$$ 답 ②

**0436**  곱셈 공식을 이용하여 좌변을 전개한 후 우변과 계수를 비
교한다.

$(5x-4)(Ax+3)=10x^2+Bx+C$에서
$5Ax^2+(15-4A)x-12=10x^2+Bx+C$
$5A=10, 15-4A=B, -12=C$이므로
$A=2, B=7, C=-12$
$$\therefore A+B+C=2+7+(-12)=-3 \qquad$$ 답 $-3$

**0437** $(4x-A)^2=16x^2-Bx+9$에서
$16x^2-8Ax+A^2=16x^2-Bx+9$
$A^2=9$에서 $A=3$ $(\because A>0)$
$8A=B$에서 $B=24$
$$\therefore A+B=3+24=27 \qquad$$ 답 27

**0438** $(x+a)(x-5)=x^2+bx-15$에서
$x^2+(a-5)x-5a=x^2+bx-15$
$a-5=b$, $-5a=-15$이므로 $a=3$, $b=-2$
$\therefore a+b=3+(-2)=1$ **답** $1$

**0439** $(2x-3)(ax+4)=2ax^2+(8-3a)x-12$
이때 $x^2$의 계수가 $6$이므로 $2a=6$ $\therefore a=3$
따라서 $x$의 계수는 $8-3a=8-3\times3=-1$ **답** $-1$

**0440** 직사각형의 세로의 길이를 $Ax+B$ ($A$, $B$는 상수)라 하면
$(2x+1)(Ax+B)=6x^2+ax-5$에서 $\cdots\cdots$ (개)
$2Ax^2+(2B+A)x+B=6x^2+ax-5$
$2A=6$, $2B+A=a$, $B=-5$이므로
$A=3$, $B=-5$ $\cdots\cdots$ (내)
$\therefore a=2B+A=2\times(-5)+3=-7$ $\cdots\cdots$ (대)
**답** $-7$

| 채점 기준 | 비율 |
| --- | --- |
| (개) 직사각형의 세로의 길이를 $Ax+B$로 놓고 넓이에 대한 식 세우기 | 40 % |
| (내) $A$, $B$의 값 각각 구하기 | 40 % |
| (대) $a$의 값 구하기 | 20 % |

**0441** **전략** 색칠한 직사각형의 가로의 길이와 세로의 길이를 $a$, $b$를 사용하여 나타낸다.
(가로의 길이)$=3a-b$, (세로의 길이)$=3a+b$이므로
(넓이)$=(3a-b)(3a+b)=9a^2-b^2$ **답** ②

**0442** (가로의 길이)$=3x+2$, (세로의 길이)$=2x-1$이므로
(넓이)$=(3x+2)(2x-1)=6x^2+x-2$
**답** $6x^2+x-2$

**0443** [그림 2]의 도형의 넓이는 $(a+b)(a-b)$
[그림 3]의 도형의 넓이는 $a^2-b^2$
이때 [그림 2]와 [그림 3]의 도형의 넓이가 같으므로
$(a+b)(a-b)=a^2-b^2$ **답** ③

**0444**

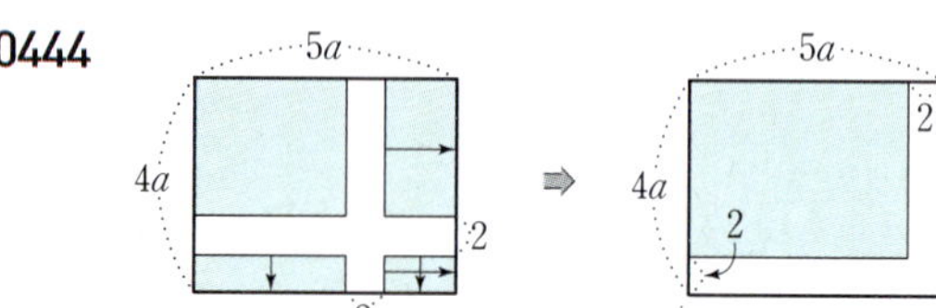

(가로의 길이)$=5a-2$, (세로의 길이)$=4a-2$
$\therefore$ (넓이)$=(5a-2)(4a-2)=20a^2-18a+4$
**답** $20a^2-18a+4$

**0445** 오른쪽 그림에서
$\overline{AE}=\overline{AB}=b$
$\overline{DH}=\overline{ED}=a-b$

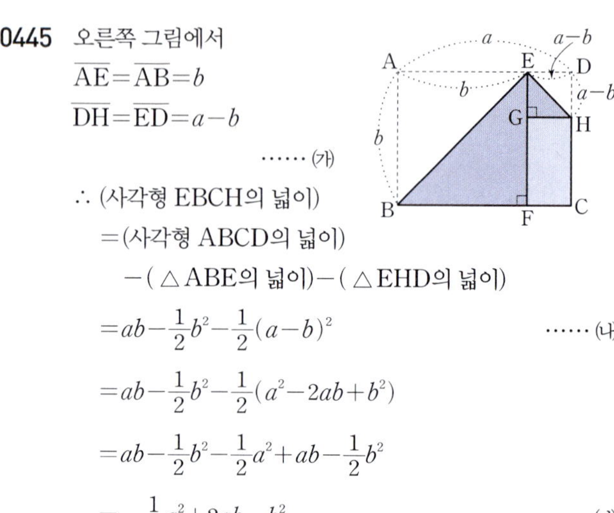

$\cdots\cdots$ (개)
$\therefore$ (사각형 EBCH의 넓이)
$=$ (사각형 ABCD의 넓이)
$\quad-(\triangle ABE$의 넓이$)-(\triangle EHD$의 넓이$)$
$=ab-\dfrac{1}{2}b^2-\dfrac{1}{2}(a-b)^2$ $\cdots\cdots$ (내)
$=ab-\dfrac{1}{2}b^2-\dfrac{1}{2}(a^2-2ab+b^2)$
$=ab-\dfrac{1}{2}b^2-\dfrac{1}{2}a^2+ab-\dfrac{1}{2}b^2$
$=-\dfrac{1}{2}a^2+2ab-b^2$ $\cdots\cdots$ (대)
**답** $-\dfrac{1}{2}a^2+2ab-b^2$

| 채점 기준 | 비율 |
| --- | --- |
| (개) $\overline{AE}$, $\overline{ED}$, $\overline{DH}$의 길이를 $a$, $b$를 사용하여 나타내기 | 40 % |
| (내) 사각형 EBCH의 넓이 구하는 식 세우기 | 30 % |
| (대) 사각형 EBCH의 넓이를 $a$, $b$를 사용하여 나타내기 | 30 % |

**0446** (1) 1층 상자의 개수 : 25개, 2층 상자의 개수 : 2개,
3층 상자의 개수 : 2개, 4층 상자의 개수 : 1개
따라서 전체 상자의 개수는
$25+2+2+1=30$(개)
(2) (상자 한 개의 부피)$=(x+2y)\times(2x-y)\times5$
$\quad=5(2x^2+3xy-2y^2)$
$\quad=10x^2+15xy-10y^2$
$\therefore$ (상자 전체의 부피)$=30\times$ (상자 한 개의 부피)
$\quad=30\times(10x^2+15xy-10y^2)$
$\quad=300x^2+450xy-300y^2$
**답** (1) 30개 (2) $300x^2+450xy-300y^2$



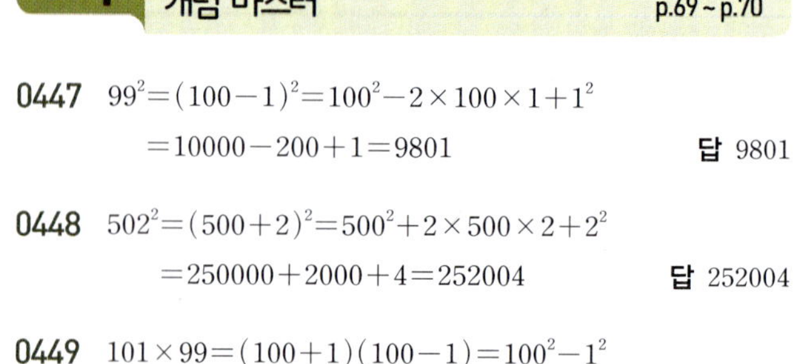

**0447** $99^2=(100-1)^2=100^2-2\times100\times1+1^2$
$=10000-200+1=9801$ **답** $9801$

**0448** $502^2=(500+2)^2=500^2+2\times500\times2+2^2$
$=250000+2000+4=252004$ **답** $252004$

**0449** $101\times99=(100+1)(100-1)=100^2-1^2$
$=10000-1=9999$ **답** $9999$

**0450** $8.3 \times 7.7 = (8+0.3)(8-0.3) = 8^2 - 0.3^2$
$$= 64 - 0.09 = 63.91$$
답 $63.91$

**0451** $102 \times 103 = (100+2)(100+3)$
$$= 100^2 + (2+3) \times 100 + 2 \times 3$$
$$= 10000 + 500 + 6 = 10506$$
답 $10506$

**0452** $(\sqrt{3}+\sqrt{2})^2 = (\sqrt{3})^2 + 2 \times \sqrt{3} \times \sqrt{2} + (\sqrt{2})^2$
$$= 3 + 2\sqrt{6} + 2 = 5 + 2\sqrt{6}$$
답 $5+2\sqrt{6}$

**0453** $(2\sqrt{2}-\sqrt{3})^2 = (2\sqrt{2})^2 - 2 \times 2\sqrt{2} \times \sqrt{3} + (\sqrt{3})^2$
$$= 8 - 4\sqrt{6} + 3 = 11 - 4\sqrt{6}$$
답 $11-4\sqrt{6}$

**0454** $(\sqrt{3}+\sqrt{5})(\sqrt{3}-\sqrt{5}) = (\sqrt{3})^2 - (\sqrt{5})^2$
$$= 3 - 5 = -2$$
답 $-2$

**0455** $\dfrac{1}{2+\sqrt{3}} = \dfrac{2-\sqrt{3}}{(2+\sqrt{3})(2-\sqrt{3})} = \dfrac{2-\sqrt{3}}{4-3} = 2-\sqrt{3}$
답 $2-\sqrt{3}$

**0456** $\dfrac{1}{\sqrt{3}-\sqrt{2}} = \dfrac{\sqrt{3}+\sqrt{2}}{(\sqrt{3}-\sqrt{2})(\sqrt{3}+\sqrt{2})}$
$$= \dfrac{\sqrt{3}+\sqrt{2}}{3-2} = \sqrt{3}+\sqrt{2}$$
답 $\sqrt{3}+\sqrt{2}$

**0457** $\dfrac{\sqrt{2}+1}{\sqrt{2}-1} = \dfrac{(\sqrt{2}+1)^2}{(\sqrt{2}-1)(\sqrt{2}+1)}$
$$= \dfrac{2+2\sqrt{2}+1}{2-1} = 3+2\sqrt{2}$$
답 $3+2\sqrt{2}$

**0458** $\dfrac{2-\sqrt{3}}{2+\sqrt{3}} = \dfrac{(2-\sqrt{3})^2}{(2+\sqrt{3})(2-\sqrt{3})}$
$$= \dfrac{4-4\sqrt{3}+3}{4-3} = 7-4\sqrt{3}$$
답 $7-4\sqrt{3}$

**0459** 답 $2c,\ c^2,\ 2c,\ c^2,\ 2bc,\ 2bc$

**0460** 답 $A,\ A^2,\ b,\ b^2$

**0461** $x+y=A$로 치환하면
$$(x+y+3)^2 = (A+3)^2 = A^2 + 6A + 9$$
$$= (x+y)^2 + 6(x+y) + 9$$
$$= x^2 + 2xy + y^2 + 6x + 6y + 9$$
답 $x^2+2xy+y^2+6x+6y+9$

**0462** $x+y=A$로 치환하면
$$(x+y+1)(x+y-1) = (A+1)(A-1) = A^2 - 1$$
$$= (x+y)^2 - 1$$
$$= x^2 + 2xy + y^2 - 1$$
답 $x^2+2xy+y^2-1$

**0463** 답 $2xy,\ -3,\ 22$

**0464** 답 $4xy,\ -3,\ 28$

**0465** $a^2+b^2 = (a+b)^2 - 2ab = 2^2 - 2 \times 1 = 2$
답 $2$

**0466** $(a-b)^2 = (a+b)^2 - 4ab = 2^2 - 4 \times 1 = 0$
답 $0$

**0467** $x^2+y^2 = (x-y)^2 + 2xy = 3^2 + 2 \times 4 = 17$
답 $17$

**0468** $(x+y)^2 = (x-y)^2 + 4xy = 3^2 + 4 \times 4 = 25$
답 $25$

### STEP 2  유형 마스터　　　p.71 ~ p.76

**0469** **전략** 수의 제곱의 계산은 $(a+b)^2$, $(a-b)^2$의 전개식을 이용하고, 두 수의 곱의 계산은 $(a+b)(a-b)$, $(x+a)(x+b)$의 전개식을 이용한다.

① $1007^2 = (1000+7)^2 \Rightarrow (a+b)^2 = a^2 + 2ab + b^2$

② $980^2 = (1000-20)^2 \Rightarrow (a-b)^2 = a^2 - 2ab + b^2$

③ $1004 \times 994 = (1000+4)(1000-6)$
$\quad \Rightarrow (x+a)(x+b) = x^2 + (a+b)x + ab$

④ $52 \times 48 = (50+2)(50-2) \Rightarrow (a+b)(a-b) = a^2 - b^2$

⑤ $102 \times 105 = (100+2)(100+5)$
$\quad \Rightarrow (x+a)(x+b) = x^2 + (a+b)x + ab$
답 ③

**0470** (1) $7.01 \times 6.99 = (7+0.01)(7-0.01)$이므로
$(a+b)(a-b) = a^2 - b^2$을 이용하면 가장 편리하다.
$$\cdots\cdots ㈎$$

(2) $7.01 \times 6.99 = (7+0.01)(7-0.01)$
$$= 7^2 - 0.01^2$$
$$= 49 - 0.0001 = 48.9999 \qquad \cdots\cdots ㈏$$
답 (1) $(a+b)(a-b) = a^2 - b^2$ (2) $48.9999$

| 채점 기준 | 비율 |
|---|---|
| ㈎ 가장 편리한 곱셈 공식 쓰기 | 30 % |
| ㈏ 주어진 수 계산하기 | 70 % |

**0471** $\dfrac{2020 \times 2022 + 1}{2021} = \dfrac{(2021-1)(2021+1)+1}{2021}$
$$= \dfrac{2021^2 - 1 + 1}{2021} = 2021$$
답 $2021$

**0472** **전략** 좌변을 전개하여 정리한 후 우변과 비교한다.
$$(3\sqrt{2}-2)^2 = (3\sqrt{2})^2 - 2 \times 3\sqrt{2} \times 2 + 2^2$$
$$= 18 - 12\sqrt{2} + 4$$
$$= 22 - 12\sqrt{2}$$

따라서 $a=22$, $b=-12$이므로
$a+b = 22 + (-12) = 10$
답 $10$

**0473** $(5\sqrt{6}-\sqrt{2})(5\sqrt{6}+\sqrt{2})=(5\sqrt{6})^2-(\sqrt{2})^2$
$$=150-2=148$$

**답** 148

**0474** $(a-2\sqrt{3})(3-2\sqrt{3})=3a-2a\sqrt{3}-6\sqrt{3}+12$
$$=(3a+12)-(2a+6)\sqrt{3}$$
$$=15-b\sqrt{3}$$
즉 $3a+12=15$, $2a+6=b$이므로
$a=1$, $b=8$
$\therefore a-b=1-8=-7$

**답** $-7$

**0475** [전략] 곱셈 공식 $(a+b)(a-b)=a^2-b^2$을 이용할 수 있도록
식을 변형한다.
$(7+5\sqrt{2})^{99}(7-5\sqrt{2})^{99}=\{(7+5\sqrt{2})(7-5\sqrt{2})\}^{99}$
$$=\{7^2-(5\sqrt{2})^2\}^{99}$$
$$=(49-50)^{99}$$
$$=(-1)^{99}$$
$$=-1$$

**답** $-1$

**0476** [전략] $\dfrac{\sqrt{a}+\sqrt{b}}{\sqrt{a}-\sqrt{b}}=\dfrac{(\sqrt{a}+\sqrt{b})^2}{(\sqrt{a}-\sqrt{b})(\sqrt{a}+\sqrt{b})}$이다.

$\dfrac{\sqrt{3}+\sqrt{5}}{\sqrt{3}-\sqrt{5}}=\dfrac{(\sqrt{3}+\sqrt{5})^2}{(\sqrt{3}-\sqrt{5})(\sqrt{3}+\sqrt{5})}$
$$=\dfrac{3+2\sqrt{15}+5}{3-5}$$
$$=\dfrac{8+2\sqrt{15}}{-2}$$
$$=-4-\sqrt{15}$$
따라서 $a=-4$, $b=-1$이므로
$ab=-4\times(-1)=4$

**답** 4

**0477** (주어진 식)
$=\dfrac{\sqrt{2}(4-3\sqrt{2})}{(4+3\sqrt{2})(4-3\sqrt{2})}-\dfrac{\sqrt{2}(4+3\sqrt{2})}{(4-3\sqrt{2})(4+3\sqrt{2})}$ … (가)
$=\dfrac{4\sqrt{2}-6}{16-18}-\dfrac{4\sqrt{2}+6}{16-18}$
$=(-2\sqrt{2}+3)-(-2\sqrt{2}-3)$
$=-2\sqrt{2}+3+2\sqrt{2}+3=6$ …… (나)

**답** 6

| 채점 기준 | 비율 |
| --- | --- |
| (가) 분모를 유리화하는 식 세우기 | 60 % |
| (나) 식을 정리하여 계산하기 | 40 % |

**0478** ① $\dfrac{1}{2-\sqrt{3}}=\dfrac{2+\sqrt{3}}{(2-\sqrt{3})(2+\sqrt{3})}=2+\sqrt{3}$

② $\dfrac{\sqrt{6}-\sqrt{2}}{\sqrt{6}+\sqrt{2}}=\dfrac{(\sqrt{6}-\sqrt{2})^2}{(\sqrt{6}+\sqrt{2})(\sqrt{6}-\sqrt{2})}$
$$=\dfrac{8-4\sqrt{3}}{6-2}=2-\sqrt{3}$$

③ $\dfrac{3}{\sqrt{5}+\sqrt{2}}=\dfrac{3(\sqrt{5}-\sqrt{2})}{(\sqrt{5}+\sqrt{2})(\sqrt{5}-\sqrt{2})}=\sqrt{5}-\sqrt{2}$

④ $\dfrac{3}{2\sqrt{5}-4}=\dfrac{3(2\sqrt{5}+4)}{(2\sqrt{5}-4)(2\sqrt{5}+4)}$
$$=\dfrac{6\sqrt{5}+12}{20-16}=\dfrac{3\sqrt{5}}{2}+3$$

⑤ $\dfrac{\sqrt{3}}{\sqrt{3}+\sqrt{2}}=\dfrac{\sqrt{3}(\sqrt{3}-\sqrt{2})}{(\sqrt{3}+\sqrt{2})(\sqrt{3}-\sqrt{2})}=3-\sqrt{6}$

따라서 옳은 것은 ③이다.

**답** ③

**0479** (주어진 식)$=\dfrac{(2-\sqrt{3})^2}{(2+\sqrt{3})(2-\sqrt{3})}+\dfrac{(2+\sqrt{3})^2}{(2-\sqrt{3})(2+\sqrt{3})}$
$$=\dfrac{7-4\sqrt{3}}{4-3}+\dfrac{7+4\sqrt{3}}{4-3}=14$$

**답** 14

**0480** [전략] 곱셈 공식을 이용하여 전개한 후 동류항끼리 모아서 계산한다.
$(2x-3)(3x+2)-(x-2)^2$
$=(6x^2-5x-6)-(x^2-4x+4)$
$=6x^2-5x-6-x^2+4x-4$
$=5x^2-x-10$

**답** $5x^2-x-10$

**0481** $(4x+5)(2x-3)+(x+2)(x-2)$
$=(8x^2-2x-15)+(x^2-4)$
$=9x^2-2x-19$ …… (가)
따라서 $A=9$, $B=-2$, $C=-19$이므로 …… (나)
$2A+3B+C=2\times9+3\times(-2)+(-19)$
$$=18+(-6)+(-19)=-7$$ …… (다)

**답** $-7$

| 채점 기준 | 비율 |
| --- | --- |
| (가) 좌변 계산하기 | 50 % |
| (나) $A$, $B$, $C$의 값 각각 구하기 | 30 % |
| (다) $2A+3B+C$의 값 구하기 | 20 % |

**0482** $(3x-1)^2-(2x+3)(x-6)$
$=(9x^2-6x+1)-(2x^2-9x-18)$
$=9x^2-6x+1-2x^2+9x+18$
$=7x^2+3x+19$
따라서 $a=7$, $b=19$이므로
$a+b=7+19=26$

**답** 26

**0483** [전략] 마주 보는 면에 적힌 두 일차식을 각각 찾는다.
$A+B+C$
$=(1-3x)(1+3x)+(5x+4)(2x+1)+(x+3)(x-2)$
$=(1-9x^2)+(10x^2+13x+4)+(x^2+x-6)$
$=2x^2+14x-1$

**답** $2x^2+14x-1$

**0484**  곱셈 공식 $(a+b)(a-b)=a^2-b^2$을 이용하여 앞에서부터 차례로 전개한다.

$$(x-1)(x+1)(x^2+1)(x^4+1)$$
$$=(x^2-1)(x^2+1)(x^4+1)$$
$$=(x^4-1)(x^4+1)$$
$$=x^8-1$$

답 $x^8-1$

**0485** (1) $(a-b)(a+b)(a^2+b^2)=(a^2-b^2)(a^2+b^2)$
$$=a^4-b^4$$

(2) $(x-2)(x+2)(x^2+4)=(x^2-4)(x^2+4)$
$$=x^4-16$$

(3) $(a-1)(a+1)(a^2+1)(a^4+1)(a^8+1)$
$$=(a^2-1)(a^2+1)(a^4+1)(a^8+1)$$
$$=(a^4-1)(a^4+1)(a^8+1)$$
$$=(a^8-1)(a^8+1)=a^{16}-1$$

답 (1) $a^4-b^4$ (2) $x^4-16$ (3) $a^{16}-1$

**0486** (좌변)$=\left(x^2-\dfrac{1}{4}\right)\left(x^2+\dfrac{1}{4}\right)\left(x^4+\dfrac{1}{16}\right)$
$$=\left(x^4-\dfrac{1}{16}\right)\left(x^4+\dfrac{1}{16}\right)$$
$$=x^8-\dfrac{1}{256}$$

따라서 $a=8, b=-\dfrac{1}{256}$이므로

$$ab=8\times\left(-\dfrac{1}{256}\right)=-\dfrac{1}{32}$$

답 $-\dfrac{1}{32}$

**0487**  $(a+b+c)^2$ 꼴은 $a+b=A$ 또는 $b+c=A$ 또는 $a+c=A$로 놓는다.

$3x-2y=A$로 치환하면
$$(3x-2y+1)^2=(A+1)^2=A^2+2A+1$$
$$=(3x-2y)^2+2(3x-2y)+1$$
$$=9x^2-12xy+4y^2+6x-4y+1$$

따라서 $a=9, b=-12$이므로
$$a+b=9+(-12)=-3$$

답 $-3$

**0488** (1) $x+y=A$로 치환하면
$$(x+y-5)^2=(A-5)^2=A^2-10A+25$$
$$=(x+y)^2-10(x+y)+25$$
$$=x^2+2xy+y^2-10x-10y+25$$

(2) $x-2y=A$로 치환하면
$$(x-2y+3)(x-2y+1)$$
$$=(A+3)(A+1)=A^2+4A+3$$
$$=(x-2y)^2+4(x-2y)+3$$
$$=x^2-4xy+4y^2+4x-8y+3$$

답 (1) $x^2+2xy+y^2-10x-10y+25$
(2) $x^2-4xy+4y^2+4x-8y+3$

**0489** $x+y=A$로 치환하면
$$(x+y-z)(x+y+z)-(x+y)^2$$
$$=(A-z)(A+z)-A^2$$
$$=A^2-z^2-A^2=-z^2$$

답 $-z^2$

**0490**  $x=a+\sqrt{b}$를 $x-a=\sqrt{b}$로 변형한 후 양변을 제곱한다.

$x=\sqrt{5}+1$에서 $x-1=\sqrt{5}$
양변을 제곱하면 $(x-1)^2=(\sqrt{5})^2$
$$x^2-2x+1=5, x^2-2x=4$$
$$\therefore x^2-2x+3=4+3=7$$

답 7

**0491** $x=4+\sqrt{3}$에서 $x-4=\sqrt{3}$ ...... (가)
양변을 제곱하면 $(x-4)^2=(\sqrt{3})^2$
$$x^2-8x+16=3, x^2-8x=-13$$ ...... (나)
$$\therefore x^2-8x+1=-13+1=-12$$ ...... (다)

답 $-12$

| 채점 기준 | 비율 |
| --- | --- |
| (가) $x=a+\sqrt{b}$를 $x-a=\sqrt{b}$의 꼴로 나타내기 | 20 % |
| (나) (가)의 식의 양변을 제곱하여 정리하기 | 50 % |
| (다) 주어진 식의 값 구하기 | 30 % |

**0492**  먼저 $x$의 분모를 유리화한다.

$$x=\dfrac{1}{3+2\sqrt{2}}=\dfrac{3-2\sqrt{2}}{(3+2\sqrt{2})(3-2\sqrt{2})}$$
$$=\dfrac{3-2\sqrt{2}}{9-8}=3-2\sqrt{2}$$

$x=3-2\sqrt{2}$에서 $x-3=-2\sqrt{2}$
양변을 제곱하면 $(x-3)^2=(-2\sqrt{2})^2$
$$x^2-6x+9=8, x^2-6x=-1$$
$$\therefore x^2-6x+1=-1+1=0$$

답 0

**0493** $x=2-\sqrt{3}$에서 $x-2=-\sqrt{3}$
양변을 제곱하면 $(x-2)^2=(-\sqrt{3})^2$
$$x^2-4x+4=3, x^2-4x=-1$$
$$\therefore \sqrt{x^2-4x+5}=\sqrt{-1+5}=\sqrt{4}=2$$

답 2

**0494** $x^2+y^2=(x+y)^2-2xy$
$$=(2\sqrt{2})^2-2\times2$$
$$=8-4=4$$

답 4

**0495**  주어진 식의 분모를 통분해 본다.

$$\blacktriangleright \dfrac{b}{a}+\dfrac{a}{b}=\dfrac{a^2+b^2}{ab}$$

$$\dfrac{b}{a}+\dfrac{a}{b}=\dfrac{a^2+b^2}{ab}=\dfrac{(a-b)^2+2ab}{ab}$$
$$=\dfrac{(\sqrt{5})^2+2\times1}{1}=7$$

답 7

**0496**  $(x-y)^2=a\,(a>0)$이면 $x-y=\pm\sqrt{a}$이다.

$$(x-y)^2=(x+y)^2-4xy$$
$$=6^2-4\times 4$$
$$=36-16=20$$
$$\therefore x-y=\pm\sqrt{20}=\pm 2\sqrt{5}$$

답 ④

**0497**
$$\frac{\sqrt{a}+\sqrt{b}}{\sqrt{a}-\sqrt{b}}=\frac{(\sqrt{a}+\sqrt{b})^2}{(\sqrt{a}-\sqrt{b})(\sqrt{a}+\sqrt{b})}$$
$$=\frac{a+b+2\sqrt{ab}}{a-b} \qquad \cdots\cdots \text{㉠}$$

이때 $(a-b)^2=(a+b)^2-4ab=3^2-4\times 1=5$이므로
$$a-b=-\sqrt{5}\ (\because a<b)$$

㉠에서 (주어진 식)$=\dfrac{3+2\sqrt{1}}{-\sqrt{5}}=-\dfrac{5}{\sqrt{5}}=-\sqrt{5}$

답 $-\sqrt{5}$

**0498** $x+y=(2-\sqrt{3})+(2+\sqrt{3})=4$
$$xy=(2-\sqrt{3})(2+\sqrt{3})=4-3=1$$
$$\therefore \frac{y}{x}+\frac{x}{y}=\frac{x^2+y^2}{xy}=\frac{(x+y)^2-2xy}{xy}$$
$$=\frac{4^2-2\times 1}{1}=14$$

답 14

**0499** (1) $x+y=(\sqrt{3}+\sqrt{2})+(\sqrt{3}-\sqrt{2})=2\sqrt{3}$ $\qquad \cdots\cdots$ (가)
(2) $xy=(\sqrt{3}+\sqrt{2})(\sqrt{3}-\sqrt{2})=3-2=1$ $\qquad \cdots\cdots$ (나)
(3) $x^2+y^2=(x+y)^2-2xy$
$$=(2\sqrt{3})^2-2\times 1=10 \qquad \cdots\cdots \text{(다)}$$

답 (1) $2\sqrt{3}$ (2) 1 (3) 10

| 채점 기준 | 비율 |
|---|---|
| (가) $x+y$의 값 구하기 | 30 % |
| (나) $xy$의 값 구하기 | 30 % |
| (다) $x^2+y^2$의 값 구하기 | 40 % |

**0500**  먼저 $a,\ b$의 분모를 유리화하여 $a+b$와 $ab$의 값을 구한다.

$$a=\frac{1}{\sqrt{2}+1}=\frac{\sqrt{2}-1}{(\sqrt{2}+1)(\sqrt{2}-1)}=\sqrt{2}-1$$
$$b=\frac{1}{\sqrt{2}-1}=\frac{\sqrt{2}+1}{(\sqrt{2}-1)(\sqrt{2}+1)}=\sqrt{2}+1$$

이때 $a+b=(\sqrt{2}-1)+(\sqrt{2}+1)=2\sqrt{2}$,
$ab=(\sqrt{2}-1)(\sqrt{2}+1)=2-1=1$이므로
$$a^2+3ab+b^2=(a+b)^2+ab$$
$$=(2\sqrt{2})^2+1=9$$

답 9

**0501** (1) $x^2+\dfrac{1}{x^2}=\left(x+\dfrac{1}{x}\right)^2-2$
$$=(2\sqrt{3})^2-2=10$$

(2) $\left(x-\dfrac{1}{x}\right)^2=\left(x+\dfrac{1}{x}\right)^2-4$
$$=(2\sqrt{3})^2-4=8$$

답 (1) 10 (2) 8

**0502** (1) $x^2+\dfrac{1}{x^2}=\left(x-\dfrac{1}{x}\right)^2+2=7^2+2=51$

(2) $\left(x+\dfrac{1}{x}\right)^2=\left(x-\dfrac{1}{x}\right)^2+4=7^2+4=53$

답 (1) 51 (2) 53

**0503** $x^2-3x+\dfrac{3}{x}+\dfrac{1}{x^2}=x^2+\dfrac{1}{x^2}-3\left(x-\dfrac{1}{x}\right)$
$$=\left(x-\frac{1}{x}\right)^2+2-3\left(x-\frac{1}{x}\right)$$
$$=5^2+2-3\times 5=12$$

답 12

**0504**  $x^2+ax\pm 1=0\,(a$는 상수)일 때 $x\neq 0$이므로

$x^2+ax\pm 1=0$의 양변을 $x$로 나누면 $x+a\pm\dfrac{1}{x}=0$
$$\therefore x\pm\frac{1}{x}=-a$$

$x^2+3x+1=0$에서 $x\neq 0$이므로 양변을 $x$로 나누면
$$x+3+\frac{1}{x}=0 \qquad \therefore x+\frac{1}{x}=-3$$
$$\left(x-\frac{1}{x}\right)^2=\left(x+\frac{1}{x}\right)^2-4=(-3)^2-4=5$$
$$\therefore x-\frac{1}{x}=\pm\sqrt{5}$$

답 $\pm\sqrt{5}$

**0505**  일차식의 상수항의 합이 같아지도록 두 개씩 짝 지어 전개한다.

$(x-1)(x-2)(x+5)(x+6)$
$=\{(x-1)(x+5)\}\{(x-2)(x+6)\}$
$=(x^2+4x-5)(x^2+4x-12)$

$x^2+4x=A$로 치환하면
(주어진 식)$=(A-5)(A-12)=A^2-17A+60$
$$=(x^2+4x)^2-17(x^2+4x)+60$$
$$=x^4+8x^3+16x^2-17x^2-68x+60$$
$$=x^4+8x^3-x^2-68x+60$$

답 $x^4+8x^3-x^2-68x+60$

**0506** $(x-1)(x-2)(x+2)(x+3)$
$=\{(x-1)(x+2)\}\{(x-2)(x+3)\}$
$=(x^2+x-2)(x^2+x-6)$

$x^2+x=A$로 치환하면
(주어진 식)$=(A-2)(A-6)=A^2-8A+12$
$$=(x^2+x)^2-8(x^2+x)+12$$
$$=x^4+2x^3+x^2-8x^2-8x+12$$
$$=x^4+2x^3-7x^2-8x+12$$

따라서 $x^2$의 계수는 $-7$이다.

답 $-7$

**0507** $(x+1)(x+2)(x+4)(x+5)$
$=\{(x+1)(x+5)\}\{(x+2)(x+4)\}$
$=(x^2+6x+5)(x^2+6x+8)$
$x^2+6x=A$로 치환하면
(주어진 식)$=(A+5)(A+8)=A^2+13A+40$
$\qquad =(x^2+6x)^2+13(x^2+6x)+40$
$\qquad =x^4+12x^3+36x^2+13x^2+78x+40$
$\qquad =x^4+12x^3+49x^2+78x+40$
$\therefore a=1,\ b=12,\ c=49,\ d=78,\ e=40$

답 $a=1, b=12, c=49, d=78, e=40$

**0508** 전략 $f(x)$에 $x=4, 5, 6, \cdots, 10$을 대입하여 값을 구한다.

$\dfrac{1}{f(4)}+\dfrac{1}{f(5)}+\dfrac{1}{f(6)}+\cdots+\dfrac{1}{f(10)}$
$=\dfrac{1}{\sqrt{4}+\sqrt{5}}+\dfrac{1}{\sqrt{5}+\sqrt{6}}+\dfrac{1}{\sqrt{6}+\sqrt{7}}+\cdots+\dfrac{1}{\sqrt{10}+\sqrt{11}}$
$=(\sqrt{5}-\sqrt{4})+(\sqrt{6}-\sqrt{5})+(\sqrt{7}-\sqrt{6})+\cdots+(\sqrt{11}-\sqrt{10})$
$=-2+\sqrt{11}$

답 $-2+\sqrt{11}$

**0509** $f(1)+f(2)+f(3)+\cdots+f(80)$
$=(\sqrt{2}-1)+(\sqrt{3}-\sqrt{2})+(\sqrt{4}-\sqrt{3})+\cdots+(\sqrt{81}-\sqrt{80})$
$=-1+9=8$

답 8

**0510** $\dfrac{1}{f(1)}+\dfrac{1}{f(2)}+\dfrac{1}{f(3)}+\cdots+\dfrac{1}{f(60)}$
$=\dfrac{1}{\sqrt{3}+\sqrt{1}}+\dfrac{1}{\sqrt{5}+\sqrt{3}}+\dfrac{1}{\sqrt{7}+\sqrt{5}}+\cdots+\dfrac{1}{\sqrt{121}+\sqrt{119}}$
$=\dfrac{\sqrt{3}-\sqrt{1}}{2}+\dfrac{\sqrt{5}-\sqrt{3}}{2}+\dfrac{\sqrt{7}-\sqrt{5}}{2}+\cdots+\dfrac{\sqrt{121}-\sqrt{119}}{2}$
$=\dfrac{1}{2}\{(\sqrt{3}-\sqrt{1})+(\sqrt{5}-\sqrt{3})+(\sqrt{7}-\sqrt{5})$
$\qquad\qquad\qquad +\cdots+(\sqrt{121}-\sqrt{119})\}$
$=\dfrac{1}{2}\times(-1+11)=5$

답 5

**Lecture**

곱셈 공식
(1) $(a+b)^2=a^2+2ab+b^2$
　　$(a-b)^2=a^2-2ab+b^2$
(2) $(a+b)(a-b)=a^2-b^2$
(3) $(x+a)(x+b)=x^2+(a+b)x+ab$
(4) $(ax+b)(cx+d)=acx^2+(ad+bc)x+bd$

**0513** 전략 곱셈 공식을 이용하여 전개한 후 동류항끼리 계산한다.

$(-2a-b)(-2a+b)-2(a+3b)(a-3b)$
$=4a^2-b^2-2(a^2-9b^2)$
$=4a^2-b^2-2a^2+18b^2$
$=2a^2+17b^2$

답 ②

**0514** 전략 곱셈 공식을 이용하여 좌변을 전개한 후 우변과 계수를 비교한다.

$(2x+a)(4x-6)=bx^2+cx-12$에서
$8x^2+(4a-12)x-6a=bx^2+cx-12$
$8=b,\ 4a-12=c,\ -6a=-12$이므로
$a=2,\ b=8,\ c=-4$
$\therefore a+b-c=2+8-(-4)=14$

답 14

**0515** 전략 새로 만든 직사각형의 넓이를 구하여 처음 정사각형의 넓이와 비교한다.

(처음 정사각형의 넓이)$=a^2$
새로 만든 직사각형의 가로의 길이는 $a-b$, 세로의 길이는 $a+b$이므로
(직사각형의 넓이)$=(a-b)(a+b)$
$\qquad\qquad\qquad =a^2-b^2$
따라서 처음 정사각형의 넓이에서 $b^2$만큼 줄어든다.

답 ④

---

### STEP 3 내신 마스터
p.77 ~ p.79

**0511** 전략 $xy$항이 나오는 부분만 계산한다.

$xy$항이 나오는 부분만 계산하면
$x\times(-4y)+3y\times5x=-4xy+15xy=11xy$
따라서 $xy$의 계수는 11이다.

답 11

**0512** 전략 곱셈 공식을 이용하여 식을 전개한다.

③ $(2x+1)(x-5)=2x^2-9x-5$

답 ③

**0516** 전략 수의 제곱의 계산은 $(a+b)^2=a^2+2ab+b^2$을 이용하고, 두 수의 곱의 계산은 $(a+b)(a-b)=a^2-b^2$을 이용한다.

(1) $103^2=(100+3)^2=100^2+2\times100\times3+3^2$
$\qquad\qquad =10000+600+9=10609$ $\qquad$ …… ㈎
(2) $102\times98=(100+2)(100-2)=100^2-2^2$
$\qquad\qquad\qquad =10000-4=9996$ $\qquad$ …… ㈏

답 (1) 10609 (2) 9996

| 채점 기준 | 비율 |
| --- | --- |
| ㈎ $103^2$을 곱셈 공식을 이용하여 계산하기 | 50 % |
| ㈏ $102\times98$을 곱셈 공식을 이용하여 계산하기 | 50 % |

**0517** 전략 곱셈 공식을 이용하여 각각의 식을 전개한다.

① $(\sqrt{7}-2)^2=(\sqrt{7})^2-2\times\sqrt{7}\times2+2^2$
$\qquad\qquad=11-4\sqrt{7}$

② $(2\sqrt{5}-3)^2=(2\sqrt{5})^2-2\times2\sqrt{5}\times3+3^2$
$\qquad\qquad\quad=29-12\sqrt{5}$

③ $(\sqrt{5}+\sqrt{3})(\sqrt{5}-\sqrt{3})=(\sqrt{5})^2-(\sqrt{3})^2=2$

④ $(\sqrt{3}+\sqrt{2})(\sqrt{3}-2\sqrt{2})$
$\quad=(\sqrt{3})^2+(\sqrt{2}-2\sqrt{2})\times\sqrt{3}-\sqrt{2}\times2\sqrt{2}$
$\quad=3-\sqrt{6}-4$
$\quad=-1-\sqrt{6}$

⑤ $(\sqrt{2}+2\sqrt{6})(3\sqrt{2}-4\sqrt{6})$
$\quad=\sqrt{2}\times3\sqrt{2}+\sqrt{2}\times(-4\sqrt{6})$
$\qquad\qquad\qquad+2\sqrt{6}\times3\sqrt{2}+2\sqrt{6}\times(-4\sqrt{6})$
$\quad=6-8\sqrt{3}+12\sqrt{3}-48$
$\quad=-42+4\sqrt{3}$

따라서 계산 결과가 옳은 것은 ③이다. **답 ③**

**0518** 전략 유리수가 되려면 계산한 결과에서 무리수에 곱해진 유리수가 0이어야 한다.

$(5\sqrt{3}-3)(6-a\sqrt{3})=30\sqrt{3}-15a-18+3a\sqrt{3}$
$\qquad\qquad\qquad\qquad=-15a-18+(30+3a)\sqrt{3}$
$\qquad\qquad\qquad\qquad\qquad\qquad\qquad$ ······ (가)

이것이 유리수가 되려면 $30+3a=0$이어야 하므로 ······ (나)
$3a=-30$ $\qquad\therefore a=-10$ ······ (다)

**답 $-10$**

| 채점 기준 | 비율 |
|---|---|
| (가) 주어진 식을 전개하여 간단히 정리하기 | 40 % |
| (나) 정리한 식이 유리수가 되기 위한 조건 구하기 | 30 % |
| (다) $a$의 값 구하기 | 30 % |

**0519** 전략 $\sqrt{5}+2$와 $6-2\sqrt{5}$가 각각 어떤 두 연속하는 정수 사이에 있는지 확인한다.

$2<\sqrt{5}<3$에서 $4<\sqrt{5}+2<5$이므로
$a=(\sqrt{5}+2)-4=\sqrt{5}-2$
$2\sqrt{5}=\sqrt{20}$이고 $4<\sqrt{20}<5$에서 $-5<-\sqrt{20}<-4$이므로
$1<6-2\sqrt{5}<2$
$\therefore b=(6-2\sqrt{5})-1=5-2\sqrt{5}$
$\therefore a^2+b^2=(\sqrt{5}-2)^2+(5-2\sqrt{5})^2$
$\qquad\qquad=9-4\sqrt{5}+45-20\sqrt{5}$
$\qquad\qquad=54-24\sqrt{5}$ **답 $54-24\sqrt{5}$**

**0520** 전략 $a^n b^n=(ab)^n$을 이용한다.

$(3-2\sqrt{2})^{100}(3+2\sqrt{2})^{102}$
$=\{(3-2\sqrt{2})(3+2\sqrt{2})\}^{100}(3+2\sqrt{2})^2$
$=(9-8)^{100}(9+12\sqrt{2}+8)$
$=17+12\sqrt{2}$

따라서 $a=17,\ b=12$이므로
$a+b=17+12=29$ **답 29**

**0521** 전략 $\dfrac{m}{\sqrt{a}+\sqrt{b}}+\dfrac{n}{\sqrt{a}-\sqrt{b}}=\dfrac{m(\sqrt{a}-\sqrt{b})+n(\sqrt{a}+\sqrt{b})}{(\sqrt{a}+\sqrt{b})(\sqrt{a}-\sqrt{b})}$
를 이용한다. (단, $a\neq b$)

$\dfrac{2}{3+2\sqrt{2}}+\dfrac{3}{3-2\sqrt{2}}=\dfrac{2(3-2\sqrt{2})+3(3+2\sqrt{2})}{(3+2\sqrt{2})(3-2\sqrt{2})}$
$\qquad\qquad\qquad\qquad=\dfrac{6-4\sqrt{2}+9+6\sqrt{2}}{9-8}$
$\qquad\qquad\qquad\qquad=15+2\sqrt{2}$ **답 ①**

**0522** (1) $x=\dfrac{\sqrt{5}-2}{\sqrt{5}+2}=\dfrac{(\sqrt{5}-2)^2}{(\sqrt{5}+2)(\sqrt{5}-2)}$
$\qquad\qquad=9-4\sqrt{5}$ ······ (가)

(2) $\dfrac{1}{x}=\dfrac{1}{9-4\sqrt{5}}=\dfrac{9+4\sqrt{5}}{(9-4\sqrt{5})(9+4\sqrt{5})}$
$\qquad=9+4\sqrt{5}$ ······ (나)

$\therefore x-\dfrac{1}{x}=9-4\sqrt{5}-(9+4\sqrt{5})$
$\qquad\qquad=9-4\sqrt{5}-9-4\sqrt{5}$
$\qquad\qquad=-8\sqrt{5}$ ······ (다)

**답 (1) $9-4\sqrt{5}$ (2) $-8\sqrt{5}$**

| 채점 기준 | 비율 |
|---|---|
| (가) 분모, 분자에 $\sqrt{5}-2$를 곱해서 분모를 유리화하기 | 40 % |
| (나) $\dfrac{1}{x}$의 값 구하기 | 40 % |
| (다) $x-\dfrac{1}{x}$의 값 구하기 | 20 % |

**0523** 전략 주어진 식을 전개하여 동류항끼리 모아서 계산한 후 $x$의 계수와 상수항이 같음을 이용하여 등식을 세운다.

$(x-3)(x+a)+(2-x)(x+2)$
$=x^2+(a-3)x-3a+4-x^2$
$=(a-3)x-3a+4$

이때 $x$의 계수와 상수항이 같으므로 $a-3=-3a+4$
$4a=7$ $\qquad\therefore a=\dfrac{7}{4}$ **답 $\dfrac{7}{4}$**

**0524** 전략 곱셈 공식 $(a+b)(a-b)=a^2-b^2$을 이용하여 앞에서부터 차례로 전개한다.

$(x-1)(x+1)(x^2+1)(x^4+1)(x^8+1)$
$=(x^2-1)(x^2+1)(x^4+1)(x^8+1)$
$=(x^4-1)(x^4+1)(x^8+1)$
$=(x^8-1)(x^8+1)$
$=x^{16}-1$

따라서 $a=16,\ b=-1$이므로
$a+b=16+(-1)=15$ **답 ③**

**0525**  $x+3y=A$로 치환하여 식을 전개한다.

$x+3y=A$로 치환하면

$(x+3y-1)^2=(A-1)^2=A^2-2A+1$

$\qquad\qquad\quad =(x+3y)^2-2(x+3y)+1$

$\qquad\qquad\quad =x^2+6xy+9y^2-2x-6y+1$

따라서 상수항을 제외한 모든 항의 계수의 총합은

$1+6+9+(-2)+(-6)=8$ **답** ①

**0526**  $x=\sqrt{7}+2$의 식을 변형한 후 양변을 제곱하여 $x^2-4x$의 값을 구한다.

$x=\sqrt{7}+2$에서 $x-2=\sqrt{7}$

양변을 제곱하면

$(x-2)^2=(\sqrt{7})^2$

$x^2-4x+4=7$, $x^2-4x=3$

$\therefore x^2-4x+3=3+3=6$ **답** ①

**0527**  $a^2+b^2=(a-b)^2+2ab$를 이용한다.

$a^2+b^2=(a-b)^2+2ab=4^2+2\times3=22$ **답** 22

**Lecture**

(1) $a^2+b^2=(a+b)^2-2ab$

$\qquad\quad =(a-b)^2+2ab$

(2) $(a+b)^2=(a-b)^2+4ab$

$\quad (a-b)^2=(a+b)^2-4ab$

**0528**  먼저 $x+y$, $xy$의 값을 구한다.

$x+y=(1+\sqrt{5})+(1-\sqrt{5})=2$

$xy=(1+\sqrt{5})(1-\sqrt{5})=1-(\sqrt{5})^2=-4$

$\therefore x^2-xy+y^2=(x+y)^2-3xy$

$\qquad\qquad\qquad =2^2-3\times(-4)$

$\qquad\qquad\qquad =4+12=16$ **답** ④

**0529** $\left(x+\dfrac{1}{x}\right)^2=\left(x-\dfrac{1}{x}\right)^2+4=5^2+4=29$

$x>1$일 때, $x+\dfrac{1}{x}>0$이므로

$x+\dfrac{1}{x}=\sqrt{29}$ **답** $\sqrt{29}$

**0530**  각 항의 분모를 유리화한 후 계산한다.

$\dfrac{1}{\sqrt{5}+\sqrt{3}}+\dfrac{1}{\sqrt{7}+\sqrt{5}}+\cdots+\dfrac{1}{\sqrt{101}+\sqrt{99}}$

$=\dfrac{\sqrt{5}-\sqrt{3}}{2}+\dfrac{\sqrt{7}-\sqrt{5}}{2}+\cdots+\dfrac{\sqrt{101}-\sqrt{99}}{2}$

$=\dfrac{1}{2}\{(\sqrt{5}-\sqrt{3})+(\sqrt{7}-\sqrt{5})+\cdots+(\sqrt{101}-\sqrt{99})\}$

$=\dfrac{1}{2}(\sqrt{101}-\sqrt{3})$ **답** ⑤

# 5 인수분해 공식



**0531** 답 $1, a+2b, c, (a+2b)c$

**0532** 답 $1, x, y, x^2, xy, x^2y$

**0533** 답 $1, a, b, a-b, ab, a(a-b), b(a-b), ab(a-b)$

**0534** 답 $1, a+1, a-2, (a+1)(a-2)$

**0535** 답 $1, a, x-y, a(x-y), (x-y)^2, a(x-y)^2$

**0536** 답 $a$    **0537** 답 $xy$

**0538** 답 $2x$    **0539** 답 $2xy$

**0540** 답 $ab(a-12)$

**0541** 답 $a(x-y+z)$

**0542** 답 $xy(x-y+1)$

**0543** 답 $3b(3a^2+2ab-1)$

**0544** 답 $(a+4)^2$    **0545** 답 $(a-3)^2$

**0546** 답 $(2x+1)^2$    **0547** 답 $(x-6y)^2$

**0548** $\square=\left(\dfrac{6}{2}\right)^2=9$     답 $9$

**0549** $\square=\left(\dfrac{-10}{2}\right)^2=25$     답 $25$

**0550** $x^2+\square x+49=x^2+\square x+7^2$에서
$\square=\pm2\times7=\pm14$     답 $\pm14$

**0551** $x^2+\square xy+16y^2=x^2+\square xy+(4y)^2$에서
$\square=\pm2\times4=\pm8$     답 $\pm8$

**0552** 답 $(x+1)(x-1)$

**0553** 답 $(a+4)(a-4)$

**0554** 답 $\left(a+\dfrac{1}{3}\right)\left(a-\dfrac{1}{3}\right)$

**0555** 답 $(2x+1)(2x-1)$

**0556** $9x^2-25y^2=(3x)^2-(5y)^2$
$=(3x+5y)(3x-5y)$
답 $(3x+5y)(3x-5y)$

**0557** $\dfrac{1}{16}x^2-\dfrac{1}{49}y^2=\left(\dfrac{1}{4}x\right)^2-\left(\dfrac{1}{7}y\right)^2$
$=\left(\dfrac{1}{4}x+\dfrac{1}{7}y\right)\left(\dfrac{1}{4}x-\dfrac{1}{7}y\right)$
답 $\left(\dfrac{1}{4}x+\dfrac{1}{7}y\right)\left(\dfrac{1}{4}x-\dfrac{1}{7}y\right)$

**0558** $-a^2+25b^2=25b^2-a^2=(5b)^2-a^2=(5b+a)(5b-a)$
답 $(5b+a)(5b-a)$

**0559** $-49a^2+4b^2=4b^2-49a^2=(2b)^2-(7a)^2$
$=(2b+7a)(2b-7a)$
답 $(2b+7a)(2b-7a)$



**0560** $x(x+2)(2x-3)$의 인수는
$1, x, x+2, 2x-3, x(x+2)=x^2+2x,$
$x(2x-3)=2x^2-3x, (x+2)(2x-3),$
$x(x+2)(2x-3)$
따라서 $x(x+2)(2x-3)$의 인수가 아닌 것은 ⑤이다.
답 ⑤

**0561** $a^2b(b-1)$의 인수는
$1, a, b, b-1, a^2, ab, a(b-1), b(b-1)=b^2-b,$
$a^2b, a^2(b-1), ab(b-1), a^2b(b-1)$
따라서 $a^2b(b-1)$의 인수가 아닌 것은 ④이다. 답 ④

**0562** 전략 주어진 보기 중 $a+2$가 곱해져 있지 않은 다항식을 찾는다.
④ $(a+2)+2=a+4$이므로 $a+2$를 인수로 갖지 않는다.
답 ④

**0563** 전략 공통으로 들어 있는 인수를 이용하여 인수분해한 후 인수를 구한다.
$3x^2y-6xy^2=3xy(x-2y)$
② $3x-6y=3(x-2y)$
③ $xy-2y^2=y(x-2y)$
⑤ $x^2-2xy=x(x-2y)$
따라서 $3x^2y-6xy^2$의 인수가 아닌 것은 ④이다. 답 ④

**0564** ① $x^2-x=x(x-1)$
② $xy-yz=y(x-z)$
④ $-3x-9xy=-3x(1+3y)$
⑤ $8a^2b-4ab=4ab(2a-1)$
따라서 바르게 인수분해한 것은 ③이다. 답 ③

**0565** $8x^2y-4x=4x(2xy-1)$

$x^2y-4xy=xy(x-4)$

따라서 두 다항식에서 공통으로 들어 있는 인수는 ①이다.

**답** ①

**0566** 전략 공통으로 들어 있는 인수가 있으면 먼저 공통으로 들어 있는 인수로 묶어 낸 후 인수분해 공식을 이용한다.

② $4x^2+16x+16=4(x^2+4x+4)=4(x+2)^2$

⑤ $x^2+x+\dfrac{1}{4}=\left(x+\dfrac{1}{2}\right)^2$

따라서 완전제곱식으로 인수분해되는 것은 ②, ⑤이다.

**답** ②, ⑤

**0567** ② $25x^2+30xy+9y^2=(5x+3y)^2$

**답** ②

**0568** 전략 우변을 전개하여 각 항의 계수를 비교한다.

$Ax^2+12x+B=(2x+C)^2$에서

$Ax^2+12x+B=4x^2+4Cx+C^2$

$\therefore A=4,\ 12=4C,\ B=C^2$

$12=4C$에서 $C=3$

$B=C^2$에서 $B=3^2=9$

$\therefore A+B-C=4+9-3=10$

**답** 10

**0569** $a^2+\dfrac{1}{2}a+\square$에서 $\square=\left(\dfrac{1}{2}\div 2\right)^2=\left(\dfrac{1}{4}\right)^2=\dfrac{1}{16}$

$x^2+\square x+16=x^2+\square x+4^2$에서

$\square=2\times 4=8\ (\because\ \square>0)$

**답** $\dfrac{1}{16},\ 8$

**0570** $x^2+12x+\square$가 완전제곱식이 되려면

$\square=\left(\dfrac{12}{2}\right)^2=36$

즉 $x^2+12x+36=(x+6)^2$이므로 $\square$ 안에 알맞은 수는 차례대로 36, 6이다.

**답** ④

**0571** 전략 $x^2$의 계수가 제곱수가 아니므로 $x^2$의 계수로 묶어 낸 후 완전제곱식이 될 조건을 이용한다.

$2x^2-6x+\square=2\left(x^2-3x+\dfrac{\square}{2}\right)$에서

$\dfrac{\square}{2}=\left(\dfrac{-3}{2}\right)^2=\dfrac{9}{4}$　　$\therefore \square=\dfrac{9}{2}$

**답** $\dfrac{9}{2}$

**0572** $x^2-10x+3a+7$이 완전제곱식이 되려면

$3a+7=\left(\dfrac{-10}{2}\right)^2=25$

$3a=18$　　$\therefore a=6$

**답** 6

**0573** $(x+3)(x-5)+k=x^2-2x-15+k$ ……⑦

이 식이 완전제곱식이 되려면

$-15+k=\left(\dfrac{-2}{2}\right)^2=1$ ……⑭

$\therefore k=16$ ……⑭

**답** 16

| 채점 기준 | 비율 |
| --- | --- |
| ⑦ 주어진 식을 전개하기 | 30 % |
| ⑭ ⑦의 식이 완전제곱식이 되기 위한 조건을 이용하여 식 세우기 | 50 % |
| ⑭ $k$의 값 구하기 | 20 % |

**0574** $x^2+(n+3)x+36=x^2+(n+3)x+6^2$에서

$n+3=\pm 2\times 6=\pm 12$이므로

$n+3=12$에서 $n=9$

$n+3=-12$에서 $n=-15$

따라서 구하는 $n$의 값의 합은

$9+(-15)=-6$

**답** $-6$

**0575** 전략 먼저 주어진 식을 $(\bullet x)^2+(a-4)x+\blacktriangle^2$으로 고친 후 $a-4=\pm 2\times \bullet \times \blacktriangle$임을 이용한다.

$4x^2+(a-4)x+36=(2x)^2+(a-4)x+6^2$에서

$a-4=\pm 2\times 2\times 6=\pm 24$이므로

$a-4=24$에서 $a=28$

$a-4=-24$에서 $a=-20$

**답** 28, $-20$

**0576** $\dfrac{1}{9}x^2+\square xy+\dfrac{1}{4}y^2=\left(\dfrac{1}{3}x\right)^2+\square xy+\left(\dfrac{1}{2}y\right)^2$이므로

$\square=\pm 2\times \dfrac{1}{3}\times \dfrac{1}{2}=\pm\dfrac{1}{3}$

**답** $\pm\dfrac{1}{3}$

**0577** ① $a^2+6a+\square$에서 $\square=\left(\dfrac{6}{2}\right)^2=9$

② $a^2+\square a+1$에서 $\square=2\times 1\times 1=2\ (\because\ \square>0)$

③ $\square x^2-16x+4=\square x^2-2\times 4\times 2\times x+2^2$이므로

$\square=4^2=16$

④ $9y^2+\square y+\dfrac{1}{9}=(3y)^2+\square y+\left(\dfrac{1}{3}\right)^2$이므로

$\square=2\times 3\times \dfrac{1}{3}=2\ (\because\ \square>0)$

⑤ $4x^2+\square xy+25y^2=(2x)^2+\square xy+(5y)^2$이므로

$\square=2\times 2\times 5=20\ (\because\ \square>0)$

따라서 가장 큰 수는 ⑤이다.

**답** ⑤

**0578** $16x^2+(2k+4)x+9=(4x)^2+(2k+4)x+3^2$에서

$2k+4=\pm 2\times 4\times 3=\pm 24$이므로

$2k+4=24$에서 $k=10$

$2k+4=-24$에서 $k=-14$

이때 $k$는 양수이므로 $k=10$

**답** 10

**0579** 전략 $x^2+2x+1=(x+1)^2$, $x^2-6x+9=(x-3)^2$이므로 주어진 $x$의 값의 범위를 이용하여 $x+1$, $x-3$의 부호를 판단한다.

$\sqrt{x^2+2x+1}-\sqrt{x^2-6x+9}$

$=\sqrt{(x+1)^2}-\sqrt{(x-3)^2}$

이때 $-1<x<3$이므로 $x+1>0$, $x-3<0$

$\therefore$ (주어진 식)$=x+1-\{-(x-3)\}$

$=x+1+x-3=2x-2$

**답** $2x-2$

**0580** $\sqrt{a^2+4a+4}+\sqrt{a^2-4a+4}$
$=\sqrt{(a+2)^2}+\sqrt{(a-2)^2}$
이때 $0<a<2$이므로 $a+2>0$, $a-2<0$
$\therefore$ (주어진 식) $=a+2-(a-2)=a+2-a+2=4$    답 $4$

**0581** $\sqrt{x^2-2xy+y^2}+\sqrt{x^2+2xy+y^2}$
$=\sqrt{(x-y)^2}+\sqrt{(x+y)^2}$
이때 $y<x<0$이므로 $x-y>0$, $x+y<0$
$\therefore$ (주어진 식) $=x-y-(x+y)$
$=x-y-x-y=-2y$    답 $-2y$

**0582** $\sqrt{\left(a+\dfrac{1}{a}\right)^2-4}+\sqrt{\left(a-\dfrac{1}{a}\right)^2+4}$

$=\sqrt{a^2+\dfrac{1}{a^2}-2}+\sqrt{a^2+\dfrac{1}{a^2}+2}$

$=\sqrt{\left(a-\dfrac{1}{a}\right)^2}+\sqrt{\left(a+\dfrac{1}{a}\right)^2}$

$0<a<1$일 때, $\dfrac{1}{a}>1$이므로 $a-\dfrac{1}{a}<0$, $a+\dfrac{1}{a}>0$

$\therefore$ (주어진 식) $=-\left(a-\dfrac{1}{a}\right)+\left(a+\dfrac{1}{a}\right)$

$=-a+\dfrac{1}{a}+a+\dfrac{1}{a}=\dfrac{2}{a}$    답 ②

**0583** $x^3-x=x(x^2-1)=x(x+1)(x-1)$
따라서 $x^3-x$의 인수가 아닌 것은 ①이다.    답 ①

**0584** ① $x^2-25=(x+5)(x-5)$
② $9x^2-16=(3x)^2-4^2=(3x+4)(3x-4)$
③ $-16a^2+25b^2=25b^2-16a^2=(5b)^2-(4a)^2$
$=(5b+4a)(5b-4a)$
④ $x^2-y^2=(x+y)(x-y)$
⑤ $4x^2-36=4(x^2-9)=4(x+3)(x-3)$
따라서 인수분해를 바르게 한 것은 ⑤이다.    답 ⑤

**0585** $x^4-1=(x^2+1)(x^2-1)$
$=(x^2+1)(x+1)(x-1)$
따라서 $x^4-1$의 인수가 아닌 것은 ⑤이다.    답 ⑤

## STEP 1 개념 마스터    p.88

**0586**    답 $1, 2$

**0587**    답 $3x, -4, -4x, 3, 4$

**0588** $x^2+6x+8$

$\begin{array}{ll} x & 2 \Rightarrow 2x \\ x & 4 \Rightarrow 4x \end{array}$ ( $+$
$6x$

$\therefore x^2+6x+8=(x+2)(x+4)$    답 $(x+2)(x+4)$

**0589** $x^2-8x+7$

$\begin{array}{ll} x & -1 \Rightarrow -x \\ x & -7 \Rightarrow -7x \end{array}$ ( $+$
$-8x$

$\therefore x^2-8x+7=(x-1)(x-7)$    답 $(x-1)(x-7)$

**0590** $x^2+xy-6y^2$

$\begin{array}{ll} x & 3y \Rightarrow 3xy \\ x & -2y \Rightarrow -2xy \end{array}$ ( $+$
$xy$

$\therefore x^2+xy-6y^2=(x+3y)(x-2y)$
답 $(x+3y)(x-2y)$

**0591** $x^2-5xy+6y^2$

$\begin{array}{ll} x & -2y \Rightarrow -2xy \\ x & -3y \Rightarrow -3xy \end{array}$ ( $+$
$-5xy$

$\therefore x^2-5xy+6y^2=(x-2y)(x-3y)$
답 $(x-2y)(x-3y)$

**0592**    답 $2x, 2x, 3, 6x, 2x+3$

**0593**    답 $3y, 6xy, 2x, -y, -xy, 3y, 2x-y$

**0594** $2x^2+9x+4$

$\begin{array}{ll} x & 4 \Rightarrow 8x \\ 2x & 1 \Rightarrow x \end{array}$ ( $+$
$9x$

$\therefore 2x^2+9x+4=(x+4)(2x+1)$    답 $(x+4)(2x+1)$

**0595** $3x^2+4x-15$

$\begin{array}{ll} x & 3 \Rightarrow 9x \\ 3x & -5 \Rightarrow -5x \end{array}$ ( $+$
$4x$

$\therefore 3x^2+4x-15=(x+3)(3x-5)$    답 $(x+3)(3x-5)$

**0596** $6x^2-7x+2$

$\begin{array}{ll} 2x & -1 \Rightarrow -3x \\ 3x & -2 \Rightarrow -4x \end{array}$ ( $+$
$-7x$

$\therefore 6x^2-7x+2=(2x-1)(3x-2)$    답 $(2x-1)(3x-2)$

**0597** $3x^2+5xy+2y^2$

$\begin{array}{ll} x & y \Rightarrow 3xy \\ 3x & 2y \Rightarrow 2xy \end{array}$ ( $+$
$5xy$

$\therefore 3x^2+5xy+2y^2=(x+y)(3x+2y)$
답 $(x+y)(3x+2y)$

**0598** (전략) $3+B=A$, $3B=6$에서 $A$, $B$의 값을 구한다.
$x^2+Ax+6=(x+B)(x+3)$에서
$3B=6$이므로 $B=2$
$3+B=A$이므로 $A=3+2=5$
$\therefore A-B=5-2=3$
    **답** 3

**0599** $(x+1)(x-5)-16=x^2-4x-21$
$\qquad\qquad\qquad\qquad =(x+3)(x-7)$
    **답** $(x+3)(x-7)$

**0600** $x^2-4x-12=(x+2)(x-6)$       ······ (가)
따라서 두 일차식의 합은
$(x+2)+(x-6)=2x-4$       ······ (나)
    **답** $2x-4$

| 채점 기준 | 비율 |
| --- | --- |
| (가) $x^2-4x-12$를 인수분해하기 | 70 % |
| (나) 두 일차식의 합 구하기 | 30 % |

**0601** (전략) 인수분해하는 과정에서 $y$를 빠뜨리지 않도록 주의한다.
$x^2-xy-56y^2=(x+7y)(x-8y)$
따라서 두 일차식의 합은
$(x+7y)+(x-8y)=2x-y$     **답** $2x-y$

**0602** $10x^2+x-21=(2x+3)(5x-7)$
따라서 두 일차식의 합은
$(2x+3)+(5x-7)=7x-4$     **답** $7x-4$

**0603** $6x^2+ax-20=(2x+5)(3x+b)$에서
$5b=-20$이므로 $b=-4$
$2b+5\times3=a$이므로 $a=2\times(-4)+15=7$
$\therefore a+b=7+(-4)=3$     **답** 3

**0604** (전략) 주어진 식을 전개하여 다항식으로 나타낸 후 인수분해한다.
$(2x+7)(5x-1)+16=10x^2+33x+9$
$\qquad\qquad\qquad\qquad\quad =(x+3)(10x+3)$
따라서 보기 중 인수는 ①, ⑤이다.
    **답** ①, ⑤

**0605** (전략) $-3b=-15$, $3-2b=2a-1$에서 $a$, $b$의 값을 구한다.
$2x^2+(2a-1)x-15=(x-b)(2x+3)$에서
$-3b=-15$이므로 $b=5$
$3-2b=2a-1$이므로
$3-2\times5=2a-1$, $-7=2a-1$
$2a=-6$     $\therefore a=-3$
$\therefore ab=(-3)\times5=-15$     **답** $-15$

**0606** (전략) 공통으로 들어 있는 인수가 있으면 공통으로 들어 있는 인수로 묶어 낸 후 인수분해 공식을 이용한다.
① $4x^2-25y^2=(2x+5y)(2x-5y)$
② $6x^2+10x-4=2(3x-1)(x+2)$
⑤ $2x^2-4x-30=2(x-5)(x+3)$
따라서 인수분해가 바르게 된 것은 ③, ④이다.     **답** ③, ④

**0607** ㉠ $ax-3a=a(x-3)$
㉡ $9x^2-4=(3x+2)(3x-2)$
㉢ $x^2+x-6=(x+3)(x-2)$
㉣ $x^2-2x-3=(x+1)(x-3)$
따라서 $x-3$을 인수로 갖는 다항식은 ㉠, ㉣이다.
    **답** ㉠, ㉣

**0608** ① $x^2-8x+16=(x-\boxed{4})^2$
② $x^2+2x-15=(x-\boxed{3})(x+5)$
③ $2x^2-2y^2=\boxed{2}(x+y)(x-y)$
④ $3x^2-8x+5=(x-\boxed{1})(3x-5)$
⑤ $2x^2+xy-6y^2=(x+2y)(2x-\boxed{3}y)$
따라서 $\boxed{\phantom{x}}$ 안에 알맞은 수 중 가장 작은 것은 ④이다.
    **답** ④

**0609** (전략) 두 다항식을 각각 인수분해한 후 공통으로 들어 있는 인수를 찾는다.
$x^2-8x+12=(x-2)(x-6)$
$2x^2-7x+6=(x-2)(2x-3)$
따라서 두 다항식에서 공통으로 들어 있는 인수는 ①이다.
    **답** ①

**0610** $2ax-4ay=2a(x-2y)$
$x^2-4y^2=(x+2y)(x-2y)$
따라서 1이 아닌 공통으로 들어 있는 인수는 $x-2y$이다.
    **답** $x-2y$

**0611** $4x^2-9=(2x+3)(2x-3)$
$4x^2-4x-15=(2x+3)(2x-5)$
따라서 두 다항식에서 공통으로 들어 있는 인수는 $2x+3$이므로 $a=2$     **답** 2

**0612** ① $x^2-3x=x(x-3)$
② $x^2-5x+6=(x-2)(x-3)$
③ $x^2-2x-3=(x+1)(x-3)$
④ $x^2+3x-4=(x-1)(x+4)$
⑤ $2x^2-5x-3=(2x+1)(x-3)$
따라서 나머지 넷과 1이 아닌 공통으로 들어 있는 인수를 갖지 않는 것은 ④이다.     **답** ④

**0613** (전략) $8x^2+ax+3$에서 $x^2$의 계수가 8이므로
$8x^2+ax+3=(2x-1)(4x+\boxed{\phantom{x}})$로 놓을 수 있다.

$8x^2+ax+3=(2x-1)(4x+\square)$로 놓으면

$-1\times\square=3$ $\quad\therefore\square=-3$

$(2x-1)(4x-3)=8x^2-10x+3$이므로

$a=-10$ 답 $-10$

**0614** $x^2+4x+a=(x+1)(x+\square)$로 놓으면

$1+\square=4$ $\quad\therefore\square=3$

$(x+1)(x+3)=x^2+4x+3$이므로 $a=3$ 답 $3$

**0615** $x^2+ax-2=(x-2)(x+\square)$로 놓으면

$-2\times\square=-2$ $\quad\therefore\square=1$

$(x-2)(x+1)=x^2-x-2$이므로 $a=-1$ ······ ㈎

$2x^2-7x+b=(x-2)(2x+\square)$로 놓으면

$\square+(-2)\times2=-7$ $\quad\therefore\square=-3$

$(x-2)(2x-3)=2x^2-7x+6$이므로 $b=6$ ······ ㈏

$\therefore a-b=-1-6=-7$ ······ ㈐

답 $-7$

| 채점 기준 | 비율 |
|---|---|
| ㈎ $x^2+ax-2=(x-2)(x+\square)$로 놓고 $a$의 값 구하기 | 40 % |
| ㈏ $2x^2-7x+b=(x-2)(2x+\square)$로 놓고 $b$의 값 구하기 | 40 % |
| ㈐ $a-b$의 값 구하기 | 20 % |

**0616** 전략 미지수가 없는 두 다항식을 인수분해하여 공통으로 들어 있는 인수를 구한다.

$3x^2-6x+3=3(x^2-2x+1)=3(x-1)^2$

$2x^3y-2xy=2xy(x^2-1)=2xy(x+1)(x-1)$

위의 두 다항식에서 1이 아닌 공통으로 들어 있는 인수는 $x-1$이므로 $x^2+3x+a$도 $x-1$을 인수로 갖는다.

$x^2+3x+a=(x-1)(x+\square)$로 놓으면

$-1+\square=3$ $\quad\therefore\square=4$

즉 $(x-1)(x+4)=x^2+3x-4$이므로

$a=-4$ 답 $-4$

**0617** 전략 재준이는 $x^2$의 계수, 상수항을 제대로 보았고, 영환이는 $x^2$의 계수, $x$의 계수를 제대로 보았음을 이용한다.

재준이는 $x^2$의 계수와 상수항을 제대로 보았으므로

$(x+8)(x-1)=x^2+7x-8$

➡ $x^2$의 계수는 1, 상수항은 $-8$

영환이는 $x^2$의 계수와 $x$의 계수를 제대로 보았으므로

$(x-5)(x+3)=x^2-2x-15$

➡ $x^2$의 계수는 1, $x$의 계수는 $-2$

따라서 처음 이차식은 $x^2-2x-8$이므로

$x^2-2x-8=(x-4)(x+2)$ 답 $(x-4)(x+2)$

**0618** 대성이는 $x^2$의 계수와 상수항을 제대로 보았으므로

$(x-2)(x+9)=x^2+7x-18$

➡ $x^2$의 계수는 1, 상수항은 $-18$

태연이는 $x^2$의 계수와 $x$의 계수를 제대로 보았으므로

$(x+1)(x+2)=x^2+3x+2$

➡ $x^2$의 계수는 1, $x$의 계수는 3

따라서 처음 이차식은 $x^2+3x-18$이다. 답 ④

**0619** 연서는 $x^2$의 계수와 상수항을 제대로 보았으므로

$(2x-1)(2x+7)=4x^2+12x-7$

➡ $x^2$의 계수는 4, 상수항은 $-7$

준호는 $x^2$의 계수와 $x$의 계수를 제대로 보았으므로

$(2x-3)^2=4x^2-12x+9$

➡ $x^2$의 계수는 4, $x$의 계수는 $-12$

따라서 처음 이차식은 $4x^2-12x-7$이므로

$4x^2-12x-7=(2x+1)(2x-7)$ 답 ⑤

**0620** 전략 주어진 9개의 도형의 넓이의 합을 식으로 나타낸 후 인수분해한다.

주어진 직사각형의 넓이의 합을 식으로 나타내면

$a^2+a^2+a+a+a+a+a+1+1$

$=2a^2+5a+2$

$=(2a+1)(a+2)$

즉 직사각형의 가로의 길이와 세로의 길이는 각각 $2a+1$, $a+2$ 또는 $a+2$, $2a+1$이므로 둘레의 길이는

$2\{(2a+1)+(a+2)\}$

$=2(3a+3)=6a+6$ 답 $6a+6$

**0621** 주어진 직사각형의 넓이의 합을 식으로 나타내면

$x^2+x+x+x+x+1+1+1+1$

$=x^2+4x+4$

$=(x+2)^2$

따라서 구하는 정사각형의 한 변의 길이는 $x+2$이다.

답 $x+2$

**0622** 전략 [그림 2]의 가로와 세로의 길이를 각각 $a$, $b$의 식으로 나타낸다.

[그림 1]의 넓이는 $a^2-b^2$

[그림 2]에서 가로의 길이는 $a+b$, 세로의 길이는 $a-b$이므로 넓이는 $(a+b)(a-b)$

이때 [그림 1]과 [그림 2]의 넓이가 같으므로

$a^2-b^2=(a+b)(a-b)$ 답 ③

**0623** $2x^2+7x+3=(x+3)(2x+1)$

이때 직사각형의 가로의 길이가 $x+3$이므로 세로의 길이는 $2x+1$이다.

$\therefore$ (둘레의 길이)$=2\{(x+3)+(2x+1)\}$
$$=2(3x+4)$$
$$=6x+8$$

답 $6x+8$

**0624** $10x^2+17x+3=(5x+1)(2x+3)$
이때 직사각형의 가로의 길이가 $5x+1$이므로 세로의 길이는 $2x+3$이다.

답 $2x+3$

**0625**  (삼각형의 넓이)$=\dfrac{1}{2}\times$(밑변의 길이)$\times$(높이)

$x^2+x-6=(x+3)(x-2)$이므로 주어진 삼각형의 높이를 $h$라 하면 $\dfrac{1}{2}\times(x-2)\times h=(x+3)(x-2)$

$\dfrac{1}{2}h=x+3$

$\therefore h=2(x+3)=2x+6$

답 $2x+6$

**0626**  (사다리꼴의 넓이)
$$=\dfrac{1}{2}\times\{(\text{윗변의 길이})+(\text{아랫변의 길이})\}\times(\text{높이})$$

$2a^2+9a+4=(a+4)(2a+1)$이므로

$\dfrac{1}{2}\times\{(a+1)+(a+7)\}\times(\text{높이})=(a+4)(2a+1)$

$(a+4)\times(\text{높이})=(a+4)(2a+1)$

$\therefore$ (높이)$=2a+1$

답 $2a+1$

**0627**  (원의 넓이)$=\pi\times$(반지름의 길이)$^2$

(피자의 넓이)$=(4x^2+20xy+25y^2)\pi$
$$=(2x+5y)^2\pi$$

따라서 피자의 반지름의 길이는 $2x+5y$이므로 지름의 길이는 $2(2x+5y)=4x+10y$

답 ①

**0628** 직사각형 B의 세로의 길이를 $\square$라 하면
(직사각형 A의 넓이)$-1\times5=2\times$(직사각형 B의 넓이)
이므로 $(4x+1)(6x+1)-1\times5=2\times(4x-1)\times\square$
이때
$(4x+1)(6x+1)-1\times5=24x^2+10x-4$
$$=2(4x-1)(3x+2)$$

이므로 $\square=3x+2$

답 $3x+2$

**0629** $x^2+7x+k=(x+a)(x+b)$
$$=x^2+(a+b)x+ab$$

에서 $a+b=7,\ ab=k$

$a+b=7$을 만족하는 두 자연수 $a,\ b$를 순서쌍 $(a,\ b)$로 나타내면 $(1,6),(2,5),(3,4),(4,3),(5,2),(6,1)$이다.
이때 $k=ab$의 최댓값은 $3\times4=12$이다.

답 $12$

**0630** $x^2+11x+p=(x+a)(x+b)=x^2+(a+b)x+ab$에서
$a+b=11,\ ab=p$

$a+b=11$을 만족하는 두 자연수 $a,\ b$를 순서쌍 $(a,\ b)$로 나타내면 $(1,10),(2,9),(3,8),(4,7),(5,6),(6,5),(7,4),(8,3),(9,2),(10,1)$이므로
$p=ab$의 최댓값은 $5\times6=30$, 최솟값은 $1\times10=10$
따라서 $p$의 최댓값과 최솟값의 차는
$30-10=20$

답 $20$

**0631**  보기에 주어진 수를 $\square$에 대입하여 인수분해한다.
① $x^2+5x+10$
② $x^2+5x+6=(x+2)(x+3)$
③ $x^2+5x-6=(x+6)(x-1)$
④ $x^2+5x-14=(x+7)(x-2)$
⑤ $x^2+5x-300=(x+20)(x-15)$
따라서 $\square$ 안에 들어갈 수 없는 것은 ①이다.

답 ①

**0632**  곱이 $12$인 두 정수를 모두 찾는다.
$x^2+\square x+12=(x+a)(x+b)$로 놓으면
$a+b=\square,\ ab=12$
$ab=12$를 만족하는 두 정수 $a,\ b$와 $a+b$의 값을 표로 나타내면 다음과 같다.

| $a$ | $b$ | $a+b=\square$ | $a$ | $b$ | $a+b=\square$ |
|---|---|---|---|---|---|
| 1 | 12 | 13 | $-1$ | $-12$ | $-13$ |
| 2 | 6 | 8 | $-2$ | $-6$ | $-8$ |
| 3 | 4 | 7 | $-3$ | $-4$ | $-7$ |
| 4 | 3 | 7 | $-4$ | $-3$ | $-7$ |
| 6 | 2 | 8 | $-6$ | $-2$ | $-8$ |
| 12 | 1 | 13 | $-12$ | $-1$ | $-13$ |

따라서 $\square$ 안에 알맞은 정수는 $-13,\ -8,\ -7,\ 7,\ 8,\ 13$의 $6$개이다.

답 6개

**0633** $x^2+mx-24=(x+a)(x+b)$에서
$a+b=m,\ ab=-24$
$ab=-24$를 만족하는 두 정수 $a,\ b$와 $a+b$의 값을 표로 나타내면 다음과 같다.

| $a$ | $b$ | $a+b=m$ | $a$ | $b$ | $a+b=m$ |
|---|---|---|---|---|---|
| 1 | $-24$ | $-23$ | $-1$ | 24 | 23 |
| 2 | $-12$ | $-10$ | $-2$ | 12 | 10 |
| 3 | $-8$ | $-5$ | $-3$ | 8 | 5 |
| 4 | $-6$ | $-2$ | $-4$ | 6 | 2 |
| 6 | $-4$ | 2 | $-6$ | 4 | $-2$ |
| 8 | $-3$ | 5 | $-8$ | 3 | $-5$ |
| 12 | $-2$ | 10 | $-12$ | 2 | $-10$ |
| 24 | $-1$ | 23 | $-24$ | 1 | $-23$ |

따라서 $m$의 값이 될 수 없는 것은 ⑤이다.

답 ⑤

**0634** $2x^2+\square x-10=(2x+a)(x+b)$로 놓으면
$a+2b=\square,\ ab=-10$

$ab=-10$을 만족하는 두 정수 $a$, $b$와 $a+2b$의 값을 표로 나타내면 다음과 같다.

| $a$ | $b$ | $a+2b=\square$ | | $a$ | $b$ | $a+2b=\square$ |
|---|---|---|---|---|---|---|
| 1 | $-10$ | $-19$ | | $-1$ | 10 | 19 |
| 2 | $-5$ | $-8$ | | $-2$ | 5 | 8 |
| 5 | $-2$ | 1 | | $-5$ | 2 | $-1$ |
| 10 | $-1$ | 8 | | $-10$ | 1 | $-8$ |

따라서 $\square$ 안에 알맞은 정수는 $-19$, $-8$, $-1$, 1, 8, 19이다.　　　　　　　　　　　**답** $-19$, $-8$, $-1$, 1, 8, 19

**0635** 전략 $p$가 소수일 때 $p=mn$이면 $m=1$ 또는 $n=1$이다.
$2a^2-a-15=(a-3)(2a+5)$가 소수이므로
$a-3=1$ 또는 $2a+5=1$이다.
(i) $a-3=1$일 때, $a=4$
　　$\therefore 2a+5=2\times4+5=13$
(ii) $2a+5=1$일 때, $a=-2$
　　이때 $a$는 자연수이므로 성립하지 않는다.
따라서 구하는 소수는 13이다.　　　　**답** 13

**0636** $3a^2-10a-8=(3a+2)(a-4)$가 소수이므로
$3a+2=1$ 또는 $a-4=1$이다.
(i) $3a+2=1$일 때, $3a=-1$　　$\therefore a=-\dfrac{1}{3}$
　　이때 $a$는 자연수이므로 성립하지 않는다.
(ii) $a-4=1$일 때, $a=5$
　　$\therefore 3a+2=3\times5+2=17$
따라서 구하는 소수는 17이다.　　　　**답** 17

**0637** $n^2-2n-35=(n+5)(n-7)$이 소수가 되려면
$n+5=1$ 또는 $n-7=1$이어야 한다.
(i) $n+5=1$일 때, $n=-4$
　　이때 $n$은 자연수이므로 성립하지 않는다.
(ii) $n-7=1$일 때, $n=8$
따라서 구하는 $n$의 값은 8이다.　　　　**답** 8

STEP **3**　**내신 마스터**　　　　　p.95 ~ p.97

**0638** 전략 $x(x-3)(x+3)$의 인수를 모두 구한다.
$x(x-3)(x+3)$의 인수는
$1, x, x-3, x+3, x(x-3)=x^2-3x,$
$x(x+3)=x^2+3x, (x-3)(x+3)=x^2-9,$
$x(x-3)(x+3)$
따라서 $x(x-3)(x+3)$의 인수가 아닌 것은 ⑤이다.
　　　　　　　　　　　　　　　　**답** ⑤

**0639** 전략 주어진 다항식을 공통으로 들어 있는 인수로 묶어 인수분해한다.
$xy(x+y)-xy=xy(x+y-1)$
따라서 $xy(x+y)-xy$의 인수가 아닌 것은 ④이다.　　**답** ④

**0640** 전략 $a^2\pm2ab+b^2=(a\pm b)^2$임을 이용한다.
① $x^2-12x+36=(x-6)^2$
② $4x^2+4x+1=(2x+1)^2$
③ $9x^2-12x+4=(3x-2)^2$
④ $\dfrac{1}{9}x^2+\dfrac{2}{3}x+1=\left(\dfrac{1}{3}x+1\right)^2$
따라서 완전제곱식으로 인수분해되지 않는 것은 ⑤이다.
　　　　　　　　　　　　　　　　**답** ⑤

**0641** 전략 $a^2x^2+\square x+b^2$이 완전제곱식이 되려면 ➡ $\square=\pm2ab$
$(2x-1)(8x-1)+ax=16x^2-10x+1+ax$
$\qquad\qquad\qquad\qquad=16x^2+(a-10)x+1$
$\qquad\qquad\qquad\qquad=(4x)^2+(a-10)x+1^2$ ······ (가)
이 식이 완전제곱식이 되려면
$a-10=\pm2\times4\times1=\pm8$이므로 ······ (나)
$a-10=8$에서 $a=18$
$a-10=-8$에서 $a=2$
따라서 구하는 상수 $a$의 값은 2, 18이다. ······ (다)
　　　　　　　　　　　　　　　　**답** 2, 18

| 채점 기준 | 비율 |
|---|---|
| (가) 주어진 다항식을 전개하기 | 40 % |
| (나) 완전제곱식이 되기 위한 조건 구하기 | 30 % |
| (다) $a$의 값 구하기 | 30 % |

**0642** 전략 $x^2\pm bx+\square$가 완전제곱식이 되려면 ➡ $\square=\left(\dfrac{\pm b}{2}\right)^2$
$x^2+6x+a$가 완전제곱식이 되려면
$a=\left(\dfrac{6}{2}\right)^2=9$
$9y^2-by+4=(3y)^2-by+2^2$이 완전제곱식이 되려면
$-b=\pm2\times3\times2=\pm12$이므로
$b=\pm12$
이때 $ab<0$이고 $a>0$이므로 $b<0$　　$\therefore b=-12$
$\therefore a+b=9+(-12)=-3$　　　　　**답** $-3$

**0643** 전략 $\sqrt{A^2}=\begin{cases}A\ (A\geq0)\\-A\ (A<0)\end{cases}$임을 이용한다.
$\sqrt{x^2+8x+16}-\sqrt{x^2-10x+25}$
$=\sqrt{(x+4)^2}-\sqrt{(x-5)^2}$ ······ (가)
$0<x<5$일 때, $x+4>0$, $x-5<0$이므로 ······ (나)
(주어진 식)$=x+4-\{-(x-5)\}$
$\qquad\qquad=x+4+x-5$
$\qquad\qquad=2x-1$ ······ (다)

$$\text{답 } 2x-1$$

| 채점 기준 | 비율 |
|---|---|
| ㈎ 근호 안의 식을 완전제곱식으로 인수분해하기 | 40 % |
| ㈏ $x+4$와 $x-5$의 부호 파악하기 | 30 % |
| ㈐ 주어진 식의 근호를 없애고 간단히 하기 | 30 % |

**0644** 전략 공통으로 들어 있는 인수를 묶어 내고
$a^2-b^2=(a+b)(a-b)$임을 이용하여 인수분해한다.
$2x^3-8x=2x(x^2-4)=2x(x+2)(x-2)$
따라서 보기 중 $2x^3-8x$의 인수는 ㉠, ㉡, ㉢, ㉤의 4개이다.
$$\text{답 } 4개$$

**0645** 전략 주어진 식을 전개하여 다항식으로 나타낸 후 인수분해한다.
$$(x-3)(x+7)+9=x^2+4x-21+9$$
$$=x^2+4x-12$$
$$=(x-2)(x+6)$$
$$\text{답 } ④$$

**0646** 전략 $a=5+b$, $-30=5b$에서 $a$, $b$의 값을 구한다.
$x^2+ax-30=(x+5)(x+b)$에서
$-30=5b$이므로 $b=-6$
$5+b=a$이므로 $a=5+(-6)=-1$
$\therefore a-b=-1-(-6)=5$
$$\text{답 } 5$$

**0647** 전략 $ax^2+(ad+bc)x+bd=(ax+b)(cx+d)$임을 이용하여 인수분해한다.
$$(5x-3)(3x+2)+4=15x^2+x-2$$
$$=(3x-1)(5x+2)$$
따라서 보기 중 인수는 ③, ④이다.
$$\text{답 } ③, ④$$

**0648** 전략 공통으로 들어 있는 인수가 있으면 먼저 공통으로 들어 있는 인수를 묶어 낸 후 인수분해공식을 이용한다.
① $3a^2+11a+6=(3a+2)(a+3)$
② $a^2-2ab-15b^2=(a+3b)(a-5b)$
③ $16ax^2-9ay^2=a(16x^2-9y^2)$
$$=a(4x+3y)(4x-3y)$$
④ $3x^2-12xy+12y^2=3(x^2-4xy+4y^2)$
$$=3(x-2y)^2$$
⑤ $10a^2+3ab-4b^2=(2a-b)(5a+4b)$
따라서 인수분해가 바르게 된 것은 ③이다.
$$\text{답 } ③$$

**0649** 전략 각각의 식을 인수분해하여 $x-2$를 인수로 갖는지 확인한다.
① $x^2-2x=x(x-2)$
② $x^2-4=(x+2)(x-2)$
③ $x^2-4x+4=(x-2)^2$

④ $x^2+3x-10=(x+5)(x-2)$
⑤ $2x^2+3x-2=(2x-1)(x+2)$
따라서 $x-2$를 인수로 갖지 않는 것은 ⑤이다.
$$\text{답 } ⑤$$

**0650** 전략 A, B, C 카드의 뒷면에 적힌 일차식을 각각 구한다.
선희가 뽑은 A, B 카드의 뒷면에 적힌 일차식의 곱셈 결과를 인수분해하면
$$2x^2+7x+3=(x+3)(2x+1)$$
민국이가 뽑은 A, C 카드의 뒷면에 적힌 일차식의 곱셈 결과를 인수분해하면
$$x^2+2x-3=(x+3)(x-1)$$
이때 선희와 민국이가 공통으로 뽑은 카드는 A이므로
A 카드의 뒷면에 적힌 식은 $x+3$, B, C 카드의 뒷면에 적힌 식은 각각 $2x+1$, $x-1$이다.
따라서 아름이가 뽑은 B, C 카드의 뒷면에 적힌 일차식의 곱셈 결과는
$$(2x+1)(x-1)=2x^2-x-1$$
$$\text{답 } 2x^2-x-1$$

**0651** 전략 $2x^2-ax-14=(x+2)(2x+\square)$,
$x^2+bx-8=(x+2)(x+\square)$로 놓는다.
$2x^2-ax-14=(x+2)(2x+\square)$로 놓으면
$2\times\square=-14$ $\quad\therefore \square=-7$
$(x+2)(2x-7)=2x^2-3x-14$이므로 $a=3$
$x^2+bx-8=(x+2)(x+\square)$로 놓으면
$2\times\square=-8$ $\quad\therefore \square=-4$
$(x+2)(x-4)=x^2-2x-8$이므로 $b=-2$
$\therefore a-b=3-(-2)=5$
$$\text{답 } ⑤$$

> **Lecture**
>
> $x$에 대한 두 이차식 $A$, $B$에서 공통으로 들어 있는 인수가 $mx+n$일 때
> $$A=(mx+n)\times(\bullet x+\blacktriangle)$$
> $$B=(mx+n)\times(\blacksquare x+\bigstar)$$
> 이때 $A$에서 $(x^2$의 계수$)=m\times\bullet$, $(상수항)=n\times\blacktriangle$
> $B$에서 $(x^2$의 계수$)=m\times\blacksquare$, $(상수항)=n\times\bigstar$

**0652** 전략 민성이와 윤찬이가 제대로 본 것은 무엇인지 파악한다.
민성이는 $x^2$의 계수와 상수항을 제대로 보았고, 윤찬이는 $x^2$의 계수와 $x$의 계수를 제대로 보았다.
민성 : $(x-2)(x+8)=x^2+6x-16$
$$\Rightarrow x^2의 계수는 1, 상수항은 -16$$
윤찬 : $(x-10)(x+4)=x^2-6x-40$
$$\Rightarrow x^2의 계수는 1, x의 계수는 -6 \quad\cdots\cdots ㈎$$
따라서 처음 이차식은 $x^2-6x-16$이므로 이를 인수분해하면
$$x^2-6x-16=(x+2)(x-8) \quad\cdots\cdots ㈏$$
따라서 $a=2$, $b=-8$ $(\because a>b)$이므로
$$a^2-b^2=2^2-(-8)^2=-60 \quad\cdots\cdots ㈐$$

| 채점 기준 | 비율 |
|---|---|
| (개) 민성이와 윤찬이가 잘못 본 이차식 각각 구하기 | 40 % |
| (내) 처음 이차식을 구하고 인수분해 하기 | 40 % |
| (대) $a$, $b$의 값을 구한 후 $a^2-b^2$의 값 구하기 | 20 % |

**0653** 전략 ▶ 주어진 직사각형의 넓이의 합을 식으로 나타낸 후 인수분해한다.

주어진 직사각형의 넓이의 합을 식으로 나타내면
$$x^2+x^2+x+x+x+1$$
$$=2x^2+3x+1$$
$$=(x+1)(2x+1)$$

따라서 새로 만든 직사각형의 가로, 세로의 길이는 $x+1$, $2x+1$ 또는 $2x+1$, $x+1$이므로 둘레의 길이는
$$2\{(x+1)+(2x+1)\}=6x+4$$

답 $6x+4$

**Lecture**

직사각형 모양의 막대의 넓이를 이용하여 인수분해할 수 있다.

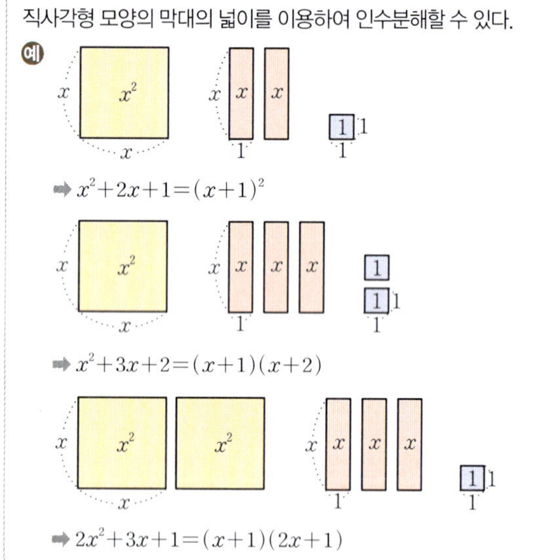

$\Rightarrow x^2+2x+1=(x+1)^2$

$\Rightarrow x^2+3x+2=(x+1)(x+2)$

$\Rightarrow 2x^2+3x+1=(x+1)(2x+1)$

**0654** 전략 ▶ $9a^2+30ab+25b^2$을 인수분해하여 정사각형 모양의 공원의 한 변의 길이를 먼저 구한다.

$$9a^2+30ab+25b^2=(3a+5b)^2$$

따라서 정사각형 모양의 공원의 한 변의 길이가 $3a+5b$이므로 둘레의 길이는 $4(3a+5b)=12a+20b$

답 ⑤

**0655** 전략 ▶ 도형 A의 넓이를 먼저 구해 본다.

$$(\text{도형 A의 넓이})=(2x+3)^2-2^2$$
$$=4x^2+12x+5$$
$$=(2x+1)(2x+5)$$

이때 도형 A와 도형 B의 넓이가 같고, 도형 B의 세로의 길이가 $2x+1$이므로 가로의 길이는 $2x+5$이다.

답 $2x+5$

**0656** 전략 ▶ 일차함수의 그래프를 보고 $a$, $b$의 값을 먼저 구한다.

주어진 일차함수 $y=ax+b$의 그래프가 두 점 $(-3, 0)$, $(0, -6)$을 지나므로

$$(\text{기울기})=\frac{-6-0}{0-(-3)}=-2 \qquad \therefore a=-2$$

$$(y\text{절편})=-6 \qquad \therefore b=-6$$

$$\therefore -2x^2+7x-6=-(2x^2-7x+6)$$
$$=-(x-2)(2x-3)$$

답 ④

**Lecture**

일차함수 $y=ax+b$의 그래프에서
$a=(\text{기울기})$, $b=(y\text{절편})$

이때 $(\text{기울기})=\dfrac{(y\text{의 값의 증가량})}{(x\text{의 값의 증가량})}$,

$(y\text{절편})=(\text{그래프와 } y\text{축의 교점의 } y\text{좌표})$

**0657** 전략 ▶ 곱이 6인 두 정수를 모두 찾는다.

$2x^2+kx+6=(x+a)(2x+b)$에서
$2a+b=k$, $ab=6$

$ab=6$을 만족하는 두 정수 $a$, $b$와 $2a+b$의 값을 표로 나타내면 다음과 같다.

| $a$ | $b$ | $2a+b=k$ | | $a$ | $b$ | $2a+b=k$ |
|---|---|---|---|---|---|---|
| 1 | 6 | 8 | | $-1$ | $-6$ | $-8$ |
| 2 | 3 | 7 | | $-2$ | $-3$ | $-7$ |
| 3 | 2 | 8 | | $-3$ | $-2$ | $-8$ |
| 6 | 1 | 13 | | $-6$ | $-1$ | $-13$ |

따라서 가능한 상수 $k$의 값은 $-13$, $-8$, $-7$, $7$, $8$, $13$의 6개이다.

답 ③

## 6 인수분해 공식의 활용



**0658**    답 $A-2,\ x-2,\ (x-2)-2,\ (x+2)(x-4)$

**0659**   $x+4=A$로 치환하면
$(x+4)^2-2(x+4)-15$
$=A^2-2A-15$
$=(A-5)(A+3)$
$=\{(x+4)-5\}\{(x+4)+3\}$
$=(x-1)(x+7)$    답 $(x-1)(x+7)$

**0660**   $x-1=A$로 치환하면
$(x-1)^2-(x-1)-6$
$=A^2-A-6$
$=(A-3)(A+2)$
$=\{(x-1)-3\}\{(x-1)+2\}$
$=(x-4)(x+1)$    답 $(x-4)(x+1)$

**0661**   $3x-4=A,\ x+5=B$로 치환하면
$(3x-4)^2-(x+5)^2$
$=A^2-B^2$
$=(A+B)(A-B)$
$=\{(3x-4)+(x+5)\}\{(3x-4)-(x+5)\}$
$=(4x+1)(2x-9)$    답 $(4x+1)(2x-9)$

**0662**   $4x+y=A,\ x-3y=B$로 치환하면
$(4x+y)^2-(x-3y)^2$
$=A^2-B^2$
$=(A+B)(A-B)$
$=\{(4x+y)+(x-3y)\}\{(4x+y)-(x-3y)\}$
$=(5x-2y)(3x+4y)$    답 $(5x-2y)(3x+4y)$

**0663**   $xy-y+2x-2=y(x-1)+2(x-1)$
$=(x-1)(y+2)$    답 $(x-1)(y+2)$

**0664**   $a^2+4a-ab-4b=a(a+4)-b(a+4)$
$=(a+4)(a-b)$    답 $(a+4)(a-b)$

**0665**   $4x^2+4x+1-y^2=(2x+1)^2-y^2$
$=\{(2x+1)+y\}\{(2x+1)-y\}$
$=(2x+y+1)(2x-y+1)$
답 $2x+1,\ 2x-y+1$

**0666**   $x^2-2x+1-y^2=(x-1)^2-y^2$
$=\{(x-1)+y\}\{(x-1)-y\}$
$=(x+y-1)(x-y-1)$
답 $(x+y-1)(x-y-1)$

**0667**   $a^2+4a+4-b^2=(a+2)^2-b^2$
$=\{(a+2)+b\}\{(a+2)-b\}$
$=(a+b+2)(a-b+2)$
답 $(a+b+2)(a-b+2)$



**0668**   전략 먼저 공통으로 들어 있는 인수를 찾아 묶어 낸다.
$(x-1)x^2+3(x-1)x-10(x-1)$
$=(x-1)(x^2+3x-10)$
$=(x-1)(x-2)(x+5)$
⑤ $x^2+4x-5=(x-1)(x+5)$
따라서 인수가 아닌 것은 ④이다.    답 ④

**0669**   전략 공통으로 들어 있는 인수가 보이도록 식을 정리한다.
$(a-b)(a-c)+(b-a)(b-c)$
$=(a-b)(a-c)-(a-b)(b-c)$
$=(a-b)\{(a-c)-(b-c)\}$
$=(a-b)(a-c-b+c)$
$=(a-b)^2$    답 $(a-b)^2$

**0670**   $4a^2(x-y)-b^2(x-y)$
$=(x-y)(4a^2-b^2)$
$=(x-y)(2a+b)(2a-b)$    답 ③

**0671**   전략 공통부분을 한 문자로 치환하여 인수분해한 후 반드시 원래의 식을 대입한다.
$x+3=A$로 치환하면
$2(x+3)^2+5(x+3)-12=2A^2+5A-12$
$=(2A-3)(A+4)$
$=\{2(x+3)-3\}\{(x+3)+4\}$
$=(2x+3)(x+7)$
답 $(2x+3)(x+7)$

**0672**   $x-2=A$로 치환하면
$(x-2)^2-5(x-2)+6=A^2-5A+6$
$=(A-2)(A-3)$
$=\{(x-2)-2\}\{(x-2)-3\}$
$=(x-4)(x-5)$
따라서 두 일차식의 합은
$(x-4)+(x-5)=2x-9$    답 $2x-9$

**0673**   $x-3=A$로 치환하면
$(x-3)^2-2(x-3)-8=A^2-2A-8$
$=(A-4)(A+2)$
$=\{(x-3)-4\}\{(x-3)+2\}$
$=(x-7)(x-1)$
따라서 $a=-7,\ b=-1$ 또는 $a=-1,\ b=-7$이므로
$a+b=-8$    답 $-8$

**0674**  유리수의 범위에서 인수분해가 가능할 때까지 끝까지 인수분해한다.

$x^2-3x=A$로 치환하면

$(x^2-3x)^2-14(x^2-3x)+40$

$=A^2-14A+40$

$=(A-4)(A-10)$

$=(x^2-3x-4)(x^2-3x-10)$

$=(x-4)(x+1)(x-5)(x+2)$

따라서 $x$의 계수가 1인 일차식으로 이루어진 인수들의 합은

$(x-4)+(x+1)+(x-5)+(x+2)=4x-6$

**답** $4x-6$

**0675**  공통부분을 한 문자로 치환한 후 전개하고 인수분해한다.

$a-b=A$로 치환하면

$(a-b)(a-b+1)-2=A(A+1)-2$

$\qquad\qquad\qquad\quad =A^2+A-2$

$\qquad\qquad\qquad\quad =(A-1)(A+2)$

$\qquad\qquad\qquad\quad =(a-b-1)(a-b+2)$ **답** ①, ④

**0676** $x+y=A$로 치환하면

$(x+y)(x+y-4)+3=A(A-4)+3$

$\qquad\qquad\qquad\quad =A^2-4A+3$

$\qquad\qquad\qquad\quad =(A-1)(A-3)$

$\qquad\qquad\qquad\quad =(x+y-1)(x+y-3)$ **답** ③

**0677** $x-3y=A$로 치환하면

$(x-3y)(x-3y+7)-18$

$=A(A+7)-18$

$=A^2+7A-18$

$=(A-2)(A+9)$

$=(x-3y-2)(x-3y+9)$

따라서 두 일차식의 합은

$(x-3y-2)+(x-3y+9)=2x-6y+7$

**답** $2x-6y+7$

**0678** $2x-1=A,\ x+2=B$로 치환하면

$(2x-1)^2-(x+2)^2$

$=A^2-B^2=(A+B)(A-B)$

$=\{(2x-1)+(x+2)\}\{(2x-1)-(x+2)\}$

$=(3x+1)(x-3)$

따라서 $a=1,\ b=-3$이므로

$3a+b=3\times1+(-3)=0$ **답** 0

**0679** $2x+3=A,\ x-4=B$로 치환하면

$(2x+3)^2-(x-4)^2$

$=A^2-B^2=(A+B)(A-B)$

$=\{(2x+3)+(x-4)\}\{(2x+3)-(x-4)\}$

$=(3x-1)(x+7)$ **답** $(3x-1)(x+7)$

**0680**  공통부분이 2개 있으면 각각 서로 다른 문자로 치환하여 인수분해한다.

$x+3=A,\ x-2=B$로 치환하면

$2(x+3)^2+5(x+3)(x-2)-3(x-2)^2$

$=2A^2+5AB-3B^2$

$=(2A-B)(A+3B)$

$=\{2(x+3)-(x-2)\}\{(x+3)+3(x-2)\}$

$=(x+8)(4x-3)$ **답** $(x+8)(4x-3)$

**0681** $x+1=A,\ y-1=B$로 치환하면

$2(x+1)^2-(x+1)(y-1)-6(y-1)^2$

$=2A^2-AB-6B^2$

$=(2A+3B)(A-2B)$

$=\{2(x+1)+3(y-1)\}\{(x+1)-2(y-1)\}$

$=(2x+3y-1)(x-2y+3)$

따라서 $a=2,\ b=3,\ c=-2$이므로

$a+b+c=2+3+(-2)=3$ **답** 3

**0682**  일차식을 두 개씩 짝을 지어 공통부분이 생기는지 확인한다.

$x(x+1)(x+2)(x+3)+1$

$=\{x(x+3)\}\{(x+1)(x+2)\}+1$

$=(x^2+3x)(x^2+3x+2)+1$    $x^2+3x=A$로 치환

$=A(A+2)+1$

$=A^2+2A+1$

$=(A+1)^2$

$=(x^2+3x+1)^2$

따라서 $a=3,\ b=1$이므로

$a+b=3+1=4$ **답** 4

**0683** $(x-5)(x-3)(x+3)(x+1)+35$

$=\{(x-5)(x+3)\}\{(x-3)(x+1)\}+35$ …… ㈎

$=(x^2-2x-15)(x^2-2x-3)+35$    $x^2-2x=A$로 치환

$=(A-15)(A-3)+35$

$=A^2-18A+80$

$=(A-8)(A-10)$ …… ㈏

$=(x^2-2x-8)(x^2-2x-10)$

$=(x-4)(x+2)(x^2-2x-10)$ …… ㈐

**답** $(x-4)(x+2)(x^2-2x-10)$

| 채점 기준 | 비율 |
| --- | --- |
| ㈎ 공통부분이 생기도록 일차식을 두 개씩 묶기 | 30 % |
| ㈏ 공통부분을 $A$로 치환하여 인수분해하기 | 30 % |
| ㈐ $A$에 원래의 식을 대입하여 인수분해하기 | 40 % |

**0684** [전략] $x^2+px+q$가 완전제곱식이 되려면 $q=\left(\dfrac{p}{2}\right)^2$이어야 한다.

$$(a+1)(a+2)(a-4)(a-5)+k$$
$$=\{(a+1)(a-4)\}\{(a+2)(a-5)\}+k$$
$$=(a^2-3a-4)(a^2-3a-10)+k \quad \left[\,a^2-3a=A\text{로 치환}\right.$$
$$=(A-4)(A-10)+k$$
$$=A^2-14A+40+k$$

이것이 완전제곱식이 되려면 $40+k=\left(\dfrac{-14}{2}\right)^2=49$이어

야 하므로 $k=9$　　　　　　　**답** 9

[참고] $k=9$일 때
(주어진 식)$=A^2-14A+49=(A-7)^2$
$$=(a^2-3a-7)^2$$

**0685** [전략] 공통으로 들어 있는 인수를 찾을 때 수인 인수를 빠뜨리지 않도록 주의한다.
$$2a^3+2a^2-8a-8=2a^2(a+1)-8(a+1)$$
$$=2(a+1)(a^2-4)$$
$$=2(a+1)(a+2)(a-2)$$
따라서 인수가 아닌 것은 ⑤이다.　　　　　　**답** ⑤

**0686** ① $ax^2-a+bx^2-b=a(x^2-1)+b(x^2-1)$
$$=(x^2-1)(a+b)$$
$$=(x+1)(x-1)(a+b)$$
② $x^3+x^2-4x-4=x^2(x+1)-4(x+1)$
$$=(x+1)(x^2-4)$$
$$=(x+1)(x+2)(x-2)$$
③ $xy+2z-xz-2y=xy-xz-2y+2z$
$$=x(y-z)-2(y-z)$$
$$=(y-z)(x-2)$$
④ $a^2x+1-x-a^2=a^2x-a^2-x+1$
$$=a^2(x-1)-(x-1)$$
$$=(x-1)(a^2-1)$$
$$=(x-1)(a+1)(a-1)$$
⑤ $x^2+ax-bx-ab=x(x+a)-b(x+a)$
$$=(x+a)(x-b)$$
따라서 인수분해가 바르게 된 것은 ⑤이다.　　　**답** ⑤

**0687** $x^2y^2-x^2-y^2+1$
$$=x^2(y^2-1)-(y^2-1) \qquad \cdots\cdots \text{(가)}$$
$$=(x^2-1)(y^2-1) \qquad \cdots\cdots \text{(나)}$$
$$=(x+1)(x-1)(y+1)(y-1) \qquad \cdots\cdots \text{(다)}$$
　　　　　**답** $(x+1)(x-1)(y+1)(y-1)$

| 채점 기준 | 비율 |
|---|---|
| (가) 두 항씩 묶기 | 40 % |
| (나) 공통으로 들어 있는 인수로 묶기 | 30 % |
| (다) 인수분해 공식 이용하여 인수분해하기 | 30 % |

**0688** $a^2-b^2-a+b=(a+b)(a-b)-(a-b)$
$$=(a-b)(a+b-1)$$
$a^2-ab+a-b=a(a-b)+(a-b)$
$$=(a-b)(a+1)$$
따라서 두 다항식에 공통으로 들어 있는 인수는 ②이다.
　　　　　　**답** ②

**0689** [전략] 2개의 항씩 묶어 공통부분이 생기지 않으면 3개의 항을 묶어 완전제곱식이 만들어지는지 확인한다.
$$x^2+9y^2-6xy-25=(x^2-6xy+9y^2)-25$$
$$=(x-3y)^2-5^2$$
$$=(x-3y+5)(x-3y-5)$$
따라서 $a=-3, b=5, c=-3, d=-5$ 또는
$a=-3, b=-5, c=-3, d=5$이므로
$$a+b+c+d=-6$$
　　　　　　**답** $-6$

**0690** $x^2-4y^2-6x+9$
$$=(x^2-6x+9)-4y^2$$
$$=(x-3)^2-(2y)^2$$
$$=(x-3+2y)(x-3-2y)$$
$$=(x+2y-3)(x-2y-3)$$
따라서 두 일차식의 합은
$$(x+2y-3)+(x-2y-3)=2x-6 \qquad \text{**답** } 2x-6$$

**0691** $1+2xy-x^2-y^2$
$$=1-(x^2-2xy+y^2)$$
$$=1^2-(x-y)^2$$
$$=\{1+(x-y)\}\{1-(x-y)\}$$
$$=(1+x-y)(1-x+y) \qquad \text{**답** ②}$$

**0692** 주어진 식을 $y$에 대하여 내림차순으로 정리하면
$$x^2-2xy+2x+2y-3$$
$$=-2xy+2y+x^2+2x-3$$
$$=-2y(x-1)+(x-1)(x+3)$$
$$=(x-1)(-2y+x+3)$$
$$=(x-1)(x-2y+3) \qquad \text{**답** ④}$$

**0693** $x^2+3x-y^2+y+2=x^2+3x-(y^2-y-2)$
$$=x^2+3x-(y+1)(y-2)$$
$$=(x+y+1)(x-y+2)$$
따라서 $a=1, b=-1, c=2$이므로
$$a+b+c=1+(-1)+2=2 \qquad \text{**답** } 2$$

[참고] $x^2+3x-(y+1)(y-2)$

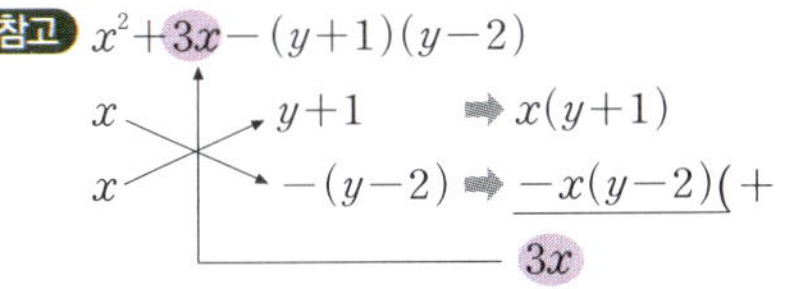

**0694**  두 문자의 차수가 같은 경우 어느 한 문자에 대하여 내림차순으로 정리한다.

주어진 식을 $x$에 대하여 내림차순으로 정리하면
$$x^2+2y^2+3xy-y-1$$
$$=x^2+3xy+2y^2-y-1$$
$$=x^2+3xy+(y-1)(2y+1)$$
$$=(x+y-1)(x+2y+1)$$

답 $(x+y-1)(x+2y+1)$

참고 $x^2+3xy+(y-1)(2y+1)$

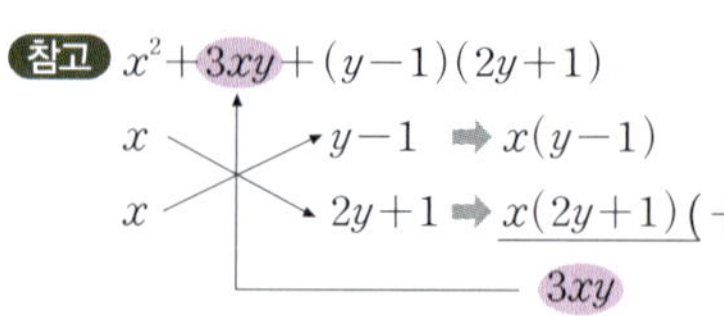

---

 **개념 마스터**　　　　　　　　　p.105

**0695**　　　　　　　　답 $7, 7, 70, 4900$

**0696**　　　　　　　　답 $98, 98, 200, 4, 800$

**0697**　$89\times44+89\times56=89\times(44+56)$
$$=89\times100=8900$$
답 $8900$

**0698**　$95^2+95\times10+5^2=95^2+2\times95\times5+5^2$
$$=(95+5)^2=100^2=10000$$
답 $10000$

**0699**　$103^2-6\times103+9=103^2-2\times103\times3+3^2$
$$=(103-3)^2=100^2=10000$$
답 $10000$

**0700**　$101^2-99^2=(101+99)(101-99)$
$$=200\times2=400$$
답 $400$

**0701**　$\sqrt{53^2-47^2}=\sqrt{(53+47)(53-47)}$
$$=\sqrt{100\times6}=10\sqrt{6}$$
답 $10\sqrt{6}$

**0702**　$x^2-8x+16=(x-4)^2=(104-4)^2$
$$=100^2=10000$$
답 $10000$

**0703**　$x^2+2x+1=(x+1)^2=(\sqrt{2}-1+1)^2$
$$=(\sqrt{2})^2=2$$
답 $2$

**0704**　$x^2+2xy+y^2=(x+y)^2$
$$=(2+\sqrt{3}+2-\sqrt{3})^2$$
$$=4^2=16$$
답 $16$

**0705**　$x^2-y^2=(x+y)(x-y)$
$$=(\sqrt{3}+\sqrt{5}+\sqrt{3}-\sqrt{5})(\sqrt{3}+\sqrt{5}-\sqrt{3}+\sqrt{5})$$
$$=2\sqrt{3}\times2\sqrt{5}=4\sqrt{15}$$
답 $4\sqrt{15}$

---

 **유형 마스터**　　　　　　　　　p.106 ~ p.110

**0706**  분자, 분모를 각각 인수분해 공식을 이용하여 간단히 한 후 계산한다.
$$\frac{73\times17+73\times13}{37^2-36^2}=\frac{73\times(17+13)}{(37+36)(37-36)}$$
$$=\frac{73\times30}{73}$$
$$=30$$
답 $30$

**0707**　$3.14\times54^2-3.14\times46^2$
$$=3.14\times(54^2-46^2)\qquad\text{(가)}$$
$$=3.14\times(54+46)(54-46)\qquad\text{(나)}$$
$$=3.14\times100\times8$$
$$=2512$$

풀이 과정 (가)에서는 공통으로 들어 있는 인수를 묶어 내었으므로 $ma+mb=m(a+b)$를 이용하였고, 풀이 과정 (나)에서는 인수분해 공식 $a^2-b^2=(a+b)(a-b)$를 이용하였다.

답 ㉠, ㉢

**0708**　$\sqrt{101^2-2\times101+1}=\sqrt{(101-1)^2}$
$$=\sqrt{100^2}$$
$$=100$$
답 $100$

**0709**　$95\times95+205\times99-105\times105-205\times91$
$$=(95\times95-105\times105)+(205\times99-205\times91)$$
$$=(95^2-105^2)+(205\times99-205\times91)$$
$$=(95+105)(95-105)+205\times(99-91)$$
$$=200\times(-10)+205\times8$$
$$=-2000+1640$$
$$=-360$$
답 $-360$

**0710**　$\dfrac{2\times2020^2+12\times2020+18}{4\times2023^2}$
$$=\frac{2\times(2020^2+2\times2020\times3+3^2)}{4\times2023^2}$$
$$=\frac{2\times(2020+3)^2}{4\times2023^2}$$
$$=\frac{1}{2}$$
답 $\dfrac{1}{2}$

**0711**  $2021=A$라 하면 $2025=A+4$이다.

$2021=A$로 치환하면
$$2021\times2025+4=A(A+4)+4$$
$$=A^2+4A+4$$
$$=(A+2)^2$$
$$=(2021+2)^2=2023^2$$
$$\therefore k=2023$$
답 $2023$

---

**0712**  $a^2-b^2$의 꼴이 보이도록 두 항씩 짝을 짓는다.

(주어진 식)

$=(1^2-2^2)+(3^2-4^2)+\cdots+(19^2-20^2)$

$=(1+2)(1-2)+(3+4)(3-4)$
$\qquad\qquad\qquad +\cdots+(19+20)(19-20)$

$=(-1)\times(1+2+3+4+\cdots+19+20)$

$=(-1)\times210=-210$  **답** $-210$

 $1+2+3+\cdots+18+19+20=21\times10=210$

**0713** (주어진 식)

$=(11^2-13^2)+(15^2-17^2)+(19^2-21^2)+(23^2-25^2)$

$=(11+13)(11-13)+(15+17)(15-17)$
$\qquad\qquad +(19+21)(19-21)+(23+25)(23-25)$

$=(-2)\times(11+13+15+17+19+21+23+25)$

$=(-2)\times144$

$=-288$  **답** $-288$

**0714** (주어진 식)

$=\dfrac{(2-1)(2+1)}{2^2}\times\dfrac{(3-1)(3+1)}{3^2}\times\dfrac{(4-1)(4+1)}{4^2}$
$\qquad\qquad\qquad\times\cdots\times\dfrac{(10-1)(10+1)}{10^2}$

$=\dfrac{1\times3}{2^2}\times\dfrac{2\times4}{3^2}\times\dfrac{3\times5}{4^2}\times\cdots\times\dfrac{9\times11}{10^2}$

$=\dfrac{1}{2}\times\dfrac{3}{2}\times\dfrac{2}{3}\times\dfrac{4}{3}\times\dfrac{3}{4}\times\dfrac{5}{4}\times\cdots\times\dfrac{9}{10}\times\dfrac{11}{10}$

$=\dfrac{1}{2}\times\dfrac{11}{10}=\dfrac{11}{20}$  **답** $\dfrac{11}{20}$

**0715**  먼저 $x,\ y$의 분모를 유리화한다.

$x=\dfrac{1}{1+\sqrt{2}}=\dfrac{1-\sqrt{2}}{(1+\sqrt{2})(1-\sqrt{2})}=\dfrac{1-\sqrt{2}}{-1}=\sqrt{2}-1$

$y=\dfrac{1}{1-\sqrt{2}}=\dfrac{1+\sqrt{2}}{(1-\sqrt{2})(1+\sqrt{2})}=\dfrac{1+\sqrt{2}}{-1}=-\sqrt{2}-1$

$\therefore x^2-y^2=(x+y)(x-y)$
$\qquad\quad=\{(\sqrt{2}-1)+(-\sqrt{2}-1)\}\{(\sqrt{2}-1)-(-\sqrt{2}-1)\}$
$\qquad\quad=(-2)\times2\sqrt{2}$
$\qquad\quad=-4\sqrt{2}$  **답** $-4\sqrt{2}$

**0716** $x^2-5x+6=(x-2)(x-3)$
$\qquad\qquad=\{(2+\sqrt{5})-2\}\{(2+\sqrt{5})-3\}$
$\qquad\qquad=\sqrt{5}(\sqrt{5}-1)$
$\qquad\qquad=5-\sqrt{5}$  **답** $5-\sqrt{5}$

**0717** $x=\dfrac{5+2\sqrt{6}}{(5-2\sqrt{6})(5+2\sqrt{6})}=5+2\sqrt{6}$

$\therefore x^2-10x+25=(x-5)^2$
$\qquad\qquad\quad=\{(5+2\sqrt{6})-5\}^2$
$\qquad\qquad\quad=(2\sqrt{6})^2=24$  **답** $24$

**0718** $\dfrac{x+y}{x^2+4xy+3y^2}=\dfrac{x+y}{(x+y)(x+3y)}$

$\qquad\qquad\quad=\dfrac{1}{x+3y}$

$\qquad\qquad\quad=\dfrac{1}{(5-6\sqrt{2})+3(2\sqrt{2}-1)}$

$\qquad\qquad\quad=\dfrac{1}{5-6\sqrt{2}+6\sqrt{2}-3}$

$\qquad\qquad\quad=\dfrac{1}{2}$  **답** $\dfrac{1}{2}$

**0719** $x=\dfrac{2+\sqrt{3}}{2-\sqrt{3}}=\dfrac{(2+\sqrt{3})^2}{(2-\sqrt{3})(2+\sqrt{3})}=7+4\sqrt{3}$

$y=\dfrac{2-\sqrt{3}}{2+\sqrt{3}}=\dfrac{(2-\sqrt{3})^2}{(2+\sqrt{3})(2-\sqrt{3})}=7-4\sqrt{3}$

$\therefore x^2-2xy+y^2=(x-y)^2$
$\qquad\qquad\quad=\{(7+4\sqrt{3})-(7-4\sqrt{3})\}^2$
$\qquad\qquad\quad=(8\sqrt{3})^2$
$\qquad\qquad\quad=192$  **답** $192$

**0720** $x=\dfrac{1}{\sqrt{5}-\sqrt{3}}=\dfrac{\sqrt{5}+\sqrt{3}}{(\sqrt{5}-\sqrt{3})(\sqrt{5}+\sqrt{3})}=\dfrac{\sqrt{5}+\sqrt{3}}{2}$

$y=\dfrac{1}{\sqrt{5}+\sqrt{3}}=\dfrac{\sqrt{5}-\sqrt{3}}{(\sqrt{5}+\sqrt{3})(\sqrt{5}-\sqrt{3})}=\dfrac{\sqrt{5}-\sqrt{3}}{2}$
$\qquad\qquad\qquad\qquad\qquad\qquad\cdots\cdots$ (가)

$\dfrac{y}{x}-\dfrac{x}{y}=\dfrac{y^2-x^2}{xy}=\dfrac{(y+x)(y-x)}{xy}\quad\cdots\cdots$ (나)

이때 $y+x=\dfrac{\sqrt{5}-\sqrt{3}}{2}+\dfrac{\sqrt{5}+\sqrt{3}}{2}=\dfrac{2\sqrt{5}}{2}=\sqrt{5}$,

$y-x=\dfrac{\sqrt{5}-\sqrt{3}}{2}-\dfrac{\sqrt{5}+\sqrt{3}}{2}=\dfrac{-2\sqrt{3}}{2}=-\sqrt{3}$,

$xy=\dfrac{\sqrt{5}+\sqrt{3}}{2}\times\dfrac{\sqrt{5}-\sqrt{3}}{2}=\dfrac{(\sqrt{5})^2-(\sqrt{3})^2}{4}=\dfrac{1}{2}$

이므로

(주어진 식)$=\{\sqrt{5}\times(-\sqrt{3})\}\div\dfrac{1}{2}=-2\sqrt{15}\quad\cdots\cdots$ (다)

**답** $-2\sqrt{15}$

| 채점 기준 | 비율 |
|---|---|
| (가) $x,\ y$의 분모를 유리화하기 | 20 % |
| (나) 주어진 식을 통분한 후 분자를 인수분해하기 | 30 % |
| (다) $y+x,\ y-x,\ xy$의 값을 대입하여 식의 값 구하기 | 50 % |

**0721**  (소수 부분)=(무리수)$-$(정수 부분)이다.

$2<\sqrt{5}<3$이므로 $a=\sqrt{5}-2$

$\therefore a^3+6a^2+8a=a(a^2+6a+8)$
$\qquad\qquad\qquad=a(a+2)(a+4)$
$\qquad\qquad\qquad=(\sqrt{5}-2)(\sqrt{5}-2+2)(\sqrt{5}-2+4)$
$\qquad\qquad\qquad=\sqrt{5}(\sqrt{5}-2)(\sqrt{5}+2)$
$\qquad\qquad\qquad=\sqrt{5}\{(\sqrt{5})^2-2^2\}$
$\qquad\qquad\qquad=\sqrt{5}$  **답** $\sqrt{5}$

**0722**  주어진 식을 인수분해하여 $x+y$, $x-y$의 값을 대입한다.

$$x^3-x^2y-xy^2+y^3=x^2(x-y)-y^2(x-y)$$
$$=(x-y)(x^2-y^2)$$
$$=(x-y)(x+y)(x-y)$$
$$=(x+y)(x-y)^2$$
$$=3\times5^2=75$$

**답** 75

 $x$, $y$의 값을 구하여 식의 값을 계산해도 된다.

$x+y=3$, $x-y=5$를 연립하여 풀면 $x=4$, $y=-1$

$$\therefore x^3-x^2y-xy^2+y^3$$
$$=4^3-4^2\times(-1)-4\times(-1)^2+(-1)^3$$
$$=64+16-4-1=75$$

**0723** $x^2+10xy+25y^2-4=(x+5y)^2-4$
$$=4^2-4=12$$

**답** 12

**0724** $a^2-b^2+2a+1=(a^2+2a+1)-b^2$
$$=(a+1)^2-b^2$$
$$=(a+b+1)(a-b+1) \quad\cdots\cdots \text{㉮}$$
$$=(2\sqrt{2}+1)(\sqrt{2}-1+1)$$
$$=(2\sqrt{2}+1)\times\sqrt{2}$$
$$=4+\sqrt{2} \quad\cdots\cdots \text{㉯}$$

**답** $4+\sqrt{2}$

| 채점 기준 | 비율 |
|---|---|
| ㉮ 주어진 식 인수분해하기 | 60 % |
| ㉯ $a+b$, $a-b$의 값을 대입하여 식의 값 구하기 | 40 % |

**0725** $a^2-b^2-2b-1=a^2-(b^2+2b+1)$
$$=a^2-(b+1)^2$$
$$=(a+b+1)(a-b-1)$$

즉 $(\sqrt{5}+1)(a-b-1)=40$이므로

$$a-b-1=\frac{40}{\sqrt{5}+1}=\frac{40(\sqrt{5}-1)}{(\sqrt{5}+1)(\sqrt{5}-1)}$$
$$=10(\sqrt{5}-1)=10\sqrt{5}-10$$

$$\therefore a-b=10\sqrt{5}-10+1$$
$$=10\sqrt{5}-9$$

**답** $10\sqrt{5}-9$

**0726**  한 변의 길이가 $a$인 정사각형의 둘레의 길이는 $4a$이다.

두 정사각형의 둘레의 길이의 합이 60이므로

$$4a+4b=60$$
$$\therefore a+b=15$$

한편 색칠한 부분의 넓이는 90이므로

$$a^2-b^2=90$$

이때 $a^2-b^2=(a+b)(a-b)$이므로

$$90=15(a-b)$$
$$\therefore a-b=6$$

**답** 6

**0727**  (색칠한 부분의 둘레의 길이)
$$=(\text{큰 원의 둘레의 길이})+(\text{작은 원의 둘레의 길이})$$

큰 원의 반지름의 길이를 $a$ cm, 작은 원의 반지름의 길이를 $b$ cm라 하면 $\overline{\text{CB}}=6$ cm이므로

$$2a-2b=6 \quad\therefore a-b=3$$

한편 색칠한 부분의 둘레의 길이가 $16\pi$ cm이므로

$$2a\pi+2b\pi=16\pi$$
$$2\pi(a+b)=16\pi \quad\therefore a+b=8$$

따라서 색칠한 부분의 넓이는

$$\pi a^2-\pi b^2=\pi(a^2-b^2)$$
$$=\pi(a+b)(a-b)$$
$$=\pi\times8\times3=24\pi \ (\text{cm}^2)$$

**답** $24\pi$ cm$^2$

**0728** 색칠한 부분의 넓이는

$$\frac{1}{2}\times(\text{반지름의 길이가 }a+b\text{인 원의 넓이})$$
$$+\frac{1}{2}\times(\text{반지름의 길이가 }a\text{인 원의 넓이})$$
$$-\frac{1}{2}\times(\text{반지름의 길이가 }b\text{인 원의 넓이})$$

$$=\frac{1}{2}\pi(a+b)^2+\frac{1}{2}\pi a^2-\frac{1}{2}\pi b^2$$
$$=\frac{1}{2}\pi(a+b)^2+\frac{1}{2}\pi(a^2-b^2)$$
$$=\frac{1}{2}\pi(a+b)^2+\frac{1}{2}\pi(a+b)(a-b)$$
$$=\frac{1}{2}\pi(a+b)(a+b+a-b)$$
$$=\frac{1}{2}\pi(a+b)\times2a$$
$$=a(a+b)\pi$$

**답** $a(a+b)\pi$

**0729**  (원기둥의 부피)$=$(밑넓이)$\times$(높이)

$$(\text{큰 원기둥의 부피})=\pi\times7.5^2\times10 \ (\text{cm}^3)$$
$$(\text{작은 원기둥의 부피})=\pi\times1.5^2\times10 \ (\text{cm}^3)$$

따라서 화장지의 부피는

$$\pi\times7.5^2\times10-\pi\times1.5^2\times10$$
$$=10\pi\times(7.5^2-1.5^2)$$
$$=10\pi\times(7.5+1.5)(7.5-1.5)$$
$$=10\pi\times9\times6=540\pi \ (\text{cm}^3)$$

**답** $540\pi$ cm$^3$

**0730** $\overline{\text{AC}}=a$ cm, $\overline{\text{CD}}=b$ cm라 하면 $\overline{\text{AD}}=a+b$ (cm),
$\overline{\text{AB}}=a+2b$ (cm)

$\overline{\text{AD}}$를 지름으로 하는 원의 둘레의 길이가 $14\pi$ cm이므로

$$2\pi\times\frac{1}{2}(a+b)=14\pi\text{에서 } a+b=14$$

한편 색칠한 부분의 넓이는 $56\pi$ cm$^2$이므로

$$\pi\times\left(\frac{a}{2}+b\right)^2-\pi\times\left(\frac{a}{2}\right)^2=56\pi\text{에서}$$

$$(\text{좌변}) = \pi\left\{\left(\frac{a}{2}+b\right)^2 - \left(\frac{a}{2}\right)^2\right\}$$
$$= \pi\left(\frac{a}{2}+b+\frac{a}{2}\right)\left(\frac{a}{2}+b-\frac{a}{2}\right)$$
$$= \pi b(a+b)$$

즉 $\pi b(a+b)=56\pi$이므로 $b(a+b)=56$

$14b=56$ $\quad \therefore b=4$

따라서 $\overline{\text{CD}}$의 길이는 $4\ \text{cm}$이다. 답 $4\ \text{cm}$

**0731**  $2^{40}=(2^{20})^2$, $1=1^2$임을 알고 $a^2-b^2=(a+b)(a-b)$를 이용한다.

$$2^{40}-1=(2^{20})^2-1^2$$
$$=(2^{20}+1)(2^{20}-1)$$
$$=(2^{20}+1)(2^{10}+1)(2^{10}-1)$$
$$=(2^{20}+1)(2^{10}+1)(2^{5}+1)(2^{5}-1)$$
$$=(2^{20}+1)(2^{10}+1)\times 33\times 31$$

따라서 두 자연수는 31, 33이므로 그 합은

$31+33=64$ 답 64

 $x$는 $a$로 나누어떨어진다.

➡ $a$는 $x$의 약수이다. 즉 $x=a\times\square$

**0732** $3^{16}-1=(3^8+1)(3^8-1)$
$$=(3^8+1)(3^4+1)(3^4-1)$$
$$=(3^8+1)(3^4+1)(3^2+1)(3^2-1)$$
$$=(3^8+1)(3^4+1)(3^2+1)(3+1)(3-1)$$
$$=(3^8+1)(3^4+1)\times 10\times 4\times 2$$
$$=(3^8+1)(3^4+1)\times 2^4\times 5$$

이때 나누어떨어지게 하는 1보다 크고 10 이하인 자연수는 $2, 2^2, 2^3, 5, 2\times 5$이므로 이 수들의 합은

$2+4+8+5+10=29$ 답 29

**0733** $5^8-1=(5^4+1)(5^4-1)$
$$=(5^4+1)(5^2+1)(5^2-1)$$
$$=(5^4+1)(5^2+1)(5+1)(5-1)$$
$$=626\times 26\times 6\times 4$$
$$=2^5\times 3\times 13\times 313$$

① $8=2^3$ ➡ 약수

② $39=3\times 13$ ➡ 약수

③ $52=2^2\times 13$ ➡ 약수

④ $80=2^4\times 5$ ➡ 약수가 아니다.

⑤ $313$ ➡ 약수

따라서 약수가 아닌 것은 ④이다. 답 ④

**0734**  곱셈 공식의 변형 ➡ $(a-b)^2=(a+b)^2-4ab$

$$a^2(a-b)+b^2(b-a)=a^2(a-b)-b^2(a-b)$$
$$=(a-b)(a^2-b^2)$$
$$=(a-b)(a+b)(a-b)$$
$$=(a-b)^2(a+b)$$

이때 $(a-b)^2=(a+b)^2-4ab$
$$=3^2-4\times(-1)=13$$
$$\therefore (\text{주어진 식})=(a-b)^2(a+b)$$
$$=13\times 3=39$$ 답 39

**0735** $x^2y-xy^2+2x-2y=xy(x-y)+2(x-y)$
$$=(x-y)(xy+2)$$
$$=(x-y)(6+2)$$
$$=8(x-y)$$

이때 $(x-y)^2=(x+y)^2-4xy=5^2-4\times 6=1$이므로

$x-y=1\ (\because x>y)$

$\therefore (\text{주어진 식})=8(x-y)=8\times 1=8$ 답 8

**0736** $x^2y+2x+xy^2+2y=x^2y+xy^2+2x+2y$
$$=xy(x+y)+2(x+y)$$
$$=(x+y)(xy+2)$$

즉 $5\times(xy+2)=20$이므로

$xy+2=4$ $\quad \therefore xy=2$

$\therefore x^2+y^2=(x+y)^2-2xy$
$$=5^2-2\times 2=21$$ 답 21

STEP 3 **내신 마스터** p.111 ~ p.113

**0737**  먼저 공통으로 들어 있는 인수를 찾아본다.

$$x^2(y^2-1)+2x(y^2-1)+y^2-1$$
$$=(y^2-1)(x^2+2x+1)$$
$$=(y^2-1)(x+1)^2$$
$$=(y+1)(y-1)(x+1)^2$$

따라서 인수가 아닌 것은 ③이다. 답 ③

**0738**  $x+y=A$로 치환하여 인수분해 공식을 이용한다.

$x+y=A$로 치환하면

$$4(x+y)^2+5(x+y)-9$$
$$=4A^2+5A-9$$
$$=(A-1)(4A+9)$$
$$=(x+y-1)(4x+4y+9)$$ 답 ②

**0739**  $x-y=A$로 치환하여 전개한 후 인수분해한다.

$x-y=A$로 치환하면

$$(x-y-3)(x-y+2)-6$$
$$=(A-3)(A+2)-6$$
$$=A^2-A-12$$
$$=(A+3)(A-4)$$
$$=(x-y+3)(x-y-4)$$

따라서 두 일차식의 합은

$(x-y+3)+(x-y-4)=2x-2y-1$ 답 ③

**0740** 전략 $a+b=A$, $ab+1=B$로 치환하여 $A^2-B^2$으로 나타낸다.

$a+b=A$, $ab+1=B$로 치환하면

$(a+b)^2-(ab+1)^2$

$=A^2-B^2$

$=(A+B)(A-B)$

$=(a+b+ab+1)(a+b-ab-1)$

$=\{a(b+1)+(b+1)\}\{(a-1)-b(a-1)\}$

$=(b+1)(a+1)(a-1)(1-b)$

$=-(a+1)(a-1)(b+1)(b-1)$

따라서 인수가 아닌 것은 ⑤이다. **답** ⑤

**0741** 전략 $a+b=A$, $a-b=B$로 치환한다.

$a+b=A$, $a-b=B$로 치환하면

$(a+b)^2-2(a+b)(a-b)-8(a-b)^2$

$=A^2-2AB-8B^2$

$=(A+2B)(A-4B)$

$=\{a+b+2(a-b)\}\{a+b-4(a-b)\}$

$=(a+b+2a-2b)(a+b-4a+4b)$

$=(3a-b)(-3a+5b)$

$=-(3a-b)(3a-5b)$ **답** ⑤

**0742** 전략 공통부분이 보이도록 두 항씩 짝 지어 전개해 본다.

$a(a+2)(a+4)(a+6)-9$

$=\{a(a+6)\}\{(a+2)(a+4)\}-9$

$=(a^2+6a)(a^2+6a+8)-9 \quad\big]\ a^2+6a=A$로 치환

$=A(A+8)-9$

$=A^2+8A-9$

$=(A+9)(A-1)$

$=(a^2+6a+9)(a^2+6a-1)$

$=(a+3)^2(a^2+6a-1)$ **답** ⑤

**/ Lecture**

$a(a+2)(a+4)(a+6)$에서 일차식을 두 개씩 짝 지어 보면 다음과 같다.

(i) $\{a(a+2)\}\{(a+4)(a+6)\}$

$\quad=(a^2+2a)(a^2+10a+24)$

$\qquad\ \ 0+2 \qquad 4+6$

(ii) $\{a(a+4)\}\{(a+2)(a+6)\}$

$\quad=(a^2+4a)(a^2+8a+12)$

$\qquad\ \ 0+4 \qquad 2+6$

(iii) $\{a(a+6)\}\{(a+2)(a+4)\}$

$\quad=(a^2+6a)(a^2+6a+8)$

$\qquad\ \ 0+6 \qquad 2+4$

(i)~(iii)에서 공통부분이 생기는 경우는 (iii)뿐이고 이는 짝 지은 두 일차식의 상수항의 합이 6으로 같은 경우이다.

**0743** 전략 두 다항식을 각각 인수분해하여 공통으로 들어 있는 인수를 찾는다.

$a^2b-b-2+2a^2=a^2(b+2)-(b+2)$

$\qquad\qquad\qquad\quad=(b+2)(a^2-1)$

$\qquad\qquad\qquad\quad=(b+2)(a+1)(a-1)$

$a^2-ab-2a+b+1=(a^2-2a+1)-b(a-1)$

$\qquad\qquad\qquad\ =(a-1)^2-b(a-1)$

$\qquad\qquad\qquad\ =(a-1)(a-1-b)$

$\qquad\qquad\qquad\ =(a-1)(a-b-1)$

따라서 두 다항식에서 공통으로 들어 있는 인수는 ④이다.

**답** ④

**0744** 전략 $a^2-b^2$의 꼴이 되도록 (셋)+(하나)로 묶는다.

$9x^2-4y^2-6x+1$

$=(9x^2-6x+1)-4y^2$

$=(3x-1)^2-(2y)^2$

$=(3x-1+2y)(3x-1-2y)$

$=(3x+2y-1)(3x-2y-1)$

**답** $(3x+2y-1)(3x-2y-1)$

**0745** 전략 주어진 식을 $x$에 대하여 내림차순으로 정리한다.

$x^2+2y^2+3xy+x+3y-2$

$=x^2+3xy+x+2y^2+3y-2$

$=x^2+(3y+1)x+(y+2)(2y-1)$

$=(x+y+2)(x+2y-1)$

**답** $(x+y+2)(x+2y-1)$

참고 $x^2+(3y+1)x+(y+2)(2y-1)$

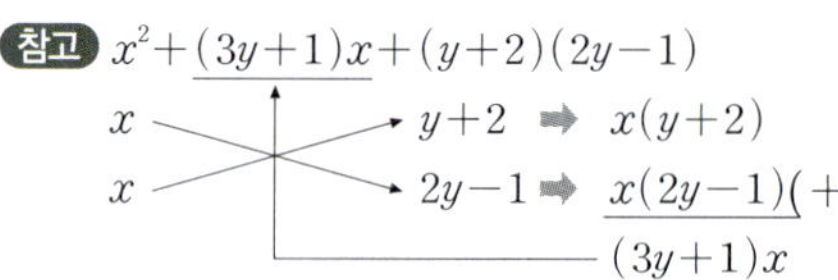


**0746** 전략 공통으로 들어 있는 인수로 묶은 후 인수분해 공식을 이용한다.

$8.5^2\times1.5-1.5^2\times1.5$

$=1.5\times(8.5^2-1.5^2)$ ······ (가)

$=1.5\times(8.5+1.5)(8.5-1.5)$ ······ (나)

$=1.5\times10\times7$

$=105$ ······ (다)

**답** 105

| 채점 기준 | 비율 |
|---|---|
| (가) 공통으로 들어 있는 인수로 묶기 | 20 % |
| (나) $a^2-b^2=(a+b)(a-b)$를 이용하여 인수분해하기 | 50 % |
| (다) 식의 값 구하기 | 30 % |

**0747** 전략 인수분해 공식을 이용하여 분모, 분자를 각각 간단히 한다.

$\dfrac{996\times994+996\times6}{998^2-2^2}=\dfrac{996\times(994+6)}{(998+2)(998-2)}$

$\qquad\qquad\qquad\quad=\dfrac{996\times1000}{1000\times996}$

$\qquad\qquad\qquad\quad=1$ **답** 1

**0748** [전략] 인수분해 공식을 이용하여 각각 계산해 본다.

① $31^2-2\times31+1=(31-1)^2=30^2=900$

② $67^2-33^2=(67+33)(67-33)$

$\qquad\qquad\quad=100\times34$

$\qquad\qquad\quad=3400$

③ $39^2+2\times39+1=(39+1)^2=40^2=1600$

④ $\sqrt{102^2-4\times102+4}=\sqrt{(102-2)^2}$

$\qquad\qquad\qquad\qquad\quad=\sqrt{100^2}=100$

⑤ $\sqrt{95^2-5^2}=\sqrt{(95+5)(95-5)}$

$\qquad\qquad\quad=\sqrt{100\times90}=30\sqrt{10}$

따라서 계산 결과가 가장 큰 것은 ②이다. **답** ②

---

**0749** [전략] 적당히 두 항씩 묶어 $a^2-b^2=(a+b)(a-b)$를 이용한다.

$1^2-3^2+5^2-7^2+9^2-11^2$

$=(1^2-3^2)+(5^2-7^2)+(9^2-11^2)$

$=(1+3)(1-3)+(5+7)(5-7)+(9+11)(9-11)$

$=-2\times(1+3+5+7+9+11)$

$=-2\times36=-72$ **답** $-72$

---

**0750** [전략] 주어진 식을 두 항씩 묶어 인수분해한 후 식의 값을 구한다.

$x^2-y^2-8x+8y=(x+y)(x-y)-8(x-y)$

$\qquad\qquad\qquad\quad=(x-y)(x+y-8)$ $\cdots\cdots$ (가)

이때 $x+y=(3+\sqrt{2})+(3-\sqrt{2})=6$,

$x-y=(3+\sqrt{2})-(3-\sqrt{2})=2\sqrt{2}$이므로 $\cdots\cdots$ (나)

(주어진 식)$=2\sqrt{2}\times(6-8)=-4\sqrt{2}$ $\cdots\cdots$ (다)

**답** $-4\sqrt{2}$

| 채점 기준 | 비율 |
|---|---|
| (가) 주어진 식 인수분해하기 | 50 % |
| (나) $x+y$, $x-y$의 값 구하기 | 20 % |
| (다) 식의 값 구하기 | 30 % |

---

**0751** [전략] 먼저 $x$, $y$의 분모를 유리화한다.

$x=\dfrac{1}{\sqrt{5}-2}=\dfrac{\sqrt{5}+2}{(\sqrt{5}-2)(\sqrt{5}+2)}=\sqrt{5}+2$

$y=\dfrac{1}{\sqrt{5}+2}=\dfrac{\sqrt{5}-2}{(\sqrt{5}+2)(\sqrt{5}-2)}=\sqrt{5}-2$

$\therefore x^3y-xy^3=xy(x^2-y^2)$

$\qquad\qquad\quad=xy(x+y)(x-y)$

$\qquad\qquad\quad=(\sqrt{5}+2)(\sqrt{5}-2)\times2\sqrt{5}\times4$

$\qquad\qquad\quad=8\sqrt{5}$ **답** ⑤

---

**0752** [전략] $ax+bx+ay+by$를 인수분해하여 $x+y$의 값을 구한다.

(1) $ax+bx+ay+by$

$\quad=x(a+b)+y(a+b)$

$\quad=(a+b)(x+y)$ $\cdots\cdots$ (가)

(2) $a+b=4$, $(a+b)(x+y)=12$이므로

$\quad4(x+y)=12$

$\quad\therefore x+y=3$ $\cdots\cdots$ (나)

$\quad\therefore x^2+2xy+y^2=(x+y)^2=3^2=9$ $\cdots\cdots$ (다)

**답** (1) $(a+b)(x+y)$ (2) 9

| 채점 기준 | 비율 |
|---|---|
| (가) $ax+bx+ay+by$를 인수분해하기 | 30 % |
| (나) $x+y$의 값 구하기 | 40 % |
| (다) $x^2+2xy+y^2$의 값 구하기 | 30 % |

---

**0753** [전략] 한 변의 길이가 $x$인 정사각형의 둘레의 길이는 $4x$이다.

두 정사각형의 둘레의 길이의 합은 80이므로

$4x+4y=80$

$\therefore x+y=20$

두 정사각형의 넓이의 차는 100이므로

$x^2-y^2=100$

이때 $x^2-y^2=(x+y)(x-y)$이므로

$20(x-y)=100$

$\therefore x-y=5$ **답** 5

---

**0754** [전략] $a^2-2ab+b^2=(a-b)^2$을 이용한다.

$841=900-60+1$

$\quad\;=30^2-2\times30\times1+1^2$

$\quad\;=(30-1)^2$

$\quad\;=29^2$

따라서 841은 소수가 아니다. **답** 소수가 아니다.

---

**0755** [전략] $\overline{CD}=\overline{AB}-(\overline{AC}+\overline{BD})$임을 이용한다.

큰 원의 반지름의 길이를 $r$ cm라 하면

$\overline{AB}=2r$ cm이므로

$\overline{CD}=\overline{AB}-(\overline{AC}+\overline{BD})=2r-1.2$ (cm)

이때 색칠한 부분의 둘레의 길이가 $20\pi$ cm이므로

$2\pi r+2\pi\times\left(\dfrac{2r-1.2}{2}\right)=20\pi$

$2\pi r+2\pi r-1.2\pi=20\pi$

$4\pi r=21.2\pi$ $\therefore r=5.3$

따라서 큰 원의 반지름의 길이는 5.3 cm, 작은 원의 반지름의 길이는 $\dfrac{2\times5.3-1.2}{2}=4.7$ (cm)이므로

색칠한 부분의 넓이는

$\pi\times5.3^2-\pi\times4.7^2=\pi\times(5.3^2-4.7^2)$

$\qquad\qquad\qquad\qquad\quad=\pi(5.3+4.7)(5.3-4.7)$

$\qquad\qquad\qquad\qquad\quad=\pi\times10\times0.6$

$\qquad\qquad\qquad\qquad\quad=6\pi$ (cm$^2$) **답** $6\pi$ cm$^2$

## 7 이차방정식의 풀이



**0756**       답 ○

**0757** 일차방정식       답 ×

**0758** $2x^2+x=(2x+1)(x+1)$에서
$2x^2+x=2x^2+3x+1$
$\therefore -2x-1=0$ (일차방정식)    답 ×

**0759**       답 ○

**0760** $x^2-3x=0$ (이차방정식)    답 ○

**0761** $x^3+3x^2-x+1=0$ (이차방정식이 아니다.)    답 ×

**0762** 등식이 아니므로 이차방정식이 아니다.    답 ×

**0763** $-5x+1=0$ (일차방정식)    답 ×

**0764** $x=0$일 때 $0\times(0-7)=0$ (참)    답 ○

**0765** $x=1$일 때 $1^2-4\times1\neq3$ (거짓)    답 ×

**0766** $x=2$일 때 $2\times2^2-6\times2-1\neq0$ (거짓)    답 ×

**0767** $x=-4$일 때 $(-4)^2+3\times(-4)-4=0$ (참)    답 ○

**0768** $x=0$일 때 $0^2-6\times0=0$ (참)
$x=1$일 때 $1^2-6\times1\neq0$ (거짓)
$x=2$일 때 $2^2-6\times2\neq0$ (거짓)
$x=3$일 때 $3^2-6\times3\neq0$ (거짓)
따라서 구하는 해는 $x=0$이다.    답 $x=0$

**0769** $x=-1$일 때 $(-1)^2+4\times(-1)+3=0$ (참)
$x=0$일 때 $0^2+4\times0+3\neq0$ (거짓)
$x=1$일 때 $1^2+4\times1+3\neq0$ (거짓)
따라서 구하는 해는 $x=-1$이다.    답 $x=-1$



**0770** [전략] 주어진 등식에서 우변의 모든 항을 좌변으로 이항하여 정리한 후 이차방정식인지 아닌지 판단한다.
① $2x^2=0$ ➡ 이차방정식
② $x^2+x=0$ ➡ 이차방정식

③ $11x+5=0$ ➡ 일차방정식
④ $-3x^2+3x+2=0$ ➡ 이차방정식
⑤ $-2x-9=0$ ➡ 일차방정식
따라서 이차방정식이 아닌 것은 ③, ⑤이다.    답 ③, ⑤

**0771** ㉠ $x^2=0$ ➡ 이차방정식
㉡ $12x-9=0$ ➡ 일차방정식
㉢ $x^2-3x+1$ ➡ 이차식
㉣ $x^2-x-2=0$ ➡ 이차방정식
㉤ $-2x^2+4x-1=0$ ➡ 이차방정식
㉥ $x-7=0$ ➡ 일차방정식
따라서 이차방정식은 ㉠, ㉣, ㉤이다.    답 ㉠, ㉣, ㉤

**0772** ① $3x^2+5x$ ➡ 이차식
② $10x+3=0$ ➡ 일차방정식
③ $x^2+3=0$ ➡ 이차방정식
④ $-6x+11=0$ ➡ 일차방정식
⑤ 분모에 $x^2$이 있으므로 이차방정식이 아니다.
따라서 이차방정식인 것은 ③이다.    답 ③

**0773** [전략] 우변의 항을 좌변으로 이항하여 정리한 후 $x^2$의 계수가 0이 아닐 조건을 확인한다.
$ax^2+2x+1=3x(x-1)$에서
$ax^2+2x+1=3x^2-3x$, $(a-3)x^2+5x+1=0$
이 식이 이차방정식이 되려면 $a-3\neq0$이어야 한다.
$\therefore a\neq3$    답 ④

**0774** $2(x-1)^2+3=ax^2-4x+5$에서
$2x^2-4x+2+3=ax^2-4x+5$, $(2-a)x^2=0$
이 식이 이차방정식이 되려면 $2-a\neq0$이어야 한다.
$\therefore a\neq2$    답 ④

**0775** [전략] [ ] 안의 수를 이차방정식에 대입해 본다.
① $x=-2$일 때 $(-2)^2-2\times(-2)\neq0$ (거짓)
② $x=-1$일 때 $2\times(-1)^2+(-1)\neq0$ (거짓)
③ $x=0$일 때 $0^2+0+1\neq0$ (거짓)
④ $x=-1$일 때 $(-1)^2-2\times(-1)-3=0$ (참)
⑤ $x=\dfrac{1}{3}$일 때 $3\times\left(\dfrac{1}{3}\right)^2+\dfrac{1}{3}-1\neq0$ (거짓)
따라서 [ ] 안의 수가 주어진 이차방정식의 해인 것은 ④이다.    답 ④

**0776** $x=-1$일 때 $(-1)^2+2\times(-1)-8\neq0$ (거짓)
$x=0$일 때 $0^2+2\times0-8\neq0$ (거짓)
$x=1$일 때 $1^2+2\times1-8\neq0$ (거짓)
$x=2$일 때 $2^2+2\times2-8=0$ (참)
따라서 $x^2+2x-8=0$의 해는 $x=2$이다.    답 ③

**0777** ① $x-3=0$은 일차방정식이다.

② $-3^2+3\neq0$ (거짓)

③ $3\times3^2-8\times3-3=0$ (참)

④ $(3+1)\times(3+3)\neq0$ (거짓)

⑤ $(x+2)(x-3)=(x-3)(x+3)$에서

$\quad x^2-x-6=x^2-9 \qquad \therefore -x+3=0$ (일차방정식)

따라서 $x=3$을 해로 갖는 이차방정식은 ③이다. **답** ③

**0778** 전략 $x=-2$를 주어진 이차방정식에 대입하여 $k$의 값을 구한다.

$x=-2$를 $x^2+(2k-3)x+3k=0$에 대입하면

$(-2)^2+(2k-3)\times(-2)+3k=0$

$4-4k+6+3k=0,\ -k+10=0$

$\therefore k=10$ **답** 10

**0779** $x=2$를 $x^2+ax-10=0$에 대입하면

$2^2+2a-10=0,\ 2a-6=0 \qquad \therefore a=3$ **답** 3

**0780** $x=3$을 $x^2+ax+b=0$에 대입하면

$9+3a+b=0$ $\qquad\cdots\cdots$ ㉠

$x=-1$을 $x^2+ax+b=0$에 대입하면

$1-a+b=0$ $\qquad\cdots\cdots$ ㉡

㉠, ㉡을 연립하여 풀면 $a=-2,\ b=-3$

$\therefore a+b=-2+(-3)=-5$ **답** $-5$

참고 $9+3a+b=0$에서 $3a+b=-9$ $\qquad\cdots\cdots$ ㉠

$1-a+b=0$에서 $-a+b=-1$ $\qquad\cdots\cdots$ ㉡

㉠$-$㉡을 하면 $4a=-8$ $\qquad \therefore a=-2$

$a=-2$를 ㉡에 대입하면 $-(-2)+b=-1$ $\qquad \therefore b=-3$

**0781** 전략 $x=a$를 $2x^2-7x+3=0$에 대입하고,

$x=b$를 $x^2-4x+2=0$에 대입한다.

$x=a$를 $2x^2-7x+3=0$에 대입하면

$2a^2-7a+3=0 \qquad \therefore 2a^2-7a=-3$

$x=b$를 $x^2-4x+2=0$에 대입하면

$b^2-4b+2=0 \qquad \therefore b^2-4b=-2$

$\therefore 2a^2-b^2-7a+4b=2a^2-7a-(b^2-4b)$

$\qquad\qquad\qquad\qquad =-3-(-2)=-1$ **답** $-1$

**0782** $x=a$를 $x^2+x-1=0$에 대입하면

$a^2+a-1=0$이므로 $1-a=a^2,\ 1-a^2=a$

$\therefore \dfrac{a^2}{1-a}+\dfrac{a}{1-a^2}=\dfrac{a^2}{a^2}+\dfrac{a}{a}$

$\qquad\qquad\qquad\qquad =1+1=2$ **답** 2

**0783** $x=a$를 $x^2-2x-5=0$에 대입하면

$a^2-2a-5=0 \qquad \therefore a^2-2a=5$ $\qquad\cdots\cdots$ ㈎

$x=b$를 $x^2-2x-5=0$에 대입하면

$b^2-2b-5=0 \qquad \therefore b^2-2b=5$ $\qquad\cdots\cdots$ ㈏

$\therefore (a^2-2a+8)(b^2-2b+5)=(5+8)\times(5+5)$

$\qquad\qquad\qquad\qquad\qquad =13\times10=130$ $\qquad\cdots\cdots$ ㈐

**답** 130

| 채점 기준 | 비율 |
|---|---|
| ㈎ $x=a$를 대입하여 $a^2-2a$의 값 구하기 | 20 % |
| ㈏ $x=b$를 대입하여 $b^2-2b$의 값 구하기 | 20 % |
| ㈐ 주어진 식의 값 구하기 | 60 % |

**0784** $x=a$를 $x^2+3x-5=0$에 대입하면

$a^2+3a-5=0 \qquad \therefore a^2+3a=5$

$x=\beta$를 $2x^2-6x-7=0$에 대입하면

$2\beta^2-6\beta-7=0 \qquad \therefore 2\beta^2-6\beta=7$

$\therefore 2(a^2+\beta^2)+6(a-\beta)-2$

$\qquad =2(a^2+3a)+(2\beta^2-6\beta)-2$

$\qquad =2\times5+7-2=15$ **답** 15

**0785** 전략 $x=a$를 $x^2-7x+1=0$에 대입한 후 양변을 $a$로 나눈다.

$x=a$를 $x^2-7x+1=0$에 대입하면

$a^2-7a+1=0$

이때 $a\neq0$이므로 양변을 $a$로 나누면

$a-7+\dfrac{1}{a}=0 \qquad \therefore a+\dfrac{1}{a}=7$ **답** 7

참고 $x=0$을 $x^2-7x+1=0$에 대입하면 등식이 성립하지 않으므로 $a\neq0$이다.

**0786** $x=a$를 $x^2-\sqrt{5}x+1=0$에 대입하면

$a^2-\sqrt{5}a+1=0$

이때 $a\neq0$이므로 양변을 $a$로 나누면

$a-\sqrt{5}+\dfrac{1}{a}=0 \qquad \therefore a+\dfrac{1}{a}=\sqrt{5}$

$\therefore a^2+\dfrac{1}{a^2}=\left(a+\dfrac{1}{a}\right)^2-2=(\sqrt{5})^2-2=3$ **답** 3

**0787** $x=a$를 $x^2-8x+1=0$에 대입하면

$a^2-8a+1=0$

이때 $a\neq0$이므로 양변을 $a$로 나누면

$a-8+\dfrac{1}{a}=0 \qquad \therefore a+\dfrac{1}{a}=8$

$\therefore \left(a-\dfrac{1}{a}\right)^2=\left(a+\dfrac{1}{a}\right)^2-4=8^2-4=60$ **답** 60

**0788** 전략 $m^2+m+\dfrac{1}{m}+\dfrac{1}{m^2}=\left(m^2+\dfrac{1}{m^2}\right)+\left(m+\dfrac{1}{m}\right)$에서

$m^2+\dfrac{1}{m^2}$을 변형한다.

$x=m$을 $x^2-4x+1=0$에 대입하면

$m^2-4m+1=0$

이때 $m\neq0$이므로 양변을 $m$으로 나누면

$m-4+\dfrac{1}{m}=0 \qquad \therefore m+\dfrac{1}{m}=4$

$\therefore m^2+m+\dfrac{1}{m}+\dfrac{1}{m^2}=\left(m^2+\dfrac{1}{m^2}\right)+\left(m+\dfrac{1}{m}\right)$

$\qquad =\left\{\left(m+\dfrac{1}{m}\right)^2-2\right\}+\left(m+\dfrac{1}{m}\right)$

$\qquad =4^2-2+4=18$ **답** 18

**0789** $2x(x-1)=0$에서

$x=0$ 또는 $x-1=0$

$\therefore x=0$ 또는 $x=1$     답 $x=0$ 또는 $x=1$

**0790** $(x+1)(x-4)=0$에서

$x+1=0$ 또는 $x-4=0$

$\therefore x=-1$ 또는 $x=4$     답 $x=-1$ 또는 $x=4$

**0791** $\dfrac{1}{3}(x+2)(4x+5)=0$에서

$x+2=0$ 또는 $4x+5=0$

$\therefore x=-2$ 또는 $x=-\dfrac{5}{4}$     답 $x=-2$ 또는 $x=-\dfrac{5}{4}$

**0792** $x^2-9=0$에서 $(x+3)(x-3)=0$

$\therefore x=-3$ 또는 $x=3$     답 $x=-3$ 또는 $x=3$

**0793** $x^2+7x+10=0$에서 $(x+2)(x+5)=0$

$\therefore x=-2$ 또는 $x=-5$     답 $x=-2$ 또는 $x=-5$

**0794** $2x^2+x-6=0$에서 $(x+2)(2x-3)=0$

$\therefore x=-2$ 또는 $x=\dfrac{3}{2}$     답 $x=-2$ 또는 $x=\dfrac{3}{2}$

**0795**     답 $x=4$

**0796**     답 $x=-1$

**0797**     답 $x=\dfrac{1}{2}$

**0798** $x^2+4x+4=0$에서 $(x+2)^2=0$

$\therefore x=-2$     답 $x=-2$

**0799** $x^2-10x+25=0$에서 $(x-5)^2=0$

$\therefore x=5$     답 $x=5$

**0800** $6x^2-12x+6=0$에서 $6(x^2-2x+1)=0$

$6(x-1)^2=0$   $\therefore x=1$     답 $x=1$

**0801**     답 $x=\pm\sqrt{3}$

**0802** $x^2=8$에서 $x=\pm\sqrt{8}=\pm2\sqrt{2}$     답 $x=\pm2\sqrt{2}$

**0803** $3x^2=15$에서 $x^2=5$   $\therefore x=\pm\sqrt{5}$     답 $x=\pm\sqrt{5}$

**0804** $(x-3)^2=8$에서 $x-3=\pm2\sqrt{2}$

$\therefore x=3\pm2\sqrt{2}$     답 $x=3\pm2\sqrt{2}$

**0805** $4(x-3)^2=20$에서 $(x-3)^2=5$

$x-3=\pm\sqrt{5}$   $\therefore x=3\pm\sqrt{5}$     답 $x=3\pm\sqrt{5}$

**0806** $2(x-2)^2-7=0$에서 $(x-2)^2=\dfrac{7}{2}$

$x-2=\pm\sqrt{\dfrac{7}{2}}$   $\therefore x=2\pm\dfrac{\sqrt{14}}{2}$     답 $x=2\pm\dfrac{\sqrt{14}}{2}$

**0807** $x^2-4x+1=0$에서 $x^2-4x=-1$

$x^2-4x+4=-1+4$

$\therefore (x-2)^2=3$     답 $(x-2)^2=3$

**0808** $2x^2+7x+4=0$에서 $x^2+\dfrac{7}{2}x+2=0$

$x^2+\dfrac{7}{2}x=-2$, $x^2+\dfrac{7}{2}x+\dfrac{49}{16}=-2+\dfrac{49}{16}$

$\therefore \left(x+\dfrac{7}{4}\right)^2=\dfrac{17}{16}$     답 $\left(x+\dfrac{7}{4}\right)^2=\dfrac{17}{16}$

**0809** $x^2-8x+1=0$에서 $x^2-8x=-1$

$x^2-8x+16=-1+16$, $(x-4)^2=15$

$\therefore x=4\pm\sqrt{15}$     답 $x=4\pm\sqrt{15}$

**0810** $x^2+5x+3=0$에서 $x^2+5x=-3$

$x^2+5x+\dfrac{25}{4}=-3+\dfrac{25}{4}$, $\left(x+\dfrac{5}{2}\right)^2=\dfrac{13}{4}$

$\therefore x=\dfrac{-5\pm\sqrt{13}}{2}$     답 $x=\dfrac{-5\pm\sqrt{13}}{2}$

**0811** $2x^2+8x+5=0$에서 $x^2+4x+\dfrac{5}{2}=0$

$x^2+4x=-\dfrac{5}{2}$, $x^2+4x+4=-\dfrac{5}{2}+4$

$(x+2)^2=\dfrac{3}{2}$   $\therefore x=-2\pm\dfrac{\sqrt{6}}{2}$

답 $x=-2\pm\dfrac{\sqrt{6}}{2}$

**0812** $3x^2+5x-1=0$에서 $x^2+\dfrac{5}{3}x-\dfrac{1}{3}=0$

$x^2+\dfrac{5}{3}x=\dfrac{1}{3}$, $x^2+\dfrac{5}{3}x+\dfrac{25}{36}=\dfrac{1}{3}+\dfrac{25}{36}$

$\left(x+\dfrac{5}{6}\right)^2=\dfrac{37}{36}$   $\therefore x=\dfrac{-5\pm\sqrt{37}}{6}$

답 $x=\dfrac{-5\pm\sqrt{37}}{6}$



**0813** 전략 $AB=0$이면 $A=0$ 또는 $B=0$임을 이용하여 각각의 이차방정식의 해를 구한다.

① $x=-2$ 또는 $x=3$     ② $x=2$ 또는 $x=-3$

③ $x=2$ 또는 $x=\dfrac{1}{3}$     ④ $x=-\dfrac{1}{2}$ 또는 $x=\dfrac{1}{3}$

⑤ $x=\dfrac{1}{2}$ 또는 $x=-\dfrac{1}{3}$     답 ②

**0814** $(x+3)(x-5)=0$에서 $x+3=0$ 또는 $x-5=0$

$\therefore x=-3$ 또는 $x=5$

따라서 $\alpha=-3,\ \beta=5$ 또는 $\alpha=5,\ \beta=-3$이므로

$\alpha^2+\beta^2=(-3)^2+5^2=9+25=34$     **답** 34

**0815** ① $x=-2$ 또는 $x=4$이므로 두 근의 합은 2

② $x=-2$ 또는 $x=2$이므로 두 근의 합은 0

③ $x=0$ 또는 $x=-2$이므로 두 근의 합은 $-2$

④ $x=-1$ 또는 $x=3$이므로 두 근의 합은 2

⑤ $x=\dfrac{1}{2}$ 또는 $x=-3$이므로 두 근의 합은 $-\dfrac{5}{2}$

따라서 두 근의 합이 $-2$인 것은 ③이다.     **답** ③

**0816** [전략] 우변의 모든 항을 좌변으로 이항하여 정리한 후 인수분해 공식을 이용한다.

$3x^2-8x+4=-1$에서 $3x^2-8x+5=0$

$(3x-5)(x-1)=0$

따라서 $a=-5,\ b=-1$이므로

$a+b=-5+(-1)=-6$     **답** $-6$

**0817** $x^2+2=-2x+10$에서 $x^2+2x-8=0$

$(x+4)(x-2)=0$

$\therefore x=-4$ 또는 $x=2$     **답** $x=-4$ 또는 $x=2$

**0818** [전략] 먼저 괄호를 풀어 식을 정리한다.

$(x+6)(x-2)=4x-8$에서 $x^2+4x-12=4x-8$

$x^2-4=0,\ (x+2)(x-2)=0$

$\therefore x=-2$ 또는 $x=2$     **답** ⑤

**0819** $2x^2+5x-7=0$에서 $(x-1)(2x+7)=0$

$\therefore x=1$ 또는 $x=-\dfrac{7}{2}$

이때 $a>b$이므로 $a=1,\ b=-\dfrac{7}{2}$

$\therefore a-4b=1-4\times\left(-\dfrac{7}{2}\right)=15$     **답** 15

**0820** [전략] $x=5$를 주어진 이차방정식에 대입한 후, $a$에 대한 이차방정식을 푼다.

$x=5$를 $x^2-ax-2a^2-7=0$에 대입하면

$25-5a-2a^2-7=0,\ 2a^2+5a-18=0$

$(2a+9)(a-2)=0$

$\therefore a=-\dfrac{9}{2}$ 또는 $a=2$     **답** $-\dfrac{9}{2},\ 2$

**0821** $x=k$를 $x^2-x+3k=0$에 대입하면

$k^2-k+3k=0,\ k^2+2k=0$

$k(k+2)=0$     $\therefore k=-2\ (\because k\neq 0)$     **답** $-2$

**0822** [전략] ($x^2$의 계수)$\neq 0$임에 주의한다.

$x=-1$을 $(a-2)x^2-a^2x-4=0$에 대입하면

$(a-2)+a^2-4=0,\ a^2+a-6=0$

$(a+3)(a-2)=0$     $\therefore a=-3$ 또는 $a=2$

이때 $a-2\neq 0$이므로 $a\neq 2$     $\therefore a=-3$     **답** $-3$

**0823** $2x^2+5x-3=0$에서 $(x+3)(2x-1)=0$

$\therefore x=-3$ 또는 $x=\dfrac{1}{2}$

$x=-3$을 $x^2+kx-2k^2-7=0$에 대입하면

$9-3k-2k^2-7=0,\ 2k^2+3k-2=0$

$(k+2)(2k-1)=0$     $\therefore k=-2$ 또는 $k=\dfrac{1}{2}$

따라서 모든 $k$의 값의 곱은 $-2\times\dfrac{1}{2}=-1$     **답** $-1$

**0824** [전략] $a$의 값을 구한 후 이차방정식에 대입하여 이차방정식을 푼다.

$x=2$를 $(a+2)x^2+3x-2=0$에 대입하면

$4(a+2)+6-2=0,\ 4a+12=0$     $\therefore a=-3$

이때 주어진 이차방정식은 $-x^2+3x-2=0$이므로

$x^2-3x+2=0$에서 $(x-1)(x-2)=0$

$\therefore x=1$ 또는 $x=2$

따라서 다른 한 근은 1이다.     **답** 1

**0825** $x=3$을 $(a-1)x^2-7x+3=0$에 대입하면

$9(a-1)-21+3=0,\ 9a-27=0$     $\therefore a=3$

이때 주어진 이차방정식은 $2x^2-7x+3=0$이므로

$(2x-1)(x-3)=0$     $\therefore x=\dfrac{1}{2}$ 또는 $x=3$

따라서 다른 한 근은 $\dfrac{1}{2}$이다.     **답** $3,\ \dfrac{1}{2}$

**0826** $x=5$를 $2x^2-3ax-2a+1=0$에 대입하면

$50-15a-2a+1=0$

$-17a=-51$     $\therefore a=3$     ······ (가)

이때 주어진 이차방정식은 $2x^2-9x-5=0$이므로

$(2x+1)(x-5)=0$     $\therefore x=-\dfrac{1}{2}$ 또는 $x=5$

즉 $b=-\dfrac{1}{2}$     ······ (나)

$\therefore ab=3\times\left(-\dfrac{1}{2}\right)=-\dfrac{3}{2}$     ······ (다)

**답** $-\dfrac{3}{2}$

| 채점 기준 | 비율 |
|---|---|
| (가) $x=5$를 이차방정식에 대입하여 $a$의 값 구하기 | 40 % |
| (나) $a$의 값을 이차방정식에 대입하여 $b$의 값 구하기 | 40 % |
| (다) $ab$의 값 구하기 | 20 % |

**0827** $x=3$을 $x^2+ax-3=0$에 대입하면

$9+3a-3=0,\ 3a=-6$     $\therefore a=-2$

이때 주어진 이차방정식은 $x^2-2x-3=0$이므로
$(x+1)(x-3)=0$    $\therefore x=-1$ 또는 $x=3$
따라서 다른 한 근은 $-1$이다.
$x=-1$을 $3x^2-8x+b=0$에 대입하면
$3+8+b=0$    $\therefore b=-11$
$\therefore a+b=-2+(-11)=-13$    **답** $-13$

**0828** $x=-1$을 $4x^2-ax+a(a-6)=0$에 대입하면
$4+a+a^2-6a=0, a^2-5a+4=0$
$(a-4)(a-1)=0$    $\therefore a=4\,(\because a>1)$
이때 주어진 이차방정식은 $4x^2-4x-8=0$이므로
$x^2-x-2=0, (x+1)(x-2)=0$
$\therefore x=-1$ 또는 $x=2$
따라서 다른 한 근은 $2$이다.    **답** $2$

**0829** $x=2$를 $(a-1)x^2+(a^2+1)x-4=0$에 대입하면
$4(a-1)+2(a^2+1)-4=0, 2a^2+4a-6=0$
$a^2+2a-3=0, (a+3)(a-1)=0$
$\therefore a=-3$ 또는 $a=1$
이때 $a-1\neq0$이므로 $a\neq1$    $\therefore a=-3$
즉 주어진 이차방정식은 $-4x^2+10x-4=0$이므로
$2x^2-5x+2=0, (2x-1)(x-2)=0$
$\therefore x=\dfrac{1}{2}$ 또는 $x=2$
따라서 다른 한 근은 $\dfrac{1}{2}$이다.    **답** $\dfrac{1}{2}$

**0830** 전략 각각의 이차방정식을 푼 후 공통인 근을 찾는다.
$x^2-3x-10=0$에서 $(x+2)(x-5)=0$
$\therefore x=-2$ 또는 $x=5$
$5x^2+7x-6=0$에서 $(x+2)(5x-3)=0$
$\therefore x=-2$ 또는 $x=\dfrac{3}{5}$
따라서 공통인 근은 $-2$이다.    **답** $-2$

**0831** $x^2+x-6=0$에서 $(x+3)(x-2)=0$
$\therefore x=-3$ 또는 $x=2$
$3x^2-4x-4=0$에서 $(3x+2)(x-2)=0$
$\therefore x=-\dfrac{2}{3}$ 또는 $x=2$
따라서 두 이차방정식을 모두 만족하는 $x$의 값은 $2$이다.
    **답** $2$

**0832** $x^2+4x-21=0$에서 $(x+7)(x-3)=0$
$\therefore x=-7$ 또는 $x=3$
$5x^2-8x-21=0$에서 $(5x+7)(x-3)=0$
$\therefore x=-\dfrac{7}{5}$ 또는 $x=3$

따라서 두 이차방정식을 모두 만족하는 $x$의 값은 $3$이므로
$x=3$을 $2x^2-ax+2-a=0$에 대입하면
$18-3a+2-a=0, -4a+20=0$
$\therefore a=5$    **답** $5$

**0833** 전략 $x=2$를 각각의 이차방정식에 대입하여 $a, b$의 값을 구한다.
$x=2$를 $x^2+4x+a=0$에 대입하면
$4+8+a=0$    $\therefore a=-12$
$x=2$를 $x^2-2x+b=0$에 대입하면
$4-4+b=0$    $\therefore b=0$
$\therefore a+b=-12+0=-12$    **답** $-12$

**0834** $x=3$을 $x^2+ax-6=0$에 대입하면
$9+3a-6=0, 3a+3=0$    $\therefore a=-1$
$x=3$을 $4x^2-11x-b=0$에 대입하면
$36-33-b=0$    $\therefore b=3$
$\therefore ab=-1\times3=-3$    **답** $-3$

**0835** $x=-3$을 $2x^2+px-6=0$에 대입하면
$18-3p-6=0, -3p+12=0$    $\therefore p=4$
$x=-3$을 $x^2-4x+q=0$에 대입하면
$9+12+q=0$    $\therefore q=-21$
$p=4, q=-21$을 $x^2+px+q=0$에 대입하면
$x^2+4x-21=0, (x+7)(x-3)=0$
$\therefore x=-7$ 또는 $x=3$    **답** $x=-7$ 또는 $x=3$

**0836** 전략 (완전제곱식)$=0$의 꼴로 인수분해되지 않는 것을 고른다.
① $x(x-6)=0$    $\therefore x=0$ 또는 $x=6$
② $x^2+8x+16=0$에서 $(x+4)^2=0$    $\therefore x=-4$
③ $x^2+x+\dfrac{1}{4}=0$에서 $\left(x+\dfrac{1}{2}\right)^2=0$    $\therefore x=-\dfrac{1}{2}$
④ $x^2-4x+4=0$에서 $(x-2)^2=0$    $\therefore x=2$
⑤ $2(x^2+10x+25)=0$에서 $2(x+5)^2=0$
    $\therefore x=-5$
따라서 중근을 갖지 않는 것은 ①이다.    **답** ①

**0837** ㉠ $x^2+4x+4=0$에서 $(x+2)^2=0$    $\therefore x=-2$
ㄴ $x^2-25=0$에서 $(x+5)(x-5)=0$
    $\therefore x=-5$ 또는 $x=5$
ㄷ $x^2-2x+1=0$에서 $(x-1)^2=0$    $\therefore x=1$
ㄹ $x^2-10x+25=0$에서 $(x-5)^2=0$    $\therefore x=5$
ㅁ $x^2-6x=0$에서 $x(x-6)=0$
    $\therefore x=0$ 또는 $x=6$
ㅂ $x^2+7x+10=0$에서 $(x+5)(x+2)=0$
    $\therefore x=-5$ 또는 $x=-2$
따라서 중근을 갖는 이차방정식은 ㉠, ㄷ, ㄹ이다.
    **답** ㉠, ㄷ, ㄹ

**0838**  중근 $\alpha$를 갖고 $x^2$의 계수가 1인 이차방정식은 $(x-\alpha)^2=0$이다.

중근 3을 갖고 $x^2$의 계수가 1인 이차방정식은

$(x-3)^2=0$ $\therefore x^2-6x+9=0$

따라서 $a=-6, b=9$이므로

$a+b=-6+9=3$ 답 3

**0839**  이차방정식 $x^2+ax+b=0$이 중근을 가질 조건

$\Rightarrow b=\left(\dfrac{a}{2}\right)^2$

$x^2-6x-2k+5=0$이 중근을 가지려면

$-2k+5=\left(\dfrac{-6}{2}\right)^2$이어야 하므로 $-2k+5=9$

$-2k=4$ $\therefore k=-2$ 답 $-2$

**0840** $x^2-2(x-k)+9=0$에서

$x^2-2x+2k+9=0$ $\cdots\cdots$ ㈎

이 이차방정식이 중근을 가지려면

$2k+9=\left(\dfrac{-2}{2}\right)^2=1$

$2k=-8$ $\therefore k=-4$ $\cdots\cdots$ ㈏

이때 주어진 이차방정식은 $x^2-2x+1=0$이므로

$(x-1)^2=0$ $\therefore x=1$ $\cdots\cdots$ ㈐

답 $-4, 1$

| 채점 기준 | 비율 |
|---|---|
| ㈎ 괄호를 풀어 식 정리하기 | 20 % |
| ㈏ 중근을 가질 조건을 이용하여 $k$의 값 구하기 | 40 % |
| ㈐ $k$의 값을 대입하여 중근 구하기 | 40 % |

**0841** $x^2+kx+\dfrac{4}{9}=0$이 중근을 가지려면

$\dfrac{4}{9}=\left(\dfrac{k}{2}\right)^2$에서 $\dfrac{k^2}{4}=\dfrac{4}{9}$

$k^2=\dfrac{16}{9}$ $\therefore k=\pm\sqrt{\dfrac{16}{9}}=\pm\dfrac{4}{3}$ 답 $-\dfrac{4}{3}, \dfrac{4}{3}$

**0842**  $x^2$의 계수를 1로 만든 후 중근을 가질 조건을 생각한다.

$3x^2-12x-m+3=0$의 양변을 3으로 나누면

$x^2-4x-\dfrac{m-3}{3}=0$

이 이차방정식이 중근을 가지려면

$-\dfrac{m-3}{3}=\left(\dfrac{-4}{2}\right)^2, m-3=-12$

$\therefore m=-9$ 답 $-9$

**0843**  $(x-\blacksquare)^2=\blacktriangle$ (단, $\blacktriangle\geq0$) $\Rightarrow x=\blacksquare\pm\sqrt{\blacktriangle}$

$(x-3)^2-7=0$에서 $(x-3)^2=7$

$x-3=\pm\sqrt{7}$ $\therefore x=3\pm\sqrt{7}$

따라서 $a=3+\sqrt{7}, b=3-\sqrt{7}$ 또는 $a=3-\sqrt{7}, b=3+\sqrt{7}$이므로

$a+b=(3+\sqrt{7})+(3-\sqrt{7})=6$ 답 6

**0844** $2(2x+3)^2=16$에서 $(2x+3)^2=8$

$2x+3=\pm2\sqrt{2}, 2x=-3\pm2\sqrt{2}$

$\therefore x=\dfrac{-3\pm2\sqrt{2}}{2}=-\dfrac{3}{2}\pm\sqrt{2}$ 답 ④

**0845** $(x+A)^2=B$에서 $x+A=\pm\sqrt{B}$

$\therefore x=-A\pm\sqrt{B}=2\pm\sqrt{7}$

따라서 $A=-2, B=7$이므로

$A+B=-2+7=5$ 답 5

**0846** $3(x-2)^2=a$에서 $(x-2)^2=\dfrac{a}{3}$

$x-2=\pm\sqrt{\dfrac{a}{3}}$ $\therefore x=2\pm\sqrt{\dfrac{a}{3}}$ $\cdots\cdots$ ㈎

이때 주어진 이차방정식의 해가 $x=b\pm\sqrt{2}$이므로

$2\pm\sqrt{\dfrac{a}{3}}=b\pm\sqrt{2}$

즉 $2=b, \dfrac{a}{3}=2$이므로 $a=6, b=2$ $\cdots\cdots$ ㈏

$\therefore a+b=6+2=8$ $\cdots\cdots$ ㈐

답 8

| 채점 기준 | 비율 |
|---|---|
| ㈎ 이차방정식 풀기 | 40 % |
| ㈏ 해를 이용하여 $a, b$의 값 각각 구하기 | 40 % |
| ㈐ $a+b$의 값 구하기 | 20 % |

**0847**  이차방정식 $(x-p)^2=q$의 근

(ⅰ) $q>0$ $\Rightarrow$ $x=p\pm\sqrt{q}$ (2개)

(ⅱ) $q=0$ $\Rightarrow$ $x=p$ (1개)

(ⅲ) $q<0$ $\Rightarrow$ 근이 없다.

$2(x-p)^2=q$에서 $(x-p)^2=\dfrac{q}{2}$

㉠ $p=3, q=8$이면 $(x-3)^2=4$

$x-3=\pm2$ $\therefore x=1$ 또는 $x=5$

즉 $q>0$일 때 부호가 같은 두 근을 갖는 경우도 있다.

㉡ $q=0$이면 $\dfrac{q}{2}=0$이므로

$(x-p)^2=0$ $\therefore x=p$

따라서 주어진 이차방정식은 중근을 갖는다.

㉢ $q<0$이면 $\dfrac{q}{2}<0$이므로

$(x-p)^2=\dfrac{q}{2}$는 근이 없다.

따라서 옳은 것은 ㉡, ㉢이다. 답 ㉡, ㉢

**0848** $(x-4)^2=15k$에서 $x-4=\pm\sqrt{15k}$

$\therefore x=4\pm\sqrt{15k}$

이때 이차방정식의 해가 정수가 되려면 $15k$는 제곱수이어야
하므로 $k=3\times5\times(\text{자연수})^2$의 꼴이어야 한다.
$k=3\times5\times1^2,\ 3\times5\times2^2,\ 3\times5\times3^2,\ \cdots$
즉 $k=15,\ 60,\ 135,\ \cdots$
따라서 구하는 자연수 $k$의 값 중 가장 작은 수는 15이다.

답 15

**0849** 전략 먼저 $x^2$의 계수를 1로 만든다.

$3x^2+6x-10=0$에서 $x^2+2x-\dfrac{10}{3}=0$

$x^2+2x=\dfrac{10}{3},\ x^2+2x+1=\dfrac{10}{3}+1$

$\therefore (x+1)^2=\dfrac{13}{3}$

따라서 $p=1,\ q=\dfrac{13}{3}$이므로

$p+q=1+\dfrac{13}{3}=\dfrac{16}{3}$

답 $\dfrac{16}{3}$

**0850** $x^2+6x-2=0$에서 $x^2+6x=2$

$x^2+6x+9=2+9$ $\therefore (x+3)^2=11$

따라서 $a=3,\ b=11$이므로 $a+b=3+11=14$ 답 14

**0851** $(x-1)(x-5)=4$에서 $x^2-6x+5=4$

$x^2-6x=-1,\ x^2-6x+9=-1+9$

$\therefore (x-3)^2=8$

답 $(x-3)^2=8$

**0852** $2x^2-8x+5=0$에서 $x^2-4x+\dfrac{5}{2}=0$

$x^2-4x=-\dfrac{5}{2},\ x^2-4x+4=-\dfrac{5}{2}+4$

$\therefore (x-2)^2=\dfrac{3}{2}$

따라서 $p=2,\ q=\dfrac{3}{2}$이므로 $pq=2\times\dfrac{3}{2}=3$

답 3

**0853** $x^2-8x+9=0$에서 $x^2-8x=-9$

$x^2-8x+16=-9+16,\ (x-4)^2=7$

$x-4=\pm\sqrt{7}$ $\therefore x=4\pm\sqrt{7}$

따라서 $A=-9,\ B=16,\ C=-4,\ D=7,\ E=4\pm\sqrt{7}$이므
로 옳지 않은 것은 ③이다. 답 ③

**0854** 전략 이차방정식을 $(x-p)^2=q$의 꼴로 바꾸어 해를 구한 후
주어진 해와 비교한다.

$x^2-2x-a=0$에서 $x^2-2x=a$

$x^2-2x+1=a+1,\ (x-1)^2=a+1$

$x-1=\pm\sqrt{a+1}$ $\therefore x=1\pm\sqrt{a+1}=1\pm\sqrt{6}$

따라서 $a+1=6$이므로 $a=5$ 답 5

**0855** (1) $\dfrac{1}{2}x^2-3x-6=0$에서 $x^2-6x-12=0$

$x^2-6x=12,\ x^2-6x+9=12+9$

$(x-3)^2=21$ $\cdots\cdots$ (가)

$\therefore a=-3,\ b=21$ $\cdots\cdots$ (나)

(2) $(x-3)^2=21$에서 $x-3=\pm\sqrt{21}$

$\therefore x=3\pm\sqrt{21}$ $\cdots\cdots$ (다)

답 (1) $a=-3,\ b=21$ (2) $x=3\pm\sqrt{21}$

| 채점 기준 | 비율 |
|---|---|
| (가) $(x+a)^2=b$의 꼴로 나타내기 | 40 % |
| (나) $a,\ b$의 값 각각 구하기 | 20 % |
| (다) 제곱근을 이용하여 해 구하기 | 40 % |

**0856** 전략 세 수가 모두 주어진 세로, 대각선에서 세 수의 합이 같음
을 이용하여 이차방정식을 만들어 푼다.

가로, 세로, 대각선에 있는 세 수의 합이 같으므로
$x^2+5+(x-2)=2x+5+4,\ x^2-x-6=0$
$(x+2)(x-3)=0$ $\therefore x=-2$ 또는 $x=3$
그런데 $x$는 자연수이므로 $x=3$이다.
따라서 $x=3$을 주어진 표에 대입하
면 오른쪽 그림과 같으므로
$A+9+4=15$에서 $A=2$
$A+B+6=15$에서 $B=7$
$B+5+C=15$에서 $C=3$
$6+1+D=15$에서 $D=8$

합이 15

| $A$ | 9 | 4 |
|---|---|---|
| $B$ | 5 | $C$ |
| 6 | 1 | $D$ |

답 ④

**0857** $2\ll x\gg^2-5\ll x\gg+2=0$에서
$(2\ll x\gg-1)(\ll x\gg-2)=0$

$\therefore \ll x\gg=\dfrac{1}{2}$ 또는 $\ll x\gg=2$

$\ll x\gg$가 양수 $x$의 양의 제곱근이므로

$\ll x\gg=\dfrac{1}{2}$에서 $x=\dfrac{1}{4}$

$\ll x\gg=2$에서 $x=4$

답 $\dfrac{1}{4},\ 4$

**0858** $x^2+ax+b=0$이 중근을 가지려면

$b=\left(\dfrac{a}{2}\right)^2$, 즉 $a^2=4b$

이때 $a^2=4b$를 만족하는 순서쌍 $(a,\ b)$는 $(2,\ 1),\ (4,\ 4)$의 2
개이다.

따라서 구하는 확률은 $\dfrac{2}{6\times6}=\dfrac{1}{18}$ 답 $\dfrac{1}{18}$

**STEP 3** 내신 마스터 p.129 ~ p.131

**0859** 전략 먼저 우변에 있는 모든 항을 좌변으로 이항하여 식을 정리
한다.

① $\dfrac{1}{5}x^2-6x=0$ ② $3x-1=0$ (일차방정식)

③ $x^2-2x+2=0$ ④ $-x^2+3x=0$

따라서 이차방정식이 아닌 것은 ②이다. 답 ②

**0860** 전략 식을 전개하여 정리한 후 $x^2$의 계수가 0이 아닐 조건을 구한다.

$-3x(ax-2)=x^2+1$에서 $-3ax^2+6x=x^2+1$

$(-3a-1)x^2+6x-1=0$

이 식이 이차방정식이 되려면 ($x^2$의 계수)$\neq 0$이어야 하므로

$-3a-1\neq 0$    $\therefore a\neq -\dfrac{1}{3}$    답 $a\neq -\dfrac{1}{3}$

> **Lecture**
>
> 어떤 등식이 $x$에 대한 이차방정식이 되기 위한 조건을 구하는 문제는 반드시 식을 $\blacksquare x^2+\blacktriangle x+\bullet=0$의 꼴로 정리한 후 $x^2$의 계수가 0이 아닐 조건을 따져봐야 한다.

**0861** 전략 각각의 이차방정식에 $x=-1$을 대입한다.

① $(-1)^2-(-1)\neq 0$ (거짓)

② $(-1)^2+2\times(-1)+1=0$ (참)

③ $(-1)^2-5\times(-1)-6=0$ (참)

④ $2\times(-1)^2+(-1)-1=0$ (참)

⑤ $\dfrac{1}{2}\times(-1)^2-\dfrac{1}{2}\times(-1)-1=0$ (참)

따라서 $x=-1$을 해로 갖는 이차방정식이 아닌 것은 ①이다.

답 ①

**0862** 전략 $x=1$을 이차방정식에 대입하여 $a$의 값을 구한다.

$x=1$을 $x^2+ax-2a+1=0$에 대입하면

$1+a-2a+1=0$, $-a+2=0$

$\therefore a=2$    답 2

**0863** 전략 $x=a$를 이차방정식에 대입한 후 양변을 $a$로 나눈다.

$x=a$를 $x^2-3x+1=0$에 대입하면

$a^2-3a+1=0$    $\cdots\cdots$ ㈎

이때 $a\neq 0$이므로 양변을 $a$로 나누면

$a-3+\dfrac{1}{a}=0$에서 $a+\dfrac{1}{a}=3$    $\cdots\cdots$ ㈏

$\therefore -2a-\dfrac{2}{a}=-2\left(a+\dfrac{1}{a}\right)=-2\times 3=-6$    $\cdots\cdots$ ㈐

답 $-6$

| 채점 기준 | 비율 |
|---|---|
| ㈎ $x=a$를 이차방정식에 대입하여 $a$의 식으로 만들기 | 20 % |
| ㈏ 양변을 $a$로 나누어 $a+\dfrac{1}{a}$의 값 구하기 | 50 % |
| ㈐ $-2a-\dfrac{2}{a}$의 값 구하기 | 30 % |

**0864** 전략 $AB=0$이면 $A=0$ 또는 $B=0$임을 이용한다.

① $x=\dfrac{3}{2}$ 또는 $x=1$    ② $x=-\dfrac{3}{2}$ 또는 $x=1$

③ $x=-\dfrac{3}{2}$ 또는 $x=-1$    ④ $x=\dfrac{2}{3}$ 또는 $x=1$

⑤ $x=-\dfrac{2}{3}$ 또는 $x=-1$    답 ①

**0865** 전략 좌변을 인수분해하여 이차방정식을 푼다.

$5x^2-7x-6=0$에서 $(x-2)(5x+3)=0$

$\therefore x=2$ 또는 $x=-\dfrac{3}{5}$    답 ③

**0866** 전략 인수분해를 이용하여 $x^2+x-6=0$의 두 근을 구한다.

$x^2+x-6=0$에서 $(x+3)(x-2)=0$

$\therefore x=-3$ 또는 $x=2$

이때 $a>b$이므로 $a=2$, $b=-3$

즉 $x^2+2x-3=0$에서 $(x+3)(x-1)=0$

$\therefore x=-3$ 또는 $x=1$    답 ②

**0867** 전략 $x=4$를 $x^2+ax-4=0$에 대입하여 $a$의 값을 구한 후 다른 한 근을 구한다.

$x=4$를 $x^2+ax-4=0$에 대입하면

$16+4a-4=0$

$12+4a=0$    $\therefore a=-3$

$a=-3$을 $x^2+ax-4=0$에 대입하면

$x^2-3x-4=0$

$(x+1)(x-4)=0$

$\therefore x=-1$ 또는 $x=4$

따라서 다른 한 근은 $-1$이다.

$x=-1$을 $2x^2+7x+b=0$에 대입하면

$2-7+b=0$    $\therefore b=5$    답 $a=-3$, $b=5$

**0868** 전략 $x=-3$을 주어진 이차방정식에 대입하여 $a$의 값을 구한 후 다른 한 근을 구한다.

$x=-3$을 $\dfrac{a}{2}x^2+(a-5)x-4a-5=0$에 대입하면

$\dfrac{9}{2}a-3(a-5)-4a-5=0$, $-\dfrac{5}{2}a+10=0$

$-\dfrac{5}{2}a=-10$    $\therefore a=4$

$a=4$를 $\dfrac{a}{2}x^2+(a-5)x-4a-5=0$에 대입하면

$2x^2-x-21=0$, $(x+3)(2x-7)=0$

$\therefore x=-3$ 또는 $x=\dfrac{7}{2}$

따라서 $b=\dfrac{7}{2}$이므로 $a+2b=4+2\times\dfrac{7}{2}=11$    답 ⑤

**0869** 전략 각각의 이차방정식을 푼 후 공통인 근을 찾는다.

(1) $x^2+5x-24=0$에서 $(x+8)(x-3)=0$

　　$\therefore x=-8$ 또는 $x=3$    $\cdots\cdots$ ㈎

(2) $5x^2-16x+3=0$에서 $(5x-1)(x-3)=0$

　　$\therefore x=\dfrac{1}{5}$ 또는 $x=3$    $\cdots\cdots$ ㈏

(3) 두 이차방정식의 공통인 근은 3이다.    $\cdots\cdots$ ㈐

　　답 (1) $x=-8$ 또는 $x=3$　(2) $x=\dfrac{1}{5}$ 또는 $x=3$　(3) 3

| 채점 기준 | 비율 |
|---|---|
| ㈎ $x^2+5x-24=0$ 풀기 | 40 % |
| ㈏ $5x^2-16x+3=0$ 풀기 | 40 % |
| ㈐ 공통인 근 구하기 | 20 % |

**0870** 전략 각각의 이차방정식에 $x=2$를 대입하여 $a,b$의 값을 구한다.

$x=2$를 $x^2+ax+4-a=0$에 대입하면

$4+2a+4-a=0$ ∴ $a=-8$

$x=2$를 $2x^2-3x+b=0$에 대입하면

$8-6+b=0$ ∴ $b=-2$

∴ $b-a=-2-(-8)=6$ 답 ⑤

**0871** 전략 좌변이 완전제곱식으로 인수분해되는지 확인한다.

② $x^2-5x+\dfrac{25}{4}=0$에서 $\left(x-\dfrac{5}{2}\right)^2=0$

∴ $x=\dfrac{5}{2}$ 답 ②

**0872** 전략 이차방정식 $x^2+ax+b=0$이 중근을 가지려면 $b=\left(\dfrac{a}{2}\right)^2$이어야 한다.

이차방정식 $x^2+4x+k=0$이 중근을 가지려면

$k=\left(\dfrac{4}{2}\right)^2$이어야 하므로 $k=4$ ······ ㈎

이때 주어진 이차방정식은 $x^2+4x+4=0$이므로

$(x+2)^2=0$

∴ $x=-2$, 즉 $m=-2$ ······ ㈏

∴ $k+m=4+(-2)=2$ ······ ㈐

답 2

| 채점 기준 | 비율 |
|---|---|
| ㈎ 이차방정식이 중근을 가질 조건을 이용하여 $k$의 값 구하기 | 40 % |
| ㈏ 중근 $m$의 값 구하기 | 40 % |
| ㈐ $k+m$의 값 구하기 | 20 % |

**0873** 전략 제곱근을 이용하여 해를 구한 후 $x=5\pm\sqrt2$와 비교한다.

$3(x-a)^2=b$에서 $(x-a)^2=\dfrac{b}{3}$

$x-a=\pm\sqrt{\dfrac{b}{3}}$ ∴ $x=a\pm\sqrt{\dfrac{b}{3}}=5\pm\sqrt2$

즉 $a=5$, $\dfrac{b}{3}=2$이므로 $a=5$, $b=6$

∴ $a+b=5+6=11$ 답 ⑤

**0874** 전략 $a+1$의 부호에 따라 근의 개수가 결정된다.

㉠ $a=0$이면 $(x-4)^2=1$

$x-4=\pm1$ ∴ $x=3$ 또는 $x=5$

따라서 두 근의 곱은 $3\times5=15$

㉡ $a=-1$이면 $(x-4)^2=0$ ∴ $x=4$

㉢ $a=-2$이면 $(x-4)^2=-1$이므로 근이 없다.

따라서 옳은 것은 ㉡, ㉢이다. 답 ⑤

**0875** $2x^2+4x+1=0$의 양변을 2로 나누면

$x^2+2x+\dfrac{1}{2}=0$, $x^2+2x=-\dfrac{1}{2}$

$x^2+2x+1=-\dfrac{1}{2}+1$, $(x+1)^2=\dfrac{1}{2}$

∴ $x=\dfrac{-2\pm\sqrt2}{2}$

따라서 $A=1$, $B=1$, $C=\dfrac{1}{2}$, $D=-2$이다.

답 $A=1$, $B=1$, $C=\dfrac{1}{2}$, $D=-2$

**0876** (1)

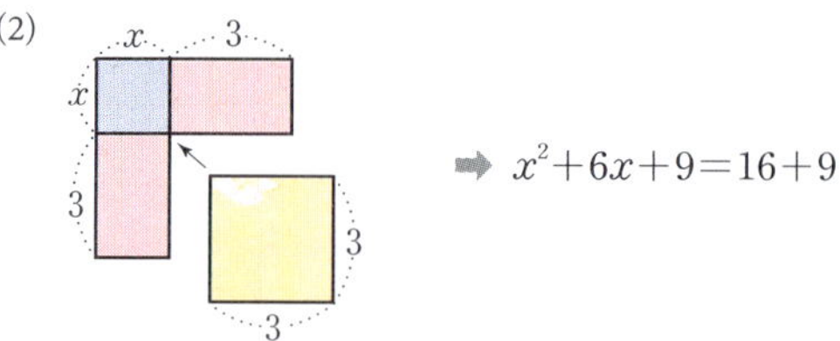

$\Rightarrow x^2+6x=16$

(2)

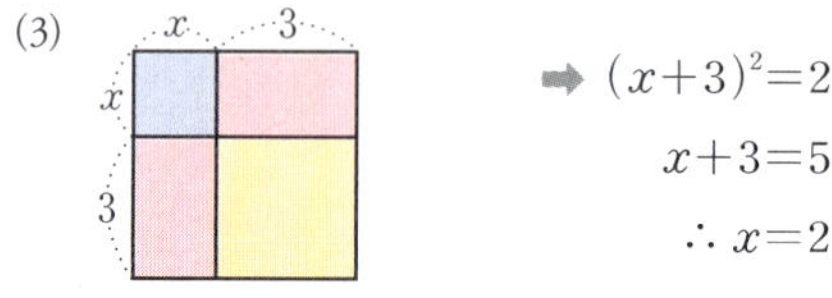

$\Rightarrow x^2+6x+9=16+9$

(3)

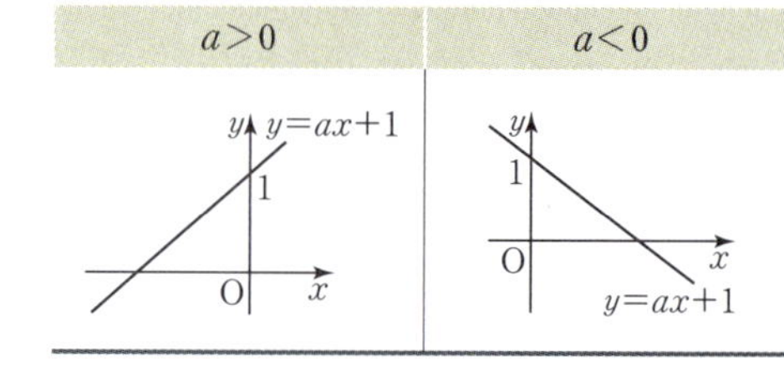

$\Rightarrow (x+3)^2=25$

$x+3=5$

∴ $x=2$

답 $x=2$

**0877** 전략 일차함수 $y=ax+b$의 그래프가 점 (■, ▲)를 지난다.

$\Rightarrow y=ax+b$에 $x=$■, $y=$▲를 대입한다.

일차함수 $y=ax+1$의 그래프가 점 $(a-2, 2a^2-2)$를 지나므로 $y=ax+1$에 $x=a-2$, $y=2a^2-2$를 대입하면

$2a^2-2=a(a-2)+1$, $a^2+2a-3=0$

$(a+3)(a-1)=0$ ∴ $a=-3$ 또는 $a=1$

이때 일차함수의 그래프가 제3사분면을 지나지 않으려면 $a<0$이어야 하므로 $a=-3$ 답 $-3$

**Lecture**

일차함수 $y=ax+1$의 그래프는 $y$절편이 1이고 기울기가 $a$인 직선이므로 $a$의 부호에 따라 다음과 같이 두 가지로 그려질 수 있다.

| $a>0$ | $a<0$ |
|---|---|
| | |

따라서 제3사분면을 지나지 않으려면 $a<0$이어야 한다.

**0878** $x^2+3x-5=0$에서 $a=1$, $b=3$, $c=-5$이므로

$$x=\dfrac{-3\pm\sqrt{3^2-4\times1\times(-5)}}{2\times1}=\dfrac{-3\pm\sqrt{29}}{2}$$

답 $x=\dfrac{-3\pm\sqrt{29}}{2}$

**0879** $3x^2-5x-1=0$에서 $a=3$, $b=-5$, $c=-1$이므로

$$x=\dfrac{-(-5)\pm\sqrt{(-5)^2-4\times3\times(-1)}}{2\times3}=\dfrac{5\pm\sqrt{37}}{6}$$

답 $x=\dfrac{5\pm\sqrt{37}}{6}$

**0880** $2x^2-2x-1=0$에서 $a=2$, $b'=-1$, $c=-1$이므로

$$x=\dfrac{-(-1)\pm\sqrt{(-1)^2-2\times(-1)}}{2}=\dfrac{1\pm\sqrt{3}}{2}$$

답 $x=\dfrac{1\pm\sqrt{3}}{2}$

**0881** $3x^2-4x-2=0$에서 $a=3$, $b'=-2$, $c=-2$이므로

$$x=\dfrac{-(-2)\pm\sqrt{(-2)^2-3\times(-2)}}{3}=\dfrac{2\pm\sqrt{10}}{3}$$

답 $x=\dfrac{2\pm\sqrt{10}}{3}$

**0882** $x(x-3)=7$에서 $x^2-3x-7=0$

$$\therefore x=\dfrac{3\pm\sqrt{37}}{2}$$

답 $x=\dfrac{3\pm\sqrt{37}}{2}$

**0883** $x^2+13=3(4-x)$에서 $x^2+3x+1=0$

$$\therefore x=\dfrac{-3\pm\sqrt{5}}{2}$$

답 $x=\dfrac{-3\pm\sqrt{5}}{2}$

**0884** $(2x+3)(x-2)=-4$에서 $2x^2-x-6=-4$

$2x^2-x-2=0$ $\qquad\therefore x=\dfrac{1+\sqrt{17}}{4}$

답 $x=\dfrac{1\pm\sqrt{17}}{4}$

**0885** $(x+1)(x-2)=-4(x+1)$에서

$x^2-x-2=-4x-4$, $x^2+3x+2=0$

$(x+1)(x+2)=0$ $\qquad\therefore x=-1$ 또는 $x=-2$

답 $x=-1$ 또는 $x=-2$

**0886** $\dfrac{1}{2}x^2-\dfrac{4}{3}x+\dfrac{5}{6}=0$의 양변에 6을 곱하면

$3x^2-8x+5=0$, $(x-1)(3x-5)=0$

$\therefore x=1$ 또는 $x=\dfrac{5}{3}$

답 $x=1$ 또는 $x=\dfrac{5}{3}$

**0887** $\dfrac{1}{3}x^2-\dfrac{1}{2}x-1=0$의 양변에 6을 곱하면

$2x^2-3x-6=0$ $\qquad\therefore x=\dfrac{3\pm\sqrt{57}}{4}$

답 $x=\dfrac{3\pm\sqrt{57}}{4}$

**0888** $\dfrac{3}{4}x^2=\dfrac{1}{2}x+\dfrac{5}{6}$의 양변에 12를 곱하면

$9x^2=6x+10$, $9x^2-6x-10=0$

$\therefore x=\dfrac{3\pm3\sqrt{11}}{9}=\dfrac{1\pm\sqrt{11}}{3}$

답 $x=\dfrac{1\pm\sqrt{11}}{3}$

**0889** $\dfrac{2}{3}x^2-\dfrac{5}{6}x-\dfrac{1}{4}=0$의 양변에 12를 곱하면

$8x^2-10x-3=0$, $(2x-3)(4x+1)=0$

$\therefore x=\dfrac{3}{2}$ 또는 $x=-\dfrac{1}{4}$

답 $x=\dfrac{3}{2}$ 또는 $x=-\dfrac{1}{4}$

**0890** $0.1x=0.3-x^2$의 양변에 10을 곱하면

$x=3-10x^2$, $10x^2+x-3=0$

$(5x+3)(2x-1)=0$ $\qquad\therefore x=-\dfrac{3}{5}$ 또는 $x=\dfrac{1}{2}$

답 $x=-\dfrac{3}{5}$ 또는 $x=\dfrac{1}{2}$

**0891** $0.1x^2+0.6x+0.3=0$의 양변에 10을 곱하면

$x^2+6x+3=0$ $\qquad\therefore x=-3\pm\sqrt{6}$

답 $x=-3\pm\sqrt{6}$

**0892** $0.09x^2-0.12x=0.05$의 양변에 100을 곱하면

$9x^2-12x=5$, $9x^2-12x-5=0$

$(3x+1)(3x-5)=0$

$\therefore x=-\dfrac{1}{3}$ 또는 $x=\dfrac{5}{3}$

답 $x=-\dfrac{1}{3}$ 또는 $x=\dfrac{5}{3}$

**0893** $0.3x^2+\dfrac{1}{2}x+0.1=0$의 양변에 10을 곱하면

$3x^2+5x+1=0$ $\qquad\therefore x=\dfrac{-5\pm\sqrt{13}}{6}$

답 $x=\dfrac{-5\pm\sqrt{13}}{6}$

**0894** $\dfrac{1}{5}x^2-0.4x-\dfrac{1}{2}=0$의 양변에 10을 곱하면

$2x^2-4x-5=0$

$\therefore x=\dfrac{2\pm\sqrt{14}}{2}=1\pm\dfrac{\sqrt{14}}{2}$

답 $x=1\pm\dfrac{\sqrt{14}}{2}$

**0895** $2x^2-0.5x-\dfrac{3}{4}=0$의 양변에 4를 곱하면

$8x^2-2x-3=0$, $(2x+1)(4x-3)=0$

$\therefore x=-\dfrac{1}{2}$ 또는 $x=\dfrac{3}{4}$

답 $x=-\dfrac{1}{2}$ 또는 $x=\dfrac{3}{4}$

**0896** $x+3=A$로 치환하면

$A^2-4A+4=0$, $(A-2)^2=0$

$\therefore A=2$

즉 $x+3=2$이므로 $x=-1$     **답** $x=-1$

**0897** $x-1=A$로 치환하면

$A^2+6A-27=0$, $(A+9)(A-3)=0$

$\therefore A=-9$ 또는 $A=3$

즉 $x-1=-9$ 또는 $x-1=3$

$\therefore x=-8$ 또는 $x=4$     **답** $x=-8$ 또는 $x=4$

**0898** $x-4=A$로 치환하면

$A^2-8A+15=0$, $(A-3)(A-5)=0$

$\therefore A=3$ 또는 $A=5$

즉 $x-4=3$ 또는 $x-4=5$

$\therefore x=7$ 또는 $x=9$     **답** $x=7$ 또는 $x=9$

**0899** $b^2-4ac=(-8)^2-4\times3\times2=40>0$이므로 근은 2개이다.

    **답** 2개

**0900** $b^2-4ac=(-4)^2-4\times4\times1=0$이므로 근은 1개이다.

    **답** 1개

**0901** $b^2-4ac=1^2-4\times1\times3=-11<0$이므로 근이 없다.

    **답** 0개

**0902** $b^2-4ac=0^2-4\times1\times(-9)=36>0$이므로 근은 2개이다.

    **답** 2개

**0903** $(x+2)^2=6$에서 $x^2+4x-2=0$

$b^2-4ac=4^2-4\times1\times(-2)=24>0$이므로 근은 2개이다.

    **답** 2개

**다른 풀이** $(x+2)^2=6$에서 $6>0$이므로 근은 2개이다.

**STEP 2 유형 마스터**     p.136 ~ p.140

**0904** **전략** 근의 공식을 이용하여 $2x^2-7x+4=0$의 해를 구한다.

$2x^2-7x+4=0$에서 근의 공식에 의해

$x=\dfrac{-(-7)\pm\sqrt{(-7)^2-4\times2\times4}}{2\times2}=\dfrac{7\pm\sqrt{17}}{4}$

따라서 $A=7$, $B=17$이므로

$A+B=7+17=24$     **답** 24

**0905** **전략** 이차방정식의 $x$의 계수가 짝수이므로 짝수 공식을 이용하면 계산이 더 편리하다.

---

$x^2+6x+1=0$에서 근의 공식에 의해

$x=-3\pm\sqrt{3^2-1\times1}=-3\pm\sqrt{8}=-3\pm2\sqrt{2}$

따라서 $A=-3$, $B=2$이므로 $\dfrac{A}{B}=-\dfrac{3}{2}$     **답** $-\dfrac{3}{2}$

**0906** $x^2-6x+2=0$에서 근의 공식에 의해

$x=-(-3)\pm\sqrt{(-3)^2-1\times2}=3\pm\sqrt{7}$

이때 $a>b$이므로 $a=3+\sqrt{7}$, $b=3-\sqrt{7}$

즉 $3-\sqrt{7}-3<n<3+\sqrt{7}-3$에서 $-\sqrt{7}<n<\sqrt{7}$

따라서 위의 부등식을 만족하는 정수 $n$의 개수는 $-2, -1, 0, 1, 2$의 5개이다.     **답** 5개

**참고** $2<\sqrt{7}<3$, $-3<-\sqrt{7}<-2$이므로 $-\sqrt{7}<n<\sqrt{7}$을 만족하는 정수 $n$은 $-2, -1, 0, 1, 2$이다.

**0907** **전략** 근의 공식을 이용하여 구한 근과 주어진 근을 비교한다.

$ax^2+3x-1=0$에서 근의 공식에 의해

$x=\dfrac{-3\pm\sqrt{3^2-4\times a\times(-1)}}{2\times a}=\dfrac{-3\pm\sqrt{9+4a}}{2a}$

이때 $\dfrac{-3\pm\sqrt{9+4a}}{2a}=\dfrac{-3\pm\sqrt{b}}{10}$이므로

$2a=10$에서 $a=5$

$9+4a=b$에서 $b=9+4\times5=29$

$\therefore a+b=5+29=34$     **답** 34

**0908** $x^2-3x+m=0$에서 근의 공식에 의해

$x=\dfrac{-(-3)\pm\sqrt{(-3)^2-4\times1\times m}}{2\times1}=\dfrac{3\pm\sqrt{9-4m}}{2}$

이때 $\dfrac{3\pm\sqrt{9-4m}}{2}=\dfrac{3\pm\sqrt{13}}{2}$이므로

$9-4m=13$, $-4m=4$

$\therefore m=-1$     **답** $-1$

**0909** $3x^2-5x+a=0$에서 근의 공식에 의해

$x=\dfrac{-(-5)\pm\sqrt{(-5)^2-4\times3\times a}}{2\times3}$

$=\dfrac{5\pm\sqrt{25-12a}}{6}$     …… ㈎

이때 $\dfrac{5\pm\sqrt{25-12a}}{6}=\dfrac{b\pm\sqrt{37}}{6}$이므로

$b=5$, $25-12a=37$

$\therefore a=-1$, $b=5$     …… ㈏

$\therefore b-a=5-(-1)=6$     …… ㈐

    **답** 6

| 채점 기준 | 비율 |
|---|---|
| ㈎ 근의 공식을 이용하여 해 구하기 | 40 % |
| ㈏ 주어진 근과 비교하여 $a$, $b$의 값 각각 구하기 | 40 % |
| ㈐ $b-a$의 값 구하기 | 20 % |

**0910** **전략** $0.3$과 $-\dfrac{1}{2}$을 모두 정수로 만들 수 있는 적당한 수를 양변에 곱한다.

$0.3x^2=x-\dfrac{1}{2}$의 양변에 10을 곱하면

$3x^2=10x-5,\ 3x^2-10x+5=0$

$\therefore x=\dfrac{-(-5)\pm\sqrt{(-5)^2-3\times5}}{3}=\dfrac{5\pm\sqrt{10}}{3}$

따라서 $a=3,\ b=10$이므로 $\dfrac{a}{b}=\dfrac{3}{10}$     **답** $\dfrac{3}{10}$

**0911** $0.1x^2-\dfrac{1}{5}x-0.8=0$의 양변에 10을 곱하면

$x^2-2x-8=0,\ (x+2)(x-4)=0$

$\therefore x=-2$ 또는 $x=4$

이때 $a>b$이므로 $a=4,\ b=-2$

따라서 주어진 이차방정식은 $x^2-4x-2=0$이므로

$x=-(-2)\pm\sqrt{(-2)^2-1\times(-2)}=2\pm\sqrt{6}$

    **답** $x=2\pm\sqrt{6}$

**0912** $0.3x^2-0.4x=0.1(1-x)$의 양변에 10을 곱하면

$3x^2-4x=1-x,\ 3x^2-3x-1=0$

$\therefore x=\dfrac{-(-3)\pm\sqrt{(-3)^2-4\times3\times(-1)}}{2\times3}$

$\quad=\dfrac{3\pm\sqrt{21}}{6}$     **답** $x=\dfrac{3\pm\sqrt{21}}{6}$

**0913** $\dfrac{x(x-1)}{4}=\dfrac{x^2-2}{3}$의 양변에 12를 곱하면

$3x(x-1)=4(x^2-2),\ 3x^2-3x=4x^2-8$

$x^2+3x-8=0$

$\therefore x=\dfrac{-3\pm\sqrt{3^2-4\times1\times(-8)}}{2}$

$\quad=\dfrac{-3\pm\sqrt{41}}{2}$     **답** ③

**0914** $2x-\dfrac{x^2-1}{3}=0.5(x-1)$의 양변에 6을 곱하면

$12x-2(x^2-1)=3(x-1)$

$2x^2-9x-5=0$       $\cdots\cdots$ (가)

$(2x+1)(x-5)=0$

$\therefore x=-\dfrac{1}{2}$ 또는 $x=5$

이때 $a>b$이므로 $a=5,\ b=-\dfrac{1}{2}$    $\cdots\cdots$ (나)

$\therefore a+2b=5+2\times\left(-\dfrac{1}{2}\right)=4$    $\cdots\cdots$ (다)

    **답** 4

| 채점 기준 | 비율 |
|---|---|
| (가) 주어진 이차방정식의 계수를 정수로 바꾸기 | 40 % |
| (나) 이차방정식을 풀어 $a,\ b$의 값 각각 구하기 | 40 % |
| (다) $a+2b$의 값 구하기 | 20 % |

**0915** $\dfrac{x^2+1}{3}+\dfrac{x-3}{2}=\dfrac{x}{6}$의 양변에 6을 곱하면

$2(x^2+1)+3(x-3)=x,\ 2x^2+2x-7=0$

$\therefore x=\dfrac{-1\pm\sqrt{1^2-2\times(-7)}}{2}=\dfrac{-1\pm\sqrt{15}}{2}$

따라서 $p=-1,\ q=15$이므로

$pq=(-1)\times15=-15$     **답** $-15$

**0916** $(x-1)(x+4)=-3x+6$에서 $x^2+6x-10=0$

$\therefore x=-3\pm\sqrt{3^2-1\times(-10)}=-3\pm\sqrt{19}$

이때 $4<\sqrt{19}<5$이므로 $1<-3+\sqrt{19}<2$

또 $-5<-\sqrt{19}<-4$이므로 $-8<-3-\sqrt{19}<-7$

따라서 두 근 사이에 있는 정수는 $-7,\ -6,\ -5,\ -4,\ -3,$

$-2,\ -1,\ 0,\ 1$의 9개이다.     **답** 9개

**0917** **전략** 공통 부분을 치환하여 이차방정식을 푼 후 반드시 원래의 식을 대입한다.

$x-2=A$로 치환하면

$A^2+2A-8=0,\ (A+4)(A-2)=0$

$\therefore A=-4$ 또는 $A=2$

즉 $x-2=-4$ 또는 $x-2=2$이므로

$x=-2$ 또는 $x=4$     **답** ③

**0918** $x-\dfrac{1}{2}=A$로 치환하면

$2A^2+1=4A,\ 2A^2-4A+1=0$

$\therefore A=\dfrac{-(-2)\pm\sqrt{(-2)^2-2\times1}}{2}=\dfrac{2\pm\sqrt{2}}{2}$

즉 $x-\dfrac{1}{2}=\dfrac{2\pm\sqrt{2}}{2}$이므로 $x=\dfrac{3\pm\sqrt{2}}{2}$

    **답** $x=\dfrac{3\pm\sqrt{2}}{2}$

**0919** $x+y=A$로 치환하면

$A(A-1)-12=0,\ A^2-A-12=0$

$(A+3)(A-4)=0$    $\therefore A=-3$ 또는 $A=4$

즉 $x+y=-3$ 또는 $x+y=4$이므로 구하는 작은 수는 $-3$이다.

    **답** $-3$

**0920** **전략** 각각의 이차방정식에서 $b^2-4ac$의 부호를 알아본다.

① $b^2-4ac=2^2-4\times1\times(-2)=12>0$ ➡ 근이 2개

② $b^2-4ac=0^2-4\times4\times(-5)=80>0$ ➡ 근이 2개

③ $b^2-4ac=(-4)^2-4\times3\times(-5)=76>0$ ➡ 근이 2개

④ $b^2-4ac=2^2-4\times1\times4=-12<0$ ➡ 근이 없다.

⑤ $b^2-4ac=3^2-4\times2\times(-1)=17>0$ ➡ 근이 2개

따라서 근이 없는 이차방정식은 ④이다.     **답** ④

**0921** ① $b^2-4ac=0^2-4\times1\times0=0$ ➡ 근이 1개

② $b^2-4ac=(-4)^2-4\times1\times4=0$ ➡ 근이 1개

③ $b^2-4ac=(-1)^2-4\times1\times1=-3<0$ ➡ 근이 없다.

④ $b^2-4ac=2^2-4\times1\times1=0$ ➡ 근이 1개

⑤ $b^2-4ac=(-1)^2-4\times2\times(-1)=9>0$ ➡ 근이 2개

따라서 서로 다른 두 개의 근을 갖는 이차방정식은 ⑤이다.

**답** ⑤

**0922** ㉠ $b^2-4ac=(-6)^2-4\times9\times1=0$

➡ 근이 1개

㉡ $(x-2)^2=4$에서 $x^2-4x=0$

$b^2-4ac=(-4)^2-4\times1\times0=16>0$

➡ 근이 2개

㉢ $b^2-4ac=(-3)^2-4\times1\times(-4)=25>0$

➡ 근이 2개

㉣ $(x+2)(x-2)=2x-5$에서 $x^2-2x+1=0$

$b^2-4ac=(-2)^2-4\times1\times1=0$

➡ 근이 1개

따라서 중근을 갖는 이차방정식은 ㉠, ㉣이다. **답** ㉠, ㉣

**0923** $x^2+4x+1-m=0$이 서로 다른 두 근을 가지려면

$4^2-4\times1\times(1-m)>0$, $4m+12>0$

$\therefore m>-3$

**답** ⑤

**0924** $x^2+8x+11-m=0$의 해가 없으려면

$8^2-4\times1\times(11-m)<0$

$4m+20<0$ $\therefore m<-5$

따라서 $m$의 값이 될 수 있는 것은 ⑤이다.

**답** ⑤

**0925** **전략** 이차방정식 $ax^2+bx+c=0$이 근을 가지려면 $b^2-4ac\geq0$이어야 함을 이용한다.

$3x^2-18x+5-k=3$에서

$3x^2-18x+2-k=0$ ······ ㈎

이 이차방정식이 근을 가지려면

$(-18)^2-4\times3\times(2-k)\geq0$ ······ ㈏

$300+12k\geq0$, $12k\geq-300$

$\therefore k\geq-25$ ······ ㈐

**답** $k\geq-25$

| 채점 기준 | 비율 |
|---|---|
| ㈎ 이차방정식의 모든 항을 좌변으로 이항하여 정리하기 | 20 % |
| ㈏ 이차방정식이 근을 가질 조건을 이용하여 부등식 세우기 | 50 % |
| ㈐ $k$의 값의 범위 구하기 | 30 % |

**0926** $x^2-x+k-4=0$이 서로 다른 두 근을 가지려면

$(-1)^2-4\times1\times(k-4)>0$

$-4k+17>0$ $\therefore k<\dfrac{17}{4}$

따라서 가장 큰 정수 $k$의 값은 4이다. **답** 4

**0927** **전략** 이차방정식 $ax^2+bx+c=0$이 중근을 가지려면 $b^2-4ac=0$이어야 함을 이용한다.

$3x^2-18x+7m-8=0$이 중근을 가지려면

$(-18)^2-4\times3\times(7m-8)=0$

$-84m+420=0$ $\therefore m=5$

이때 주어진 이차방정식은 $3x^2-18x+27=0$이므로

$3(x-3)^2=0$ $\therefore x=3$

즉 $a=3$이므로

$m+a=5+3=8$ **답** 8

**0928** $x^2-(k-1)x+k+2=0$이 중근을 가지려면

$\{-(k-1)\}^2-4\times1\times(k+2)=0$

$k^2-6k-7=0$, $(k+1)(k-7)=0$

$\therefore k=-1$ 또는 $k=7$ **답** ①, ⑤

**0929** $(a+1)x^2-(a+1)x+1=0$이 중근을 가지려면

$\{-(a+1)\}^2-4\times(a+1)\times1=0$

$a^2-2a-3=0$, $(a+1)(a-3)=0$

$\therefore a=-1$ 또는 $a=3$

그런데 이차방정식의 이차항의 계수는 0이 아니어야 하므로

$a+1\neq0$, 즉 $a\neq-1$ $\therefore a=3$ **답** 3

**0930** $(x+4)^2=k(x+1)$에서

$x^2+(8-k)x+16-k=0$

이 이차방정식이 중근을 가지려면

$(8-k)^2-4\times1\times(16-k)=0$

$k^2-12k=0$, $k(k-12)=0$

$\therefore k=12\,(\because k\neq0)$

따라서 주어진 이차방정식은 $5x^2+16x+3=0$이므로

$(x+3)(5x+1)=0$ $\therefore x=-3$ 또는 $x=-\dfrac{1}{5}$

**답** $x=-3$ 또는 $x=-\dfrac{1}{5}$

**0931** **전략** 근의 공식을 이용하여 이차방정식의 해를 구한다.

$2x^2-3x+a-5=0$에서

$x=\dfrac{-(-3)\pm\sqrt{(-3)^2-4\times2\times(a-5)}}{2\times2}$

$=\dfrac{3\pm\sqrt{49-8a}}{4}$

$\dfrac{3\pm\sqrt{49-8a}}{4}$ 가 유리수가 되려면 근호 안의 수가 0 또는 제곱수이어야 한다.

따라서 자연수 $a$는 3, 5, 6의 3개이다. **답** 3개

참고 $49-8a=0, 1, 4, 9, 16, 25, 36$이므로
$$a=\frac{49}{8}, 6, \frac{45}{8}, 5, \frac{33}{8}, 3, \frac{13}{8}$$
이때 $a$는 자연수이므로 가능한 $a$의 값은 $3, 5, 6$이다.

**0932** $x^2-5x+a-2=0$에서
$$x=\frac{-(-5)\pm\sqrt{(-5)^2-4\times1\times(a-2)}}{2\times1}$$
$$=\frac{5\pm\sqrt{33-4a}}{2}$$
$\dfrac{5\pm\sqrt{33-4a}}{2}$가 유리수가 되려면 근호 안의 수가 $0$ 또는 제곱수이어야 한다.
따라서 자연수 $a$의 값은 $2, 6, 8$이므로 이중 가장 큰 수는 $8$이다. **답** $8$

**0933** $x^2-4x+a-1=0$에서
$$x=-(-2)\pm\sqrt{(-2)^2-1\times(a-1)}$$
$$=2\pm\sqrt{5-a}$$
$2\pm\sqrt{5-a}$가 유리수가 되려면 근호 안의 수가 $0$ 또는 제곱수이어야 한다.
따라서 자연수 $a$의 값은 $1, 4, 5$이므로 그 합은
$$1+4+5=10$$ **답** $10$

**0934** 전략 $a+b=A$로 치환하여 $A$에 대한 이차방정식의 해를 구한다.
$a+b=A$로 치환하면
$$A^2-5A-6=0, (A+1)(A-6)=0$$
$$\therefore A=-1 \text{ 또는 } A=6$$
즉 $a+b=-1$ 또는 $a+b=6$
그런데 $a>0, b>0$이므로 $a+b=6$
$$\therefore a^2+b^2=(a+b)^2-2ab=6^2-2\times8=20$$ **답** $20$

**0935** $x-y=A$로 치환하면
$$(A-3)A=4, A^2-3A-4=0$$
$$(A+1)(A-4)=0 \quad \therefore A=-1 \text{ 또는 } A=4$$
즉 $x-y=-1$ 또는 $x-y=4$
그런데 $x>y$이므로 $x-y=4$ ······ ㉠
㉠과 $2x+y=5$를 연립하여 풀면 $x=3, y=-1$
$$\therefore x+y=3+(-1)=2$$ **답** $2$

**0936** 전략 공통부분이 보이도록 식을 정리한다.
$2(2x+y)^2-30x-15y+7=0$에서
$$2(2x+y)^2-15(2x+y)+7=0$$
$2x+y=A$로 치환하면
$$2A^2-15A+7=0, (2A-1)(A-7)=0$$
$$\therefore A=\frac{1}{2} \text{ 또는 } A=7$$
즉 $2x+y=\dfrac{1}{2}$ 또는 $2x+y=7$

그런데 $x, y$는 자연수이므로 $2x+y=7$
따라서 $2x+y=7$을 만족하는 순서쌍 $(x, y)$는
$(1, 5), (2, 3), (3, 1)$이다. **답** $(1, 5), (2, 3), (3, 1)$



**0937** $(x-3)(x-4)=0 \quad \therefore x^2-7x+12=0$
**답** $x^2-7x+12=0$

**0938** $3(x+1)\left(x+\dfrac{2}{3}\right)=0, 3\left(x^2+\dfrac{5}{3}x+\dfrac{2}{3}\right)=0$
$$\therefore 3x^2+5x+2=0$$ **답** $3x^2+5x+2=0$

**0939** $(x-4)^2=0 \quad \therefore x^2-8x+16=0$ **답** $x^2-8x+16=0$

**0940** $9\left(x+\dfrac{2}{3}\right)^2=0 \quad \therefore 9x^2+12x+4=0$
**답** $9x^2+12x+4=0$

**0941** **답** $x^2+(x+1)^2=85$

**0942** $x^2+(x+1)^2=85$에서 $2x^2+2x-84=0$
$$x^2+x-42=0, (x+7)(x-6)=0$$
$$\therefore x=-7 \text{ 또는 } x=6$$
그런데 $x$는 자연수이므로 $x=6$
따라서 두 자연수는 $6, 7$이다. **답** $6, 7$

**0943** **답** $50x-5x^2=0$

**0944** $50x-5x^2=0$에서 $x^2-10x=0$
$$x(x-10)=0 \quad \therefore x=0 \text{ 또는 } x=10$$
그런데 $x>0$이므로 $x=10$
따라서 구하는 시간은 $10$초이다. **답** $10$초

**0945** **답** $(x+3)(x+2)=2x^2$

**0946** $(x+3)(x+2)=2x^2$에서 $x^2-5x-6=0$
$$(x+1)(x-6)=0 \quad \therefore x=-1 \text{ 또는 } x=6$$
그런데 $x>0$이므로 $x=6$
따라서 처음 정사각형의 한 변의 길이는 $6\,\text{cm}$이다.
**답** $6\,\text{cm}$

**0947** [전략] 두 근이 $\alpha$, $\beta$이고 $x^2$의 계수가 $a$인 이차방정식은
$a(x-\alpha)(x-\beta)=0$임을 이용한다.
두 근이 $-4$, $1$이고 $x^2$의 계수가 $3$인 이차방정식은
$3(x+4)(x-1)=0$
$3(x^2+3x-4)=0$
$\therefore 3x^2+9x-12=0$
따라서 $a=9$, $b=-12$이므로
$a-b=9-(-12)=21$      **답** 21

**0948** $-1$과 $2$를 두 근으로 하고 $x^2$의 계수가 $2$인 이차방정식은
$2(x+1)(x-2)=0$, $2(x^2-x-2)=0$
$\therefore 2x^2-2x-4=0$      **답** ①

**0949** 중근이 $3$이고 $x^2$의 계수가 $1$인 이차방정식은
$(x-3)^2=0$, 즉 $x^2-6x+9=0$
$\therefore a=-6$, $b=9$
따라서 $bx^2+ax-10=0$, 즉 $9x^2-6x-10=0$의 근은
$$x=\frac{-(-3)\pm\sqrt{(-3)^2-9\times(-10)}}{9}$$
$$=\frac{3\pm3\sqrt{11}}{9}=\frac{1\pm\sqrt{11}}{3}$$     **답** $x=\dfrac{1\pm\sqrt{11}}{3}$

**0950** [전략] 가은이와 종혁이가 바르게 본 항이 무엇인지 파악한다.
가은이는 상수항을 바르게 보았으므로
$(x-2)(x+3)=0$
즉 $x^2+x-6=0$에서 $b=-6$
종혁이는 일차항의 계수를 바르게 보았으므로
$(x-1)(x+8)=0$
즉 $x^2+7x-8=0$에서 $a=7$
$\therefore a+b=7+(-6)=1$      **답** 1

**0951** 아람이는 상수항을 바르게 보았으므로
$(x-1)(x+15)=0$
즉 $x^2+14x-15=0$에서 상수항은 $-15$이다.
나연이는 일차항의 계수를 바르게 보았으므로
$(x-2)(x+6)=0$
즉 $x^2+4x-12=0$에서 일차항의 계수는 $4$이다.
따라서 처음 이차방정식은 $x^2+4x-15=0$이므로
$x=-2\pm\sqrt{2^2-1\times(-15)}=-2\pm\sqrt{19}$
     **답** $x=-2\pm\sqrt{19}$

**0952** 일차항의 계수와 상수항을 바꾼 이차방정식은
$x^2+(k+1)x-2k=0$
$x=-4$를 $x^2+(k+1)x-2k=0$에 대입하면

$(-4)^2+(k+1)\times(-4)-2k=0$
$16-4k-4-2k=0$, $-6k=-12$
$\therefore k=2$
따라서 처음 이차방정식은 $x^2-4x+3=0$이므로
$(x-1)(x-3)=0$    $\therefore x=1$ 또는 $x=3$
즉 두 근의 차는 $3-1=2$이다.      **답** 2

**0953** [전략] 차가 $4$인 두 자연수를 $x$, $x+4$로 놓는다.
차가 $4$인 두 자연수를 $x$, $x+4(x\geq1)$라 하면
$x(x+4)=117$에서 $x^2+4x-117=0$
$(x-9)(x+13)=0$    $\therefore x=9\,(\because x\geq1)$
따라서 구하는 두 자연수는 $9$, $13$이다.    **답** 9, 13

**0954** $x^2=5x+24$에서 $x^2-5x-24=0$
$(x+3)(x-8)=0$    $\therefore x=8\,(\because x$는 자연수$)$    **답** 8

**0955** $\dfrac{n(n-3)}{2}=27$에서 $n^2-3n-54=0$
$(n+6)(n-9)=0$    $\therefore n=9\,(\because n\geq3)$
따라서 구하는 다각형은 구각형이다.      **답** 구각형

**0956** 탁자에 앉은 사람 수를 $x$명이라 하면 양옆에 앉은 사람을 제외하고 모든 사람과 서로 한 번씩 악수를 하는 총 횟수는
$$\frac{x(x-3)}{2}(회)$$
즉 $\dfrac{x(x-3)}{2}=54$에서 $x^2-3x-108=0$
$(x+9)(x-12)=0$    $\therefore x=12\,(\because x$는 자연수$)$
따라서 탁자에 앉아 있는 사람 수는 $12$명이다.    **답** 12명

**0957** [전략] 연속하는 세 자연수를 $x-1$, $x$, $x+1$이라 하면 $x\geq2$임에 주의한다.
연속하는 세 자연수를 $x-1$, $x$, $x+1(x\geq2)$이라 하면
$(x-1)^2+x^2+(x+1)^2=149$에서
$3x^2=147$, $x^2=49$    $\therefore x=7\,(\because x\geq2)$
따라서 연속하는 세 자연수는 $6$, $7$, $8$이므로 이중 가장 큰 수는 $8$이다.      **답** 8

**0958** 연속하는 두 자연수를 $x$, $x+1(x\geq1)$이라 하면
$x(x+1)=210$에서 $x^2+x-210=0$
$(x-14)(x+15)=0$    $\therefore x=14\,(\because x\geq1)$
따라서 연속하는 두 자연수는 $14$, $15$이므로
$15^2-14^2=(15+14)(15-14)=29$      **답** 29

**0959** 연속하는 세 자연수를 $x-1$, $x$, $x+1(x\geq2)$이라 하면
$(x+1)^2=(x-1)^2+x^2-5$에서        $\cdots\cdots$ (가)
$x^2-4x-5=0$, $(x+1)(x-5)=0$

$\therefore x=5 \; (\because x \geq 2)$ ...... (나)

따라서 연속하는 세 자연수는 4, 5, 6이므로 그 합은

$4+5+6=15$ ...... (다)

**답** 15

| 채점 기준 | 비율 |
|---|---|
| (가) 연속하는 세 자연수를 $x$를 이용하여 나타내어 방정식 세우기 | 40 % |
| (나) (가)에서 세운 방정식 풀기 | 40 % |
| (다) 연속하는 세 자연수의 합 구하기 | 20 % |

**0960** **전략** 구하는 학생 수를 $x$명이라 하고 조건에 맞는 식을 세운다.

➡ (학생 수)×(한 학생이 받는 사탕 수)=(사탕의 총 개수)

모둠의 학생 수를 $x$명이라 하면

$x(x-3)=54$에서 $x^2-3x-54=0$

$(x+6)(x-9)=0$ $\therefore x=9 \; (\because x$는 자연수$)$

따라서 모둠의 학생 수는 9명이다. **답** 9명

**0961** 동생의 나이를 $x$살이라 하면 형의 나이는 $(26-x)$살이므로

$x(26-x)=165$에서 $x^2-26x+165=0$

$(x-11)(x-15)=0$ $\therefore x=11$ 또는 $x=15$

그런데 동생의 나이가 형의 나이보다 적으므로 $x<13$이어야 한다. 즉 $x=11$

따라서 동생의 나이는 11살이다. **답** 11살

**0962** 경희의 생일을 6월 $x$일이라 하면 재현이의 생일은 6월 $(x+14)$일이므로

$x(x+14)=176$에서 $x^2+14x-176=0$

$(x-8)(x+22)=0$ $\therefore x=8 \; (\because x$는 자연수$)$

따라서 경희의 생일은 6월 8일이다. **답** 8일

**0963** 비가 온 날수를 $x$일이라 하면 비가 오지 않은 날수는 $(30-x)$일이므로

$x^2=2(30-x)+3$에서 $x^2+2x-63=0$

$(x-7)(x+9)=0$ $\therefore x=7 \; (\because x$는 자연수$)$

따라서 비가 온 날은 모두 7일이다. **답** 7일

**0964** $30t-5t^2=45$에서 $5t^2-30t+45=0$

$t^2-6t+9=0, \; (t-3)^2=0$ $\therefore t=3$

따라서 폭죽이 45 m 되는 지점에서 터지도록 하려면 3초 후에 터트려야 한다. **답** 3초 후

**0965** **전략** 공이 땅에 떨어진다는 것은 높이가 0 m라는 뜻이다.

공이 땅에 떨어질 때의 높이가 0 m이므로

$40x-5x^2=0$에서 $x^2-8x=0$

$x(x-8)=0$ $\therefore x=8 \; (\because x>0)$

따라서 공이 땅에 떨어질 때까지 걸린 시간은 8초이다.

**답** 8초

**0966** $20t-5t^2=15$에서 $5t^2-20t+15=0$

$t^2-4t+3=0, \; (t-1)(t-3)=0$

$\therefore t=1$ 또는 $t=3$

따라서 물로켓이 15 m 이상의 높이에서 머무는 시간은 1초부터 3초까지이므로 2초 동안이다. **답** 2초

**0967** $0.01x^2+0.3x=88$에서 $x^2+30x-8800=0$

$(x-80)(x+110)=0$ $\therefore x=80 \; (\because x>0)$

따라서 자동차의 속력은 시속 80 km였다.

**답** 시속 80 km

**0968** **전략** (직사각형의 넓이)=(가로의 길이)×(세로의 길이)

직사각형의 가로의 길이를 $x$ cm라 하면 세로의 길이는 $(x-5)$ cm이므로

$x(x-5)=104$에서 $x^2-5x-104=0$

$(x+8)(x-13)=0$ $\therefore x=13 \; (\because x>5)$

따라서 직사각형의 가로의 길이는 13 cm, 세로의 길이는 8 cm이다. **답** 가로의 길이 : 13 cm, 세로의 길이 : 8 cm

**0969** 밑변의 길이를 $x$ cm라 하면 높이는 $(x+3)$ cm이므로

$\dfrac{1}{2} \times x \times (x+3)=5$에서 $x^2+3x-10=0$

$(x-2)(x+5)=0$ $\therefore x=2 \; (\because x>0)$

따라서 삼각형의 밑변의 길이는 2 cm이다. **답** 2 cm

**0970** 사다리꼴의 윗변의 길이를 $x$ cm라 하면 아랫변의 길이는 $(x+5)$ cm, 높이는 $(x-4)$ cm이므로

$\dfrac{1}{2} \times \{x+(x+5)\} \times (x-4)=75$에서 ...... (가)

$\dfrac{1}{2}(2x+5)(x-4)=75$

$2x^2-3x-20=150, \; 2x^2-3x-170=0$

$(x-10)(2x+17)=0$ $\therefore x=10 \; (\because x>4)$ ...... (나)

따라서 사다리꼴의 윗변의 길이는 10 cm이므로 높이는

$10-4=6 \; (cm)$ ...... (다)

**답** 6 cm

| 채점 기준 | 비율 |
|---|---|
| (가) 사다리꼴의 윗변의 길이를 $x$ cm로 놓고 방정식 세우기 | 40 % |
| (나) (가)에서 세운 방정식 풀기 | 40 % |
| (다) 사다리꼴의 높이 구하기 | 20 % |

**0971** $\overline{AP}=x$ cm라 하면 $\overline{BP}=(10-x)$ cm이므로

$x^2+(10-x)^2=52$에서 $2x^2-20x+48=0$

$x^2-10x+24=0, \; (x-4)(x-6)=0$

$\therefore x=6 \; (\because \overline{AP}>\overline{BP})$

따라서 $\overline{AP}$의 길이는 6 cm이다. **답** 6 cm

**0972** 타일 한 개의 긴 변의 길이를 $x$ cm, 짧은 변의 길이를 $y$ cm 라 하면 다음 그림과 같다.

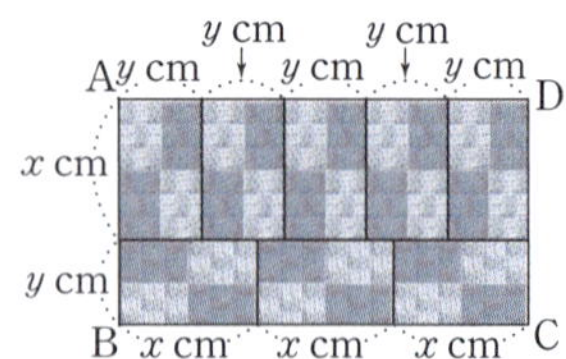

$\overline{AD}=\overline{BC}$이므로 $5y=3x$에서 $y=\dfrac{3}{5}x$

이때 □ABCD의 넓이가 $270\ \text{cm}^2$이므로

$3x(x+y)=270$에서 $3x\left(x+\dfrac{3}{5}x\right)=270$

$\dfrac{24}{5}x^2=270,\ x^2=\dfrac{225}{4}$　　$\therefore x=\dfrac{15}{2}\ (\because x>0)$

따라서 타일 한 개의 긴 변의 길이는 $\dfrac{15}{2}$ cm이다.

**답** $\dfrac{15}{2}$ cm

**0973** 가장 작은 반원의 반지름의 길이를 $x$ cm라 하면 반원 안의 큰 반원의 반지름의 길이는 $(10-x)$ cm이다.

두 반원의 넓이의 합은 큰 반원의 넓이의 $\dfrac{3}{5}$이므로

$\dfrac{1}{2}\pi\times(10-x)^2+\dfrac{1}{2}\pi\times x^2=\dfrac{3}{5}\times\dfrac{1}{2}\pi\times10^2$

$x^2-10x+20=0$

$\therefore x=-(-5)\pm\sqrt{(-5)^2-1\times20}=5\pm\sqrt{5}$

그런데 $0<x<5$이므로 $x=5-\sqrt{5}$

따라서 가장 작은 반원의 반지름의 길이는 $(5-\sqrt{5})$ cm이다.

**답** $(5-\sqrt{5})$ cm

**0974** $\overline{BD}=x$ cm라 하면 △FEC는 직각이등변삼각형이므로

$\overline{EC}=\overline{EF}=\overline{BD}=x$ cm

$\therefore \overline{BE}=10-x\ (\text{cm})$

$x(10-x)=24$에서 $x^2-10x+24=0$

$(x-4)(x-6)=0$　　$\therefore x=6\ (\because \overline{BD}>\overline{BE})$

따라서 $\overline{BD}=6\ \text{cm},\ \overline{BE}=10-6=4\ (\text{cm})$이므로

$\overline{BD}-\overline{BE}=6-4=2\ (\text{cm})$

**답** 2 cm

**0975** 　전략　새로 만든 직사각형의 가로, 세로의 길이를 구한다.

처음 정사각형의 한 변의 길이를 $x$ cm라 하면

$(x+6)(x+3)=88$에서

$x^2+9x-70=0,\ (x+14)(x-5)=0$

$\therefore x=5\ (\because x>0)$

따라서 처음 정사각형의 한 변의 길이는 5 cm이다.

**답** 5 cm

**0976** 늘인 길이를 $x$ cm라 하면

$(8+x)(4+x)=3\times(8\times4)$에서　　……㉮

---

$x^2+12x-64=0,\ (x+16)(x-4)=0$

$\therefore x=4\ (\because x>0)$

따라서 늘인 길이는 4 cm이다.　　……㉯

**답** 4 cm

| 채점 기준 | 비율 |
|---|---|
| ㉮ 문제의 뜻에 맞게 방정식 세우기 | 40 % |
| ㉯ 방정식을 풀어 답 구하기 | 60 % |

**0977** 　전략　(늘어난 넓이)=(반지름의 길이가 $5+x$인 원의 넓이)
　　　　　　−(반지름의 길이가 5인 원의 넓이)

반지름의 길이가 5인 원의 넓이는 $\pi\times5^2$,

반지름의 길이가 $5+x$인 원의 넓이는 $\pi\times(5+x)^2$이므로

$\pi\times(5+x)^2-\pi\times5^2=39\pi$에서

$x^2+10x-39=0,\ (x+13)(x-3)=0$

$\therefore x=3\ (\because x>0)$

**답** 3

**0978** $t$초 후의 직사각형의 가로, 세로의 길이는 각각

$(60-2t)$ cm, $(33+3t)$ cm이므로

$(60-2t)(33+3t)=60\times33$에서 $t^2-19t=0$

$t(t-19)=0$　　$\therefore t=19\ (\because 0<t<30)$　　**답** 19

**0979** 길의 폭을 $x$ m라 하면

$(15-x)(10-x)=126$에서 $x^2-25x+24=0$

$(x-1)(x-24)=0$　　$\therefore x=1\ (\because 0<x<10)$

따라서 길의 폭은 1 m이다.　　**답** 1 m

**0980** 길의 폭을 $x$ m라 하면

$(20-x)(15-x)=204$에서 $x^2-35x+96=0$

$(x-3)(x-32)=0$　　$\therefore x=3\ (\because 0<x<15)$

따라서 길의 폭은 3 m이다.　　**답** 3 m

**0981** 길의 폭을 $x$ m라 하면

$(12-x)(10-x)=80$에서 $x^2-22x+40=0$

$(x-2)(x-20)=0$　　$\therefore x=2\ (\because 0<x<10)$

따라서 길의 폭은 2 m이다.　　**답** 2 m

**0982** 　전략　직육면체 모양의 상자의 밑면의 가로, 세로의 길이와 높이를 알아본다.

처음 정사각형의 한 변의 길이를 $x$ cm라 하면

$2(x-4)^2=72$에서 $(x-4)^2=36$

$x-4=\pm6$　　$\therefore x=10\ (\because x>4)$

따라서 처음 정사각형의 넓이는 $x^2=100\ (\text{cm}^2)$이다.

**답** $100\ \text{cm}^2$

**0983** 물받이의 높이를 $x$ cm라 하면

$(30-2x)x=100,\ x^2-15x+50=0$

$(x-5)(x-10)=0$　　$\therefore x=5$ 또는 $x=10$

---

그런데 $0<x<15$이므로 물받이의 높이는
5 cm 또는 10 cm이다.   **답** 5 cm 또는 10 cm

**0984** [전략] 닮음인 두 도형을 찾아 닮음의 성질을 이용한다.
$\Box ABCD \backsim \Box BFEA$이므로
$\overline{AB} : \overline{BF} = \overline{AD} : \overline{BA}$
이때 $\overline{BF}=x$라 하면 $\overline{AD}=8+x$이므로
$8 : x = (8+x) : 8$에서
$x(8+x)=64$, $x^2+8x-64=0$
$\therefore x = -4 \pm 4\sqrt{5}$
그런데 $x>0$이므로 $x=-4+4\sqrt{5}$
따라서 $\overline{BF}$의 길이는 $-4+4\sqrt{5}$이다.   **답** $-4+4\sqrt{5}$

**0985** [전략] 닮음비가 $m:n$이면 넓이의 비는 $m^2:n^2$이다.
작은 정삼각형의 한 변의 길이를 $x$ cm라 하면 큰 정삼각형
의 한 변의 길이는
$\dfrac{1}{3} \times (18-3x) = 6-x$ (cm)
이때 두 정삼각형은 닮음이고 닮음비는 $x:(6-x)$이므로
넓이의 비는 $x^2 : (6-x)^2$
즉 $x^2 : (6-x)^2 = 2 : 3$에서
$2(6-x)^2 = 3x^2$, $x^2+24x-72=0$
$\therefore x = -12 \pm 6\sqrt{6}$
그런데 $x>0$이므로 $x=-12+6\sqrt{6}$
따라서 작은 정삼각형의 한 변의 길이는 $(-12+6\sqrt{6})$ cm
이다.   **답** $(-12+6\sqrt{6})$ cm

**0986** $\overline{PQ}=x$ cm라 하면
$\overline{RC}=10-\overline{BR}=10-\overline{PQ}=10-x$ (cm)
이때 $\triangle ABC \backsim \triangle PRC$(AA 닮음)이므로
$\overline{AB} : \overline{PR} = \overline{BC} : \overline{RC}$에서 $8 : \overline{PR} = 10 : (10-x)$
$10\overline{PR}=8(10-x)$    $\therefore \overline{PR}=8-\dfrac{4}{5}x$ (cm)
$\triangle PQR$의 넓이가 10 cm²이므로
$\dfrac{1}{2} \times \overline{PQ} \times \overline{PR}=10$에서 $\dfrac{1}{2}x\left(8-\dfrac{4}{5}x\right)=10$
$x^2-10x+25=0$, $(x-5)^2=0$    $\therefore x=5$
따라서 $\overline{PQ}$의 길이는 5 cm이다.   **답** 5 cm



**0987** [전략] 이차방정식 $ax^2+bx+c=0$의 근의 공식
➡ $x=\dfrac{-b \pm \sqrt{b^2-4ac}}{2a}$
$3x^2+5x+1=0$에서 근의 공식에 의해
$x=\dfrac{-5 \pm \sqrt{5^2-4 \times 3 \times 1}}{2 \times 3}=\dfrac{-5 \pm \sqrt{13}}{6}$

따라서 $A=-5$, $B=13$이므로
$A+B=-5+13=8$   **답** 8

**0988** [전략] 먼저 인수분해를 이용하여 $x^2-7x+12=0$의 해를 구한
후 $a, b$의 값을 구한다.
$x^2-7x+12=0$에서 $(x-3)(x-4)=0$
$\therefore x=3$ 또는 $x=4$
이때 $a>b$이므로 $a=4$, $b=3$
따라서 $2x^2-8x+3=0$을 풀면 $x=\dfrac{4 \pm \sqrt{10}}{2}$   **답** ①

**0989** [전략] 이차방정식의 $x$의 계수가 짝수이면 짝수 공식을 이용한다.
$x^2-2x-a=0$에서 근의 공식에 의해
$x=-(-1) \pm \sqrt{(-1)^2-1 \times (-a)}=1 \pm \sqrt{1+a}=1 \pm \sqrt{7}$
$\therefore a=6$
$x=6$을 $x^2-5x+k=0$에 대입하면
$36-30+k=0$    $\therefore k=-6$   **답** ②

**0990** [전략] 인수분해 또는 제곱근의 성질 또는 근의 공식을 이용하여
각각의 해를 구한다.
㉠ $(x+7)(x-7)=0$    $\therefore x=-7$ 또는 $x=7$
㉡ $(x-3)^2=0$    $\therefore x=3$
㉢ $(x-2)(x-6)=0$    $\therefore x=2$ 또는 $x=6$
㉣ $x+3=\pm 5$    $\therefore x=-8$ 또는 $x=2$
㉤ $x=\dfrac{-(-4) \pm \sqrt{(-4)^2-3 \times 2}}{3}=\dfrac{4 \pm \sqrt{10}}{3}$
③ 두 근의 곱이 음수인 것은 ㉠, ㉣의 2개이다.   **답** ③

**0991** [전략] 이차방정식의 양변에 10을 곱하여 계수를 정수로 바꾼다.
$\dfrac{1}{2}x^2-0.5x-\dfrac{1}{5}=0$의 양변에 10을 곱하면
$5x^2-5x-2=0$    $\therefore x=\dfrac{5 \pm \sqrt{65}}{10}$   **답** ⑤

**0992** [전략] 이차방정식의 양변에 분모의 최소공배수를 곱하여 계수를
정수로 바꾼다.
$\dfrac{x-1}{5}=\dfrac{(x+1)(x-3)}{3}$의 양변에 15를 곱하면
$3(x-1)=5(x+1)(x-3)$
$5x^2-13x-12=0$
$\therefore x=\dfrac{-(-13) \pm \sqrt{(-13)^2-4 \times 5 \times (-12)}}{2 \times 5}$
$=\dfrac{13 \pm \sqrt{409}}{10}$   **답** ⑤

**0993** [전략] 공통부분을 한 문자로 치환한다.
$x-2y=A$로 치환하면
$(A+1)(A+3)=-1$, $A^2+4A+4=0$
$(A+2)^2=0$    $\therefore A=-2$
즉 $x-2y=-2$이므로
$2y-x=-(x-2y)=-(-2)=2$   **답** ④

**0994**  이차방정식 $ax^2+bx+c=0$에서 $b^2-4ac<0$이면 근을 갖지 않는다.

$x^2-x+2k=0$이 근을 갖지 않으려면
$(-1)^2-4\times1\times2k<0$
$1-8k<0$ $\quad\therefore k>\dfrac{1}{8}$

따라서 상수 $k$의 값이 될 수 없는 것은 ①이다. **답** ①

**0995**  이차방정식 $ax^2+bx+c=0$이 중근을 가지려면
$b^2-4ac=0$이어야 한다.

$x^2-14x+2k-1=0$이 중근을 가지려면
$(-14)^2-4\times1\times(2k-1)=0$
$-8k=-200$ $\quad\therefore k=25$ **답** ④

**0996**  이차방정식 $ax^2+bx+c=0$의 해가 유리수가 되려면
$x=\dfrac{-b\pm\sqrt{b^2-4ac}}{2a}$에서 근호 안의 수 $b^2-4ac$가 0 또는 제곱수이어야 한다.

$x=\dfrac{3\pm\sqrt{13-4a}}{2}$가 유리수가 되려면 근호 안의 수가 0 또는 제곱수이어야 한다.

따라서 자연수 $a$의 값은 1, 3이므로 그 합은
$1+3=4$ **답** ②

**0997**  두 근이 $\alpha,\beta$이고 $x^2$의 계수가 $a$인 이차방정식은
$a(x-\alpha)(x-\beta)=0$임을 이용한다.

$3(x+2)(x-4)=0$에서 $3(x^2-2x-8)=0$
$\therefore 3x^2-6x-24=0$ **답** ②

**0998**  두 근이 $\alpha,\beta$이고 $x^2$의 계수가 1인 이차방정식은
$(x-\alpha)(x-\beta)=0$임을 이용한다.

두 근이 $2,-1$이고 $x^2$의 계수가 1인 이차방정식은
$(x-2)(x+1)=0$ $\quad\therefore x^2-x-2=0$
따라서 $a=-1,b=-2$이므로 $x^2-2x-1=0$의 해는
$x=-(-1)\pm\sqrt{(-1)^2-1\times(-1)}=1\pm\sqrt{2}$

**답** $x=1\pm\sqrt{2}$

**0999**  먼저 일차항의 계수와 상수항이 바뀐 이차방정식을 구한다.

$x^2+kx+(k+1)=0$의 일차항의 계수와 상수항을 바꾼 이차방정식은
$x^2+(k+1)x+k=0$ $\quad\cdots\cdots$ (가)
$x=3$을 $x^2+(k+1)x+k=0$에 대입하면
$9+3k+3+k=0, 4k=-12$
$\therefore k=-3$ $\quad\cdots\cdots$ (나)
따라서 처음 이차방정식은 $x^2-3x-2=0$이므로
$x=\dfrac{-(-3)\pm\sqrt{(-3)^2-4\times1\times(-2)}}{2}=\dfrac{3\pm\sqrt{17}}{2}$

$\quad\cdots\cdots$ (다)

즉 $a=3, b=17$이므로
$a+b=3+17=20$ $\quad\cdots\cdots$ (라)

**답** 20

| 채점 기준 | 비율 |
|---|---|
| (가) 일차항의 계수와 상수항을 바꾼 이차방정식 구하기 | 30 % |
| (나) $k$의 값 구하기 | 20 % |
| (다) 처음 이차방정식과 그 해 구하기 | 30 % |
| (라) $a, b$의 값을 각각 구한 후 $a+b$의 값 구하기 | 20 % |

**1000** (1) $x=\left(\dfrac{1}{8}x\right)^2+12$에서 $x=\dfrac{1}{64}x^2+12$
$\quad\therefore x^2-64x+768=0$
(2) $x^2-64x+768=0$에서 $(x-16)(x-48)=0$
$\quad\therefore x=16$ 또는 $x=48$
따라서 숲 속에 있는 원숭이는 모두 16마리 또는 48마리이다.

**답** (1) $x^2-64x+768=0$ (2) 16마리 또는 48마리

**1001**  연속하는 두 홀수를 $x, x+2(x\geq1)$로 놓는다.

연속하는 두 홀수를 $x, x+2(x\geq1)$라 하면
$x(x+2)=143$에서 $x^2+2x-143=0$
$(x+13)(x-11)=0$ $\quad\therefore x=11(\because x\geq1)$
따라서 연속하는 두 홀수는 11, 13이므로 그 합은
$11+13=24$ **답** 24

**1002**  (한 학생이 받는 사과의 수)×(학생 수)=(사과의 총 개수)
임을 이용하여 식을 세운다.

한 학생이 받는 사과의 수를 $x$개라 하면
$x(x+7)=120$에서 $x^2+7x-120=0$
$(x+15)(x-8)=0$ $\quad\therefore x=8(\because x$는 자연수)
따라서 사과의 수는 8개이다. **답** ②

**1003** (1) $-5t^2+34t=57$에서 $5t^2-34t+57=0$
$\quad(t-3)(5t-19)=0$ $\quad\therefore t=3$ 또는 $t=\dfrac{19}{5}$
따라서 공의 높이가 57 m가 될 때까지 걸리는 시간은
$3$초 또는 $\dfrac{19}{5}$초이다.
(2) 공이 지면에 떨어질 때의 높이가 0 m이므로
$\quad-5t^2+34t=0, -t(5t-34)=0$
$\quad\therefore t=\dfrac{34}{5}(\because t>0)$
따라서 공이 다시 지면에 떨어지는 것은 쏘아 올린 지
$\dfrac{34}{5}$초 후이다.

**답** (1) 3초 또는 $\dfrac{19}{5}$초 (2) $\dfrac{34}{5}$초 후

공의 높이가 57 m가 될 때는 오른쪽 그림과 같이 올라갈 때 1번, 내려갈 때 1번으로 총 2번이다.

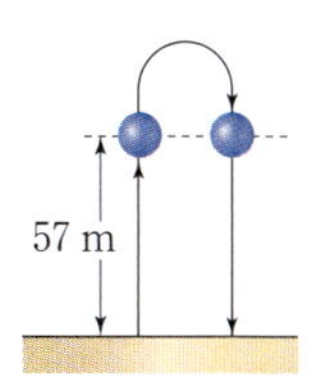



**1004** 전략 가로, 세로의 길이를 한 문자로 나타내어 본다.

핸드볼 경기장의 세로의 길이를 $x$ m라 하면 가로의 길이는 $(x+20)$ m이므로

$x(x+20)=800$에서 $x^2+20x-800=0$

$(x-20)(x+40)=0$    $\therefore x=20\,(\because x>0)$

따라서 세로의 길이는 20 m이다.    **답** 20 m

**1005** 전략 $\overline{CB}=\overline{AB}-\overline{AC}$임을 이용한다.

$\overline{AC}=x$ cm라 하면 $\overline{CB}=(5-x)$ cm이므로

$x^2=2(5-x)^2$에서 $x^2=50-20x+2x^2$

$x^2-20x+50=0$

$\therefore x=-(-10)\pm\sqrt{(-10)^2-1\times50}=10\pm5\sqrt{2}$

이때 $0<x<5$이므로 $x=10-5\sqrt{2}$

$\therefore \overline{AC}=(10-5\sqrt{2})$ cm    **답** $(10-5\sqrt{2})$ cm

**1006** 처음 화단의 한 변의 길이를 $x$ m라 하면

가로의 길이를 3 m 줄이고 세로의 길이를 2 m 늘였으므로

$(x-3)(x+2)=24$    ······ (개)

$x^2-x-30=0,\ (x+5)(x-6)=0$

$\therefore x=6\,(\because x>0)$

따라서 처음 화단의 한 변의 길이는 6 m이다.    ······ (내)

**답** 6 m

| 채점 기준 | 비율 |
| --- | --- |
| (개) 처음 화단의 한 변의 길이를 $x$ m로 놓고 방정식 세우기 | 50 % |
| (내) 방정식을 풀어 답 구하기 | 50 % |

**1007** 전략 다음 그림에서 색칠한 부분의 넓이는 같다.

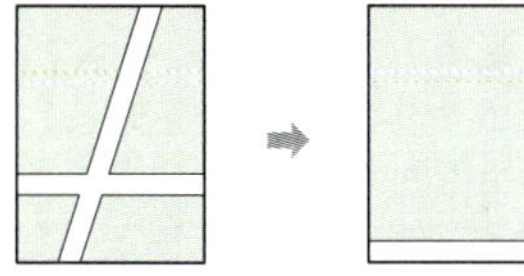

산책로의 폭을 $x$ m라 하면

$(18-x)(24-x)=352$

$432-42x+x^2=352,\ x^2-42x+80=0$

$(x-2)(x-40)=0$    $\therefore x=2\,(\because 0<x<18)$

따라서 산책로의 폭은 2 m이다.    **답** 2 m

**1008** 전략 점 $A(a,b)$가 일차함수 $y=\frac{1}{2}x+2$의 그래프 위의 점임을 이용하여 $b$를 $a$의 식으로 나타낸다.

점 $A(a,b)$는 일차함수 $y=\frac{1}{2}x+2$의 그래프 위의 점이므로

$b=\frac{1}{2}a+2$, 즉 $A\left(a,\frac{1}{2}a+2\right)$, $D\left(10,\frac{1}{2}a+2\right)$

이때 $\square ABCD=\overline{AD}\times\overline{AB}=(10-a)\left(\frac{1}{2}a+2\right)=12$

이므로

$a^2-6a-16=0$에서 $(a+2)(a-8)=0$

$\therefore a=8\,(\because 0<a<10)$

따라서 $b=\frac{1}{2}\times8+2=6$이므로

$a+b=8+6=14$    **답** 14

**1009** 전략 각 단계마다 늘어나는 바둑돌의 개수의 규칙을 찾아본다.

각 단계별로 바둑돌의 개수를 구하면 다음과 같다.

| 단계 | 1단계 | 2단계 | 3단계 | ⋯ | $x$단계 |
| --- | --- | --- | --- | --- | --- |
| 바둑돌의 개수(개) | $3\times1$ | $4\times2$ | $5\times3$ | ⋯ | $(x+2)\times x$ |

바둑돌의 개수가 195개인 단계를 $x$단계라 하면

$(x+2)\times x=195$에서

$x^2+2x-195=0,\ (x-13)(x+15)=0$

$\therefore x=13\,(\because x$는 자연수$)$

따라서 바둑돌의 개수가 195개인 단계는 13단계이다.

**답** ②

**1010** 전략 이차방정식을 푼 후 조건에 맞는 것을 답으로 한다.

(1) (상반신의 길이) : (하반신의 길이)

= (하반신의 길이) : (전체의 길이)이므로

$1:x=x:(1+x)$

(2) $1:x=x:(1+x)$에서

$x^2=1+x,\ x^2-x-1=0$

$\therefore x=\dfrac{-(-1)\pm\sqrt{(-1)^2-4\times1\times(-1)}}{2\times1}$

$=\dfrac{1\pm\sqrt{5}}{2}$

이때 $x>0$이므로 $x=\dfrac{1+\sqrt{5}}{2}$

**답** (1) $1:x=x:(1+x)$   (2) $\dfrac{1+\sqrt{5}}{2}$

**1011**  답 ×

**1012**  답 ○

**1013**  $y=x(x+1)-1=x^2+x-1$이므로 이차함수이다.  답 ○

**1014**  답 ×

**1015**  $y=\pi x^2$이므로 이차함수이다.  답 $y=\pi x^2$, ○

**1016**  $y=4x$이므로 이차함수가 아니다.  답 $y=4x$, ×

**1017**  $y=\dfrac{1}{2}x(x+1)=\dfrac{1}{2}x^2+\dfrac{1}{2}x$이므로 이차함수이다.

답 $y=\dfrac{1}{2}x^2+\dfrac{1}{2}x$, ○

**1018**  답 ○

**1019**  $y$축에 대칭이다.  답 ×

**1020**  아래로 볼록한 포물선이다.  답 ×

**1021**  $x>0$일 때, $x$의 값이 증가하면 $y$의 값도 증가한다.  답 ×

**1022**  답 ○

**1023**  답 ㉠, ㉡, ㉣

**1024**  답 ㉠

**1025**  답 ㉡과 ㉢

**1026**  답 $y=\dfrac{2}{3}x^2+2$

**1027**  답 $y=-2x^2-\dfrac{1}{3}$

**1028**  답 꼭짓점의 좌표 : $(0,-1)$, 축의 방정식 : $x=0$

**1029**  답 꼭짓점의 좌표 : $(0,4)$, 축의 방정식 : $x=0$

**1030**  답 $y=(x-1)^2$

**1031**  답 $y=3(x+2)^2$

**1032**  답 꼭짓점의 좌표 : $(3,0)$, 축의 방정식 : $x=3$

**1033**  답 꼭짓점의 좌표 : $(-2,0)$, 축의 방정식 : $x=-2$

**1034**  답 $y=3(x-1)^2-2$

**1035**  답 $y=\dfrac{1}{2}(x+2)^2+5$

**1036**  답 꼭짓점의 좌표 : $(1,4)$, 축의 방정식 : $x=1$

**1037**  답 꼭짓점의 좌표 : $(2,-1)$, 축의 방정식 : $x=2$

**1038**  답 꼭짓점의 좌표 : $(-1,4)$, 축의 방정식 : $x=-1$

**1039**  답

| $x$ | $\cdots$ | $-2$ | $-1$ | $0$ | $1$ | $2$ | $\cdots$ |
|---|---|---|---|---|---|---|---|
| $y=x^2$ | $\cdots$ | $4$ | $1$ | $0$ | $1$ | $4$ | $\cdots$ |
| $y=2x^2$ | $\cdots$ | $8$ | $2$ | $0$ | $2$ | $8$ | $\cdots$ |
| $y=\dfrac{1}{2}x^2$ | $\cdots$ | $2$ | $\dfrac{1}{2}$ | $0$ | $\dfrac{1}{2}$ | $2$ | $\cdots$ |

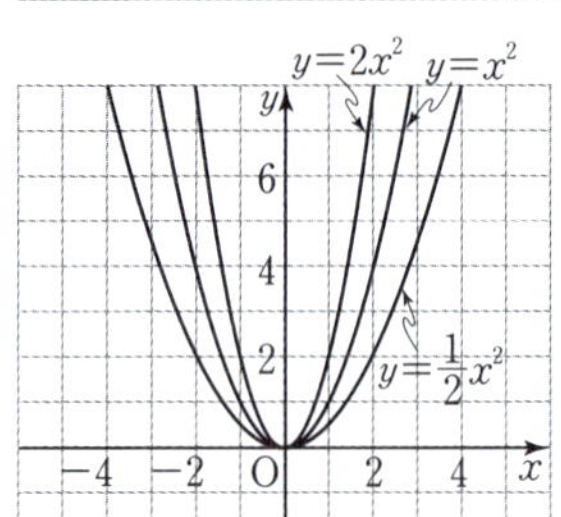


**1040**  답

| $x$ | $\cdots$ | $-2$ | $-1$ | $0$ | $1$ | $2$ | $\cdots$ |
|---|---|---|---|---|---|---|---|
| $y=-2x^2$ | $\cdots$ | $-8$ | $-2$ | $0$ | $-2$ | $-8$ | $\cdots$ |
| $y=-2x^2+3$ | $\cdots$ | $-5$ | $1$ | $3$ | $1$ | $-5$ | $\cdots$ |
| $y=-2x^2-1$ | $\cdots$ | $-9$ | $-3$ | $-1$ | $-3$ | $-9$ | $\cdots$ |

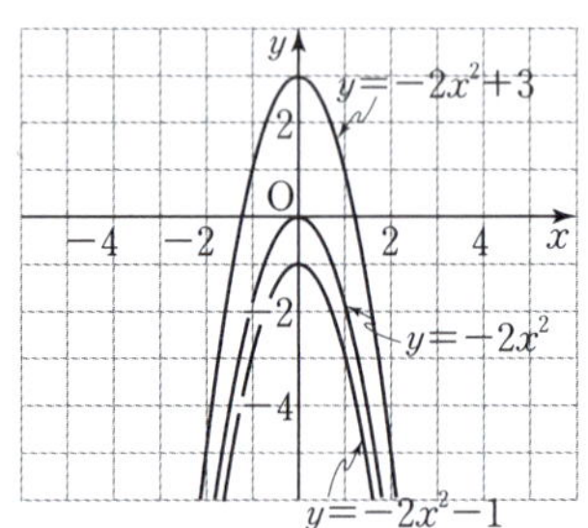


**1041**  답

| $x$ | $\cdots$ | $-2$ | $-1$ | $0$ | $1$ | $2$ | $\cdots$ |
|---|---|---|---|---|---|---|---|
| $y=x^2$ | $\cdots$ | $4$ | $1$ | $0$ | $1$ | $4$ | $\cdots$ |
| $y=(x-2)^2$ | $\cdots$ | $16$ | $9$ | $4$ | $1$ | $0$ | $\cdots$ |
| $y=(x+3)^2$ | $\cdots$ | $1$ | $4$ | $9$ | $16$ | $25$ | $\cdots$ |

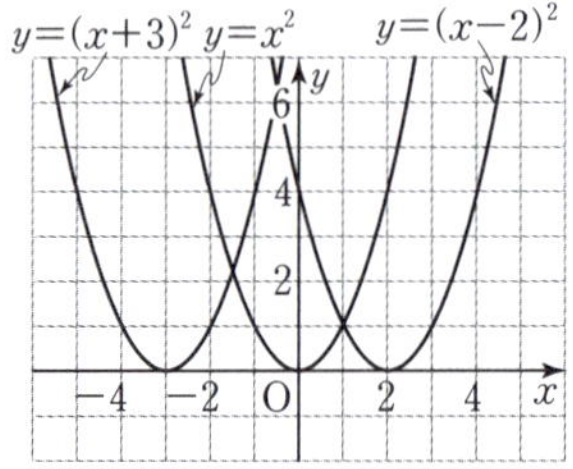

**1042** 답

| $x$ | $\cdots$ | $-2$ | $-1$ | $0$ | $1$ | $2$ | $\cdots$ |
|---|---|---|---|---|---|---|---|
| $y=-\dfrac{1}{2}x^2$ | $\cdots$ | $-2$ | $-\dfrac{1}{2}$ | $0$ | $-\dfrac{1}{2}$ | $-2$ | $\cdots$ |
| $y=-\dfrac{1}{2}(x+1)^2$ | $\cdots$ | $-\dfrac{1}{2}$ | $0$ | $-\dfrac{1}{2}$ | $-2$ | $-\dfrac{9}{2}$ | $\cdots$ |
| $y=-\dfrac{1}{2}(x+1)^2-2$ | $\cdots$ | $-\dfrac{5}{2}$ | $-2$ | $-\dfrac{5}{2}$ | $-4$ | $-\dfrac{13}{2}$ | $\cdots$ |

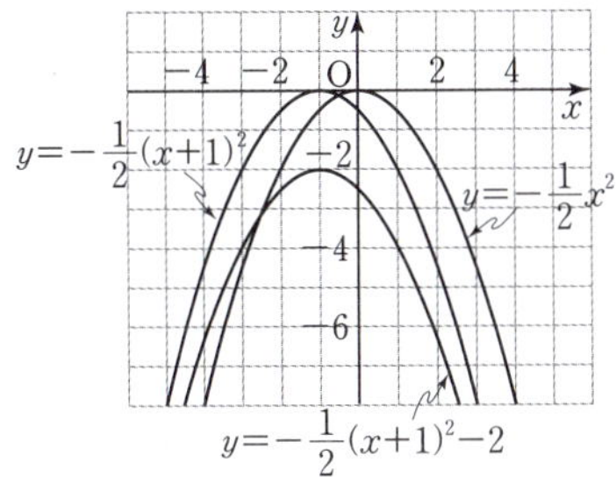





**1043** 전략 $a$의 값을 구한 후 보기의 점의 좌표를 대입하여 등식이 성립하는지 확인한다.

$y=ax-5$에 $x=1$, $y=-3$을 대입하면

$-3=a-5$

$\therefore a=2$, 즉 $y=2x-5$

① $-10 \neq 2 \times (-3)-5$

② $7 \neq 2 \times (-1)-5$

③ $9 \neq 2 \times (-2)-5$

④ $-1 = 2 \times 2-5$

⑤ $2 \neq 2 \times 3-5$

따라서 $y=2x-5$의 그래프 위의 점은 ④이다.    답 ④

**1044** ① $y=2x+\dfrac{1}{2}$의 그래프는 $y=2x$의 그래프를 $y$축의 방향으로 $\dfrac{1}{2}$만큼 평행이동한 것이다.

② $y=2x+7$의 그래프는 $y=2x$의 그래프를 $y$축의 방향으로 7만큼 평행이동한 것이다.

③ $y=3(x+1)-x=2x+3$

$y=2x+3$의 그래프는 $y=2x$의 그래프를 $y$축의 방향으로 3만큼 평행이동한 것이다.

④ $y=2(-2+x)=2x-4$

$y=2x-4$의 그래프는 $y=2x$의 그래프를 $y$축의 방향으로 $-4$만큼 평행이동한 것이다.

⑤ $y=2(2-x)=-2x+4$

$y=-2x+4$의 그래프는 $y=-2x$의 그래프를 $y$축의 방향으로 4만큼 평행이동한 것이다.

따라서 $y=2x$의 그래프를 평행이동하여 포갤 수 없는 것은 ⑤이다.    답 ⑤

**1045** $y=\dfrac{2}{3}x+4$에 $y=0$을 대입하면

$0=\dfrac{2}{3}x+4$    $\therefore x=-6$, 즉 $A(-6, 0)$

$y=\dfrac{2}{3}x+4$에 $x=0$을 대입하면

$y=\dfrac{2}{3}\times 0+4=4$    $\therefore B(0, 4)$

답 $A(-6, 0)$, $B(0, 4)$

**1046** $(\text{기울기})=\dfrac{(y\text{의 값의 증가량})}{(x\text{의 값의 증가량})}=\dfrac{-4}{2}=-2$

따라서 기울기가 $-2$인 것을 찾으면 ①이다.    답 ①

**1047** 그래프가 오른쪽 아래로 향하므로 $a<0$

$y$절편이 음수이므로 $b<0$    답 ④

**1048** ① 점 $(1, a+b)$를 지난다.

③ 기울기가 같지 않으므로 서로 평행하지 않다.

④ 그래프가 오른쪽 아래로 향하므로 $a<0$이고, $y$절편이 양수이므로 $b>0$이다.

⑤ 기울기가 $a$이므로 $x$의 값이 1만큼 증가할 때, $y$의 값은 $a$만큼 증가한다.

따라서 옳은 것은 ②이다.    답 ②

**1049** 전략 주어진 식에 괄호가 있으면 괄호를 풀어 간단히 한 후 이차함수인지 아닌지 판단한다.

② $y=(1-x)(1+x)=1-x^2$이므로 이차함수이다.

③ $y=x^2-(x-1)^2=x^2-(x^2-2x+1)=2x-1$이므로 이차함수가 아니다.

따라서 이차함수인 것은 ②, ⑤이다.    답 ②, ⑤

**1050** ㉠ $y=2x(x-1)=2x^2-2x$이므로 이차함수이다.

㉧ $y=x^3-x(x^2+5x)=-5x^2$이므로 이차함수이다.

따라서 이차함수가 아닌 것은 ㉡, ㉣, ㉤의 3개이다.    답 3개

**1051** ① $y=4\times 2x=8x$이므로 이차함수가 아니다.

② $y=\dfrac{1}{2}\times x\times 4=2x$이므로 이차함수가 아니다.

③ $y=\dfrac{1}{3}\times \pi \times (x+1)^2 \times 5=\dfrac{5}{3}\pi(x+1)^2$

$=\dfrac{5}{3}\pi x^2+\dfrac{10}{3}\pi x+\dfrac{5}{3}\pi$

이므로 이차함수이다.

④ $y=3\times x=3x$이므로 이차함수가 아니다.

⑤ $y=\dfrac{1}{2}\times \{(2x+1)+3x\}\times 4=10x+2$이므로 이차함수가 아니다.

따라서 $y$가 $x$에 대한 이차함수인 것은 ③이다.    답 ③

**1052** ① $y=\pi x^2$이므로 이차함수이다.

② $y=\dfrac{x(x-3)}{2}=\dfrac{1}{2}x^2-\dfrac{3}{2}x$이므로 이차함수이다.

③ $y=60 \times x=60x$이므로 이차함수가 아니다.

④ $y=1000 \times x=1000x$이므로 이차함수가 아니다.

⑤ $y=\left(\dfrac{1}{2}x\right)^2=\dfrac{1}{4}x^2$이므로 이차함수이다.

따라서 $y$가 $x$에 대한 이차함수가 아닌 것은 ③, ④이다.

답 ③, ④

**1053** 전략 $y$가 $x$에 대한 이차함수가 되려면 ($x^2$의 계수)$\neq 0$이어야 한다.

$y=3x^2-3-kx(1-x)=(3+k)x^2-kx-3$

이 식이 이차함수가 되려면

$3+k\neq 0$  $\therefore k\neq -3$

답 ②

**1054** $y=a(x^2-1)+x-2x^2=(a-2)x^2+x-a$

이 식이 이차함수가 되려면

$a-2\neq 0$  $\therefore a\neq 2$

답 $a\neq 2$

**1055** 전략 $f(1)$은 $f(x)$에 $x$ 대신 1을 대입한 값이고, $f(-1)$은 $f(x)$에 $x$ 대신 $-1$을 대입한 값이다.

$f(1)=-1^2+4\times 1-1=2$

$f(-1)=-(-1)^2+4\times(-1)-1=-6$

$\therefore f(1)+f(-1)=2+(-6)=-4$

답 $-4$

**1056** $f(1)=2$에서 $3-1+a=2$  $\therefore a=0$

답 0

**1057** $f(a)=4$에서 $2a^2-5a+1=4$

$2a^2-5a-3=0$

$(a-3)(2a+1)=0$  $\therefore a=3$ 또는 $a=-\dfrac{1}{2}$

이때 $a$는 정수이므로 $a=3$

답 3

**1058** $f(1)=2$에서 $1-a+4=2$

$\therefore a=3$, 즉 $f(x)=x^2-3x+4$

$f(-1)=b$에서 $b=1+3+4=8$

$\therefore a+b=3+8=11$

답 11

**1059** 전략 $x^2$의 계수의 절댓값이 클수록 그래프의 폭이 좁고, 절댓값이 작을수록 그래프의 폭이 넓다.

$x^2$의 계수의 절댓값이 가장 큰 것을 찾으면

① $y=-2x^2$이다.

답 ①

**1060** 주어진 이차함수의 중 그 그래프가 아래로 볼록한 것은

① $y=2x^2$, ③ $y=x^2$, ⑤ $y=\dfrac{8}{5}x^2$

이고 이 중 그래프의 폭이 가장 넓은 것은 $x^2$의 계수의 절댓값이 가장 작은 ③ $y=x^2$이다.

답 ③

**1061** $y=ax^2$의 그래프의 폭이 $y=-x^2$보다 넓고 그래프가 위로 볼록하므로 $-1<a<0$

따라서 $a$의 값이 될 수 있는 것은 ③ $-\dfrac{1}{5}$이다.

답 ③

**1062** $y=ax^2$의 그래프가 $y=2x^2$의 그래프와 $y=\dfrac{1}{3}x^2$의 그래프 사이에 있으므로

$\dfrac{1}{3}<a<2$

답 $\dfrac{1}{3}<a<2$

**1063** 전략 $y=ax^2$의 그래프에서 $a<0$인 경우와 $a>0$인 경우로 나누어 생각한다.

$y=ax^2$의 그래프가 색칠한 부분에 있으려면 $-1<a<0$ 또는 $0<a<2$이어야 한다.

따라서 그래프가 색칠한 부분에 있지 않은 것은

㉠ $y=-\dfrac{3}{2}x^2$, ㉃ $y=3x^2$이다.

답 ㉠, ㉃

**1064** $y=ax^2$의 그래프가 아래로 볼록하면 양수, 위로 볼록하면 음수이고 $a$의 절댓값이 클수록 그래프의 폭이 좁아지므로 $a$의 값이 큰 것부터 차례대로 나열하면

㉠, ㉡, ㉢, ㉃, ㉤, ㉣

따라서 $a$의 값이 가장 큰 그래프는 ㉠, 가장 작은 그래프는 ㉣이다.

답 ㉠, ㉣

**1065** 전략 $x$축에 대칭인 그래프를 나타내는 두 이차함수의 식은 $x^2$의 계수의 절댓값은 같고 부호가 반대이다.

㉡ $y=-2x^2$과 ㉤ $y=2x^2$은 $x^2$의 계수의 절댓값은 같고 부호가 반대이므로 $x$축에 대칭이다.

답 ㉡과 ㉤

**1066** $y=3x^2$의 그래프와 $x$축에 대칭인 것은 $x^2$의 계수의 절댓값은 같고 부호가 반대인 ④ $y=-3x^2$이다.

답 ④

**1067** $y=-\dfrac{1}{4}x^2$의 그래프와 $x$축에 대칭인 그래프를 나타내는 이차함수의 식은 $y=\dfrac{1}{4}x^2$

$y=\dfrac{1}{4}x^2$의 그래프가 점 $(-2, k)$를 지나므로

$k=\dfrac{1}{4}\times(-2)^2=1$

답 1

**1068** 전략 $x^2$의 계수의 절댓값이 클수록 그래프의 폭이 좁다.

② $y=2x^2$의 그래프는 $y=x^2$의 그래프보다 폭이 좁다.

따라서 옳지 않은 것은 ②이다.

답 ②

**1069** ③ $y=-ax^2$의 그래프와 $x$축에 대칭이다.

따라서 옳지 않은 것은 ③이다.

답 ③

**1070** ② 폭이 가장 좁은 그래프는 ㉠이다.

③ 모두 $y$축을 축으로 하는 포물선이다.

④ ㉡, ㉢은 위로 볼록한 포물선이다.

따라서 옳은 것은 ①, ⑤이다.

답 ①, ⑤

**1071** 전략 원점을 꼭짓점으로 하는 포물선을 그래프로 하는 이차함수의 식을 $y=ax^2$이라 하고 포물선이 지나는 점의 좌표를 대입하여 상수 $a$의 값을 구한다.

그래프가 원점을 꼭짓점으로 하므로 구하는 이차함수의 식을 $y=ax^2$이라 하자. 이 그래프가 점 $(2, 8)$을 지나므로

$8=a\times2^2$　∴ $a=2$

따라서 구하는 이차함수의 식은 $y=2x^2$이다.　**답** $y=2x^2$

**1072** 그래프가 원점을 꼭짓점으로 하므로 이차함수의 식을 $y=ax^2$이라 하자.　……㈎

이 그래프가 점 $(-2, -2)$를 지나므로

$-2=4a$　∴ $a=-\dfrac{1}{2}$

즉 이차함수의 식은 $y=-\dfrac{1}{2}x^2$이다.　……㈏

$y=-\dfrac{1}{2}x^2$의 그래프가 점 $(k, -8)$을 지나므로

$-8=-\dfrac{1}{2}k^2$, $k^2=16$

∴ $k=4$ ($\because k$는 양수)　……㈐

**답** 4

| 채점 기준 | 비율 |
|---|---|
| ㈎ 이차함수의 식을 $y=ax^2$으로 놓기 | 20 % |
| ㈏ 이차함수의 식 구하기 | 40 % |
| ㈐ $k$의 값 구하기 | 40 % |

**1073** 그래프가 원점을 꼭짓점으로 하므로 이차함수의 식을 $y=ax^2$이라 하자.

이 그래프가 점 $(2, 6)$을 지나므로

$6=4a$　∴ $a=\dfrac{3}{2}$

즉 이차함수의 식은 $y=\dfrac{3}{2}x^2$이다.

② $y=\dfrac{3}{2}x^2$에 $x=-4$, $y=12$를 대입하면

$12\neq\dfrac{3}{2}\times(-4)^2$

이므로 점 $(-4, 12)$를 지나지 않는다.

따라서 옳지 않은 것은 ②이다.　**답** ②

**1074** 전략 $y=4x^2+1$의 그래프는 $y=4x^2$의 그래프를 $y$축의 방향으로 1만큼 평행이동한 것이다.

$y=4x^2+1$의 그래프는 오른쪽 그림과 같다.

④ $x>0$일 때, $x$의 값이 증가하면 $y$의 값도 증가한다.

따라서 옳지 않은 것은 ④이다.

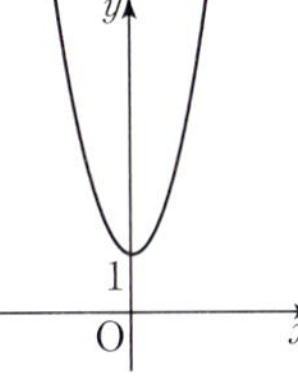

**답** ④

**1075** $y=-2x^2-6$의 그래프는 $y=-2x^2$의 그래프를 $y$축의 방향으로 $-6$만큼 평행이동한 것이므로 꼭짓점의 좌표는 $(0, -6)$이고, 축의 방정식은 $x=0$이다.

**답** 꼭짓점의 좌표 : $(0, -6)$, 축의 방정식 : $x=0$

**1076** ③ $y=-ax^2$의 그래프와 $x^2$의 계수의 절댓값이 같으므로 폭이 같다.

따라서 옳지 않은 것은 ③이다.　**답** ③

**1077** $y=-x^2+q$의 그래프가 점 $(-1, 3)$을 지나므로

$3=-1+q$　∴ $q=4$

따라서 $y=-x^2+4$의 그래프의 꼭짓점의 좌표는 $(0, 4)$이다.　**답** $(0, 4)$

**1078** (1) $y=-\dfrac{1}{2}x^2$의 그래프를 $y$축의 방향으로 8만큼 평행이동한 그래프를 나타내는 이차함수의 식은

$y=-\dfrac{1}{2}x^2+8$

(2) $y=-\dfrac{1}{2}x^2+8$의 그래프가 점 $(-2, a)$를 지나므로

$a=-\dfrac{1}{2}\times(-2)^2+8=-2+8=6$

**답** (1) $y=-\dfrac{1}{2}x^2+8$　(2) 6

**1079** $y=ax^2+q$의 그래프가 점 $(1, 2)$를 지나므로

$2=a+q$　……㉠

또 점 $(2, -7)$을 지나므로　$-7=4a+q$　……㉡

㉠, ㉡을 연립하여 풀면 $a=-3$, $q=5$

∴ $a-q=-3-5=-8$　**답** $-8$

**1080** 전략 $y=-(x+4)^2$의 그래프는 $y=-x^2$의 그래프를 $x$축의 방향으로 $-4$만큼 평행이동한 것이다.

$y=-(x+4)^2$의 그래프는 오른쪽 그림과 같다.

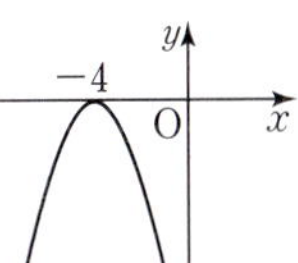

③ 축의 방정식은 $x=-4$이다.

⑤ $y=-(x+4)^2$에 $x=0$, $y=-16$을 대입하면

$-16=-(0+4)^2$

이므로 점 $(0, -16)$을 지난다.

따라서 옳지 않은 것은 ③이다.　**답** ③

**1081** $y=-5x^2$의 그래프를 $x$축의 방향으로 $-1$만큼 평행이동한 그래프를 나타내는 식은

② $y=-5(x+1)^2$　**답** ②

**1082** 위로 볼록하고 꼭짓점의 좌표가 $(3, 0)$인 그래프를 찾으면 ⑤이다.　**답** ⑤

**1083** $y=3(x-2)^2$의 그래프는 아래로 볼록하고 축의 방정식이 $x=2$이므로 $x>2$일 때, $x$의 값이 증가하면 $y$의 값도 증가한다.　**답** $x>2$

**1084** $y=-x^2$의 그래프를 $x$축의 방향으로 3만큼 평행이동한 그래프를 나타내는 식은

$y=-(x-3)^2$

이 그래프가 두 점 $(1, m)$, $(-1, n)$을 지나므로
$m=-(1-3)^2=-4$,
$n=-(-1-3)^2=-16$
$\therefore m-n=-4-(-16)=12$　　　　　**답** 12

**1085**  꼭짓점의 좌표를 이용하여 $p$의 값을 구한 후 그래프가 지나는 점의 좌표를 대입하여 $a$의 값을 구한다.
$y=a(x-p)^2$의 그래프의 꼭짓점의 좌표가 $(4, 0)$이므로
$p=4$
$y=a(x-4)^2$의 그래프가 점 $(2, 8)$을 지나므로
$8=a(2-4)^2$, $4a=8$　　$\therefore a=2$
$\therefore ap=2\times4=8$　　　　　**답** 8

**1086** $y=a(x-p)^2$의 그래프의 축의 방정식이 $x=-2$이므로
$p=-2$　　　　　$\cdots\cdots$ (개)
$y=a(x+2)^2$의 그래프가 점 $(0, 4)$를 지나므로
$4=4a$　　$\therefore a=1$　　　　　$\cdots\cdots$ (내)
$\therefore a+p=1+(-2)=-1$　　　　　$\cdots\cdots$ (대)

　　　　　**답** $-1$

| 채점 기준 | 비율 |
|---|---|
| (개) $p$의 값 구하기 | 40 % |
| (내) $a$의 값 구하기 | 40 % |
| (대) $a+p$의 값 구하기 | 20 % |

**1087**  $y=\dfrac{1}{3}(x+2)^2-1$의 그래프는 $y=\dfrac{1}{3}x^2$의 그래프를 $x$축의 방향으로 $-2$만큼, $y$축의 방향으로 $-1$만큼 평행이동한 것이다.
$y=\dfrac{1}{3}(x+2)^2-1$의 그래프는 오른쪽 그림과 같다.
② $y=\dfrac{1}{3}(x+2)^2-1$에 $x=-5$, $y=2$를 대입하면
$2=\dfrac{1}{3}\times(-5+2)^2-1$
이므로 점 $(-5, 2)$를 지난다.
④ 제 1, 2, 3 사분면을 지난다.
따라서 옳지 않은 것은 ④이다.　　　　　**답** ④

**1088** $x^2$의 계수가 $3$이 아닌 것을 고르면
③ $y=-3(x-5)^2+1$이다.　　　　　**답** ③

**1089** $y=-2x^2$의 그래프를 $x$축의 방향으로 $a$만큼, $y$축의 방향으로 $b$만큼 평행이동한 그래프를 나타내는 식은
$y=-2(x-a)^2+b$
이때 이 식이 $y=-2(x+3)^2-5$이므로
$a=-3$, $b=-5$
$\therefore a+b=-3+(-5)=-8$　　　　　**답** $-8$

**1090** $y=2(x-1)^2+3$의 그래프는 $y=2x^2$의 그래프를 $x$축의 방향으로 1만큼, $y$축의 방향으로 3만큼 평행이동한 것이므로 꼭짓점의 좌표는 $(1, 3)$이고, 축의 방정식은 $x=1$이다.
　　**답** 꼭짓점의 좌표 : $(1, 3)$, 축의 방정식 : $x=1$

**1091** 위로 볼록하고 꼭짓점의 좌표가 $(-4, 5)$인 그래프를 찾으면 ②, ③이다.
한편 $y=-\dfrac{1}{8}(x+4)^2+5$에 $x=0$을 대입하면
$y=-\dfrac{1}{8}\times4^2+5=3$
즉 점 $(0, 3)$을 지나므로 구하는 그래프는 ②이다.　　**답** ②

**1092** $y=-\dfrac{3}{4}(x-2)^2+1$의 그래프는 꼭짓점의 좌표가 $(2, 1)$이고 위로 볼록하다.
$y=-\dfrac{3}{4}(x-2)^2+1$에 $x=0$을 대입하면
$y=-\dfrac{3}{4}\times(-2)^2+1=-2$
즉 점 $(0, -2)$를 지나므로 그래프는 오른쪽 그림과 같다.
따라서 그래프는 제 1, 3, 4 사분면을 지난다.

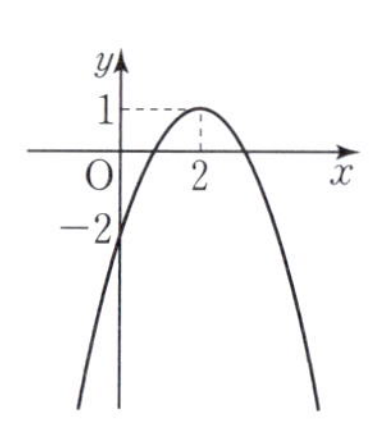

　　　　　**답** 제 1, 3, 4 사분면

**1093** $y=-x^2$의 그래프를 $x$축의 방향으로 $-3$만큼, $y$축의 방향으로 1만큼 평행이동한 그래프를 나타내는 식은
$y=-(x+3)^2+1$　　　　　$\cdots\cdots$ (개)
이 그래프가 점 $(-1, a)$를 지나므로
$a=-(-1+3)^2+1=-3$　　　　　$\cdots\cdots$ (내)

　　　　　**답** $-3$

| 채점 기준 | 비율 |
|---|---|
| (개) 평행이동한 그래프의 식 구하기 | 50 % |
| (내) $a$의 값 구하기 | 50 % |

**1094** $y=a(x-p)^2+q$의 그래프의 꼭짓점의 좌표가 $(2, -1)$이므로 $p=2$, $q=-1$
$y=a(x-2)^2-1$의 그래프가 점 $(0, 3)$을 지나므로
$3=a\times(-2)^2-1$, $4a=4$　　$\therefore a=1$
$\therefore a+p+q=1+2+(-1)=2$　　　　　**답** 2

**1095** $y=\dfrac{3}{4}(x-p)^2+3p$의 그래프의 꼭짓점의 좌표는 $(p, 3p)$이고, 이 꼭짓점이 직선 $y=-x+8$ 위에 있으므로
$3p=-p+8$, $4p=8$　　$\therefore p=2$　　　　　**답** 2

**1096**  그래프의 모양을 확인하고 축을 기준으로 $x$의 값이 증가하면 $y$의 값도 증가하는 $x$의 값의 범위를 구한다.

**1097** 그래프가 아래로 볼록하고 축의 방정식이 $x=2$이므로 $x>2$일 때, $x$의 값이 증가하면 $y$의 값도 증가한다.

**답** $x>2$

**1098** $y=4x^2$의 그래프를 $x$축의 방향으로 1만큼, $y$축의 방향으로 5만큼 평행이동한 그래프를 나타내는 식은
$$y=4(x-1)^2+5$$
이 그래프가 아래로 볼록하고 축의 방정식이 $x=1$이므로 $x<1$일 때, $x$의 값이 증가하면 $y$의 값은 감소한다.

**답** $x<1$

**1099** [전략] 평행이동한 그래프를 나타내는 식을 $m, n$을 이용하여 나타내고 그 식이 $y=-2(x+3)^2+1$과 같음을 이용하여 $m, n$의 값을 구한다.

$y=-2(x-1)^2+4$의 그래프를 $x$축의 방향으로 $m$만큼, $y$축의 방향으로 $n$만큼 평행이동한 그래프를 나타내는 식은
$$y=-2(x-1-m)^2+4+n$$
이 식이 $y=-2(x+3)^2+1$과 같으므로
$$-1-m=3,\ 4+n=1$$
$$\therefore m=-4,\ n=-3$$
$$\therefore m+n=-4+(-3)=-7$$

**답** $-7$

[다른 풀이] $y=-2(x-1)^2+4$의 그래프와 $y=-2(x+3)^2+1$의 그래프의 꼭짓점의 좌표는 각각 $(1, 4)$, $(-3, 1)$이므로

$(1, 4)$ $\xrightarrow[\ y축의\ 방향으로\ n만큼\ 평행이동\ ]{\ x축의\ 방향으로\ m만큼,\ }$ $(-3, 1)$

따라서 $1+m=-3,\ 4+n=1$이므로 $m=-4,\ n=-3$
$$\therefore m+n=-7$$

**1100** $y=-(x+1)^2-2$의 그래프를 $x$축의 방향으로 $-5$만큼, $y$축의 방향으로 3만큼 평행이동한 그래프를 나타내는 식은
$$y=-(x+1+5)^2-2+3$$
$$\therefore y=-(x+6)^2+1$$

**답** ②

**1101** $y=ax^2+1$의 그래프를 $y$축의 방향으로 $q$만큼 평행이동한 그래프를 나타내는 식은
$$y=ax^2+1+q$$
이 식이 $y=4x^2-4$와 일치하므로
$$a=4,\ 1+q=-4$$
$$\therefore a=4,\ q=-5$$
$$\therefore a+q=4+(-5)=-1$$

**답** $-1$

**1102** $y=5(x-2)^2$의 그래프를 $x$축의 방향으로 $-4$만큼, $y$축의 방향으로 $-3$만큼 평행이동한 그래프를 나타내는 식은
$$y=5(x-2+4)^2-3$$

$$\therefore y=5(x+2)^2-3 \qquad\qquad \cdots\cdots\ \text{(가)}$$
이 그래프의 꼭짓점의 좌표는 $(-2, -3)$이고 축의 방정식은 $x=-2$이므로 $\qquad\qquad \cdots\cdots\ \text{(나)}$
$$a=-2,\ b=-3,\ c=-2 \qquad\qquad \cdots\cdots\ \text{(다)}$$

**답** $a=-2,\ b=-3,\ c=-2$

| 채점 기준 | 비율 |
|---|---|
| (가) 평행이동한 그래프를 나타내는 식 구하기 | 50 % |
| (나) 평행이동한 그래프의 꼭짓점의 좌표와 축의 방정식 구하기 | 30 % |
| (다) $a, b, c$의 값 각각 구하기 | 20 % |

**1103** $y=\dfrac{1}{2}(x+3)^2-2$의 그래프를 $x$축의 방향으로 $-1$만큼, $y$축의 방향으로 4만큼 평행이동한 그래프를 나타내는 식은
$$y=\dfrac{1}{2}(x+3+1)^2-2+4$$
$$\therefore y=\dfrac{1}{2}(x+4)^2+2$$
이 그래프가 점 $(a, 4)$를 지나므로
$$4=\dfrac{1}{2}(a+4)^2+2$$
$$(a+4)^2=4,\ a^2+8a+12=0$$
$$(a+2)(a+6)=0 \qquad \therefore a=-2\ \text{또는}\ a=-6$$
따라서 모든 $a$의 값의 합은
$$-2+(-6)=-8$$

**답** $-8$

**1104** $y=a(x-3)^2+2$의 그래프를 $x$축의 방향으로 3만큼, $y$축의 방향으로 $-5$만큼 평행이동한 그래프를 나타내는 식은
$$y=a(x-3-3)^2+2-5$$
$$\therefore y=a(x-6)^2-3$$
이 식이 $y=-(x+b)^2+c$와 일치하므로
$$a=-1,\ b=-6,\ c=-3$$
$$\therefore a+b+c=-1+(-6)+(-3)=-10$$

**답** $-10$

**1105** $y=(x-1)^2+3$의 그래프를 $x$축에 대칭이동한 그래프를 나타내는 식은
$$-y=(x-1)^2+3,\ y=-(x-1)^2-3$$
$$\therefore y=-x^2+2x-4$$

**답** ③

**1106** $y=a(x-1)^2$의 그래프를 $y$축에 대칭이동한 그래프를 나타내는 식은
$$y=a(-x-1)^2$$
$$\therefore y=a(x+1)^2$$
$y=a(x+1)^2$의 그래프가 점 $(2, 3)$을 지나므로
$$3=a(2+1)^2,\ 3=9a \qquad \therefore a=\dfrac{1}{3}$$

**답** $\dfrac{1}{3}$

**1107**

(1) $y=3(x-1)^2-4$의 그래프를 $y$축에 대칭이동한 그래프를 나타내는 식은

$$y=3(-x-1)^2-4$$
$$\therefore y=3(x+1)^2-4 \qquad \cdots\cdots \text{(가)}$$

(2) $y=3(x+1)^2-4$의 그래프를 $x$축에 대칭이동한 그래프를 나타내는 식은

$$-y=3(x+1)^2-4$$
$$\therefore y=-3(x+1)^2+4 \qquad \cdots\cdots \text{(나)}$$

$y=-3(x+1)^2+4$의 그래프가 점 $(-2,k)$를 지나므로

$$k=-3\times(-2+1)^2+4=1 \qquad \cdots\cdots \text{(다)}$$

**답** (1) $y=3(x+1)^2-4$ (2) 1

| 채점 기준 | 비율 |
|---|---|
| (가) $y=3(x-1)^2-4$의 그래프를 $y$축에 대칭이동한 그래프의 식 구하기 | 40 % |
| (나) $y=3(x+1)^2-4$의 그래프를 $x$축에 대칭이동한 그래프의 식 구하기 | 40 % |
| (다) $k$의 값 구하기 | 20 % |

**1108** **전략** 그래프의 모양과 꼭짓점의 위치로 $a, p, q$의 부호를 정한다.

그래프의 모양이 아래로 볼록하므로 $a>0$

꼭짓점이 제4사분면 위에 있으므로 $p>0, q<0$ **답** ④

**1109** 그래프의 모양이 아래로 볼록하므로 $a>0$

꼭짓점이 $x$축보다 아래쪽에 있으므로 $q<0$

⑤ $a+q$의 부호는 알 수 없다. **답** ⑤

**1110** $y=a(x-p)^2$의 그래프의 모양이 위로 볼록하므로

$$a<0$$

꼭짓점이 $y$축의 왼쪽에 있으므로

$$p<0$$

즉 $y=px^2+a$의 그래프는 $p<0$, $a<0$이므로 오른쪽 그림과 같다.

따라서 제3, 4사분면을 지난다.

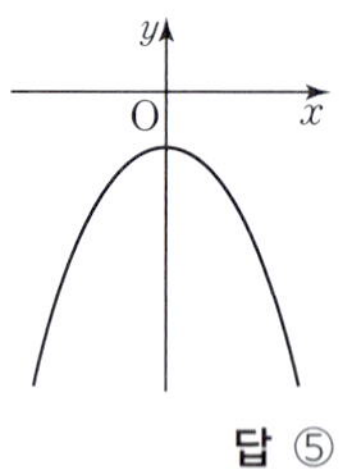

**답** ⑤

**1111** **전략** $\overline{AC}=\overline{CE}$이므로 점 C의 $x$좌표가 $k$이면 점 E의 $x$좌표는 $2k$이다.

직선 $y=4$와 $y$축의 교점의 좌표는 $(0,4)$이므로

$$A(0,4)$$

점 B, C의 $y$좌표는 4이므로 $y=x^2$에 $y=4$를 대입하면

$$x^2=4 \qquad \therefore x=\pm2$$

즉 $B(-2,4), C(2,4)$

이때 $\overline{AC}=\overline{CE}$이므로 $E(4,4)$

따라서 $y=ax^2$의 그래프는 점 $(4,4)$를 지나므로

$$4=16a \qquad \therefore a=\frac{1}{4} \qquad \text{답} \ \frac{1}{4}$$

**1112** **전략** 점 A와 점 C의 $y$좌표가 같음을 이용한다.

점 A의 $x$좌표를 $3m(m<0)$이라 하면 점 C의 $x$좌표는 $2m$이다.

$y=x^2$에 $x=3m$을 대입하면

$$y=(3m)^2=9m^2, \ \text{즉} \ A(3m, 9m^2)$$

$y=ax^2$에 $x=2m$을 대입하면

$$y=a\times(2m)^2=4am^2, \ \text{즉} \ C(2m, 4am^2)$$

이때 점 A와 점 C의 $y$좌표는 같으므로

$$9m^2=4am^2, \ 9=4a \qquad \therefore a=\frac{9}{4} \qquad \text{답} \ \frac{9}{4}$$

**1113** **전략** $\square$ACDB가 평행사변형이므로 $\overline{AB}/\!/\overline{CD}$이고 $\overline{AB}=\overline{CD}$임을 이용한다.

점 D의 $x$좌표를 $a$라 하면

$$D\left(a, \frac{1}{2}a^2\right), C\left(-a, \frac{1}{2}a^2\right) \qquad \cdots\cdots \ \bigcirc$$

점 B의 $y$좌표가 10이므로 $y=\frac{1}{2}x^2$에 $y=10$을 대입하면

$$10=\frac{1}{2}x^2, \ x^2=20 \qquad \therefore x=2\sqrt{5}\ (\because x>0)$$

$$\therefore B(2\sqrt{5}, 10)$$

한편 $\overline{CD}=\overline{AB}=2\sqrt{5}$이므로 $C\left(a-2\sqrt{5}, \frac{1}{2}a^2\right)$ $\cdots\cdots \ \bigcirc$

$\bigcirc$, $\bigcirc$에서 $-a=a-2\sqrt{5}$이므로

$$-2a=-2\sqrt{5} \qquad \therefore a=\sqrt{5}$$

따라서 점 D의 좌표는 $\left(\sqrt{5}, \frac{5}{2}\right)$이다. **답** $D\left(\sqrt{5}, \frac{5}{2}\right)$

**1114** 점 D의 $x$좌표를 $a$라 하면

$$D(a, -a^2), C(-a, -a^2), B\left(a, \frac{1}{2}a^2\right), A\left(-a, \frac{1}{2}a^2\right)$$

이때 $\overline{CD}=2a, \ \overline{BD}=\frac{1}{2}a^2-(-a^2)=\frac{3}{2}a^2$이고 $\overline{CD}=\overline{BD}$이므로

$$2a=\frac{3}{2}a^2, \ 3a^2-4a=0$$

$$a(3a-4)=0 \qquad \therefore a=\frac{4}{3}\ (\because a>0)$$

따라서 점 D의 $x$좌표는 $\frac{4}{3}$이다. **답** $\frac{4}{3}$

**1115** $A\left(p, \frac{1}{3}p^2\right), B(p, p^2)$이므로

$$\overline{AB}=p^2-\frac{1}{3}p^2=\frac{2}{3}p^2, \ \overline{AD}=p$$

이때 $\square$ABCD의 넓이가 18이므로

$$\frac{2}{3}p^2\times p=18 \qquad \therefore p^3=27 \qquad \text{답} \ 27$$

**1116** $y=ax^2$의 그래프가 점 $(2,1)$을 지나므로

$1=4a$  $\therefore a=\dfrac{1}{4}$, 즉 $y=\dfrac{1}{4}x^2$

$\overline{CD}=8$이고 축의 방정식이 $x=0$이므로 점 D의 $x$좌표는 4이다.

$y=\dfrac{1}{4}x^2$에 $x=4$를 대입하면

$y=\dfrac{1}{4}\times4^2=4$, 즉 D$(4,4)$

$\therefore \square ABDC=\dfrac{1}{2}\times(8+4)\times(4-1)=18$  **답** 18

**참고** $\square ABDC$에서 $\overline{AB}\,/\!/\,\overline{CD}$이므로 $\square ABDC$는 사다리꼴이다.

**1117** (1) 점 A의 $x$좌표를 $a$, 점 B의 $x$좌표를 $b$라 하면

A$(a,a^2)$, B$(b,a^2)$, C$(b,b^2)$, D$(a,4a^2)$

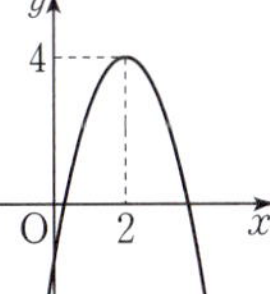

이때 점 C와 D의 $y$좌표가 같으므로

$b^2=4a^2$  $\therefore b=2a\,(\because a>0,\,b>0)$

이때 $\overline{AB}=b-a$, $\overline{AD}=4a^2-a^2$이고 $\overline{AB}=\overline{AD}$이므로

$b-a=4a^2-a^2$

$2a-a=3a^2$, $3a^2-a=0$, $a(3a-1)=0$

$\therefore a=\dfrac{1}{3}\,(\because a>0)$

따라서 $b=2a=\dfrac{2}{3}$이므로 점 B의 좌표는 $\left(\dfrac{2}{3},\dfrac{1}{9}\right)$이다.

(2) $\square ABCD=\left(\dfrac{1}{3}\right)^2=\dfrac{1}{9}$

**답** (1) B$\left(\dfrac{2}{3},\dfrac{1}{9}\right)$ (2) $\dfrac{1}{9}$

**1118** **전략** $y$절편은 $x=0$일 때 $y$의 값이다.

꼭짓점의 좌표가 $(2,4)$이므로

$p=2$, $q=4$

$y=a(x-2)^2+4$의 그래프가 제2사분면을 지나지 않으려면 위로 볼록해야 하므로 $a<0$  $\cdots\cdots$ ㉠

또한 ($y$절편)$\le0$이어야 하므로

$4a+4\le0$  $\therefore a\le-1$  $\cdots\cdots$ ㉡

㉠, ㉡에서 상수 $a$의 값이 될 수 없는 것은 ⑤이다.  **답** ⑤

**1119** $y=a(x-1)^2-3$의 그래프가 모든 사분면을 지나려면 아래로 볼록해야 하므로 $a>0$  $\cdots\cdots$ ㉠

또한 ($y$절편)$<0$이어야 하므로

$a-3<0$  $\therefore a<3$  $\cdots\cdots$ ㉡

㉠, ㉡에서 상수 $a$의 값이 될 수 있는 것은 ③, ④이다.

**답** ③, ④



**1120** **전략** $y$를 $x$의 식으로 나타낸다.

① $y=\dfrac{4}{3}\pi x^3$이므로 이차함수가 아니다.

② $y=110x$이므로 이차함수가 아니다.

③ $xy=3000$, 즉 $y=\dfrac{3000}{x}$이므로 이차함수가 아니다.

④ $y=x^2+(x+1)^2=2x^2+2x+1$이므로 이차함수이다.

⑤ $y=6x^2$이므로 이차함수이다.

따라서 $y$가 $x$에 대한 이차함수인 것은 ④, ⑤이다.  **답** ④, ⑤

**Lecture**

- 반지름의 길이가 $r$인 구의 부피는 $\dfrac{4}{3}\pi r^3$이다.

- (거리)=(속력)$\times$(시간)

- 한 모서리의 길이가 $x$ cm인 정육면체의 겉넓이는 $6\times$(한 면의 넓이)$=6\times x^2=6x^2$ (cm$^2$)

**1121** **전략** $y=f(x)$에 $x$ 대신 $0$, $-1$을 각각 대입하여 상수 $a$, $b$의 값을 구한다.

$f(x)=2x^2+ax+b$에서

$f(0)=1$이므로 $b=1$  $\cdots\cdots$ ㈎

$f(-1)=6$이므로 $2-a+b=6$

$2-a+1=6$  $\therefore a=-3$  $\cdots\cdots$ ㈏

즉 $f(x)=2x^2-3x+1$이므로

$f(2)=2\times2^2-3\times2+1=8-6+1=3$  $\cdots\cdots$ ㈐

**답** 3

| 채점 기준 | 비율 |
| --- | --- |
| ㈎ $b$의 값 구하기 | 35 % |
| ㈏ $a$의 값 구하기 | 35 % |
| ㈐ $f(2)$의 값 구하기 | 30 % |

**1122** **전략** 이차함수의 $x^2$의 계수의 절댓값이 클수록 그래프의 폭이 좁다.

㈎에서 구하는 이차함수의 식은 $y=ax^2$의 꼴이다.

㈏, ㈐에서 그래프가 아래로 볼록하고 $y=x^2$의 그래프보다 폭이 넓으므로

$0<a<1$

따라서 보기 중 조건을 모두 만족하는 것은 ③ $y=\dfrac{2}{3}x^2$이다.

**답** ③

**1123** **전략** 이차함수 $y=ax^2$과 $y=-ax^2$의 그래프는 $x$축에 서로 대칭이다.

$y=2x^2$의 그래프와 $x$축에 대칭인 그래프를 나타내는 식은

$y=-2x^2$

이 그래프가 점 $(a, 2a)$를 지나므로
$$2a=-2a^2$$
$$2a^2+2a=0, 2a(a+1)=0$$
$$\therefore a=-1 \ (\because a\neq 0)$$
답 ②

**1124** 전략 $y=ax^2$의 그래프에서

(i) $a>0$이면 아래로 볼록, $a<0$이면 위로 볼록하다.

(ii) 꼭짓점의 좌표는 $(0, 0)$이고 $y$축에 대칭이다.

① 위로 볼록한 그래프는 ㉠, ㉢, ㉤이다.

③ 폭이 가장 넓은 그래프는 ㉤, ㉥이다.

④ ㉤과 ㉥은 $x$축에 대칭이다.

⑤ ㉢의 꼭짓점의 좌표는 $(0, 0)$이고 대칭축은 $y$축이다.
답 ②

**1125** 전략 원점을 꼭짓점으로 하고 $y$축에 대칭인 그래프를 나타내는 이차함수의 식은 $y=ax^2$의 꼴이다.

이차함수의 식을 $y=ax^2$이라 하면 이 그래프가 점 $(3, 4)$를 지나므로
$$4=a\times 3^2 \quad \therefore a=\frac{4}{9}$$

따라서 구하는 이차함수의 식은 $y=\dfrac{4}{9}x^2$이다.
답 ②

**1126** 전략 먼저 평행이동한 그래프를 나타내는 식을 구한다.

$y=2x^2+q$의 그래프를 $y$축의 방향으로 $-3$만큼 평행이동한 그래프를 나타내는 식은
$$y=2x^2+q-3 \qquad \cdots\cdots \text{㈎}$$

이 그래프의 꼭짓점의 좌표가 $(0, -5)$이므로
$$q-3=-5 \quad \therefore q=-2 \qquad \cdots\cdots \text{㈏}$$
답 $-2$

| 채점 기준 | 비율 |
|---|---|
| ㈎ $y=2x^2+q$의 그래프를 $y$축의 방향으로 $-3$만큼 평행이동한 그래프를 나타내는 식 구하기 | 50 % |
| ㈏ $q$의 값 구하기 | 50 % |

참고 $y=2x^2+q-3$의 그래프의 꼭짓점의 좌표는 $(0, q-3)$이다.

**1127** 전략 이차함수 $y=a(x-p)^2$의 그래프는 $y=ax^2$의 그래프를 $x$축의 방향으로 $p$만큼 평행이동한 것이다.

$y=-2(x+3)^2$의 그래프는 오른쪽 그림과 같다.

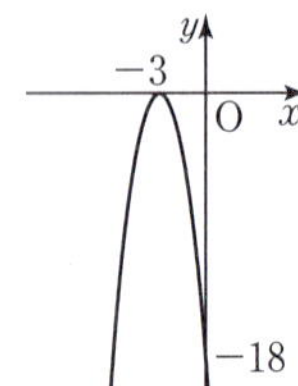

① 제3, 4사분면을 지난다.

③ 축의 방정식은 $x=-3$이다.

④ $y=-2x^2$의 그래프를 $x$축의 방향으로 $-3$만큼 평행이동한 것이다.

따라서 옳은 것은 ②, ⑤이다.
답 ②, ⑤

**1128** 전략 이차함수 $y=a(x-p)^2+q$의 그래프는 $y=ax^2$의 그래프를 $x$축의 방향으로 $p$만큼, $y$축의 방향으로 $q$만큼 평행이동한 것이다.

③ $y=a(x-p)^2+q$의 그래프의 꼭짓점의 좌표가 $(3, 4)$이므로
$$p=3, q=4$$
$y=a(x-3)^2+4$의 그래프가 점 $(0, -5)$를 지나므로
$$-5=a\times(-3)^2+4, 9a=-9 \quad \therefore a=-1$$

따라서 옳지 않은 것은 ③이다.
답 ③

**1129** 전략 각 이차함수의 그래프를 그리고 모든 사분면을 지나는 그래프를 찾는다.

각 이차함수의 그래프를 그리면 다음과 같다.

① 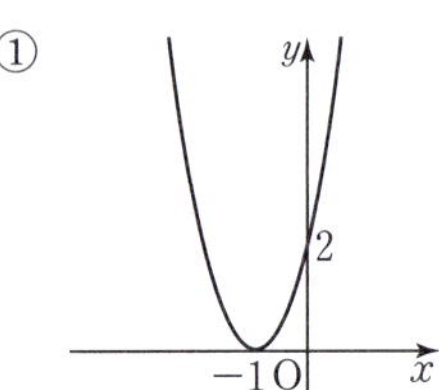 ②

③ 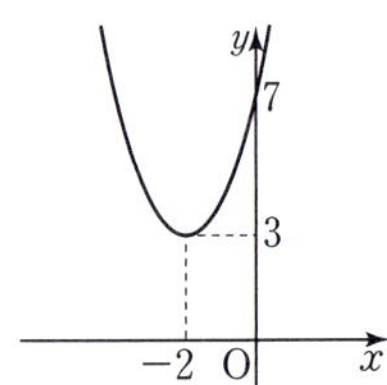 ④ 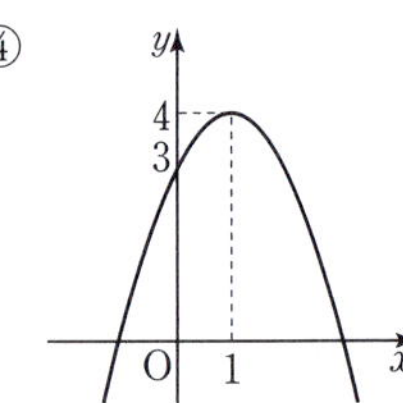

⑤ 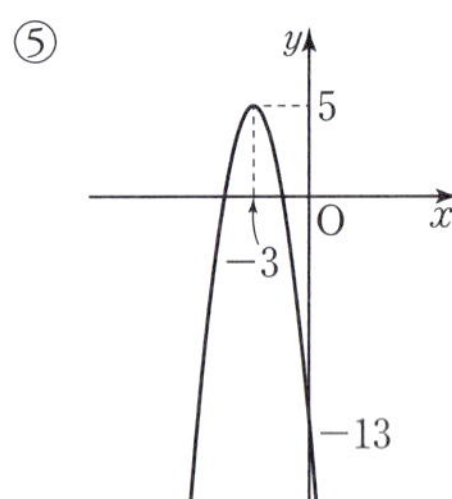

따라서 그래프가 모든 사분면을 지나는 것은 ④이다.
답 ④

**Lecture**

이차함수의 그래프를 그릴 때 반드시 $y$절편을 구해서 표시한다.
이때 $y$절편은 $x=0$일 때 $y$의 값이다.

**1130** 전략 주어진 그래프의 설명에 알맞은 그래프를 보기에서 찾는다.

㈎, ㈏, ㈐에서 $y=-2(x+1)^2+4$의 그래프와 폭이 같고 아래로 볼록하며 축의 방정식이 $x=3$인 그래프는 ④, ⑤이다.

㈑에서 그래프가 점 $(2, 7)$을 지나므로

④ $y=2(x-3)^2-5$에 $x=2, y=7$을 대입하면
$$7\neq 2\times(2-3)^2-5$$

⑤ $y=2(x-3)^2+5$에 $x=2, y=7$을 대입하면
$$7=2\times(2-3)^2+5$$

따라서 조건을 모두 만족하는 이차함수의 식은 ⑤이다.
답 ⑤

이차함수의 식을 $y=a(x-p)^2+q$라 하면

㈎에서 이차함수 $y=-2(x+1)^2+4$의 그래프와 폭이 같고 ㈏에서 아래로 볼록한 포물선이므로 $a=2$

㈐에서 축의 방정식이 $x=3$이므로 $p=3$

즉 이차함수의 식은 $y=2(x-3)^2+q$

㈑에서 이 그래프가 점 $(2,7)$을 지나므로

$7=2\times(2-3)^2+q$    $\therefore q=5$

따라서 조건을 모두 만족하는 이차함수의 식은 $y=2(x-3)^2+5$ 이다.

---

**1131** 전략 축을 기준으로 $x^2$의 계수의 부호에 따라 증가·감소하는 $x$의 값의 범위를 구한다.

그래프가 위로 볼록하고 축의 방정식이 $x=1$이므로 $x>1$일 때, $x$의 값이 증가하면 $y$의 값은 감소한다.    **답** $x>1$

**1132** 전략 $a$의 부호로 그래프의 모양을 정하고 $-q$의 부호로 꼭짓점의 위치를 정한다.

$a<0$이므로 그래프가 위로 볼록하고,

$q<0$에서 $-q>0$이므로 꼭짓점이 $x$축보다 위쪽에 있다.

따라서 $y=ax^2-q$의 그래프로 적당한 것은 ③이다.    **답** ③

**1133** 전략 계단 모양으로 배열할 때 나타나는 $x$와 $y$ 사이의 규칙을 찾아 $y$를 $x$의 식으로 나타낸다.

(1) 1계단을 만들려면 1장,

2계단을 만들려면 $1+3=4=2^2$(장),

3계단을 만들려면 $1+3+5=9=3^2$(장),

4계단을 만들려면 $1+3+5+7=16=4^2$(장), …

의 카드를 배열해야 하므로 $x$계단을 만들려면 $x^2$장의 카드를 배열해야 한다.

따라서 $y$를 $x$의 식으로 나타내면 $y=x^2$이므로 이차함수 이다.

(2) $y=x^2$에 $y=400$을 대입하면

$400=x^2$    $\therefore x=20$ $(\because x>0)$

따라서 20계단을 만들 수 있다.

(3) $y=x^2$에 $x=17$을 대입하면

$y=17^2=289$

따라서 카드는 289장이 필요하다.

   **답** (1) $y=x^2$, 이차함수이다. (2) 20계단 (3) 289장

**1134** 전략 $y=3x^2$의 그래프를 $x$축을 접는 선으로 하여 접었다가 펼치는 것은 $y=3x^2$의 그래프와 $x$축에 대칭인 그래프를 그리는 것과 같다.

㈎, ㈏에서 $y=3x^2$의 그래프를 $x$축을 접는 선으로 하여 접었다가 펼칠 때 생기는 이차함수의 그래프는 $y=3x^2$의 그래프를 $x$축에 대칭이동한 그래프이므로 $y=-3x^2$이다.

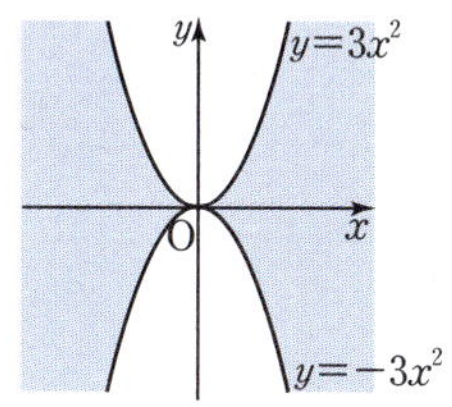


따라서 $y=ax^2$의 그래프는 위의 그림에서 색칠한 부분을 지나므로 구하는 $a$의 값의 범위는

$-3<a<0$ 또는 $0<a<3$    **답** ②, ④

**1135** 전략 점 A와 점 D의 $y$좌표가 같음을 이용한다.

점 D의 $x$좌표를 $3m(m>0)$이라 하면 점 A의 $x$좌표는 $-4m$이다.

이때 $A(-4m, 16m^2)$, $D(3m, 9am^2)$이고

점 A와 점 D의 $y$좌표가 같으므로

$16m^2=9am^2$, $16=9a$    $\therefore a=\dfrac{16}{9}$

   **답** $\dfrac{16}{9}$

## 10 이차함수의 그래프 (2)



**1136** $y=x^2+2x-3$
$\quad=(x^2+2x+1-\boxed{1})-3$
$\quad=(x+\boxed{1})^2-\boxed{4}$
따라서 그래프의 꼭짓점의 좌표는 $(-1, -4)$이고 축의 방정식은 $x=-1$이다.

답 $1, 1, 4$, 꼭짓점의 좌표 : $(-1, -4)$,
축의 방정식 : $x=-1$

**1137** $y=-x^2+4x+3$
$\quad=-(x^2-4x+4-4)+3$
$\quad=-(x-2)^2+7$
따라서 꼭짓점의 좌표는 $(2, 7)$이고 축의 방정식은 $x=2$이다.

답 꼭짓점의 좌표 : $(2, 7)$, 축의 방정식 : $x=2$

**1138** $y=\dfrac{1}{2}x^2-3x-6$
$\quad=\dfrac{1}{2}(x^2-6x+9-9)-6$
$\quad=\dfrac{1}{2}(x-3)^2-\dfrac{21}{2}$
따라서 꼭짓점의 좌표는 $\left(3, -\dfrac{21}{2}\right)$이고 축의 방정식은 $x=3$이다.

답 꼭짓점의 좌표 : $\left(3, -\dfrac{21}{2}\right)$, 축의 방정식 : $x=3$

**1139** $y=3x^2+6x+4$
$\quad=3(x^2+2x+1-1)+4$
$\quad=3(x+1)^2+1$
따라서 꼭짓점의 좌표는 $(-1, 1)$이고 축의 방정식은 $x=-1$이다.

답 꼭짓점의 좌표 : $(-1, 1)$, 축의 방정식 : $x=-1$

**1140** $y=-2x^2+16x-17$
$\quad=-2(x^2-8x+16-16)-17$
$\quad=-2(x-4)^2+15$
따라서 꼭짓점의 좌표는 $(4, 15)$이고 축의 방정식은 $x=4$이다.

답 꼭짓점의 좌표 : $(4, 15)$, 축의 방정식 : $x=4$

**1141** 그래프가 아래로 볼록하므로
$a>0$
축이 $y$축의 왼쪽에 있고 $a>0$이므로
$b>0$

**1142** 그래프가 위로 볼록하므로
$a<0$
축이 $y$축의 오른쪽에 있고 $a<0$이므로
$b>0$
$y$축과의 교점이 $x$축보다 위쪽에 있으므로
$c>0$

답 $a<0, b>0, c>0$

**1143** 그래프가 위로 볼록하므로
$a<0$
축이 $y$축의 왼쪽에 있고 $a<0$이므로
$b<0$
$y$축과의 교점이 $x$축보다 아래쪽에 있으므로
$c<0$

답 $a<0, b<0, c<0$

**1144** 그래프가 아래로 볼록하므로
$a>0$
축이 $y$축의 오른쪽에 있고 $a>0$이므로
$b<0$
$y$축과의 교점이 $x$축보다 아래쪽에 있으므로
$c<0$

답 $a>0, b<0, c<0$



**1145** 전략 먼저 $x^2$의 계수로 이차항과 일차항을 묶은 후 완전제곱식의 꼴로 변형한다.
$y=\dfrac{1}{3}x^2-2x+1$
$\quad=\dfrac{1}{3}(x^2-6x+9-9)+1$
$\quad=\dfrac{1}{3}(x-3)^2-2$
따라서 $a=\dfrac{1}{3}, p=3, q=-2$이므로
$apq=\dfrac{1}{3}\times3\times(-2)=-2$ 답 $-2$

**1146** $y=-x^2+6x-5$
$\quad=-(x^2-6x)-5$
$\quad=-(x^2-6x+9-9)-5$
$\quad=-(x-3)^2+4$
따라서 옳지 않은 것은 ④이다. 답 ④

**1147**
$y=4x^2+16x-3$
$\quad =4(x^2+4x+4-4)-3$
$\quad =4(x+2)^2-19$
$\therefore a=4,\ p=2,\ q=-19$ 　　　　**답** $a=4,\ p=2,\ q=-19$

**1148** **전략** 두 식 모두 $y=m(x-p)^2+q$의 꼴로 고쳐서 꼭짓점의 좌표를 비교한다.

$y=-2x^2+4x+a=-2(x-1)^2+a+2$의 그래프의 꼭짓점의 좌표는 $(1,\,a+2)$

$y=x^2-2bx+1=(x-b)^2-b^2+1$의 그래프의 꼭짓점의 좌표는 $(b,\,-b^2+1)$

두 그래프의 꼭짓점이 일치하므로
$1=b,\ a+2=-b^2+1$ 　　$\therefore a=-2,\ b=1$
$\therefore a+b=-2+1=-1$ 　　　　　　　　　　**답** $-1$

**1149** ① $y=-x^2+4x-2=-(x-2)^2+2$이므로 꼭짓점의 좌표는
$\quad (2,\,2)$ ➡ 제1사분면

② $y=x^2+8x+12=(x+4)^2-4$이므로 꼭짓점의 좌표는
$\quad (-4,\,-4)$ ➡ 제3사분면

③ $y=-2x^2+4x-1=-2(x-1)^2+1$이므로 꼭짓점의 좌표는
$\quad (1,\,1)$ ➡ 제1사분면

④ $y=2x^2-16x+30=2(x-4)^2-2$이므로 꼭짓점의 좌표는
$\quad (4,\,-2)$ ➡ 제4사분면

⑤ $y=-3x^2-12x-5=-3(x+2)^2+7$이므로 꼭짓점의 좌표는
$\quad (-2,\,7)$ ➡ 제2사분면

따라서 꼭짓점이 제2사분면 위에 있는 것은 ⑤이다. 　**답** ⑤

**1150** 주어진 일차함수의 그래프에서 $x$절편이 2, $y$절편이 4이므로
$a=-\dfrac{4}{2}=-2,\ b=4$
$\therefore y=\dfrac{1}{2}ax^2+bx-5$
$\quad =-x^2+4x-5$
$\quad =-(x-2)^2-1$

따라서 구하는 꼭짓점의 좌표는 $(2,\,-1)$이다.
　　　　　　　　　　　　　　　　　　**답** $(2,\,-1)$

**참고** 일차함수 $y=ax+b$의 그래프에서 $x$절편이 $m$, $y$절편이 $n$이면 이 그래프는 두 점 $(m,\,0)$, $(0,\,n)$을 지나므로
$a=(기울기)=\dfrac{0-n}{m-0}=-\dfrac{n}{m}$
$b=(y절편)=n$

**1151** **전략** $y=2x^2+4x-1$을 $y=a(x-p)^2+q$의 꼴로 고쳐서 꼭짓점의 좌표를 구한다.

$y=2x^2+4x-1=2(x+1)^2-3$
이므로 그래프의 꼭짓점의 좌표는 $(-1,\,-3)$이고 $y$축과의 교점의 좌표는 $(0,\,-1)$이다.
따라서 구하는 그래프는 ②이다. 　　　　　　**답** ②

**1152** $y=-3x^2+6x-1$
$\quad =-3(x-1)^2+2$
따라서 이차함수의 그래프는 오른쪽 그림과 같으므로 그래프가 지나지 않는 사분면은 제2사분면이다.

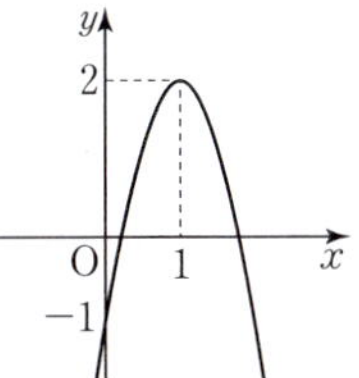

　　　　　　　　　　　　　　　**답** 제2사분면

**1153**
① $y=4x^2-4x+1$
$\quad =4\left(x-\dfrac{1}{2}\right)^2$

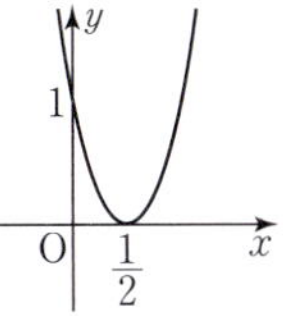

② $y=2x^2+3x+4$
$\quad =2\left(x+\dfrac{3}{4}\right)^2+\dfrac{23}{8}$

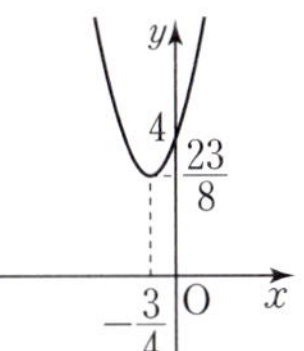

③ $y=x^2-3x+2$
$\quad =\left(x-\dfrac{3}{2}\right)^2-\dfrac{1}{4}$

④ $y=-2x^2+4x-3$
$\quad =-2(x-1)^2-1$

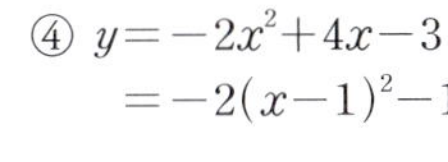

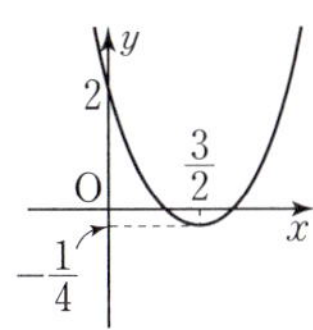

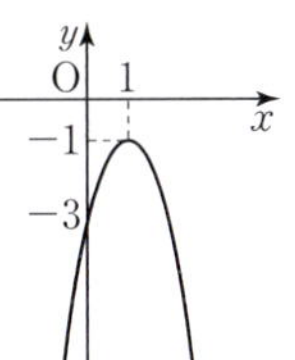

⑤ $y=-\dfrac{1}{2}x^2-x+1=-\dfrac{1}{2}(x+1)^2+\dfrac{3}{2}$

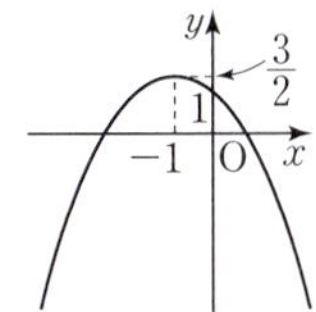

따라서 그래프가 모든 사분면을 지나는 것은 ⑤이다. 　**답** ⑤

**1154** **전략** $y=a(x-p)^2+q$의 꼴로 고쳐서 $x=p$를 기준으로 증가·감소하는 $x$의 값의 범위를 구한다.

$y=3x^2-12x+2=3(x-2)^2-10$
이 그래프는 아래로 볼록하고 축의 방정식이 $x=2$이므로 $x>2$일 때, $x$의 값이 증가하면 $y$의 값도 증가한다.
　　　　　　　　　　　　　　　　　　**답** $x>2$

**1155** $y=-2x^2+12x-11=-2(x-3)^2+7$ 　　······ ㈎
이 그래프는 위로 볼록하고 축의 방정식이 $x=3$이므로 $x>3$일 때, $x$의 값이 증가하면 $y$의 값은 감소한다. ······ ㈏
　　　　　　　　　　　　　　　　　　**답** $x>3$

| 채점 기준 | 비율 |
| --- | --- |
| (개) $y=-2x^2+12x-11$을 $y=a(x-p)^2+q$의 꼴로 나타내기 | 50 % |
| (내) $x$의 값이 증가할 때 $y$의 값은 감소하는 $x$의 값의 범위 구하기 | 50 % |

**1156** $y=-x^2+2kx+k=-(x-k)^2+k^2+k$

이 그래프는 위로 볼록하고 축의 방정식이 $x=k$이므로 $x<k$이면 $x$의 값이 증가할 때 $y$의 값도 증가하고, $x>k$이면 $x$의 값이 증가할 때 $y$의 값은 감소한다.

$\therefore k=-2$

즉 $y=-x^2-4x-2$의 그래프가 $y$축과 만나는 점의 좌표는 $(0,-2)$이다.　　　　　　　**답** $(0,-2)$

**1157** **전략** $y=a(x-p)^2+q$의 꼴로 고쳐서 그래프의 성질을 확인한다.

$y=-3x^2+6x-2=-3(x-1)^2+1$

① 위로 볼록하고, 대칭축은 $y$축의 오른쪽에 위치한다.

② $y=-3x^2$의 그래프를 $x$축의 방향으로 1만큼, $y$축의 방향으로 1만큼 평행이동한 것이다.

④ $x<1$일 때, $x$의 값이 증가하면 $y$의 값도 증가한다.

⑤ $y=-3x^2+6x-2$의 그래프와 $x$축에 대칭인 그래프를 나타내는 식은 $y=3x^2-6x+2$이다.

따라서 옳은 것은 ③이다.　　　　　　　**답** ③

**1158** $y=-x^2+4x-1$
　　　$=-(x-2)^2+3$

㉠ 축의 방정식이 $x=2$이므로 직선 $x=2$에 대칭이다.

㉡ $y=-(x-2)^2+3$의 그래프를 그리면 오른쪽 그림과 같으므로 제1, 3, 4사분면을 지난다.

㉢ $x^2$의 계수가 같으므로 그래프의 모양이 같다.

따라서 옳은 것은 ㉠, ㉢이다.　　　　**답** ㉠, ㉢

**1159** ② $x$절편은 이차방정식 $ax^2+bx+c=0$의 해이고 $y$절편이 $c$이다.

따라서 옳지 않은 것은 ②이다.　　　　　　　**답** ②

**1160** **전략** $y=a(x-p)^2+q$의 꼴로 고친 후 평행이동한 그래프를 나타내는 식을 구한다.

$y=3x^2+12x+13=3(x+2)^2+1$

이차함수 $y=3x^2+12x+13$의 그래프를 $x$축의 방향으로 $m$만큼, $y$축의 방향으로 $n$만큼 평행이동한 그래프를 나타내는 식은

$y=3(x+2-m)^2+1+n$

이때 $y=3x^2-18x+25=3(x-3)^2-2$이므로

$2-m=-3,\ 1+n=-2$

따라서 $m=5,\ n=-3$이므로

$m+n=5+(-3)=2$　　　　　　　**답** 2

**1161** $y=-3x^2-6x+5=-3(x+1)^2+8$

이 그래프를 $x$축의 방향으로 3만큼, $y$축의 방향으로 $-1$만큼 평행이동한 그래프를 나타내는 식은

$y=-3(x+1-3)^2+8-1$, 즉 $y=-3(x-2)^2+7$

따라서 이 그래프의 축의 방정식은 $x=2$이다.

　　　　　　　**답** $x=2$

**1162** $y=x^2-6x+3=(x-3)^2-6$

이 그래프를 $x$축의 방향으로 $-2$만큼 평행이동한 그래프를 나타내는 식은

$y=\{x-3-(-2)\}^2-6$, 즉 $y=(x-1)^2-6$

이때 $y=(x-1)^2-6$의 그래프가 점 $(3,k)$를 지나므로

$k=(3-1)^2-6=-2$　　　　　　　**답** $-2$

**1163** **전략** $y=-2x^2$의 그래프를 평행이동한 그래프의 식을 구하고 $y=0$을 대입한다.

$y=-2x^2$의 그래프를 $x$축의 방향으로 $-1$만큼, $y$축의 방향으로 8만큼 평행이동한 그래프를 나타내는 식은

$y=-2(x+1)^2+8=-2x^2-4x+6$

$y=-2x^2-4x+6$에 $y=0$을 대입하면

$-2x^2-4x+6=0,\ x^2+2x-3=0$

$(x-1)(x+3)=0$　　$\therefore x=1$ 또는 $x=-3$

따라서 구하는 점의 좌표는 $(-3,0),\ (1,0)$이다.

　　　　　　　**답** $(-3,0),\ (1,0)$

**1164** $y=3x^2-2x+1$에 $x=0$을 대입하면

$y=1$

따라서 구하는 점의 좌표는 $(0,1)$이다.　　　**답** $(0,1)$

**1165** ① $y=x^2+5x+4=\left(x+\dfrac{5}{2}\right)^2-\dfrac{9}{4}$　　$\therefore \text{A}\left(-\dfrac{5}{2},-\dfrac{9}{4}\right)$

②, ③ $y=x^2+5x+4$에 $y=0$을 대입하면

$x^2+5x+4=0,\ (x+1)(x+4)=0$

$\therefore x=-1$ 또는 $x=-4$, 즉 $\text{B}(-4,0),\ \text{C}(-1,0)$

④ $y=x^2+5x+4$에 $x=0$을 대입하면

$y=4$　　$\therefore \text{D}(0,4)$

⑤ 점 E의 $y$좌표가 4이므로

$x^2+5x+4=4,\ x^2+5x=0,\ x(x+5)=0$

$\therefore x=0$ 또는 $x=-5$, 즉 $\text{E}(-5,4)$

따라서 옳은 것은 ③이다.　　　　　　　**답** ③

**1166** **전략** 이차함수의 그래프가 $x$축과 한 점에서 만나는 경우는 꼭짓점이 $x$축 위에 있는 경우이다.

$y=-3x^2+6x-2a+5=-3(x-1)^2-2a+8$

이 그래프가 $x$축과 한 점에서 만나려면 꼭짓점의 $y$좌표가 0이어야 하므로

$-2a+8=0$　　$\therefore a=4$　　　　　　　**답** 4

**1167** $y=x^2+2x+k-7=(x+1)^2+k-8$

이 그래프가 $x$축과 만나지 않으려면 꼭짓점의 $y$좌표가 0보다 커야 하므로

$k-8>0$    $\therefore k>8$    **답** $k>8$

**1168** $y=-\dfrac{1}{2}x^2-2x-3k=-\dfrac{1}{2}(x+2)^2-3k+2$ ····· (가)

이 그래프가 $x$축과 서로 다른 두 점에서 만나려면 꼭짓점의 $y$좌표가 0보다 커야 하므로

$-3k+2>0$    ····· (나)

$-3k>-2$    $\therefore k<\dfrac{2}{3}$    ····· (다)

**답** $k<\dfrac{2}{3}$

| 채점 기준 | 비율 |
| --- | --- |
| (가) $y=a(x-p)^2+q$의 꼴로 나타내기 | 35 % |
| (나) $x$축과 서로 다른 두 점에서 만나기 위한 조건 알기 | 35 % |
| (다) $k$의 값의 범위 구하기 | 30 % |

**1169** 그래프가 아래로 볼록하고 축의 방정식이 $x=-1$, $x$축과 만나는 두 점 사이의 거리가 6이므로 오른쪽 그림과 같이 $y=x^2+ax+b$의 그래프가 $x$축과 만나는 두 점의 좌표는 $(-4,0)$, $(2,0)$이다.

$y=x^2+ax+b$에 $x=-4$, $y=0$을 대입하면

$0=16-4a+b$    $\therefore 4a-b=16$    ····· ㉠

$y=x^2+ax+b$에 $x=2$, $y=0$을 대입하면

$0=4+2a+b$    $\therefore 2a+b=-4$    ····· ㉡

㉠, ㉡을 연립하여 풀면 $a=2$, $b=-8$

$\therefore a+b=2+(-8)=-6$    **답** $-6$

**1170** **전략** 이차함수의 식에 $y=0$을 대입하여 $x$축과의 교점의 좌표를 구한다.

$y=x^2-5x-6$에 $y=0$을 대입하면

$x^2-5x-6=0$, $(x+1)(x-6)=0$

$\therefore x=-1$ 또는 $x=6$

따라서 $A(-1,0)$, $B(6,0)$ 또는 $A(6,0)$, $B(-1,0)$이므로 $\overline{AB}=6-(-1)=7$    **답** 7

**1171** $y=\dfrac{1}{2}x^2-2x+a=\dfrac{1}{2}(x-2)^2+a-2$

이 그래프의 축의 방정식은 $x=2$이고 $\overline{AB}=8$이므로 $A(-2,0)$, $B(6,0)$이다.

따라서 $y=\dfrac{1}{2}x^2-2x+a$의 그래프가 점 $(-2,0)$을 지나므로

$0=2+4+a$    $\therefore a=-6$    **답** $-6$

**다른 풀이** $y=\dfrac{1}{2}x^2-2x+a$의 그래프가 점 $(6,0)$을 지나므로

$0=18-12+a$    $\therefore a=-6$

**1172** **전략** $a+b+c$는 $x=1$일 때의 $y$의 값, $4a-2b+c$는 $x=-2$일 때의 $y$의 값, $a-b+c$는 $x=-1$일 때의 $y$의 값이므로 그래프에서 $x$의 값에 따른 $y$의 값의 부호를 정한다.

그래프가 위로 볼록하므로

$a<0$

축이 $y$축의 왼쪽에 있고 $a<0$이므로

$b<0$

$y$축과의 교점이 $x$축보다 위쪽에 있으므로

$c>0$

① $ab>0$        ② $ac<0$

③ $x=1$일 때, $y=0$이므로 $a+b+c=0$

④ $x=-2$일 때, $y=0$이므로 $4a-2b+c=0$

⑤ $x=-1$일 때, $y>0$이므로 $a-b+c>0$

따라서 옳은 것은 ④이다.    **답** ④

**1173** **전략** $a$, $-b$, $-c$의 부호로 $a$, $b$, $c$의 부호를 정한다.

그래프가 위로 볼록하므로

$a<0$

축이 $y$축의 왼쪽에 있고 $a<0$이므로

$-b<0$    $\therefore b>0$

$y$축과의 교점이 $x$축보다 아래쪽에 있으므로

$-c<0$    $\therefore c>0$    **답** ①

**1174** $a>0$이므로 그래프가 아래로 볼록하고

$b<0$, 즉 $a$와 $b$의 부호가 다르므로 축이 $y$축의 오른쪽에 있다.

또 $c<0$이므로 $y$축과의 교점은 $x$축보다 아래쪽에 있다.

따라서 $y=ax^2+bx+c$의 그래프의 모양은 오른쪽 그림과 같으므로 꼭짓점은 제4사분면 위에 있다.

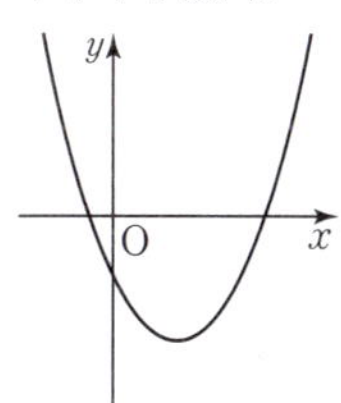

**답** 제4사분면

**1175** **전략** $-x^2-3x+10=0$의 해를 구해서 두 점 A, B의 좌표를 구한다.

$y=-x^2-3x+10$에 $y=0$을 대입하면

$-x^2-3x+10=0$

$x^2+3x-10=0$, $(x+5)(x-2)=0$

$\therefore x=-5$ 또는 $x=2$

즉 $A(-5, 0)$, $B(2, 0)$

$y=-x^2-3x+10$에 $x=0$을 대입하면

$y=10$    $\therefore C(0, 10)$

$\therefore \triangle ABC = \frac{1}{2} \times 7 \times 10 = 35$

**답** 35

**1176** $y=-2x^2+4x+6$에 $y=0$을 대입하면

$-2x^2+4x+6=0$

$x^2-2x-3=0$, $(x+1)(x-3)=0$

$\therefore x=-1$ 또는 $x=3$

즉 $A(-1, 0)$, $B(3, 0)$ 또는 $A(3, 0)$, $B(-1, 0)$ ······ ㈎

또 $y=-2x^2+4x+6=-2(x-1)^2+8$이므로

$C(1, 8)$ ······ ㈏

$\therefore \triangle ABC = \frac{1}{2} \times 4 \times 8 = 16$ ······ ㈐

**답** 16

| 채점 기준 | 비율 |
| --- | --- |
| ㈎ 두 점 A, B의 좌표 각각 구하기 | 50 % |
| ㈏ 점 C의 좌표 구하기 | 25 % |
| ㈐ △ABC의 넓이 구하기 | 25 % |

**1177** $y=x^2+4x-5=(x+2)^2-9$이므로

$A(-2, -9)$

$y=x^2+4x-5$에 $y=0$을 대입하면

$x^2+4x-5=0$

$(x+5)(x-1)=0$

$\therefore x=-5$ 또는 $x=1$

즉 $B(-5, 0)$

$y=x^2+4x-5$에 $x=0$을 대입하면

$y=-5$    $\therefore C(0, -5)$

$\therefore \triangle ABC = \triangle BAO + \triangle OAC - \triangle BCO$

$= \frac{1}{2} \times 5 \times 9 + \frac{1}{2} \times 5 \times 2 - \frac{1}{2} \times 5 \times 5$

$= \frac{45}{2} + 5 - \frac{25}{2}$

$= 15$

**답** 15

**1178** $y=-x^2+3x+4=-\left(x-\frac{3}{2}\right)^2+\frac{25}{4}$이므로

$C\left(\frac{3}{2}, \frac{25}{4}\right)$

$y=-x^2+3x+4$에 $y=0$을 대입하면

$-x^2+3x+4=0$, $x^2-3x-4=0$

$(x+1)(x-4)=0$    $\therefore x=-1$ 또는 $x=4$

$\therefore A(-1, 0)$, $B(4, 0)$

$y=-x^2+3x+4$에 $x=0$을 대입하면 $y=4$이므로

$D(0, 4)$

$\therefore \square ABCD$

$= \triangle AOD + \triangle CDO + \triangle COB$

$= \frac{1}{2} \times 1 \times 4 + \frac{1}{2} \times 4 \times \frac{3}{2}$

$\quad + \frac{1}{2} \times 4 \times \frac{25}{4}$

$= 2 + 3 + \frac{25}{2} = \frac{35}{2}$

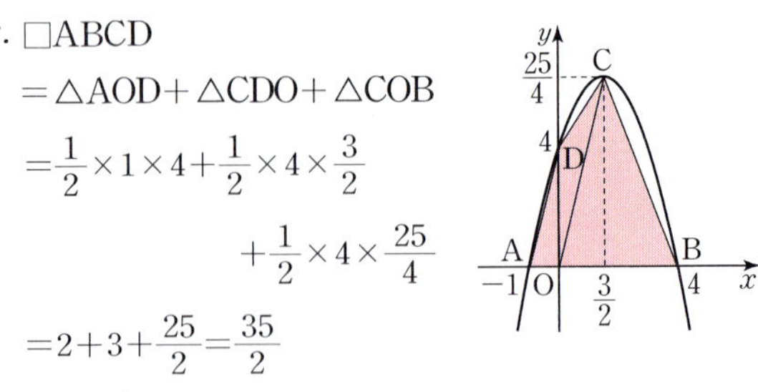

**답** $\frac{35}{2}$

**1179** $y=a(x^2-2x-3)$에 $y=0$을 대입하면

$a(x^2-2x-3)=0$

$a(x+1)(x-3)=0$

$\therefore x=-1$ 또는 $x=3$

즉 $A(-1, 0)$, $B(3, 0)$

또 $y=a(x^2-2x-3)=a(x-1)^2-4a$이므로

$C(1, -4a)$

따라서 $\triangle ABC$의 넓이가 6이므로

$\frac{1}{2} \times 4 \times (-4a) = 6$    $\therefore a=-\frac{3}{4}$

**답** $-\frac{3}{4}$

**1180** 전략 꼭짓점의 좌표를 $a$의 식으로 나타낸 후 $y=-2x+7$에 대입하여 $a$의 값을 구한다.

$y=x^2-2ax-b$의 그래프가 점 $(1, 4)$를 지나므로

$4=1-2a-b$    $\therefore b=-2a-3$ ······ ㉠

$y=x^2-2ax-b$

$=(x-a)^2-a^2-b$

$=(x-a)^2-a^2+2a+3 \,(\because ㉠)$

이 그래프의 꼭짓점 $(a, -a^2+2a+3)$이 직선 $y=-2x+7$

위에 있으므로

$-a^2+2a+3=-2a+7$

$a^2-4a+4=0$, $(a-2)^2=0$    $\therefore a=2$

㉠에 $a=2$를 대입하면

$b=-2 \times 2 - 3 = -7$

$\therefore a-b=2-(-7)=9$

**답** 9

**1181** $y=-x^2+4x+2k-3=-(x-2)^2+2k+1$

이 그래프의 꼭짓점 $(2, 2k+1)$이 직선 $y=x+5$ 위에 있으므로

$2k+1=2+5$, $2k=6$

$\therefore k=3$

**답** 3

**1182** (1) $y=x^2+2ax+2b$의 그래프가 점 $(-1, 5)$를 지나므로

$5=1-2a+2b$    $\therefore b=a+2$ ······ ㉠

$y=x^2+2ax+2b$

$=(x+a)^2-a^2+2b$

$=(x+a)^2-a^2+2a+4 \,(\because ㉠)$

따라서 꼭짓점의 좌표는 $(-a, -a^2+2a+4)$이다.

(2) 꼭짓점 $(-a, -a^2+2a+4)$가 직선 $y=2x+8$ 위에 있
으므로
$$-a^2+2a+4=-2a+8$$
$$a^2-4a+4=0, (a-2)^2=0 \quad \therefore a=2$$
㉠에 $a=2$를 대입하면
$$b=2+2=4$$
$$\therefore ab=2\times4=8$$
답 (1) $(-a, -a^2+2a+4)$ (2) 8

**1183** 전략 그래프의 모양으로 $a$의 부호, 축의 위치로 $b$의 부호, $y$축과의 교점의 위치로 $c$의 부호를 정할 수 있다.

(1) 그래프가 아래로 볼록하므로
$$a>0$$
축이 $y$축의 왼쪽에 있고 $a>0$이므로
$$b>0$$
$y$축과의 교점이 $x$축보다 아래쪽에 있으므로
$$c<0$$
(2) $y=cx^2+bx+a$의 그래프는 $c<0$이므로 위로 볼록하다.
이때 $c$와 $b$의 부호가 다르므로 축은 $y$축의 오른쪽에 있으
며 $a>0$이므로 $y$축과의 교점은 $x$축보다 위쪽에 있다.
따라서 $y=cx^2+bx+a$의 그래프로 적당한 것은 ③이다.
답 (1) $a>0, b>0, c<0$ (2) ③

**1184** 그래프가 위로 볼록하므로
$$a<0$$
축이 $y$축의 오른쪽에 있고 $a<0$이므로
$$b>0$$
$y$축과의 교점이 $x$축보다 위쪽에 있으므로
$$c>0$$
$y=bx^2-ax+c$의 그래프는 $b>0$이므로 아래로 볼록하다.
이때 $b$와 $-a$의 부호가 같으므로 축은 $y$축의 왼쪽에 있으며
$c>0$이므로 $y$축과의 교점은 $x$축보다 위쪽에 있다.
따라서 $y=bx^2-ax+c$의 그래프로 적당한 것은 ④이다.
답 ④

**1185** 전략 일차방정식을 $y=mx+n$의 꼴로 바꾸어 $m, n$의 부호를
확인한다.
그래프가 아래로 볼록하므로
$$a>0$$
축이 $y$축의 오른쪽에 있고 $a>0$이므로
$$b<0$$
$y$축과의 교점이 $x$축보다 위쪽에 있으므로
$$c>0$$
일차방정식 $ax+by+c=0$에서 $y=-\dfrac{a}{b}x-\dfrac{c}{b}$이므로
$$-\dfrac{a}{b}>0, -\dfrac{c}{b}>0$$
따라서 일차방정식 $ax+by+c=0$의 그래프로 적당한 것은
③이다.
답 ③

**1186** $y=ax+b$의 그래프에서
기울기가 음수이므로 $a<0$
$y$절편이 양수이므로 $b>0$
$x=1$일 때, $y>0$이므로 $a+b>0$
$y=x^2+(a+b)x+ab$의 그래프는 아래로 볼록하고,
1과 $a+b$의 부호가 같으므로 축은 $y$축의 왼쪽에 있으며
$ab<0$이므로 $y$축과의 교점은 $x$축보다 아래쪽에 있다.
따라서 $y=x^2+(a+b)x+ab$의 그래프로 적당한 것은 ②
이다.
답 ②

**1187** 전략 대칭축을 기준으로 넓이가 같은 부분을 찾아본다.
$$y=x^2-2x-3=(x-1)^2-4$$이므로
$$P(1, -4)$$
$$y=x^2-8x+12=(x-4)^2-4$$이므로
$$Q(4, -4)$$

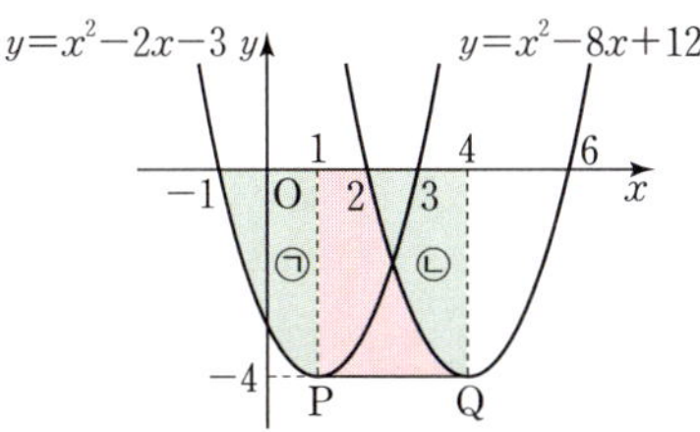

위의 그림에서 ㉠과 ㉡의 넓이가 같으므로 문제에서 색칠한
부분의 넓이는 가로의 길이가 3, 세로의 길이가 4인 직사각
형의 넓이와 같다.
$$\therefore (색칠한 부분의 넓이)=3\times4=12$$
답 12

**1188** $y=x^2-4x=(x-2)^2-4$이므로
$$A(2, -4)$$
$y=x^2$에 $x=2$를 대입하면 $y=2^2=4$
$$\therefore B(2, 4)$$
오른쪽 그림에서 ㉠과 ㉡의 넓이가
같으므로 문제에서 색칠한 부분의
넓이는 □OEBD의 넓이와 같다.

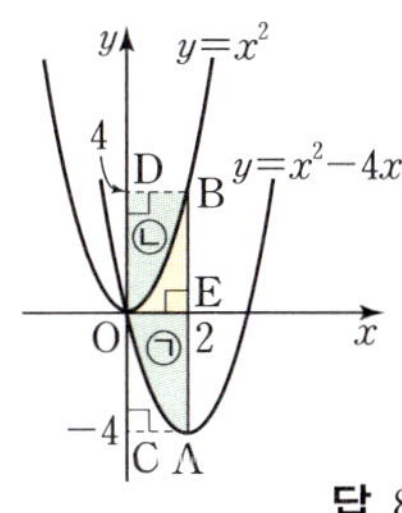

$$\therefore (색칠한 부분의 넓이)$$
$$=□OEBD=2\times4=8$$
답 8

**1189** $y=-\dfrac{1}{3}x^2+3$에 $y=0$을 대입하면
$$0=-\dfrac{1}{3}x^2+3, x^2=9 \quad \therefore x=\pm3$$
즉 $A(-3, 0), B(3, 0)$
$y=-\dfrac{1}{3}x^2$에 $x=-3$을 대입하면
$$y=-\dfrac{1}{3}\times(-3)^2=-3 \quad \therefore C(-3, -3)$$
$y=-\dfrac{1}{3}x^2$에 $x=3$을 대입하면
$$y=-\dfrac{1}{3}\times3^2=-3 \quad \therefore D(3, -3)$$

오른쪽 그림에서 ㉠과 ㉡의 넓이가 같으므로 문제에서 색칠한 부분의 넓이는 □ACDB의 넓이와 같다.

$\therefore$ (색칠한 부분의 넓이)
$$=\square ACDB=6\times3=18$$

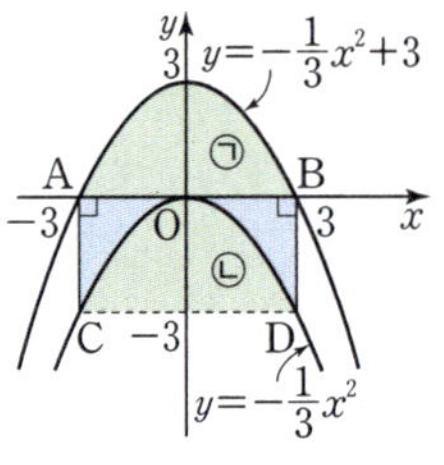

**답** 18



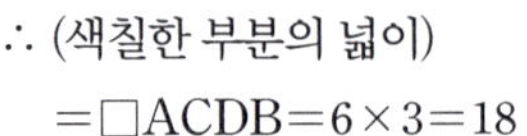

**STEP 1** 개념 마스터　　　　　　　p.185

**1190** 꼭짓점의 좌표가 $(3,-2)$이므로 구하는 이차함수의 식을 $y=a(x-3)^2-2$로 놓고 $x=4,y=1$을 대입하면
$1=a-2$　　$\therefore a=3$
$\therefore y=3(x-3)^2-2$　　　　**답** $y=3(x-3)^2-2$

**1191** 꼭짓점의 좌표가 $(1,3)$이므로 구하는 이차함수의 식을 $y=a(x-1)^2+3$으로 놓고 $x=0,y=1$을 대입하면
$1=a+3$　　$\therefore a=-2$
$\therefore y=-2(x-1)^2+3$　　　　**답** $y=-2(x-1)^2+3$

**1192** 축의 방정식이 $x=-1$이므로 구하는 이차함수의 식을 $y=a(x+1)^2+q$로 놓고 두 점 $(1,2),(-2,5)$의 좌표를 각각 대입하면
$2=4a+q$　　　　　　……㉠
$5=a+q$　　　　　　……㉡
㉠, ㉡을 연립하여 풀면
$a=-1,q=6$
$\therefore y=-(x+1)^2+6$　　　　**답** $y=-(x+1)^2+6$

**1193** 축의 방정식이 $x=1$이므로 구하는 이차함수의 식을 $y=a(x-1)^2+q$로 놓고 두 점 $(2,3),(3,0)$의 좌표를 각각 대입하면
$3=a+q$　　　　　　……㉠
$0=4a+q$　　　　　　……㉡
㉠, ㉡을 연립하여 풀면
$a=-1,q=4$
$\therefore y=-(x-1)^2+4$　　　　**답** $y=-(x-1)^2+4$

**1194** $y=ax^2+bx+c$로 놓고 세 점의 좌표를 각각 대입하면
$1=c$　　　　　　……㉠
$2=a+b+c$　　　　　　……㉡
$4=a-b+c$　　　　　　……㉢
㉠, ㉡, ㉢을 연립하여 풀면
$a=2,b=-1,c=1$
$\therefore y=2x^2-x+1$　　　　**답** $y=2x^2-x+1$

**1195** $y=ax^2+bx+c$로 놓고 세 점의 좌표를 각각 대입하면
$-5=c$　　　　　　……㉠
$-4=4a+2b+c$　　　　　　……㉡
$-8=a-b+c$　　　　　　……㉢
㉠, ㉡, ㉢을 연립하여 풀면
$a=-\dfrac{5}{6},b=\dfrac{13}{6},c=-5$
$\therefore y=-\dfrac{5}{6}x^2+\dfrac{13}{6}x-5$　　　　**답** $y=-\dfrac{5}{6}x^2+\dfrac{13}{6}x-5$

**1196** $x$축과의 교점의 좌표가 $(-2,0),(2,0)$이므로 $y=a(x+2)(x-2)$로 놓고 $x=0,y=-2$를 대입하면
$-2=-4a$　　$\therefore a=\dfrac{1}{2}$
$\therefore y=\dfrac{1}{2}(x+2)(x-2)=\dfrac{1}{2}x^2-2$　　　　**답** $y=\dfrac{1}{2}x^2-2$

**1197** $x$축과 두 점 $(-1,0),(2,0)$에서 만나므로 $y=a(x+1)(x-2)$로 놓고 $x=3,y=12$를 대입하면
$12=4a$　　$\therefore a=3$
$\therefore y=3(x+1)(x-2)=3x^2-3x-6$
　　　　**답** $y=3x^2-3x-6$

**STEP 2** 유형 마스터　　　　　　　p.186 ~ p.188

**1198** 　전략　 이차함수의 그래프에서 꼭짓점의 좌표는 $(2,1)$이고 지나는 한 점의 좌표는 $(0,5)$이다.
꼭짓점의 좌표가 $(2,1)$이므로
$y=a(x-2)^2+1$로 놓고 $x=0,y=5$를 대입하면
$5=4a+1$　　$\therefore a=1$
$\therefore y=(x-2)^2+1$
$\quad\quad=x^2-4x+5$
따라서 $a=1,b=-4,c=5$이므로
$a+b+c=1+(-4)+5=2$　　　　**답** 2

**1199** 꼭짓점의 좌표가 $(2,-3)$이므로
$y=a(x-2)^2-3$으로 놓고 $x=0,y=-7$을 대입하면
$-7=4a-3$　　$\therefore a=-1$
$\therefore y=-(x-2)^2-3$
$\quad\quad=-x^2+4x-7$
따라서 $a=-1,b=4,c=-7$이므로
$abc=-1\times4\times(-7)=28$　　　　**답** 28

**1200** 꼭짓점의 좌표가 $(1,-5)$이므로
$y=a(x-1)^2-5$로 놓고 $x=3,y=-3$을 대입하면
$-3=4a-5$　　$\therefore a=\dfrac{1}{2}$

따라서 $y=\frac{1}{2}(x-1)^2-5=\frac{1}{2}x^2-x-\frac{9}{2}$이므로

$a=\frac{1}{2}, b=-1, c=-\frac{9}{2}$     **답** $a=\frac{1}{2}, b=-1, c=-\frac{9}{2}$

**1201** 꼭짓점의 좌표가 $(-2, 0)$이므로

$y=a(x+2)^2$으로 놓고       ……㈎

$x=0, y=-4$를 대입하면

$-4=4a$    $\therefore a=-1$

$\therefore y=-(x+2)^2$       ……㈏

이 그래프가 점 $(1, k)$를 지나므로

$k=-(1+2)^2=-9$       ……㈐

      **답** $-9$

| 채점 기준 | 비율 |
| --- | --- |
| ㈎ 이차함수의 식을 $y=a(x+2)^2$으로 놓기 | 30 % |
| ㈏ 이차함수의 식 구하기 | 40 % |
| ㈐ $k$의 값 구하기 | 30 % |

**1202** 꼭짓점의 좌표가 $(-1, 5)$이므로 $y=a(x+1)^2+5$로 놓고

$x=0, y=2$를 대입하면

$2=a+5$    $\therefore a=-3$

$\therefore y=-3(x+1)^2+5$

$=-3x^2-6x+2$

② 주어진 그래프에서 $y$절편은 2이다.

④ $y=-3x^2-6x+2$의 그래프와 $x$축에 대칭인 그래프는

$y=3x^2+6x-2$이다.

따라서 옳지 않은 것은 ②, ④이다.     **답** ②, ④

**1203** 꼭짓점의 좌표가 $(1, 6)$이므로 $y=a(x-1)^2+6$으로 놓고

$x=0, y=4$를 대입하면

$4=a+6$    $\therefore a=-2$

즉 $y=-2(x-1)^2+6$에 $y=0$을 대입하면

$0=-2(x-1)^2+6$, $(x-1)^2=3$

$x-1=\pm\sqrt{3}$    $\therefore x=1\pm\sqrt{3}$

따라서 $A(1-\sqrt{3}, 0)$, $B(1+\sqrt{3}, 0)$이므로

$\overline{AB}=(1+\sqrt{3})-(1-\sqrt{3})=2\sqrt{3}$     **답** $2\sqrt{3}$

**1204** **전략** 축의 방정식과 그래프가 지나는 두 점을 알면 이차함수의 식을 구할 수 있다.

축의 방정식이 $x=-4$이므로 $y=a(x+4)^2+q$로 놓고 두 점 $(-1, 7)$, $(-2, 2)$의 좌표를 각각 대입하면

$7=9a+q$       ……㉠

$2=4a+q$       ……㉡

㉠, ㉡을 연립하여 풀면

$a=1, q=-2$

$\therefore y=(x+4)^2-2=x^2+8x+14$

따라서 구하는 $y$절편은 14이다.     **답** 14

**1205** 축의 방정식이 $x=2$이므로 $y=-\frac{1}{3}(x-2)^2+q$로 놓고

$x=5, y=4$를 대입하면

$4=-3+q$    $\therefore q=7$

$\therefore y=-\frac{1}{3}(x-2)^2+7$

$=-\frac{1}{3}x^2+\frac{4}{3}x+\frac{17}{3}$

따라서 $a=\frac{4}{3}, b=\frac{17}{3}$이므로

$a+b=\frac{4}{3}+\frac{17}{3}=7$     **답** 7

**1206** 축의 방정식이 $x=-1$이므로 $y=a(x+1)^2+q$로 놓고

두 점 $(0, -3)$, $(1, 0)$의 좌표를 각각 대입하면

$-3=a+q$       ……㉠

$0=4a+q$       ……㉡

㉠, ㉡을 연립하여 풀면

$a=1, q=-4$

$\therefore y=(x+1)^2-4$

$=x^2+2x-3$

따라서 $a=1, b=2, c=-3$이므로

$abc=1\times2\times(-3)=-6$     **답** $-6$

**1207** **전략** 그래프 위의 세 점을 알면 이차함수의 식을 구할 수 있다.

$y=ax^2+bx+c$로 놓고 세 점 $(-2, 5)$, $(1, -4)$, $(0, -3)$의 좌표를 각각 대입하면

$5=4a-2b+c$       ……㉠

$-4=a+b+c$       ……㉡

$-3=c$       ……㉢

㉠, ㉡, ㉢을 연립하여 풀면

$a=1, b=-2, c=-3$

$\therefore y=x^2-2x-3$

$=(x-1)^2-4$

따라서 꼭짓점의 좌표는 $(1, -4)$이다.     **답** $(1, -4)$

**1208** $y=3x^2+ax+b$에 두 점 $(-1, 5)$, $(2, 2)$의 좌표를 각각 대입하면

$5=3-a+b$       ……㉠

$2=12+2a+b$       ……㉡

㉠, ㉡을 연립하여 풀면

$a=-4, b=-2$

$\therefore a+b=-4+(-2)=-6$     **답** $-6$

**1209** $y=-x^2+ax+b$에 두 점 $(-4, 0)$, $(0, 3)$의 좌표를 각각 대입하면

$0=-16-4a+b$       ……㉠

$3=b$       ……㉡

㉠, ㉡을 연립하여 풀면

$a=-\frac{13}{4}, b=3$

즉 $y=-x^2-\dfrac{13}{4}x+3$의 그래프가 점 $(2,k)$를 지나므로

$k=-2^2-\dfrac{13}{4}\times2+3=-\dfrac{15}{2}$     **답** $-\dfrac{15}{2}$

**1210** $y=ax^2+bx+c$로 놓고 세 점 $(0,1),(1,2),(2,7)$의 좌표를 각각 대입하면

$1=c$       ······ ㉠

$2=a+b+c$       ······ ㉡

$7=4a+2b+c$       ······ ㉢

㉠, ㉡, ㉢을 연립하여 풀면

$a=2,\ b=-1,\ c=1$

$\therefore\ y=2x^2-x+1$     **답** $y=2x^2-x+1$

**1211** 그래프가 세 점 $(0,8),(3,5),(4,0)$을 지나므로 ······ ㈎

$y=ax^2+bx+c$에 세 점의 좌표를 각각 대입하면

$8=c$       ······ ㉠

$5=9a+3b+c$       ······ ㉡

$0=16a+4b+c$       ······ ㉢

㉠, ㉡, ㉢을 연립하여 풀면

$a=-1,\ b=2,\ c=8$       ······ ㈏

$\therefore\ 4a+b+c=4\times(-1)+2+8=6$       ······ ㈐

    **답** 6

| 채점 기준 | 비율 |
|---|---|
| ㈎ 그래프가 지나는 세 점의 좌표 구하기 | 30 % |
| ㈏ $a,\ b,\ c$의 값 각각 구하기 | 50 % |
| ㈐ $4a+b+c$의 값 구하기 | 20 % |

**1212** **전략** $x$축과 만나는 두 점과 다른 한 점을 알면 이차함수의 식을 구할 수 있다.

$x$축과 만나는 두 점의 좌표가 $(-1,0),(3,0)$이므로

$y=a(x+1)(x-3)$으로 놓고 $x=0,\ y=3$을 대입하면

$3=-3a$    $\therefore\ a=-1$

$\therefore\ y=-(x+1)(x-3)$

      $=-x^2+2x+3$

따라서 $a=-1,\ b=2,\ c=3$이므로

$3a+b+2c=3\times(-1)+2+2\times3=5$     **답** 5

**1213** $x$축과 만나는 두 점의 좌표가 $(-4,0),(2,0)$이고 $x^2$의 계수가 $\dfrac{1}{2}$이므로

$y=\dfrac{1}{2}(x+4)(x-2)$

      $=\dfrac{1}{2}x^2+x-4$

따라서 $a=1,\ b=-4$이므로

$a+b=1+(-4)=-3$     **답** $-3$

**1214** $x$축과 만나는 두 점의 좌표가 $(-3,0),(3,0)$이므로

$y=a(x+3)(x-3)$으로 놓고 $x=-1,\ y=-4$를 대입하면

$-4=-8a$    $\therefore\ a=\dfrac{1}{2}$

$\therefore\ y=\dfrac{1}{2}(x+3)(x-3)=\dfrac{1}{2}x^2-\dfrac{9}{2}$     **답** $y=\dfrac{1}{2}x^2-\dfrac{9}{2}$

**1215** $x$축과 만나는 두 점의 좌표가 $(2,0),(6,0)$이므로

$y=a(x-2)(x-6)$으로 놓고 $x=0,\ y=5$를 대입하면

$5=12a$    $\therefore\ a=\dfrac{5}{12}$

$\therefore\ y=\dfrac{5}{12}(x-2)(x-6)$

      $=\dfrac{5}{12}x^2-\dfrac{10}{3}x+5$

따라서 $a=\dfrac{5}{12},\ b=-\dfrac{10}{3},\ c=5$이므로

$12a+6b+c=12\times\dfrac{5}{12}+6\times\left(-\dfrac{10}{3}\right)+5=-10$

    **답** $-10$



**1216** **전략** $x^2$의 계수로 이차항과 일차항을 묶을 때 빠짐없이 묶도록 주의한다.

$y=3x^2-12x+16$

   $=3(x^2-4x)+16$ ◀ 처음으로 틀린 부분

   $=3(x^2-4x+4-4)+16$

   $=3(x-2)^2+4$

    **답** ㉡, $y=3(x-2)^2+4$

**1217** **전략** 축의 방정식을 각각 구한다.

① $y=x^2+3$의 그래프의 축의 방정식은

   $x=0$

② $y=-(x+2)^2$의 그래프의 축의 방정식은

   $x=-2$

③ $y=3(x-2)^2+5$의 그래프의 축의 방정식은

   $x=2$

④ $y=x^2-2x+2=(x-1)^2+1$의 그래프의 축의 방정식은

   $x=1$

⑤ $y=\dfrac{1}{3}x^2+x+1=\dfrac{1}{3}\left(x+\dfrac{3}{2}\right)^2+\dfrac{1}{4}$의 그래프의 축의 방정식은

   $x=-\dfrac{3}{2}$

따라서 그래프의 축이 가장 왼쪽에 있는 것은 ②이다.

    **답** ②

**1218** **전략** 두 점 $(a,b),(c,d)$를 지나는 직선의 기울기는 $\dfrac{d-b}{c-a}$이다.

$y=x^2-6x+14=(x-3)^2+5$의 그래프의 꼭짓점의 좌표는 $(3,5)$

$y=2x^2-4x+2=2(x-1)^2$의 그래프의 꼭짓점의 좌표는 $(1,0)$

이때 두 점 $(3,5)$, $(1,0)$을 지나는 직선의 방정식을 $y=ax+b$라 하면

$$a=\frac{0-5}{1-3}=\frac{5}{2}$$

$y=\dfrac{5}{2}x+b$의 그래프가 점 $(1,0)$을 지나므로

$$0=\frac{5}{2}+b \qquad \therefore b=-\frac{5}{2}$$

$\therefore y=\dfrac{5}{2}x-\dfrac{5}{2}$, 즉 $5x-2y-5=0$ **답** ②

**1219**  일차함수 $y=ax-b$의 그래프에서 (기울기)$=a$, ($y$절편)$=-b$임을 이용한다.

주어진 일차함수의 그래프에서 $x$절편은 $-1$, $y$절편은 $2$이므로 $a=\dfrac{2}{1}=2$, $-b=2$에서 $b=-2$

$\therefore y=ax^2+bx-3=2x^2-2x-3=2\left(x-\dfrac{1}{2}\right)^2-\dfrac{7}{2}$

따라서 그래프의 꼭짓점의 좌표가 $\left(\dfrac{1}{2}, -\dfrac{7}{2}\right)$이므로 제4사분면 위에 있다. **답** 제4사분면

**1220**  $y=a(x-p)^2+q$의 그래프에서 꼭짓점의 좌표는 $(p,q)$이고 축의 방정식은 $x=p$이다.

(1) $y=-3x^2+6x-6$
$\quad =-3(x^2-2x+1-1)-6$
$\quad =-3(x-1)^2-3$ ...... (가)

(2) $y=-3(x-1)^2-3$의 그래프의 꼭짓점의 좌표는 $(1,-3)$, 축의 방정식은 $x=1$이다. ...... (나)

$y=-3x^2+6x-6$에 $x=0$을 대입하면 $y=-6$ 즉 $y$축과 만나는 점의 좌표는 $(0,-6)$이다. ...... (다)

따라서 그래프를 그리면 오른쪽 그림과 같다.

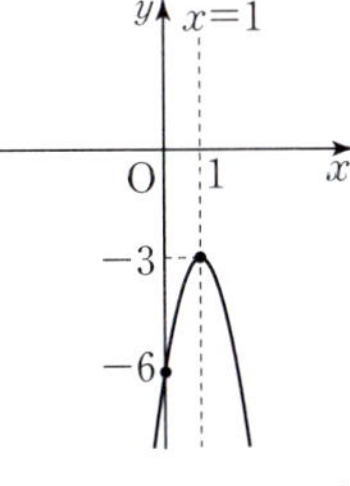

...... (라)

**답** (1) $y=-3(x-1)^2-3$ (2) 풀이 참조

| 채점 기준 | 비율 |
| --- | --- |
| (가) $y=a(x-p)^2+q$의 꼴로 나타내기 | 25 % |
| (나) 꼭짓점의 좌표와 축의 방정식 구하기 | 25 % |
| (다) $y$축과의 교점의 좌표 구하기 | 25 % |
| (라) 꼭짓점, 축, $y$축과 만나는 점을 나타내고, 그래프 그리기 | 25 % |

**1221**  그래프의 모양, 꼭짓점의 좌표, $y$축과의 교점의 좌표를 구한다.

$y=-\dfrac{3}{2}x^2-6x-2=-\dfrac{3}{2}(x+2)^2+4$의 그래프는 위로 볼록하고 꼭짓점의 좌표가 $(-2,4)$, $y$축과의 교점의 좌표가 $(0,-2)$이므로 구하는 그래프는 ②이다. **답** ②

**1222**  그래프의 식을 $y=a(x-p)^2+q$의 꼴로 고쳐서 그래프를 그린다.

$y=2x^2-4x-1$
$\quad =2(x-1)^2-3$

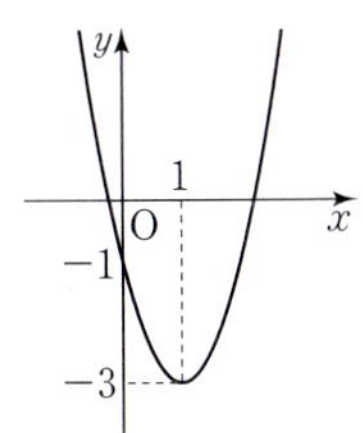

따라서 이차함수의 그래프는 오른쪽 그림과 같으므로 그래프가 지나지 않는 사분면은 없다.

**답** ⑤

**1223**  $y=a(x-p)^2+q$에서 축 $x=p$를 기준으로 증가·감소하는 $x$의 값의 범위가 바뀐다.

$y=-\dfrac{1}{2}x^2-x+5=-\dfrac{1}{2}(x+1)^2+\dfrac{11}{2}$

이 그래프는 위로 볼록하고 축의 방정식이 $x=-1$이므로 $x>-1$일 때, $x$의 값이 증가하면 $y$의 값은 감소한다.

**답** ②

**1224**  $y=ax^2+bx+c$의 그래프에서 $a$의 절댓값이 클수록 폭이 좁아진다.

$x^2$의 계수의 절댓값을 비교하면

$$\left|-\frac{1}{2}\right|<|-1|<|2|<|5|<|-7|$$

이므로 그래프의 폭이 가장 좁은 것은 ⑤이다. **답** ⑤

**1225**  $y=a(x-p)^2+q$의 꼴로 고쳐서 그래프의 성질을 확인한다.

$y=-x^2+6x-8=-(x-3)^2+1$

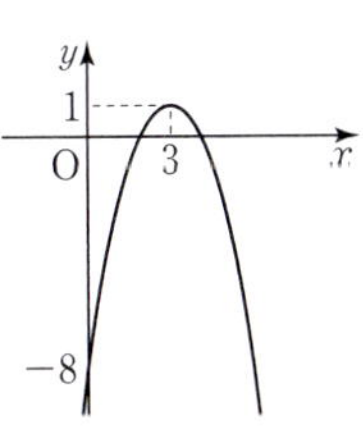

① 직선 $x=3$을 축으로 한다.
③ 꼭짓점의 좌표는 $(3,1)$이다.
⑤ $y=-x^2$의 그래프를 $x$축의 방향으로 3만큼, $y$축의 방향으로 1만큼 평행이동한 것이다.

따라서 옳은 것은 ②, ④이다.

**답** ②, ④

**1226**  평행이동한 그래프를 나타내는 식을 구하고, 이 식이 $y=x^2-2x-2$와 같음을 이용한다.

$y=x^2+8x+21=(x+4)^2+5$의 그래프를 $x$축의 방향으로 $p$만큼, $y$축의 방향으로 $q$만큼 평행이동한 그래프를 나타내는 식은

$y=(x+4-p)^2+5+q$ ...... (가)

이때 $y=x^2-2x-2=(x-1)^2-3$이므로
$4-p=-1,\ 5+q=-3$
$\therefore p=5,\ q=-8$       …… (나)
$\therefore p+q=5+(-8)=-3$     …… (다)

답 $-3$

| 채점 기준 | 비율 |
|---|---|
| (가) $y=x^2+8x+21$의 그래프를 $x$축의 방향으로 $p$만큼, $y$축의 방향으로 $q$만큼 평행이동한 그래프의 식 구하기 | 40 % |
| (나) $p,\ q$의 값 각각 구하기 | 40 % |
| (다) $p+q$의 값 구하기 | 20 % |

> **Lecture**
>
> $y=(x+4-p)^2+5+q$의 그래프의 꼭짓점의 좌표는
> $(-4+p,\ 5+q)$이다.
> $y=x^2-2x-2=(x-1)^2-3$의 그래프의 꼭짓점의 좌표는
> $(1,\ -3)$이다.
> 즉 $(-4+p,\ 5+q)$와 $(1,\ -3)$은 서로 같으므로
> $-4+p=1,\ 5+q=-3$
> $\therefore p=5,\ q=-8$

**1227** [전략] $y=x^2-7x+6$에 $y=0$을 대입하여 $p,\ q$의 값을 각각 구하고 $x=0$을 대입하여 $r$의 값을 구한다.

$y=x^2-7x+6$에 $y=0$을 대입하면
$x^2-7x+6=0,\ (x-1)(x-6)=0$
$\therefore x=1$ 또는 $x=6$
즉 $p=1,\ q=6$ 또는 $p=6,\ q=1$
$y=x^2-7x+6$에 $x=0$을 대입하면
$y=6$    $\therefore r=6$
$\therefore p+q+r=1+6+6=13$

답 ⑤

**1228** [전략] 이차함수의 그래프가 $x$축에 접하려면 꼭짓점의 $y$좌표가 0이어야 한다.

$y=2x^2+3x+a-1$
$\quad =2\left(x+\dfrac{3}{4}\right)^2+a-\dfrac{17}{8}$

이 그래프가 $x$축에 접하려면 꼭짓점의 $y$좌표가 0이어야 하므로
$a-\dfrac{17}{8}=0$    $\therefore a=\dfrac{17}{8}$

답 $\dfrac{17}{8}$

**1229** [전략] $\overline{AB}=10$이므로 두 점 A, B는 각각 대칭축과 $x$축의 교점으로부터 5만큼 떨어져 있다.

$y=\dfrac{1}{2}x^2-4x+k=\dfrac{1}{2}(x-4)^2+k-8$

이 그래프의 축의 방정식은 $x=4$이고 $\overline{AB}=10$이므로
$A(-1,\ 0),\ B(9,\ 0)$ 또는 $A(9,\ 0),\ B(-1,\ 0)$

즉 $y=\dfrac{1}{2}x^2-4x+k$의 그래프가 점 $(-1,\ 0)$을 지나므로
$0=\dfrac{1}{2}+4+k$    $\therefore k=-\dfrac{9}{2}$

따라서 $y=\dfrac{1}{2}(x-4)^2-\dfrac{25}{2}$의 그래프의 꼭짓점의 좌표는
$\left(4,\ -\dfrac{25}{2}\right)$이다.     답 $\left(4,\ -\dfrac{25}{2}\right)$

**1230** [전략] $x=-1,\ x=1,\ x=2$일 때의 $y$의 값의 부호를 판단한다.

그래프가 아래로 볼록하므로
$a>0$
축이 $y$축의 오른쪽에 있고 $a>0$이므로
$b<0$
$y$축과의 교점이 $x$축보다 위쪽에 있으므로
$c>0$
① $ab<0$     ② $bc<0$
③ $x=1$일 때, $y<0$이므로 $a+b+c<0$
④ $x=2$일 때, $y>0$이므로 $4a+2b+c>0$
⑤ $x=-1$일 때, $y>0$이므로 $a-b+c>0$    답 ④

**1231** [전략] 두 점 A, B의 좌표를 각각 구한 후 △AOB를 그린다.

(1) $y=\dfrac{1}{2}x^2-2x-4=\dfrac{1}{2}(x-2)^2-6$이므로
$A(2,\ -6)$이다.    …… (가)

(2) $y=\dfrac{1}{2}x^2-2x-4$에 $x=0$을 대입하면
$y=-4$
즉 $B(0,\ -4)$이다.    …… (나)

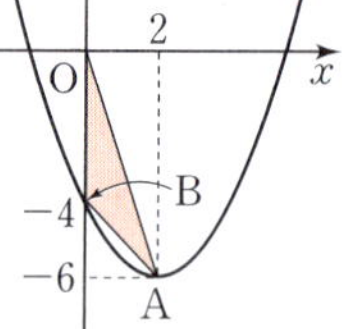

(3) $\triangle AOB=\dfrac{1}{2}\times 4\times 2=4$     …… (다)

답 (1) A$(2,\ -6)$ (2) B$(0,\ -4)$ (3) 4

| 채점 기준 | 비율 |
|---|---|
| (가) 점 A의 좌표 구하기 | 30 % |
| (나) 점 B의 좌표 구하기 | 30 % |
| (다) △AOB의 넓이 구하기 | 40 % |

**1232** [전략] 이차방정식 $x^2-4x-2=x-2$의 해가 두 점 A, B의 $x$좌표이다.

$y=x^2-4x-2=(x-2)^2-6$이므로 꼭짓점의 좌표는
$(2,\ -6)$, 즉 $C(2,\ -6)$
$y=x^2-4x-2$와 $y=x-2$의 그래프에서
$x^2-4x-2=x-2$
$x^2-5x=0,\ x(x-5)=0$
$\therefore x=0$ 또는 $x=5$
따라서 $A(0,\ -2),\ B(5,\ 3)$이므로

$$\triangle ABC$$
$$=\triangle ACD+\triangle BDC$$
$$=\frac{1}{2}\times6\times2+\frac{1}{2}\times6\times3$$
$$=6+9=15$$

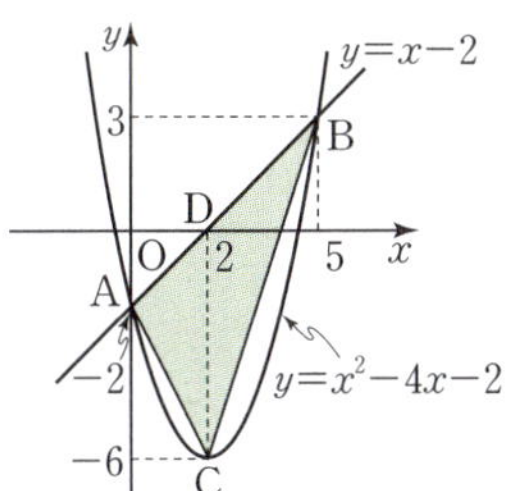

**답** 15

**1233** **전략** $\sqrt{A^2}=\begin{cases} A\ (A\geq0) \\ -A\ (A<0) \end{cases}$ 이므로 $a,b,c$의 부호를 정한 후 $a-b,b+c$의 부호를 판단한다.

(1) 그래프가 아래로 볼록하므로
$$a>0$$
축이 $y$축의 오른쪽에 있고 $a>0$이므로
$$b<0$$
$y$축과의 교점이 $x$축보다 아래쪽에 있으므로
$$c<0$$
(2) $a-b>0,\ b+c<0$이므로
$$\sqrt{(a-b)^2}-\sqrt{(b+c)^2}=(a-b)-\{-(b+c)\}$$
$$=a-b+b+c$$
$$=a+c$$

**답** (1) $a>0, b<0, c<0$ (2) $a+c$

**1234** **전략** 대칭축을 기준으로 넓이가 같은 부분을 찾아본다.
$y=x^2-2x+4=(x-1)^2-5$이므로 $P(1,-5)$
$y=x^2-8x+11=(x-4)^2-5$이므로 $Q(4,-5)$

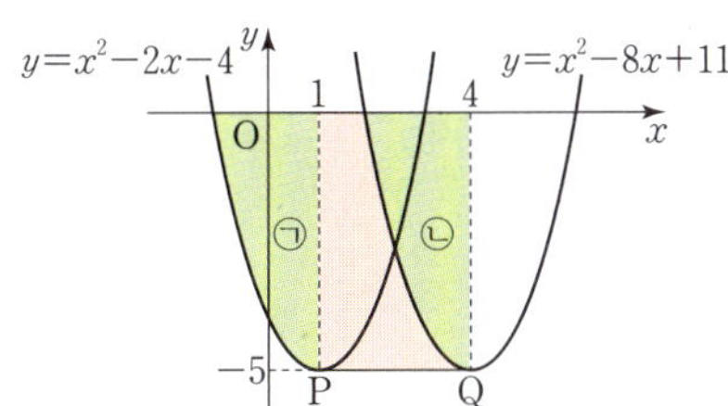

위의 그림에서 ㉠과 ㉡의 넓이가 같으므로 문제에서 색칠한 부분의 넓이는 가로의 길이가 3, 세로의 길이가 5인 직사각형의 넓이와 같다.
$$\therefore\ (색칠한\ 부분의\ 넓이)=3\times5=15$$

**답** 15

**1235** **전략** 그래프에서 꼭짓점의 좌표는 $(1,1)$이고 지나는 한 점의 좌표는 $(3,3)$이다.
꼭짓점의 좌표가 $(1,1)$이므로 $y=a(x-1)^2+1$로 놓고 $x=3,y=3$을 대입하면
$$3=4a+1 \qquad \therefore\ a=\frac{1}{2}$$
$$\therefore\ y=\frac{1}{2}(x-1)^2+1$$
$$=\frac{1}{2}x^2-x+\frac{3}{2}$$

따라서 $a=\dfrac{1}{2},\ b=-1,\ c=\dfrac{3}{2}$이므로
$$a-b+c=\frac{1}{2}-(-1)+\frac{3}{2}=3$$

**답** ⑤

**1236** **전략** $x$축과 한 점에서 만나는 이차함수의 그래프의 꼭짓점의 $y$좌표는 $0$이다.
㈎, ㈏에서 이차함수의 식을 $y=a(x+3)^2$으로 놓는다.
㈐에서 $y=a(x+3)^2$에 $x=-2,\ y=2$를 대입하면
$$a=2$$
$$\therefore\ y=2(x+3)^2$$

**답** ⑤

**1237** **전략** 그래프가 지나는 두 점의 좌표는 $(0,-4),\ (3,-1)$이다.
직선 $x=1$을 축으로 하므로
$$y=a(x-1)^2+q로\ 놓고 \qquad \cdots\cdots ㉮$$
두 점 $(0,-4),\ (3,-1)$의 좌표를 각각 대입하면
$$-4=a+q \qquad \cdots\cdots ㉠$$
$$-1=4a+q \qquad \cdots\cdots ㉡$$
㉠, ㉡을 연립하여 풀면
$$a=1,\ q=-5 \qquad \cdots\cdots ㉯$$
$$\therefore\ y=(x-1)^2-5=x^2-2x-4$$
따라서 $a=1,\ b=-2,\ c=-4$이므로 $\qquad \cdots\cdots ㉰$
$$abc=1\times(-2)\times(-4)=8$$

**답** 8

| 채점 기준 | 비율 |
| --- | --- |
| ㉮ 이차함수의 식을 $y=a(x-1)^2+q$로 놓기 | 30 % |
| ㉯ $a,q$의 값 각각 구하기 | 30 % |
| ㉰ $b,c$의 값 각각 구하기 | 30 % |
| ㉱ $abc$의 값 구하기 | 10 % |

**1238** **전략** $y=ax^2+bx+c$로 놓고 세 점의 좌표를 각각 대입하여 $a,b,c$의 값을 각각 구한다.
$y=ax^2+bx+c$로 놓고 세 점 $(0,6),(-1,0),(1,8)$의 좌표를 각각 대입하면
$$6=c \qquad \cdots\cdots ㉠$$
$$0=a-b+c \qquad \cdots\cdots ㉡$$
$$8=a+b+c \qquad \cdots\cdots ㉢$$
㉠, ㉡, ㉢을 연립하여 풀면
$$a=-2,\ b=4,\ c=6$$
$$\therefore\ y=-2x^2+4x+6$$

**답** ③

**1239** **전략** $x$축과 만나는 두 점과 다른 한 점을 알면 이차함수의 식을 구할 수 있다.
$x$축과 만나는 두 점의 좌표가 $(-3,0),\ (1,0)$이므로
$y=a(x+3)(x-1)$로 놓고 $x=0,\ y=6$을 대입하면
$$6=-3a \qquad \therefore\ a=-2$$
$$\therefore\ y=-2(x+3)(x-1)$$
$$=-2(x^2+2x-3)$$
$$=-2x^2-4x+6$$

**답** $y=-2x^2-4x+6$

MEMO

MEMO

MEMO